ASP.NET 开发

从入门到精通

张明星◎编著

人民邮电出版社

北 京

图书在版编目（ＣＩＰ）数据

ASP.NET开发从入门到精通 / 张明星编著. -- 北京：
人民邮电出版社，2016.9
ISBN 978-7-115-41971-2

Ⅰ. ①A… Ⅱ. ①张… Ⅲ. ①网页制作工具－程序设
计 Ⅳ. ①TP393.092

中国版本图书馆CIP数据核字(2016)第123636号

内 容 提 要

本书由浅入深地详细讲解了 ASP.NET 的开发技术，并通过具体实例的实现过程演练了各个知识点的应用。全书共 21 章，其中第 1～2 章是 ASP.NET 的基础知识，包括 ASP.NET 基础和搭建开发环境；第 3～10 章是 ASP.NET 的核心技术，分别讲解了 C#语法、面向对象编程、内置对象、服务器控件等内容，第 11～16 章分别讲解了数据库开发、母版页、样式、主题、皮肤的基本知识，这些内容是 ASP.NET 开发技术的重点和难点；第 17～20 章分别讲解了 4 个 ASP.NET 典型模块的具体实现过程；第 21 章通过综合实例的实现过程，介绍了 ASP.NET 技术在综合项目中的开发应用。全书内容循序渐进，以"技术解惑"和"范例演练"贯穿全书，引领读者全面掌握 ASP.NET 开发。

本书不但适用于 ASP.NET 的初学者，也适用于有一定 ASP.NET 基础的读者，也可以作为大专院校相关专业师生的学习用书和培训学校的教材。

◆ 编　　著　张明星
　　责任编辑　张　涛
　　责任印制　焦志炜
◆ 人民邮电出版社出版发行　　北京市丰台区成寿寺路 11 号
　　邮编　100164　电子邮件　315@ptpress.com.cn
　　网址　http://www.ptpress.com.cn
　　固安县铭成印刷有限公司印刷
◆ 开本：787×1092　1/16
　　印张：30.25　　　　　　　　2016 年 9 月第 1 版
　　字数：809 千字　　　　　　2024 年 7 月河北第 4 次印刷

定价：69.00 元（附光盘）

读者服务热线：(010)81055410　印装质量热线：(010)81055316
反盗版热线：(010)81055315
广告经营许可证：京东市监广登字20170147号

前　言

从你开始学习编程的那一刻起，就注定了以后所要走的路：从编程学习者开始，依次经历实习生、程序员、软件工程师、架构师、CTO 等职位的磨砺；当你站在职位顶峰的位置蓦然回首，会发现自己的成功并不是偶然，在程序员的成长之路上会有不断修改代码、寻找并解决 Bug、不停测试程序和修改项目的经历；不可否认的是，只要你在自己的开发生涯中稳扎稳打，并且善于总结和学习，最终将会得到可喜的收获。

选择一本合适的书

对于一名想从事程序开发的初学者来说，究竟如何学习才能提高自己的开发技术呢？其一的答案就是买一本合适的程序开发书籍进行学习。但是，市面上许多面向初学者的编程书籍中，大多数篇幅都是基础知识讲解，多偏向于理论；读者读了以后面对实战项目时还是无从下手，如何实现从理论平滑过渡到项目实战，是初学者迫切需要的书籍，为此，作者特意编写了本书。

本书用一本书的容量讲解了入门类、范例类和项目实战类 3 类图书的内容。并且对实战知识不是点到为止地讲解，而是深入地探讨。用纸质书＋光盘资料（视频和源程序）＋网络答疑的方式，实现了入门＋范例演练＋项目实战的完美呈现，帮助读者从入门平滑过渡到适应项目实战的角色。

本书的特色

1．以"入门到精通"的写作方法构建内容，读者入门更加容易

为了使读者能够完全看懂本书的内容，本书遵循"入门到精通"基础类图书的写法，循序渐进地讲解这门开发语言的基本知识。

2．破解语言难点，"技术解惑"贯穿全书，绕过学习中的陷阱

本书不是编程语言知识点的罗列式讲解，为了帮助读者学懂基本知识点，每章都会有"技术解惑"板块，让读者知其然又知其所以然，也就是看得明白，学得通。

3．全书共计 233 个实例，和"实例大全"类图书同数量级的范例

书中一共有 233 个实例，其中 76 个正文实例，4 个典型模块实例，1 个综合实例。每一个正文实例都穿插加入了 2 个与知识点相关的范例，即有 152 个拓展范例。通过对这些实例及范例的练习，实现了对知识点的横向切入和纵向比较，让读者有更多的实践演练机会，并且可以从不同的角度展现一个知识点的用法，真正实现了举一反三的效果。

4．视频讲解，降低学习难度

书中每一章节均提供声、图并茂的语音教学视频，这些视频能够引导初学者快速入门，增强学习的信心，从而快速理解所学知识。

5．贴心提示和注意事项提醒

本书根据需要在各章安排了很多"注意""说明"和"技巧"等小板块，让读者可以在学习过程中更轻松地理解相关知识点及概念，更快地掌握个别技术的应用技巧。

6．源程序＋视频＋PPT 丰富的学习资料，让学习更轻松

因为本书的内容非常多，不可能用一本书的篇幅囊括"基础+范例+项目案例"的内容，所以，需要配套 DVD 光盘来辅助实现。在本书的光盘中不但有全书的源代码，而且还精心制作了实例讲解视频。本书配套的 PPT 资料可以在网站下载（www.toppr.net）。

7．QQ 群+网站论坛实现教学互动，形成互帮互学的朋友圈

本书作者为了方便给读者答疑，特提供了网站论坛、QQ 群等技术支持，并且随时在线与读者互动。让大家在互学互帮中形成一个良好的学习编程的氛围。

本书的学习论坛是：www.toppr.net。

本书的 QQ 群是：347459801。

本书的内容

本书循序渐进、由浅入深地详细讲解了 ASP.NET 语言开发的技术，并通过具体实例的实现过程演练了各个知识点的具体应用。全书共 21 章，分别讲解了 ASP.NET 基础、搭建开发环境、C#基础、面向对象编程、ASP.NET 的页面结构、内置对象和应用程序配置、HTML 服务器控件和 Web 服务器控件、数据控件、验证控件、用户控件和自定义控件、ASP.NET 新增功能、ADO.NET、母版页、样式、主题和皮肤、个性化设置、使用 WebPart 构建门户网站、使用缓存、构建安全的 ASP.NET 站点、用户登录验证模块、在线信息搜索模块、图文处理模块、在线留言本模块和在线聊天系统等内容。全书以"技术讲解"→"范例演练"→"技术解惑"贯穿全书，引领读者全面掌握 ASP.NET 开发。

各章的内容版式

本书的最大特色是实现了入门知识、实例演示、范例演练、技术解惑、综合实战 5 大部分内容的融合。其中各章内容由如下模块构成。

① 入门知识：循序渐进地讲解了 ASP.NET 程序开发的基本知识点。

② 实例演示：遵循理论加实践的学习模式，用 76 个实例演示了各个入门知识点的用法。

③ 范例演练：为了加深对知识点的融会贯通，每个实例配套了 2 个演练范例，全书共计 152 个范例，多角度演示了各个知识点的用法和技巧。

④ 技术解惑：把读者容易混淆的部分单独用一个板块进行讲解和剖析，对读者所学的知识实现了"拔高"处理。

下面以本书第 6 章为例，演示本书各章内容版式的具体结构。

① 入门知识	**ASP.NET 内置对象介绍** 知识点讲解：光盘:视频\PPT 讲解（知识点）\第 6 章\ASP.NET 内置对象介绍.mp4 　　在 ASP 中有 5 个常用内置对象，它们能够满足 Web 中动态功能的数据交互需求。ASP.NET 的内置对象和 ASP 内置对象的功能完全一样，甚至很多名字都完全一样，如图 6-1 所示。

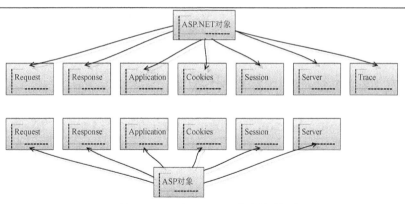

图 6-1　ASP 和 ASP.NET 的内置对象对比

Response 对象

使用 Clear 方法之前的数据并没有出现在浏览器中，所以，程序开始时是存在缓冲区内的。如果在相同的程序中加上代码"Response.BufferOutput=false"，这样执行后将先清除缓存，清除的数据不会出现在浏览器上，具体代码如下。

```
<%
Response.Write("清除缓存了<Br>");
%>
<Script Language="C#" Runat="Server">
void Page_Load(Object sender, EventArgs e){
Response.BufferOutput=false;
Response.Write("清除缓冲区前的信息" + "<Br>");
Response.Clear();
}
</Script>
```

实例 013	输出系统的当前时间	
	源码路径　光盘\daima\6\Write.aspx	视频路径　光盘\视频\实例\第 6 章\013

本实例使用 Response 对象的 Write 方法实现，实例文件 Write.aspx 的主要实现代码如下。

```
#<script runat="server">
    void Page_Load(object sender, EventArgs e)
    {
        Response.Write("当前时间" + DateTime.Now);
    }
</script>
```

> 范例 025：使用 URL 传递参数
> 源码路径：光盘\演练范例\025\
> 视频路径：光盘\演练范例\025\
> 范例 026　Session 对象跨页面传值
> 源码路径：光盘\演练范例\026\
> 视频路径：光盘\演练范例\026\

在上述代码中，用 Response 对象的 Write 方法输出系统的当前时间。实例执行后的效果如图 6-2 所示。

图 6-2　输出当前时间

① 入门知识

② 实例演示

③ 范例演练

④ 技 术 解 惑	**技术解惑** 有少数运算符有规定表达式求值的顺序？ Session 对象和 Cookie 对象的比较 Application 对象和 Session 对象的区别 对 Application、Session、Cookie、ViewState 和 Cache 的选择
	赠送资料 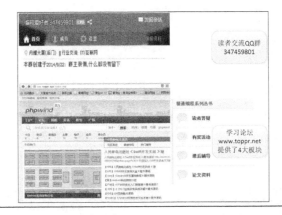
	售后服务

本书的读者对象

初学编程的自学者　　　　　　　　　　编程爱好者
大中专院校的教师和学生　　　　　　　相关培训机构的教师和学员
毕业设计的学生　　　　　　　　　　　初、中级程序开发人员
软件测试人员　　　　　　　　　　　　参加实习的初级程序员
在职程序员

致谢

　　本书在编写过程中十分感谢我的家人给予的巨大支持。本人水平毕竟有限，书中存在纰漏之处在所难免，诚请读者提出意见或建议，以便修订并使之更臻完善。编辑联系邮箱：zhangtao@ptpress.com.cn。

　　最后感谢您购买本书，希望本书能成为您编程路上的领航者，祝您阅读快乐！

作者

目　　录

本书实例目录

第 1 章

ASP.NET 基础

ASP.NET 技术是一门 Web 开发技术，是微软公司提出的在.NET 平台上的开发技术。通过 ASP.NET 技术可以迅速地创建动态页面，并且能够根据客户的需要进行灵活调整。ASP.NET 技术是当前 Web 开发技术的核心力量之一，并且因为本身的简洁性、高效性和灵活性，为大多数 Web 程序员所青睐。

本章内容

认识网页和网站

Web 技术简介

Web 标准

ASP.NET 基础

3 种必备技术

技术解惑

ASP.NET 技术和新兴技术 HTML 5 的结合

学好 ASP.NET 的建议

1.1 认识网页和网站

知识点讲解: 光盘:视频\PPT 讲解（知识点）\第 1 章\认识网页和网站.mp4

在现代生活中，网络给我们带来了极大方便，网上查询天气、查询车票、浏览新闻……现代生活越来越离不开网络了。在学习 ASP.NET 之前，读者应先了解网页和网站的基本知识。网页和网站是相互关联的两个技术，两者之间通过相互作用，实现了现实中的应用站点，并共同推动了互联网技术的飞速发展。在本节的内容中，将首先讲解网页和网站的基本知识。

1.1.1 网页基础知识

所谓的网页，是指目前在互联网上看到的丰富多彩的站点页面。从严格定义上讲，网页是 Web 站点中使用 HTML 等标记语言编写的单位文档。它是 Web 中的信息载体。网页由多个元素构成，是这些构成元素的集合体。一个典型的网页由如下几个元素构成。

1. 文本

文本是网页中最重要的信息，在网页中，可以通过字体、大小、颜色、底纹、边框等来设置文本的属性。在网页概念中的文本是指文字，而非图片中的文字。在网页制作中，可以方便地设置字体的大小和颜色。

2. 图像

图像是网页中最为重要的构成部分。只有加入图像，网页才会变得丰富多彩，可见图像在网页中的重要性。网页设计中常用的图像格式为 JPG 和 GIF。

3. 超链接

超链接是指从一个网页指向另一个目的端的链接，是从文本、图片、图形或图像映射到全球广域网上网页或文件的指针。在全球广域网上，超链接是网页之间和 Web 站点中主要的导航方法。

4. 表格

表格是传统网页排版的灵魂，即使 CSS（级联样式表）标准推出后也能够继续发挥作用。通过表格可以精确地控制各网页元素在网页中的位置。

5. 表单

表单是用来收集站点访问者信息的域集，是网页中站点服务器处理的一组数据输入域。当访问者单击按钮或图形来提交表单后，数据就会传送到服务器上。它是网页与服务器之间传递信息的途径。表单网页可以用来收集浏览者的意见和建议，以实现浏览者与站点之间的互动。

6. 框架

框架是网页中的一种重要组织形式，它能够将相互关联的多个网页的内容组织在一个浏览器窗口中显示。从实现方法上讲，框架由一系列相互关联的网页构成，并且相互间通过框架网页来实现交互。框架网页是一种特别的 HTML 网页，它可将浏览器视窗分为不同的框架，而每一个框架又可显示一个不同网页。

1.1.2 网站

网站对我们来说不陌生，网站是由网页构成的，它是一系列页面构成的整体。一个网站可能由一个页面构成，也可能由多个页面构成，并且这些页面相互间存在着某种联系。一个典型网站的基本组成结构如图 1-1 所示。

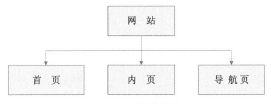

图 1-1　网站基本结构图

上述结构中的各网站元素，在服务器上被保存在不同的文件夹中，如图 1-2 所示。

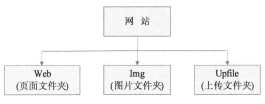

图 1-2　网站存储结构图

1.2　Web 技术简介

知识点讲解：光盘：视频\PPT 讲解（知识点）\第 1 章\Web 技术介绍和工作原理.mp4

网站的工作原理很简单，如图 1-3 所示。

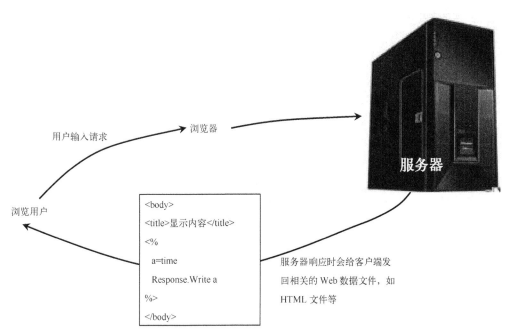

图 1-3　本地计算机和远程服务器的工作流程

1.2.1　本地计算机和远程服务器

学习 Web 开发，不得不提到本地计算机和远程服务器的概念。顾名思义，本地计算机是指用户正在使用的、浏览站点页面的机器。对于本地计算机来说，最重要的构成模块是 Web 浏览器。

浏览器是 WWW（Word Wide Web，万维网）系统的重要组成部分，它是运行在本地计算机中的程序，负责向服务器发送请求，并且将服务器返回的结果显示给用户。用户就是通过浏览器这个窗口来分享网上丰富的资源的。常见的网页浏览器有 Internet Explorer、Firefox、Opera 和 Safari。

远程服务器是一种高性能计算机，作为网络的节点，存储、处理网络上 80％的数据、信息，因此也被称为网络的灵魂。它是网络上一种为客户端计算机提供各种服务的高性能计算机，它在网络操作系统的控制下，将与其相连的硬盘、磁带、打印机、Modem 及各种专用通信设备提供给网络上的客户站点共享，也能为网络用户提供集中计算、信息发表及数据管理等服务。它的高性能主要体现在高速度的运算能力、长时间的可靠运行、强大的外部数据吞吐能力等方面。

远程服务器的主要功能是接收客户浏览器发来的请求，分析请求，并给予响应，响应的信息通过网络返回给用户浏览器。本地计算机和远程服务器的工作流程如图 1-3 所示。

1.2.2　Web 应用程序的工作原理

用户访问互联网资源的前提是必须首先获取站点的地址，然后通过页面链接来浏览具体页面的内容。上述过程是通过浏览器和服务器进行的，下面以访问搜狐网为例来讲解 Web 应用程序的工作原理。

（1）在浏览器地址栏中输入搜狐网的首页地址"http://www.sohu.com"。

（2）用户浏览器向服务器发送访问搜狐网首页的请求。

（3）服务器获取客户端的访问请求。

（4）服务器处理请求。如果请求页面是静态文档，则只需将此文档直接传送给浏览器即可；如果是动态文档，则将处理后的静态文档发送给浏览器。

（5）服务器将处理后的结果在客户端浏览器中显示。

站点页面按照性质可划分为静态页面和动态页面。其中静态页面是指网页的代码都在页面中，不需要执行动态程序生成客户端网页代码的网页。例如，HTML 页面文件。

动态页面和静态页面是相对的，是指页面内容是动态交互的，它可以根据系统的设置来显示不同的内容。例如，可以通过网站后台管理系统对网站的内容进行更新管理。

随着互联网的普及和电子商务的迅速发展，人们对站点的要求也越来越高。为此，开发动态、高效的 Web 站点已经成为社会发展的需求。在这种趋势下，各种动态网页技术便应运而生。

早期的动态网页主要采用 CGI（Common Gateway Interface，公用网关接口）技术。其最大优点是可以使用不同的程序语言编写，如 Visual Basic、Delphi 或 C/C＋＋等。虽然 CGI 技术已经发展成熟而且功能强大，但由于编程困难、效率低下、修改复杂，所以逐渐退出历史舞台。

在现实中，常用的动态网页技术有 ASP 技术、PHP 技术、JSP 技术和.NET 技术。这些技术充分结合 XML 以及新兴的 AJAX（异步 Java Script 与 XML 技术），帮助开发人员设计出功能强大、界面美观的动态页面。

1.2.3　常用的 Web 开发技术

因为网页分为静态网页和动态网页，所以 Web 开技术也分为静态 Web 开发技术和动态 Web 开发技术。在接下来的内容中，将详细讲解这两种 Web 开发技术的基本知识。

1．静态 Web 开发技术

目前，常用的静态 Web 开发技术有 HTML 和 XML 两种，具体说明如下。

❑　HTML 技术

HTML 文件都是以<HTML>开头，以</HTML>结束的。<head>…</head>之间是文件的头部信息，除了<title>…</title>之间的内容，其余内容都不会显示在浏览器上。<body>…</body>之间的代码是 HTML 文件的主体，客户浏览器显示的内容主要在这里定义。

HTML 是制作网页的基础，我们在现实中所见到的静态网页，就是以 HTML 为基础制作的网页。早期的网页都是直接用 HTML 代码编写的，不过现在有很多智能化的网页制作软件（常用的如 FrontPage、Dreamweaver 等）通常不需要人工编写代码，而是由这些软件自动生成的。尽管不需要自己编写代码，但了解 HTML 代码仍然非常重要，因为这是学习 Web 开发技术的基础。

❑ XML 技术

XML 是 eXtensible Markup Language 的缩写，译为可扩展的标记语言。与 HTML 相似，XML 是一种显示数据的标记语言，它能使数据通过网络无障碍地进行传输，并显示在用户的浏览器上。XML 是一套定义语义标记的规则，这些标记将文档分成许多部件并对这些部件加以标识。它也是元标记语言，即定义了用于定义其他与特定领域有关的、语义的、结构化的标记语言的句法语言。

使用上述静态 Web 开发技术也能够实现页面的绚丽效果，并且静态网页相对于动态页面来说，其显示速度比较快。所以在现实应用中，为了满足页面的特定需求，需要在站点中使用静态网页技术来显示访问速度比较高的页面。

但是静态网页技术只能实现页面内容的简单显示，不能实现页面的交互效果。随着网络技术的发展和使用需求的提高，静态网页技术越来越不能满足客户的需要。为此，更新、更高级的网页技术便登上了 Web 领域的舞台。

2. 动态 Web 开发技术

除了本书介绍的 ASP.NET 外，常用的动态 Web 开发技术还有 ASP、PHP、JSP 和 ASP.NET 等。

❑ ASP 技术

ASP（Active Server Pages，动态服务器网页）是微软公司推出的一种用以取代 CGI（Commom Gateway Interface，通用网关接口）的技术。ASP 以微软操作系统的强大普及性作为支撑，一经推出后，便迅速成为最主流的 Web 开发技术。

ASP 是 Web 服务器端的开发环境，利用它可以创建和执行动态、高效、交互的 Web 服务应用程序。ASP 技术是一种 HTML、Script 与 CGI 的结合体，但是其运行效率却比 CGI 更高，程序编制也比 HTML 更方便且更有灵活性。

❑ PHP 技术

PHP（Hyper text Preprocessor，超文本预处理器）也是流行的生成动态网页的技术之一。PHP 是完全免费的，可以从 PHP 官方站点自由下载。用户可以不受限制地获得 PHP 源代码，甚至可以向其中添加自己需要的特色。PHP 可在大多数 UNIX 平台，以及 GUN/Linux 和微软 Windows 平台上运行。

❑ JSP 技术

JSP（Java Server Pages）是 Sun 公司为创建高度动态的 Web 应用而提供的一个独特的开发环境。和 ASP 技术一样，JSP 拥有在 HTML 代码中混合某种程序代码，并由语言引擎解释执行程序代码的能力。

❑ ASP.NET 技术

ASP.NET 是微软公司动态服务页技术的新版本。它提供了一个统一的 Web 开发模型，其中包括开发人员生成企业级 Web 应用程序所需的各种服务。ASP.NET 的语法在很大程度上与 ASP 兼容，同时它还提供一种新的编程模型和结构，可生成伸缩性和稳定性更好的应用程序，并提供更好的安全保护。

ASP.NET 是一个已编译的、基于.NET 的环境，可以用任何与.NET 兼容的语言编写应用程序。另外，任何 ASP.NET 应用程序都可以使用.NET Framework。开发人员可以方便地获得这些技术的优点，其中包括托管的公共语言运行库环境、类型安全、继承等。

在微软推出.NET 框架后，ASP.NET 迅速火热起来，其各方面技术与 ASP 相比都发生了很大的变化。它不是解释执行语句程序，而是将其编译为二进制数，并将其以 DLL 形式存储在机器硬盘，提高了程序的安全性和执行效率。

❋ 注意：动态技术比静态技术灵活。

随着网络技术的发展和客户应用需求的不断提高，动态网页技术逐渐取代传统的静态网页技术，成为当前 Web 领域的主流开发技术。每种动态技术都有其各自的特点，深受不同类型用户的青睐。另外，随着微软公司的大力推广和宣传，.NET 技术逐渐成为了最新兴和最有发展前景的 Web 开发技术之一。

1.2.4　ASP.NET 在 Web 开发中的作用

首先看一下动态 Web 的工作过程。用户在客户端发出请求信息，用户的需求信息被传递给服务器，服务器此时会对接收的请求进行处理，并将处理后的结果返回给浏览器。那么 ASP.NET 在此过程中有什么作用呢？从本质上讲，ASP.NET 引擎是服务器的一个扩展。当用户访问某个 ASP.NET 页面时，服务器会将请求转交给 ASP.NET 引擎进行处理。ASP.NET 引擎将请求处理完毕后，会将最终的处理结果经过服务器返回给客户端用户。

因为 ASP.NET 页面包含某些特定元素，所以，这些页面通常由普通的 HTML 标签和 ASP.NET 特有的 Web 控件标签组成。而 Web 服务器的职责就是将用户提交的请求进行处理，返回客户端的则是静态的 HTML 或 XML 等格式的请求结果。所以，ASP.NET 引擎在此过程中只是负责 Web 控件处理，而对普通的 HTML 内容不会做任何改变就传递给浏览者。

1.3　Web 标准

📹 知识点讲解：光盘:视频\PPT 讲解（知识点）\第 1 章\介绍 Web 标准.mp4

随着网络技术的迅速发展，人们对网站的需求大大增加，各种网站也如雨后春笋般纷纷建立起来。由于网络的无限性和共享性，以及各种设计软件的推出，多样化的站点展示方式随即应运而生。与此同时，各种技术的兼容问题也随之引发，而 Web 标准就是为了解决技术冲突而诞生的。

Web 开发标准概述

顾名思义，Web 标准是所有站点在建设时必须遵循的一系列硬性规范。

从页面构成来看，网页主要由 3 部分组成：结构（Structure）、表现（Presentation）和行为（Behavior）。因此，对应的 Web 标准也分为如下 3 个方面。

1. 结构化标准语言

当前使用的结构化标准语言是 HTML 和 XHTML，具体信息如下。

❑　HTML

HTML 是 Hyper Text Markup Language（超文本标记语言）的缩写，是构成 Web 页面的主要元素，是网页上信息的符号标记语言。

❑　XHTML

XHTML 是 Extensible Hyper Text Markup Language 的缩写。XHTML 是在 XML 标准的基础上建立起来的标识语言，其目的是实现 HTML 向 XML 的过渡。

2．表现性标准语言

目前的表现性语言是 CSS ，它是 Cascading Style Sheets（层叠样式表）的缩写。当前新的
CSS 规范是 W3C 从 2007 年开始陆续发布的 CSS3。通过 CSS 可以对网页进行布局，控制网页
的表现形式。CSS 可以与 XHTML 语言相结合，实现页面表现和结构的完整分离，提高站点的
使用性和维护效率。

3．行为标准

当前推荐遵循的行为标准是 DOM 和 ECMAScript。DOM 是 Document Object Model（文档
对象模型）的缩写，根据 W3C DOM 规范，DOM 是一种与浏览器、平台和语言的接口，使得
用户可以访问页面其他的标准组件。简单理解就是，DOM 解决了 Netscaped 的 JavaScript 和
Microsoft 的 Jscript 之间的冲突，给予 Web 设计师和开发者一个标准的方法，让他们来访问站
点中的数据、脚本和表现层对像。从本质上讲，DOM 是一种文档对象模型，是建立在网页和
Script 及程序语言之间的桥梁。

1.4 ASP.NET 基础

📷 知识点讲解：光盘:视频\PPT 讲解（知识点）\第 1 章\ASP.NET 基础.mp4

从本节开始，将详细讲解 ASP.NET 这门神奇的动态 Web 开发技术，为读者学习本书后面
的知识打下基础。

1.4.1 ASP.NET 简介

ASP 是微软公司推出的一种使嵌入网页中的脚本可由因特网服务器执行的服务器端脚本技
术，指动态服务器页面（Active Server Pages，ASP）运行于 IIS 之中的程序。在 2000 年第二季
度时，微软公司正式推动.NET 策略，ASP 也顺理成章地改名为 ASP.NET。经过几年的开发，
第一个版本的 ASP.NET 在 2002 年 1 月 5 日亮相。目前最新的版本是 ASP.NET 5.0 以及.NET
Framework 5.0。

和其他动态 Web 开发技术相比，ASP.NET 的突出优势如下。

（1）世界级的工具支持

ASP.NET 构架可以用微软公司最新的产品 Visual Studio.NET 开发环境进行开发，并可进行
WYSIWYG（What You See Is What You Get 所见即为所得）的编辑。这些仅是 ASP.NET 强大软
件支持功能的一小部分。

（2）强大性和适应性

因为 ASP.NET 是基于通用语言的编译运行的程序，所以，它的强大性和适应性使它几乎可
以运行在 Web 应用软件开发者的全部的平台上。通用语言的基本库、消息机制、数据接口的处
理都能无缝地整合到 ASP.NET 的 Web 应用中。ASP.NET 同时也是语言独立化的，所以，用户
可以选择一种最适合自己的语言来编写程序，或者选择很多种语言来写，现在已经支持的有 C#
（C++和 Java 的结合体）、VB、Jscript、C++。

ASP.NET 一般分为两种开发语言：VB.NET 和 C#。C#相对比较常用，因为是.NET 独有的
语言；VB.NET 则为以前 VB 程序设计，适合于以前 VB 程序员。如果新接触.NET，没有其他
开发语言经验，建议直接学习 C#即可。

（3）简单性和易学性

ASP.NET 使运行一些很平常的任务，如表单的提交、客户端的身份验证、分布系统和网站配
置等变得非常简单。例如，ASP.NET 页面构架允许用户建立自己的用户分界面，使其不同于常见
的 VB-Like 界面。

（4）高效可管理性

ASP.NET 使用一种字符基础的、分级的配置系统，使服务器环境和应用程序的设置更加简单。因为配置信息都保存在简单文本中，新的设置有可能都不需要启动本地的管理员工具就可以实现。这种方式使 ASP.NET 的基于应用的开发更加具体和快捷。

1.4.2　全新的.NET Framework 4.5

.NET Framework 为开发人员提供了公共语言运行库的运行时环境，它能够运行代码并为开发过程提供更轻松的服务。公共语言运行库的功能是通过编译器和工具分开，开发人员可以编写利用此托管执行环境的代码。托管代码是指使用基于公共语言运行库的语言编译器开发的代码。托管代码具有许多优点，如跨语言集成、跨语言异常处理、增强的安全性、版本控制和部署支持、简化的组件交互模型、调试和分析服务等。

当前新的版本是.NET Framework 4.5，与以往版本相比，.NET Framework 4.5 的新增功能如下。

（1）适用于 Windows 应用商店应用的.NET

Windows 应用商店为特定窗体因素而设计并利用 Windows 操作系统的功能。通过使用 C#或 Visual Basic，.NET Framework 4.5 的子集可用于生成 Windows 的 Windows 应用商店应用程序。

（2）可移植类库

在 Visual Studio 2012 中的可移植类库可让用户编写和生成在多个.NET Framework 平台上运行的托管程序集。使用"可移植类库"项目可以选择这些平台（如 Windows Phone 和适用于 Windows 应用商店应用的.NET）作为目标。

（3）并行计算

.NET Framework 4.5 为并行计算提供若干新功能和性能改进，主要包括提高了原有技术的性能，增加了新的控件，为异步编程提供了更好的支持，对数据流库、并行调试器和性能分析提供了更好的支持。

具体来说，ASP.NET 4.5 主要包括如下所示的新功能。

- ❑ 为支持新的 HTML 5 窗体提供了新的类型支持。
- ❑ 在 Web 窗体中提供了对模型联编程序的支持，允许直接将数据控件绑定到数据访问方法，并自动将用户输入转换到.NET Framework 的数据类型。
- ❑ 改进了客户端验证脚本机制，为验证功能提供了新的 JavaScript 支持。
- ❑ 改进了客户端脚本的处理性能，通过新的页面处理、绑定和缩减机制提高了效率。
- ❑ 通过借助于 AntiXSS 库（以前的外部库）中的集成编码例程，可以实现跨站点式脚本攻击保护功能。
- ❑ 为 WebSockets 协议提供了支持。
- ❑ 支持异步读取和写入 HTTP 请求/响应。
- ❑ 支持页面和窗体的异步模块和处理程序。
- ❑ 为 ScriptManager 控件的内容分布式 Web（CDN）应用提供了回退支持。

1.4.3　公共语言运行时

CLR 是 Common Language Runtime 的缩写，译为公共语言运行时。CLR 是所有.NET 应用程序运行时环境，是所有.NET 应用程序都使用的编程基础。CLR 可以看作一个在执行时管理代码的代理，管理代码是 CLR 的基本原则，能够被管理的代码称为托管代码，反之称为非托管代码。CLR 由两个部分组成：CLS（Common Language Specification，公共语言规范）和 CTS（Common Type Stytem，通用类型系统）。

（1）CTS

C#和 Visual Basic.NET 都是公共语言运行时的托管代码，它们的语法和数据类型各不相同。CLR 是如何对这两种不同的语言进行托管的呢？CTS 用于解决不同语言的数据类型不同的问题，如 C#中的整型是 int，而 Visual Basic.NET 中的整型是 Integer，通过 CTS 可以把它们两个编译成通用的类型 Int32。所有的.NET 语言共享这一类型系统，在它们之间实现无缝互操作。

（2）CLS

编程语言的区别不仅在于类型，语法或者说语言规范也都有很大的区别。因此，.NET 通过定义 CLS，限制了由这些不同点引发的互操作性问题。CLS 是一种最低的语言标准，制定了一种以.NET 平台为目标的语言所必须支持的最小特征，以及该语言与其他.NET 语言之间实现互操作所需要的完备特征。凡是遵守这个标准的语言在.NET 框架下都可以互相调用。例如，C#中命名是区分大小写的，而 Visual Basic.NET 中不区分大小写，这样 CLS 就规定编译后的中间代码必须除了大小写之外，还要有其他的不同之处。

（3）NET 编译技术

为了实现跨语言开发和跨平台的战略目标，.NET 所有编写的应用都不编译为本地代码，而是编译为微软中间代码（Microsoft Intermediate Language，MSIL）。它将由 JIT（Just In Time）编译器转换成机器代码。C#和 Visual Basic.NET 代码通过它们各自的编译器编译成 MSIL，MSIL 遵守通用的语法，CPU 不需要了解它，再通过 JIT 编译器编译成相应的平台专用代码（这里所说的平台是指我们的操作系统）。这种编译方式实现了代码托管，同时提高了程序的运行效率。

1.5　3 种必备技术

📀 知识点讲解：光盘:视频\PPT 讲解（知识点）\第 1 章\3 种必备技术.mp4

ASP.NET 技术是一门功能强大的 Web 开发技术，它能够迅速实现动态页面。但是 ASP.NET 也并不是万能的，它需要和其他的页面技术相结合，例如常见的 HTML、CSS 和 JavaScript 等。在本节的内容中，将简要介绍和 ASP.NET 相关的网页技术，为读者学习本书后面内容做好铺垫。

1.5.1　HTML 技术基础

HTML 是制作网页的基础，现实中的各种网页都是建立在 HTML 基础之上的。通过 HTML 可以实现对页面元素的布局处理。在本节的内容中，将简要讲解 HTML 技术的基本知识。

1. 创建基本静态页面

静态网页上的内容是静态不变的，它是网站技术的基础。静态网页能够迅速将内容展现在用户面前，是网站技术不可缺少的组成部分。

（1）设置网页头部和标题

网页头部位于网页的顶部，用于设置与网页相关的信息。例如，页面标题、关键字和版权等信息。当页面执行后，不会在页面正文中显示头部元素信息。

HTML 网页头部有如下 3 种设置信息。

❑　文档类型

文档类型（DOCTYPE）的功能是定义当前页面所使用标记语言（HTML 或 XHTML）的版本。合理选择当前页面的文档类型是设计标准 Web 页面的基础。只有定义了页面的文档类型后，页面中的标记和 CSS 才会生效。

❑　编码类型

编码类型的功能是设置页面正文中字符的格式,确保页面文本内容正确地在浏览器中显示。常用的编码类型有 GB2312 编码、UTF-8 编码和 HZ 编码。

❑ 页面标题

页面标题（Title）的功能是设置当前网页的标题。设置后的标题不在浏览器正文中显示，而在浏览器的标题栏中显示。

（2）设置页面正文和注释

正文和注释是页面的主体，网页通过正文向浏览者展示页面的基本信息。注释是编程语言和标记语言中不可缺少的要素。通过注释不但可以方便用户对代码的理解，并且便于系统程序的后续维护。

❑ 正文

网页正文定义了其显示的主要内容和显示格式，是整个网页的核心。在 HTML 等标记语言中设置正文的标记是"<body>..</body>"，其语法格式为：

```
<body>页面正文内容</body>
```

❑ 注释

注释的主要作用是方便用户对代码的理解，并便于对系统程序的后续维护。HTML 中插入注释的语法格式为：

```
<!--注释内容 -->
```

（3）文字和段落处理

文档由文字组成，是网页技术中的核心内容之一。网页通过文档和图片等元素向浏览用户展示站点的信息。

❑ 设置标题文字

网页设计中的标题是指页面中文本的标题，而不是 HTML 中的<title>标题。标题在浏览器的正文中显示，而不是在浏览器的标题栏中显示。

在页面中使用标题文字的语法格式为：

```
<hn align=对齐方式 > 标题文字 </hn>
```

❑ 设置文本文字

HTML 标记语言不但可以给文本标题设置大小，而且可以给页面内的其他文本设置显示样式，如字体大小、颜色和所使用的字体等。

```
文本文字标记：<font >
```

在网页中为了增强页面的层次，其中的文字可以用<font>标记为不同的大小、字体、字型和颜色。<font>标记的语法格式为：

```
<font size=数字  face=字体名  color=颜色> 被设置的文字 </font >
```

❑ 字型设置

网页中的字型是指页面文字的风格，例如，文字加粗、斜体、带下划线、上标和下标等。常用字型标记的具体说明如表 1-1 所示。

表 1-1   常用字型标记列表

字 型 标 记	描　　述
<B></B>	设置文本加粗显示
<I></I>	设置文本倾斜显示
<U></U>	设置文本加下划线显示
<TT></TT>	设置文本以标准打印字体显示
	设置文本下标
	设置文本上标
<BIG><BIG>	设置文本以大字体显示
<SMALL></SMALL>	设置文本以小字体显示

❏ 设置段落标记

段落标记<p>的功能是定义一个新段落的开始。标记<P>不但能使后面的文字换到下一行，还可以使两段之间多一空行。由于一段的结束意味着新一段的开始，所以使用<P>也可省略结束标记。

段落标记<P>的语法格式为：

`<P align = 对齐方式>`

（4）超链接处理

超链接是指从一个网页指向另一个目的端的转换标记，是从文本、图片、图形或图像映射到全球广域网上网页或文件的指针。在万维网（WWW）上，超链接是网页之间和 Web 站点之中主要的导航方法。

网页中的超链接功能是由<a>标记实现的。标记<a>可以在网页上建立超文本链接，通过单击一个词、句或图片可从此处转到目标资源，并且这个目标资源有唯一的 URL 地址。

标记<a>的语法格式为：

`< a  href=地址  name=字符串  target=打开窗口方式> 热点 </ a >`

（5）插入图片

图片是 Web 网页中的重要组成元素之一，页面通过图片的修饰可以向浏览者展现出多彩的效果。在Web 网页中，图片通常有 GIF 和 JPEG 两种格式。

❏ 设置背景图片

背景图片是指将图片作为网页的背景。在网页设计过程中，经常为满足特定需求而将一幅图片作为背景。无论是背景图片，还是背景颜色，都可以通过<BODY>标记的相应属性来设置。

使用<BODY>标记的 background 属性，可为网页设置背景图片。其语法格式为：

`<BODY background=图片文件名>`

❏ 插入指定图片

如果页面需要将图片作为主体内容，则可以在页面中插入图片。在具体实现上，通常使用图片标记<img>将一幅图片插入到网页中。使用图片标记后，可以设置图片的替代文本、尺寸、布局等属性。

<img>标记的语法格式为：

`<img src=文件名  alt=说明  width=x height=y border=n hspace=h vspace=v align=对齐方式>`

（6）列表处理

列表是 HTML 页面中常用的基本标记。常用的列表分为无序列表和有序列表。带序号标志（如数字、字母等）的表项就组成有序列表，否则为无序列表。

❏ 无序列表

无序列表中每一个表项的最前面是项目符号，例如"●""■"等。在页面中通常使用标记<UL>和<LI>创建无序列表，其语法格式为：

```
<UL type=符号类型>
    <LI type=符号类型1> 第一个列表项
    <LI type=符号类型2> 第二个列表项
    …
</UL>
```

❏ 有序列表

有序列表中，列表前的项目编号是按照顺序样式显示的。例如，1、2、3…或Ⅰ、Ⅱ…通过带序号的列表可以更清楚地表达信息的顺序。使用<OL>标记可以建立有序列表，表项的标记仍为<LI>。其语法格式为：

```
<OL type=符号类型>
  <LI type=符号类型1> 表项1
  <LI type=符号类型2> 表项2
  …
</OL>
```

2. HTML 页面布局

页面布局是整个网页技术的核心，通过 HTML 标记可以对页面进行布局处理，分配各元素在网页中的显示位置。在下面的内容中，将对 HTML 布局标记的基本知识进行简要介绍。

（1）使用表格标记

表格是 Web 网页中的重要组成元素之一，页面通过表格的修饰可以提供用户需求的显示效果。在页面中创建表格的标记是<table>，创建行的标记为<tr>，创建表项的标记为<td>。表格中的内容写在"<td>...</td>"之间。"<tr>...</tr>"用来创建表格中的每一行，它只能放在<table></table>标记对之间使用，并且在里面加入的文本是无效的。

表格标记的语法格式为：

```
<table align=left|center|right border=n width=值 height=值%>
    <tr> <th>表头1<th>表头2...<th>表头n
    <tr> <td>表项1<td>表项2...<td>表项n
    ……
    <tr> <td>表项1<td>表项2...<td>表项n
</table >
```

（2）使用框架标记

框架是 Web 网页中的重要组成元素之一，页面通过框架可以满足用户特定需求的显示效果。

通过框架页面，可以将信息分类显示。框架是框架集内各框架的可视化表示形式，能够显示框架集的层次结构。例如，图 1-4 所示的就是一个典型的左右两侧的框架页面。

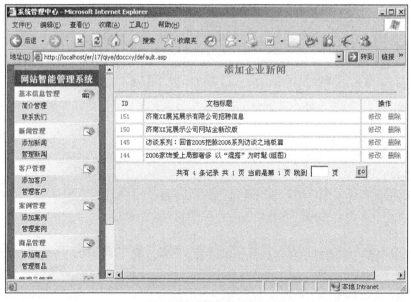

图 1-4　框架页面效果图

在页面中实现框架功能的标记有框架组标记"<FRAMESET>…</FRAMESET>"和框架标记"<FRAME>" 两个。其中，前者用于划分一个整体的框架，而"<FRAME>"的功能是设置整体框架中的某一个框架，并声明其中框架页面的内容。

上述框架标记的语法格式为：

```
<FRAMESET>
    <FRAME   src="URL">
    <FRAME   src="URL">
    …
</FRAMESET>
```

（3）使用层标记

div 是网页标记语言中的重要组成元素之一，网页通过 div 可以实现页面的规划和布局。div 的全称是 division，意为"区分"的意思。div 主要功能是对页面内的网页元素进行区分处理，使之划分为不同的区域，并且这些区域可以进行单独修饰处理。

div 标记是一个对称双标记，它的起始标签和结束标签之间所有的内容都用来构成这个块元素，其中所包含元素的特性由 div 标签的属性来控制，或通过使用样式表来进行控制。

因为 div 元素是一个块元素，所以其中可以包含文本、段落、表格和章节等复杂内容。在页面中使用 div 标记的格式为：

```
<div 参数>中间部分</div>
```

1.5.2 CSS 技术基础

CSS 是一种装扮网页的技术，不但可以控制页面内某个元素的显示样式，而且可以控制整个站点内某元素的样式，让页面更加绚丽。在本节的内容中，将简要讲解 CSS 技术的基本知识。

1. CSS 概述

在网页中最为常见的应用便是层叠样式表（Cascading Style Sheets，CSS）。当网页需要将指定内容按照指定样式显示时，利用 CSS 即可轻松实现。在网页中使用 CSS 的方式有如下两种。

❑ 网页内直接设置 CSS：在当前页面直接指定样式。

❑ 第三方页面设置：在一个网页中单独设置 CSS，然后通过文件调用这个 CSS 来实现指定显示效果。

网页设计中常用的 CSS 属性如表 1-2 所示。

表 1-2 常用的 CSS 属性列表

取 值	描 述
color	设置文字或元素的颜色
background-color	设置背景颜色
background-image	设置背景图像
font-family	设置字体
font-size	设置文字的大小
list	设置列表的样式
cursor	设置鼠标的样式
border	设置边框的样式
padding	设置元素的内补白
margin	设置元素的外边距

CSS 可以用任何书写文本的工具进行开发。例如，常用的文本工具等。CSS 也是一种语言，CSS 是用来美化网页用的，使用 CSS 语言可以控制网页的外观。

2. CSS 的特点和意义

作为一种网页样式显示技术，CSS 主要有如下几个特点。

❑ CSS 语言是一种标记语言，它不需要编译，可以直接由浏览器执行。

❑ 在标准网页设计中，CSS 负责网页内容的表现。

❑ CSS 文件也可以说是一个文本文件，它包含了一些 CSS 标记，CSS 文件必须使用.css 作为文件扩展名。

❑ 可以通过简单地更改 CSS 文件来改变网页的整体表现形式，大大减少了重复劳动的工作量。

CSS 对 Web 开发技术的发展带来了巨大的冲击和革新,并且为网页设计者带来了真正的好处。CSS 引入网页制作领域后主要具有如下意义。

- ❑ 实现了内容与表现的分离:使网页的内容与表现完全分开。
- ❑ 表现的统一:可以使网页的表现非常统一,并且容易修改。
- ❑ CSS 可以支持多种设备,如手机、打印机、电视机、游戏机等。
- ❑ 使用 CSS 可以减少网页的代码量,加快网页的浏览速度,减少硬盘的占用空间。

3. CSS 的语法结构

因为经常用到的 CSS 元素是选择符、属性和值。所以,在 CSS 的语法中主要涉及上述 3 种元素。CSS 的基本语法结构为:

```
<style type="text/css">
    <!--
. 选择符{属性:值}
    -->
</style>
```

1.5.3 JavaScript 技术基础

JavaScript 是一门基于对象(Object)和事件驱动(Event Driven)的脚本技术,并具有安全性能的脚本语言。设计 JavaScript 的目的是与 HTML、Java 脚本语言(Java 小程序)相互结合,实现在 Web 页面中链接多个对象,并与 Web 客户交互的效果,从而实现客户端应用程序的开发。

JavaScript 的语法格式为:

```
<Script Language ="JavaScript">
JavaScript脚本代码1
JavaScript脚本代码2
......
</Script>
```

例如,可以编写如下代码,执行后将弹出一个提示对话框:

```
<html>
<head>
<Script Language ="JavaScript">
// JavaScript 开始
alert("这是第一个JavaScript例子!");          //提示语句
alert("欢迎你进入JavaScript世界!");          //提示语句
alert("今后我们将共同学习JavaScript知识! ");  //提示语句
</Script>
</Head>
</Html>
```

在上述代码中,<Script Language="JavaScript">与</Script>之间的部分是 JavaScript 脚本语句。实例执行后的显示效果如图 1-5 所示。

图 1-5 显示效果图

上述实例文件是 HTML 文档，其标识格式为标准的 HTML 格式。而在实际应用中，JavaScript 脚本程序将被专门编写，并保存为 ".js" 格式的文件。当 Web 页面需要这些脚本程序时，只需通过 "<script src="文件名">…</script>" 调用即可。

1.6 技 术 解 惑

ASP.NET 功能强大，能够为我们开发出各种应用的动态 Web 站点。因此，ASP.NET 一直深受广大程序员的喜爱。作为一名初学者，肯定会在学习过程中遇到很多疑问和困惑。为此在本节中，笔者将自己的心得体会与大家分享，希望能帮助读者解决困惑问题。

1.6.1 ASP.NET 技术和新兴技术 HTML 5 的结合

近年来，随着 HTML 5 的推广和发展，HTML 5 技术带来的许多新特性已经被人们所认可，例如新的 HTML 标记，原生的视频和音频支持，以及拖放操作等。未来的 ASP.NET 首先会支持 HTML 5 中更符合语义的标记。例如，在 ASP.NET 2.0 中，<asp:Menu /> 控件会生成复杂的 table 标记，在 ASP.NET 4 中则会变成符合目前语义的 ul/il 嵌套，而在未来的 ASP.NET 中，可能会生成 <menu /> 标记。此外，HTML 5 的 Web Storage 功能允许将数据储存在浏览器上，未来的 Microsoft Ajax 库中将会提供一个可选的 IntermediateDataContext 用于替换目前的 AdoNetDataContext，后者将数据通过 WCF 接口存放在服务器端，而前者则将数据保存在本地。

1.6.2 学好 ASP.NET 的建议

（1）基础要扎实，学习要深入

基础的作用不言而喻，在此重点说明 "深入" 的作用。职场不是学校，企业要求你能高效地完成项目功能，这就要求我们在学习的过程中，不仅要扎实掌握 ASP.NET 的基础知识，而且要将 ASP.NET 技术的精髓吃透。

（2）恒心，演练，举一反三

学习编程是一个枯燥的过程，要想成为编程高手，必须持之以恒，学会在枯燥中寻找编程的乐趣。另外，编程最注重实践，最怕闭门造车。每一个语法，每一个知识点，都要反复演练，并且做到举一反三，灵活运用，这样才能加深对知识的理解。

（3）语言之争的时代更要学会坚持

有很多意志不坚定的初学者，热衷于追逐新奇的方技术，而忽视于基本功的学习。例如 Ajax 技术刚刚诞生时，就马上投入到 Ajax 热潮中，而苹果公司在刚刚推出 Swift 语言时，就急忙加入到学习大军中，这种见异思迁的行为不值得广大程序员学习。

到现在为止，C 语、C#和 Java 一直活跃于程序开发领域，这些已经诞生并流行的开发语言有着强大的生命力，值得我们去坚持！

第 2 章

搭建开发环境

ASP.NET 是一门功能强大的 Web 开发技术，它是建立在特定的开发平台之上的。所以在进行 ASP.NET 开发前，需要为其建立专门的开发平台，搭建开发环境。在本章中，将简要介绍搭建 ASP.NET 开发环境的方法，为读者学习本书后面的内容打好基础。

2.1 配置 ASP.NET 环境

知识点讲解：光盘:视频\PPT 讲解（知识点）\第 2 章\配置 ASP.NET 环境.avi

因为 ASP.NET 应用程序的宿主是 IIS，它包含在微软的 Windows 系统中。对于个人用户，可以通过 IIS 将计算机虚拟为 Web 服务器，这样就可以在本地测试使用 ASP.NET 程序。本节将详细讲解为 ASP.NET 配置开发环境的方法。

2.1.1 安装 IIS

IIS（Internet Information Services，互联网信息服务）是由微软公司提供的基于运行 Microsoft Windows 的互联网基本服务。最初是 Windows NT 版本的可选包，随后内置在 Windows 2000、Windows XP Professional、Windows Server 2003、Windows 7 中一起发行，但在 Windows XP Home 版本上并没有 IIS。由此可见，对于当前最普遍的 Windows 7 系统来说，因为已经内置了 IIS，所以我们无需单独进行安装。如果用户使用的是比较老的版本，则需要单独安装 IIS。下面以 Windows XP 系统为例，介绍安装 IIS 的方法。

（1）依次单击【开始】→【设置】→【控制面板】命令，打开"控制面板"界面，效果如图 2-1 所示。

图 2-1 "控制面板"界面效果图

（2）双击"添加或删除程序"图标，打开"添加或删除程序"对话框，如图 2-2 所示。

（3）在"添加或删除程序"对话框左侧，单击"添加/删除 Windows 组件"图标，打开"Windows 组件向导"对话框，如图 2-3 所示。

（4）选中"组件"列表框中的"Internet 信息服务（IIS）"选项，单击【下一步】按钮，组件向导即开始安装所选组件。

（5）在安装向导的最后一页单击【完成】按钮，完成 IIS 组件的安装。

（6）在【控制面板】界面中双击【管理工具】图标，弹出"管理工具"对话框，在其中双击"Internet 信息服务"图标，打开"Internet 信息服务"对话框，如图 2-4 所示。

注意：如果此处"默认网站"状态为停止，应右键单击后选择"启动"命令，使服务器运行，如图 2-5 所示。

IIS 安装完成后，在浏览器地址栏中输入"http://localhost/iishelp/iis/misc/"，即可看到 IIS 自带的帮助文档和 ASP 文档，如图 2-6 所示。

图 2-2 "添加或删除程序"对话框

图 2-3 "Windows 组件向导"对话框

图 2-4 "Internet 信息服务"对话框

图 2-5 启动 IIS 效果图

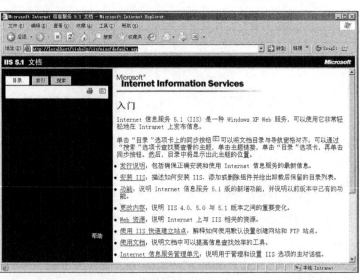

图 2-6 IIS 帮助文档主页效果图

✿ 注意：安装 IIS 的默认主目录是 C:\Inetpub\wwwroot，不需要做任何改动即可使用 IIS。

2.1.2 IIS 的配置

成功安装并启动 IIS 后，还需要做一些合理的配置工作，才能使自己的站点正确、高效地运行。

创建虚拟目录

如果网站包含的 ASP 执行文件不在主目录文件夹中，则必须创建虚拟目录将这些文件包含到网站中。如果要执行的文件在其他计算机上，还需要指定此目录的通用名称，并提供具有访问权限的用户名和密码。

（1）在图 2-4 所示的对话框中，用鼠标右击默认网站，在弹出的快捷菜单中选择【新建虚拟目录】命令，打开虚拟目录创建向导，效果如图 2-7 所示。

（2）单击【下一步】按钮，打开"虚拟目录别名"对话框，如图 2-8 所示，在"别名"对话框中输入别名。

图 2-7　创建虚拟目录

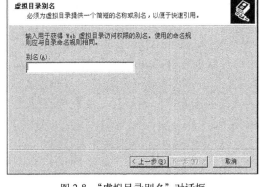

图 2-8　"虚拟目录别名"对话框

（3）单击【下一步】按钮，打开"网站内容目录"对话框，如图 2-9 所示。在该对话框中输入要发布到的位置（本书实例为 E:\123），然后在打开的"访问权限"对话框中增加该目录开放的权限，这里选中"执行"复选框。

完成 IIS 的配置工作后，还是不能运行 ASP.NET 程序，需要安装 .NET Framework。.NET Framework 只有安装后才能测试和配置 ASP.NET 程序。因为在微软的 Visual Studio 2012 集成开发工具中，已经包含了 .NET Framework 4.5，所以在此省略对 .NET Framework 4.5 的安装和配置。

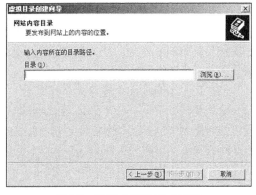

图 2-9　"网站内容目录"对话框

2.2　Visual Studio 2012 概述

📖 知识点讲解：光盘:视频\PPT 讲解（知识点）\第 2 章\全新的 Visual Studio 2012.avi

Visual Studio.NET 是微软为适用 .NET 平台而推出的专用开发工具，它是一个集成的开发环境，能够编写 Visual Basic.NET、Visual C++ .NET、Visual C#.NET 和 Visual J# .NET 等专业编

程语言。通过 Visual Studio 2012 可以在同一项目内使用不同的语言，并能实现它们之间的相互无缝接口处理，共同实现指定的功能。微软的.NET 被称为软件行业的革命，而 Visual Studio.NET 则为这个跨时代的革命提供了强有力的实现支持，为.NET 的推广和程序员的学习、使用带来了极大的方便。所以 Visual Studio.NET 一经推出后，便受到了用户的欢迎和认可。当前最新的版本是 Visual Studio 2012。本节将详细介绍 Visuao Studio 2012 集成开发工具的基本知识。

2.2.1　Visual Studio 2012 基础

2012 年 9 月 12 日，微软公司在西雅图发布 Visual Studio 2012。其实早在同年的 8 月 16 日 Visual Studio 2012 和.NET Framework 4.5 就已经可以下载了，微软公司负责 Visual Studio 部门的公司副总裁 Jason Zander 还发表博客，列举了升级到 Visual Studio 2012 版的 12 大理由。

微软公司为不同的团队需求和规模，及其成员的不同角色量身定制了不同的版本。下面简要介绍这些版本的具体功能。

（1）Ultimate 2012 with MSDN

这是 MSDN 旗舰版，包含最全的 Visual Studio 套件功能及 Ultimate MSDN 订阅，除包含 Premium 版的所有功能外，还包含可视化项目依赖分析组件、重现错误及漏洞组件(IntelliTrace)、可视化代码更改影响、性能分析诊断、性能测试工具、负载测试工具和架构设计工具。

（2）Premium 2012 with MSDN：MSDN 高级版

此版本包含 Premium 版 MSDN 订阅，除了包含 Professional 2012 with MSDN 所有功能外，也包含同级代码评审功能、多任务处理时的挂起恢复功能（TFS）、自动化 UI 测试功能、测试用例及测试计划工具、敏捷项目管理工具、虚拟实验室、查找重复代码功能及测试覆盖率工具。

（3）Professional 2012 with MSDN

这是 MSDN 专业版，包含 Professional 版 MSDN 订阅，除了包含 Professional 2012 所有功能外，也包含 Windows Azure 账号、Windows 在线商店账号、Windows Phone 商店账号、TFS 生产环境许可及在线持续获取更新的服务。

（4）Professional 2012

这是专业版，在 IDE 集成开发环境中，提供了为 web、桌面、服务器、Azure 和 Windows phone 等应用开发的解决方案，为上述应用开发提供了程序调试分析和代码优化功能，并且通过单元测试提高了代码的质量。

（5）Test Professional 2012 with MSDN

这是测试专业版，包含 Test Professional 版本的 MSDN 订阅，包含测试、质量分析、团队管理的功能，但不包含代码编写及调试的功能，拥有 TFS 生产环境授权及 Windows Azure 账号、Windows 在线商店账号、Windows Phone 商店账号。

（6）免费版本

针对面向不同平台的学生和初学者，提供了面向不同应用的速成免费版的 Visual Studio。

❑　Visual Studio Express 2012 for Web：针对 Web 开发者。

❑　Visual Studio Express 2012 for Windows 8：针对 Windows UI (Metro)应用程序的开发者。

❑　Visual Studio Express 2012 for Windows Desktop：针对传统 Windows 桌面应用的开发者。

❑　Visual Studio Express 2012 for Windows Phone：针对 Windows Phone 7/7.5/8 应用的开发者。

2.2.2　Visual Studio 2012 的新功能

Visual Studio 2012 是 Visual Studio.NET 家族中较卓越的版本。和以往的版本相比，Visual Studio 2012 包含以下新功能。

（1）全新的外观和感受

整个 IDE 界面经过了重新设计，简化了工作流程，并且提供了访问常用工具的捷径。工具栏经过了简化，减少了选项卡的混乱性，用户可以使用全新、快速的方式找到代码。所有这些改变都可以让用户更轻松地导航应用程序，以用户喜爱的方式工作。

（2）为 Windows 8 做好准备

Visual Studio 2012 提供了新的模板、设计工具以及测试和调试工具——在尽可能短的时间内构建具有强大吸引力的应用程序所需要的一切。同时，Blend for Visual Studio 还为用户提供了一款可视化工具集，这样可以充分利用 Windows 8 全新而美观的界面。Visual Studio 2012 最有价值的地方是通过 Windows Store 将产品展现在数百万的客户面前，所以开发人员可以轻松编写代码和销售软件。

（3）Web 开发升级

对于 Web 开发，Visual Studio 2012 也为开发人员提供了新的模板、更优秀的发布工具和对新标准（如 HTML5 和 CSS3）的全面支持。此外，开发人员还可以利用 Page Inspector 在 IDE 中与正在编码的页面进行交互，从而更轻松地进行调试。通过 ASP .NET 技术，可以使用优化的控件针对手机、平板电脑等小屏幕设备来创建应用程序。

（4）新增了一些可以提高团队生产力的新功能

Visual Studio 2012 新增了一些可以提高团队生产力的新功能。这些新功能包括：

❑ Intellitrace in Production。开发者一般无法使用本地调试会话来调试生成程序，因此重现、诊断和解决生成程序的问题非常困难。而通过新的 Intellitrace in Production 功能，开发团队可以通过运行 pwoershell 命令激活 Intellitracecollector 来收集数据，然后 Intellitrace 会将数据传输给开发团队。开发者就可以使用这些信息在一个类似于本地调试会话的会话中调试程序。目前 Intellitrace in Production 仅为 Visual Studio 2012 旗舰版客户提供。

❑ Task/Suspend Resume。此功能解决了困扰多年的中断问题。假设开发者正在试图解决某个问题或者 Bug，然后领导需要你做其他事情，开发者不得不放下手头工作，然后过几小时以后才能回来继续调试代码。Task/Suspend Resume 功能会保存所有的工作（包括断点）到 Visual Studio Team Foundation server (TFS)。开发者回来之后，单击几下鼠标即可恢复整个会话。

❑ 代码检阅功能。新的代码检阅功能允许开发者可以将代码发送给另外的开发者检阅。启用"查踪"功能后，可以确保修改的代码会被送到高级开发者那里检阅，这样可以得到确认。

❑ Powerpoint Storyboarding 工具。此新工具是为了方便开发者和客户之间的交流而设计。使用 Powerpoint 插件，开发者可以生成 mockups 程序，这会帮助客户与开发者就客户所需的功能进行交流。

（5）云功能

以前每个人都需要维护一台服务器，仅扩展容量这一项便占用了基础架构投资的一大半。而现在可以利用云环境中动态增加存储空间和计算能力的功能快速访问无数虚拟服务器。Visual Studio 提供了新的工具来让我们将应用程序发布到 Windows Azure（包括新模板和发布选项），并且支持分布式缓存，维护时间更少。

（6）为重要业务做好准备

在 SharePoint 开发中会发现很多重要的改进，包括新设计工具、模板以及部署选项。用户可以利用为 SharePoint 升级的应用生命周期管理功能，如性能分析、单元测试和 IntelliTrace。但是最令人惊讶的还是 LightSwitch，有了它，用户只需编写少量代码就可以创建业务级应用程序。

（7）灵活、敏捷的流程，可靠的应用生命周期管理

随着应用程序变得越来越复杂，需要为开发团队提供更快、更智能工作的工具，这就是大家要加入一种灵活的敏捷方法的原因。利用 Visual Studio 和 Team Foundation Server，可以根据自己的步调采用效率更高的方法，同时还不会影响现有工作流程。另外，还提供了让您的整个组织来参与整个开发测试过程，通过新的方法让利益相关方、客户和业务团队成员跟踪项目进度并提出新的需求和反馈。

2.2.3　安装 Visual Studio 2012

在安装 Visual Studio 2012 之前，需要先明确如下硬件要求。

❑ 酷睿 II 2.0GHz 以上的 CPU。

❑ 2GB 以上的 RAM 内存，其中 1GB 用于维持操作系统。

❑ 10GB 以上的硬盘空间。

安装 Visual Studio 2012 的操作步骤如下。

（1）将安装盘放入光驱，或双击存储在硬盘内的安装文件 autorun.exe，弹出安装界面，如图 2-10 所示。

（2）在弹出的对话框中选择安装路径，并勾选"同意安装条款"复选框，如图 2-11 所示。

图 2-10　开始安装界面　　　　　　　　　　　图 2-11　选择安装路径

（3）单击【下一步】按钮后弹出安装起始页对话框，在此选择要安装的功能，如图 2-12 所示。在此建议全部选中，避免以后安装时遇到不可预知的麻烦。

（4）单击【安装】按钮后弹出安装进度对话框，如图 2-13 所示。

图 2-12　选择安装的功能　　　　　　　　　　图 2-13　"安装进度"对话框

（5）进度完成后弹出重启对话框，在此单击【立即重新启动】按钮，如图 2-14 所示。

（6）重启后弹出执行安装对话框，在这里将完成所有的安装工作，如图 2-15 所示。

图 2-14　"重启"对话框

图 2-15　"执行安装"对话框

（7）完成安装后，可以从"开始"菜单中启动 Visual Studio 2012，如图 2-16 所示。

图 2-16　启动 Visual Studio 2012

2.2.4　设置默认环境

首次打开 Visual Studio 2012，将弹出"选择默认环境设置"对话框。因为在本书中将使用 C#开发 ASP.NET 程序，所以此处选择"Visual C#开发设置"选项，如图 2-17 所示。单击【启动 Visual Studio】按钮后便开始配置，如图 2-18 所示。

图 2-17　"选择默认环境设置"对话框

图 2-18　环境配置

配置完成后将打开 Visual Studio 2012 的集成开发界面，如图 2-19 所示。

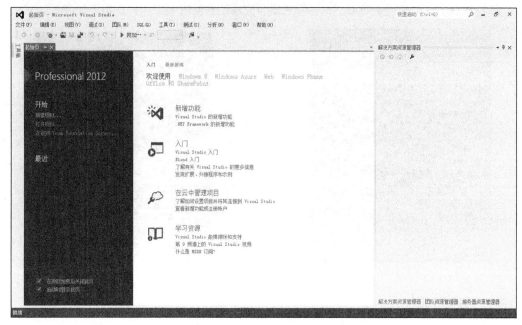

图 2-19 Visual Studio 2012 默认集成开发界面

2.2.5 新建项目

通过 Visual Studio 2012 可以迅速地创建一个项目，包括 Windows 应用程序、控制台程序和 Web 应用程序等常用项目。方法是在其菜单栏中依次单击【文件】|【新建】|【项目】命令，弹出"新建项目"对话框，在此可以设置项目的类型，如图 2-20 所示。

图 2-20 "新建项目"对话框

在菜单栏中依次单击【文件】|【新建】|【网站】命令，弹出"新建网站"对话框，在此可以迅速创建一个不同模板类型的网站项目，如图 2-21 所示。

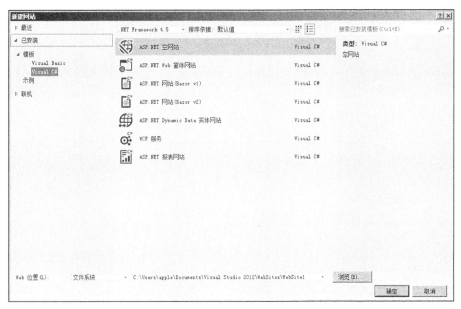

图 2-21 "新建网站"对话框

在菜单栏中依次单击【文件】│【新建】│【文件】命令，弹出"新建文件"对话框，在此可以迅速创建一个不同模板类型的文件，如图 2-22 所示。

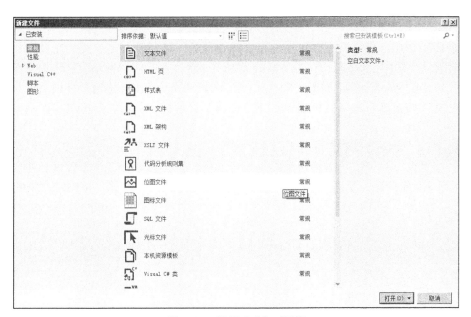

图 2-22 "新建文件"对话框

在创建一个新项目后，Visual Studio 2012 可以自动生成必需的代码。例如，新建一个 Visual C#的 ASP.NET Web 项目后，将在项目文件内自动生成必需格式的代码，并且在右侧的"解决方案资源管理器"中显示自动生成的项目文件，如图 2-23 所示。

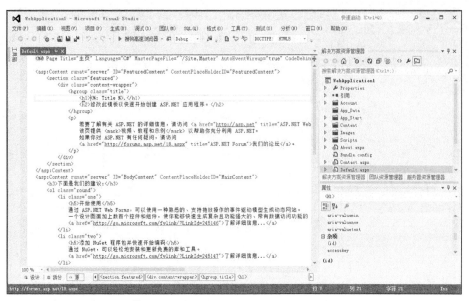

图 2-23　自动生成的代码和文件

2.2.6　解决方案资源管理器

解决方案和类视图是 Visual Studio 2012 的重要组成工具，通过它们可以更加灵活地对项目进行控制和管理。在下面的内容中，将对 Visual Studio 2012 解决方案和类视图进行简要介绍。

1. 解决方案

当创建一个项目后，会在"解决方案资源管理器"中显示自动生成的项目文件。解决方案中包含一个或多个"项目"，每个项目都对应于软件中的一个模块。在解决方案资源管理器中，Visual Studio 2012 将同类的文件放在一个目录下。当单击这个目录后，会将对应目录下的文件全部显示出来。例如，双击"引用"目录后，引用的程序集将显示出来，如图 2-24 所示。

右键单击"解决方案资源管理器"中的每个节点，都将弹出一个上下文菜单，通过选择其中的菜单命令，可以对节点对象进行相应的操作。例如，右键单击项目名并依次选择【添加】│【新建项】命令后，可以在项目内添加一个新的项目文件，如图 2-25 所示。

图 2-24　"引用"目录的程序集

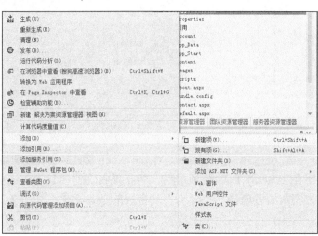

图 2-25　新建一个项目

2. 类视图

上面介绍的"解决方案资源管理器"是以文件为角度的项目管理，而 C#是一种面向对象的编程语言，其基本的对象编程单位是类。为此，Visual Studio 2012 提供了类视图对项目对象进行管理。

在依次单击菜单栏中的【视图】｜【类视图】命令，在"解决方案资源管理器"中将显示当前项目内的所有类对象，如图 2-26 所示。

在图 2-26 中显示了项目的命名空间、基类和各种子类，现具体说明如下。

- ❑ {}：表示命名空间。
- ❑ ◈：表示基类。
- ❑ ✿：表示普通类或子类。

在上方类视图中选中一个类类型，然后单击鼠标右键，将弹出一系列和类相关的操作命令，如图 2-27 所示。例如，选择"查看类图"命令，可以查看这个类的关系图结构，并且可以在 Visual Studio 2012 的底部窗口查看类的详细信息，如图 2-28 所示。

图 2-26　项目类视图

图 2-27　类操作命令

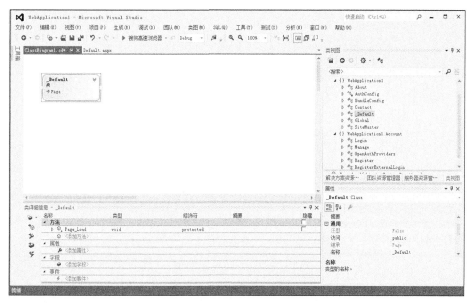

图 2-28　类关系结构和详细信息

2.2.7　文本编辑器

在"解决方案资源管理器"中双击文件名，即可查看此文件的源代码。如果在 Visual Studio 2012 中打开多个项目文件，会在文件名栏显示多个文件的文件名，文件名栏如图 2-29 所示。

```
ClassDiagram1.cd* × Program.cs
```

图 2-29　文件名栏

Visual Studio 2012 文本编辑器的主要特点如下。

1．用不同的颜色显示不同的语法代码

在 Visual Studio 2012 文本编辑器中，使用蓝色显示 C#的关键字，用绿色显示类名。

2．代码段落格式自动调整

在 Visual Studio 2012 中，文件源代码段落会自动缩进，这样可以加深代码对用户的视觉冲击。图 2-30 所示的就是段落缩进的代码格式。

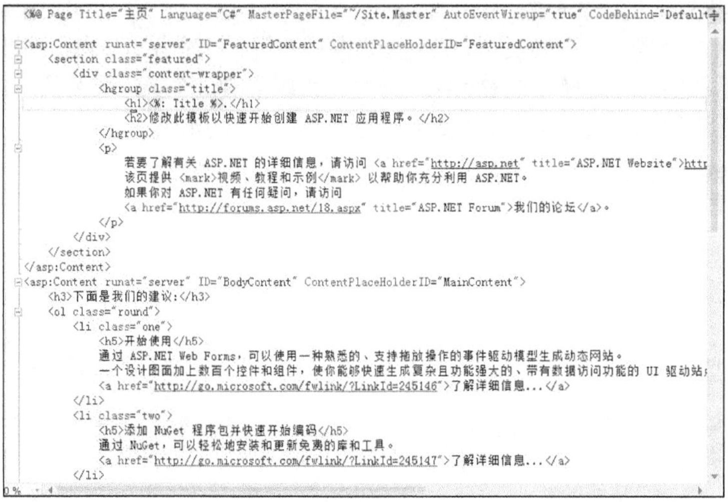

图 2-30　源代码段落缩进

3．语法提示

当用户使用文本编辑器进行代码编写时，编辑器能够根据用户的输入代码来提供对应的语法格式和关键字。例如，在图 2-29 所示的代码界面中输入字符"na"后，编辑器将自动弹出对应的提示字符，如图 2-31 所示。

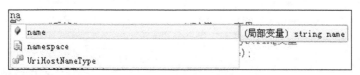

图 2-31　语法提示界面效果

4．显示行数

在 Visual Studio 2012 中会显示文件源代码的行数标记，这和 Dreamweaver 等工具一样，能够便于用户对程序的维护，迅速找到对应代码所在的位置。在初始安装 Visual Studio 2012 时，默认为不显示代码行数。解决方法如下。

（1）依次单击菜单栏中的【工具】｜【选项】命令，弹出"选项"对话框，如图 2-32 所示。

（2）在左侧下拉列表框中依次单击【文本编辑器】｜【所有语言】选项，然后勾选右侧"显示"组中的"行号"复选框，如图 2-33 所示。

（3）单击【确定】按钮后返回代码界面，此时文件中每行源代码前都将显示一个行号，如图 2-34 所示。

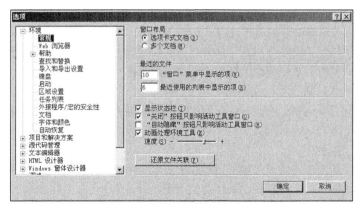

图 2-32　"选项"对话框

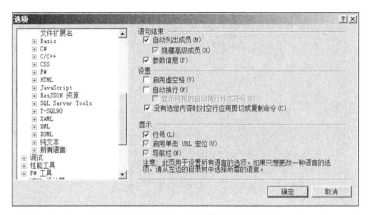

图 2-33　选中"行号"复选框

图 2-34　显示行号

2.2.8　生成与查错

依次单击 Visual Studio 2012 菜单栏中的【生成】│【生成解决方案】命令，可以生成当前解决方案的所有项目。当使用"生成"命令时，不会编译已经生成过并且生成后没有被修改的文件。如果使用"重新生成"命令，则将重新生成所有的文件。

解决方案和项目有如下两种生成模式。

❑　调试模式：即 Debug 模式，生成的代码中含有调试信息，可以进行源代码级的调试。

❑　发布模式：即 Release 模式，生成的代码中不含有调试信息，不能进行源代码级的调试，但是运行的速度要快。

开发人员可以依次单击菜单栏中的【生成】│【配置管理器】命令，在弹出的"配置管理器"对话框中设置项目的生成模式，如图 2-35 所示。

图 2-35　"配置管理器"对话框

如果项目中的代码出现错误，则不能成功生成，并在"错误列表内"输出错误提示，如图 2-36 所示。

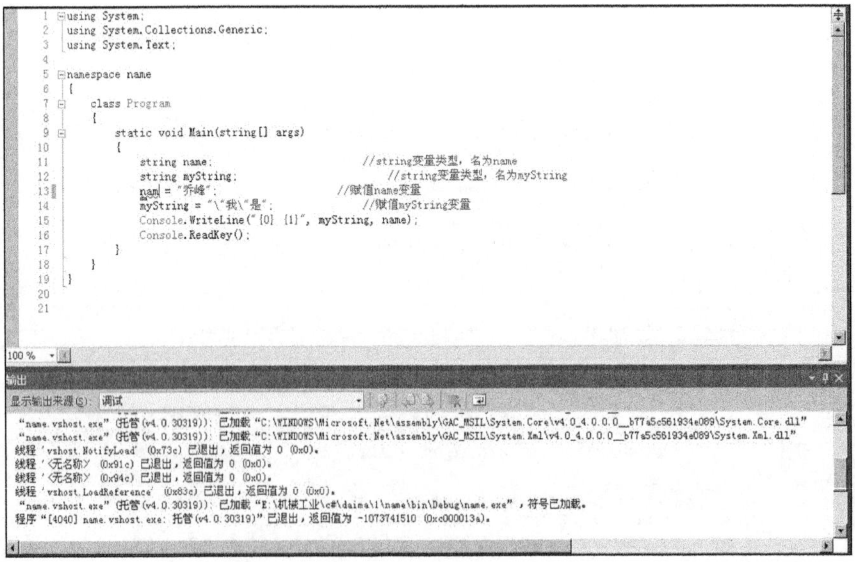

```
1  using System;
2  using System.Collections.Generic;
3  using System.Text;
4
5  namespace name
6  {
7      class Program
8      {
9          static void Main(string[] args)
10         {
11             string name;                      //string变量类型，名为name
12             string myString;                  //string变量类型，名为myString
13             nam = "乔峰";                      //赋值name变量
14             myString = "\"我\"是";             //赋值myString变量
15             Console.WriteLine("{0} {1}", myString, name);
16             Console.ReadKey();
17         }
18     }
19 }
20
21
```

图 2-36　生成错误提示

Visual Studio 2012 能够进行查错处理，在"代码段输出"框将出现错误的信息详细地显示出来，如图 2-37 所示。

图 2-37　查错结果详情

如果将错误修改后则能正确生成，并在"输出"框内显示对应的生成处理结果，如图 2-38
所示。

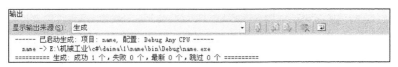

图 2-38　生成处理结果

2.2.9　强大的工具箱

在 Visual Studio 2012 的工具箱中，包含了.NET 开发所
需要的一切控件，这是计算机工具史上最强大的工具集。在
Visual Studio 2012 中，对不同类型的控件进行了分类。例如，
在创建 ASP.NET 项目时，工具箱界面效果如图 2-39 所示。

其中默认具有如下 8 类工具。

❑　标准。

包含 ASP.NET 开发过程中经常使用的控件，例如
Label 控件和 TextBox 控件等。

❑　数据。

包含和数据交互相关的控件，通常是一些常用的数据
源控件和数据绑定控件，能够连接不同格式的数据源并显
示指定的内容。

图 2-39　Visual Studio 2012 工具箱

❑　验证。

包含了所有和数据验证有关的控件，可以实现简单的数据验证功能。

❑　导航。

包含了用于实现站内导航的控件，这是从.NET Framework 2.0 开始新加入的一组控件，它
可以迅速地实现页面导航。

❑　登录。

包含了和用户登录相关的所有控件，也是从.NET Framework 2.0 开始新加入的一组控件，
它可以迅速地实现用户登录功能。

❑　WebParts。

包含了和 WebParts 相关的所有控件，也是从.NET Framework 2.0 开始新加入的一组控件，
它能够实现页面的灵活布局，为用户提供个性化的页面服务。

❑　HTML。

包含常用的 HTML 控件。

❑　常规。

这是一个空组，用户可以将自定义的常用控件添加到该组中。

❀　注意：在实际开发应用中，可能随时需要第三方控件来实现自己的功能。为此开发人员
可以下载第三方控件，并将其添加到 Visual Studio 2012 工具箱中。

2.3　编译和部署 ASP.NET 程序

知识点讲解：光盘:视频\PPT 讲解（知识点）\第 2 章\编译和部署 ASP.NET 程序.avi

当一个 ASP.NET 项目程序设计完毕后，需要运行才能浏览执行效果，效果满意后可以通过部署将网站发布到网络中。

2.3.1　编译、运行 ASP.NET 程序

通过使用 Visual Studio 2012 的菜单命令可以对 ASP.NET 的代码进行编译和运行。具体方法是依次单击菜单栏中的【生成】｜【重新生成网站】命令，如图 2-40 所示；也可以在"解决方案资源管理器"中右键单击方案名，然后在弹出的快捷菜单中选择"生成网站"命令，如图 2-41 所示。

 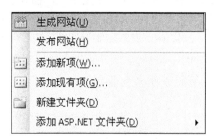

图 2-40　利用菜单栏编译、运行 ASP.NET 程序　　　图 2-41　利用解决方案资源管理器编译、
　　　　　　　　　　　　　　　　　　　　　　　　　　　　　　　　运行 ASP.NET 程序

在开发网页的过程中，还可以利用 Visual Studio 2012 顶部的 ▶ Internet Explorer ▾ Debug ▾ 按钮测试当前的网页。例如，使用 IE 浏览器测试一个 ASP.NET 网页的执行效果，如图 2-42 所示。

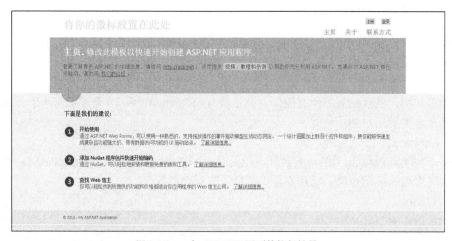

图 2-42　一个 ASP.NET 网页的执行效果

2.3.2　部署 ASP.NET 程序

部署 ASP.NET 程序的方法也有两种。

❑ 依次单击菜单栏中的【生成】|【发布网站】命令，如图 2-43 所示。

❑ 在"解决方案资源管理器"中右键单击方案名，然后在弹出的快捷菜单中选择"发布网站"命令，如图 2-44 所示。

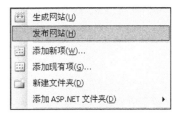

图 2-43 利用菜单栏部署 ASP.NET 程序 　　　图 2-44　利用解决方案资源管理器部署 ASP.NET 程序

经过上述操作后会弹出"发布网站"对话框，在其中可以对发布的网站进行设置，如图 2-45 所示。

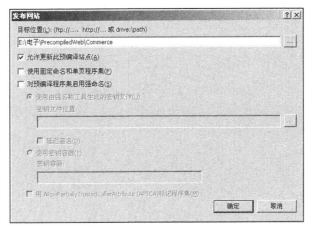

图 2-45　"发布网站"对话框

2.4　第一个 ASP.NET 程序

📽 知识点讲解：光盘:视频\PPT 讲解（知识点）\第 2 章\第一个 ASP.NET 4.5 程序.avi

学习完搭建 ASP.NET 开发环境的基本知识后，接下来将详细讲解利用 Visual Studio 2012 创建第一个 ASP.NET 4.5 程序的基本操作。

实例 000　创建第一个 ASP.NET 4.5 程序
源码路径　光盘\codes\2\

创建第一个 ASP.NET 4.5 程序的具体操作如下。

（1）打开 Visual Studio 2012，在菜单栏中依次单击【文件】|【新建网站】命令，在弹出的"新建网站"对话框的左侧选择"Visual C#"选项，在顶部第一个下拉列表框中选择".NET Framwork 4.5"选项，然后单击"ASP.NET 空网站"图标，单击【确定】按钮，如图 2-46 所示。

（2）在菜单栏中依次单击【文件】、【新建文件】命令，在弹出的"添加新项"对话框的左侧选择"Visual C#"选项，在中部单击"Web 窗体"图标，如图 2-47 所示。

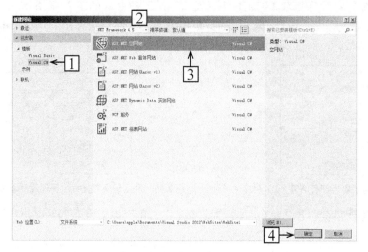

图 2-46　"新建网站"对话框

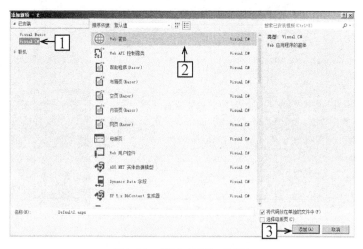

图 2-47　"添加新项"对话框

（3）单击【添加】按钮后会自动创建名为"Default.aspx"和"Default.aspx.cs"的文件。其中".aspx"是 ASP.NET 程序的扩展名。

文件 Default.aspx 负责显示网页内容，实现代码如下。

```
<%@ Page Language="C#" AutoEventWireup="true" CodeFile="Default.aspx.cs" Inherits="_Default" %>
<!DOCTYPE html>
<html xmlns="http://www.w3.org/1999/xhtml">
<head runat="server">
<meta http-equiv="Content-Type" content="text/html; charset=utf-8"/>
    <title></title>
</head>
<body>
    <form id="form1" runat="server">
    <div>

    </div>
    </form>
</body>
</html>
```

而文件 Default.aspx.cs 是一个 C#文件，负责处理动态内容，处理的结果会在文件 Default.aspx 中显示。文件 Default.aspx.cs 的实现代码如下。

```
using System;
using System.Collections.Generic;
using System.Linq;
using System.Web;
using System.Web.UI;
using System.Web.UI.WebControls;

public partial class _Default : System.Web.UI.Page
{
    protected void Page_Load(object sender, EventArgs e)
    {

    }
}
```

由此可见，ASP.NET 实现了表现和处理的分离。因为上述网页都是在 Visual Studio 2012 自动创建的，并且是一个空白页面，所以使用 ▷ Internet Explorer · ⑤ Debug · 按钮调试时会显示一个空白页面，如图 2-48 所示。

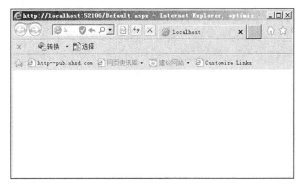

图 2-48　显示空白页面的 ASP.NET 4.5 文件

第 3 章

C#基础

ASP.NET 是一门功能强大的 Web 开发技术，它并不是一门编程语言，还需要使用专门的编程语言来实现 Web 功能。和 ASP.NET 开发最为绝配的编程语言是 C#，它是微软公司为.NET 平台专门指定的开发语言。C#通过和.NET Framework 完美结合，实现了强大的 Web 开发功能。本章将简要介绍.NET Framework 和 C#语言的基础知识。

本章内容	**技术解惑**
C#概述	代码缩进的意义
.NET Framework 框架简介	变量是否必须初始化
C#的基本语法	常量和变量的区别
变量	为什么使用类型转换
常量	避免分配额外的内存空间
类型转换	在编程中要确保尽量少装箱
其他数据类型	使用语句的几种限制
基本.NET 框架类	带/不带表达式的 return 语句
表达式	
运算符	
语句和流程控制	

3.1　C#概述

知识点讲解：光盘:视频\PPT 讲解（知识点）\第 3 章\什么是 C#.mp4

　　C#读作"C Sharp"，是从 C 和 C++进化而来的、新一代的编程语言。C#是微软公司发布的一种面向对象的、运行于.NET Framework 之上的高级程序设计语言，是微软公司研究员 Anders Hejlsberg 的研究成果。从表面来看，C#与 Java 有很多相似之处，它包括了诸如单一继承和界面，并且和 Java 拥有几乎相同的语法格式。实际上，C#与 Java 有着明显的不同，它与 COM(组件对象模型)是直接集成的，而且它是微软公司.NET Windows 网络框架的主角。C#是微软为.NET 平台量身打造的一种全新语言。

3.1.1　C#的推出背景

　　在过去的 20 年里，C 和 C++已经成为在商业软件开发领域中使用最广泛的语言。它们为程序员提供了十分灵活的操作，但同时它们也牺牲了一定的效率。例如，和 Visual Basic 等语言相比，同等级别的 C/C++应用程序往往需要更长的时间来开发。由于 C/C++语言的复杂性，许多程序员都试图寻找一种新的语言，希望能在功能与效率之间找到一个更为理想的平衡点。

　　目前，有些语言以牺牲灵活性的代价来提高效率。可是这些灵活性正是 C/C++程序员所需要的。这些解决方案对编程人员的限制过多（如屏蔽一些底层代码控制的机制），其所提供的功能难以令人满意。这些语言无法方便地同以前版本的操作系统交互，也无法很好地和当前的网络编程环境相结合。

　　对于 C/C++用户来说，最理想的解决方案无疑是在快速开发的同时又可以调用底层平台的所有功能。他们想要一种和最新的网络标准保持同步并且能和已有的应用程序良好整合的环境。另外，一些 C/C++开发人员还需要在必要的时候进行一些底层的编程。

　　C#就是微软公司针对上述问题给出的解决方案。C#是一种最新的、面向对象的编程语言。它使程序员可以快速地编写各种基于 Microsoft .NET 平台的应用程序，Microsoft .NET 提供了一系列的工具和服务来最大程度地开发计算机与通信领域。

　　正是由于 C#面向对象的卓越设计，使它成为构建各类组件的理想之选——无论是高级的商业对象，还是系统级的应用程序。使用简单的 C#语言结构，这些组件可以方便地转化为 XML 网络服务，从而使它们可以由任何语言在任何操作系统上通过 Internet 进行调用。最重要的是，C#使得 C/C++程序员可以高效地开发程序，而绝不损失 C/C++原有的强大功能。因为这种继承关系，C#与 C/C++具有极大的相似性，熟悉类似语言的开发者可以很快地转型于 C#。

3.1.2　C#的特点

　　C#语言的定义主要是从 C 和 C++继承而来的，而且语言中的许多元素也反映了这一点。C#在设计者从 C++继承的可选选项方面比 Java 要广泛一些，它还增加了自己独有的新特点。但是 C#还不太成熟，需要进化成一种开发者能够接受和采用的语言。

　　C#的特点主要体现在如下 3 个方面。

　　1. 从 Java 中继承的特点

　　C#继承了 Java 的大多数特点，包括实用语法和范围等。例如，最基本的"类"，在 C#中类的声明方式和在 Java 中很相似。Java 的关键字 import 在 C#中被替换成了 using，但是它们起到了同样的作用，并且一个类开始执行的起点都是静态方法 Main()。

2. 从 C 和 C++中继承的特点

C#从 C 和 C++中继承的特点主要体现在如下 3 个方面。

❑ 编译。程序直接编译成标准的二进制可执行形式，但 C#的源程序并不是被编译成二进制可执行形式，而是一种中间语言，类似于 JAVA 的字节码。例如，一个名为 "Hello.cs" 的程序文件，它将被编译成 Hello.exe 的可执行程序。

❑ 结构体。一个 C#的结构体与 C++的结构体是相似的，它们都包含数据声明和方法。

❑ 预编译。C#中存在预编译指令，支持条件编译、警告、错误报告和编译行控制。

3. 基本特点

C#的基本特点如下。

❑ 简单。C#具有的一个优势就是便于学习，因为它去掉了 C++的一些功能。

❑ 现代。C#是为编写 NGWS（NGWS 是微软的开发平台，它使创建网络应用程序、Win32 和 Win64 图形用户界面和控制台应用程序、Windows 服务以及用作 NGWS 应用程序构造块的通用组件等任务变得简单。

❑ 面向对象。C#支持所有关键的面向对象的概念，如封装、继承和多态性。

❑ 类型安全。C#实施最严格的类型安全，以保护自己及垃圾收集器，所以，在使用过程中必须遵守 C#中一些相关变量的规则。例如，不能使用没有初始化的变量，取消了不安全的类型转换，实施边界检查等。

❑ 兼容。C#不是一个封闭的技术，它允许使用 NGWS 的通用语言访问不同的 API。CLS （公共语言规范）规定了一个标准，符合这种标准的语言可以在程序内部访问并实现任何相关操作。为了加强 CLS 的编译功能，C#编译器可以检测出所有的公共出口，并在程序运行失败时列出错误信息。

❑ 灵活。当 C#对原始 Win32 代码进行访问时，有时会使用非安全类型指定的指针。尽管 C#代码的默认状态是类型安全的，但是，可以声明一些类或类的方法是非安全类型的。通过这样的非安全类型声明，允许我们使用指针和结构来静态地分配数组。

3.2　.NET Framework 框架简介

📽 知识点讲解：光盘:视频\PPT 讲解（知识点）\第 3 章\.NET Framework 框架介绍.mp4

.NET Framework 提供了一个称为公共语言运行库的运行时环境，它运行代码并提供使开发过程更轻松的服务。.NET Framework 是微软重新树立自己在软件业界的信心和地位的崭新战略和概念。本节将详细介绍.NET Framework 框架的基本知识。

3.2.1　.NET Framework 简介

公共语言运行库的功能是通过编辑器和工具公开，开发人员可以编写利用此托管执行环境的代码。使用基于公共语言运行库的语言编译器开发的代码称为托管代码。托管代码具有许多优点，例如，跨语言集成、跨语言异常处理、增强的安全性、版本控制和部署支持、简化的组件交互模型、调试和分析服务等。

如果要使公共语言运行库能够向托管代码提供服务，语言编译器必须生成一些元数据来描述代码中的类型、成员和引用。元数据与代码一起存储；每个可加载的公共语言运行库可移植执行（PE）文件都包含元数据。公共语言运行库使用元数据来完成多种任务，例如查找和加载类，在内存中安排实例，解析方法调用，生成本机代码，强制安全性，以及设置运行时上下文边界。

公共语言运行库自动处理对象布局并管理对象引用，当不再使用对象时翻译它们。按这种方式实一生存期管理的对象称为托管数据。垃圾回收机制消除了内存泄漏以及其他一些常见的编程错误。如果用户编写的代码是托管代码，则可以在.NET Framework 应用程序中使用托管数据、非托管数据或者同时使用这两种数据。由于语言编译器会提供自己的类型（如基元类型），因此用户可能并不总是知道（或需要知道）这些数据是否为托管的。

有了公共语言运行库，就可以很容易地设计出能够跨语言交互的组件和应用程序。也就是说，用不同语言编写的对象可以互相通信，并且它们的行为可以紧密集成。例如，可以定义一个类，然后使用不同的语言从原始类派生出另一个类或调用原始类的方法。还可以将一个类的实例传递到用不同语言编写的另一个类的方法。这种跨语言集成之所以成为可能，是因为语言编译器和工具使用由公共语言运行库定义的通用类型系统，而且它们遵循公共语言运行库关于定义新类型以及创建、使用、保持和绑定到类型的规则。

在.NET 中所有托管组件都带有生成它们所基于的组件和资源的信息，这些信息构成了元数据的一部分。公共语言运行库使用这些信息确保组件或应用程序具有它需要的所有内容的指定版本，这样就使代码不太可能由于某些未满足的依赖项而发生中断。注册信息和状态数据不再保存在注册表中（因为在注册表中建立和维护这些信息很困难）。取而代之的是，有关用户定义的类型（及其依赖项）的信息作为元数据与代码存储在一起，因此大大降低了组件复制和移除任务的复杂性。

语言编译器和工具公开公共语言运行库的功能对于开发人员来说不仅很有用,而且很直观。这意味着，公共语言运行库的某些功能可能在一个环境中比在另一个环境中更突出。用户对公共语言运行库的体验取决于所使用的语言编译器或工具。

公共语言运行库的主要优点如下。

（1）使性能得到了改进。

（2）能够轻松使用其他语言开发的组件。

（3）类库提供的可扩展类型。

新的语言功能，例如面向对象编程的继承、接口和重载；允许创建多线程的可缩放应用程序，这样可以显式自由的实现线程处理；结构化异常处理和自定义属性支持。

例如，如果使用 Microsoft Visual C++ .NET，则可以使用 C++托管扩展来编写托管代码。C++托管扩展提供了托管执行环境，并且提供了更加强大的功能和更具表现力的数据访问类型。

公共语言运行库的其他功能如下。

（1）跨语言集成，特别是跨语言继承。

（2）垃圾回收，它管理对象生存期，使引用计数变得不再必要。

（3）自我描述的对象，它使接口定义语言（IDL）不再是必要的。

（4）编译一次即可在任何支持公共语言运行库的 CPU 和操作系统上运选择功能。

另外，还可以使用 C#语言编写托管代码。C#语言具有如下优点。

（1）完全面向对象的设计。

（2）非常强的类型安全。

（3）很好地融合了 Visual Basic 的简明性和 C++的强大功能。

（4）垃圾回收。

C#完全符合公共语言规范，但 C#本身不具有单独的运行时库。事实上.NET 框架就是 C#的运行时库，C#的编程库是.NET 类库，因此，能够使用.NET 框架类库的所有类。因此，C#能够实现.NET 框架所支持的全部功能，具体如下所示。

❑　Windows 窗体编程。

❑　ADO.NET 数据库编程。

❑　XML 编程。

❑　ASP.NET 的 Web 编程。

❑　Web 服务编程。

❑　与 COM 和 COM+互操作性编程。

❑　通过 P/Invoke 调用 Windows API 和任何动态链接库中的函数。

综上所述，C#程序的开发流程如图 3-1 所示。

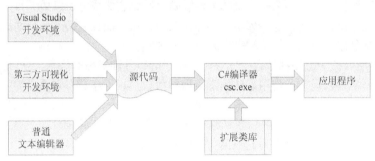

图 3-1　C#程序的开发流程图

3.2.2　几个常见的概念

在下面的内容中，将简要介绍几个和 C#、ASP.NET 相关的重要概念。

1．.NET Framework 类库

.NET Framework 类库包括类、接口和值类型，它们可加速和优化开发过程并提供对系统功能的访问。为便于语言之间进行交互操作，.NET Framework 类库是符合 CLS 的，因此，可在任何编程语言中使用，只要这种语言的编译器符合 CLS 标准。

.NET Framework 类库是生成.NET 应用程序、组件和控件的基础。.NET Framework 类库包括的类可以实现如下功能。

❑　表示基础数据类型和异常。

❑　封装数据结构。

❑　执行 I/O。

❑　访问关于加载类型的信息。

❑　调用.NET Framework 安全检查。

❑　提供数据访问、多客户端 GUI（Graphical Vser Interface，图形用户接口）和服务器控制的客户端 GUI。

.NET Framework 提供一组丰富的接口以及抽象类和具体（非抽象）类。可以按原样使用这些具体的类，或者在多数情况下从这些类派生用户自己的类。若要使用接口的功能，既可以创建实现接口的类，也可以从某个实现接口的.NET Framework 类中派生类。

2．命名约定

.NET Framework 类型使用点语法命名方案，该方案隐含了层次结构的含意。此技术将相关类型分为不同的命名空间组，以便可以更容易地搜索和引用它们。全名的第一部分（最右边的点之前的内容）是命名空间名，全名的最后一部分是类型名。例如，System.Collections.ArrayList 表示 ArrayList 类型，该类型属于 System.Collections 命名空间。System.Collections 中的类型可用于操作对象集合。

此命名方案使扩展.NET Framework 库的开发人员可以轻松创建分层类型组，并用一致的、带有提示性的方式对其进行命名。库开发人员在创建命名空间的名称时应遵循"公司名称技术名称"格式，例如，Microsoft.Word 命名空间就符合此原则。

利用命名模式将相关类型分组为命名空间是生成和记录类库的一种非常有用的方式。但是，此命名方案对可见性、成员访问、继承、安全性或绑定无效。一个命名空间可以被划分在多个程序集中，而单个程序集可以包含来自多个命名空间的类型。程序集为公共语言运行库中的版本控制、部署、安全性、加载和可见性提供外形结构。

3. 系统命名空间

System 命名空间是.NET Framework 中基本类型的根命名空间。此命名空间包括所有应用程序使用的基础数据类型的类：Object（继承层次结构的根）、Byte、Char、Array、Int32、String 等。在这些类型中，有许多与编程语言所使用的基元数据类型相对应。当使用.NET Framework 类型编写代码时，可以在应使用.NET Framework 基础数据类型时使用编程语言的相应关键字。

3.2.3　程序编译

用文本编辑器或开发工具编写完 C#代码后，需要使用编译器进行编译调试。C#编译器的文件名为 cec.exe，它一般位于"C:\WINDOWS\Microsoft.NET\Framework\"目录下。

另外，如果用户安装了.NET Framework 4.5 或 Visual Studio 2012，也可以分别通过如下两种方法进行编译。

❑ 如果用户安装了.NET Framework 4.5，则可依次单击【开始】|【所有程序】|【.NET Framework 4.5 SDK】|【SDK 命令提示】命令，在弹出的命令提示界面中可以执行 csc.exe 命令来进行编译，如图 3-2 所示。

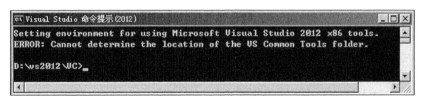

图 3-2　命令提示界面

❑ 如果用户安装了 Visual Studio 2012，则可依次单击【开始】|【所有程序】|【Microsoft Visual Studio 2012】|【Visual Studio Tools】|【Visual Studio 2012 命令提示】选项，在弹出的"Visual Studio 命令提示 2012"界面中执行 csc.exe 命令来进行编译，如图 3-3 所示。

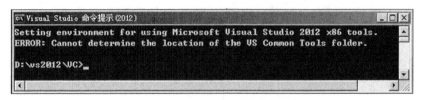

图 3-3　"Visual Studio 命令提示 2012"界面

C#编译器常用参数的具体说明如下。

❑ "/help"或"/?"：将参数说明显示在屏幕。
❑ "/optimize"或"/o"：启用/禁用优化。

❏　　"/out"：指定输出文件名，默认值是包含主类的文件或第一个文件的基名称。

❏　　"/reference"或"/r"：从指定程序集引用元数据。

❏　　"/target"或"/t"：这样使用"/target.exe"或"/t.exe"，"target:library"或"t:library"，"/target:module"或"/t:moudle"，"/target:winexe"或"t:winexe"格式输出文件。

实例 001	手动编译 C#程序	
	源码路径　光盘\daima\3\1\	视频路径　光盘\视频\实例\第 3 章\001

本实例的实现文件为"name.cs"，具体实现代码如下。

```
using System;
using System.Collections.Generic;
using System.Text;
namespace name
{
    class Program
    {
        static void Main(string[] args)
        {
            string name;                        //string变量类型，名为name
            name = "西门吹雪 ";                  //赋值name变量
            string myString;                    //string变量类型，名为myString
            myString = "\"我\"是";               //赋值myString变量
            Console.WriteLine("{0} {1}", myString, name);
            Console.ReadKey();
        }
    }
}
```

> 范例 001：使用匿名类型、
> var 关键字
> 源码路径：光盘\演练范例\001\
> 视频路径：光盘\演练范例\001\
> 范例 002：演示扩展方法的使用
> 源码路径：光盘\演练范例\002\
> 视频路径：光盘\演练范例\002\

上述实例代码的具体实现过程说明如下。

❏　通过 using 指令引用类命名。

❏　通过 namespace 定义命名空间 name。

❏　设置函数方法 Main。方法 Main 是项目程序的入口点，即程序运行后就执行它里面的代码。

❏　定义变量 name，类型为 string，并设置其值为"西门吹雪"。

❏　定义变量 myString，类型为 string，并设置其值为""我"是"。其中字符"\""的功能是转义双引号。

❏　通过 WriteLine 方法输出变量的值。WriteLine 是 System.Console 类的重要方法，其功能是将变量值输出到控制台中。

编译上述程序文件"name.cs"，具体方法是打开图 3-3 所示的"Visual Studio 命令提示（2012）"界面，然后输入"csc /out:name.exe name.cs"，按回车键。此时将在指定位置生成指定名称的可执行文件"name.exe"，如图 3-4 所示。

```
D:\vs12\VC>csc /out:name.exe name.cs
Microsoft (R) Visual C# 2012 编译器 版本 8.00.50727.42
用于 Microsoft (R) Windows (R) 2005 Framework 版本 4.5.50727
版权所有 (C) Microsoft Corporation 2001-2005。保留所有权利。
```

图 3-4　"Visual Studio 命令提示（2012）"界面

运行文件"name.exe"后，程序的执行结果，如图 3-5 所示。

图 3-5　name.exe 运行结果

3.3 C#的基本语法

知识点讲解：光盘:视频\PPT 讲解（知识点）\第 3 章\C#的基本语法.mp4

因为 C#是从 C 和 C++进化而来的，所以从外观和语法定义上看，C#和两者有着很多相似之处。C#作为一种面向对象的高级语言，为初学者提供了清晰的样式，使学习者不用花费太多的时间就能编写出可读性很强的代码。

在使用 C#进行代码编写的过程中，必须遵循它本身的独有特性，即基本的语法结构。C#的代码语句具有如下 4 个主要特性。

1. 字符过滤性

和其他常用的语言编译器不同，无论代码中是否含有空格、回车或 tab 字符，C#都不会考虑而忽略不计。因此，程序员在编写代码时，会有很大的自由度，而不会因疏忽加入空白字符而造成程序的错误。

2. 语句结构

C#程序代码是由一系列的语句构成，并且每个语句都必须以分号";"结束。因为 C#中的空格和换行等字符被忽略，所以可以在同行代码中放置多个处理语句。

3. 代码块

因为 C#是面向对象的语言，所以其代码结构十分严谨和清晰。同功能的 C#代码语句构成了独立的代码块，通过这些代码块可以使整个代码的结构更加清晰。所以说，C#代码块是整个C#代码的核心。

4. 严格区分大小写

在 C#语言中，大小字符是代表不同含义的。所以在代码编写过程中，必须注意每个字符的大小写格式，避免因大小写而出现名称错误。

C#的代码块以"{"开始，以"}"结束，代码块的基本语法结构如下。

```
语句1;
    {
语句2;
语句3;
……;
    }
    {
语句m;
        {
            语句n;
……;
    }
    }
```

在上述格式中，使用了缩进格式和非过滤处理。上述做法的原因是，使整个 C#代码变得更加清晰，提高代码的可读性。在此向读者提出如下两点建议。

- ❑ 独立语句独立代码行。虽然 C#允许在同行内放置多个 C#语句，但为了提高代码的可读性，建议每个语句放置在独立的代码行中，即每代码行都以分号结束。
- ❑ 代码缩进处理。对程序内的每个代码块都设置独立的缩进原则，使各代码块在整个程序中以更加清晰的效果展现出来。在使用 VS 进行 C#开发时，VS 能够自动地实现代码缩进。

另外，在 C#程序中注释必要的构成元素。通过注释可以让程序员和使用人员快速了解当前语句的功能。特别是在大型应用程序中，因为整个项目内的代码块繁多，所以加入合理的注释必不可少。在 C#中加入注释的方法有如下两种。

1. 两端放置

两端放置即在程序的开头和结尾放置，具体格式为在开头插入"/*"，在结尾插入"*/"，在两者之间输入注释的内容。例如下面的代码：

```
/* 代码开始了 */
static void Main(string[] args)
    {
        int myInteger;
        string myString;
```

2. 单"//"标记

单"//"标记和上面的两端放置不同，其最大特点是以"//"为注释的开始，在注释内容编写完毕后不必"结束"，只需注释内容和"//"标记在同行即可。例如下面的代码：

```
//代码开始了
static void Main(string[] args)
    {
        int myInteger;
         string myString;
```

但是下面的注释是错误的：

```
//代码开始了
还是注释
static void Main(string[] args)
    {
        int myInteger;
         string myString;
```

3.4 变　量

知识点讲解：光盘:视频\PPT 讲解（知识点）\第 3 章\变量.mp4

数据是 C#体系中的必备元素，就像人人都有目标一样，是必不可少的！C#中的数据分为变量和常量两种。通过 C#变量可以影响到应用程序中数据的存储，因为数据可以被存储在变量中。在编程语言中，变量是内存地址的名称。变量包括名称、类型和值 3 个主要元素。各元素的具体说明如下。

- ❑ 变量名：变量在程序代码中的标识。
- ❑ 变量类型：决定其所代表的内存大小和类型。
- ❑ 变量值：变量所代表内存块中的数据。

在本节的内容中，将对 C#变量的基本构成进行简要介绍。

3.4.1　C#的类型

因为 C#支持.NET 框架定义的类，所以 C#的变量类型是用类来定义的，即所有的类型都是类。C#类型的具体说明如表 3-1 所示。

由表 3-1 可以看出，C#变量的常用类型有引用类型和值类型两大类。

表 3-1　　　　　　　　　　　　　　　　　C#类型信息

类　型		描　述
值类型	简单类型	符号整型：sbyte，shote，int，long
		无符号整型：byte，ushort，uint，ulong
		Unicode 字符：char
		浮点型：float，double
		精度小数：decimal
		布尔型：bool
枚举类型		枚举定义：enum name{}
结构类型		结构定义：Stroct name{}

续表

类　型		描　　述
引用类型	类类型	最终基类：object
		字符串：string
		定义类型：class name
	接口类型	接口定义：interface
	数组类型	数组定义：int[]
	委托类型	委托定义：delegate name

1．引用类型

引用类型是 C#的主要类型，在引用变量中保存的是对象的内存地址。引用类型具有如下 5 个特点。

❑　需要在委托中为引用类型变量分配内存。

❑　需要使用 new 运算符创建引用类型的变量，并返回创建对象的地址。

❑　引用类型变量是由垃圾回收机制来处理的。

❑　多个引用类型变量都可以引用同一对象，对一个变量的操作会影响到另一个变量所引用的同一对象。

❑　引用类型变量在被赋值前的值都是 null。

在 C#中，所有被称为类的变量类型都是引用类型，包括类、接口、数组和委托。具体说明如下。

❑　类类型：功能是定义包含数据成员、函数成员和嵌套类型的数据结构，其中的数据成员包括常量和字段，函数成员包括方法、属性和事件等。

❑　接口：功能是定义一个协定，实现某接口的类或结构必须遵循该接口定义的协定。

❑　数组：是一种数据结构，包含可通过计算索引访问的任意变量。

❑　委托：是一种数据结构，能够引用一个或多个方法。

2．值类型

如果程序中只有引用类型，那么往往会影响整个程序的性能，而值类型的出现便很好地解决了这个问题。值类型是组成应用程序的最为常见的类型，功能是存储应用数值。例如，通过一个名为 mm 的变量存储数值 100，这样在应用时只需调用变量名 mm，即可实现对其数值 100 的调用。

值类型的主要特点如下。

❑　值类型变量被保存在堆栈中。

❑　在访问值类型变量时，一般直接访问其实例名。

❑　每个值类型变量都有本身的副本，所以对一个值类型变量的操作不会影响到其他变量。

❑　在为值类型变量赋值时，赋值的是变量的值，而不是变量的地址。

❑　值类型变量的值不能是 null。

❑　值类型是从 System.ValueType 类中继承的，包括结构、枚举和大多数的基本类型。具体说明如下。

❑　结构类型：功能是声名常量、字段、方法和属性等。

❑　枚举类型：是具有命名常量的独特类型，每个枚举类型都有一个基础的类型，是通过枚举来声名的。

除了值类型和引用类型外，在 C#中通常用基本类型来表示常用的数据类型。基本类型是编译器直接支持的类型。基本类型的命名都使用关键字，它是构造其他类型的基础。其中值类型的基本类型通常被称为简单类型，例如下面的代码声名了 int 类型的变量。

```
int mm=123;
```

下面将详细介绍常用的基本类型。

❑ 整型

在 C#中定义了 8 种整型，具体说明如表 3-2 所示。

表 3-2   **C#整型信息**

类　　型	允许值的范围
sbyte	−128～127 的整数
byte	0～255 的整数
short	−32768～32767 的整数
ushort	0～65535 的整数
int	−2147483648～2147483647 的整数
uint	0～4294967295 的整数
long	−9223372036854775808～−2147483647 的整数
ulong	0～18446744073709551615 的整数

> 注意：某变量前的字符"u"表示不能在此变量中存储负值。

❑ 浮点型

浮点型包括 float 和 double 两种，具体说明如表 3-3 所示。

表 3-3   **C#浮点型信息**

类　　型	允许值的范围
float	IEEE 32 位浮点数，精度是 7 位，取值范围为 $1.5 \times 10^{-45} \sim 3.4 \times 10^{38}$
double	IEEE 64-bit 浮点数，精度是 15 到 16 位，取值范围为 $50 \times 10^{-324} \sim 1.7 \times 10^{308}$

❑ 布尔型

布尔型有两个取值，分别是 true 和 false，即代表"是"和"否"的含义。

❑ 字符型

字符型的取值和 Unicode 的字符集相对应，通过字符型可以表示世界上所有语言的字符。字符型文本一般用一对单引号来标识，例如'MM'和'NN'。

使用字符型的转义字符可以表示一些特殊字符，常用的转义字符如表 3-4 所示。

表 3-4   **C#转义字符列表**

转 义 字 符	描　　述
\'	转义单引号
\''	转义双引号
\\	转义反斜杠
\0	转义空字符
\a	转义感叹号
\b	转义退格
\f	转义换页
\n	转义新的行
\r	转义回车
\t	转义水平制表符
\v	转义垂直制表符
\x	后面接 2 个二进制数字，表示一个 ASCII 字符
\u	后面接 4 个二进制数字，表示一个 ASCII 字符

❏ decimal 型

decimal 型是一种高精度的、128 位的数据类型，常用于金融和货币计算项目。decimal 型表示 28 或 29 个有效数字，取值范围为 $\pm 1.0 \times 10^{-28} \sim 7 \times 10^{28}$。

❏ string 型

string 型用来表示字符串，常用于文本字符的代替，是字符型对象（char）的连续集合。string 型的字符串值一旦被创建，就不能再修改，除非重新赋值。string 型的变量赋值需要用双引号括起来，例如下面的代码。

```
string mm="管西京";
```

另外，string 型的变量之间可以使用"+"进行连接。例如，下面的代码将输出"你好，人民邮电出版社！"。

```
string mm="你好";
string nn=",";
string zz="人民邮电出版社";
string ff="！";
string jieguo=mm+nn+zz+ff;
Console.WriteLine(jieguo);
```

注意：使用"+"也可以连接不同数据类型的字符串。例如，下面的代码将输出"你好，123！"。

```
string mm="你好";
string nn=",";
int zz=123;
string ff="！";
string jieguo=mm+nn+zz+ff;
Console.WriteLine(jieguo);
```

❏ object 型

object 型是 C#的最基础类型，它可以表示任何类型的值。

3.4.2　给变量命名

在 C#中不能给变量任意命名，命名时必须遵循如下两个原则。

❏ 变量名的第一个字符必须是字母、下划线或@。
❏ 第一个字符后的字符可以是字母、下划线或数字。

另外，还需要特别注意 C#编译器中的关键字，例如关键字 using。如果错误地使用了编译器中的关键字，则程序将会出现编译错误。

3.5　常　　量

知识点讲解：光盘:视频\PPT 讲解（知识点）\第 3 章\常量.mp4

常量是指其值固定不变的变量，并且它的值在编译时就已经确定下来。在 C#中的常量类型只能是下列类型中的一种：sbyte、byte、ushort、short、int、uint、ulong、long、char、float、double、decimal、bool、string 或枚举。

C#中的常量有文本常量和符号常量两种。其中文本常量是输入到程序中的值，例如"12"和"Mr 王"等；符号常量和文本常量类似，是代表内存地址的名称，在定义后就不能修改了。

符号常量的声明方法和变量的声明方法类似，唯一的区别就是常量在声明前必须使用修饰关键字 const 开头，并且常量在定义时被初始化。常量一旦被定义后，在常量的作用域内其本身的名字和初始化值是等价的。

符号常量的命名规则和变量的命名规则相同，但是符号常量名的第一个字母最好是大写字母，并且在同一个作用域内，所有的变量名和常量不能重名。

3.6　类型转换

知识点讲解：光盘:视频\PPT 讲解（知识点）\第 3 章\类型转换.mp4

在计算机中，所有的数据都是由 0 和 1 构成的。C#中最简单的类型是 char，它可以用一个数字表示 Unicode 字符集中的一个字符。在默认情况下，不同类型的变量使用不同的方式来表示数据。这意味着在变量值经过移位处理后，所得到的结果将会不同。为此，就需要类型转换来解决上述问题。C#中的类型转换有隐式转换和显式转换两种，本节将详细讲解这两种类型转换的基本知识。

3.6.1　隐式转换

隐式转换是系统的默认转换方式，即不需要特别声明即可在所有情况下进行。在进行 C#隐式转换时，编译器不需要进行检查就能进行安全的转换处理。C#的隐式转换一般不会失败，也不会导致信息丢失。例如，下面的代码使变量值从 int 类型隐式地转换为了 long 类型。

```
int mm=20;
long nn=mm;
```

在 C#中，允许对简单类型变量进行隐式转换，但是其中的 bool 和 string 类型变量是不能被隐式转换的。编译器可以隐式执行的数值转换类型如表 3-5 所示。

表 3-5　　　　　　　　　　　　　C#中可隐式转换的数值类型列表

类　型	可转换的类型
byte	short、ushort、uint、int、ulong、long、float、double、decimal
sbyte	short、int、long、float、double、decimal
short	int、long、double、decimal
ushort	uint、int、ulong、long、float、double、decimal
int	long、float、double、decimal
uint	ulong、long、float、double、decimal
long	float、double、decimal
ulong	float、double、decimal
float	double
char	ushort、uint、int、ulong、long、float、double、decimal

3.6.2　显式转换

顾名思义，显式转换是一种强制性的转换方式。在使用显式转换时，必须在代码中明确地声明要转换的类型。这就意味着需要编写特定的额外代码，并且代码的格式会随着转换方式的不同而不同。

虽然 C#允许变量进行显式转换，但需要注意下面两点。

❑　隐式转换是显式转换的一种特例，所以允许将隐式转换书写成显式转换的格式。

❑　显示转换并不安全，因为不同类型的变量取值范围是不同的，所以如果强制执行显示转换，则可能会造成数据的丢失。

C#显式转换的语法格式如下。

```
类型 变量名=（类型）变量名
```

可从下面的 2 段代码中看出显式转换和隐式转换的区别。隐式转换的代码如下。

```
int mm=20;
long nn=mm;                              //隐式转换
```

显式转换的代码如下。

```
int mm=20;
long nn=(long)mm;                              //显式转换
```

显式转换是从一个数值类型向另一个数值类型进行转换的过程，由于显式转换包括隐式转换，所以总能将表达式从任何数值类型强制转换为其他任何类型，虽然在转换过程中会出现数据丢失。

编译器可显式转换的数值类型如表 3-6 所示。

表 3-6　　　　　　　　　　　　　C# 可显式转换的数值类型列表

类　　型	可转换的类型
byte	sbyte、char
sbyte	byte、ushort、uint、ulong、char
short	sbyte、byte、ushort、uint、ulong、long、char
ushort	sbyte、byte、short、char
int	sbyte、byte、short、ushort、uint、ulong、char
uint	sbyte、byte、short、ushort、int、char
long	sbyte、byte、short、ushort、uint、int、ulong、char
ulong	sbyte、byte、short、ushort、uint、int、long、char
float	sbyte、byte、short、ushort、uint、int、ulong、long、char、float
char	sbyte、byte、short
decimal	sbyte、byte、short、ushort、uint、int、ulong、long、char、float、double
double	sbyte、byte、short、ushort、uint、int、ulong、long、char、float、decimal

3.6.3　装箱与拆箱

C# 中的值类型和引用类型在实质上讲是同源的，所以不但可以在值类型与值类型之间、引用类型与引用类型之间进行转换，也可以在值类型和引用类型之间进行转换。但是由于两者使用的内存类型不同，使它们之间的转换变得比较复杂。在 C# 中，通常将值类型转换为引用类型的过程称为装箱，将引用类型转换为值类型的过程称为拆箱。

装箱和拆箱是整个 C# 类型系统的核心模块，在值类型和引用类型之间架起了一座桥梁。最终使任何值类型的值都可以转换为 object 类型值，object 类型值也可以转换为任何类型的值，并把类型值作为一个对象来处理。

下面对装箱与拆箱的基本知识进行简要介绍。

1. 装箱

装箱允许将值类型转换为引用类型，转换规则如下。

❑　从任何的值类型到类型 object 的转换。

❑　从任何的值类型到类型 System.ValueType 的转换。

❑　从任何的值类型到值类型的接口转换。

❑　从任何枚举类型到类型 System.Enum 的转换。

在 C# 中，将一个值类型装箱为一个引用类型的过程如下。

（1）在托管堆中创建一个新的对象实例，并分配对应的内存。

（2）将值类型变量值复制到对象实例中。

（3）将对象实例地址复制到堆栈中，并指向一个引用类型。

实例 002	演示 C# 装箱操作的实现过程	
	源码路径　光盘\daima\3\2\	视频路径　光盘\视频\实例\第 3 章\002

实例文件 Zhuangxiang.cs 的实现代码如下。

```
namespace Zhuangxiang
{
    class Program
    {
        public static void Main()
        {
            int mm = 50;        // 定义值类型变量
            object nn = mm;      // 将值类型变量值装箱到引用类型对象
            Console.WriteLine("值为{0}，装箱对象为{1}", mm, nn);
            mm = 100;           // 改变值
            Console.WriteLine("值为{0}，装箱对象为{1}", mm, nn);
            Console.ReadKey();
        }
    }
}
```

范例 003：泛型委托和 Lamdba 实现计算器

源码路径：光盘\演练范例\003\

视频路径：光盘\演练范例\003\

范例 004：整型数组排序

源码路径：光盘\演练范例\004\

视频路径：光盘\演练范例\004\

在上述实例代码中，首先定义了变量 mm 的数值类型为 int，且初始值为 50；然后对 mm 的值进行装箱处理为对象 nn，具体过程如下。

❑ 将变量 mm 的值 50 进行装箱，转换为对象 nn。

❑ 将变量 mm 的值修改为 100，然后进行装箱，转换为对象 nn。

经过"csc /out:zhuangxiang.exe zhuangxiang.cs"命令编译处理后，程序执行结果如图 3-6 所示。

2. 拆箱

拆箱允许将引用类型转换为值类型，具体说明如下。

❑ 从类型 object 到任何值类型的转换。

❑ 从类型 System.ValueType 到任何值类型的转换。

❑ 从任何的接口类型到对应的任何值类型的转换。

❑ 从类型 System.Enum 到任何枚举类型的转换。

在 C#中，将一个值类型拆箱为一个引用类型的过程如下。

（1）检查该对象实例是否为某个给定的值类型装箱后的值。

（2）如果是，则将值从实例中复制出来。

（3）赋值给值类型变量。

图 3-6 实例执行结果

实例 003 演示拆箱操作的实现过程

源码路径 光盘\daima\3\3\   视频路径 光盘\视频\实例\第 3 章\003

实例文件 chaixiang.cs 的主要实现代码如下。

```
namespace Chaixiang
{
    class Program
    {
        public static void Main()
        {
            int mm = 50; // 定义值类型变量
            // 将值类型变量装箱到引用类型对象
            object nn = mm;
            Console.WriteLine("装箱：值为{0}，装箱对象为{1}", mm, nn);
            int zz = (int)nn;           // 取消装箱
            Console.WriteLine("拆箱：装箱对象为{0}，值为{1}", nn, zz);
            Console.ReadKey();
        }
    }
}
```

范例 005：使用 LINQ 与正则表达式筛选聊天记录

源码路径：光盘\演练范例\005\

视频路径：光盘\演练范例\005\

范例 006：检索 XML 文档中的数据

源码路径：光盘\演练范例\006\

视频路径：光盘\演练范例\006\

在上述代码中，首先定义了变量 mm 的数值类型为 int，且初始值为 50；然后对 mm 的值进行装箱处理为对象 nn，具体过程如下。

❑ 将变量 mm 的值 50 进行装箱，转换为对象 nn。

❑ 将变量 nn 的值进行拆箱处理，转换为变量 zz。

经过 "csc /out:zhuangxiang.exe zhuangxiang.cs" 命令编译处理后，程序执行结果，如图 3-7 所示。

在上述拆箱处理过程中，必须保证变量的类型前后一致，否则将会出现异常。例如，将上述实例中的拆箱处理代码进行如下修改：

图 3-7   实例执行结果

```
double zz = (double)nn;
```

修改后的执行结果如图 3-8 所示。

从图 3-8 所示的执行结果可以看出，程序只执行了装箱操作，而没有执行拆箱操作。如果使用 Visual Studio 2012 运行，则会在其中输出异常提示信息，如图 3-9 所示。

图 3-8   实例执行结果

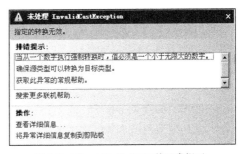

图 3-9   Visual Studio 2012 的异常提示

3.7   其他数据类型

知识点讲解：光盘:视频\PPT 讲解（知识点）\第 3 章\其他数据类型.mp4

在本节前面的内容中，已经介绍了 C#中常用的变量类型。但是在现实应用中，还有几种常见的、比较复杂的变量类型，例如。

❑   枚举。

❑   结构。

❑   数组。

在本节的内容中，将对上述几种变量类型进行详细介绍。

3.7.1   枚举

前面介绍的各种变量类型基本上都有明确的取值范围（string 类型除外），但是在实际应用中，某个项目可能只需要变量取值范围内的一个或几个值，这样就可以使用枚举来实现。

C#中的枚举使用 enum 关键字来定义，具体语法格式如下。

```
enum 枚举名称:类型
{
枚举值1,
枚举值2,
……
枚举值n
}
```

在应用程序内可以声明新类型的变量并赋值，具体语法格式如下。

```
类型名;
名=枚举名称.枚举值;
```

C#枚举通常使用一个基本类型来存储，其默认类型是 int。枚举的基本类型有 sbyte、byte、short、ushort、uint、int、ulong 和 long。

在默认情况下，每个枚举值都会根据定义的顺序自动赋给对应的基本类型值。

3.7.2 结构

结构是由几个不同的数据构成的,这些构成数据可以是不同的数据类型,在 C#数据结构中,可以根据需要定义不同的变量类型。

C#中的结构使用 struct 关键字来定义,具体语法格式如下。

```
struct 名
{
结构变量1;
枚举变量2;
……
枚举变量n;
}
```

其中的结构变量定义方法和普通变量的定义方法相同。例如,下面的代码定义了 1 个结构,并在结构里定义了两个结构变量。

```
struct jiegou
    {
        orientation mm;
        double nn;
    }
```

上述代码中的变量 mm 和 nn 是结构变量。如果需要使上述结构变量在整个项目中能够调用,则可以在变量前添加关键字 public。具体代码如下。

```
struct jiegou
    {
        public orientation mm;
        public double nn;
    }
```

经过上述定义后,结构变量 mm 和 nn 即可在整个项目中调用。

3.7.3 数组

数组是一个变量的下拉列表,通过数组可以同时存储多个类型相同的数值。每个数组都有自己的类型,并且数组内的各数值都是这个类型。

C#中声明数组的语法结构如下。

```
类型 [] 数组名;
```

其中的类型可以是任意的类型,包括本节介绍的结构和枚举类型。

数组在使用前必须初始化,例如下面的代码是错误的。

```
int [] mm;
int=5;
```

数组的初始化方式有两种,具体说明如下。

❑ 字面值指定。

字面值形式可以指定整个数组的完整内容,并且实现方法比较简单,只需使用逗号对各数组值进行分割即可。例如下面的代码。

```
int [] mm={1,3,35,6,9,100};
```

❑ 指定大小。

使用特定的各式指定数组的大小范围,具体格式如下。

```
类型 [] 数组名=new 类型(大小值);
```

其中上面的两个类型是相同的,"大小值"是整数格式。例如在下面的代码中,指定数组内有 5 个数值。

```
int [] mm=new   int(5);
```

其中字面值指定方式和指定大小方式可以组合使用,例如下面的代码。

```
int [] mm=new int(5)   {1,3,35,6,9};
```

✿ 注意:在两种方式混用时,必须确保小括号"( )"内数组的大小和大括号"{}"内的数据个数相同。例如下面的代码是错误的。

```
int [] mm=new int(3)   {1,3,35,6,9};
```

3.8　基本.NET 框架类

知识点讲解：光盘:视频\PPT 讲解（知识点）\第 3 章\基本.NET 框架类.mp4

.NET 框架类是整个.NET 框架的核心，也是 C#的基础。.NET 框架类中的 Console 类能实现数据的输入和输出功能。在本节的内容中，将详细讲解 C#中常用.NET 框架类的基本知识。

3.8.1　Console 类

Console 类的功能是，给控制台应用程序提供字符的读写支持。Console 类的所有方法都是静态的，只能通过类名 Console 来调用。

Console 类的常用方法有 WriteLine、Write、Read 和 ReadLine，在下面的内容中将分别介绍。

1. WriteLine 方法

WriteLine 方法的功能是将控制台内的指定数据输出，并在字符的后面自动输出一个换行符。在本书前面的实例中，我们已经多次用到了 WriteLine 方法。

WriteLine 方法的具体使用格式主要有如下 3 种。

```
Public static void WriteLine(mm);
Public static void WriteLine(string,object);
Public static void WriteLine(string,object,object);
```

2. Write 方法

Write 方法的功能是将控制台内的指定数据输出,但是不能在字符的后面自动输出一个换行符。方法 Write 和方法 WriteLine 的使用方法完全一样，唯一的区别是方法 Write 输出数据时不会在后面自动添加一个换行符。

3. Read 方法

Read 方法的功能是从控制台的输入流中读取下一个字符，如果没有字符，则返回-1。当读操作结束后，这个方法才会被返回。如果存在可用的数据，则会读取输入流中的数据，并自动加上一个换行符作为后缀。

4. ReadLine 方法

ReadLine 方法的功能是从控制台的输入流中读取下一行字符，如果没有字符，则返回 null。当读操作结束后，这个方法才会被返回。因为 ReadLine 方法能返回回车键前的整行字符，所以和方法 Read 有本质上的区别。

3.8.2　Convert 类

Convert 类的功能是将一种基本类型转换为另一种基本类型。在 C#编程过程中，经常需要实现变量类型间的转换操作，而通过 Convert 类可以很好地实现上述功能。

Convert 类的所有方法都是静态的，其具体使用的基本格式为。

```
public static 类型1　To类型2（值）;
```

其中，"类型 2"是被转换的类型；"类型 1"是要转换得到的目标类型；"To 类型"要使用 CTS 类型名称。例如，类型 int 要使用 Int32，而类型 string 要使用 String。例如，下面的代码实现了从 string 类型到 int 类型的转换。

```
public static int To Int32(string　mm);
```

3.8.3　Math 类

Math 类的功能是以静态的方法提供数学函数的计算方法。例如，常见的绝对值、最大值和三角函数等。另外，Math 类还以静态成员的形式提供了 e 值和 pai 值。

Math 类的所有方法都是静态的，其语法格式如下。

```
Math.函数(参数);
```

其中，"函数"是用于计算的数学函数，"参数"是被用来计算的数值。

3.9 表 达 式

📹 知识点讲解：光盘:视频\PPT 讲解（知识点）\第 3 章\表达式.mp4

运算符和表达式是一种对程序进行处理的处理方式。C#中，表达式的功能是把变量和字面值组合起来进行特定运算处理，以实现特定的应用目的。运算符的范围十分广泛，有的十分简单，有的十分复杂。

所有的表达式都是由运算符和被操作数构成的。具体说明如下。

- ❏ 运算符：对特定的被操作数进行运算，例如常用的+、 、*、/运算。
- ❏ 被操作数：被运算操作的对象，它可以是数字、文本、常量和变量等。

例如，下面的代码就是几个常见的表达式。

```
int i=8;
i=i*i+I;
string mm="ab";
string nn="cd";
string ff;
ff=mm+nn;
```

在 C#中，如果表达式的最终计算结果为需要类型的值，那么表达式就可以出现在需要值或对象的任意位置。例如，可以通过如下代码输出上面表达式的值：

```
System.WriteLine(mm);
System.WriteLine(nn);
System.WriteLine(ff);
System.WriteLine(Math.Sqrt(i));
```

3.10 运 算 符

📹 知识点讲解：光盘:视频\PPT 讲解（知识点）\第 3 章\运算符.mp4

运算符是程序设计中重要的构成元素之一。运算符可以细分为算术运算符、位运算符、关系运算符、逻辑运算符和其他运算符。从 3.9 节的代码中可以看出，处理运算符是表达式的核心。现实中的常用运算符分为如下 3 大类。

- ❏ 一元运算符：只处理 1 个运算数。
- ❏ 二元运算符：处理 2 个运算数。
- ❏ 三元运算符：处理 3 个运算数。

而在日常应用中，可以根据被操作值的类型而进一步划分。在下面的内容中，将对 C#运算符的基本知识进行详细介绍。

1．基本运算符

在 C#中，用于基本操作的运算符称为基本运算符。常用的 C#基本运算符主要包括如下几种。

（1）"."运算符

"."运算符的功能是实现项目内不同成员的访问，主要包括命名空间的访问，类的方法和字段的访问等。例如，在某项目中有一个 mm 类，而类 mm 内有一个方法 nn，则当程序需要调用方法 nn 进行特定处理操作时，只需使用"mm.nn"语句即可实现调用。

（2）"()"运算符

"()"运算符的功能是定义方法和委托，并实现对方法和委托的调用。"()"内可以包含需要的参数，也可以为空。例如，下面的代码使用了括号的定义和调用功能。

```
int i=int32.Convert("1234");
System.Console.WriteLine("i={0}",i);
```

（3）"[]"运算符

"[]"运算符的功能是存储项目预访问的元素，通常用于 C#的数组处理。"[]"内可以为空，也可以有 1 个或多个参数。例如，下面的代码通过"[]"实现了数组的定义和读取功能。

```
int [] mm=new int(3);
mm[0]=7;
mm[1]=3;
mm[2]=5;
```

（4）"++"和"——"运算符

"++"和"——"运算符的功能是实现数据的递增处理或递减处理。"++"和"——"运算符支持后缀表示法和前缀表示法。例如，m++和m——的运算结果是先赋值后递增或递减处理；而++m 和——m 的运算结果是先递增或递减处理后再赋值。即前缀形式是先增减后使用，而后缀形式是先使用后增减。

（5）"new"运算符

"new"运算符的功能是创建项目中引用类型的新实例，即创建类、数组和委托的新实例。例如，下面的代码分别创建了 1 个新实例对象 mm 和新类型数组 nn。

```
object mm=new object();
int [] nn=new int[32];
```

（6）"sizeof"运算符

"sizeof"运算符的功能是返回指定类型变量所占用的字节数。因为涉及数量的问题，所以 sizeof 只能计算值类型所占用的字节数量，并且返回结果的类型是 int。

在基本类型中，"sizeof"运算符的处理结果如表 3-7 所示。

注意： "sizeof"运算符只能对类型名进行操作，不能对具体的变量或常量进行操作。

（7）"typeeof"运算符

"typeeof"运算符的功能是获取某类型的 System.Type 对象。"typeeof"运算符的处理对象只能是类型名或 void 关键字。如果被操作对象是一个类型名，则返回这个类型的系统类型名；如果被操作对象是 void 关键字，则返回 System.Void。

同样，"typeeof"运算符只能对类型名进行操作，不能对具体的变量或常量进行操作。

表 3-7   sizeof 运算结果

表 达 式	结　果
sizeof(byte)	1
sizeof (sbyte)	1
sizeof(short)	2
sizeof (ushort)	2
sizeof(int)	4
sizeof (uint)	4
sizeof(long)	8
sizeof (ulong)	8
Sizeof(char)	2
sizeof (float)	2
Sizeof(double)	4
Sizeof(bool)	1
Sizeof(decimal)	16

2. 数学运算符

数学运算符即用于算数运算的+、−、*、/和%等运算符，在其中包括一元运算符和二元运算符。数学运算符适用于整型、字符型、浮点型和 decimal 型。数学运算符所连接生成的表达式称为数学表达式，其处理结果的类型是参与运算类型中精度最高的类型。

C#中数学运算符的具体说明如表 3-8 所示。

表 3-8   **C#数学运算符**

运 算 符	类 别	处理表达式	运 算 结 果
+	二元	mm=nn+zz	mm 的值是 nn 和 zz 的和
−	二元	mm=nn−zz	mm 的值是 nn 和 zz 的差
*	二元	mm=nn*zz	mm 的值是 nn 和 zz 的积
/	二元	mm=nn/zz	mm 的值是 nn 除以 zz 的商
%	二元	mm=nn%zz	mm 的值是 nn 除以 zz 的余数
+	一元	mm=+nn	mm 的值等于是 nn 的值
−	一元	mm=−nn	mm 的值等于 nn 乘−1 的值

3. 赋值运算符

赋值运算符的功能是为项目中的变量、属性、事件或索引访问器元素赋一个值。除了前面经常用到的"="外，C#中还有其他的赋值运算符，如表 3-9 所示。

表 3-9   **C#数学运算符**

运 算 符	类 别	处理表达式	运 算 结 果
=	二元	mm=nn	mm 被赋予 nn 的值
+=	二元	mm+=nn	mm 被赋予 mm 和 nn 的和
−=	二元	mm−=nn	mm 被赋予 mm 和 nn 的差
*=	二元	mm*=nn	mm 被赋予 mm 和 nn 的积
/=	二元	mm/=nn	mm 被赋予 mm 除以 nn 的商
%=	二元	mm%=nn	mm 被赋予 mm 除以 nn 后的余数值

例如，下面两段代码的含义是相同的。

```
mm=mm+nn;
mm+=nn;
```

4. 比较运算符

比较运算符的功能是对项目中的数据进行比较，并返回一个比较结果。在 C#中，有多个比较运算符，具体说明如表 3-10 所示。

表 3-10   **C#比较运算符**

运 算 符	说 明
mm= =nn	如果 mm 等于 nn，则返回 true，反之返回 false
mm!=nn	如果 mm 不等于 nn，则返回 true，反之返回 false
mm<nn	如果 mm 小于 nn，则返回 true，反之返回 false
mm> nn	如果 mm 大于 nn，则返回 true，反之返回 false
mm<= nn	如果 mm 小于等于 nn，则返回 true，反之返回 false
mm >= nn	如果 mm 大于等于 nn，则返回 true，反之返回 false

5. 逻辑运算符

在日常应用中，通常使用类型"bool"对数据进行比较处理。"bool"的功能是通过返回值

true 和 false 来记录操作的结果。上述比较运算符就是一种逻辑运算符，例如表 3-10 中的一些操作会返回对应的操作结果。在 C#中，除了上述逻辑运算符外，还有多种其他的逻辑运算符，如表 3-11 所示。

表 3-11　　　　　　　　　　　　　　　　C#逻辑运算符

运　算　符	类　　别	处理表达式	运　算　结　果
!	一元	mm=!nn	如果 mm 的值是 true，则 nn 的值就是 false，即两者相反
&	二元	mm=nn&zz	如果 nn 和 zz 都是 true，则 mm 就是 true，否则为 false
|	二元	mm= nn | zz	如果 nn 或 zz 的值是 true，则 mm 就是 true，反之是 false
~	二元	mm= nn~zz	如果 nn 和 zz 中只有一个值是 true，则 mm 就是 true，反之是 false
&&	二元	mm= nn&&zz	如果 nn 和 zz 的值都是 true，则 mm 就是 true，反之是 false
||	二元	mm= nn | | zz	如果 nn 或 zz 的值是 true 或都是 true，则 mm 就是 true，反之是 false

6. 移位运算符

移位运算符即"<<"运算符和">>"运算符，其功能是对指定字符进行向右或向左的移位处理。语法格式如下。

```
<<数值        //向左移动指定数值位
>>数值        //向右移动指定数值位
```

移位运算符的使用规则如下。

（1）被移位操作的字符类型只能是 int、uint、long 和 ulong 中的一种，或者是通过显示转换为上述类型的字符。

（2）"<<"将指定字符向左移动指定位数，被空出的低位位置用 0 来代替。

（3）">>"将指定字符向右移动指定位数，被空出的高位位置用 0 来代替。

（4）移位运算符可以与简单的赋值运算符结合使用，组合成"<<="和">>＝"。

❑　mm<<=nn：等价于 mm=mm<<nn，即将 mm<<nn 的值转换为 mm 的类型。

❑　mm>>=nn：等价于 mm=mm>>nn，即将 mm>>nn 的值转换为 mm 的类型。

7. 三元运算符

三元运算符即"?:"运算符，又称为条件运算符。其语法格式如下。

```
mm?nn:zz
```

三元运算符的运算原则如下。

（1）计算条件 mm 的结果。

（2）如果条件 mm 为 true，则计算 nn，计算出的结果就是运算结果。

（3）如果条件 mm 为 false，则计算 zz，计算出的结果就是运算结果。

（4）遵循向右扩充原则，即如果表达式为"mm?nn:zz?ff:dd"，则按照顺序"mm?nn(zz?ff:dd)"计算处理。

在使用三元运算符"?:"时，必须注意如下两点。

（1）"?:"运算符的第一个操作数必须是可隐式转换为布尔类型的表达式。

（2）"?:"运算符的第二个和第三个操作数决定了条件表达式的类型。

❑　如果 nn 和 zz 的类型相同，则这个类型是条件表达式的类型。

❑　如果存在从 nn 向 zz 的隐式转换，但不存在从 zz 到 nn 的隐式转换，则 zz 类型为条件表达式的类型。

❑　如果存在从 zz 向 nn 的隐式转换，但不存在从 nn 到 zz 的隐式转换，则 nn 类型为条件表达式的类型。

8. 运算符的优先级

表达式中的运算符顺序是由运算符的优先级决定的。首先，表达式中的操作顺序默认为从左到右进行计算。如果在一个表达式内有多个运算符，则必须按照它们的优先级顺序进行计算，即首先计算优先级别高的，然后计算优先级别低的。

C#中运算符的优先级顺序如表3-12所示。

表 3-12   C#运算符优先级顺序

类　别	运　算　符	左 右 顺 序	优先级顺序
基本运算符	mm.nn、f(x)、mm++、mm——、new、typeof、checked、unchecked	从左到右	优先级顺序由高到低
一元运算符	+、–、！等	从右到左	
乘除	*、/和%	从左到右	
加减	+、-	从左到右	
移位	<<、>>	从左到右	
关系和类型检查	<、>、<=、>=、is、as	从左到右	
相等	==、!=	从左到右	
逻辑 and	&	从左到右	
逻辑 or	|	从左到右	
条件 and	&&	从左到右	
条件 or	||	从左到右	
空合并	??	从右到左	
条件	?:	从右到左	
赋值	=、*=、/=、%=、+=、-=、<<=、>>=、&=、~=、|=	从右到左	

当在某表达式中出现多个同优先级运算符时，则按照从左到右顺序进行计算处理。并且有3个通用原则，具体说明如下。

（1）赋值运算符外的二元与运算符都是从左到右进行计算的。

（2）赋值运算符、条件运算符和空合并运算符是从右向左进行计算的。

（3）有括号时，要首先计算括号里面的表达式，括号的优先级顺序是"()"＞"[]"＞"{}"。

3.11　语句和流程控制

📀 知识点讲解：光盘:视频\PPT 讲解（知识点）\第 3 章\语句和流程控制.mp4

语句是 C#程序完成某特定操作的基本单位。每一个 C#语句都有一个起始点和结束点，并且每个语句并不是独立的，可能和其他的语句有着某种对应的关系。在 C#中常用的语句有如下几种。

❏　空语句：只有分号";"结尾。

❏　声明语句：用来声明变量和常量。

❏　表达式语句：由实现特定应用的处理表达式构成。

❏　流程控制语句：制定应用程序内语句块的执行顺序。

例如下面的代码都是语句：

```
int mm=5;
int nn=10;
mm=mm+nn;
Console.WriteLine("你好，我的朋友！")
```

在默认情况下，上述 C#语句是按照程序自上而下的顺序执行的。但是，通过流程控制语句，可以指定语句的执行先后顺序。根据流程语句的特点，C#流程语句可以分为如下 3 种。

❑ 选择语句。
❑ 循环语句。
❑ 跳转语句。

而语句块是由 1 个或多个语句构成的，C# 的常见独立的语句块一般由大括号来分隔限定。在语句块内可以没有任何元素，称为空块。在一个语句块内声明的局部变量或常量的作用域是块的本身。

C# 语句块的执行规则如下。

❑ 如果是空语句块，则控制转到块的结束点。
❑ 如果不是空语句块，则控制转到语句的执行列表。

3.11.1 选择语句

if 语句属于选择语句，功能是从程序表达式的多个语句中选择一个指定的语句来执行。C# 中的选择语句有 if 语句和 switch 语句。

1. if 语句

C# 中的 if 语句即 if…else 语句，其功能是根据 if 后的布尔表达式的值进行执行语句选择。if 语句的基本语法格式如下。

```
if(布尔表达式)
    {
     处理语句；
……
    }
else
    {
     处理语句；
     ……
    }
```

其中，处理语句可以是空语句，即只有一个分号；如果有处理语句或有多个处理语句，则必须使用大括号"{}"；else 子句是可选的，可以没有。

if 语句的执行顺序规则如下。

（1）首先计算 if 后的布尔表达式。

（2）如果表达式的结果是 true，则执行第一个嵌套的处理语句。执行此语句完毕后，将返回到 if 语句的结束点。

（3）如果表达式的结果是 false，并且存在 else 嵌套子句，则执行 else 部分的处理语句。执行此语句完毕后，将返回到 f 语句的结束点。

（4）如果表达式的结果是 false，但是不存在 else 嵌套子句，则不执行处理语句，并将返回到 if 语句的结束点。

例如下面的一段代码：

```
int mm,nn,
mm=2;
nn=3;
if(mm<nn)
{
   mm=3;
   nn=4;
}
else
{
   mm=1;
   nn=2;
}
```

在上述代码中，首先定义了 2 个 int 类型的变量 mm 和 nn。然后通过 if 语句进行判断处理，具体处理如下所示。

❑ 设置布尔判断语句，通过"mm<nn"比较语句返回布尔结果。

❑ 如果 mm 小于 nn，则执行 if 后的处理语句，即赋值变量 mm=3，变量 nn=4。

❑ 如果 mm 不小于 nn，则执行 else 后的处理语句，即赋值变量 mm=1，变量 nn=2。

2. switch 语句

C#中的 switch 语句即多选项选择语句，其功能是根据测试表达式的值，从多个分支选项中选择一个执行语句。switch 语句的基本语法格式如下所示。

```
switch (表达式)
    {
case  常量表达式：
处理语句；
case  常量表达式：
处理语句；
case  常量表达式：
处理语句；
default：
处理语句；
……
    }
```

其中，switch 后的表达式必须是 sbyte、byte、short、ushort、uint、int、ulong、long、char、string 和枚举类型中的一种，或者是可以隐式转换为上述类型的类型。case 后的表达式必须是常量表达式，即只能是一个常量值。

例如下面的一段代码。

```
int mm,nn,zz;
mm=7;
switch (mm)
{
case 0:
nn=1;
zz=2;
break;
case 1:
nn=2;
zz=3;
break;
case 2:
nn=3;
zz=4;
break;
default:
nn=4;
zz=5;
}
```

在上述代码中，首先定义了 3 个 int 类型的变量 mm、nn 和 zz。然后通过 switch 语句根据 mm 的值进行判断处理，具体处理过程如下。

❑ 如果 mm 值为 0，则赋值变量 nn=1，变量 zz=2。

❑ 如果 mm 值为 1，则赋值变量 nn=2，变量 zz=3。

❑ 如果 mm 值为 2，则赋值变量 nn=3，变量 zz=4。

❑ 如果没有匹配的值，则赋值变量 nn=4，变量 zz=5。

3.11.2 循环语句

循环语句即重复执行的一些语句。通过循环语句可以重复地执行指定操作，从而避免编写大量的代码执行某项操作。在 C#中有如下 3 种常用的循环语句。

1. while 语句

while 语句的功能是按照不同的条件执行一次或多次处理语句，其基本语法格式如下。

```
while (布尔表达式)
处理语句；
```

其中，while 后的表达式必须是布尔表达式。

C# 中 while 语句的执行顺序规则如下。

（1）首先计算 while 后的布尔表达式。

（2）如果表达式的结果是 true，则执行后面的处理语句。执行此语句完毕后，将返回到 while 语句的开始。

（3）如果表达式的结果是 false，则返回 while 语句的结束点，循环结束。

实例 004 　　**计算经过多少年得到指定目标的存款**

源码路径　光盘\daima\3\4\　　　　　　视频路径　光盘\视频\实例\第 3 章\004

实例文件 while.cs 的主要实现代码如下。

```
namespace whilezhixing
{
    class Program
    {
        static void Main(string[] args)
        {
            double cunkuan, lilu, lixicunkuan;
            Console.WriteLine("你现在有多少钱?");
            cunkuan = Convert.ToDouble(Console.ReadLine());
            Console.WriteLine("现在的利率是?(千分之几格式)");
            lilu = 1 + Convert.ToDouble(Console.ReadLine()) / 1000.0;
            Console.WriteLine("你希望得到多少钱?");
            lixicunkuan = Convert.ToDouble(Console.ReadLine());
            int totalYears = 0;
            while (cunkuan < lixicunkuan)
            {
                cunkuan *= lilu;
                ++totalYears;
            }
            Console.WriteLine("存款{0} 年后将得到的钱数是{2} 。",
                            totalYears, totalYears == 1 ? "" : "s", cunkuan);
            Console.ReadKey();
        }
    }
}
```

> 范例 007：泛型委托和 Lamdba
> 实现计算器
> 源码路径：光盘\演练范例\007\
> 视频路径：光盘\演练范例\007\
> 范例 008：实现货币和日期格式转换
> 源码路径：光盘\演练范例\008\
> 视频路径：光盘\演练范例\008\

上述实例代码的设计过程如下。

（1）通过 WriteLine 方法分别输出 3 段指定文本。

（2）分别定义变量 cunkuan、lilu 和 lixicunkuan，用于分别获取用户输入的存款数、利率数和目标存款数。

（3）通过 while 语句执行存款处理。

（4）将处理后的结果输出。

经过编译执行后，将首先显示指定的文本，当输入 3 个数值并按回车键后，将显示对应的处理结果，如图 3-10 所示。

图 3-10　实例执行结果

2. do…while 语句

在 while 语句中，如果表达式的值是 false，则处理语句将不被执行。然而有时为了特定需求，需要执行指定的特殊处理语句，这时就要用到 do…while 语句。而 C# 中，do…while 语句的功能是无论布尔表达式的值为多少，都要至少执行一次处理语句。

do...while 语句的基本语法格式如下。

```
do
处理语句;
while (布尔表达式)
```

do...while 语句的执行顺序规则如下。

（1）执行转到 do 后的处理语句。

（2）当执行来到处理语句的结束点时，计算布尔表达式。

（3）如果表达式的结果是 true，则执行将返回到 do 语句的开始；否则，执行将来到 do 语句的结束点。

3．for 语句

C#中，for 语句的功能是在项目中循环执行指定次数的某语句，并维护其自身的计数器。简单来说就是计算一个初始化的表达式，并判断条件表达式的值。如果值为 true，则重复执行指定的处理语句；如果为 false，则终止循环。

for 语句的基本语法格式如下。

```
for(初始化表达式；条件表达式；迭代表达式)
{
处理语句
}
```

其中，for 后的初始化语句可以有多个，但必须用分号";"隔开。

for 语句的执行顺序规则如下。

（1）如果有初始化的表达式，则按照初始语句的编写顺序顺序地执行。

（2）如果有条件表达式则计算。

（3）如果没有条件表达式，则执行来到处理语句。

（4）如果条件表达式结果为 true，则执行来到处理语句。

（5）如果条件表达式结果为 false，则执行来到 if 语句的结束点。

实例 005	**将指定数组内的数据从小到大进行排列**	
源码路径　　光盘\daima\3\5\		视频路径　　光盘\视频\实例\第 3 章\005

实例文件 for.cs 的具体实现代码如下。

```
namespace forzhixing
{
    class Program
    {
        public static void Main()
        {
            int[] items = { 3, 5, -7, 8, 2, 1, -200, 1200, 24, 2, 7, 14 };
            for (int i = 1; i < items.Length; ++i)
            {
                for (int j = items.Length - 1; j >= i; --j)
                {
                    //如果不符合排序要求，则交换相邻的两个数
                    if (items[j - 1] > items[j])
                    {
                        int temp = items[j - 1];
                        items[j - 1] = items[j];
                        items[j] = temp;
                    }
                }
            }
            for (int i = 0; i < items.Length; ++i)
                Console.Write("{0} \n", items[i]);
            Console.ReadKey();
        }
    }
}
```

范例 009：计算两日期时间间隔
源码路径：光盘\演练范例\009\
视频路径：光盘\演练范例\009\
范例 010：获取当前日期和时间
源码路径：光盘\演练范例\010\
视频路径：光盘\演练范例\010\

上述实例代码的设计过程如下。

（1）定义 int 类型的数组 items，在数组内存储任意个数字。

（2）利用 for 语句进行相邻数据比较，然后将小的数字前置。

（3）将比较处理后的数据从小到大顺序排列。

上述代码执行后，将数组内的数字按照从小到大的顺序排列并显示出来，如图 3-11 所示。

图 3-11　实例执行结果

3.11.3　跳转语句

跳转语句就像走捷径一样，直接命令程序跳出原来的流程，而指定去执行某个语句。跳转语句常用于项目内的无条件转移控制。通过跳转语句，可以将执行转到指定的位置。在 C#程序中，有如下 3 种常用的跳转语句。

1. break 语句

在本书前面的实例中，已经多次使用了 break 语句。break 语句只能用于 switch、while、do 或 for 语句中，其功能是退出其本身所在的处理语句。但是，break 语句只能退出直接包含它的语句，而不能退出包含它的多个嵌套语句。

2. continue 语句

continue 语句只能用于 while、do 或 for 语句中，其功能是用来忽略循环语句块内位于它后面的语句，从而直接开始另外新的循环。但是，continue 语句只能使直接包含它的语句开始新的循环，而不能作用于包含它的多个嵌套语句。

3. return 语句

return 语句的功能是控制返回到使用 return 语句的函数成员的调用者。return 语句后面可以紧跟一个可选的表达式，不带任何表达式的 return 语句只能被用在没有返回值的函数中。为此，不带表达式的 return 语句只能被用于返回类型为如下类别的对象中。

❑　返回类型是 void 的方法。

❑　属性和索引器中的 set 访问器。

❑　事件中的 add 和 remove 访问器。

❑　实例构造函数。

❑　静态构造函数。

❑　析构函数。

❑　而带表达式的 return 语句只能用于有返回值的类型中，即返回类型为如下类别的对象中。

❑　返回类型不是 void 的方法。

❑　属性和索引器中的 get 访问器或用户自定义的运算符。

另外，return 语句的表达式类型必须能够被隐式地转换为包含它的函数成员的返回类型。

4. goto 语句

goto 语句的功能是将执行转到使用标签标记的处理语句。这里的标签包括 switch 语句内的 case 标签和 default 标签，以及常用标记语句内声明的标签。例如下面的格式：

标签名:处理语句

在上述格式内声明了一个标签，这个标签的作用域是声明它的整个语句块，包括里面包含的嵌套语句块。如果里面同名标签的作用域重叠，则会出现编译错误。并且，如果当前函数中存在具有某名称的标签，或 goto 语句不再这个标签的范围内，也会出现编译错误。所以说，goto 语句和前面介绍的 break 语句、continue 语句等有很大的区别，它不但能够作用于定义它的语句块内，而且能够作用于该语句块的外部。

实例 006 根据分支参数的值执行对应的处理程序

源码路径 光盘\daima\3\6\　　　　　视频路径 光盘\视频\实例\第 3 章\006

实例文件 goto.cs 的具体实现代码如下。

```
namespace gototiaozhuan
{
    class Program
    {
        public static void Main()
        {
            for (; ; )
            {
                Console.Write("请输入一个整数（输入负数结束程序），按Enter键结束: ");
                string str = Console.ReadLine();
                int i = Int32.Parse(str);
                if (i < 0)
                    break;
                switch (i)
                {
                    case 0:
                        Console.Write("->    0 ");
                        goto case 3;
                    case 1:
                        Console.Write("->    1 ");
                        goto default;
                    case 2:
                        Console.Write("->    2 ");
                        goto outLabel;
                    case 3:
                        Console.WriteLine("->    3 ");
                        break;
                    default:
                        Console.WriteLine("-> default ");
                        break;
                }
            }
        outLabel:
            Console.WriteLine("-> 离开分支 ");
        }
    }
}
```

> 范例 011：获取星期信息
> 源码路径：光盘\演练范例\011\
> 视频路径：光盘\演练范例\011\
> 范例 012：获取当前年的天数
> 源码路径：光盘\演练范例\012\
> 视频路径：光盘\演练范例\012\

上述实例代码的设计过程如下。

（1）通过 Write 语句输出指定的文本语句。

（2）定义变量 str，用于获取用户输入的数值。

（3）分别定义 0、1、2、3 和 default5 个标签。

（4）根据 switch 的标签值进行执行语句选择。

（5）根据用户输入的数值显示对应的执行语句的标签值。

上述实例代码执行后，当用户输入标签数字后，将显示对应的执行语句标签，如图 3-12 所示。

当用户输入数值"2"后会引入 goto 语句，使执行来到外层的 outLabel 分支，从而退出程序。

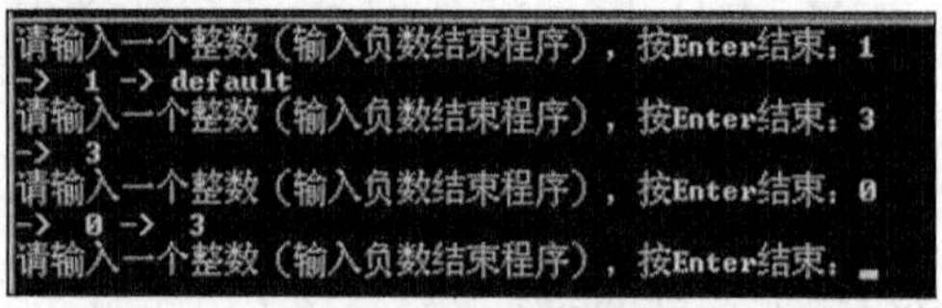

图 3-12　实例执行结果

3.12　技 术 解 惑

C#功能强大，使用基于C#语言的 ASP.NET 可以开发出功能强大的动态 Web 站点。正是因为如此，所以一直深受广大程序员的喜爱。作为一名初学者，肯定会在学习过程中遇到很多疑问和困惑。为此在本节的内容中，笔者将自己的心得体会传授大家，帮助读者解决困惑和一些深层次性的问题。

3.12.1 代码缩进的意义

缩进可以提高代码的可读性，但是很多程序员对此不以为然，自认为自己水平够高，在编程时往往忽视代码缩进。其实代码缩进主要是为维护人员服务的，开发人员确实熟悉自己编写的代码，但是当项目完成后，还有大量的维护人员作为后来者继续让项目维持下去。为了让维护人员以更快的效率了解代码的含义，在此建议程序员养成代码缩进的习惯。关于代码的缩进问题，在此向读者提出如下 2 点建议。

（1）独立语句独立代码行。虽然 C#中允许在同行内放置多个 C#语句，但是为了提高代码的可读性，建议每个语句放置在独立的代码行中，即每代码行都以分号结束。

（2）代码缩进处理。对程序内的每个代码块都设置独立的缩进原则，使各代码块在整个程序中以更加清晰的效果展现出来。令程序员比较兴奋的事情是，在使用 Visual Studio 进行 C#开发时，Visual Studio 能够自动地实现代码缩进。

3.12.2 变量是否必须初始化

变量初始化问题十分重要，可能有的读者有过其他语言的开发经验，在很多要求不高的语言中，允许不对变量进行初始化。但是在使用 C#变量时，必须遵循在使用前进行初始化处理的规则。况且初始化的工作量不大，我们何乐而不为呢？例如，下面的首行代码进行了初始化，而第二行代码进行了赋值。

```
int age;
age=22;
```

而在下面的代码中，没有对变量 name 进行初始化，所以执行后会出现编译错误。

```
static void Main(string[] args)
        {
            string name;
            string myString;
            name = myString
            Console.WriteLine("{0} {1}", myString, name);
            Console.ReadKey();
        }
```

3.12.3 常量和变量的区别

常量和变量很好区别，就像人们常说的"花心男人"和"专一男人"一样，常量的值很"专一"，而变量的值比较"花心"。声明常量时必须初始化，当初始化指定其值后，就不能再修改了。另外，要求常量的值必须能在编译时用于计算。因此，不能用从一个变量中提取的值来初始化常量。如果需要这么做，应使用只读字。

虽然常量总是静态的，但是不必（实际上是不允许）在常量声明中使用 static 修饰符。在程序中使用常量至少有如下 3 个好处。

（1）常量用易于理解的清除的、名称替代了"含义不明确的数字或字符串"；

（2）使程序更易于阅读。

（3）常量使程序更易于修改。

另外，在编程应用中经常遇到"常数"这一概念，接下来将简要剖析"常数"和"常量"的区别。

常量是编程语言中的一个概念，而常数是数学中的一个概念，二者从属不同的领域，故彼此没有任何联系。例如下面的代码：

```
const double pi =3.1415926
```

称为常量也可以，称为常数也可以，这只是自己的一种口语。再看下面的代码：

```
const double string txt="苦咖啡"
```

如果这时你还称为常数那就错了，因为"苦咖啡"是一个字符串，而不是一个数字。

3.12.4 为什么使用类型转换

在计算机中，所有的数据都是由 0 和 1 构成的一系列位。C#中最简单的类型是 char，它可以用一个数字来表示 Unicode 字符集中的一个字符。在默认情况下，不同类型的变量使用不同的模式来表示数据。这意味着变量值经过移位处理后，所得到的结果将会不同。当在项目中实现复杂功能的时候，通常会使用多种数据类型来实现，这就需要类型转换来解决上述问题。

另外，C#中不存在 char 类型的隐式转换，所以其他整型值不会自动转换为 char 类型。另外，读者不需要强记表 2-5 的内容，只需牢记各类型的取值范围即可。因为对于任何类型 A，只要其取值范围被完全包含在类型 B 的取值范围内，就可以隐式地将类型 A 转换为类型 B。

3.12.5 避免分配额外的内存空间

对 CLR 来说，string 对象（字符串对象）是个很特殊的对象，它一旦被赋值就不可改变。无论是在运行时调用类 System.String 中的任何方法，还是进行任何运算（如"="赋值、"+"拼接等），都会在内存中创建一个新的字符串对象，这也意味着要为该新对象分配新的内存空间。例如，下面的代码就会带来运行时的额外开销。

```
private static void NewMethod1()
{
    string s1 = "abc";
    s1 = "123" + s1 + "456";    //以上两行代码创建了3个
        //字符串对象，并执行了一次string.Contact方法
}
private static void NewMethod6()
{
    string re6 = 9 + "456";     //该行代码发生一次装箱，并调
        //用一次string.Contact方法
}
```

而在以下代码中，字符串不会在运行时拼接字符串，而是会在编译时直接生成一个字符串。

```
private static void NewMethod2()
{
    string re2 = "123" + "abc" + "456"; //该行代码等效于
        //string re2 = "123abc456";
}

private static void NewMethod9()
{
    const string a = "t";
    string re1 = "abc" + a;     //因为a是一个常量，所以
    //该行代码等效于  string re1 = "abc" + "t";
    //最终等效于string re1 = "abct";
}
```

由于使用类 System.String 会在某些场合带来明显的性能损耗，所以微软公司另外提供了一个类型：StringBuilder，用于弥补 String 的不足。

StringBuilder 并不会重新创建一个 string 对象，它的效率源于预先以非托管的方式分配内存。如果 StringBuilder 没有预先定义长度，则默认分配的长度为 16。当 StringBuilder 字符长度小于等于 16 时，StringBuilder 不会重新分配内存；当 StringBuilder 字符长度大于 16 小于 32 时，StringBuilder 又会重新分配内存，使之成为 16 的倍数。在上面的代码中，如果预先判断字符串的长度大于 16，则可以为其设定一个更加合适的长度（如 32）。StringBuilder 重新分配内存时是按照上次的容量加倍进行分配的。读者需要注意，StringBuilder 指定的长度要合适。如果太小，则需要频繁分配内存；如果太大，则会浪费空间。

3.12.6 在编程中要确保尽量少的装箱

字符串是所有编程语言中使用最频繁的一种基础数据类型。如果在使用时稍有不慎，就会为一次字符串的操作所带来的额外性能开销而付出代价。笔者在此建议在程序中要确保尽量少的装箱。例如，下面的两行代码。

```
String str1 = "str1"+ 9;
String str2 = "str2"+ 9.ToString();
```

为了清楚上述两行代码的执行情况，接下来比较两者生成的 IL 代码。其中第一行代码对应的 IL 代码如下。

```
.maxstack   8
IL_0000:  ldstr       "str1"
IL_0005:  ldc.i4.s    9
IL_0007:  box         [mscorlib]System.Int32
IL_000c:  call        string [mscorlib]System.String::Concat(object, object)
IL_0011:  pop
IL_0012:  ret
```

第二行代码对应的 IL 代码如下。

```
.maxstack   2
.locals init ([0] int32 CS$0$0000)
IL_0000:  ldstr       "str2"
IL_0005:  ldc.i4.s    9
IL_0007:  stloc.0
IL_0008:  ldloca.s    CS$0$0000
IL_000a:  call        instance string [mscorlib]System.Int32::ToString()
IL_000f:  call        string [mscorlib]System.String::Concat(string, string)
IL_0014:  pop
IL_0015:  ret
```

由此可以看出，第一行代码"str1"+ 9 在运行时会完成一次装箱行为（IL 代码中的 box）；而第二行代码中的 9.ToString()并没有发生装箱行为，它实际调用的是整型的 ToString 方法。方法 ToString 的原型如下。

```
public override String ToString()
{
    return Number.FormatInt32(m_value, null, NumberFormatInfo.CurrentInfo);
}
```

可能有人会问，是不是原型中的 Number.FormatInt32 方法会发生装箱行为呢？实际上，Number.FormatInt32 方法是一个非托管的方法，此方法的原型如下。

```
[MethodImpl(MethodImplOptions.InternalCall), SecurityCritical]
 public static extern string FormatInt32(int value, string format,
    NumberFormatInfo info);
```

此方法通过直接操作内存来完成从 int 到 string 的转换，效率要比装箱高很多。所以，在使用其他值引用类型到字符串的转换并完成拼接时，应当避免使用操作符"+"来完成，而应使用值引用类型提供的 ToString 方法。也许有的读者还会问：上文所举的示例中，即使 FCL 提供的方法没有发生装箱行为，但在其他情况下，FCL 方法内部会不会含有装箱的行为呢？答案是也许会存在。不过在此有一个指导原则：在自己编写的代码中，应当尽可能地避免编写不必要的装箱代码。

装箱之所以会带来性能损耗，因为它需要经历下面 3 个步骤。

（1）为值类型在托管堆中分配内存。除了值类型本身所分配的内存外，内存总量还要加上类型对象指针和同步块索引所占用的内存。

（2）将值类型的值复制到新分配的堆内存中。

（3）返回已经成为引用类型的对象的地址。

3.12.7　使用语句的几种限制

C#中的 switch…case 语句较 C 和 C++中的更安全，因为它禁止所有 case 中的失败条件。如果激活了块中靠前的一个 case 子句，后面的 case 子句就不会被激活，除非使用 goto 语句特别标记要激活后面的 case 子句。编译器会把没有 break 语句的每个 case 子句标记为错误，例如下面的错误信息。

Control cannot fall through from one case label ('case 2:') to another

在有限的几种情况下，这种错误是允许的，但在大多数情况下，我们不希望出现这种错误，因为这会导致出现很难察觉的逻辑错误。

但在使用 goto 语句时，会在 switch…cases 中重复出现错误。如果确实想这么做，就应重新考虑设计方案了。例如，下面的代码在使用 goto 时出现错误，得到的代码非常混乱。

```
switch(country)
{
    case "America":
        CallAmericanOnlyMethod();
        goto case "Britain";
    case "France":
        language = "French";
        break;
    case "Britain":
        language = "English";
        break;
}
```

但此时还有一种例外情况：如果一个 case 子句为空，就可以直接跳到下一个 case 子句，这样就可以用相同的方式处理两个或多个 case 子句了(不需要 goto 语句)。例如下面的代码。

```
switch(country)
{
    case "au":
    case "uk":
    case "us":
        language = "English";
        break;
    case "at":
    case "de":
        language = "German";
        break;
}
```

在 C#中，switch 语句的 case 子句的排放顺序是无关紧要的，甚至可以把 default 子句放在最前面。因此，任何两个 case 都不能相同。这包括值相同的不同常量，所以不能这样编写。

```
const string england = "uk";
const string britain = "uk";
switch(country)
{
    case england:
    case britain:              // this will cause a compilation error
        language = "English";
        break;
}
```

上述代码还说明了 C#中的 switch 语句与 C++中的 switch 语句的另一个不同之处：在 C#中，可以把字符串用作测试变量。

3.12.8　带/不带表达式的 return 语句

return 语句后面可以紧跟一个可选的表达式，不带任何表达式的 return 语句只能被用在没有返回值的函数中。因此，不带表达式的 return 语句只能被用于返回类型为如下类别的对象中：

（1）返回类型是 void 的方法。

（2）属性和索引器中的 set 访问器中。

（3）事件中的 add 和 remove 访问器。

（4）实例构造函数。

（5）静态构造函数。

（6）析构函数。

而带表达式的 return 语句只能被用于有返回值的类型中，即返回类型为如下类别的对象中。

（1）返回类型不是 void 的方法。

（2）属性和索引器中的 get 访问器或用户自定义的运算符。

另外，return 语句的表达式类型必须能够被隐式地转换为包含它的函数成员的返回类型。

第 4 章

面向对象编程

现实世界是由各种各样的实体对象组成的，每一种对象都有自己的内部状态和运动规律。不同对象间的相互联系和相互作用构成了各种不同的系统，从而进一步构成整个客观世界。而人们为了更好地认识客观世界，就把具有相似内部状态和运动规律的实体对象综合在一起构成类。C#技术就是通过类为主体实现面向对象编程这一理念的。

本章内容	**技术解惑**
面向对象编程基础	面向对象的作用
函数是神秘的箱子	一个函数只做一件事
类	何时使用静态函数，何时使用实例函数
对象	引用参数和输出参数的关系和区别
属性	不要在密封类型中声明虚拟成员
命名空间	不要在密封类型中声明受保护的成员
灵活自由的集合	类和对象之间的关系和区别
继承	
多态	
接口	
委托	
事件	

4.1　面向对象编程基础

知识点讲解：光盘:视频\PPT 讲解（知识点）\第 4 章\面向对象编程基础.mp4

面向对象程序设计即 OOP，是 Object-Oriented Programming 的缩写。面向对象编程技术是一种起源于 60 年代的 Simula 语言，发展至今其自身理论已经十分完善，并被多种面向对象程序设计语言（Object-Oriented Programming Langunianling，OOPL）实现。面向对象编程技术的推出改变了整个编程语言的思路，是软件方式的一大进步，几乎所有的高级语言都是基于面向对象诞生的。例如，把编写的某应用程序比喻为一台计算机，当使用传统编程模式时，如果要对这台机器升级，则需要将整台机器返回生产厂商进行全方位更新，或者购买一台配置更高的机器。但是如果使用面向对象编成模式时，只需对它的 CPU 或内存进行升级即可，这样就节约了大量的时间。在本节的内容中，将详细讲解面向对象编程技术的基本知识。

4.1.1　OOP 思想介绍

OOP 的许多原始思想都来之于 Simula 语言，并在 Smalltalk 语言的完善和标准化过程中得到更多的扩展和对以前的思想的重新注解。可以说 OOP 思想和 OOPL 几乎是同步发展并相互促进的。与函数式程序设计（Functional-programming）和逻辑式程序设计（Logic-programming）所代表的接近于机器的实际计算模型所不同的是，OOP 几乎没有引入精确的数学描述，而是倾向于建立一个对象模型，它能够近似地反映应用领域内的实体之间的关系，其本质是更接近于一种人类认知事物所采用的哲学观的计算模型。

对象的产生通常基于两种方式：一种是以原型对象为基础产生新的对象；另一种是以类为基础产生新对象。

4.1.2　C#的面向对象编程

面向对象编程方法是 C#编程的指导思想。使用 C#进行编程时，应首先利用对象建模技术（OMT）分析目标问题，抽象出相关对象的共性，对它们进行分类，并分析各类之间的关系；然后用类来描述同一类对象，归纳出类之间的关系。Coad 和 Yourdon 在对象建模技术、面向对象编程和知识库系统的基础之上设计了一整套面向对象的方法，具体来说分为面向对象分析（OOA）和面向对象设计（OOD）。对象建模技术、面向对象分析和面向对象设计共同构成了系统设计的过程，如图 4-1 所示。

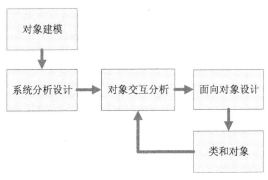

图 4-1　系统设计过程

4.2 函数是神秘的箱子

知识点讲解：光盘:视频\PPT 讲解（知识点）\第 4 章\函数是神秘的箱子.mp4

C#中的类和函数是为了满足某个功能而设计的一段代码，当程序中需要实现这个功能时，在使用时直接调用此类或函数即可。由此可以看出，类和模块的原理是一样的，一个类是为了描述一个对象而定义的；一个模块是为了实现一个功能而编写的。

C#中的函数又称为方法，它是由对象或类组成的，用于执行特定功能的代码段。函数是编程语言的核心，通过函数定义和函数的调用能够实现现实应用中所需要的功能。方法是函数的最基本成员，其他的函数构成成员都是以方法为基础实现的。所以从本质上讲，函数的实用就是方法的实用。

4.2.1 定义和使用函数

定义 C#函数的基本语法格式如下。

```
特性
修饰符  返回类型   函数名
{
        函数语句
}
```

其中，特性和修饰符是可选的。修饰符用来控制函数的可访问性的范围，返回类型即函数处理结果的返回类型；函数名是定义的函数名称；函数语句是函数的核心。通过定义执行语句，设置这个函数所能够执行的功能。

C#的函数名称是一种标识符，所以它的命名应该符合标识符的命名规则。在具体使用时，最好能够在函数名称中体现出该函数的具体作用。

在项目中调用已定义函数的基本语法格式如下。

```
函数名(参数)
```

如果有多个参数，可以使用逗号","进行分割。并且各参数和函数定义中的函数类型所对应，或者可以隐式地转换为那种类型。

在特殊需要时，可以使用函数的完全限定名，即包含具体的命名空间和类。例如，前面实例中常用的"System.Console.WriteLine"。

1. 函数的返回值

通过函数的返回值可以进行最基本的数据交换，有返回值的函数会计算这个值，其方式与在表达式中使用变量计算它们包含的值相同。例如，有一个函数 mm(),其返回值是一个字符串，可以使用如下代码使用这个函数：

```
string nn;
nn=mm();
```

由前面的应用实例可知，可以通过如下两种方式修改函数。

❑ 在函数声明中指定返回值的类型，但不可以使用 void 关键字。

❑ 使用 return 关键字结束函数的运行，并把返回值传送给调用代码。

当在项目程序内使用 return 语句时，程序会立即返回调用代码，而这个语句后的代码都不会执行。但是，return 并不一定是整个函数的最后行。例如下面的代码：

```
static double getVal()
  {
      double mm;
        i f(mm<6)
      return 4.5;
      return 3.5;
  }
```

2. 函数参数简介

当在函数内使用参数时，必须指定如下内容。

❑ 定义函数时设置的接受参数以及对应的类型。

❑ 在函数调用中设置的接受参数。

其中，参数在函数代码中通常作为一个变量。例如在下面的代码中，将参数作为变量进行了处理。

```
static double mm(double a, doubleb)
{
    return a * b;
}
```

4.2.2 函数参数详解

C#函数既可以有参数，也可以没有参数。在 C#程序中，可以根据具体需要使用不同类的参数。C#函数的参数可以分为如下 3 类。

1. 值参数

声明时不使用任何修饰字符的参数是值参数。在 C#中，一个值参数相当于一个局部变量，并且在程序声明和调用时，值参数只能将值带进函数，而不能将值带出函数。

2. 引用参数

当声明时使用 ref 修饰符的参数是引用参数。在 C#中，一个引用参数不能创建新的存储位置。引用参数表示的存储位置在函数调用中，被作为实际参数给出变量所表示的存储位置。在程序声明和调用时，引用参数既可以将值带进函数内，也可以将值带出函数并在函数外使用。

3. 输出参数

声明时使用 out 修饰符的参数是输出参数。在 C#中，一个输出参数不能创建新的存储位置。输出参数表示的存储位置在函数调用中，被作为参数给出变量所表示的存储位置。在程序声明和调用时，输出参数不能将值带进函数内，但能将值带出函数外使用。

在函数内部，输出参数和局部变量一样，最初是被赋值的，即使对应参数已经被明确赋值。所以在使用输出参数时，必须在使用前进行明确的赋值。

实例 007 | **交换处理函数内的参数值**

源码路径　光盘\daima\1\4\1　　　　　　　视频路径　光盘\视频\实例\第 4 章\007

实例文件 zhican.cs 的具体实现代码如下。

```
namespace zhican
{
    class Program
    {
        static void mm(int x, int y)
        {
            Console.WriteLine("进入mm函数时: x = {0}, y = {1}", x, y);
            int temp = x;
            x = y;
            y = temp;
            Console.WriteLine("退出mm函数时: x = {0}, y = {1}", x, y);
        }
        static void Main()
        {
            int i = 1, j = 2;
            Console.WriteLine("执行mm函数前: i = {0}, j = {1}", i, j);
            mm(i, j);
            Console.WriteLine("执行mm函数后: i = {0}, j = {1}", i, j);
            Console.ReadKey();
        }
    }
}
```

> 范例 013：获取当前月的天数
> 源码路径：光盘\演练范例\013\
> 视频路径：光盘\演练范例\013\
> 范例 014：获取当前日期的前一天
> 源码路径：光盘\演练范例\014\
> 视频路径：光盘\演练范例\014\

上述实例代码的设计过程如下。

（1）定义函数 mm，并设置 2 个 int 类型的参数 x 和 y。

（2）将 x 和 y 的值进行赋值处理，并交换它们的值。

（3）定义函数 Main，并分别定义 int 类型的变量 i 和 j。

（4）将变量 i 和 j 作为函数 mm 的参数进行处理。

（5）通过 WriteLine 输出对应的处理结果。

上述实例代码执行后，将调用函数进行处理，并输出对应的结果，如图 4-2 所示。

从图 4-2 的执行结果中可以看出，在函数 mm 内成功地交换了参数 x 和 y 的值。但是不会影响在函数 Main 内调用函数 mm 时，所使用的实际参数 i 和 j 的值。既然参数可以作为引用参数和输出参数来使用，那么其能否可以作为数组来使用呢？答案是肯定的，C#的参数完全可以作为数组参数和参数数组来使用。

图 4-2　实例执行结果

1. 参数数组

声明时使用 params 修饰符的参数是参数数组。在 C#中，不能将修饰符 params 与 ref 和 out 组合使用。在函数调用时，可以通过如下两种方式为参数数组指定对应的参数。

❑ 赋给参数数组的实参是一个表达式，其类型可以隐式转换为参数数组的类型。这样，参数数组将和值参数完全一致。

❑ 可以为参数数组设置指定个数的实参，也可以是 0 个。其中的每个实参是一个表达式，其类型可以隐式地转换为参数数组元素的类型。在上述情况下，调用时会创建一个参数数组实型实例，其包含的元素个数等于给定参数的个数。

2. 数组参数

在 C#项目中，数组可以作为值、引用或输出参数传递给函数，并且可以根据具体要求而灵活使用。当使用数组参数时，必须遵循如下 3 个原则。

（1）作为值参数

当把数组作为值参数传入时，在传入数组前必须创建数组对象，并且传入前的数组元素值可以传入函数。具体说明如下。

❑ 如果函数内没有改变数组对象的值，而是仅仅改变了数组元素的值，则在函数内修改的数组元素值可以从函数中带出。

❑ 如果函数中改变了数组对象的值，则在函数内修改的数组元素值不会从函数中带出。

（2）作为引用参数

当把数组作为引用参数传入时，在传入数组前必须创建数组对象。传入前的数组元素值可以传入函数，而在函数内修改的数组元素值也可以从函数中带出。

（3）作为输出参数

当把数组作为输出参数传入时，在传入数组前既可以创建数组对象，也可以不创建数组对象。但是如果在传入数组前创建了数组对象，则当传入函数后，该数组对象的值也会被忽略。所以，只有在函数中创建数组对象，数组元素值才会从函数中带出。

读者可以参阅相关资料，或通过百度获取相关的学习资源，了解 C#中数组参数和参数数组的使用方法。可结合上述实例，测试数组参数和参数数组的结果。

4.3　类

🎥 知识点讲解：光盘:视频\PPT 讲解（知识点）\第 4 章\类.mp4

万物皆对象，对象就是 C#等编程语言中的类，而对象的特征和行为就是类中的属性和方法，面向对象是高级语言的特性。不管什么语言，只要它是面向对象的语言，它就一定有类，如 C++、C#和网络编程语言 PHP 等都有类。所谓类，就是将相同属性的东西放在一起，如人，如猩猩，都可以是一个类。在 C#中，每一个源程序至少都会有一个类。类表示的是一种数据结构，它能够封装数据成员、函数成员和其他的类。类是 C#语言的基础，C#内的一切类型都可以看作是类，并且所有的语句都位于类内。另外，C#支持自定义类，用户可以根据需要在程序内定义自己需要的类。其实在本书前面的内容中，已经多次使用过类，例如 Program。在本节的内容中，将详细讲解类的基本知识。

4.3.1　定义类

在 C#中，使用关键字 class 来定义一个类。只有经过定义声明后的类，才能在应用程序内使用。可以使用诸如 int 和 double 之类的基本类型来对类进行修饰。

C#类的基本定义格式如下所示。

```
修饰符  class 类名
{
    类成员
}
```

在定义类时可以使用修饰符来设置类的作用范围。使用关键字 internal 修饰的类是内部类，即只能在当前项目中访问使用。例如下面的类 mm 就是一个内部类。

```
internal class mm
{
    类成员
}
```

如果要使定义的类能够在多个项目中使用，则需要使用关键字 public 来修饰定义，设置为公共类。例如下面的类 mm 就是一个公共类。

```
public class mm
{
    类成员
}
```

4.3.2　类的成员

当定义声明一个 C#类后，在类体内的所有元素都是这个类的成员。在 C#中，类的成员可以分为数据成员和函数成员两种。

1. 数据成员

C#类中的数据成员包括字段和常量两种，具体说明如下。

- ❑ 字段：字段是在类内定义的成员变量，主要用于存储描述这个类的特征值。在类内的字段可以预先初始化声明，声明的字段将作用于整个类体。
- ❑ 常量：常量是在类内定义的常量成员，在本书前面介绍的声明常量的方法也适用于类内的常量成员。

2. 函数成员

C#类的函数成员主要包括 6 种，分别是函数、属性、索引器、事件、运算符、构造函数、析构函数。

- ❑ 方法：即函数，用于实现某特定功能的计算和操作，在 C#类内可以定义和调用需要的方法。

- □ 属性：是字段的扩展，并且属性和字段都是命名的成员，都有对应的类型，访问两者的语法格式也相同。两者唯一的区别是属性不能表示存储位置，并且属性有访问器。
- □ 索引：索引和属性基本类似，但是索引能够使类的实例按照和数组相同的语法格式进行检索。
- □ 事件：常用于定义可以由类生成的通知或信息，通过事件可以使相关的代码激活执行。
- □ 运算符：常用于定义对当前类的实例进行运算处理的运算符，可以对预定义的运算符进行重载处理。
- □ 构造函数和析构函数：构造函数是名称和类相同的函数，当类被实例化后首先被执行的就是构造函数。而析构函数也是一种特殊的函数，其名称是在类名前加字符"~"。如果当前类无效时，则会执行定义的析构函数。

4.4 对 象

知识点讲解：光盘:视频\PPT 讲解（知识点）\第 4 章\对象.mp4

在 C#程序中，类必须使用对象来实现某些功能，对象就相当于类的工具。在本节的内容中，将详细讲解对象的基本知识。

4.4.1 创建对象

C#中的类是抽象的，要使用类来实现特定的功能，必须先将类实例化，即创建类的对象后才能使用。类与对象的关系可以比喻为机型设计和具体的机器，类是一系列属性和功能的描述，而对象就像根据类的描述而设计出的具体处理程序。

在 C#中为类创建对象的具体格式如下：

```
类名 对象名=new 类名 (参数);
```

其中，参数是可选的。

4.4.2 使用对象

在 C#中，对象使用点运算符"."来引用类的成员，并且引用的范围受到成员的访问修饰符的限制。

实例 008	**根据用户的姓名输出对应的 QQ 名**	
	源码路径 光盘\daima\1\4\2	视频路径 光盘\视频\实例\第 4 章\008

实例文件 duixiang.cs 的具体实现代码如下。

```
namespace duixiang
{
    class QQming
    {
        public string name;
        public void Bark()
        {
            Console.WriteLine("落雪飞花!");
        }
    }
    class DQQming
    {
        public static void Main()
        {
            QQming mm = new QQming();
            mm.name = "张三";
            QQming nn = new QQming();
            nn.name = "张三";
            Console.WriteLine("对象mm的名字为"{0}", QQ名是:", mm.name);
            mm.Bark();
            Console.WriteLine("对象nn的名字为"{0}", QQ名是:", nn.name);
```

范例 015：字符串比较
源码路径：光盘\演练范例\015\
视频路径：光盘\演练范例\015\
范例 016：定位子字符串
源码路径：光盘\演练范例\016\
视频路径：光盘\演练范例\016\

```
        nn.Bark();
        if (mm == nn)
        {
            Console.WriteLine("-> mm与nn是同一个对象。");
            Console.ReadKey();
        }
        else
        {
            Console.WriteLine("-> mm与nn不是同一个对象。");
            Console.ReadKey();
        }
    }
}
```

上述实例代码的设计过程如下。

（1）分别定义类 QQming 和 DQQming。

（2）在类 QQming 内定义函数 Bark，用于输出用户的 QQ 名。

（3）在类 DQQming 内创建类 QQming 的对象，并分别调用 QQming 的成员。

（4）分别设置两个用户名，并将对应的名字和 QQ 名通过 WriteLine 输出。

（5）根据用户名判断是否为同一个用户对象，并将判断结果输出。

执行后将显示对应的用户名和 QQ 名，并显示是否为同一个用户对象的判断结果。如图 4-3 所示。

在上述代码中，虽然两用户的名字相同，都是"张三"，但他们并不是同一个人。在 C#对象中，如果将一个对象赋值给另一个对象，那么这两个对象就是相同的，代表它们的变量都将存同一地址。如果改变其中一个对象内成员的状态，则也会影响另一个对象内成员的状态。

对上述实例进行修改，尝试改变上述对象成员的状态，并查看对应的结果。具体代码如下。

```
namespace duixiang1
{
    class mm
    {
        public string name;
        public void Bark()
        {
            Console.WriteLine("落雪飞花!");
        }
    }
    class nn
    {
        public static void Main()
        {
            mm aa = new mm();
            aa.name = "张三";
            mm dd = new mm();
            dd = aa;
            if (aa == dd)
            {
                Console.WriteLine("aa与bb是同一个人。");
            }
            else
            {
                Console.WriteLine("aa与bb不是同一个人。");
            }
            Console.WriteLine("aa的名字为"{0}"，QQ名为:", aa.name);
            aa.Bark();
            Console.WriteLine("dd的名字为"{0}"，QQ名为:", dd.name);
            dd.Bark();
            dd.name = "李四";
            Console.WriteLine("改变dd的名字为"{0}"", dd.name);
            Console.WriteLine("aa的名字也会改变为"{0}"", aa.name);
            Console.ReadKey();
        }
    }
}
```

上述代码执行后，会显示对应的用户名和 QQ 名，并显示用户名修改后的处理结果，如图 4-4 所示。

图 4-3 实例执行结果　　　　　　　　　　　　　图 4-4 实例执行结果

从图 4-4 所示的执行结果可以看出，如果修改了对象 dd 的值，对应的对象 aa 的值也会修改。这是因为 aa 和 dd 是同一个用户。

4.5　属　　性

知识点讲解：光盘:视频\PPT 讲解（知识点）\第 4 章\属性.mp4

属性是对现实世界中实体特征的抽象，提供了对类或对象性质的访问。类的属性所描述的是状态信息，在类的某个实例中，属性的值表示该对象的状态值。属性和字段是密切相关的，属性是字段的扩展，两者都是具有关联类型的命名成员，而且对两者进行访问的语法格式也是相同的。

但是，属性不表示存储位置，这和字段不同。属性使用访问器，通过访问器指定在它们的值被读取或写入时需执行的语句。因此，属性提供了一种机制，它把读取和写入对象的某些性质与一些操作关联起来。它们甚至还可以对此类性质进行计算。

声明属性的语法格式如下。

```
修饰符 类型 属性名
{
        get
            {
......
            }
        set
            {
......
            }
}
```

其中，修饰符是可选的，最为常用的就是访问修饰符，也可以使用 static 修饰符。

当属性声明包含 static 修饰符时，则被称为静态属性。当不存在 static 修饰符时，则被称为实例属性。具体说明如下。

- ❑ 静态属性不与特定实例相关联，因此在静态属性的访问器内引用 this 会导致编译时错误。
- ❑ 实例属性与类的一个给定实例相关联，并且可以在属性的访问器内通过 this 来访问该实例。

属性的类型可以是任何的预定义或者自定义类型。属性名是一种标识符，命名规则与字段相同。

C#中的属性通过 get 和 set 访问器来对属性的值进行读写。get 和 set 访问器分别用关键字 get 和 set，以及位于一对大括号内的代码块构成。代码块代码分别指定调用相应访问器时需执行的语句块。

get 和 set 访问器是可选的，在使用时必须注意如下 4 点：

（1）get 访问器相当于一个具有属性类型返回值的无参数方法。除了作为赋值的目标，当在表达式中引用属性时，将调用该属性的 get 访问器以计算该属性的值。get 访问器必须用 return 语句来返回，并且所有的 return 语句都必须返回一个可隐式转换为属性类型的表达式。

（2）set 访问器相当于一个具有单个属性类型值参数和 void 返回类型的方法。set 访问器的隐式参数始终命名为 value。当一个属性作为赋值的目标，或者作为运算操作数值被引用时，就会调用 set 访问器，所传递的参数将提供新值。

（3）不允许 set 访问器中的 return 语句指定表达式。由于 set 访问器隐式具有名为 value 的参数，因此，在 set 访问器中不能自定义使用名称为 value 的局部变量或常量。

（4）由于属性的 set 访问器中可以包含大量的语句，因此可以对赋予的值进行检查。如果值不安全或者不符合要求，就可以进行提示。这样就可以避免因为给类的数据成员设置了错误的值而导致的错误。

根据 get 和 set 访问器是否存在，属性可分成如下 3 种类型。

❑ 读写属性：可以同时包含 get 访问器和 set 访问器的属性。

❑ 只读属性：只具有 get 访问器的属性。将只读属性作为赋值目标会导致编译时错误。

❑ 只写（write-only）属性：只具有 set 访问器的属性。除了作为赋值的目标外，在表达式中引用只写属性会出现编译时错误。

实例 009　　使用 C#属性输出类成员的操作结果

源码路径	光盘\daima\1\4\3	视频路径	光盘\视频\实例\第 4 章\009

本实例的实现文件为 shuxing.cs，具体的实现过程如下。

（1）定义类 mm。

（2）分别定义两个读写属性 Width 和 Height，并设置返回参数。

（3）定义一个只读属性 Mianji，赋值为参数 kuan 和 gao 的积。

（4）分别定义两个构造函数。

（5）分别创建对象实例 rect 和 rect1，并对参数进行赋值。

（6）根据赋予的参数值，将各参数值输出。

实例文件 shuxing.cs 的实现代码如下。

```
namespace shuxing
{
    public class mm
    {
        protected int kuan;
        protected int gao;
        public int Width
        {
            get
            {
                return kuan;
            }
            set
            {
                if (value > 0)
                    kuan = value;
                else
                    Console.WriteLine("宽的值不能为负数。");
            }
        }
        public int Height
        {
            get
            {
                return gao;
            }
```

范例 017：字符串连接
源码路径：光盘\演练范例\017\
视频路径：光盘\演练范例\017\
范例 018：分割字符串
源码路径：光盘\演练范例\018\
视频路径：光盘\演练范例\018\

```
                set
                {
                        if (value > 0)
                            gao = value;
                        else
                            Console.WriteLine("高的值不能为负数。");
                }
        }
        public int Mianji
        {
                get
                {
                        return kuan * gao;
                }
        }
        public mm()
        {
        }
        public mm(int cx, int cy)
        {
                Width = cx;
                Height = cy;
        }
        public static void Main()
        {
                mm rect = new mm();
                rect.Width = 2;
                rect.Height = 4;
                Console.WriteLine("宽 = {0}，高 = {1}，面积 = {2}", rect.Width, rect.Height, rect.Mianji);
                rect.Width = -2;
                rect.Height = -4;
                Console.WriteLine("宽 = {0}，高 = {1}，面积 = {2}", rect.Width, rect.Height, rect.Mianji);
                mm rect1 = new mm(-4, -6);
                Console.WriteLine("宽 = {0}，高 = {1}，面积 = {2}", rect1.Width, rect1.Height, rect1.Mianji);
                Console.ReadKey();
        }
    }
}
```

上述代码执行后，将输出各参数的值，如图 4-5 所示。

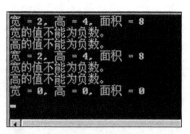

图 4-5　实例执行结果

4.6　命 名 空 间

知识点讲解：光盘:视频\PPT 讲解（知识点）\第 4 章\命名空间.mp4

在 C#开发应用中，通常将应用程序放到一个命名空间中。命名空间保存的是一个完整的
C#程序，里面的程序是完全独立存在的。

4.6.1　编译单元

C#的编译单元定义了源文件的总体结构。一个 C#程序是由一个或多个编译单元组成的，
每个编译单元都用独立的源文件来保存。编译 C#程序时，所有这些编译单元一起进行处理。因
此，这些编译单元间可以互相依赖，甚至以循环方式互相依赖。

如果一个程序包含多个源文件，编译程序时则需要将所有的源文件放在一起编译，其语法格式如下。

```
csc <source 文件名>  <source文件名> ... <source文件名>
```

使用如下的命令可以显示 csc 的所有参数的意义。

```
csc /?
```

使用 Visual Studio 则可以迅速地创建一个项目，并能将所有的源文件都放在项目中。

为了最大限度地避免类名冲突，C#使用命名空间来组织类。具体的使用原则如下。

❑ 在同一个命名空间中，类名不能重名。

❑ 在不同的命名空间中，可以使用相同的类名。

一个编译单元可以包括任意个命名空间定义，也可能没有。命名空间是可以嵌套的，即在一个命名空间内部还可以定义其他的命名空间。

命名空间声明可以作为顶级声明出现在编译单元中，或者作为成员声明出现在另一个命名空间声明内。当命名空间声明作为顶级声明出现在编译单元中时，该命名空间成为全局命名空间的一个成员。当某个命名空间声明出现在另一个命名空间声明内时，该内部命名空间就成为包含着它的外部命名空间的一个成员。无论是哪种情况，一个命名空间的名称在它所属的命名空间内必须是唯一的。

在 C#中，命名空间使用关键字 namespace 来声明，语法格式如下。

```
namespace 命名空间名{
        using指令
        代码块
}
```

命名空间的隐式关键字是 public，而且在命名空间的声明中不能包含任何访问修饰符。

在代码块中，可选用零个或者多个 using 指令来导入其他命名空间和类型的名称，这样就可以直接地而不是通过限定名来引用它们。

命名空间名称可以是单个标识符或者是由"."标记分隔的标识符序列。后一种形式允许一个程序直接定义一个嵌套命名空间，而不必按词法嵌套若干个命名空间声明。例如，下面的两段代码的功能是等效的。

```
namespace mm.nn{
    class A {}
    class B {}
}
namespace mm
{
    namespace nn
    {
        class A {}
        class B {}
    }
}
```

4.6.2 完全限定名标识

每个命名空间和类型都具有一个完全限定名，该名称在所有其他命名空间或类型中唯一标识该命名空间或类型。假如存在命名空间 mm 和类型 mm，则两者的完全限定名需要遵循如下规则。

❑ 如果 mm 是全局命名空间的成员，则它的完全限定名为 mm。

❑ 如果 mm 不是全局命名空间的成员，它的完全限定名为 A.mm，其中 A 声明了 mm 的命名空间或类型的完全限定名。

因为命名空间或类型的每个成员都必须具有唯一的名称，因此，如果将这些成员名称置于命名空间或类型的完全限定名之后，这样构成的成员完全限定名肯定符合唯一性。例如在下面的代码中，演示了多命名空间和类型声明及其关联的完全限定名。

```
class mm {}
namespace aa    {
    class nn
    {
        class C {}
    }
    namespace zz
    {
        class D {}
    }
}
namespace aa.nn
{
    class E {}
}
```

4.6.3　using 指令

在 C#程序中，使用 using 指令简化了对在其他命名空间中定义的命名空间和类型的使用步骤。using 指令能够影响命名空间或者类型名称的解析过程，但是不会声明为任何类型。为此，using 指令不会在使用它们的编译单元或命名空间中定义新成员。

在 C#中，使用 using 指令的语法格式如下。

```
using命名空间名;
```

命名空间名称可以是单个标识符或者是由"."标记分隔的标识符序列。using 指令将"命名空间名"所标识的命名空间内的类型成员导入当前编译单元中，从而可以直接使用每个被导入的类型的标识符，而不必加上它们的完全限定名。

C#中 using 指令的主要特点如下。

（1）在包含 using 指令的编译单元或命名空间中的成员声明内，可以直接引用包含在给定命名空间中的那些类型。

（2）using 指令能够导入包含在给定的命名空间中的类型，但是不能导入该命名空间所嵌套的命名空间。

（3）using 指令还可以使用指定别名的形式，语法格式如下。

```
using别名=命名空间或类型名;
```

（4）using 指令中的"别名"标识符在如下条件时必须是唯一的。

❏　直接包含该 using 指令的编译单元。

❏　在命名空间的声明空间内。

例如下面的一段代码。

```
namespace N3 {
    class A {}
}
namespace N3
{
    using A = N1.N2.A;
}
```

在上述代码中，class A 是可行的，因为 A 已经定义在命名空间 N3 中；但是"using A = N1.N2.A"是非法的，因为 A 已经存在于命名空间 N3 中。

（5）using 指令指定的别名是不可传递的，它仅影响使用它的编译单元或命名空间，而不会影响具有相同限定名的命名空间。

（6）using 指令的顺序并不重要。using 指令可以为任何命名空间或类型创建别名，包括它所处的命名空间，以及嵌套在该命名空间中的其他任何命名空间或类型。

（7）对一个命名空间或类型进行访问时，无论用它的别名，还是用它声明的名称，最终结果是完全相同的。

（8）C#内的 using 指令导入的名称会被如下元素隐藏。

❏　包含该指令的编译单元。

❏　命名空间中具有相同名称的成员。

4.7　灵活自由的集合

📀 知识点讲解：光盘:视频\PPT 讲解（知识点）\第 4 章\灵活自由的集合.mp4

在 C#程序中，数组不能实现动态数据处理。为了解决这种限制，推出了集合这一概念。通过集合可以把相互联系的数据组合到一个集合内,这样就能够有效地处理这些密切相关的数据。在 C#中，能够使用相同的代码来处理一个集合内的所有元素，而不需要编写不同的代码来处理单个独立对象。

4.7.1　C#集合概述

在 C#中，数组通过 System.Array 类实现，它只是集合类的一种。集合类通常被用于处理对象列表，其功能比数组强大。集合类的处理功能是通过 System.Collections 命名空间中的接口实现的，所以集合的语法是符合标准化的。

集合的功能通常使用接口来实现，这个接口不仅没有限制使用的基本集合类，而且还可以创建一个自定义的集合类。这样从集合内提取数据时，就不需要把它们特意转换为专用的类型了。

在 System.Collections 命名空间中，可以通过如下接口提供基本集合功能。

❑ IEnumerable：用于迭代集合项。
❑ ICollection：用于获取集合项的个数，并把项复制到一个简单的数组类型中。
❑ IList：提供了集合项列表，并访问这些项，以及一些与项列表相关的功能。
❑ IDictionary：和 IList 类似，但是它能够通过键码值访问项列表。

其中，System.Collections. ICollection 是所有集合的基接口，语法格式如下。

```
public interface ICollection : IEnumerable
{
}
```

因为 System.Collections. Icollection 直接继承了 System.Collections. IEnumerable，而没有添加任何的成员，所以它完全等价于 System.Collections. IEnumerable 接口，即所有的集合类都必须实现 System.Collections. IEnumerable 接口。类实现了这个接口后，就能依次列举集合类内所包含的数据元素。IEnumerable 接口的定义格式如下。

```
public interface IEnumerable
{
    IEnumerator GetEnumerator();
}
```

IEnumerable 接口只包含一个方法 GetEnumerator，它返回一个能够访问集合中数组的列举器对象。列举器必须实现 System.Collections. IEnumerator 接口。Ienumerator 接口的定义格式如下。

```
public interface IEnumerator
{
    Boolean MoveNext();
Object Current
{
get;
}
    void Reset();
}
```

1. 列举器

列举器的功能是读取集合中的数据，即循环访问集合的对象。但是列举器不能修改基础集合，实现 IEnumerator 接口的类必须实现函数 Reset 和 MoveNext 以及属性 Current。

当创建集合对象后，列举器应定位在集合中的第一个元素之前。函数 Reset 将列举器返回到此位置,但此时调用 Current 属性会发生异常。所以在读取 Current 前必须调用函数 MoveNext,将列举器定位在集合的第一个元素。

一个列举器只能与一个集合关联，但一个集合可以有多个列举器关联。在 C#中，列举器通常与 foreach 语句配合使用，因此隐藏了操作列举器的复杂性。

2．容量和计数

集合容量即集合所包含的元素数量，而集合计数是它实际包含的元素数目。System.Collections 命名空间中的集合在达到当前容量（在定义不同类型时，拥有不同的容量）时会自动扩充容量。

3．下限

集合的下限是它第一个元素的索引，System.Collections 命名空间中的集合的下限都是 0。

4.7.2 使用集合

在 System.Collections 命名空间中，提供了接口 IList、ICollection 和 Ienumerable 来实现集合功能。但是，它们只提供了某些功能需要执行的代码，例如函数 Clear 和 RemoveAt。如果要实现特定的功能，则需要执行其他的指定代码。或者使用 System.Collections. CollectionBase 类，它提供了许多集合类的实现方式。例如，对象 mm 的集合类可以使用如下代码定义。

```
public class Animals : CollectionBase
    {
        public void Add(Animal newAnimal)
        {
            List.Add(newAnimal);
        }
        public void Remove(Animal newAnimal)
        {
            List.Remove(newAnimal);
        }
        public Animals()
        {
        }
    }
```

在上述代码中，函数 Add 和 Remove 实现了强类型转换，List 接口用于访问项的标准 Add 函数。Add 函数只能处理 mm 类或它派生的类。同样在 System.Collections.CollectionBase 的派生类中，可以使用 foerach 函数读取集合内的数据。例如下面的一段代码。

```
static void Main(string[] args)
    {
        mm AA = new mm();
        AA.Add(new Cow("Jack"));
        AA.Add(new Chicken("Vera"));
        foreach (mm myAnimal in AA)
        {
            myAnimal.Feed();
        }
        Console.ReadKey();
    }
```

4.8 继　　承

📀 知识点讲解：光盘:视频\PPT 讲解（知识点）\第 4 章\继承.mp4

类的继承是指从已经定义的类中派生出一个新类。继承是面向对象最重要的特征。如果 C# 内的一个类直接继承了它基类的成员，这个类就被称为这个基类的子类或派生类。派生类能够从其基类继承所有的成员，包括变量、函数和属性。基类和子类通过继承这个纽带形成了一种层次结构，在应用中可以同时完成不同的功能。

4.8.1 类的层次结构

通过类的继承，将会在项目中生成一个层次结构，所以在使用继承前，应该首先确定各类之间的层次关系。例如，有一个 mm 类表示俱乐部的基类，一个 en 类表示英国的俱乐部派生类，一个 fr 表示法国的俱乐部派生类。那么就可以根据它们间的对应关系画出层次结构图，如图 4-6 所示。

图 4-6　继承关系层次结构图

在上述层次结构关系中，类 en 和 fr 都是类 mm 的子类。所以 en 和 fr 都继承了 mm 的成员，在声明基类时，应该定义其子类中共同拥有的数据成员。例如函数成员和数据成员等，看下面一段代码。

```
public class mm
{
private string aa;
protected string name;
public string dui;
{
get
    {
        return name;
    }
set
    {
        name=value;
    }
}
public mm()
    {
    }
    public mm(string name)
        {
            this.name=name;
        }
    public void Chuli()
        {
            Console.WriteLine("生成球队！！！！ ");
        }
    }
}
```

上述代码中，在基类 mm 内定义了 aa、name 和 dui 三个变量成员。

4.8.2　声明继承

继承是在声明类时定义的，其语法格式如下。

```
修饰符 class 类名：基类
    {
        代码块
    }
```

其中，子类和基类之间用冒号"："隔开。

4.8.3　继承规则

在 C# 中，继承规则如下。

（1）除 object 类外，每个类有且只有一个基类。如果在程序中没有显式制定类的基类，那么它的直接基类就是 object。

（2）除构造函数和析构函数之外，所有的基类成员都能被其子类所继承。但是需要注意的是，子类虽然能够继承基类的成员，但是并不能保证这些成员在子类中可以使用，这取决于成员的可访问性。

❑ 基类中 public、internal、protected、internal protected 成员被继承后，在子类中依旧是上述访问性成员，并且在子类中可用。

❑ 基类中 private 成员被继承后，在子类中依旧是 private 成员，但是在子类中不可用。

（3）子类可以扩展它的直接基类，能够在继承基类的基础上添加新的成员，但是不能删除集成成员的定义。

（4）继承是可以传递的。例如，如果类 C 从类 B 派生，而类 B 从类 A 派生，那么 C 就会继承在 B 中声明的成员，也能继承在 A 中声明的成员。但是在各类中使用这些成员时，也需要遵循成员的可访问性。具体说明如下。

❑ 在类 A 和 B 中的 public、internal、protected、internal protected 成员，在 C 中依旧是上述访问性成员，并且在 C 中可用。

❑ 在 A 和 B 中的 private 成员被继承后，在 C 中依旧是 private 成员，但是在 C 中不可用。

（5）不能循环继承类。例如，下面的代码是错误的。

```
class a:b
{
}
class b:c
{
}
class c:a
{
}
```

上述代码中的类存在循环依赖关系，所以运行后将会出现编译错误。

（6）类的直接基类必须至少和类的本身具有相同的可访问性。

（7）在派生子类中可以声明与基类成员相同名称的成员，这样就将基类中的这些成员隐藏了。

（8）类可以声明虚方法、虚属性和虚索引器，而派生子类可以重写上述虚成员。

（9）C#子类只能继承一个直接基类，但是支持基于接口的多重继承。

4.9 多 态

知识点讲解：光盘:视频\PPT 讲解（知识点）\第 4 章\多态.mp4

多态性（polymorphism）也是面向对象程序设计的一个重要特征，它主要表现在函数调用时实现"一种接口、多种方法"。在 C#中涉及的多态性大多是指运行时的多态性，即在调用具有相同继承关系的类的相同签名的函数成员时，直至程序运行完毕后才能确定调用哪个类的实例的构造函数成员。C#的运行多态性是通过在子类中重写基类的虚方法，或函数的成员来实现的。在具有继承关系的 C#类中，不同对象的签名、相同函数的成员都可以有不同的实现方式，这样就会产生不同的执行结果，上述特性就称之为多态。在本节的内容中，将详细讲解多态的基本知识。

4.9.1 虚方法和虚方法重写

在 C#中，使用关键字 virtual 来定义虚方法，反之没有 virtual 定义的方法则被称为非虚方法。虚方法的语法格式如下。

```
修饰符 virtual 方法()
{
}
```

关键字 virtual 不能和 static、abstrct 或 override 修饰符同时使用。因为虚拟成员不能是私有的，所以关键字 virtual 和 private 也不能同时使用。

如果在方法的声明中使用 override 修饰符，则称这个方法为重写方法。重写方法是用相同的签名来重写所继承的虚方法。其中虚方法的声明用于引入新方法，而重写方法的声明则使从基类继承来的虚方法专用化。

注意：关键字 override 不能和 static、abstrct 或 virtual 修饰符同时使用，并且重写方法只能用于重写基类的虚方法。

非虚方法的实现是不变的，无论是在声明该方法的类的实例中，还是在派生子类的实例中，当调用这个非虚方法时，它的实现都是相同的。也就是说，派生子类不能改变基类中声明的非虚方法。

4.9.2　重写方法的特点

通常将由 override 声名所重写的那个方法为已重写了的基方法。假如在 C 中声明了重写方法 F()，已重写了的基方法是通过检查 C 的各个基类确定的，检查的方法是先从 C 的直接基类开始，逐一检查每个后续的直接基类，直到找到一个与 nn 具有相同签名的可访问方法。

只有包含 override 关键字的方法，才能重写另一个方法。否则，声明一个与从基类继承来的具有相同签名的方法，只会隐藏被继承的基类方法。例如下面的一段代码。

```
class mm
{
    public virtual void chuli()
    {
    }
}
class nn:mm
{
    public virtual void chuli()                      //警告
    {
    }
}
```

在上述代码中，nn 中的方法 chuli()没有包含 override 关键字，所以就不能重写 mm 中的方法 chuli()。反之，nn 中的方法 chuli()隐藏了 mm 中的方法，并且因为在声明中没有使用 new 修饰符，所以会发生运行警告。

再看下面的一段代码。

```
class mm
{
    public virtual void chuli()
    {
    }
}
class nn:mm
{
    new private void chuli()                         //隐藏mm.chuli()
    {
    }
}
class zz:nn
{
    public override void chuli()                     //重写mm.chuli()
    {
    }
}
```

在上述代码中，nn 中的方法 chuli()隐藏了从 mm 中继承的方法 chuli()。因为 nn 中的方法 chuli()有访问权限的问题，它的访问范围只包括 nn 类中，而在 zz 类中没有权限。所以，允许 zz 中的 chuli()声明重写从 mm 类继承的方法 chuli()。

在 C#中的虚方法和非虚方法的调用原则如下。

☐　当调用虚方法时，对象的运行类型决定了被调用的函数实现。

☐　当调用非虚方法时，被调用函数取决于对该类派生程度最大的实现。

4.10　接　　口

知识点讲解：光盘:视频\PPT 讲解（知识点）\第 4 章\接口.mp4

接口正如其名，有的时候只需要通过接口调用类中的方法，而不需要考虑具体的类。换句话说就是不需要知道类的内部构造。通常将类看作为实现某项目功能的模板，而将接口看作为是描述任何类的一组行为。通过接口可以指定项目中各类的运行协议，通过这个协议可以将各个独立的类整合起来，从而使它们共同完成特定的功能。本节就将详细讲解接口的基本知识。

4.10.1 定义接口

在接口中只包含函数成员的数据结构，是引用类型的一种。在 C#程序中，通过关键字 interface 声明接口，声明格式如下。

```
接口修饰符 interface 接口名：基类列表
{
处理语句块
```

C#接口是一种标识符，所以遵循标识符的命名规则。例如，下面的一段代码是一个简单的接口定义形式。

```
interface MyInterface
{
}
```

在接口中可以包含一些成员，以实现具体的功能，接口中的成员必须满足如下 4 点要求。

- ❑ 接口中的成员必须是方法、属性、事件和索引器中的一种或几种类型。
- ❑ 接口不能包含常量、字段、运算符、实例构造函数、析构函数或类型，也不能包含任何种类的静态成员。
- ❑ 接口只包含方法、属性、事件和索引器的签名，而不提供它们所定义的成员实现。

接口成员都是 public 类型的，但是不能使用 public 来修饰。

4.10.2 接口的实现和继承

当在某个类中来继承某个接口时被称为接口的实现。虽然一个类只能继承一个直接接口，但是它可以实现任意数量的接口。所以接口的实现具有多继承性的特性，为此，在声明类时应该在基类列表中包含类所实现的接口名称。例如在下面代码中，类 mm 实现了接口 interface1 和 interface2。

```
interface interface1
{
        object A();
}
interface interface2
{
        int void B();
}
class mm: interface1, interface2
{
        public object A();
        {
public int void B();
        }
}
```

4.11 委　　托

知识点讲解：光盘:视频\PPT 讲解（知识点）\第 4 章\委托.mp4

当 C#中使用委托后，能够处理其他编程语言需要的函数指针来处理的问题。确实委托和函数比较类似，但是它是匿名的。委托和函数相比，主要有如下两点区别。

- ❑ 委托是面向对象和类型安全的，而函数的指针是不安全的类型。
- ❑ 委托同时封装了对象实例和方法，而函数指针仅指向函数成员。

委托不会关心它所封装的方法或所属的类，它只负责实现这些方法和委托的类型相兼容。

4.11.1　声明委托

在 C#中，声明委托使用 delegate 关键字来实现，语法格式如下：

```
修饰符　delegate　返回类型　委托名(形参);
```

其中，委托的修饰符包括访问修饰符和 new，不能在同一个委托内多次使用同一个修饰符。修饰符 new 用于隐藏从基类继承而来的同名委托。public、protected、internal 和 private 用于控制委托类型的可访问性，但是根据具体的需要可能不允许使用某修饰符。

C#的委托名是一种标识符，所以应该遵循标识符的命名规则，即最好能体现出委托的含义和用途。另外，形参是可选的，用来指定委托的参数。返回类型用于设置委托的返回类型。

如果一个方法和某委托相兼容，则这个方法必须具备如下 2 个条件。

- ❑　两者具有相同的签名，即具有相同的参数数量，并且类型相同、顺序相同和参数修饰符也相同。
- ❑　两者返回类型相同。

例如下面的一段代码。

```
delegat Int weituo(Object mm,Int i);
```

在上述代码中，声明了一个 Int 类型的委托 weituo，并且包含了 Object 类型的参数 mm 以及 Int 类型的参数 i。上述委托可以和下面代码中的方法 chuli 相兼容：

```
Int chuli(Object mm,int i);
```

4.11.2　委托链

C#委托是多路广播的，所以可以将多个委托实例组合在一起，这就构成了委托链。这样委托链中所有的委托调用列表被连接在一起，组成了一个新的调用列表，这个新列表包含 2 个或更多个方法。在 C#中，使用二元"+"和"+="运算符来组合委托事例，使用一元"−"和"−="运算符来删除委托实例。

当使用委托组合处理和删除处理后，会生成一个新的委托。该委托有其独立的调用列表，被组合处理和删除处理后的原调用列表保持不变。

如果在一个委托实例的调用列表内包含多个方法，那么当调用此类委托实例时将会顺序执行调用列表中的各个方法。以上述方式调用的每个方法都使用相同的参数集。

如果在参数集内包含引用或输出参数，则各个方法的调用都将使用同一变量的引用。所以说，如果调用列表内的某个方法对该变量进行了更改，那么调用列表中排在该方法以后的所有方法所使用的参数都将随之改变。

当委托调用包含引用参数、输出参数或返回一个返回值，那么委托调用的最后引用、输出参数的值或返回值，就是调用列表中最后一个方法所产生的引用、输出参数的值或返回值。

4.12　事　件

知识点讲解：光盘:视频\PPT 讲解（知识点）\第 4 章\事件.mp4

事件在编程中很常见，就是触发一个动作后执行的程序，这个执行程序是可以预设的。例如，执行按下按键这个动作之后，可以弹出一个对话框，这个弹出的对话框就是预设的程序。C#中的事件是类和对象对外发出的信息，声明某行为或某处理的条件已经成立。触发事件的对象被称为事件的发送者，捕获并响应事件的对象被称为事件的接收者。

4.12.1　声明事件

在 C#中，使用 event 关键字声明事件，语法格式如下。

```
修饰符 even 事件类型 事件名;
```

在声明事件成员的类中，事件的行为和委托类型的字段及其相似。事件存储对某一个委托的引用，此委托表示已经添加到该事件的事件处理方法中。如果没有添加事件的处理方法，则此事件的值为 null。

另外，事件也可以使用访问器的形式来访问，语法格式。

```
修饰符 even 事件类型 事件名;
{
    add
{
语句块
}
remove
{
语句块
}
}
```

C#事件使用修饰符的和方法的声明原则相同，事件也分为静态事件、虚事件、密封事件、重写事件和抽象事件。在上述语法格式中的事件类型必须是委托类型，并且此委托类型必须至少具有和事件本身一样的可访问性。

事件和方法具有一样的签名，签名包括名称和对应的参数列表。事件的签名通常使用委托来定义，例如下面的代码。

```
public delegate void mm(object s,System.EventArgs t);
```

C#事件的主要特点如下。

❏　事件是类用来通知对象需要执行某种操作的方式。

❏　事件一般在图形操作界面中响应用户的操作。

❏　事件通常使用委托来声明。

❏　事件可以调用匿名方法实现。

在.NET 框架的事件签名中，第一个参数通常是触发事件的发送者，第二个参数是第一个传送与事件相关的数据的类。

如果在声明事件时没有采用访问器的方式，编译器将自动提供访问器。

事件可以作为"+="运算符左边的操作数，它将被用于将事件处理方法添加到所涉及的事件中，或从事件中删除事件的处理方法。

4.12.2　使用事件

事件功能是由如下 3 个关联元素实现的。

❏　提供事件数据的类，即类 EventNameEventArgs，此类从 System.EventArgs 中导出。

❏　事件委托，即 EventNameEventHandler。

❏　引发事件的类，此类提供事件声明和引发事件的方法。

在现实应用中，通常是调用委托来引发事件，并传递与事件相关的参数。委托将调用已经添加到该事件的所有处理方法。如果没有事件处理方法，则该事件为空。

如果要使用在另外一个类中定义的事件，则必须定义和注册一个事件的处理方法。

每个事件都可以分配多个处理程序来接收事件。这样事件将自动调用每个接收器，无论接收器有几个，引发事件只需调用一次该事件即可。

在 C#类中实现事件处理的操作步骤如下。

（1）定义提供事件数据的类。对类 EventNameEventArgs 进行重命名处理，从 System.EventArgs 派生后添加所有事件的成员。

（2）声明事件的委托，即对委托 EventNameEventHandler 进行重命名处理。

（3）使用关键字 event 在类中定义名为 EventName 的公共事件成员，并将事件的成员设置为委托类型。

（4）在引发事件的类中定义一个受保护的方法。一般是 protected 类型的 virtual 方法。

（5）在引发事件的类中确定引发该事件的事件，即调用 OnEventName 来引发该事件，然后使用 EventNameEventArgs 传入事件特定的数据。

如果是在另外一个类中实现事件处理，则具体的实现过程如下。

（1）在使用事件的类中定义一个与事件委托有相同签名的事件处理方法。

（2）使用对该事件处理方法的一个引用创建委托的实例，当调用此委托实例时会自动调用该事件的处理方法。

（3）使用"+="操作符将该委托实例添加到事件。

（4）如果不需要事件处理，则使用"－="操作符将该委托从事件队列中删除。

4.13 技 术 解 惑

4.13.1 面向对象的作用

高级程序设计语言给我们带来的变革是在其语言环境中构建起了一个全新的、更抽象的虚拟计算模型。Smalltalk 语言引入的对象计算模型从根本上改变了以前的传统计算模型。以前的计算模型突出的是顺序计算过程中的机器状态，而现在的对象计算模型突出的是对象之间的协作，其计算结果由参加计算的所有对象的状态总体构成。而由于对象本身具有自身状态，我们也可以把一个对象看成是一个小的计算机器。这样，面向对象的计算模型就演变成了许多小的计算机器的合作计算模型。图灵机作为计算领域内的根本计算模型，精确地抓住了计算的要点：什么是可计算的，计算时间和空间存储大小开销有多大。计算模型清楚地界定了可计算性的范围，也就界定了哪些问题是可求解的，哪些问题是不可求解的。OOP 为程序员提供了一种更加抽象和易于理解的新的计算模型，但其本身并没有超越冯、诺依曼体系所代表的图灵机数学计算模型。所以我们不能期望 OOP 能帮助我们解决更多的问题，或者减少运算的复杂度。但 OOP 却能帮助我们用一种更容易被我们所理解和接受的方式去描叙和解决现实问题。

到此为止，面向对象编程的内容已经学完了，读者要深刻体会面向对象思想的重要性。面向对象思想改变了人们对编程的看法，将编程中的功能都用"对象"来处理。面向对象思想也使团队开发成为了可能，一个项目可以由多个编程人员独立完成不同的模块，这就为大型项目的时效性、可能性提供了保障。所以当今市面上的高级语言中，无论是 Java、C++还是 C#，都是面向对象的。

4.13.2 一个函数只做一件事

在编程语言中有一个不成文的规则，即一个函数只做一件事。例如，一个函数用来获取文件的大小，一个函数用来获取该文件的版本等信息，每个函数只做特定的事。但是随之新问题也来了，如果这样定义，每个函数都要打开这个文件，然后再关闭该文件……如此重复可能会浪费资源。当然，此时也许可以把所有代码放在一个函数中，但这样不仅可读性差，不便于维护，而且函数的灵活性也会降低。例如，当程序仅需要获取文件大小或文件版本信息时，难道还要另编写一个函数吗？其实减少几次打开和关闭操作，对程序的执行效应影响不大，因此，笔者建议，一般情况下，应优先考虑程序的可读性和维护性，不要为了效率而效率。

4.13.3 何时使用静态函数，何时使用实例函数

当给一个类编写一个函数，如果该函数需要访问某个实例的成员变量时，就可以将该函数定义成实例函数。一类的实例通常有一些成员变量，其中含有该实例的状态信息，而该函数需要改变这些状态，那么该函数也需要声明成实例函数。

如果该函数不需要访问某个实例的成员变量，也不需要改变某个实例的状态，那么就可以把该函数定义成静态函数。

（1）第一种情况：先声明实例，再调用实例函数。

当一个类有多个实例，例如学生这个类，可以有学生甲、学生乙、学生丙等实例，我们就可以先声明实例，然后再调用实例。在多线程的情况下，只要每个线程都创建自己的实例，那么此种方法通常是线程安全的。

（2）第二种情况：通过一个静态的实例调用实例函数。

这种情况比较特殊，通常是整个程序中该类唯一的一个实例，我们通过调用该实例的实例函数来改变该实例的某些状态。这个实例在多线程的情况下，通常是线程不安全的。除非给这个实例加锁，以防止其他线程访问该实例。

（3）第三种情况：直接调用静态函数。

这种情况下静态函数不需要去改变某个实例的状态，只需要得到少量的参数就可完成既定事情。例如判断一个文件是否存在，只要给出文件路径和文件名，就能知道该文件是否存在。

4.13.4 引用参数和输出参数的关系和区别

从表面上，引用参数和输出参数的区别是一个用关键字 ref 标示，一个用关键字 out 标示，但二者的根本区别涉及数据是引用类型还是值类型。

一般用这两个关键字你是想调用一个函数将某个值类型的数据通过一个函数后进行更改。传 out 定义的参数进去的时候这个参数在函数内部必须初始化。否则是不能进行编译的。ref 和 out 都是传递数据的地址，正因为传递了地址，所以才能对源数据进行修改。

在一般情况下，当不加 ref 或者 out 关键字的时候，传递值类型数据传递的是源数据的一个副本。也就是在内存中新开辟了一块空间，在里面保存是与源数据相等的值。这也就是为什么在传递值类型数据时，如果不用 return 将无法修改原值的原因。但如果使用了 ref 或者 out，一切问题就都解决了，因为它们传递的是数据的地址。

out 和 ref 相比，还有一个用法就是可以作为多返回值来用。我们都知道函数只能有一个返回值，在 C#里，如果想让一个函数有多个返回值，则可以使用关键字 out。

由此可见，引用参数在调用之前就初始化。这参数一般情况下是从外部向内部传递数值时使用，对于托管代码加 ref 和不加基本相同。

而输出参数不需要输入确定的值，实际的对象是在方法内部初始化，由方法内部给这种参数赋值。一般是调用该方法之后，需要方法输出一些数据的时候使用。因为有时候方法的返回值可能用作他用，而这时还想让方法输出其他的数据，就可以使用 out 参数了。

4.13.5 不要在密封类型中声明虚拟成员

在 C#程序中，不能在密封类型中声明虚拟成员。假如某公共类型是密封的，并且声明了既 virtual 又非 final 的方法。该规则不报告委托类型的冲突，委托类型必须遵循此模式。类型将方法声明为虚方法，使继承类型可以重写虚方法的实现。根据定义，不能从密封类型继承，这使得密封类型上的虚方法没有意义。C#编译器不允许类型与该规则冲突。

要修复与该规则的冲突，需要使方法成为非虚方法，或使类型可继承。建议读者不要禁止显示此规则发出的警告。使类型保持当前状态可能引发维护问题。

下面的代码演示了一个与该规则冲突的类型。

```
using namespace System;
namespace DesignLibrary
{
    public ref class SomeType sealed
    {
    public:
        virtual bool VirtualFunction() { return true; }
    };
}
```

4.13.6 不要在密封类型中声明受保护的成员

在 C#中，公共类型为 sealed，并且声明了受保护的成员或受保护的嵌套类型。该规则不报告 Finalize 方法的冲突，该方法必须遵循此模式。类型声明受保护的成员，使继承类型可以访问或重写该成员。按照定义，不能从密封类型继承，这意味着不能调用密封类型上受保护的方法。C#编译器对此错误会发出警告。

要想修复与该规则的冲突，需要将成员的访问级别改为私有，或使类型可继承。建议读者不要禁止显示此规则发出的警告。使类型保持当前状态可能引发维护问题。

下面的代码演示了一个与该规则冲突的类型。

```
using System;
namespace DesignLibrary
{
    public sealed class SealedClass
    {
        protected void ProtectedMethod(){}
    }
}
```

4.13.7 类和对象之间的关系和区别

在面向对象程序设计语言中，类（Class）实际上是对某种类型的对象定义变量和方法的原型。它表示对现实生活中一类具有共同特征的事物的抽象，是面向对象编程的基础。

类是对某个对象的定义。它包含有关对象动作方式的信息，包括它的名称、方法、属性和事件。实际上它本身并不是对象，因为它不存在于内存中。当引用类的代码运行时，类的一个新的实例，即对象就在内存中创建了。虽然只有一个类，但能从这个类在内存中创建多个相同类型的对象。

可以把类看作"理论上"的对象。也就是说，它为对象提供蓝图，但在内存中并不存在。从这个蓝图可以创建任何数量的对象。从类创建的所有对象都有相同的成员：属性、方法和事件。但是，每个对象都象一个独立的实体一样动作。例如，一个对象的属性可以设置成与同类型的其他对象不同的值。

举例 1：若要理解对象与其类之间的关系，可想象一下小甜饼成型机和小甜饼。小甜饼成型机是类。它定义每个小甜饼的特征，如大小和形状。类用于创建对象。这些对象就是小甜饼。

举例 2：可以把汽车看作一个类，但是你不知道是什么汽车，究竟是奔驰还是 QQ 呢？所以需要实例化一个类，实例后的就是实例对象。

```
pulic class Car//这是一个类
{
    Car BENQ = new Car() ; //BENQ就是实例后的对象
}
```

因为全局命名空间以外的某命名空间包含的类型少于 5 个，所以不要在密封类型中声明虚拟成员。需确保每个命名空间都有一个逻辑组织，并确保将类型放入稀疏填充的命名空间是存在有效理由的。命名空间应包含在大多数情况下要一起使用的类型。当类型的应用程序互斥时，这些类型应位于不同的命名空间中。例如，System.Web.UI 命名空间包含在 Web 应用程序中使用的类型，System.Windows.Forms 命名空间包含在基于 Windows 的应用程序中使用的类型。即使两个命名空间都具有控制用户界面外观的类型，这些类型也并非设计为在同一个应用程序中使用，因此位于不同的命名空间中。谨慎组织命名空间可以增强功能的发现能力。通过检查命名空间层次结构，库使用者能够定位实现功能的类型。

要想符合上述原则，设计时类型和权限应不合并到其他命名空间中。这些类型位于主命名空间下自己的命名空间中，而且这些命名空间应分别以.Design 和.Permissions 结束。

要修复与该规则的冲突，需尝试将包含少量类型的命名空间合并到一个命名空间中。在命名空间不包含与其他命名空间中的类型一起使用的类型时，可以安全地禁止显示此规则发出的警告。

第 5 章

ASP.NET 的页面结构

　　本章前面的内容都是 ASP.NET 开发所必须具备的基础知识。从本章开始，将真正步入 ASP.NET 技术的核心内容，带领读者一步步走向 ASP.NET 的开发殿堂。在本章内容中，将首先介绍 ASP.NET 的页面结构、元素排列和 ASP.NET 页面指令格式等内容。

本章内容	技术解惑
一个简单的 ASP.NET 文件	两种布局 ASP.NET 页面的方式
ASP.NET 页面指令	@Register 指令的真正用途

5.1 一个简单的 ASP.NET 文件

📹 知识点讲解：光盘:视频\PPT 讲解（知识点）\第 5 章\一个简单的 ASP.NET 文件.mp4

ASP.NET 是微软公司推出的一项全新的 Web 技术，图 5-1 展示了 ASP.NET 技术的体系结构和学习阶段。

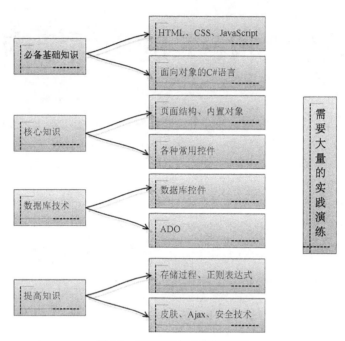

图 5-1　ASP.NET 技术的体系结构

普通的静态页面文件的扩展名为.html 或 htm，动态 ASP 页面文件的扩展名为.asp，ASP.NET 页面文件的扩展名为.aspx。下面就来认识一下 ASP.NET 文件的基本结构。

5.1.1　简单 ASP.NET 文件实例

实例 010	根据用户输入的字符动态输出对应的提示信息	
源码路径　光盘\daima\5\Sample.aspx		视频路径　光盘\视频\实例\第 5 章\010

实例文件 Sample.aspx 的实现代码如下。

```
<%@ Page Language="C#"%>
<script runat="server">
    void btnOk_Click(object sender, EventArgs e)
    {
        lblWelcomeMessage.Text = "您是： " + txtName.Text;
    }
</script>
<html xmlns="http://www.w3.org/1999/xhtml" >
<head runat="server">
    <title>一个简单的aspx文件</title>
</head>
<body>
    <form id="form1" runat="server">
    <div align="center">
        <asp:Label   ID="lblWelcomeMessage" runat="server" ForeColor="Red"></asp:Label>
        <br>
        <asp:Label ID="Label1" runat="server" Text="你是谁" style="background-color: #ffffff"></asp:Label>
        <asp:TextBox ID="txtName" runat="server"></asp:TextBox>
```

范例 019：设置当前页为浏览器默认页
源码路径：光盘\演练范例\019\
视频路径：光盘\演练范例\019\
范例 020：将本站添加至收藏夹
源码路径：光盘\演练范例\020\
视频路径：光盘\演练范例\020\

```
                <asp:Button ID="btnOk" runat="server" Text="确定" OnClick="btnOk_Click" />
        </div>
        </form>
    </body>
</html>
```

上述代码执行后，将首先显示一个简单的文本框界面，如图 5-2 所示；当用户在文本框中输入数据并单击【确定】按钮后，会在页面中动态输出"您是：（输入的文本框字符）"的提示，如图 5-3 所示。

图 5-2 空白文本框界面

图 5-3 动态输出提示界面

上述代码非常简单，为了动态输出指定的提示效果，在具体实现中使用了 ASP.NET 的最基本事件处理功能。其具体实现过程如下。

（1）通过 Label 控件"Label"实现静态文本"你是谁"。

（2）通过 TextBox 控件"txtName"获取用户输入的数据。

（3）当用户在"txtName"中输入数据并单击【确定】按钮后，会在"lblWelcomeMessage"中动态输出"txtName"的信息。

上述实例的实现流程如图 5-4 所示。

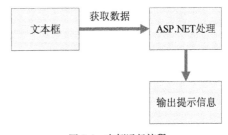

图 5-4 实例运行流程

注意：上述实例中各控件的 ID 名都是自行定义的，并且动态输出的初始文本可以自行设置。

5.1.2 ASP.NET 页面元素介绍

在上述实例文件 Sample.aspx 中，包含如下 3 部分构成元素。

1. 页面指令

ASP.NET 的页面指令是由"<%@"和"=%>"括起来的代码，例如上述实例中的。

```
<%@ Page Language="C#"%>
```

页面指令用于指定当前页编译处理时所使用的设置。一个页面可以根据需要同时使用多条页面指令。ASP.NET 的页面指令不区分大小写，并且不需要在属性值两侧加上引号。

2. 脚本代码

Web 页面的脚本代码是由"<script runat="server">"和"<script>"标签括起来的代码，在其中可以定义页面的全局变量或程序处理过程。

3. 页面内容

Web 页面的页面内容都是基于 HTML 或 XML 格式的，上述实例中的页面内容是 HTML 格式。ASP.NET 中的 HTML 和静态的 HTML 类似，只是为了保证能够动态处理而添加了<form>和</form>等处理标签。例如，上述实例中把 ASP.NET 动态处理所需要的 Label 控件、TextBox 控件和 Button 控件，都放在了标签<form>和</form>内部。

5.2 ASP.NET 页面指令

知识点讲解：光盘:视频\PPT 讲解（知识点）\第 5 章\ASP.NET 页面指令.mp4

ASP.NET 的页面指令是一种命令，指示页面去执行某个任务。ASP.NET 指令在每个 ASP.NET 页面中都有，使用这些指令可以控制 ASP.NET 页面的行为。例如，下面是 Page 指令的一个例子。

```
<%@ Page Language="VB" AutoEventWireup="false" CodeFile="Default.aspx.cs"
    Inherits="_Default"
%>
```

在 ASP.NET 页面或用户控件中共有 11 个指令，无论页面是使用后台编码模型还是内置编码模型，都可以在应用程序中使用这些指令。基本上，这些指令都是编译器编译页面时使用的，把指令合并到页面中的操作十分简单，语法格式如下。

```
<%@ [Directive] [Attribute=Value] %>
```

在上面的代码行中，指令"以<%"@开头，以"%>"结束。建议把这些指令放在页面或控件的顶部，因为开发人员传统上都把指令放在此处（但如果指令位于其他地方，页面也仍能编译）。当然，也可以把多个属性添加到指令语句中，如下所示。

```
<%@ [Directive] [Attribute=Value] [Attribute=Value] %>
```

ASP.NET 中的常用指令如表 5-1 所示。

表 5-1   **ASP.NET 的常用指令信息**

指　　令	说　　明
Assembly	把程序集链接到与它相关的页面或用户控件上
Control	用户控件(.ascx)使用的指令，其含义与 Page 指令相当
Implements	实现指定的.NET Framework 接口
Import	在页面或用户控件中导入指定的命名空间
Master	允许指定一个 Master 页面——在解析或编译页面时使用的特定属性和值。这个指令只能与 Master 页面(.master)一起使用
MasterType	把类名与页面关联起来，获得包含在特定 Master 页面中的强类型化的引用或成员
OutputCache	控制页面或用户控件的输出高速缓存策略
Page	允许指定在解析或编译页面时使用的页面特定属性和值。这个指令只能与 ASP.NET 页面(.aspx)一起使用
PreviousPageType	允许 ASP.NET 页面处理应用程序中另一个页面的回送信息
Reference	把页面或用户控件链接到当前的页面或用户控件上
Register	给命名空间和类名关联上别名，作为定制服务器控件语法中的记号

在下面的内容中，将对上述常用的 ASP.NET 指令的用法及属性进行详细介绍。

5.2.1 Page 指令

Page 指令用于定义页面中的某个属性，ASP.NET 的页面分析器和编译器可以根据此属性来解析或编译页面。Page 指令只能被包含在.aspx 文件中，并且一个页面只允许出现一条 Page 指令。Page 指令的常用属性信息如表 5-2 所示。

表 5-2   **Page 指令属性信息**

属　　性	说　　明
AspCompat	当该属性设置为 True 时，允许在单线程单元（STA）线程上执行页。这允许页调用 STA 组件，例如，用 Microsoft Visual Basic 6.0 开发的组件。将该属性设为 True 还允许页调用 COM+ 1.0 版组件，该组件要求可以访问非托管 Active Server Pages (ASP)内置对象可以通过 ObjectContext 对象或 OnStartPage 方法访问它们。默认值为 False。注意：将该属性设置为 true 可能导致页的性能降低

续表

属　　性	说　　明
Async	指定 ASP.NET 页面是同步还是异步处理
AutoEventWireUp	该属性设置为 True 时，指定页面事件自动触发，其默认设置是 True
Buffer	该属性设置为 True 时，支持 HTTP 响应缓存，其默认设置是 True
ClassName	指定编译页面时绑定到页面上的类名
CodeFile	引用与页面相关的后台编码文件
CodePage	指定响应的代码页面值
CodeBehind	指定包含与类关联的类的已编译文件的名称。该属性不能在运行时使用。提供此属性是为了与以前版本的 ASP.NET 兼容，以实现代码隐藏功能。在 ASP.NET 2.0 版中，应改用 CodeFile 属性指定该源文件的名称，同时使用 Inherits 属性指定该类的完全限定名称
CodeFileBaseClass	指定页的基类及其关联的代码隐藏类的路径。此属性是可选的，但如果使用此属性，则必须同时使用 CodeFile 属性。如果希望实现以下共享方案，可使用该属性：在该共享方案中，在基类中定义通用字段（可以选择性地定义关联事件）以引用在网页中声明的控件。出于 ASP.NET 代码生成模型的缘故，如果在基类中定义字段时没有使用该属性，则编译时将为在网页中（在单独的分部类存根中）声明的控件生成新的成员定义，而希望的方案将无法生效。但是，如果使用 CodeFileBaseClass 属性将基类与页相关联，并且分部类（其名称分配给 Inherits 属性，并且其源文件由 CodeFile 属性引用）是从该基类继承的，则该基类中的字段在代码生成之后将能够引用页上的控件
CompilerOptions	编译器字符串，指定页面的编译选项
CompileWith	包含一个 String 值，指向所使用的后台编码文件
ContentType	把响应的 HTTP 内容类型定义为标准 MIME 类型
Culture	指定页面的文化设置。ASP.NET 2.0 允许把 Culture 属性的值设置为 Auto，支持自动检测需要的文化。注意：LCID 和 Culture 属性是互相排斥的，如果使用了其中一个属性，就不能在同一页中使用另一个属性
Debug	该属性设置为 True 时，用调试符号编译页面
Description	提供页面的文本描述。ASP.NET 解析器忽略这个属性及其值
EnableSessionState	该属性设置为 True 时，支持页面的会话状态。其默认设置是 True
EnableTheming	该属性设置为 True 时，页面可以使用主题。其默认设置是 False
EnableViewState	该属性设置为 True 时，在页面中维护视图状态。其默认设置是 True
EnableViewStateMac	该属性设置为 True 时，当用户回送页面时，页面会在视图状态上进行机器范围内的身份验证，其默认设置是 False
ErrorPage	为所有未处理的页面异常指定用于发送信息的 URL
Explicit	该属性设置为 True 时，支持 Visual Basic 的 Explicit 选项。其默认设置是 False
Language	定义内置显示和脚本块所使用的语言
LCID	为 Web Form 的页面定义本地标识符
LinePragmas	Boolean 值，指定得到的程序集是否使用行附注
MasterPageFile	带一个 String 值，指向页面所使用的 Master 页面的地址。这个属性在内容页面中使用
MaintainScrollPositionOn Postback	带一个 Boolean 值，表示在回送页面时，页面是位于相同的滚动位置上，还是在最高的位置上重新生成页面
PersonalizationProvider	带一个 String 值，指定把个性化信息应用于页面时所使用的个性化提供程序名
ResponseEncoding	指定页面内容的响应编码
SmartNavigation	指定是否为功能更丰富的浏览器激活 ASP.NET 智能导航功能。它把回送信息返回到页面的当前位置，其默认值是 False
Src	指向类的源文件，用于所显示的页面的后台编码
Strict	该属性设置为 True 时，使用 Visual Basic Strict 模式编译页面，其默认值是 False
Theme	使用 ASP.NET 2.0 的主题功能，把指定的主题应用于页面
Title	应用页面的标题。这个属性主要用于必须应用页面标题的内容页面,而不是应用 Master 页面中指定内容的页面
Trace	该属性设置为 True 时，激活页面跟踪，其默认值是 False

属　　性	说　　明
TraceMode	指定激活跟踪功能时如何显示跟踪消息。这个属性的设置可以是 SortByTime 或 SortByCategory，默认设置是 SortByTime
Transaction	指定页面上是否支持事务处理。这个属性的设置可以是 NotSupported、Supported、Required 和 RequiresNew，默认设置是 NotSupported
UICulture	值指定 ASP.NET 页面使用什么 UI Culture。ASP.NET 2.0 允许给 UICulture 属性使用 Auto 值，支持自动检测 UICulture
ValidateRequest	该属性设置为 True 时，根据一组潜在危险的值检查窗体输入值，帮助防止 Web 应用程序受到有害的攻击，例如 JavaScript 攻击。默认值是 True
WarningLevel	指定停止编译页面时的编译警告级别，其值可以是 0~4 的任意值

下面是使用@Page 指令的一个示例。

```
<%@ Page Language="VB" AutoEventWireup="false" CodeFile="Default.aspx.cs"
    Inherits="_Default"
%>
```

5.2.2　@Master 指令

@Master 指令类似于@Page 指令，但@Master 指令只用于 Master 页面（.master）。在使用 @Master 指令时，要指定和站点上的内容页面一起使用的模板页面的属性。内容页面（使用 @Page 指令建立）可以继承 Master 页面上的所有 Master 内容（在 Master 页面上使用@Master 指令定义的内容）。尽管这两个指令是类似的，但@Master 指令的属性比@Page 指令少。

@Master 指令的常用属性信息如表 5-3 所示。

表 5-3　　　　　　　　　　　　　　　　@Master 指令属性信息

属　　性	说　　明
AutoEventWireUp	该属性设置为 True 时，指定 master 页面的事件是否自动触发。其默认设置是 True
ClassName	指定编译页面时绑定到 Master 页面上的类名
CodeFile	引用与页面相关的后台编码文件
CompilerOptions	编译字符串，表示 Master 页面的编译选项
CompileWith	带一个 String 值，指向用于 Master 页面的后台编码文件
Debug	该属性设置为 True 时，用调试符号编译 Master 页面
Description	提供 Master 页面的文本描述。ASP.NET 解析器会忽略这个属性及其值
EnableTheming	该属性设置为 True 时，表示 Master 页面可以使用主题功能。其默认设置是 False
EnableViewState	该属性设置为 True 时，维护 Master 页面的视图状态。其默认设置是 True
Explicit	该属性设置为 True 时，表示激活 Visual Basic Explicit 选项。其默认设置是 False
Inherits	指定 Master 页面要继承的 CodeBehind 类
Language	定义内置显示和脚本块使用的语言
LinePragmas	Boolean 值，指定得到的程序集是否使用行附注
MasterPageFile	带一个 String 值，指向 Master 页面所使用的 Master 页面的地址。Master 页面可以使用另一个 Master 页面，创建嵌套的 Master 页面
Src	指向类的源文件，用于要显示的 Master 页面的后台编码
Strict	该属性设置为 True 时，使用 Visual Basic Strict 模式编译 master 页面。其默认设置是 False
WarningLevel	指定停止编译页面时的编译警告级别，其值可以是 0~4 之间的任意值

下面是使用@Master 指令的一个例子。

```
<%@ Master Language="VB" CodeFile="MasterPage1.master.cs"
    AutoEventWireup="false" Inherits="MasterPage"
%>
```

5.2.3 @Control 指令

@Control 指令也类似于@Page 指令，但@Control 指令是在建立 ASP.NET 用户控件时使用的。@Control 指令允许定义用户控件要继承的属性，这些属性值会在解析和编译页面时赋予用户控件。@Control 指令的可用属性比@Page 指令少，但其中有许多都可以在建立用户控件时根据需要进行修改。

@Control 指令常用属性的具体信息如表 5-4 所示。

表 5-4　　　　　　　　　　　　　　　　@Control 指令属性信息

属　　性	说　　明
AutoEventWireUp	该属性设置为 True 时，指定用户控件的事件是否自动触发。其默认设置是 True
ClassName	指定编译页面时绑定到用户控件上的类名
CodeFile	引用与用户控件相关的后台编码文件
CompilerOptions	编译字符串，表示用户控件的编译选项
CompileWith	带一个 String 值，指向用于用户控件的后台编码文件
Debug	设置为 True 时，用调试符号编译用户控件
Description	提供用户控件的文本描述。ASP.NET 解析器会忽略这个属性及其值
EnableTheming	该属性设置为 True 时，表示用户控件可以使用主题功能。其默认设置是 False
EnableViewState	该属性设置为 True 时，维护用户控件的视图状态。其默认设置是 True
Explicit	该属性设置为 True 时，表示激活 Visual Basic Explicit 选项。其默认设置是 False
Inherits	指定用户控件要继承的 CodeBehind 类
Language	定义内置显示和脚本块使用的语言
LinePragmas	Boolean 值，指定得到的程序集是否使用行附注
Src	指向类的源文件，用于要显示的用户控件的后台编码
Strict	该属性设置为 True 时，使用 Visual Basic Strict 模式编译用户控件。其默认设置是 False
WarningLevel	指定停止编译页面时的编译警告级别，其值可以是 0～4 之间的任意值

下面是使用@Control 指令的一个例子。

```
<%@ Control Language="VB" Explicit="True"
    CodeFile="WebUserControl.ascx.cs" Inherits="WebUserControl"
    Description="使用例子"
%>
```

5.2.4 @Import 指令

@Import 指令允许指定要导入到 ASP.NET 页面或用户控件中的命名空间。当导入了命名空间后，该命名空间中的所有类和接口就可以在页面和用户控件中使用了。@Import 指令的重要属性之一是 Namespace，此属性带有一个 String 值，它指定要导入的命名空间。@Import 指令不能包含多个属性/值对。所以，必须把多个命名空间导入指令放在多行代码上，例如下面的代码。

```
<%@ Import Namespace="System.Data" %>
<%@ Import Namespace="System.Data.SqlClient" %>
```

如果应用程序已经引用了几个程序集，查看 "C:\WINDOWS\Microsoft.NET\Framework\v4.0.30319\Config" 中的 web.config.comments 文件，就可以找到这些已导入命名空间的列表。这个程序集列表从<compilation>元素的<assemblies>子元素中引用。Web.config.comments 文件中的具体设置如下。

```
<assemblies>
    <clear />
    <add assembly="mscorlib" />
    <add assembly="Microsoft.CSharp, Version=4.0.0.0, Culture=neutral, PublicKeyToken=b03f5f7f11d50a3a" />
    <add assembly="System, Version=4.0.0.0, Culture=neutral, PublicKeyToken=b77a5c561934e089" />
    <add assembly="System.Configuration, Version=4.0.0.0, Culture=neutral, PublicKeyToken=b03f5f7f11d50a3a" />
```

```
                        <add assembly="System.Web, Version=4.0.0.0, Culture=neutral, PublicKeyToken=b03f5f7f11d50a3a" />
    ......
                        <add assembly="*" />
            </assemblies>
```

因为 web.config.comments 文件中已经有了这个引用，所以这些程序集不需要像 ASP.NET 1.0/1.1 那样在 References 文件夹中引用，而且可以添加或删除在这个列表中引用的程序集。例如，如果服务器中的每个应用程序都引用了一个定制程序集，就可以在其他程序集的下面添加对定制程序集的类似引用，并且还可以通过应用程序的 web.config 文件完成这个任务。

尽管程序集已引用，但是还需要在页面中导入这些程序集的命名空间。web.config.comments 文件包含自动导入到应用程序的页面中的命名空间列表，这是通过<pages>元素的<namespaces>子元素指定的。具体如下。

```
    <namespaces>
        <add namespace="System" />
        <add namespace="System.Collections" />
        <add namespace="System.Collections.Specialized" />
        <add namespace="System.Configuration" />
        <add namespace="System.Text" />
        <add namespace="System.Text.RegularExpressions" />
        <add namespace="System.Web" />
        <add namespace="System.Web.Caching" />
        <add namespace="System.Web.SessionState" />
        <add namespace="System.Web.Security" />
        <add namespace="System.Web.Profile" />
        <add namespace="System.Web.UI" />
        <add namespace="System.Web.UI.Imaging" />
        <add namespace="System.Web.UI.WebControls" />
        <add namespace="System.Web.UI.WebControls.WebParts" />
        <add namespace="System.Web.UI.HtmlControls" />
    </namespaces>
```

从这个上述 XML 列表中可以看出，每个 ASP.NET 页面都导入了许多命名空间。可以在 web.config.comments 文件中自由修改这个列表，甚至可以在应用程序的 web.config 文件中包含类似的命名空间列表。

把命名空间导入到 ASP.NET 页面或用户控件，在使用类时就不必完全限定类名。例如，在 ASP.NET 页面中导入 System.Data.OleDB 命名空间，就可以使用单个类名来引用这个命名空间中的类（即使用 OLEDBConnection，而不是 System.Data.OleDB.OLEDBConnection）。

5.2.5 @Implements 指令

@Implements 指令允许 ASP.NET 页面实现特定的.NET Framework 接口。Control 指令只有一个属性，即 Interface 属性。Interface 属性直接指定了.NET Framework 接口。当 ASP.NET 页面或用户控件实现一个接口时，就可以直接访问其中的所有事件、方法和属性。

下面是使用@Implements 指令的一行代码。

```
<%@ Implements Inter %>
```

5.2.6 @Assembly 指令

@Assembly 指令在编译时把程序集(.NET 应用程序的构建块)关联到 ASP.NET 页面或用户控件上，使该程序集中的所有类和接口都可用于页面。@Assembly 指令有如下 2 个属性。

（1）Name：允许指定用于关联页面文件的程序集名称。程序集名称应只包含文件名，不包含文件的扩展名和路径。例如，如果文件是 MyAssembly.vb，Name 属性值应是 MyAssembly。

（2）Src：允许指定编译时使用的程序集文件源。

Name 和 Src 是互斥的属性，不能在同一个@Assembly 指令中同时使用。

下面是使用@Assembly 指令的例子。

```
<%@ Assembly Name="MyAssembly" %>
<%@ Assembly Src="MyAssembly.cs" %>
```

为了方便用户的操作，ASP.NET 在编译页面时会自动将默认的几个程序集的链接信息加入其中。这些默认的程序集信息如下。

❑ Mscorlib.dll：提供.NET Framework 的核心功能，包括类型、AppDomains 和运行库服务。

❑ System.dll：提供另一类服务，包括常规表达式、编译、本机方法、文件 I/O 和联网。

❑ System.Data.dll：指定数据容器和数据访问类，包括整个 ADO.NET 框架。

❑ System.Drawing.dll：实现 GDI+功能。

❑ System.EnterpriseServices.dll：提供允许服务组件和 COM+交互的类。

❑ System.Web.dll：此程序集实现核心 ASP.NET 服务、控件和类。

❑ System.Web.Mobile.dll：此程序集实现核心 ASP.NET 移动服务、控件和类。如果安装的是 1.0 版的.NET Framework，则不包括此程序集。

❑ System.Web.Services.dll：包括运行 Web 服务的核心代码。

❑ System.Xml.dll：实现.NET Framework XML 功能。

通过编辑文件 machine.config 中的机器配置信息，可以修改、扩充或限制默认程序集列表，也可以修改在 Web 服务器上运行的所有 ASP.NET 应用程序；通过编辑应用程序的 web.config 文件，可以修改以应用程序为基础的程序集列表。

如果要防止将 Bin 目录中的所有程序集都链接到页面，可删除 machine.config 文件中的如下代码行。

```
<add assembly="*" />
```

如果要将需要的程序集链接到页面，则可以添加如下语句。

```
<%@ Assembly Name="AssemblyName" %>
```

或

```
<%@ Assembly Src="Assembly_code.cs" %>
```

Name 和 Src 是互斥的属性，不能在同一个@Assembly 指令中使用。

@Assembly 可以在页面中多次出现，但对于每一个要链接的程序集只需要一个@Assembly 指令。

5.2.7 @PreviousPageType 指令

@PreviousPageType 指令的功能是指定跨页面的传送过程起始于哪个页面。此指令是一个新指令，用于处理 ASP.NET 2.0 提供的跨页面传送新功能。@PreviousPageType 指令只包含如下两个属性。

❑ TypeName：设置回送时的派生类名。

❑ VirtualPath：设置回送时所传送页面的地址。

5.2.8 @MasterType 指令

@MasterType 指令能够把一个类名关联到 ASP.NET 页面上，以获得特定 Master 页面中包含的强类型化引用或成员。这个指令支持如下 2 个属性。

❑ TypeName：设置从中获得强类型化的引用或成员的派生类名。

❑ VirtualPath：设置从中检索这些强类型化的引用或成员的页面地址。

下面是使用@MasterType 指令的一个例子。

```
<%@ MasterType VirtualPath="~/Wrox.master" %>
```

5.2.9 @OutputCache 指令

@OutputCache 指令的功能是控制 ASP.NET 页面或用户控件的输出高速缓存策略。@OutputCache 指令常用属性的具体信息如表 5-5 所示。

下面是使用@OutputCache 指令的一行代码。

```
<%@ OutputCache Duration="180" VaryByParam="None" %>
```

其中，Duration 属性用于指定当前页面存储在系统高速缓存中的时间（单位是秒）。

表 5-5　　　　　　　　　　　　　　　**@OutputCache 指令属性信息**

属　　性	说　　明
CacheProfile	允许使用集中式方法管理应用程序的高速缓存配置。使用 CacheProfile 属性可指定在 web.config 文件中详细说明的高速缓存配置名
DiskCacheable	指定高速缓存是否能存储在磁盘上
Duration	ASP.NET 页面或用户控件高速缓存的持续时间，单位是秒
Location	位置枚举值，默认为 Any。它只对.aspx 页面有效，不能用于用户控件(.ascx)。其他值有 Client、Downstream、None、Server 和 ServerAndClient
NoStore	指定是否随页面发送没有存储的标题。
SqlDependency	支持页面使用 SQL Server 高速缓存失效功能，这是 ASP.NET 2.0 的一个新功能
VaryByControl	用分号分隔开的字符串列表，用于改变用户控件的输出高速缓存
VaryByCustom	一个字符串，指定定制的输出高速缓存需求
VaryByHeader	用分号分隔开的 HTTP 标题列表，用于改变输出高速缓存
VaryByParam	用分号分隔开的字符串列表，用于改变输出高速缓存

5.2.10　@Reference 指令

@Reference 指令的功能是将其他页面或用户控件或任何文件动态编译，并链接到当前页面。这样，用户就可以在当前文件内部引用这些对象和其公共成员。

@Reference 指令支持如下 2 个属性。

❑　TypeName：设置从中引用活动页面的派生类名。

❑　VirtualPath：设置从中引用活动页面的页面或用户控件地址。

下面是使用@Reference 指令的一行代码。

```
<%@ Reference VirtualPath="~/MyControl.ascx" %>
```

实例 011　　演示@Reference 指令的使用方法

光盘\daima\5\1\　　　　　　　　　　　视频路径　光盘\视频\实例\第 5 章\011

本实例的具体实现过程如下。

（1）创建一个新用户控件的.ascx 文件，命名为"sample.ascx"。此文件的功能是设置用户控件被加载时，控件中的 Label 服务器控件将显示 LabelText 属性的值。文件 sample.ascx 的实现代码如下。

```
<% @ Control language="C#" ClassName="MyControl" %>
<script runat="server">
    private string _labelText;            //用户控件属性
    public string LabelText
    {
        get
        {
            return _labelText;
        }
        set
        {
            _labelText = value;
        }
    }
    void lblSample_init(object sender, EventArgs e) //初始化代码
    {
        lblSample.Text = LabelText;
    }
</script>
<asp:label id="lblSample" runat="server" Text="" oninit="lblSample_init" />
```

> 范例 021：在弹出的广告窗口中添加【关闭】按钮
> 源码路径：光盘\演练范例\021\
> 视频路径：光盘\演练范例\021\
> 范例 022：使用 JavaScript 刷新广告窗口的父窗口
> 源码路径：光盘\演练范例\022\
> 视频路径：光盘\演练范例\022\

（2）创建页面文件，命名为"Sample.aspx"，其主要实现代码如下。

```
<%@ Page language="C#" %>
<%@ Reference Control="sample.ascx" %>
<script runat="server">
    void Page_Load(Object sender, EventArgs e)
    {
        //使用了@Reference指令，所以在此用户控件可以被加载
MyControl ctrl = (MyControl)Page.LoadControl("sample.ascx");        //设置控件实例的LableText属性
        ctrl.LabelText = "@Reference指令演示";               //将控件实例添加到页面
        Page.Controls.Add(ctrl);
    }
</script>
```

这样，页面文件就成功地调用了 sample.ascx 控件，并创建了一个 sample 实例。上述代码执行后将输出显示重新修改加载后的属性信息，如图 5-5 所示。

图 5-5　执行效果

5.2.11　@Register 指令

@Register 指令把别名与命名空间和类名关联起来，作为定制服务器控件语法中的记号。把一个用户控件拖放到.aspx 页面上时，Visual Studio 2005 就会在页面的顶部创建一个@Register 指令。这样就在页面上注册了用户控件，该控件就可以通过特定的名称在.aspx 页面上访问了。

@Register 指令常用属性的说明如表 5-6 所示。

表 5-6　　　　　　　　　　　　　@**Register** 指令属性信息

属　　性	说　　明
Assembly	与 TagPrefix 关联的程序集
Namespace	与 TagPrefix 关联的命名空间
Src	用户控件的位置
TagName	与类名关联的别名
TagPrefix	与命名空间关联的别名

实例 012　　**通过用户控件输出对应属性信息**

光盘\daima\5\2\　　　　　　　　　　　视频路径　光盘\视频\实例\第 5 章\012

本实例演示了@Registe 指令的使用方法，通过设置调用与类关联的文件 sample.ascx，在页面中通过用户控件输出对应属性信息。实现文件为 Register.aspx，其主要实现代码如下。

```
<%@Page language="C#" %>
<%@Register TagPrefix="uc1"
 TagName="MyControlSample"
 Src="sample.ascx"
%>
……
    <body>
        <uc1:MyControlSample
LabelText="@Register指令演示"
runat="server"/>
    </body>
```

范例 023：模仿 Office 的下拉式菜单导航栏

源码路径：光盘\演练范例\023\

视频路径：光盘\演练范例\023\

范例 024：动态显示提示信息的解释菜单

源码路径：光盘\演练范例\024\

视频路径：光盘\演练范例\024\

这样，实例文件也将成功地调用 sample.ascx 控件，并在页面中声明 sample.ascx 控件实例 MyControlSample。执行后将输出显示加载后的属性信息，如图 5-6 所示。

图 5-6　执行效果

5.3　技 术 解 惑

在本章内容中，学习了 ASP.NET 页面结构的基本知识。作为一名初学者，肯定会在学习过程中遇到很多疑问和困惑。为此在本节的内容中，笔者将自己学习 ASP.NET 页面结构的心得体会传授大家。

5.3.1　两种布局 ASP.NET 页面的方式

ASP.NET 页面布局的方式有两种，分别是网格模式和流模式。

1．网格模式

当页面中某些元素带有坐标信息，那么浏览器会将其视为坐标标准，并采用网格来定位所有元素的位置。这样即使计算机的分辨率有所变化，浏览器如何调整，这些元素都会被定位在显示器的固定位置。

网格模式布局的最大好处是定位迅速，并且可以以网格为基准，便于页面内各元素的对齐处理。

默认情况下，正在处理的 Web 窗体页处于网格布局模式。在此模式下，可以在页上拖动控件并使用绝对（x 和 y）坐标对它们进行定位。

2．流模式

流模式是传统 Web 开发技术的布局模式，例如常用的 ASP。此模式会在页面中从上到下、从左至右或从右到左排列元素。任何浏览器都可以显示使用此布局的 HTML 文档，如果调整页面的大小，页面内的所有元素将会被重新定位。

流模式布局的最大好处是容易添加静态文本。

5.3.2　@Register 指令的真正用途

@Register 指令的用途需要先从其本身的定义说起。无论何时在页面中添加自定义服务器组件，你都需要告诉编译器有关该空间的内容。如果编译器不知道是什么名称空间包含了该控件，或者是该名称所在的是什么空间，它就无法识别该控件，此时接口就会产生一个错误。为了给编译器所需要的信息，我们需用到@Register 指令。根据自定义控件的位置的方式，有如下两种传递使用@Register 指令的方式。

```
<%@Register tagprefix="tagprefix" Tagname="tagname" Src="pathname"%>
<%@Register tagprefix="tagprefix" Namespace="namespace" Assembly="assembly"%>
```

@Register 指令的第一个用途是在页面中添加对用户控件的支持。其中 tagprefix 属性可识别用于在页面中修饰自定义服务器控件实例的字符串。例如，通过如下代码将该指令置于页面的顶端。

```
<%@Register TagPrefix="Ecommerce" TagName="Header" Src="UserControls/Header.ascx"%>
```

那么对于用在页面中的 Header 用户控件的每个实例来说，都必须将其前缀定为 Ecommerce，例如下面的代码。

```
<Ecommerce:Header id="Header" runat="server"/>
```

另外，tagname 属性可识别用来在页面中应用控件的名称。由于一个用户控件源文件 UserControls/Header.ascx 只能包含一个控件，因此 tagname 属性仅是一种允许我们引用控件的快捷方式。最后一个参数 Src 指明了用户控件的资源驻留的文件。

指令@Register 的第二个用途是在页面中添加自定义服务器控件。这些自定义服务器控件包含在装配件中并在其中进行编译。而 tagprefix 属性的用途和前面一样——它定义了用于页面中的自定义服务器控件的名称空间。Namespace 属性则表明了自定义控件所在的名称空间。Assembly 属性表明了名称空间所在的装配件。例如，下面的代码演示了用于自定义服务器控件的指令。

```
<%@Register Tagprefix="Wrox" Namespace="WroxControls" Assembly="RatingMeter"%>
```

当在页面中使用该自定义服务器控件时，那么它就和我们在同样的位置使用的控件没有任何区别。

第 6 章

内置对象和应用程序配置

在 ASP.NET 中，有 7 个内置对象，它们为开发动态 Web 站点创造了条件。在本章的内容中，将详细介绍 ASP.NET 内置对象的基本知识，并通过具体的实例来说明各内置对象的使用方法。

本章内容

ASP.NET 内置对象介绍

配置 ASP.NET 应用程序

预编译和编译

技术解惑

对内置对象的总结

Session 对象和 Cookie 对象的比较

Application 对象和 Session 对象的区别

对 Application、Session、Cookie、ViewState 和 Cache 的选择

6.1 ASP.NET 内置对象介绍

📀 知识点讲解：光盘:视频\PPT 讲解（知识点）\第 6 章\ASP.NET 内置对象介绍.mp4

在 ASP 中有 5 个常用内置对象，它们能够满足 Web 中动态功能的数据交互需求。ASP.NET 的内置对象和 ASP 内置对象的功能完全一样，甚至很多名字都完全一样，如图 6-1 所示。

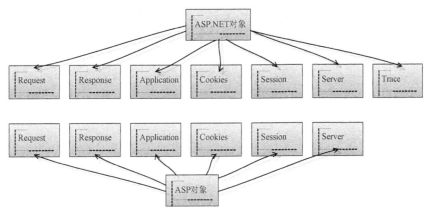

图 6-1　ASP 和 ASP.NET 的内置对象对比

ASP.NET 的常用内置对象如下。

❑ Request：从浏览器获取信息。

❑ Response：向浏览器输出信息。

❑ Application：为所有用户提供共享信息的手段。

❑ Cookies：保留客户端信息，保留在客户端。

❑ Session：保留客户端信息，保留在服务器端。

❑ Server：获取服务器端信息。

❑ Trace：提供在 HTTP 页输出自定义跟踪和信息。

6.1.1 Response 对象

Response 对象是 HttpResponse 类的一个实例。该类主要是封装来自 ASP.NET 操作的 HTTP 响应信息。Response 对象实际上是 System.Web 命名空间中的 HttpResponse 类，因为习惯原因，所以简称其为 Response 对象。

1. Response 对象属性

Response 对象的属性信息如表 6-1 所示。

表 6-1　　　　　　　　　　　　　**Response 对象的属性信息**

属　　性	属　性　值	描　　　述
BufferOutput	包含有关当前响应的缓存策略信息的 HttpCachePolicy 对象	如果在客户端输出缓冲区，其值为 True；否则为 False。默认为 True
Cache	包含有关当前响应的缓存策略信息的 HttpCachePolicy 对象	获取 Web 页的缓存策略（过期时间、保密性、变化子句）
Charset	输出流的 HTTP 字符集	获取或设置输出流的 HTTP 字符集
IsClientConnected	如果客户端当前仍在连接，其值为 True；否则为 False	获取一个值，通过该值指示客户端是否仍连接在服务器上

例如：

```
<%
Response.Write("清除缓存了" + "<Br>");
%>
<Script Language="C#" Runat="Server">
void Page_Load(Object sender, EventArgs e){
Response.Write("缓存没有清除" + "<Br>");
Response.Clear();
}
</Script>
```

在上述代码中，首先在"Page_Load"事件中送出"缓存没有清除"文本，此时的数据存在缓存中。接着使用 Response 对象的 Clear 方法将缓存的数据清除，所以刚刚送出的字符串已经被清除。然后 IIS 开始读取 HTML 组件的部分，并将结果送至客户端的浏览器。由执行结果只出现"清除缓存了"文本可知，使用 Clear 方法之前的数据并没有出现在浏览器中，所以程序开始时是存在缓冲区内的。如果在相同的程序中加代码"Response.BufferOutput=false"，这样执行后将先清除缓存，清除的数据不会出现在浏览器上，具体如下。

```
<%
Response.Write("清除缓存了<Br>");
%>
<Script Language="C#" Runat="Server">
void Page_Load(Object sender, EventArgs e){
Response.BufferOutput=false;
Response.Write("清除缓冲区前的信息" + "<Br>");
Response.Clear();
}
</Script>
```

2. Response 对象的方法

Response 对象可以输出信息到客户端，包括直接发送信息给浏览器、重定向浏览器到另一个 URL 或设置 Cookie 的值。Response 对象的常用方法信息如表 6-2 所示。

表 6-2 Response 对象的方法信息

方　　法	描　　述
Write	将指定的字符串或表达式的结果写到当前的 HTTP 输出
End	停止页面的执行并得到相应结果
Clear	在不将缓存中的内容输出的前提下，清空当前页的缓存。仅当使用了缓存输出时，才可以利用 Clear 方法
Flush	将缓存中的内容立即显示出来。该方法有一点和 Clear 方法一样，它在脚本前面没有将 Buffer 属性设置为 True 时会出错。和 End 方法不同的是，该方法调用后，该页面可继续执行
Redirect	使浏览器立即重定向到程序指定的 URL

ASP.NET 中引用对象方法的语法格式如下。

对象名.方法名

其中，"方法"是嵌入到对象定义中的程序代码，它定义对象怎样去处理信息。使用嵌入的方法，对象便知道如何去执行任务，而不用提供额外的指令。

实例 013　　输出系统的当前时间

源码路径　光盘\daima\6\Write.aspx　　　　视频路径　光盘\视频\实例\第 6 章\013

本实例使用 Response 对象的 Write 方法实现，实例文件 Write.aspx 的主要实现代码如下。

```
<script runat="server">
    void Page_Load(object sender, EventArgs e)
    {
        Response.Write("当前时间" + DateTime.Now);
    }
</script>
```

范例 025：使用 URL 传递参数
源码路径：光盘\演练范例\025\
视频路径：光盘\演练范例\025\
范例 026：Session 对象跨页面传值
源码路径：光盘\演练范例\026\
视频路径：光盘\演练范例\026\

在上述代码中，用 Response 对象的 Write 方法输出系统的当前时间。实例执行后的效果如图 6-2 所示。

图 6-2　输出当前时间

6.1.2　Request 对象

Request 对象是 HttpRequest 类的一个实例。它能够读取客户端在 Web 请求期间发送的 HTTP 值。

1．Request 对象的属性

Request 对象的属性信息如表 6-3 所示。

表 6-3　　　　　　　　　　　　　　Request 对象的属性信息

属　　性	描　　述
QueryString	获取 HTTP 查询字符串变量集合
Path	获取当前请求的虚拟路径
UserHostAddress	获取远程客户端的 IP 主机地址
Browser	获取有关正在请求的客户端的浏览器功能的信息
Form	获取窗体变量的集合
Url	获取当前请求的 URL 信息

实例 014　**通过 QueryString 属性获取页面的传递参数**

源码路径　光盘\daima\6\QueryString.aspx　　视频路径　光盘\视频\实例\第 6 章\014

本实例的实现文件为 QueryString.aspx，主要实现代码如下。

```
<%@ Page Language="C#" %>
……
<script runat="server">
    void Page_Load(object sender, EventArgs e)
    {
        //定义参数为m，并获取参数值
if (Request.QueryString["m"] != null && Request.QueryString["m"].ToString() != "")
        {
            RequestString.Text = Request.QueryString["m"].ToString();
        }
        else
        {
            //如果参数m为空，则输出提示
            RequestString.Text = "参数错误";
        }
    }
</script>
……
    <form id="form1" runat="server">
    <div>
        <asp:Label ID="RequestString" runat="server"></asp:Label>
    </div>
    </form>
```

範例 027：统计在线人数

源码路径：光盘\演练范例\027\

视频路径：光盘\演练范例\027\

範例 028：登录日志

源码路径：光盘\演练范例\028\

视频路径：光盘\演练范例\028\

在上述代码中，通过 Request 对象的属性 QueryString 获取了页面中 HTTP 的参数。代码执行后，如果获取的参数 m 的值为空，则输出"参数错误"提示，如图 6-3 所示；如果在 HTTP 地址后设置 m 参数的值，则在页面中显示对应的参数值。例如，如果输入参数"m=iii"，则会在页面中输出"iii"，如图 6-4 所示。

图 6-3 参数为空输出的提示　　　　　　　　图 6-4 输出对应的参数值

2. Request 对象的方法

Request 对象中的常用方法信息如表 6-4 所示。

表 6-4　　　　　　　　　　　　　**Request 的常用方法信息**

方　　法	描　　述
BinaryRead	执行对当前输入流进行指定字节数的二进制读取
MapPath	为当前请求将请求的 URL 中的虚拟路径映射到服务器上的物理路径

例如，在现实应用中，可以通过如下代码来获取"文件名"的物理路径。

```
Request.MapPath("文件名");
```

6.1.3　Application 对象

Application 对象是 HttpApplicationState 类的一个实例。当在客户端第一次从某个特定的 ASP.NET 应用程序虚拟目录中请求任何 URL 资源时，将创建 HttpApplicationState 类的某个实例。对于 Web 服务器上的每个 ASP.NET 应用程序来说，都需要创建一个单独的实例，然后通过内部 Application 对象公开对每个实例进行引用。

Application 对象有如下特点。

❑　数据可以在 Application 对象内部共享，因此一个 Application 对象可以覆盖多个用户。

❑　一个 Application 对象包含的事件，可以触发某些 Applicatin 对象脚本。

❑　个别 Application 对象可以用 Internet Service Manager 来设置而获得不同属性。

❑　单独的 Application 对象在内存中独立运行。也就是说，即使一个人的 Application 遭到破坏，也不会影响其他人。

❑　可以停止一个 Application 对象（将其所有组件从内存中驱除）而不会影响到其他应用程序。

一个网站可以有不止一个 Application 对象。在典型情况下，可以针对个别任务的一些文件创建个别的 Application 对象。例如，可以建立一个 Application 对象来适用于全部公用用户，而再创建另外一个只适用于网络管理员的 Application 对象。

Application 对象使给定应用程序的所有用户之间共享信息，并且在服务器运行期间持久地保存数据。因为多个用户可以共享一个 Application 对象，所以必须要有 Lock 和 Unlock 方法，以确保多个用户无法同时改变某一属性。Application 对象成员的生命周期止于关闭 IIS 或使用 Clear 方法清除。

1. Application 对象的属性

Application 对象的属性信息如表 6-5 所示。

表 6-5	Application 对象的属性信息	
属 性	属 性 值	描 述
AllKeys	HttpApplicationState 对象名的字符串数组	获取 HttpApplicationState 集合中的访问键
Count	集合中的 Item 对象数，默认值为 0	获取 HttpApplicationState 集合中的对象数

2. Application 对象的方法

Application 对象的常用方法信息如表 6-6 所示。

表 6-6	Application 对象的方法信息
方 法	描 述
Add	新增一个新的 Application 对象变量
Clear	清除全部的 Application 对象变量
Get	使用索引关键字或变数名称得到变量值
GetKey	使用索引关键字获取变量名称
Lock	锁定全部的 Application 变量
Remove	使用变量名称删除一个 Application 对象
RemoveAll	删除全部的 Application 对象变量
Set	使用变量名更新一个 Application 对象变量的内容
UnLock	解除锁定的 Application 变量

实例 015　通过 Application 对象实现页面的在线统计

源码路径　光盘\daima\6\Application.aspx　　视频路径　光盘\视频\实例\第 6 章\015

本实例的实现过程如下。

（1）编写初始化页面代码文件 Application.aspx，其主要实现代码如下。

```
<%@ Page Language="C#" %>
……
<script runat="server">
    void Page_Load(object sender, EventArgs e)
    {
        try  {
            Application["user_count"] = 1;
            //初始变量赋值
            Response.Write("赋值全局变量user_count");
        }
        catch(Exception ex)  {
            Response.Write(ex.Message); //输出提示信息
        }
    }
</script>
……
```

> 范例 029：综合统计用户在线时间
> 源码路径：光盘\演练范例\029\
> 视频路径：光盘\演练范例\029\
> 范例 030：获取网站访问人数
> 源码路径：光盘\演练范例\030\
> 视频路径：光盘\演练范例\030\

（2）编写文件 tongji.aspx 代码，其功能是显示当前页面的访问人数。文件 tongji.aspx 的主要实现代码如下。

```
<%@ Page Language="C#" %>
……
<script runat="server">
    void Page_Load(object sender, EventArgs e)
    {
        try
        {
Response.Write("统计在线人数： " + Application["user_count"]);                    //统计处理
Application["user_count"] = Convert.ToInt32(Application["user_count"]) + 1;      //在线人数加1
        catch (Exception ex)
        {
            Response.Write(ex.Message);                                          //获取异常信息
        }
    }
</script>
……
```

在上述实例代码中，首先通过文件 Application.aspx 对全局变量进行赋值，赋值为 1。Application.aspx 执行后会显示对应的赋值提示信息，如图 6-5 所示。这样如果运行统计文件 tongji.aspx，则会从 1 开始，逐一统计当前页面的在线人数，如图 6-6 所示。

图 6-5　变量初始化赋值　　　　　　　　　　　图 6-6　显示在线统计人数

6.1.4　Session 对象

Session 对象是 HttpSessionState 类的一个实例。该类为当前用户会话提供信息，还提供对可用于存储信息的会话范围的缓存的访问，以及控制如何管理会话的方法。

可以使用 Session 对象存储特定用户会话所需的信息。这样，当用户在应用程序的 Web 页之间跳转时，存储在 Session 对象中的变量将不会丢失，而是在整个用户会话中一直存在下去。当用户请求来自应用程序的 Web 页时，如果该用户还没有会话，则 Web 服务器将自动创建一个 Session 对象。当会话过期或被放弃后，服务器将终止该会话。

当用户第一次请求给定的应用程序中的.aspx 文件时，ASP.NET 将生成一个 SessionID。SessionID 是由一个复杂算法生成的号码，它唯一标识每个用户会话。在新会话开始时，服务器将 Session ID 作为一个 Cookie 存储在用户的 Web 浏览器中。

Session 对象最常见的一个用法就是存储用户的首选项。例如，如果用户指明不喜欢查看图形，另外，其还经常被用在鉴别客户身份的程序中。此时可以使用 Session 将上述用户的"喜好"存储起来。每当用户登录后，将只展现给用户"喜欢"的内容。要注意的是，会话状态仅在支持 Cookie 的浏览器中保留，如果客户关闭了 Cookies 选项，则 Session 也就不能发挥作用了。例如，若要在一个用户的 Session 中存储信息，只需直接调用 Session 对象即可，实现代码如下。

```
Session("Myname")=Response.form("Username");
Session("Mycompany")=Response. form("Usercompany");
```

应注意的是，Session 对象是与特定用户相联系的。针对某一个用户赋值的 Session 对象是和其他用户的 Session 对象完全独立的，不会相互影响。换句话说，每一个用户保存的信息是每一个用户自己独享的，不会产生共享情况。

1. Session 对象的属性

Session 对象的常用属性信息如表 6-7 所示。

表 6-7　　　　　　　　　　　　　　Session 对象的常用属性信息

属　　性	属　性　值	描　　　　　述
Count	Session 对象的个数	获取会话状态集合中 Session 对象的个数
TimeOut	超时期限（以分钟为单位）	获取并设置在会话状态提供程序终止会话之前各请求之间所允许的超时期限
SessionID	会话 ID	获取用于标识会话的唯一会话 ID

当一个客户端连接服务器后，服务器端都要建立一个独立的 Session，并且需要分配额外的资源来管理这个 Session。如果客户端因某些原因而没有关闭浏览器，那么在这种情况下，服务器端依然会消耗一定的资源来管理 Session，这就造成了对服务器资源的浪费，降低了服务器的效率。所以，可以通过设置 Session 生存期来减少这种对服务器资源的浪费。

若要更改 Session 的有效期限，只需设置 TimeOut 属性即可。TimeOut 属性的默认值是 20 分钟。

2. Session 对象的方法

Session 对象的常用方法信息如表 6-8 所示。

表 6-8　　　　　　　　　　　　　Session 对象的方法信息

方　　法	描　　述
Add	新增一个 Session 对象
Clear	清除会话状态中的所有值
Remove	删除会话状态集合中的项
RemoveAll	清除所有会话状态值

实例 016　演示创建和使用 Session 的流程

源码路径　　光盘\daima\6\SessionSet.aspx　　　视频路径　　光盘\视频\实例\第 6 章\016

本实例的实现过程如下。

（1）编写文件 SessionSet.aspx，其功能是创建一个名为"MyName"的 Session 对象。该文件的主要实现代码如下。

```
<%@ Page Language="C#" %>
......
<script runat="server">
    void Page_Load(object sender, EventArgs e)
    {
        try
        {
            //给Session赋值
            Session["MyName"] = "mmmmm";
            //输出提示
            Response.Write("Session "MyName" 已赋值");
        }
        catch (Exception ex)
        {
            Response.Write(ex.Message);                          //异常处理
        }
    }
</script>
......
```

范例 031：获取单日访问人数
源码路径：光盘\演练范例\031\
视频路径：光盘\演练范例\031\
范例 032：发布公告信息
源码路径：光盘\演练范例\032\
视频路径：光盘\演练范例\032\

在上述代码中，定义了一个 Session 对象"MyName"，并赋值为"mmmmm"。代码执行后将输出显示 Session 对象 MyName 的值，如图 6-7 所示。

（2）编写文件 SessionGet.aspx，其功能是获取并显示文件 SessionSet.aspx 中创建的 MyName 值。该文件的主要实现代码如下。

```
<%@ Page Language="C#" %>
......
<script runat="server">
    void Page_Load(object sender, EventArgs e)
    {
        try
        {
            Response.Write("MyName=" + Session["MyName"].ToString());//获取MyName值
        }
        catch (Exception ex)
        {
            Response.Write(ex.Message);                          //异常处理
        }
    }
</script>
```

上述代码执行后，将获取文件 SessionSet.aspx 中创建的 MyName 值，并将获取的值输出显示，如图 6-8 所示。

图 6-7　输出显示 Session 对象值

图 6-8　输出获取的 Session 对象值

实例 017　通过 TimeOut 属性设置页面中 Session 的有效期限是 1 分钟

源码路径　光盘\daima\6\timeout.aspx　　　　视频路径　光盘\视频\实例\第 6 章\017

实例文件 timeout.aspx 的主要实现代码如下。

```c#
<Script Language="c#" Runat="Server">
void Page_Load(object sender, System.EventArgs e) {
    if(!Page.IsPostBack)
    {
        Session["Session1"]="Value1";     //设置第一个Session
        Session["Session2"]="Value2";     //设置第二个Session
        Session.Timeout=1;                //设置Session期限
        DateTime now=DateTime.Now;        //获取当前时间
        string format="HH:mm:ss";
        Label1.Text=now.ToString(format);  //显示当前时间
        Label2.Text=Session["Session1"].ToString();
        Label3.Text=Session["Session2"].ToString();
    }
}
void Button1_Click(object sender, System.EventArgs e) {
    DateTime now=DateTime.Now;
    string format="HH:mm:ss";
    Label1.Text=now.ToString(format);
    Label2.Text=Session["Session1"].ToString();
    Label3.Text=Session["Session2"].ToString();
}
</Script>
……
<Form Runat="Server" ID="Form1">
目前时间：<Asp:Label Id="Label1" Runat="Server" />
<P>
第一个Session：<Asp:Label Id="Label2" Runat="Server" /><Br>
第二个Session：<Asp:Label Id="Label3" Runat="Server" /><Br>
<Asp:Button Id="Button1" Text="刷新" OnClick="Button1_Click" Runat="Server" />
</Form>
```

范例 033：实现私聊功能

源码路径：光盘\演练范例\033\

视频路径：光盘\演练范例\033\

范例 034：保持用户登录状态

源码路径：光盘\演练范例\034\

视频路径：光盘\演练范例\034\

在上述代码中，通过 TimeOut 属性设置页面中 Session 的有效期限是 1 分钟。代码执行后，将在页面中输出两个 Session 的值，如图 6-9 所示；如果一分钟后单击【刷新】按钮，因为 Session 已经超时，所以 Session 值将会失效。

图 6-9　实例执行效果

6.1.5　Server 对象

Server 对象是 HttpServerUtility 类的一个实例，能够提供对服务器上对方法和属性的访问。

1. Server 对象的属性

Server 对象的常用属性信息如表 6-9 所示。

表 6-9　　　　　　　　　　　　　　Server 对象的属性信息

属　性	属　性　值	描　述
MachineName	本地计算机的名称	获取服务器的计算机名称
ScriptTimeout	请求的超时设置（以秒计）	获取和设置请求超时

2. Server 对象的方法

Server 对象的常用方法信息如表 6-10 所示。

表 6-10　　　　　　　　　　　　　　Server 对象的方法信息

方　法	描　述
CreateObject	创建 COM 对象的一个服务器实例
CreateObjectFromClsid	创建 COM 对象的服务器实例，该对象由对象的类标识符（CLSID）标识
Execute	使用另一页执行当前请求
Transfer	终止当前页的执行，并为当前请求开始执行新页
HtmlDecode	对已被编码以消除无效 HTML 字符的字符串进行解码
HtmlEncode	对要在浏览器中显示的字符串进行编码
MapPath	返回与 Web 服务器上指定的虚拟路径相对应的物理文件路径
UrlDecode	对字符串进行解码，该字符串为了进行 HTTP 传输而进行编码并在 URL 中发送到服务器
UrlEncode	编码字符串，以便通过 URL 从 Web 服务器到客户端进行可靠的 HTTP 传输

实例 018　　**通过 Server 对象获取页面所在服务器的基本信息**

源码路径　光盘\daima\6\Server.aspx　　　　视频路径　光盘\视频\实例\第 6 章\018

本实例的实现文件为 Server.aspx，其主要实现代码如下。

```
……
<script runat="server">
    void Page_Load(object sender, EventArgs e)
    {
        //开始逐一获取服务器信息
Response.Write("机器名：" + Server.MachineName);
        Response.Write("<br><br>");
        Response.Write("物理路径：" + Server.MapPath("Server.aspx"));
        Response.Write("<br><br>");
        Response.Write("不使用HtmlEncode显示代码：<html>");
        Response.Write("<br><br>");
        Response.Write("使用HtmlEncode显示代码：" + Server.HtmlEncode("<html>"));
        Response.Write("<br><br>");
        Response.Write("使用UrlEncode显示URL：" + Server.UrlEncode("http://www.sina.com.cn"));
        Response.Write("<br><br>");
        Server.Execute("ApplicationSet.aspx");
    }
</script>
……
```

> 范例 035：检测客户端浏览器类型
> 源码路径：光盘\演练范例\035\
> 视频路径：光盘\演练范例\035\
> 范例 036：投票保护
> 源码路径：光盘\演练范例\036\
> 视频路径：光盘\演练范例\036\

上述代码执行后，将显示当前页面所在服务器的基本信息，如图 6-10 所示。

图 6-10　实例执行效果

6.1.6　Cookie 对象

　　Cookie 是一小段文本信息，伴随着用户请求和页面在 Web 服务器和浏览器之间传递。用户每次访问站点时，Web 应用程序都可以读取 Cookie 包含的信息。

　　Cookie 和 Session、Application 对象类似，也是用来保存相关信息的。但是三者最大不同是，Cookie 将信息保存在客户端，而 Session 和 Application 是将信息保存在服务器端。也就是说，无论何时用户连接到服务器，Web 站点都可以访问 cookie 信息。

　　ASP.NET 包含两个内部 Cookie 集合，具体说明如下。

- ❑ 通过 HttpRequest 的 Cookies 集合访问的集合包含通过 Cookie 标头从客户端传送到服务器的 Cookie。
- ❑ 通过 HttpResponse 的 Cookies 集合访问的集合包含一些新 Cookie，这些 Cookie 在服务器上创建并以 Set-Cookie 标头的形式传输到客户端。

　　Cookie 不是 Page 类的子类，所以在使用方法上跟 Seesion 和 Application 不同。

　　项目中使用 Cookie 的好处如下。

- ❑ 可以灵活配置到期规则。Cookie 可以在浏览器会话结束时到期，或者可以在客户端计算机上无限期存在，这取决于客户端的到期规则。
- ❑ 不占用任何服务器资源。
- ❑ 使用简单。
- ❑ 数据持久性。虽然客户端计算机上 Cookie 的持续时间取决于客户端上的 Cookie 过期处理和用户干预，但是 Cookie 通常是客户端上持续时间最长的数据保留形式。

　　使用 Cookie 的好处显而易见，但其也存在如下缺点。

- ❑ 大小受到限制。大多数浏览器对 Cookie 的大小有限制，一般不超过 4096 个字节。
- ❑ 用户通常配置为禁用。有些用户禁用了浏览器或客户端设备接收 Cookie 的能力，因此限制了这一功能。
- ❑ 潜在的安全风险。Cookie 可能会被篡改。用户可能会操纵其计算机上的 Cookie，这意味着会对安全性造成潜在风险，或者导致依赖于 Cookie 的应用程序失败。

　　1. Cookie 对象的属性

　　Cookie 对象的常用属性信息如表 6-11 所示。

　　2. Cookie 对象的方法

　　Cookie 对象的常用方法信息如表 6-12 所示。

表 6-11　　　　　　　　　　　　　　　Cookie 对象的属性信息

属　性	属　性　值	描　述
Name	Cookie 的名称	获取或设置 Cookie 的名称
Value	Cookie 的 Value	获取或设置 Cookie 的 Value
Expires	作为 DateTime 实例的 Cookie 过期日期和时间	获取或设置 Cookie 的过期日期和时间
Version	此 Cookie 符合的 HTTP 状态维护版本	获取或设置此 Cookie 符合的 HTTP 状态维护版本

表 6-12　　　　　　　　　　　　　　　Cookie 对象的方法信息

方　法	描　述
Add	新增一个 Cookie 变量
Clear	清除 Cookie 集合内的变量
Get	通过变量名或索引得到 Cookie 的变量值
GetKey	以索引值来获取 Cookie 的变量名称
Remove	通过 Cookie 变量名来删除 Cookie 变量

和 Session 对象一样，Cookie 对象常被用于项目中的用户登录系统中。

实例 019　演示 Cookie 对象的基本使用方法

源码路径　光盘\daima\6\CookieSet.aspx　　视频路径　光盘\视频\实例\第 6 章\019

本实例的实现流程如下。

（1）编写文件 CookieSet.aspx，其功能是创建一个 Cookie 对象"MyName"，实现代码如下。

```
<script runat="server">
        void Page_Load(object sender, EventArgs e)
        {
//创建Cookie对象
            HttpCookie MyCookie = new HttpCookie("Name");
//设置对象值
            MyCookie["MyName"] = "mmmmm";
//设定Cookie有效期是365天
            MyCookie.Expires = DateTime.Today.AddDays(365d);
//添加Cookie
            Response.Cookies.Add(MyCookie);
            Response.Write("设定Cookie值");
        }
</script>
```

范例 037：获取客户端操作系统等信息
源码路径：光盘\演练范例\037\
视频路径：光盘\演练范例\037\
范例 038：获取购物车中的商品
源码路径：光盘\演练范例\038\
视频路径：光盘\演练范例\038\

在上述代码中，定义了一个 Cookie 对象"MyName"，并赋值为"mmmmm"。代码执行后将输出显示 Cookie 对象 MyName 的值，如图 6-11 所示。

（2）编写文件 CookieGet.aspx，其功能是获取并显示文件 CookieSet.aspx 中创建的 MyName 值，实现代码如下。

```
<script runat="server">
        void Page_Load(object sender, EventArgs e)
        {
            try
            {
            Response.Write("MyName=" + Session["MyName"].ToString());  //获取MyName值
            }
            catch (Exception ex)
            {
                Response.Write(ex.Message);                            //异常处理
            }
        }
</script>
```

上述代码执行后，将获取文件 CookieSet.aspx 中创建的 MyName 值并输出显示，效果如图 6-12 所示。

图 6-11 输出显示 Cookie 对象值

图 6-12 输出获取的 Cookie 对象值

6.1.7 Cache 对象

每个应用程序在使用类时，都需要创建该类的一个实例，并且只要对应的应用程序域保持活动，该实例便保持有效。有关此类实例的信息通过 HttpContext 对象的 Cache 属性，或 Page 对象的 Cache 属性来提供。

1. Cache 对象的属性

Cache 对象的常用属性信息如表 6-13 所示。

表 6-13　　　　　　　　　　　　Cache 对象的属性信息

属　　性	属　性　值	描　　述
Count	存储在缓存中的项数	获取存储在缓存中的项数
Item	表示缓存项的键的 String 对象	获取或设置指定键处的缓存项

2. Cache 对象的方法

Cache 对象的常用方法信息如表 6-14 所示。

表 6-14　　　　　　　　　　　　Cache 对象的方法信息

方　　法	描　　述
Add	将指定项添加到 Cache 对象，该对象具有依赖项、过期和优先级策略，以及一个委托（可用于在从 Cache 移除插入项时通知应用程序）
Get	从 Cache 对象检索指定项
Remove	从应用程序的 Cache 对象移除指定项
Insert	向 Cache 对象插入项

Get 方法可以从 Cache 对象检索指定项，其唯一的参数 key 表示要检索的缓存项的标识符。该方法返回检索到的缓存项，未找到该键时为空引用。

Remove 方法可以从应用程序的 Cache 对象移除指定项，其唯一的参数 key 表示要移除的缓存项的 String 标识符。该方法返回从 Cache 移除的项。如果未找到键参数中的值，则返回空引用。例如下面的一段代码。

```
public void RemoveItemFromCache(Object sender, EventArgs e)
{
    if(Cache["Key1"] != null)
        Cache.Remove("Key1");
}
```

在上述代码中，创建一个 RemoveItemFromCache 函数。当调用此函数时，它使用 Item 属性检查缓存中是否包含与 Key1 键值相关的对象。如果包含，则调用 Remove 方法来移除该对象。

6.1.8 Global.asax 文件

开发人员还可以将逻辑和事件处理代码添加到他们的 Web 应用程序中，上述代码不处理界面的生成，并且不会因为响应个别页请求而被调用。相反，它负责处理更高级别的应用程序事件，如 Application_Start、Application_End、Session_Start 和 Session_End 等。开发人员使用位于特定 Web 应用程序虚拟目录树根处的 Global.asax 文件来创建此逻辑。第一次激活或请求应用程序命名空间内的任何资源或 URL 时，ASP.NET 自动分析该文件并将其编译成动态.NET 框架类（此类扩展了 HttpApplication 基类）。Global.asax 文件被配置为自动拒绝任何直接 URL 请求，从而使外部用户不能下载或查看内部代码。

通过在 Global.asax 文件中创作符合命名模式"Application_EventName（Appropriate EventArgumentSignature）"的方法，开发人员可以为 HttpApplication 基类的事件定义处理程序。例如下面的代码。

```
<script language="C#" runat="server">
void Application_Start(object sender, EventArgs e) {
}
</script>
```

如果事件处理代码需要导入附加的命名空间，可以在.aspx 页面中使用@ import 指令，语法格式如下。

```
<%@ Import Namespace="System.Text" %>
```

第一次打开页时，引发应用程序和会话的 Start 事件。

```
void Application_Start(object sender, EventArgs e) {
}
void Session_Start(object sender, EventArgs e) {
    Response.Write("Session is Starting...<br>");
    Session.Timeout = 1;
}
```

对每个请求都引起 BeginRequest 和 EndRequest 事件。刷新页面时，只显示来自 Begin-Request、EndRequest 和 Page_Load 方法的消息。

静态对象、.NET 框架类和 COM 组件都可以使用对象标记在 Global.asax 文件中定义。范围可以是 appinstance、session 或 application。appinstance 范围表示对象特定于 Http-Application 的一个实例并且不共享。

注意：Global.asax 使用了微软公司的 HTML 拓展<Script>标记语法来限制脚本。这也就是说，必须用<Script>标记来引用这两个事件，而不能用"<%"和"%>"符号引用。在 Global.asax 中不能有任何输出语句，无论是 HTML 的语法，还是 Response.Write 方法，都是不行的，Global.asax 是任何情况下也不能进行显示的。

6.2 配置 ASP.NET 应用程序

知识点讲解：光盘:视频\PPT 讲解（知识点）\第 6 章\配置 ASP.NET 应用程序.mp4

ASP.NET 提供给用户一个强大而又灵活的配置系统，此配置系统支持如下两类配置文件。

1. 服务器配置

服务器配置信息存储在一个名为"Machine.config"的文件中，一般在 systemroot\Microsoft.NET\Framework\versionNumber\CONFIG\目录下，一台服务器只有一个 Machine.config，这个文件描述了所有 ASP.NET Web 应用程序所用的默认配置。

2. 应用程序配置

在服务器配置文件 Machine.config 的同一目录下，有一个 Web.config 文件。该 Web.config 文件从 Machine.config 文件那里继承一些基本配置设置，并且它是该服务器上所有 ASP.NET 应用程序配置的跟踪配置文件。

运行时，ASP.NET 使用 Web.config 文件按层次结构为传入的每个 URL 请求计算唯一的配置设置集合。这些设置只计算一次，随后将缓存在服务器上。ASP.NET 检测对配置文件进行的任何更改，然后自动将这些更改应用于受影响的应用程序，而且大多数情况下会重新启动应用程序。只要更改层次结构中的配置文件，就会自动计算并再次缓存分层配置设置。除非 processModel 节已更改，否则 IIS 服务器不必重新启动，所做的更改即会生效。

对 Machine.config 文件的配置是通过对 Web.config 文件的配置来实现的。

6.2.1 配置文件结构

所有的 ASP.NET 配置信息都保存在 Web.config 文件中的 configuration 元素中，该元素中的配置信息分为如下两个主区域。

1. 配置节处理程序声明

配置节处理程序声明区域保存在 Web.config 文件中的 configSections 元素内，它包含在其中声明节处理程序的 ASP.NET 配置 section 元素。也可以将这些配置节处理程序声明嵌套在 sectionGroup 元素中，以帮助组织配置信息。在现实应用中，通常所有的 ASP.NET 配置节处理程序都在 system.web 节组中进行分组。例如下面的代码。

```
<sectionGroup name="system.web"
  type="System.Web.Configuration.SystemWebSectionGroup, System.Web, Version=2.0.0.0, Culture=neutral,
PublicKeyToken=b03f5f7f11d50a3a">
  <!-- <section /> elements. -->
  </sectionGroup>
```

此区域中的每个配置节都有一个节处理程序声明。节处理程序是用来实现 ConfigurationSection 接口的.NET Framework 类。节处理程序声明中包含配置设置节的名称（如 pages），以及用来处理该节中配置数据的节处理程序类的名称（如 System.Web. Configuration.PagesSection）。例如下面的代码。

```
<section name="pages" type="System.Web.Configuration.PagesSection, System.Web, Version=2.0.0.0, Culture=neutral,
PublicKeyToken=b03f5f7f11d50a3a">
  </section>
```

ASP.NET 默认配置节的节处理程序在 Machine.config 文件中进行声明。根 Web.config 文件和 ASP.NET 应用程序中的其他配置文件都会自动继承在 Machine.config 文件中声明的配置处理程序。只有当创建用来处理自定义设置节的自定义节处理程序类时，才需要声明新的节处理程序。

2. 配置节设置

配置节设置区域位于配置节处理程序声明区域之后，里面包含了实际的配置设置。在默认情况下，在内部或者在某个根配置文件中，对于 configSections 区域中的每一个 section 和 sectionGroup 元素，都会有一个指定的配置节元素。

❄ 注意：可以在 systemroot\Microsoft.NET\Framework\versionNumber\CONFIG\Machine.config. comments 文件中查看配置节的默认设置。

配置节元素还可以包含子元素，这些子元素与其父元素由同一个节处理程序处理。例如下面的代码。

```
<pages buffer="true" enableSessionState="true" asyncTimeout="45">
<namespaces>
<add namespace="System" />
<add namespace="System.Collections" />
</namespaces>
</pages>
```

在上述代码中，pages 元素包含一个 namespaces 元素，该元素没有相应的节处理程序，因为它由 pages 节处理程序来处理。

6.2.2 配置文件的继承层次结构

为了在合适的目录级别实现应用程序所需级别的详细配置信息，而不影响较高目录级别中的配置设置，通常在相应的子目录下放置一个 Web.config 文件进行单独配置。这些 Wen.config 文件与其上级配置文件形成一种层次的结构，这样，每个 Web.config 文件都将继承上级配置文件，并设置自己特有的配置信息，应用于它所在的目录，以及它下面的所有子目录。

ASP.NET 应用程序配置文件都继承于该服务器上的一个根 Web.config 文件，即 systemroot\Microsoft.NET\Framework\versionNumber\CONFIG\Web.config 文件，该文件包括应用于所有运行某一具体版本的.NET Framework 的 ASP.NET 应用程序的设置。由于每个 ASP.NET 应用程序都从根 Web.config 文件那里继承默认配置设置，因此只须为重写默认设置创建 Web.config 文件。

所有的.NET Framework 应用程序（不仅仅是 ASP.NET 应用程序）都从一个名为 systemroot\Microsoft.NET\Framework\versionNumber\CONFIG\Machine.config 的文件那里继承基本配置设置和默认值。Machine.config 文件用于服务器级的配置设置，其中的某些设置不能在位于层次结构中较低级别的配置文件中被重写。

在表 6-15 中，详细列出了每个文件在配置层次结构中的级别、文件名称，以及对每个文件重要继承特征的说明。

表 6-15　　　　　　　　　　　　　　　层次配置说明信息

级　　别	文　件　名	描　　述
服务器	Machine.config	包含服务器上所有 Web 应用程序的 ASP.NET 架构，位于配置合并层次结构的顶层
根 Web	Web.config	服务器的 Web.config 文件与 Machine.config 文件存储在同一个目录中，它包含大部分 system.web 配置节的默认值。运行时，此文件是从配置层次结构中从上往下数第二层合并的
网站	Web.config	特定网站的 Web.config 文件包含应用于该网站的设置，并向下继承到该站点的所有 ASP.NET 应用程序和子目录
ASP.NET 应用程序根目录	Web.config	特定 ASP.NET 应用程序的 Web.config 文件位于该应用程序的根目录中，它包含应用于 Web 应用程序并向下继承到其分支中的所有子目录的设置
ASP.NET 应用程序子目录	Web.config	应用程序子目录的 Web.config 文件包含应用于此子目录并向下继承到其分支中的所有子目录的设置
客户端应用程序目录	ApplicationName.config	ApplicationName.config 文件包含 Windows 客户端应用程序（而非 Web 应用程序）的设置

6.2.3　使用位置和路径

默认情况下，在顶层<configuration>标记内的所有配置将作用于包含 Web.config 文件的目录及其子目录。但用户可以通过设置<location>标记的 path 属性，将配置信息应用到 Web.config 文件下的特定子目录中。在 ASP.NET 中，通用<location>配置的范例代码如下。

```
<configuration>
    <location path=vASPNETPages">
        <system.Web>
<globalization requestEncoding="iso-8859-1" responseEncoding="iso-8859-1"/>
        </system.Web>
    </location>
    <location path="ASPNETPages/EightChapter.aspx">
        <system.Web>
<globalization requestEncoding="Shift-JIS" responseEncoding="Shift-JIS" />
        </system.Web>
    </location>
</configuration>
```

在上面的代码中，通过设置两个<location>标记及其 path 属性，把两个不同的配置设置应用到不同的子路径。具体说明如下。

❑ <location path ="ASPNETPages">标记：将配置作用于 ASP NETPages 的子目录。

❑ <location path="ASPNETPages/EightChapter.aspx">标记：将配置作用于 ASPNETPages/ Eight Chapter.aspx 文件。

<location>标记除了指定配置信息的路径外，还可以锁定设置，使配置层次结构中的其他配置文件无法覆盖该设置，增强配置的安全性。例如下面的代码。

```
<configuration>
    <location path="ASPNETPages" allowOverride="false" >
        <system.Web>
<globalization requestEncoding="iso-8859-1" responseEncoding="iso-8859-1"/>
        </system.Web>
    </location>
</configuration>
```

在上面的代码中，通过设置 allowOverride 属性值为 false，锁定了<globalization>标记的 requestEncoding 和 responseEncoding 属性设置。如果用户试图在其他配置文件中重写这些设置，配置系统将会出现错误提示。

6.2.4 ASP.NET 配置元素

在配置文件 Web.config 中，定义了很多配置元素处理程序声明和配置元素处理程序。

1. <configuration>

所有 Web.config 的根元素都是<configuration>标记，在它内部封装了其他所有配置元素。格式如下。

```
<configuration>
……
</configuration>
```

2. <configSections>

<configSections>配置元素主要用于自定义的配置元素处理程序声明，所有的配置元素处理程序声明都在这部分。<configSections>由多个<section>构成，其中<section>主要有如下 2 个属性。

❑ name：指定配置数据元素的名称。

❑ type：指定与 name 属性相关的配置处理程序类。

3. <appSettings>

<appSettings>元素可以定义自己需要的应用程序设置项，其语法格式如下。

```
<configuration>
<appSettings>
        <add key=" [key] " Value=" [Value] " />
</appSettings>
</configuration>
```

其中，<add>子标记主要有如下 2 个属性定义。

❑ key：指定该设置项的关键字，便于在应用程序中引用。

❑ Value：指定该设置项的值。

4. <compilation>

<compilation>配置节位于<system.Web>标记中，用于设置使用哪种语言编译器来编译 Web 页面，以及编译页面时是否包含调试信息。<compilation>配置主要用于如下 4 种属性设置。

❑ defaultLanguage：设置在默认情况下 Web 页面的脚本块中使用的语言。支持的语言有 Visual Basic.Net、C#和 Jscript。可以选择其中一种，也可以选择多种，方法是使用一个由分号分隔的语言名称列表，如 Visual Basic.NET 和 C#。

❑ debug：设置编译后的 Web 页面是否包含调试信息。其值为 true 时，将启用 ASPX 调试；为 false 时，不启用，但可以提高应用程序运行时的性能。

❑ explicit：是否启用 Visual Basic 显示编译选项功能。其值为 true 时启用，为 false 时不启用。

❑ strict：是否启用 Visual Basic 限制编译选项功能。其值为 true 时启用，为 false 时不启用。

例如下面的代码。

```
<configuration>
<system.web>
<compilation defaultLanguage="c#" debug="true" explicit= "true" strict = "true"/>
</system.web>
</configuration>
```

在<compilation>元素中还可以添加<compiler>、<assemblies>、<namespaces>等子标记，通过上述标记可以更好地完成编译方面的有关设置。

5．<customErrors>

<customErrors>配置元素用于完成如下两项工作。

（1）启用或禁止自定义错误。

（2）在指定的错误发生时，将用户重定向到某个 URL。

<customErrors>主要包括如下两个属性。

❑ mode：具有 On、Off 和 RemoteOnly 3 种状态。On 表示启用自定义错误；Off 表示显示详细的 ASP.NET 错误信息；RemoteOnly 表示给远程用户显示自定义错误。一般来说，出于安全方面的考虑，只需要给远程用户显示自定义错误，而不显示详细的调试错误信息，此时需要选择 RemoteOnly 状态。

❑ defaultRedirect：当发生错误时，用户被重定向到默认的 URL。

另外，<customErrors>元素还包含一个子标记<error>，用于为特定的 HTTP 状态码指定自定义错误页面。<error>具有如下两个属性。

❑ statusCode：自定义错误处理程序页面要捕获的 HTTP 错误状态码。

❑ redirect：指定的错误发生时，要重定向到 URL。

6．<globalization>

<globalization>配置元素主要完成应用程序的全局配置，主要包括以下 3 个属性。

❑ fileEncoding：用于定义编码类型，供分析 ASPX、ASAX、ASMX 文件时使用。其主要取值有 UTF-7、UTF-8、UTF-16 和 ASCII。

❑ requestEncoding：指定 ASP.NET 处理的每个请求的编码类型，其可能的取值与 fileEncoding 属性相同。

❑ responseEncoding：指定 ASP.NET 处理的每个响应的编码类型，其可能的取值与 fileEncoding 属性相同。

7．<sessionState>

<sessionState>配置用于完成 ASP.NET 应用程序的会话状态设置，主要有如下 5 个属性。

❑ mode：指定会话状态的存储位置。共有 Off、Inproc、StateServer 和 SqlServer 4 种状态。

❑ stateConnectionString：用来指定远程存储会话状态的服务器名和端口号。如果将模式 mode 设置为 StateServer，则需要用到该属性。默认值为本机。

❑ sqlConnectionString：指定保存状态的 SQL Server 的连接字符串。在将模式 mode 设置为 SqlServer 时，需要用到该属性。

❑ Cookieless：指定是否不使用客户端 cookie 保存会话状态。其值为 true 表示不使用，为 false 表示使用。

❑ timeout：用来定义会话空闲多少时间后将被中止。默认时间一般为 20 分钟。

8．<trace>

<trace>配置元素用来实现 ASP.NET 应用程序的跟踪服务，在程序测试过程中定位错误。<trace>的主要属性如下 5 个。

❑ enabled：指定是否启用应用程序跟踪功能。

❑ requestLimit：指定保存在服务器上请求跟踪的个数，默认值为 10。

❑ pageOutput：指定是否在每个页面的最后显示应用程序的跟踪信息。

❑ traceMode：设置跟踪信息输出的排列次序。默认为 SortByTime（时间排序），也可以定义为 SortByCategory（字母排序）。

❑ localOnly：指定是否仅在 Web 服务器上显示跟踪查看器。

9．<authentication>

<authentication>配置元素主要进行安全配置工作，它最常用的属性是 mode，用来控制 ASP.NET Web 应用程序的验证模式。mode 取值的具体说明如下。

❑ Windows：用于将 Windows 指定为验证模式。

❑ Forms：采用基于 ASP.NET 表单的验证。

❑ Passport：采用微软的 Passport 验证。

❑ None：不采用任何验证方式。

6.2.5 自定义应用程序设置

ASP.NET 应用程序配置系统是可扩展的，用户不仅可以使用系统预定义的元素，还可以在 Web.config 文件中添加自定义标记，创建自己的配置处理程序和设置。

1．使用<appSettings>标记

Web.config 文件中有一个可选标记<appSettings>，专门用于存放应用程序设置。该应用程序的任何页面都可以访问到该 Web.config 文件中的应用程序设置。如果要修改设置，只要在配置文件中进行修改即可，无须逐个修改应用程序的每个页面。

例如下面的代码。

```
<configuration>
 <appSettings>
<add key="MySettings" value="扩展应用程序" />
        </appSettings>
</configuration>
```

在上面的 Web.config 文件中，设置了一个字符串，关键字为 MySettings，键值为"扩展应用程序"。

在.NET 类库中有一个 System.Configuration.ConfigurationSettings 类，利用它可以检索任意配置节的数据信息。ConfigurationSettings 类中有一个 AppSettings 属性，它可以检索<appSettings>节的信息，具体方法如下。

```
string sqlconn=ConfigurationSettings.AppSettings["MySettings"];
```

2．使用自定义标记

在 Web.config 文件中并不是只通过<appsettings>来保存配置信息，也允许用户添加新的自定义标记。在该标记内可定义新的配置信息。例如下面的代码。

```
<configuration>
    <configSections>
      <section name="OwnSettings"
        type="System.Configuration.NameValueFileSectionHandler,
        System.Web,Version=1.0.3300.0,Culture=neutral,
        PublicKeyToken=b77a5c561934e089" />
    </configSections>
    <OwnSettings>
  <add key="constring" Value="访问自定义的配置信息"/>
    </OwnSettings>
</configuration>
```

上述代码的具体配置过程可以分为 2 步。

（1）在<configSections>中，声明了一个新的自定义配置元素处理程序，即声明自定义标记的名称（<OwnSettings>）和类型（System.Configuration.NameValueFileSection Handler）。

（2）在<configSections>域之后，为声明的标记（<OwnSettings>）做实际的应用程序配置。

6.3　预编译和编译

📀 知识点讲解：光盘:视频\PPT 讲解（知识点）\第 6 章\预编译和编译.mp4

预编译是指预先编译，是一种准备活动。在实际编程应用中，在编码之前也要做一些准备活动。高质量的实践方法是那些能创建高质量软件的程序员的共性。这些高质量的实践方法在项目的初期、中期、末期都强调质量。如果在项目的末期强调质量，则会强调系统测试。当提到软件质量保证的时候，许多人都会想到测试。ASP.NET 在将整个站点提供给用户之前，可以预编译这个站点。这就为用户提供了更快的响应时间，提供了在向用户显示站点之前标识编译时 bug 的方法，提供了避免部署源代码的方法，并提供了有效的将站点部署到成品服务器的方法。开发人员可以在网站的当前位置预编译网站，也可以预编译网站并将其部署到其他计算机。在本节的内容中，将详细讲解 ASP.NET 预编译和编译的基本知识。

6.3.1　网站预编译

在默认情况下，在用户第一次请求网站资源时，将动态编译 ASP.NET 网页和代码文件。第一次编译页和代码文件之后，会缓存编译后的资源，这样将大大提高随后对同一页提出请求的效率，并且 ASP.NET 可以预编译整个站点，然后再提供给用户使用。

在 ASP.NET 中，提供了如下两个预编译站点选项。

1. 预编译现有站点

如果用户提高现有站点的性能并对站点执行错误检查，此预编译选项将变得十分有用。可以通过预编译网站来稍稍提高网站的性能。对于经常更改和补充 ASP.NET 网页及代码文件的站点则更是如此。在这种内容不固定的网站中，动态编译新增页和更改页所需的额外时间会影响用户对站点质量的感受。在执行就地预编译时，将编译所有的 ASP.NET 文件类型（HTML 文件、图形和其他非 ASP.NET 静态文件将保持原状）。在预编译过程中，编译器将为所有可执行输出创建程序集，并将程序集放在 %SystemRoot%\Microsoft.NET\Framework\version\Temporary ASP.NET Files 文件夹下的特殊文件夹中。

2. 针对部署预编译站点

此选项将创建一个特殊的输出，可以将该输出部署到成品服务器。预编译站点的另一个用处是生成可部署到成品服务器的站点的可执行版本。针对部署进行预编译将以布局形式创建输出，其中包含程序集、配置信息、有关站点文件夹的信息，以及静态文件（如 HTML 文件和图形）。

在部署预编译的应用程序之后，ASP.NET 使用 Bin 文件夹中的程序集来处理请求。预编译输出包含.aspx 或.asmx 文件作为页占位符。占位符文件不包含任何代码。使用它们只是为了提供一种针对特定页请求调用 ASP.NET 的方式，以便可以设置文件权限来限制对页的访问。

6.3.2　网站编译

为了使用应用程序代码为用户提出的请求提供服务，ASP.NET 必须首先将代码编译成一个或多个程序集。程序集是文件扩展名为.dll 的文件，是可以采用多种不同的语言来编写 ASP.NET 的代码。当编译代码时，会将代码翻译成一种名为 Microsoft 中间语言（MSIL）、与语言和 CPU 无关的表示形式。运行时，MSIL 将运行在.NET Framework 的上下文中，.NET Framework 会将 MSIL 翻译成 CPU 特定的指令，以便计算机上的处理器运行应用程序。

6.4 技术解惑

6.4.1 对内置对象的总结

ASP.NET 内置对象的工作流程如图 6-13 所示。

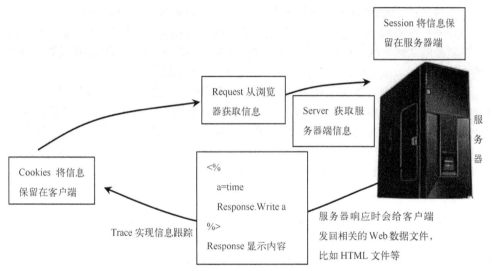

图 6-13　内置对象的工作流程

6.4.2 Session 对象和 Cookie 对象的比较

（1）应用场景

Cookie 的典型应用场景是 Remember Me 服务，即用户的账户信息通过 Cookie 的形式保存在客户端，当用户再次请求匹配的 URL 的时候，账户信息会被传送到服务端，交由相应的程序完成自动登录等功能。当然也可以保存一些客户端信息，如页面布局以及搜索历史等。

Session 的典型应用场景是用户登录某网站之后，将其登录信息存入 Session，在以后的每次请求中查询相应的登录信息以确保该用户合法。当然还是有购物车等经典场景。

（2）安全性

Cookie 将信息保存在客户端，如果不进行加密，无疑会暴露一些隐私信息，安全性很差。一般情况下敏感信息是经过加密后存储在 Cookie 中，但很容易被窃取。而 Session 只会将信息存储在服务端，如果存储在文件或数据库中，也有被窃取的可能，只是可能性比 Cookie 小了很多。

Session 在全性方面比较突出的是存在会话劫持的问题，这是一种安全威胁，这在下文会进行更详细的说明。总体来讲，session 的安全性要高于 Cookie。

（3）性能

Cookie 存储在客户端，消耗的是客户端的 I/O 和内存；而 Session 存储在服务端，消耗的是服务端的资源。但是 session 对服务器造成的压力比较集中，而 Cookie 很好地分散了资源消耗，就这点来说，Cookie 是优于 Session 的。

（4）时效性

Cookie 可以通过设置有效期使其较长时间存在于客户端，而 Session 一般只有比较短的有效期（用户主动销毁 Session 或关闭浏览器后引发超时）。

6.4.3　Application 对象和 Session 对象的区别

Application 对象和 Session 对象的区别如表 6-16 所示。

表 6-16　　　　　　　　　　**Application 对象和 Session 对象的区别**

对　　象	信息量大小	保 存 时 间	应 用 范 围	保 存 位 置
Application	任意大小	整个应用程序的生命期	所有用户	服务器端
Session	小量、简单的数据	用户活动时间+一段延迟时间（一般分为20分钟）	单个用户	服务器端

Application 用于保存所有用户的公共数据信息。如果使用 Application 对象，一个需要考虑的问题是任何写操作都要在 Application_OnStart 事件(global.asax)中完成。虽然使用 Application.Lock 和 Applicaiton.Unlock 方法可以避免写操作的同步，但是它串行化了对 Application 对象的请求，当网站访问量大时会产生严重的性能瓶颈，因此最好不要用此对象保存大的数据集合。

Session 用于保存每个用户的专用信息，其生存期是用户持续请求时间再加上一段延长时间（一般为 20 分钟）。Session 中的信息保存在 Web 服务器内容中，保存的数据量可大可小。当 Session 超时或被关闭时，将自动释放保存的数据信息。由于用户停止使用应用程序后它仍然在内存中保持一段时间，因此使用 Session 对象使保存用户数据的方法效率很低。对于小量的数据，使用 Session 对象保存是一个不错的选择。

6.4.4　对 Application、Session、Cookie、ViewState 和 Cache 的选择

在 ASP.NET 中有很多种保存信息的对象，如 Application、Session、Cookie、ViewState 和 Cache 等，那么它们有什么区别呢？每一种对象应用的环境是什么？为了更清楚地了解，我们总结出每一种对象应用的具体环境，如表 6-17 所示。

表 6-17　　　　　**Application、Session、Cookie、ViewState 和 Cache 的选择**

方　　法	信息量大小	保 存 时 间	应 用 范 围	保 存 位 置
Application	任意大小	整个应用程序的生命期	所有用户	服务器端
Session	小量、简单的数据	用户活动时间＋一段延迟时间（一般约为 20 分钟）	单个用户	服务器端
Cookie	小量、简单的数据	可以根据需要设定	单个用户	客户端
Viewstate	小量、简单的数据	一个 Web 页面的生命期	单个用户	客户端
Cache	任意大小	可以根据需要设定	所有用户	服务器端
隐藏域	小量、简单的数据	一个 Web 页面的生命期	单个用户	客户端
查询字符串	小量、简单的数据	直到下次页面跳转请求	单个用户	客户端
Web.Config 文件	不变或极少改变的小量数据	直到配置文件被更新	单个用户	服务器端

第 7 章

HTML 服务器控件和 Web 服务器控件

　　控件技术是 ASP.NET 的核心，ASP.NET 通过各种控件迅速地实现 Web 开发所需要的功能，并且 ASP.NET 为每一种应用都提供了专门的控件，这样就更方便了开发人员对控件的使用。本章将详细介绍 ASP.NET 中 HTML 服务器控件和 Web 服务器控件的基本知识，并分别通过具体的实例来说明各控件的使用方法。

<table>
<tr><td>本章内容</td><td>技术解惑</td></tr>
<tr><td>HTML 服务器控件</td><td>总结用户登录系统的设计流程</td></tr>
<tr><td>Web 服务器控件</td><td>服务器控件与 HTML 控件的区别</td></tr>
<tr><td>标准控件</td><td>什么时候使用服务器控件，什么时候使用 HTML 控件</td></tr>
</table>

7.1　HTML 服务器控件

知识点讲解：光盘:视频\PPT 讲解（知识点）\第 7 章\HTML 服务器控件.mp4

一个控件就是一个工具，一个能够实现某种功能的工具。ASP.NET 中的 HTML 服务器控件和 HTML 控件是不同的，前者是运行在服务器端的，而后者是客户端控件。在本节的内容中，将详细讲解 HTML 服务器控件的基本知识。

7.1.1　HTML 服务器控件基础

在 ASP.NET 中，当用户通过表单把数据提交给服务器时，ASP.NET 在第一次执行时就把提交的请求进行编译，而在后续访问时就不需要编译了。ASP.NET 允许提取少量的 HTML 元素，通过少量的工作把他们转换为服务器端控件，之后就可以控制在 ASP.NET 页面中所实现的元素的行为和操作。

在 Visual Studio 2010 的工具箱中，包含一个专门的 HTML 元素集，如图 7-1 所示。

在使用时，可以直接将上述控件元素拖入到指定的位置。但是要将图 7-1 中的控件作为服务器控件运行，则必须进行特殊设置。具体的设置方法有两种，下面以 Button 控件为例来介绍将 HTML 控件设置为服务器控件的方法。

（1）拖动工具箱中的 Button 控件，在页面中插入一个 Button。

（2）单击"设计"选项进入代码编辑界面，找到插入的 Button 的代码，然后添加代码"runat="server""，如图 7-2 所示。

这样就将 HTML 控件设置为服务器端控件。当 HTML 控件被设置为服务器控件后，就可以像处理其他 Web 服务器控件那样对其进行处理。例如，可以在设计视图中双击上述 Button 按钮，为其添加一个指定的按钮单击事件。

图 7-1　工具箱中的 HTML 元素

图 7-2　添加代码"runat="server""

7.1.2　HTMLButton 控件

HTMLButton 控件的功能是用来控制页面中的<button>元素。在 HTML 中，<button>元素用来创建一个按钮，其功能和<input type="button">相同。

在<button>或<input type="button">中添加"runat="server""后，它们就变成了服务器控件。HTMLButton 控件的常用属性信息如表 7-1 所示。

表 7-1　　　　　　　　　　　　　　　　　HTMLButton 的常用属性信息

属　　性	描　　述
Attributes	返回该元素的所有属性名称和值对
Disabled	布尔值，指示是否禁用该控件。默认值是 false

续表

属　　性	描　　述
id	该控件的唯一 ID
InnerHtml	设置或返回该 HTML 元素的开始标签和结束标签之间的内容。特殊字符不会被自动转换为 HTML 实体
InnerText	设置或返回该 HTML 元素的开始标签和结束标签之间的所有文本。特殊字符会被自动转换为 HTML 实体
OnServerClick	单击该按钮时被执行的函数的名称
runat	规定该控件是一个服务器控件。必须被设置为"server"
Style	设置或返回被应用到控件的 CSS 属性
TagName	返回元素的标签名
Visible	布尔值，指示该控件是否可见

7.1.3　HTMLInput 控件

HTMLInput 控件是 HTML 标记<input>的控件，它能够随着 Type 属性值的不同，产生不同的表单输入栏。Type 的属性值有 Button、Reset、Submit、CheckBox、File、Hidden、Image、Radio、Text 和 Password。如果在<input>标签内加上"runat="server""，也将成为服务器控件。

1．Button

其功能与<Button>控件功能相同，但<Input Type=Button>更适合早期浏览器。

2．Submit 和 Reset

提交和重置功能。当 Type 为以上属性时，Input 控件拥有 OnServerClick 事件，可在其中添加自己的处理程序。

3．Radio

单选按钮样式，常用的属性为 Checked，其值为 True 时，表示该项被选中，否则表示没选中。

4．CheckBox

复选框样式，可以用 Checked 属性判断其状态，True 为选中状态，False 为未选中。

5．Hidden

其功能是生成一个隐藏的传输数据控件。该控件主要用于传输一些重要数据，而不必使用 Cookies 或 Session。

实例 020	**获取用户表单内的输入数据并隐藏输出**	
	源码路径　光盘\daima\7\Hidden.aspx	视频路径　光盘\视频\实例\第 7 章\020

本实例的实现文件为 Hidden.aspx，主要代码如下。

```
<script runat="server">
    void Page_Load(object Source, EventArgs e)
    {
        // Page.IsPostBack判断网页是否因为单击按钮而被重载
        // 若Page.IsPostBack返回True，则表示因单击按钮而重载该网页
        if (Page.IsPostBack)
        {
            Span1.InnerHtml="隐藏的值是: <b>"+ HiddenValue.Value + "</b>";
        }
    }
    void SubmitBtn_Click(object Source, EventArgs e)
    {
        HiddenValue.Value = StringContents.Value;
    }
```

范例 39：使用文本框制作登录页面
源码路径：光盘\演练范例\039\
视频路径：光盘\演练范例\039\

范例 040：实现网络问卷调查
源码路径：光盘\演练范例\040\
视频路径：光盘\演练范例\040\

```
        </script>
……
  <form id="Form1" runat="server">
 <input id="HiddenValue" type="hidden" value="初始值" runat="server" /> 请输入字符串：   
    <input id="StringContents" type="text" size="40" runat="server" /><p />
    <input id="Submit1" type="submit" value="Go" onserverclick="SubmitBtn_Click" runat="server" /> <p />
    <span id="Span1" runat="server" />
  </form>
……
```

上述代码执行后，将首先按照默认样式显示页面元素，如图 7-3 所示。当用户在表单内输入字符并单击【Go】按钮后，会输出隐藏后的数据（即设置的默认文本框值），如图 7-4 所示。

图 7-3　默认显示效果

图 7-4　输出隐藏数据

6. HTMLInputImage

用于生成一个图形按钮控制元件。

7. Text 和 Password

当 Type 属性为 Text 时，生成一个输入框；当 Type 属性为 Password 时，生成一个密码输入框，即输入的数据是不可鉴别状态。该组控件常用的属性有 Value（输入框的值）、Size（输入框大小）和 MaxLength（输入字符最大值）特殊属性。

实例 021　　获取用户输入的登录数据，并判定登录密码是否正确

源码路径　光盘\daima\7\InputText .aspx　　　　视频路径　光盘\视频\实例\第 7 章\021

本实例的实现文件为 InputText .aspx，主要代码如下。

```
    <script runat="server">
        void SubmitBtn_Click(object Source, EventArgs e)
        {
//设置正确的密码为 "123456"
            if (Password.Value == "123456")
            {
//相同则输出正确提示
                Span1.InnerHtml=Name.Value + "密码正确";
            }else{
//不相同则输出错误提示
                Span1.InnerHtml=Name.Value + "密码错误";
            }
        }
    </script>
……
    输入姓名:<input id="Name" type="text" size="20" runat="server" />
    <p />
```

范例 041：使用密码框
源码路径：光盘\演练范例\041\
视频路径：光盘\演练范例\041\
范例 042：使用 Label 控件显示日期
源码路径：光盘\演练范例\042\
视频路径：光盘\演练范例\042\

```
输入密码:<input id="Password" type="password" size="20" runat="server" />
<p />
<input id="Submit1" type="submit" value="确定" onserverclick="SubmitBtn_Click" runat="server" />
<p />
<span id="Span1" style="color:Red" runat="server" />
```

执行后将首先按照默认样式显示页面元素，如图 7-5 所示。当用户在表单内输入登录数据并单击【确定】按钮后，会输出对应的提示，如图 7-6 所示。正确的密码是"123456"。

图 7-5　默认显示效果

图 7-6　输入不是"123456"时的提示

在上述实例中，通过 Text 和 Password 制作了一个简单的用户登录表单。程序中设置了正确的密码是"123456"，其实这是一个简单的登录验证系统。

8．File

File 是文件上传控制元件，可以帮助开发人员迅速实现文件上传功能。熟悉 ASP 的程序员应该知道，ASP 的上传处理比较复杂，但是在 ASP.NET 中，可以直接使用 HTMLInput 中 File 的 Postfile 属性实现文件上传处理。

实例 022	演示 File 的具体使用方法	
	源码路径　光盘\daima\7\1\	视频路径　光盘\视频\实例\第 7 章\022

本实例的实现文件保存在"7\1\"文件夹中，具体的实现文件如下。

❑ Default.aspx：提供文件上传表单。

❑ Default.aspx.cs：获取上传表单内的上传文件，进行上传处理，并输出上传文件的名称和大小。

文件 Default.aspx 的主要实现代码如下。

```
<form id="form1" runat="server">
    <div style="text-align: left">
    HTMLInputfile实现文件上传:
<input id="upInputfile"
 runat="server" type="file"
/>
<input id="upLoad" runat="server"
 onserverclick="upLoad_ServerClick"
 type="button"
            value="上传" /><br />
        <br />
        <asp:Label ID="Label1" runat="server" Text="文件名称: "></asp:Label>
        <asp:Label ID="Label2" runat="server">未上传! </asp:Label>
        <br />
        <asp:Label ID="Label3" runat="server" Text="文件大小: "></asp:Label>
```

范例 043：使用金额格式的文本
源码路径：光盘\演练范例\043\
视频路径：光盘\演练范例\043\
范例 044：多行文本框应用
源码路径：光盘\演练范例\044\
视频路径：光盘\演练范例\044\

```
            <asp:Label ID="Label4" runat="server" Text="未上传！"></asp:Label>
            <br /></div>
    </form>
```

上述文件执行后将按指定样式显示文件上传表单，如图 7-7 所示。

文件 Default.aspx.cs 的主要代码如下。

```
......
        protected void upLoad_ServerClick(object sender, EventArgs e)
        {
            HttpPostedFile hpf = upInputfile.PostedFile;
            //获取完整路径
            string fullfilename = hpf.FileName;
            //以"\"为索引截取获得文件名
            string filename = fullfilename.Substring(fullfilename.LastIndexOf("\\") + 1);
            //获取文件大小
            string filesize = hpf.ContentLength.ToString();
            //保存上传的文件
            hpf.SaveAs(Server.MapPath(".") + "\\" + filename);
            //将文件名和文件大小显示在窗体上
            Label2.Text = filename;
            Label4.Text = filesize+"K";
        }
```

经过 Default.aspx.cs 的上传处理后，整个文件上传实例设计完毕。单击【浏览】按钮后，可以在弹出的对话框中选择要上传的文件。单击【上传】按钮后即可将指定的文件上传到指定目录下，并输出上传文件的名称和大小，如图 7-8 所示。

图 7-7　文件上传表单

图 7-8　文件上传表单

7.2　Web 服务器控件

知识点讲解：光盘:视频\PPT 讲解（知识点）\第 7 章\Web 服务器控件.mp4

HTML 服务器控件和 Web 服务器控件都是服务器控件，但是两者是有区别的，具体如图 7-9 所示。

ASP.NET 的 Web 服务器控件是 ASP.NET 网页上的对象，在向浏览器请求页和呈现标记时将运行这些对象。许多 Web 服务器控件类似于熟悉的 HTML 元素，如按钮和文本框。其他控件具有复杂行为，如日历控件和管理数据连接的控件。

Web 服务器控件的书写格式比较复杂，需要加上固定的"asp:"标签。例如下面的代码。

```
<asp:Button ID="Button2" runat="server" OnClick="Button2_Click" Text="Button" />
<asp: Button>
```

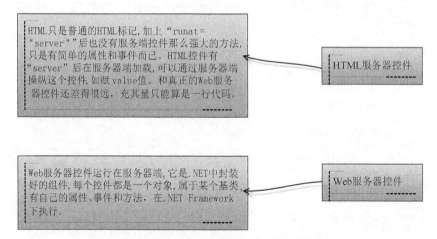

图 7-9　HTML 服务器控件和 Web 服务器控件

上述代码中增加了 Web 服务器控件标签"asp:"，所以上面的 Button 就是一个 Web 服务器控件。

在 Visual Studio 2012 的工具箱中，Web 服务器控件占具了大量空间，如图 7-10 所示。

其中常用的 Web 服务器控件有以下几个。

❑　标准控件。

❑　数据控件。

❑　验证控件。

❑　导航控件。

❑　登录控件。

图 7-10　Visual Studio 2012 工具箱

7.3　标　准　控　件

知识点讲解：光盘:视频\PPT 讲解（知识点）\第 7 章\标准控件.mp4

在 ASP.NET 中，标准控件是最通用的控件。这些控件是最常用的，并且从.NET Framework 1.1 开始就存在。本节将详细讲解 ASP.NET 标准控件的基本知识。

7.3.1　Label 控件

Label 控件用于在页面中输出指定的文本，执行后会被解析为 HTML 的<span></span>。通过 Label 控件可以控制常见的动态文本，其具体的使用格式如下。

```
<asp:Label ID="Label1" runat="server" Text="Label"></asp:Label>
```

Label 控件的主要属性有如下 3 个。

❑　Font：设置 Label 控件显示文本的字体。

❑　Text：设置 Label 控件显示的文本内容。

❑　ForeColor：设置 Label 控件显示文本的颜色。

在 Visual Studio 2012 的属性窗口和事件中，可以很容易地对 Label 控件的属性和事件进行设置，如图 7-11 和图 7-12 所示。

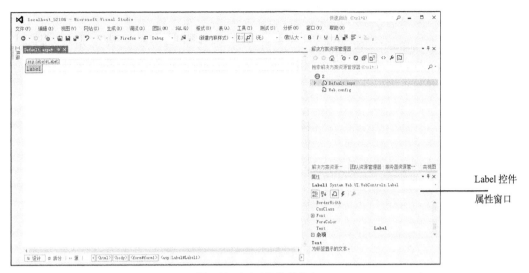

图 7-11　Label 控件属性窗口

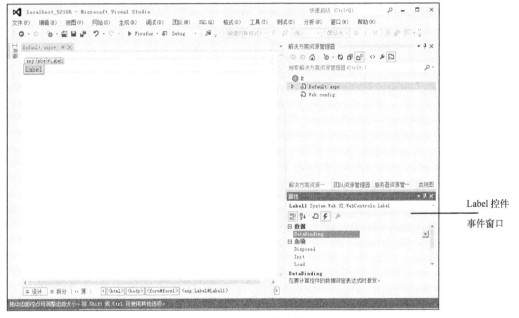

图 7-12　Label 控件事件窗口

7.3.2　TextBox 控件

TextBox 控件是供用户输入文本的输入控件。

❑　TextBox 控件属性。

在默认情况下，TextMode 属性设置为 SingleLine，它创建只包含一行的文本框。然而，通过将 TextMode 属性值修改为 TextBoxMode.MultiLine 或 TextBoxMode.Password，TextBox 控件也可以显示多行文本框或显示屏蔽用户输入的文本框。使用 Text 属性，可以指定或确定 TextBox 控件中显示的文本。

TextBox 控件包含多个属性，用于控制该控件的外观。文本框的显示宽度(以字符为单位)由它的 Columns 属性确定。如果 TextBox 控件是多行文本框，则它显示的行数由 Rows 属性确定。要在 TextBox 控件中显示换行文本，可将 Wrap 属性设置为 True。

还可以设置一些属性来指定如何将数据输入到 TextBox 控件中。例如，要防止控件中显示的文本被修改，可将 ReadOnly 属性设置为 True。如果想限定用户只能输入指定数目的字符，可设置 MaxLength 属性。将 Wrap 属性设置为 True，可指定当到达文本框的结尾时，单元格内容自动在下一行继续。

❑ TextBox 控件事件。

当用户离开 TextBox 控件时，该控件将引发 TextChanged 事件。默认情况下，并不立即引发该事件，而是当提交 Web 窗体页时才在服务器上引发。可以指定 TextBox 控件在用户离开该字段之后马上将页面提交给服务器。

TextBox Web 服务器控件并非每当用户输入一个键击就引发事件，而是仅当用户离开该控件时才引发事件。可以让 TextBox 控件引发在客户端脚本中处理的客户端事件，这有助于响应单个键击。

和 Label 控件一样，在 Visual Studio 2010 的属性窗口和事件窗口中，可以很容易地对 TextBox 的属性和事件进行设置。

7.3.3 CheckBox 和 CheckBoxList 控件

CheckBox 和 CheckBoxList Web 服务器控件为用户提供了一种在"True-False"或"是-否"选项之间进行切换的方法。

由于存在两种不同的控件，并且其功能也略有不同，因此理解它们之间的不同很重要。本节主要介绍 CheckBox 和 CheckBoxList 的定义、二者的区别以及如何使用这两类控件。

（1）CheckBox 控件

CheckBox 控件在 Web 窗体页上创建复选框，该复选框允许用户在 True 或 False 状态之间切换。

❑ CheckBox 控件属性。

CheckBox 的使用比较简单，主要使用 Id 属性和 Text 属性。Id 属性指定对复选控件实例的命名；Text 属性主要用于描述选择的条件。另外，当复选控件被选择以后，通常根据其 Checked 属性是否为真来判断用户选择与否。

通过设置 Text 属性可以指定要在控件中显示的标题。标题可显示在复选框的右侧或左侧。设置 TextAlign 属性可以指定标题显示在哪一侧。

❑ CheckBox 控件事件。

若要确定是否已选中 CheckBox 控件，需测试 Checked 属性。当 CheckBox 控件的状态在向服务器的发送过程中发生更改时，将引发 CheckedChanged 事件。可以为 CheckedChanged 事件提供事件处理程序，以便在向服务器的各次发送过程中，CheckBox 控件的状态发生改变时执行特定的任务。

❀ 注意：当创建多个 CheckBox 控件时，还可以使用 CheckBoxList 控件。对于使用数据绑定创建一组复选框而言，CheckBoxList 控件更易于使用，而各个 CheckBox 控件则可以更好地控制布局。

由于 <asp:CheckBox> 元素没有内容，因此可用"/>"结束该标记，而不必使用单独的结束标记。

默认情况下，CheckBox 控件在被单击时不会自动向服务器发送窗体。若要启用自动发送，需将 AutoPostBack 属性设置为 True。

（2）CheckBoxList 控件

与单个 CheckBox 控件相反，当用户选择列表中的任意复选框时，CheckBoxList 控件都将引发 SelectedIndexChanged 事件。默认情况下，此事件并不导致向服务器发送窗体，但可以通过将 AutoPostBack 属性设置为 True 来指定此选项。

与单个 CheckBox 控件一样，更常见的做法是在通过其他方式发送窗体之后测试 CheckBoxList 控件的状态。

实例 023	单击按钮后能根据用户的选择输出不同的提示
	源码路径　光盘\daima\7\CheckBox.aspx　　　视频路径　光盘\视频\实例\第 7 章\023

本实例的实现文件为 CheckBox.aspx，具体实现代码如下。

```
<script runat="server">
    void Button1_Click(object Source, EventArgs e)
    {
        if (Check1.Checked == true)
        {
//选择复选框输出的提示
            Span1.InnerHtml = "已经打开!";
        }
        else
        {
//没有选择复选框输出的提示
            Span1.InnerHtml = "已经关闭!";
        }
    }
</script>
<h3>HtmlInputCheckBox Sample</h3>
<form id="Form1" runat="server">
    <input id="Check1" type="checkbox" runat="server" /> 开关   
<span id="Span1" style="color:red" runat="server" />
<input type="button" id="Button1" value="Enter" onserverclick="Button1_Click" runat="server"/>
</form>
```

范例 045：动态添加 DropDownList 项
源码路径：光盘\演练范例\045\
视频路径：光盘\演练范例\045\
范例 046：DropDownList 的数据绑定
源码路径：光盘\演练范例\046\
视频路径：光盘\演练范例\046\

上述文件运行后首先按指定样式显示页面内的元素，如图 7-13 所示；如果勾选复选框并单击【Enter】按钮后，则会输出"已经打开"提示，如图 7-14 所示；如果没有勾选复选框而单击【Enter】按钮后，则会输出"已经关闭"提示，如图 7-15 所示。

图 7-13　默认显示效果

图 7-14　勾选复选框后的提示

图 7-15　没有勾选复选框后的提示

7.3.4 RadioButton 和 RadioButtonList 控件

RadioButton和RadioButtonList控件允许用户从预定义的列表中选择一项,它们和CheckBox和 CheckBoxList 控件类似。当向 ASP.NET 网页添加单选按钮时,可以使用 RadioButton 控件或 RadioButtonList 控件。这两种控件都允许用户从一小组互相排斥的预定义选项中进行选择,也允许 RadioButton、RadioButtonList 定义任意数目带标签的单选按钮,并将它们水平或垂直排列。

可以向页面添加单个 RadioButton 控件,并单独使用这些控件。通常是将两个或多个单独的按钮组合在一起。

与之相反,RadioButtonList 控件是单个控件,可作为一组单选按钮列表项的父控件。它派生自 ListControl 基类,工作方式与 ListBox、DropDownList、BulletedList 和 CheckBoxList 控件很相似。因此,使用 RadioButtonList 控件的很多过程与使用其他列表 Web 服务器控件的过程相同。

注意:RadioButtonList 控件不允许在按钮之间插入文本,但如果想将按钮绑定到数据源,使用这类控件要方便得多。在编写代码以检查所选定的按钮方面,它也稍微简单一些。

在单个 RadioButton 控件和 RadioButtonList 控件之间,事件的工作方式略有不同。

❑ 单个 RadioButton 控件。

单个 RadioButton 控件在用户单击该控件时引发 CheckedChanged 事件。默认情况下,这一事件并不导致向服务器发送页面,但通过将 AutoPostBack 属性设置为 True,可以使该控件强制立即发送。

无论 RadioButton 控件是否发送到服务器,通常都没有必要为 CheckedChanged 事件创建事件处理程序。相反,更常见的做法是在窗体已被某个控件(如 Button 控件)发送到服务器时测试选定了哪个按钮。

❑ RadioButtonList 控件。

与单个的 RadioButton 控件相反,RadioButtonList 控件在用户更改列表中选定单选按钮时会引发 SelectedIndexChanged 事件。默认情况下,此事件并不导致向服务器发送窗体,但可以通过将 AutoPostBack 属性设置为 True 来指定此选项。

7.3.5 Image 控件

Image 控件可以在 Web 窗体页上显示图像,并使用服务器代码管理这些图像。Image 服务器控件的主要属性如下。

❑ ImageUrl:设置图片的路径,为当前文件夹下的相对路径。

❑ AlyernateText:设置如果图片不正常显示时,显示的文本文字。

除了显示图形之外,Image 控件还允许为图像指定各种类型的文本,具体如下。

❑ ToolTip:某些浏览器显示在工具提示中的文本。

❑ AlternateText:无法找到图形文件时显示的文本。如果未指定任何 ToolTip 属性,某些浏览器将使用 AlternateText 值作为工具提示。

❑ GenerateEmptyAlternateText:如果将此属性设置为 True,所呈现的图像元素的 Alt 属性将被设置为空字符串。

7.3.6 Table 控件

Table Web 服务器控件用于在 ASP.NET 网页上创建通用表。表中的行将作为 TableRow Web 服务器控件创建,而每行中的单元格则作为 TableCell Web 服务器控件来实现。它和 HTML 中的<table>标记的用法基本一致,可以对网页内的元素进行排版处理。

在页面中插入 Table 控件后，可以右键单击 Table 并在弹出的快捷菜单中选择"添加扩展程序"命令，在弹出的"扩展程序向导"对话框中可以创建扩展程序，以增强 Table Web 服务器控件的功能，如图 7-16 所示。

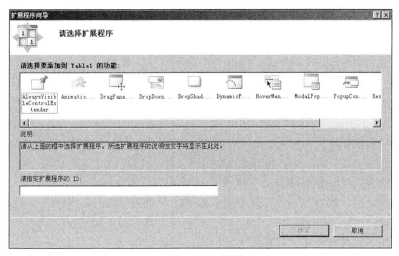

图 7-16 "扩展程序向导"对话框

7.3.7 按钮控件

ASP.NET 中的按钮控件允许向用户发送命令。Button 控件能够在网页中显示一个标准命令按钮，Web 服务器的按钮控件包括如下 3 种。

1. 标准命令按钮 Button

标准命令按钮 Button 显示一个标准命令按钮，该按钮呈现为一个 HTML Input 元素。执行后会被解析为<input type = "submit">，其最大好处是可以灵活使用单击事件来实现某些功能。除了能够提交事件处理外，Button 还能传递应用参数。例如下面的代码。

```
<script    language="javascript">
<!--
    function    funcheck()
    {
        alert('触发该事件的按钮id: '+event.srcElement.id);
    }
//-->
</script>
<form action="Hidden.aspx">
    <input    type=submit    id=B1    onclick="funcheck();"    value="按钮1">
    <input    type=button    id=B2    onclick="funcheck();"    value="按钮2">
</form>
```

在上述代码中，将按钮的 id 作为参数来传递。Button 控件支持 OnClick 事件和 OnCommand 事件。

2. 超级链接样式按钮 LinkButton

LinkButton 控件显示为页面中的一个超链接。但是，它包含使窗体被发回服务器的客户端脚本。可以使用 HyperLink Web 服务器控件创建真实的超链接。当用户单击 LinkButton 后，包含该链接按钮的的表单中的所有域都被提交到服务器，LinkButton 控件将会被解析为<a>。

LinkButton 控件的使用方法和 Button 控件的使用方法一样，也支持 OnClick 事件和 OnCommand 事件，并且也能传递参数。

3. 图形按钮 ImageButton

ImageButton 控件允许将一个图形指定为按钮。这对于提供丰富的按钮外观非常有用。ImageButton 控件还能查明用户在图形中单击的位置，因此，可将该按钮用作图像映射。

和 ImageButton 相关的控件有 3 个，分别是 Image、ImageButton 和 ImageMap。通过 ImageMap 可以在图片的不同位置来响应不同的事件，并且可以将图片分割为不同的区域，这些不同的区域都可以拥有自己的链接。

ImageButton 控件也支持 OnClick 事件和 OnCommand 事件。

4．按钮回发行为

当用户单击按钮控件时，该页回发到服务器。默认情况下，该页回发到其本身，在这里重新生成相同的页面并处理该页上控件的事件处理程序。

可以配置按钮以将当前页面回发到另一页面，这对于创建多页窗体非常有用（详细信息请参见 ASP.NET 网页中的跨页发送）。在默认情况下，Button 控件使用 HTML POST 操作提交页面。LinkButton 和 ImageButton 控件不能直接支持 HTML POST 操作。所以在使用这两类按钮时，需将客户端脚本添加到页面，以允许控件以编程方式提交页面。为此，LinkButton 和 ImageButton 控件要求在浏览器上启用客户端脚本。

在某些情况下，用户需要 Button 控件也使用客户端脚本执行回发。例如，当希望以编程方式操作回发（如将回发附加到页面上的其他元素）时，可以将 Button 控件的 UseSubmitBehavior 属性设置为 True。

5．处理 Button 控件的客户端事件

Button 控件既可以引发服务器事件，也可以引发客户端事件。服务器事件在回发后发生，且这些事件在为页面编写的服务器端代码中处理。客户端事件在客户端脚本（通常为 ECMAScript (JavaScript)）中处理，并在提交页面前引发。通过向 ASP.NET 按钮控件添加客户端事件，可以执行任务（如在提交页面前显示确认对话框以及可能取消提交）。

实例 024	演示按钮控件的具体使用方法	
源码路径　光盘\daima\7\2\		视频路径　光盘\视频\实例\第 7 章\024

本实例的具体实现文件如下。

❏ Default.aspx：逐一在页面内显示 Button、ImageButton 和 LinkButton。

❏ Default.aspx.cs：根据按钮控件的类型和获取的事件，执行对应的事件代码并输出对应的提示。

文件 Default.aspx 的主要实现代码如下。

```
<div>
    使用Button控件: <br />
    <asp:Button ID="Button1"
CommandName="单击Button按钮"
CommandArgument="Button1"
runat="server" OnClick="Button1_Click"
Text="OnClick事件" Width="143px"
/>
    <asp:Button ID="Button2" runat="server" CommandName=
"单击Button按钮" CommandArgument="Button1" OnCommand="Button2_
Click" Text="OnCommand事件" /><br />
    <br />
    使用LinkButton: <asp:LinkButton ID="LinkButton1" runat="server" PostBackUrl
="http://lindingbao.3ca.cn">LinkButton</asp:LinkButton><br />
    <br />
    使用ImageButton: <asp:ImageButton ID="ImageButton1" runat="server" ImageUrl= "~/img/1.jpg"
OnClick="ImageButton1_Click"/>
    <asp:Label ID="Label1" runat="server" ForeColor="Red"></asp:Label><br />
    使用ImageMap:
    <asp:ImageMap ID="ImageMap1" runat="server" ImageUrl="~/img/2.jpg">
        <asp:CircleHotSpot AlternateText="上半部分" NavigateUrl="~/img/1.jpg" Target="_blank"
            X="64" Y="64" />
        <asp:CircleHotSpot AlternateText="下半部分" NavigateUrl="~/img/2.jpg" Target="_blank"
            X="128" Y="128" />
    </asp:ImageMap></div>
```

范例 047：用 RadioButton 实现互斥

源码路径：光盘\演练范例\047\

视频路径：光盘\演练范例\047\

范例 048：制作网络调查问卷

源码路径：光盘\演练范例\048\

视频路径：光盘\演练范例\048\

上述文件执行后将按指定样式显示各页面元素，如图 7-17 所示。

文件 Default.aspx.cs 的主要实现代码如下。

```
protected void Page_Load(object sender, EventArgs e)
{
}
protected void Button1_Click(object sender, EventArgs e)
{
    string argName = ((Button)sender).CommandName;
    string argArg = ((Button)sender).CommandArgument;
    Response.Write("您所提交的动作为："+argName+"，动作目标是："+argArg);
}
protected void Button2_Click(object sender, EventArgs e)
{
    string argName = ((Button)sender).CommandName;
    string argArg = ((Button)sender).CommandArgument;
    Response.Write("您所提交的动作为：" + argName + "，动作目标是：" + argArg);
}
protected void ImageButton1_Click(object sender, ImageClickEventArgs e)
{
    //取得点击图像的坐标
    int x = e.X;
    int y = e.Y;
    string msg = "";
    if (x < 64 && y < 64)
    {
        msg = "您点击了图像的左上角！";
    }
    else if (x > 64 && y < 64)
    {
        msg = "您点击了图像的右上角！";
    }
    else if (x < 64 && y >64)
    {
        msg = "您点击了图像的左下角！";
    }
    else if (x > 64 && y > 64)
    {
        msg = "您点击了图像的右下角！";
    }
    else
    {
        msg = "点错地方了！";
    }
    this.Label1.Text= msg + "坐标位置：X: " + x + "Y: "+y;
```

经过 Default.aspx.cs 的事件处理后，实例文件设计完毕。当用户单击对应类型的按钮后，会执行对应的事件处理代码，并输出对应的提示，如图 7-18 所示。

图 7-17　初始显示效果

图 7-18　单击 ImageButton 后的提示信息

7.3.8 ListBox 控件

在 ASP.NET 中，列表框控件（ListBox 控件）能够在一个文本框内提供多个供用户选择的控件。它比较类似于下拉列表，只是没有显示结果的文本框。列表框控件在 Web 的动态应用中也十分常见，例如系统经常将获取的数据库数据以列表样式显示出来，以供用户选择。

ListBox 控件使用户能够从预定义的列表中选择一项或多项。它与 DropDownList 控件不同，可以一次显示多项，还允许用户选择多个选项并显示。

ListBox 控件通常用于一次显示一个以上的项，用户可以在如下两个方面控制列表的外观。

❑ 显示的行数：可将该控件设置为显示特定的项数。如果该控件包含比设置的项数更多的项，则显示一个垂直滚动条。

❑ 高度和宽度：可以以像素为单位设置控件的大小。在这种情况下，控件将忽略已设置的行数，而是显示足够多的行直至填满控件的高度。有些浏览器不支持以像素为单位设置高度和宽度，而使用行数设置。

ListBox 的常用属性如下。

❑ SelectionMode：决定控件是否允许多项选择。其值为 ListSelectionMode.Single 时，只允许用户从列表框中选择一个选项；其值为 List.Selection Mode.Multi 时，用户可以使用 Ctrl 键或者 Shift 键结合鼠标，从列表框中选择多个选项。

❑ DataSource：说明数据的来源可以为数组、列表、数据表。

❑ AutoPostBack：设定是否要使用 OnSelectedIndexChanged 事件。

❑ Items：传回 ListBox Web 控件中 ListItem 选项值。

❑ Rows：设定 ListBox Web 控件一次要显示的列数。

❑ SelectedIndex：传回被选取到 ListItem 的 Index 值。

❑ SelectedItem：传回被选取到 ListItem 参考，也就是 ListItem 本身。

❑ SelectedItems：由于 ListBox Web 控件可以复选，被选取的项目会被加入 ListItems 集合中，本属性可以传回 ListItems 集合，只读。

7.3.9 CheckBoxList 控件

CheckBoxList 控件和 ListBox 控件相对应，它可以列出多个 CheckBox 复选框，并且可以将 CheckBoxList 控件看做是多个 CheckBox 的集合。

7.3.10 DropDownList 控件

DropDownList 控件使用户可以从单项选择下拉列表框中进行选择。DropDownList 控件类似于 ListBox 控件。不同之处在于它只在框中显示选定项，同时还显示下拉按钮。当用户单击此按钮时，将显示项的列表。

可以通过以像素为单位设置 DropDownList 控件的高度和宽度来控制其外观。部分浏览器不支持以像素为单位设置高度和宽度，这些浏览器将使用行计数设置。无法指定用户单击下拉按钮时下拉列表中显示的项数，所显示的下拉列表的长度由浏览器确定。

与其他 Web 服务器控件一样，可以使用样式对象来指定 DropDownList 控件的外观。

DropDownList 控件实际上是列表项的容器，这些列表项都属于 ListItem 类型。每一个 ListItem 对象都是带有自己的属性的单独对象，这些属性的具体说明如下。

❑ Text：指定在列表中显示的文本。

❑ Value：包含与某个项相关联的值。设置此属性可使该值与特定的项关联而不显示该值。例如，可以将 Text 属性设置为美国某个州的名称,而将 Value 属性设置为该州的邮政区名缩写。

❑ Selected：通过一个布尔值指示是否选择了该项。

实例 025 为用户提供信息选择列表，当选择并单击按钮后输出对应的选择结果

源码路径　光盘\daima\7\ListBox.aspx　　　视频路径　光盘\视频\实例\第 7 章\025

本实例的实现文件为 ListBox.aspx，具体实现代码如下。

```C#
<script language="C#" runat="server">
    public void Page_Load(object sender, System.EventArgs e)
    {
        if(!this.IsPostBack) Label1.Text="未选择";
    }
    public void Button1_Click(object sender, System.EventArgs e)
    {
        string tmpstr="";
        for(int i=0;i<this.ListBox1.Items.Count;i++)
        {
            if(ListBox1.Items[i].Selected)
                tmpstr=tmpstr+" "+ListBox1.Items[i].Text;
        }
        if(tmpstr=="") Label1.Text="未选择";
        else  Label1.Text=tmpstr;
    }
</script>
......
ListBox控件示例
    <p>请选择城市
    <form id="form1" runat="server">
    <asp:listbox id="ListBox1" runat="server" SelectionMode="Multiple" Height="104px" Width="96px">
    <asp:ListItem Value="北京">北京</asp:ListItem>
    <asp:ListItem Value="上海">上海</asp:ListItem>
    <asp:ListItem Value="天津">天津</asp:ListItem>
    <asp:ListItem Value="南京">南京</asp:ListItem>
    <asp:ListItem Value="杭州">杭州</asp:ListItem>
    </asp:listbox>
    <input id="Button1" type="button" value="提交" name="Button1" runat="server" onserverclick="Button1_Click">
    <p>您的选择结果是：
    <asp:label id="Label1" runat="server" Width="160px"></asp:label>
    </form>
```

> 范例 049：动态添加 CheckBoxList 的选择项
> 源码路径：光盘\演练范例\049\
> 视频路径：光盘\演练范例\049\
> 范例 050：LinkButton 控件与 HyperLink 控件
> 源码路径：光盘\演练范例\050\
> 视频路径：光盘\演练范例\050\

上述代码执行后，将按指定样式显示信息选择列表框，如图 7-19 所示；当选择一个列表选项并单击【提交】按钮后，会输出对应的选择结果，如图 7-20 所示。

图 7-19　初始显示效果

图 7-20　输出选择项

在上述代码中，将 ListBox 的 SelecttionMode 属性设为"Multiple"，是为了可以进行多项选择。用户可以按住<Ctrl>键的同时选择多个选项，如图 7-21 所示。

在实际应用中，复选框、列表框和数据库的绑定都可以通过 Visual Studio 2010 来实现，具体操作如下。

（1）当在 Visual Studio 2010 的设计界面中插入一个 ListBox 控件后，单击控件右上方的三角按钮，将弹出一个下拉列表，如图 7-22 所示。

图 7-21　选择多个选项

图 7-22　下拉列表

（2）单击"选择数据源"选项后弹出"数据源配置向导"界面，如图 7-23 所示。

（3）在"选择数据源"下拉列表框中选择"新建数据源"，单击【确定】按钮后，在弹出的界面中可以随意选择要连接数据的类型。例如，可以选择"Access 数据库"，如图 7-24 所示。

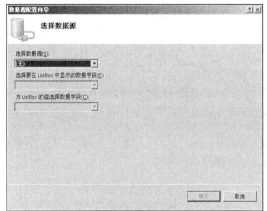

图 7-23　"数据源配置向导"界面

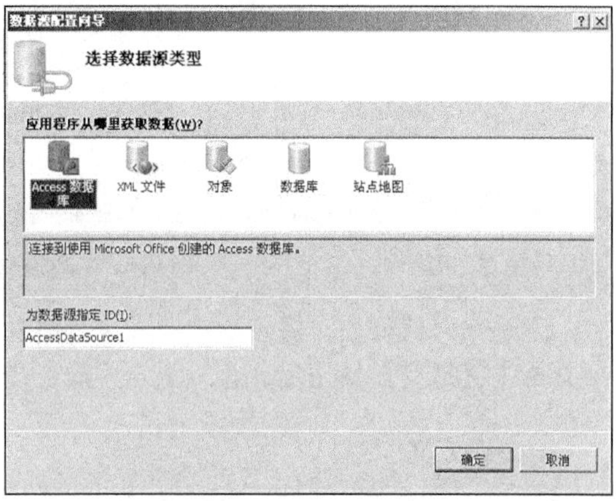

图 7-24　"选择数据源类型"界面

（4）单击【确定】按钮后弹出"选择数据库"界面，然后选择一个 Access 数据库，如图 7-25 所示。

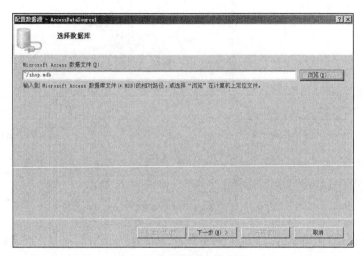

图 7-25　"选择数据库"界面

（5）单击【下一步】按钮后弹出"配置 Select 语句"界面，在此选择要检索的表名和字段，如图 7-26 所示。

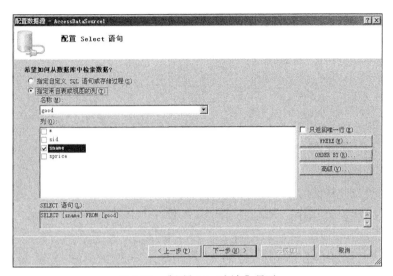

图 7-26 "配置 Select 语句"界面

（6）单击【下一步】按钮后弹出"测试查询"界面，最后单击【完成】按钮后完成配置，如图 7-27 所示。

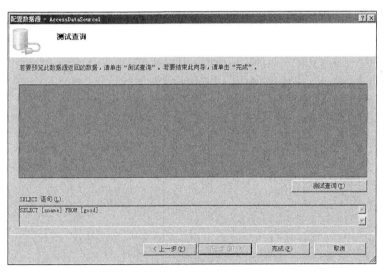

图 7-27 "测试查询"界面

经过上述操作后，成功地将 ListBox 控件和数据库数据进行了绑定。将站点保存在"7\WebSite2\"文件夹内，查看其实现文件，主要代码如下。

```
<asp:ListBox ID="ListBox1" runat="server" DataSourceID="AccessDataSource1"
    DataTextField="sname" DataValueField="sname"></asp:ListBox>
    <asp:AccessDataSource ID="AccessDataSource1" runat="server"
    DataFile="~/shop.mdb" SelectCommand="SELECT [sname] FROM [good]">
</asp:AccessDataSource>
```

从上述代码中可以看出，经过 Visual Studio 2010 的绑定配置后，将在页面内自动生成数据库绑定代码。执行后会显示指定数据库内表中字段的数据，如图 7-28 所示。

图 7-28　执行效果

7.3.11　DataList 控件

DataList 控件以某种格式显示数据，这种格式可以使用模板和样式进行定义。DataList 控件可用于任何重复结构中的数据，例如表。DataList 控件可以以不同的布局显示行，如按列或行对数据进行排序。

在使用 DataList 控件时，可以使用模板定义信息的布局。DataList 控件可以使用的模板如下。

- ❏ ItemTemplate：包含一些 HTML 元素和控件，将为数据源中的每一行呈现一次这些 HTML 元素和控件。
- ❏ AlternatingItemTemplate：包含一些 HTML 元素和控件，将为数据源中的每两行呈现一次这些 HTML 元素和控件。通常可以使用此模板来为交替行创建不同的外观。例如，指定一个与在 ItemTemplate 属性中指定的颜色不同的背景色。
- ❏ SelectedItemTemplate：包含一些元素，当用户选择 DataList 控件中的某一项时将呈现这些元素。通常可以使用此模板来通过不同的背景色或字体颜色直观地区分选定的行。还可以通过显示数据源中的其他字段来展开该项。
- ❏ EditItemTemplate：指定当某项处于编辑模式中时的布局。此模板通常包含一些编辑控件，如 TextBox 控件。
- ❏ HeaderTemplate 和 FooterTemplate：包含在列表的开始和结束处分别呈现的文本和控件。
- ❏ SeparatorTemplate：包含在每项之间呈现的元素，最为常见的是一条直线（HR）。

可以在上述模板中设置其外观样式，每个模板支持自己的样式对象，可以在设计时和运行时设置该样式对象的属性。

1．DataList 属性

DataList 控件的常用属性如表 7-2 所示。

表 7-2　　　　　　　　　　　DataList 控件的常用属性

属　　性	值	描　　述
Caption		作为 HTML Caption 元素显示的文本
CaptionAlign	Bottom、Left、NotSet、Right、Top	指定 Caption 元素的放置位置
CellPadding		单元格内容和边框之间的像素数
CellSpacing		单元格之间的像素数
DataKeyField		指定数据源中的键字段
DataKeys		每条记录的键值的集合
DataMember		设定多成员数据源中的数据成员
DataSource		为控件设置数据源

续表

属　性	值	描　述
EditItemIndex		编辑的行，从零开始的行索引，如果没有项被编辑或者清除对某项的选择，则其值设置为-1
EditItemStyle		派生自 WebControl.Style 类，目前选中的编辑行的样式
FooterStyle		派生自 WebControls.Style 类，页脚部分的样式属性
GridLines	Both、Horiz- ontal、None、Vertical	设置显示哪些网格线，默认值为 None
HeaderStyle		派生自 WebControls. Style 类，标题部分的样式属性
Items		控件中的所有项的集合
ItemStyle		派生自 WebControls. Style 类，控件中每个项的默认样式属性
RepeatColumns		设置显示的列数
RepeatDirection	Horizontal、Vertical	如果为 Horizontal，项是从左到右，然后从上到下显示；如果是 Vertical，项是从上到下，然后从左到右显示的。默认值为 Vertical
RepeatLayout	Flow、Table	如果为 Flow，项显示时不会有表结构，否则会有一个表结构。默认值为 Table

2．DataList 事件

DataList 控件的常用事件如表 7-3 所示。

表 7-3　　　　　　　　　　　　　　**DataList 控件的常用事件**

事　件	描　述
DataBinding	当控件绑定到数据源时触发
DeleteCommand	当单击【Delete】按钮时触发
EditCommand	当单击【Edit】按钮时触发
Init	当控件初始化时触发
ItemCommand	当单击控件中的一个按钮时触发
ItemCreated	在控件中的所有行创建完毕后触发
ItemDataBound	当绑定数据时触发
PreRender	在控件呈现在页面上之前触发
UpdateCommand	当单击【Update】按钮时触发

实例 026　　**将指定数据库的数据绑定到 DataList 控件，并在前台页面中调用显示**

源码路径　光盘\daima\7\DataList\　　　　视频路径　光盘\视频\实例\第 7 章\026

本实例的具体实现分配过程如下所示。

1．建立数据库

在 SQL Server 中新建一个名为 "students" 的数据库，并在其中新建一个名为 "ziliao" 的表，具体结构如表 7-4 所示。

表 7-4　　　　　　　　　　　　　　**"ziliao" 表的结构**

列　名	类　型	是否主键	说　明
ID	int	是	编号
Name	char	否	姓名
age	int	否	年龄
Address	char	否	地址
Zip	char	否	邮编
Grade	char	否	年级
Class	char	否	班级

2. 文件 123.aspx

文件 123.aspx 的功能是插入 DataList 控件，设置 DataList 控件的模板样式，并将指定的数据绑定显示。该文件的主要实现代码如下所示。

```
    <asp:DataList ID="DataList1"
 runat="server" BackColor="White"
 BorderColor="#DEDFDE" BorderWidth="1px"
 CellPadding="4" ForeColor="Black"
 GridLines="Vertical"
RepeatDirection="Horizontal"
OnEditCommand="DataList1_EditCommand"
OnCancelCommand="DataList1_CancelCommand"
OnDeleteCommand="DataList1_DeleteCommand"
OnUpdateCommand="DataList1_UpdateCommand"
BorderStyle="None"
>
                <FooterStyle BackColor="#CCCC99" />
                <SelectedItemStyle BackColor="#CE5D5A" ForeColor="White" Font-Bold="True" />
                <ItemTemplate>
    编号:
    <asp:Label ID="StuIDLabel" runat="server" Text='<%# Eval("ID") %>'></asp:Label><br />
    姓名:
    <asp:Label ID="StunameLabel" runat="server" Text='<%# Eval("name") %>'></asp:Label><br />
    年龄:
    <asp:Label ID="StuageLabel" runat="server" Text='<%# Eval("age") %>'></asp:Label><br />
    地址:
    <asp:Label ID="AddressLabel" runat="server" Text='<%# Eval("Address") %>'></asp:Label><br />
    邮编:
    <asp:Label ID="ZipLabel" runat="server" Text='<%# Eval("Zip") %>'></asp:Label><br />
    年级:
    <asp:Label ID="GradeLabel" runat="server" Text='<%# Eval("Grade") %>'></asp:Label><br />
    班级:
    <asp:Label ID="ClassLabel" runat="server" Text='<%# Eval("Class") %>'></asp:Label><br /><br />
    <asp:LinkButton ID="LinkButton1" runat="server" CommandArgument='<%# Eval("ID") %>' CommandName="Edit">
编辑</asp:LinkButton>
    <asp:LinkButton ID="LinkButton2" runat="server" CommandArgument='<%# Eval("ID") %>' CommandName="Delete">删除
    </asp:LinkButton>
    </ItemTemplate>
    <EditItemTemplate>
      编号: <%# Eval("uid") %><br />
      姓名: <%# Eval("name") %><br />
      年龄: <%# Eval("age") %><br />
      地址: <asp:TextBox ID="txtAddress" runat="server" Text='<%# Eval("Address") %>' ></asp:TextBox><br />
      邮编: <%# Eval("zip") %><br />
      年级: <%# Eval("grade") %><br />
      班级: <%# Eval("class") %><br />
    <asp:LinkButton ID="LinkButton1" runat="server" CommandName="Update">更新</asp:LinkButton>
    <asp:LinkButton ID="LinkButton2" runat="server" CommandName="Cancel">取消</asp:LinkButton>
    </EditItemTemplate>
<AlternatingItemStyle BackColor="White" />
<HeaderStyle BackColor="#6B696B" Font-Bold="True" ForeColor="White" />
<ItemStyle BackColor="#F7F7DE" />
</asp:DataList>
```

> 范例 051: 实现热点地图导航
> 源码路径: 光盘\演练范例\051\
> 视频路径: 光盘\演练范例\051\
> 范例 052: 实现一个简单图片导航
> 源码路径: 光盘\演练范例\052\
> 视频路径: 光盘\演练范例\052\

3. 文件 123.aspx.cs

文件 123.aspx.cs 的功能是建立和指定数据连接，获取数据库数据，并定义数据操作处理的事件和方法，实现对绑定数据的编辑和删除处理。该文件主要实现代码如下。

```
SqlConnection conn = new SqlConnection("Data Source=（local）;Initial Catalog=students;User ID=sa;
Password=888888");                          //建立和指定数据库的连接
protected void Page_Load(object sender, EventArgs e)
{
    Dbind();
}
protected void Dbind()                          //定义方法实现数据绑定
{
    conn.Open();
    SqlCommand cmd = new SqlCommand("select * from ziliao", conn);
    SqlDataReader sdr = cmd.ExecuteReader();
```

```
            DataList1.DataSource = sdr;
            DataList1.DataBind();
            conn.Close();
        }
        //单击"编辑"链接处理方法
        protected void DataList1_EditCommand(object source, DataListCommandEventArgs e)
        {
            DataList1.EditItemIndex = e.Item.ItemIndex;
            Page.SmartNavigation = true;
            Dbind();
        }
        //单击取消链接处理方法
        protected void DataList1_CancelCommand(object source, DataListCommandEventArgs e)
        {
            DataList1.EditItemIndex = -1;
            Page.SmartNavigation = true;
            Dbind();
        }
    //单击"删除"链接处理方法
        protected void DataList1_DeleteCommand(object source, DataListCommandEventArgs e)
        {
            conn.Open();
            string sql = "delete from ziliao where id=" + e.CommandArgument;
            SqlCommand cmd = new SqlCommand(sql,conn);
            cmd.ExecuteNonQuery();
            conn.Close();
            Page.SmartNavigation = true;
            Dbind();
        }
    //单击"更新"链接处理方法
        protected void DataList1_UpdateCommand(object source, DataListCommandEventArgs e)
        {
            conn.Open();
            TextBox address = (TextBox)e.Item.FindControl("txtAddress");
            string sql = "update ziliao set address='" + address.Text + "' where uid=" + e.CommandArgument;
            SqlCommand cmd = new SqlCommand(sql, conn);
            cmd.ExecuteNonQuery();
            conn.Close();
            Page.SmartNavigation = true;
            Dbind();
        }
```

上述代码执行后，将在 DataList 内按指定样式输出显示绑定的数据，如图 7-29 所示；单击"编辑"链接将弹出地址更新表单，在此可以对选定用户的地址进行更新，如图 7-30 所示；单击"更新"链接将完成更新处理；单击"删除"链接将删除指定的用户信息。

图 7-29　初始显示界面

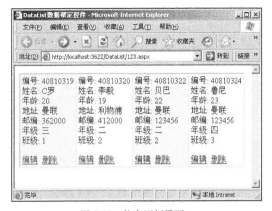

图 7-30　信息更新界面

7.3.12　Wizard 控件和 WizardStep 控件

用户希望新应用程序能提供向导功能，以引导他们完成多步操作。Wizard 控件能够为用户提供表示一连串步骤的基础架构，这样既可以访问所有步骤中包含的数据，也能够更方便地进行前后导航。

和 MultiView 控件类似，Wizard 控件中包含一个 WizardStep 对象集合。WizardStep 从 View 类继承，而且 WizardStep 和 Wizard 控件之间的关系与 View 和 MultiView 控件的关系类似。WizardStep 中的所有控件都位于页面控件树中，并且无论哪个 WizardStep 可见，都可以在运行时通过代码实现控件访问。当用户单击一个导航按钮或链接时，页面将被提交到服务器，但不支持跨页提交。

Wizard 控件主要负责导航处理，它能够自动创建合适的按钮，例如"下一步""上一步"和"完成"按钮。通过对应设置后，可以使一些步骤只能被导航一次。在默认情况下，Wizard 控件显示一个包含导航链接的工具栏，这让用户可以从当前步骤转到其他步骤。

1. Wizard 控件属性

在 Wizard 控件中，有许多常用的外观和行为属性。表 7-5 列出了一些 Wizard 控件中与按钮外观无关的属性。

表 7-5　　　　　　　　　　　　　　　与按钮外观无关的属性

属　　性	类　　型	描　　述
ActiveStep	WizardStepBase	WizardsSteps 集合中当前显示的步骤
ActiveStepIndex	Integer	WizardsSteps 集合中当前显示的从 0 开始的步骤
CancelDestinationPageUrl	String	当用户单击"取消"按钮时要链接到的 URL
CellPadding	Integer	单元格的内容与边框间的像素间距，默认值为 0
CellSpacing	Integer	单元格间的像素间距，默认值为 0
DisplayCancelButton	Boolean	如果值为 True，则显示一个取消按钮。默认值 False
DisplaySideBar	Boolean	如果值为 True，则显示一个工具条。默认值 False
FinishDestinationPageUrl	String	当用户单击"完成"按钮时要链接到的 URL
FinishNavigationTemplate	ITemplate	用于指定完成步骤的导航区域的样式和内容的模板，包括最后的步骤遵循"Step-Type=Finish"的步骤
HeaderStyle	TableItemStyle	标题区域的样式属性
HeaderTemplate	ITemplate	用于指定标题区域的内容和样式的模板。标题区域位于每个步骤的顶部
HeaderText	String	在标题区域显示的文本
NavigationButtonStyle	Style	导航区域按钮的样式属性
NavigationStyle	TableItemStyle	导航区域的样式属性
SideBarButtonStyle	Style	用于指定侧栏上按钮外观的样式属性
SideBarStyle	TableItemStyle	侧栏区域的样式
SideBarTemplate	ITemplate	用于指定侧栏区域内容和样式的模板
SkipLinkText	String	为不可见图像呈现替换文本，以配合辅助技术。默认值为"Skip Navigation Links"，默认值将根据服务器当前的区域设置进行本地化
StartNavigationTemplate	ITemplate	用于指定 Start 步骤的导航区域的内容和样式的模板。Start 步骤是第一步或是 StepType=Start 的步骤
StepNavigationTemplate	ITemplate	用于指定一般步骤（Start、Finish 或 Complete 以外的步骤）中导航区域内容和样式的模板
StepStyle	TableItemStyle	WizardStep 对象的样式属性
WizardSteps	WizardStepCollection	WizardStep 对象的集合

Wizard 控件中与按钮有关的属性信息如表 7-6 所示。

表 7-6   与按钮有关的属性

属 性 名	类 型	值	描 述
CancelButtonImageUrl FinishStepButtonImageUrl FinishStepPreviousButtonImageUrl NextStepButtonImageUrl PreviousStepButtonImageUrl StartStepNextButtonImageUrl	String		按钮上所显示图像的 URL
CancelButtonStyle FinishStepButtonStyle FinishStepPreviousButtonStyle NextStepButtonStyle PreviousStepButtonStyle StartStepNextButtonStyle	Style		用于指定按钮外观的样式属性
CancelButtonText FinishStepButtonText FinishStepPreviousButtonText NextStepButtonText PreviousStepButtonText StartStepNextButtonText	String		按钮上显示的文本
CancelButtonType FinishStepButtonType FinishStepPreviousButtonType NextStepButtonType PreviousStepButtonType StartStepNextButtonType	ButtonType	Button Image Link	按钮类型

上述大部分属性都属于 TableItemStyle 类型，此类从 System.Web.UI.WebControls.Style 继承。TableItemStyle 类还有许多其他属性，如 BackColor、BorderColor、BorderStyle、BorderWidth、CssClass、Font、ForeColor、Height、HorizonalAlign、VerticalAlign、Width 和 Wrap。

如果使用 Visual Studio 2010 进行开发，会发现 Wizard 控件属性窗口中的所有 TableItemStyle 类型的属性前面会显示一个加号按钮。单击这个加号按钮会展开 TableItemStyle 子属性列表，如图 7-31 所示。

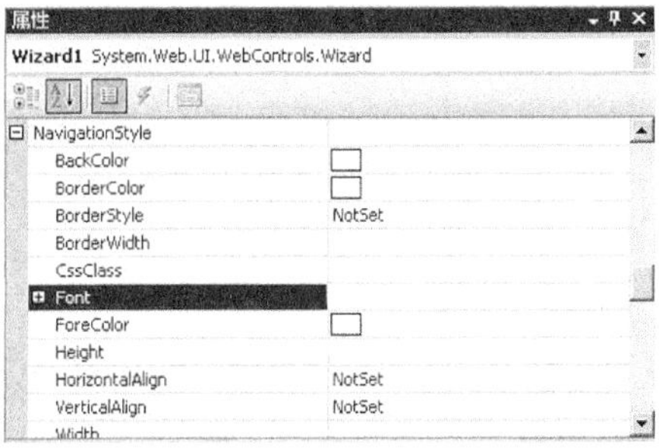

在具体页面文件代码中，以上述方式设置的 Wizard 属性将包含在单独的元素中，对应的代码段会高亮显示。

可以通过样式和模板来自定义 Wizard 控件的外观样式，包括各种各样的按钮和链接、标题和页脚、工具条和 WizardStep 控件。

图 7-31   Wizard 控件属性窗口

实例 027   演示 Wizard 控件和 WizardStep 控件的用法

源码路径   光盘\daima\7\WizardStep.aspx   视频路径   光盘\视频\实例\第 7 章\027

本实例的实现文件为 WizardStep.aspx，其主要代码如下。

```
<asp:Wizard ID="Wizard1" runat="server">
<WizardSteps>
    <asp:WizardStep ID="WizardStep1"
runat="server"
Title="1"
>
    </asp:WizardStep>
    <asp:WizardStep ID="WizardStep2" runat="server" Title="2">
    </asp:WizardStep>
</WizardSteps>
</asp:Wizard>
```

范例 053：在 sitemap 文件中设计站点导航地图
源码路径：光盘\演练范例\053\
视频路径：光盘\演练范例\053\
范例 054：使用 sitemap 文件和实现网站导航
源码路径：光盘\演练范例\054\
视频路径：光盘\演练范例\054\

在上述代码中，通过 Wizard 控件和 WizardStep 控件实现了简单的向导效果。代码执行后将显示一个最基本的向导界面，共有 2 步，如图 7-32 所示。

对于上述实例来说，其实无需编码，只需通过 Visual Studio 2010 即可轻松实现，具体的实现流程如下。

（1）使用 Visual Studio 2010 打开上述实例文件，并进入设计界面，如图 7-33 所示。

图 7-32　简单向导界面

图 7-33　实例文件的设计界面

（2）单击 Wizard 方框右上方的三角形标识▶，弹出"Wizard 任务"列表，如图 7-34 所示。

（3）在"Wizard 任务"列表中选择"添加/移除 WizardStep"选项，弹出"WizardStep 集合编辑器"对话框，如图 7-35 所示。

图 7-34　"Wizard 任务"列表

图 7-35　"WizardStep 集合编辑器"对话框

（4）分别添加 Tltle 值为"3"、"4"、"5"的 WizardStep 项，如图 7-36 所示。

（5）单击【确定】按钮返回设计界面，实例文件执行后将会显示有 5 个选项的向导效果，如图 7-37 所示。

图 7-36　添加 WizardStep 项

图 7-37　修改的效果

在 WizardStep 中常用的属性还有 StepType 和 AllowReturn。其中 StepType 属性的值是一个 WizardStepType 枚举值，各枚举值的具体说明如表 7-7 所示。

表 7-7   **WizardStepType 枚举值说明**

枚 举	描 述
Auto	声明步骤中的顺序决定了导航的界面，这是默认值
Complete	要显示的最后步骤，它不呈现导航按钮
Finish	最后的数据采集步骤，它只呈现【完成】和【上一步】两个按钮
Start	第一步，只呈现一个【下一步】按钮
Step	Start、Finish 和 Complete 之外的任何步骤，它呈现【上一步】和【下一步】两个按钮

StepType 的默认值是 Auto，此时导航界面由 WizardStep 集合中步骤的顺序决定。第一步只有一个【Next】按钮，最后一步只有一个【Previous】按钮，其他的 StepType 值是 Auto 的步骤包含【Previous】和【Next】两个按钮。

AllowReturn 属性可以强制线性导航，当设置一个步骤的 AllowReturn 属性为 False 后，则只能导航到该步骤一次。如果 DisplaySideBar 属性为 True（默认值），则显示侧栏。虽然 AllowReturn 属性设置为 False 的步骤仍然显示在导航链接中，但单击链接不会有任何反应。AllowReturn 属性只禁止用户交互。即使该步骤的 AllowReturn 属性已经设置为 False，程序代码也可以强制返回到一个步骤。

2. Wizard 控件事件和方法

Wizard 控件包含 6 个主要事件，具体信息如表 7-8 所示。

表 7-8   **Wizard 事件信息**

事 件	参 数	描 述
ActiveStepChanged	EventArgs	显示新步骤时触发
CancelButtonClick	EventArgs	单击【取消】按钮时触发
FinishButtonClick	WizardNavigationEventArgs	单击【完成】按钮时触发
NextButtonClick	WizardNavigationEventArgs	单击【下一步】按钮时触发
PreviousButtonClick	WizardNavigationEventArgs	单击【上一步】按钮时触发
SideBarButtonClick	WizardNavigationEventArgs	当单击侧栏区域中的按钮时触发

其中的 ActiveStepChanged 事件，在当前步骤改变时触发，而另外 5 个事件都由单击按钮触发。除 CancelButtonClick 事件外，其他的按钮单击事件都有 WizardNavigationEventArgs 类型参数，此参数公开了如下 3 个属性。

❑ Cancel：Boolean 类型值。如果取消链接到下一步，则该值为 True。默认值为 False。

❑ CurrentStepIndex：以 0 开始的 WizardSteps 集合中当前步骤的索引值。

❑ NextStepIndex：以 0 开始的将要显示的步骤的索引值。例如，如果单击了【Previous】按钮，则 NextStepIndex 的值比 CurrentStepIndex 值小 1。

Wizard 控件包含 3 个方法，具体说明如表 7-9 所示。

表 7-9   **Wizard 方法信息**

方 法	类 型	描 述
GetHistory	ICollection	返回一个按被访问的顺序排列的 WizardStepBase 对象的集合，索引 0 为最近访问的步骤
GetStepType	WizardStepType	步骤的类型，具体信息见表 7-3
MoveTo	Void	移动到参数中指定的 WizardStep 对象

7.3.13 AdRotator 控件

AdRotator 控件是广告轮显组件，能够从列表中随机显示一个广告图片。这个列表可以存储在单独的 XML 文件或数据绑定的数据源中。列表包含图片的属性、路径及单击图片时链接到的 URL，图片将在每次页面加载时更改。

显示的广告信息通常是如下来源。

❏ XML 文件：可以将广告信息存储在 XML 文件中，其中包含对广告条及其关联属性的引用。

❏ 任何数据源控件：如 SqlDataSource 或 ObjectDataSource 控件。例如，可以将广告信息存储在数据库中，接着可以使用 SqlDataSource 控件检索广告信息，然后将 AdRotator 控件绑定到数据源控件。

❏ 自定义逻辑：可以为 AdCreated 事件创建一个处理程序，并在该事件中选择一条广告。

1. AdRotator 控件属性

AdRotator 控件也从 WebControl 继承属性，另外还包含了其他的属性和事件，其中常用的属性如表 7-10 所示。

表 7-10 AdRotator 控件常用属性

属　　性	类　　型	描　　述
AdvertisementFile	String	包含广告及广告属性列表的 XML 路径
AlternateTextField	String	广告文件或数据字段的元素名称，在其中储存了替换文本。默认值是 AlternateText
DataMember	String	控件将绑定到的数据列表的名称
DataSource	Object	控件将要从中获取数据的对象
DataSourceID	String	控件将要从中获取数据的控件的 ID
ImageUrlField	String	广告文件或数据字段的元素名称，其中储存了图片的 URL。默认值为 ImageUrl
KeywordFilter	String	从广告文件中筛选广告的类别关键字
NavigateUrlField	String	广告文件或数据字段的元素名称，在其中储存了要导航到的 URL。默认值为 NavigateUrl
Target	String	单击 AdRotator 控件时用于显示目录页面内容的浏览器窗口或框架

其中，Target 属性用于设置由哪个浏览器窗口或框架显示单击 AdRotator 控件后的结果页面。它指定是否用结果页面替换当前浏览器窗口或框架中显示的当前内容，或是打开一个新浏览器窗口，或是其他的操作。Target 属性的值必须是小写的 a~z 中的字符开头，区分大小写。但 Target 属性中有一些特殊值，它们以下画线开头，并与 HyperLink 控件的 Target 属性值相同。具体信息如表 7-11 所示。

表 7-11 Target 属性的特殊值

值	描　　述
_blank	在除框架之外未命名的新窗口中呈现内容
_new	未文档化，单击时的行为与 _blank 相同，但是后续的单击将在同一个窗口呈现，而不用打开一个新窗口
_parent	在链接所在窗口或框架的父窗口或框架呈现内容。如果子容器是一个窗口或顶级的框架，则与 _self 相同
_self	默认的行为，在当前焦点所在的窗口或框架呈现内容
_top	在当前无框架的整个窗口中呈现内容

2. AdRotator 控件事件

AdRotator 控件常用的事件如表 7-12 所示。

表 7-12　　　　　　　　　　　**AdRotator 控件常用事件**

事　　件	描　　述
AdCreated	每次显示广告时发生
DataBinding	当服务器控件绑定到数据源时发生
Disposed	当从内存释放服务器控件时发生。这是请求 ASP.NET 页时服务器控件生存期的最后阶段
Init	当服务器控件初始化时发生。初始化是控件生存期的第一步
Load	当服务器控件加载到 Page 对象中时发生
PreRender	在加载 Control 对象之后、呈现之前发生
Unload	当服务器控件从内存中卸载时发生

3. 广告文件 Advertisement File

除了 AdRotator 控件的属性和事件外，还必须使用广告文件才能实现广告轮显效果。广告文件是一个 XML 文件，它包含 AdRotator 控件，以显示广告的相关信息。该文件的位置和文件名由控件的 AdvertisementFile 属性指定。

广告文件的位置可以是相对于网站的根目录，也可以是绝对路径，但是最好把该文件存放在 Web 根目录下。AdvertisementFile 属性不能和 DataSource、DataMember 或 DataSourceID 属性同时设置，即如果数据来源于一个广告文件，它就不能同时来源于数据源，反之亦然。

广告文件和 AdvertisementFile 属性是可选的。如果不使用广告文件，而是要以编程方式创建一个广告，则需要在 AdCreated 的事件中输入代码，以显示希望的元素。

因为是一个 XML 文件，所以广告文件是一个使用已定义好的，使用标签描述数据的结构化文本文件。在表 7-13 中列出了标准标记，它们都包含在尖括号 "< >" 中，并需要一个匹配的关闭标签。

表 7-13　　　　　　　　　　广告文件中使用的 **XML** 标记

标　　记	描　　述
Advertisements	包含整个广告文件
Ad	描述每一个单独的广告
ImageUrl	要显示的图像的 URL，是必需的
NavigateUrl	单击该控件时定位到的 URL
AlternateText	图像不可用时要显示的文本。在某些浏览器中，该文本显示为工具提示
Keyword	广告类别。该关键字可用于通过设置 KeywordFilter 属性过滤要显示的广告
Impressions	一个具体值，设置相对于其他广告出现的频率

实例 028　　**用 AdRotator 控件轮显广告**

源码路径　光盘\daima\7\AdRotator\　　　　视频路径　光盘\视频\实例\第 7 章\028

本实例包含的实现文件如下。

❑ 文件 Default.aspx：主页文件，调用广告控件。

❑ 文件 ads.XML：广告文件，设置 AdRotator 控件，以显示广告的相关信息。

❑ 素材图片：广告的显示图片，分别是 1.jpg、2.jpg、3.jpg。

文件 Default.aspx 的功能是调用广告设置文件"ads.xml",其主要实现代码如下。

```
<asp:AdRotator ID="AdRotator1" AdvertisementFile="ads.xml" BorderColor="black" BorderWidth=1 runat="server"/>
```

文件 ads.XML 是广告文件,设置了 AdRotator 控件,以显示广告的图片信息、显示频率、链接地址等信息。该文件的主要实现代码如下。

```
<Advertisements>
    <Ad>
        <ImageUrl>1.jpg</ImageUrl>
        <NavigateUrl>http://www.sohu.com</NavigateUrl>
        <AlternateText>Alt Text</AlternateText>
        <Keyword>Computers</Keyword>
        <Impressions>20</Impressions>
    </Ad>
    <Ad>
        <ImageUrl>2.jpg</ImageUrl>
        <NavigateUrl>http://www.sina.com</NavigateUrl>
        <AlternateText>Alt Text</AlternateText>
        <Keyword>Computers</Keyword>
        <Impressions>30</Impressions>
    </Ad>
    <Ad>
        <ImageUrl>3.jpg</ImageUrl>
        <NavigateUrl>http://www.163.com</NavigateUrl>
        <AlternateText>Alt Text</AlternateText>
        <Keyword>Computers</Keyword>
        <Impressions>50</Impressions>
    </Ad>
</Advertisements>
```

> 范例 055:使用 sitemap 和 Menu 制作导航栏
> 源码路径:光盘\演练范例\055\
> 视频路径:光盘\演练范例\055\
> 范例 056:使用 TreeView 制作 OA 导航栏
> 源码路径:光盘\演练范例\056\
> 视频路径:光盘\演练范例\056\

上述代码执行后将按指定样式显示广告图片,如图 7-38 所示;如果刷新页面,则会按设置的频率来轮显指定的广告图片,如图 7-39 所示;单击一个广告图片后,会来到指定的链接页面。

图 7-38 显示广告图片

图 7-39 轮显广告图片

7.3.14 Calendar 控件

Calendar 控件是一个时间控件,能够帮助用户设置和选择时间。该控件的主要功能如下。

❑ 显示一个日历,此日历会显示一个月份。

❑ 允许用户选择日期、周、月。

❑ 允许用户选择一定范围内的日期。

❑ 允许用户移到下一月或上一月。

❑ 以编程方式控件选定日期的显示。

Calendar 控件的语法格式如下。

```
<asp:Calendar ID="Calendar1" runat="server"></asp:Calendar>
```

例如下面的一段代码：

```
<body>
    <form id="form1" runat="server">
    <div>
      <h1>使用Calendar</h1>
        <asp:Calendar ID="Calendar1" runat="server"></asp:Calendar>
    </div>
    </form>
</body>
```

在上述代码中，使用了一个简单的 Calendar 控件。此段代码执行后将显示一个日历，如图 7-40 所示。

1. Calendar 控件属性

Calendar 控件通过本身的属性和事件来实现 "日历" 功能，其主要属性的具体信息如表 7-14 所示。

表 7-14　　　　　　　　　　　　　　　　Calendar 控件属性

属　性	类　型	值	描　述
Caption	String		显示在日历上方的文本
CaptionAlign	TableCaption-Align	Bottom、Left、NotSet、Right、Top	指定标题的垂直和水平对齐方式
CellPadding	Integer	0、1、2 等	边框和单元格之间以像素为单位的间距，应用到日中所有单元格和单元格的每个边。默认值为 2
CellSpacing	Integer	0、1、2 等	单元格间以像素为单位的间距，应用到日历中的所有单元格。默认值为 0
DayNameFormat	DayName-Format	Full、Short、FirstLetter、FirstTwoLetters	一周中每一天的格式。它的值不言自明，除了 Short，它用前 3 个字母表示。默认值为 Short
FirstDayOfWeek	FirstDayOf Week	Default，Sunday，Monday，...，Saturday	在第一列显示的一周的某一天，默认值由系统指定
NextMonthText	String		下一月份的导航按钮的文本。默认为>，它显示为一个大于号(>)。只有 ShowNextPrevMonth 属性设置为 True 时显示
NextPrevFormat	NextPrev-Format	CustomText、FullMonth、ShortMonth	使用 CustomText 设置该属性，并在 NextMont-hText 和 PrevMonth Text 中指定使用的文本
PrevMonthText	String		上一月份的导航按钮的文本。默认为<，它显示为一个小于号(<)。只有 ShowNextPrevMonth 属性设置 True 时显示
SelectedDate	DateTime		一个选定的日期。只保有日期，时间为空
SelectedDate	DateTime		选择多个日期后的 DateTime 对象的集合。只保存日期，时间为空
SelectionMode	Calendar-SelectionMode		详见本节后面的内容
SelectMonthText	String		设置显示月份中选择元素的显示文本。默认为>>，它显示为两个大于号(>>)。只在 SelectionMode 属性设置为 DayWeekMonth 时可见
ShowDayHeader	Boolean	True、False	是否在月历标题中显示一周中每一天的名称默认值为 True
ShowGridLines	Boolean	True、False	如果值为 True，显示单元格之间的网格线。默认值为 False
ShowNextPrev Month	Boolean	True、False	指定是否显示上个月和下个月导航元素。默认值为 True
ShowTitle	Boolean	True、False	指定是否显示标题。如果值为 False，则上个月和下个月导航元素将被隐藏。默认值为 True

续表

属　　性	类　　型	值	描　　述
TitleFormat	TitleFormat	Month、MonthYear	指定标题是显示为月份，还是同时显示月份和年份。默认值为 MonthYear
TodaysDate	DateTime		今天的日期
UseAccessible-Header	Boolean	True、False	指示是否使用可通过辅助技术访问的标题
VisibleDate	DateTime		显示月份的任意日期

2．选择一个日期

Calendar 控件不但能够显示一个日历，而且用户还可以在日历上选择一个日期。如果允许用户选择日历上的一天、一周或一个月，则需要设置 SelectionMode 属性。表 7-15 中列出了 SelectionMode 属性的可用枚举值信息。

表 7-15　　　　　　　　　　　　　　**SelectionMode 枚举值**

值	描　　述
Day	允许用户选择单个日期，是默认值
DayWeek	允许用户选择单个日期或整周
DayWeekMonth	允许用户选择单个日期、周或整个月
None	未能选择日期

3．设置 Calendar 控件样式

通过 TableItemStyle 类型的属性可以设置日历中每个部分的样式。上述可用的 TableItemStyle 类型属性的具体信息如表 7-16 所示。

表 7-16　　　　　　　　**Calendar 控件中 TableItemStyle 类型的属性**

属　　性	被设置样式的对象
DayHeaderStyle	一周中某天
DayStyle	日期
NextPrevStyle	月份导航控件
OtherMonthDayStyle	不在当前显示月份中的日期
SelectedDayStyle	选中日期
SelectorStyle	周和月选择器列
TitleStyle	标题栏
TodayDayStyle	今天的日期
WeekendDayStyle	周末日期

表 7-16 中的属性都可以在 Visual Studio 2010 的属性中找到，其设置方法和 Wizard 控件的类似。另外，Visual Studio2010 也为 Calendar 控件提供了"自动套用格式"。在 Visual Studio 2010 设计界面中单击 Calendar 右上角的三角按钮，在弹出的命令列表中选择"自动套用格式"命令，即可在弹出的"自动套用格式"对话框中选择需要的格式，如图 7-41 所示。

4．Calendar 控件的事件

Calendar 控件的常用事件如表 7-17 所示。

表 7-17　　　　　　　　　　　　**Calendar 控件的常用事件**

事　　件	描　　述
DataBinding	当服务器控件绑定到数据源时发生
Disposed	当从内存释放服务器控件时发生。这是请求 ASP.NET 页时服务器控件生存期的最后阶段

续表

事　　件	描　　述
Init	当服务器控件初始化时发生。初始化是控件生存期的第一步
Load	当服务器控件加载到 Page 对象中时发生
PreRender	在加载 Control 对象之后、呈现之前发生
SelectionChanged	每次用户在 Calendar 控件中选择一天、一周或一月时发生
Unload	当服务器控件从内存中卸载时发生

图 7-40　显示一个日历

图 7-41　"自动套用格式"对话框

7.3.15　HiddenField 控件

HiddenField 控件是从 ASP.NET 2.0 开始有的控件。顾名思义，HiddenField 控件就是隐藏输入框的服务器控件，它可以保存那些不需要显示在页面上且对安全性要求不高的数据。HiddenField 控件的功能和 HTML 中的<input type = hidden />类似，其语法格式如下。

```
<asp:HiddenField
    EnableTheming="True|False"
    EnableViewState="True|False"
    ID="string"
    OnDataBinding="DataBinding event handler"
    OnDisposed="Disposed event handler"
    OnInit="Init event handler"
    OnLoad="Load event handler"
    OnPreRender="PreRender event handler"
    OnUnload="Unload event handler"
    OnValueChanged="ValueChanged event handler"
    runat="server"
    SkinID="string"
    Value="string"
    Visible="True|False"
/>
```

在上述语法格式中，列出了 HiddenField 控件可以使用的属性和事件。例如，可以在 HiddenField 控件中存储用户首选项设置。若要将信息存入 HiddenField 控件，需在两次回发之间将其 Value 属性设置为要存储的值。与任何其他 Web 服务器控件一样，HiddenField 控件中的信息在回发期间可用。这些信息在该页之外无法保留。

实例 029	计算用户单击 Button 的次数
	源码路径　光盘\daima\7\HiddenField.aspx　　视频路径　光盘\视频\实例\第 7 章\029

本实例使用 HiddenField 控件的事件实现，实例文件为 HiddenField.aspx，具体实现代码如下。

```
<script language="C#" runat="server">
void Button1_Click(object sender, EventArgs e)        //定义单击按钮事件
{
  if (HiddenField1.Value == String.Empty)             //获取隐藏的值
    HiddenField1.Value = "0";
    HiddenField1.Value = (Convert.ToInt32(HiddenField1.Value)+1).ToString();
    Label1.Text = HiddenField1.Value;
}
</script>
......
<h3><font face="Verdana">使用HiddenField</font></h3>
<form runat=server>
<asp:HiddenField id=HiddenField1 runat=Server />
<asp:Button id=Button1 Text="单击按钮"
  onclick="Button1_Click"
  runat="server"
/>
你已经单击了 <asp:Label id=Label1 Text="0" runat=server /> 次
</form>
```

范例 057：使用 Login 控件
源码路径：光盘\演练范例\057\
视频路径：光盘\演练范例\057\
范例 058：创建用户并登录
源码路径：光盘\演练范例\058\
视频路径：光盘\演练范例\058\

上述代码执行后，如果用户单击【单击按钮】按钮，则会将单击次数存储在 HiddenField 中。然后通过 Label 调用存储的次数来显示单击次数，具体效果如图 7-42 所示。

图 7-42　输出存储的单击次数

7.3.16　FileUpload 控件

FileUpload 控件用于用户向 Web 应用程序上传文件。文件上传后，可以把文件保存在任意地方，如保存在指定的文件系统或者数据库中。FileUpload 控件执行后，将被解析为 <input type = "file">。其常用属性如下。

❑ Enable：禁止使用 FileUpload 控件。
❑ FileBytes：以字节数组形式获取上传文件内容，获取方式对速度影响很大。
❑ FileContent：以数据流的形式获取上传文件的内容。
❑ FileName：用于获得上传文件的名字。
❑ HasFile：有上传文件时返回 Ture。
❑ PostedFile：获取包装成 HttpPostedFile 对象的上传文件。

FileUpload 支持如下两个方法。

❑ Foucs：把窗体的焦点转移到 FileUpload 控件。
❑ SaveAs：把上传文件保存到文件系统。

实例 030　**上传文件并输出上传文件的名称和大小**
源码路径　光盘\daima\7\4\　　　　　　　视频路径　光盘\视频\实例\第 7 章\030

本实例的功能是，通过 FileUpload 控件实现指定文件上传，并输出上传文件的名称和大小。本实例的具体实现文件如下。

❑ 文件 Default.aspx：显示文件上传表单。
❑ 文件 Default.aspx.cs：实现文件上传处理。

上述文件的具体运行流程如图 7-43 所示。

图 7-43 实例运行流程图

其中，文件 Default.aspx 的功能是提供文件上传表单，主要实现代码如下。

```
<form id="form1" runat="server">
  <div>
  nbsp;FileUpload控件：
<asp:FileUpload ID="FileUpload1"
 runat="server"
/>
  <asp:Button ID="Button2"
runat="server" OnClick="Button2_Click"
Text="上传文件" />
<br />
  文件名称：<asp:Label ID="Label2" runat="server" Text="未上传！"></asp:Label><br />
  文件大小：<asp:Label ID="Label3" runat="server" Text="未上传！"></asp:Label><br />
      <br />
  </div>
  </form>
```

范例 059：在数据绑定控件中动态显示图片
源码路径：光盘\演练范例\059\
视频路径：光盘\演练范例\059\
范例 060：头像选择窗口
源码路径：光盘\演练范例\060\
视频路径：光盘\演练范例\060\

文件 Default.aspx.cs 的功能是获取表单内的上传文件名，实现文件上传处理，并输出对应的文件名和大小。该文件的主要实现代码如下。

```
protected void Page_Load(object sender, EventArgs e)
{
}
protected void Button2_Click(object sender, EventArgs e)
{
    //获取文件路径
    string filepath=FileUpload1.PostedFile.FileName.ToString();
    //以"\"为索引截取获得文件名
    string filename = filepath.Substring(filepath.LastIndexOf("\\")+1);
    //获取文件大小
    string filesize = FileUpload1.PostedFile.ContentLength.ToString();
    //保存上传的文件
    FileUpload1.PostedFile.SaveAs(Server.MapPath(".") + "\\" + filename);
    //将文件名和文件大小显示在窗体上
    Label2.Text = filename;
    Label3.Text = filesize+"K";
}
```

本实例执行后，首先按照指定样式显示上传表单界面，如图 7-44 所示；选择上传文件并单击【上传文件】按钮后，会将其上传到指定目录下，并输出文件的名称和大小，如图 7-45 所示。

图 7-44 上传表单界面

图 7-45 上传表单界面

7.3.17 ImageMap 控件

通过 ImageMap 控件，可以在指定的图片上定义热点（HotSpot）区域。用户可以通过单击这些热点区域进行回发（PostBack）操作或者定向（Navigate）到某个 URL 地址。ImageMap 一般用于需要对某张图片的局部范围进行互动操作时，通过本身的属性和事件来实现功能。

ImageMap 控件的属性信息如表 7-18 所示。

表 7-18 ImageMap 控件属性信息

属　　性	类　　型	值	描　　述
AlternateText	String		该文本在图片无效时显示。在运行信息提示的浏览器中，该属性还会显示为信息提示
GenerateEmptyAlternateText	Boolean	True False	如果值为 True，那么即使 AlternateText 属性设置为空或没有设置，也要强制在呈现的 HTML 中生成空的 Alt 属性。默认值为 False。提供该属性是为了支持页面兼容辅助技术驱动，如屏幕阅读器
HotSpotMode	HotSpotMode	Inactive Navigate NotSet PostBack	指定默认的热点模式，可单击热点时的动作，不同的热点可以指定不同的模式。Navigate 模式将立即链接到由 NavigateUrl 属性指定的 URL。PostBack 模式会引起回发到服务器
HostSpots	HotSpotCollection		ImageMap 控件包含 HotSpot 对象的集合

ImageMap 控件的事件信息如表 7-19 所示。

表 7-19 ImageMap 控件事件信息

事　　件	描　　述
Click	单击 ImageMap 控件的 HotSpot 对象时发生
DataBinding	当服务器控件绑定到数据源时发生，继承自 Control
Disposed	当从内存释放服务器控件时发生，这是请求 ASP.NET 页时服务器控件生存期的最后阶段
Init	当服务器控件初始化时发生。初始化是控件生存期的第一步，继承自 Control
Load	当服务器控件加载到 Page 对象中时发生，继承自 Control
PreRender	在加载 Control 对象之后、呈现之前发生，继承自 Control
Unload	当服务器控件从内存中卸载时发生，继承自 Control

实例 031　根据用户单击图片的位置输出对应的提示

源码路径　光盘\daima\7\4\　　　　　　视频路径　光盘\视频\实例\第 7 章\031

本实例的实现文件为 ImageMap.aspx，主要实现代码如下。

```
<script runat="server">
protected void ImageMap1_Click(object sender, ImageMapEventArgs e)
{
    String region = "";
    switch(e.PostBackValue)          //根据获取的热点位置输出对应的位置提示
    {
        case "NW":
            region = "左上";
            break;
        case "NE":
            region = "右上";
            break;
        case "SE":
            region = "右下";
            break;
        case "SW":
            region = "左下";
            break;
```

> 范例 061：图片的上传和下载
> 源码路径：光盘\演练范例\061\
> 视频路径：光盘\演练范例\061\
> 范例 062：制作网上商城注册页面
> 源码路径：光盘\演练范例\062\
> 视频路径：光盘\演练范例\062\

```
    }
        Label1.Text = "你单击了图片的  " + region + "方！！！ ";
    }
</script>
……
        <asp:Label runat="server" ID="Label1" />
        <br />
        <br />
            <asp:ImageMap ID="ImageMap1" ImageUrl="123.jpg"
                runat="server"
                HotSpotMode="PostBack"
                OnClick="ImageMap1_Click">
            <asp:RectangleHotSpot Bottom="110" Right="100"
                HotSpotMode="PostBack" PostBackValue="NW" />
            <asp:RectangleHotSpot Bottom="110" Left="100" Right="200"
                HotSpotMode="PostBack" PostBackValue="NE" />
            <asp:RectangleHotSpot Bottom="220" Right="100" Top="100"
                PostBackValue="SW" />
            <asp:RectangleHotSpot Bottom="200" Left="100" Right="200"
                Top="100" PostBackValue="SE" />
            </asp:ImageMap>
```

上述代码执行后，将默认输出单击指定图片右上方热点的提示，如图 7-46 所示；当单击图片的其他热点时会输出对应的提示，如图 7-47 所示。

图 7-46　默认右上方

图 7-47　单击左上方

7.4　技 术 解 惑

7.4.1　总结用户登录系统的设计流程

作为一个典型的 Web 站点，用户登录验证系统的运行原理如下。

（1）制作一个登录验证表单，获取表单中输入的数据。

（2）对获取的数据进行验证处理。如果数据非法，则输出提示，如果数据正确，则使用 Cookie 或 Session 存储，并进入登录系统。在必要时，设置可以使用 Hidden 进行隐藏处理。

上述过程的运行流程如图 7-48 所示。

图 7-48　典型 Web 用户登录系统运行流程图

7.4.2　服务器控件与 HTML 控件的区别

HTML 控件是静态的，运行于客户端，不能直接用于和后台进行交互。ASP.NET 中的服务器控件是运行在服务器上的，直接封装了操作该控件的方法。其实 ASP.NET 的服务器控件是 HTML 控件的扩展。从语法格式上看，HTML 控件加上 "runat="server"" 就是服务器控件。服务器控件可以直接在后台识别并进行代码书写，而 HTML 控件则不可以。

7.4.3　什么时候使用服务器控件，什么时候使用 HTML 控件

在 ASP.NET 开发中，控件无疑给开发人员带来了方便，大大提高了开发速度。但是 ASP.NET 开发就一定要用控件吗？回答是否定的。这需要根据实际情况来选择是否使用服务器控件。

首先，用不用服务器控件，先要看你制作的网站是什么性质的。如果是企业站、资讯站等类型的，由于要考虑 SEO 的优化等，因此，这样的网站前台建议少用或者不用服务器控件。因为服务器控件用多了，ASP.NET 在将服务器控件转为 HTML 标签时会多出很多 "input type="hidden"" 的标签，也就是 HTML 隐藏文本框控件，这些内容影响网站的性能，而且大量的服务器控件会占用 HTML 的顶部内容等。

因此，对于基本是靠搜索引擎带来浏览量的网站，前台就要少用或者不用服务器控件。有的朋友就会说了，不用控件数据显示多麻烦。确实麻烦了一些，原来依托数据源控件，一个 DataGridView 之类的控件就可以解决的，现在需要自己来实现。但是，这些控件最终生成的 HTML 代码还是 Div+Table 的显示，因此使用 Table 来实现也未必就麻烦。同样的，可以在 HTML 代码中调用后台的方法，那么，我们就可以直接在 HTML 界面做好模板，在需要显示数据的地方直接调用后台的方法也可以达到数据显示的目的，这样的工作量不会比控件复杂多少。

如果网站是后台管理、OA 系统、公司内部使用性质的，因为类似这样的系统只提供给与系统有关系的人使用，不必关心 SEO、搜索引擎收录这些问题，所以，这样的网站就不需要太在意用不用服务器控件了，页面的功能怎么实现方便就怎么实现即可。

另外一些网页动态性较高，像需要根据某个值来决定显示多少个控件，如用户输入了 5，则需要在窗体上显示 5 个 Textbox 控件，这样的要求就应该使用后台直接生成 HTML 标签的方法来实现，因为如果选用服务器控件，在开发过程可能反而会有更多的问题需要去解决。

诸如大型网站，如门户网、数据量大的论坛、社区网站等，应该避免使用服务器控件。因为这样的网站访问量大，已经对服务器产生较大的压力，如果还继续使用服务器控件，会给服务器增加更大的开销，这样会影响网站性能。因此，这类网站不仅要避免使用服务器控件，还要做好网站缓存机制，页面静态化等，减少服务端的压力。

综上所述，用不用服务器控件其实是没有什么硬性规定的，只不过需要结合网站的性质来选择一个更合适的方法。一个优秀的 ASP.NET 程序员不是只会依托控件这么简单，也不是什么控件都不用这么极端，而是会根据实际需要，选择一个合适的实现方法实现想要的结果。

第 8 章

数据控件

在上一章内容中，已经介绍了 ASP.NET 中 HTML 服务器控件和 Web 服务器控件的基本知识，并分别通过具体的实例详细说明了各控件的使用方法。本章将进一步讲解 ASP.NET 中数据控件的基本知识和具体的使用方法。

本章内容

数据绑定控件

数据源控件

技术解惑

GridView 控件的优缺点分析

ListView 控件的优缺点分析

GridView 控件与 DataGrid 控件的对比

8.1 数据绑定控件

知识点讲解：光盘:视频\PPT 讲解（知识点）\第 8 章\数据绑定控件.mp4

在 ASP.NET 4.5 中，引入了一系列可以改善数据访问的新工具，包括几个数据源和数据绑定控件。新增的数据源控件可以很容易地将 SQL 语句或存储过程与数据源控件相关联，并且将它们绑定到数据绑定控件。ASP.NET 中的数据绑定控件有如下 5 种。

- ❑ GridView 控件。
- ❑ DetailsView 控件。
- ❑ FormView 控件。
- ❑ Repeater 控件。
- ❑ DataList 控件。

本节将详细讲解 ASP.NET 数据控件的基本知识。

8.1.1 GridView 控件

GridView 控件用于显示某数据库表中的数据。通过使用 GridView 控件，可以显示、编辑、删除、排序和翻阅多种不同的数据源，包括数据库、XML 文件和公开数据的业务对象中的表格数据。

通过 Visual Studio 2012 可以十分方便地使用和设置 GridView 控件。当插入 GridView 控件后，单击控件右上方的三角形按钮，在弹出的面板选项中可以对其进行具体设置，如图 8-1 所示。

图 8-1 GridView 控件设置面板

（1）使用 GridView 控件进行数据绑定

GridView 控件提供了两个用于绑定到数据的选项，具体如下。

- ❑ 使用 DataSourceID 属性进行数据绑定：此选项使用户能够将 GridView 控件绑定到数据源控件。笔者在此建议使用此方法，因为它允许 GridView 控件利用数据源控件的功能并提供了内置的排序、分页和更新功能。
- ❑ 使用 DataSource 属性进行数据绑定：此选项使用户能够绑定到包括 ADO.NET 数据集和数据读取器在内的各种对象。此方法需要为所有附加功能（如排序、分页和更新）编写代码。

当使用 DataSourceID 属性绑定到数据源时，GridView 控件支持双向数据绑定。除了可以使该控件显示返回的数据之外，还可以使它自动支持对绑定数据的更新和删除操作。

（2）在 GridView 控件中设置数据显示格式

可以指定 GridView 控件的行的布局、颜色、字体和对齐方式，以及行中包含的文本和数据的显示。另外，也可以指定将数据行显示为项目、交替项、选择的项还是编辑模式项。GridView 控件还允许指定列的格式。

当然，对于样式的设置，还是建议读者使用 Visual Studio 2012 的"自动套用格式"对话框，这样会更快、更高效，如图 8-2 所示。

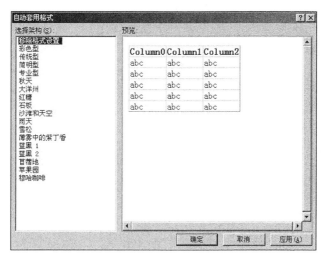

图 8-2　Visual Studio 2012 的"自动套用格式"对话框

8.1.2　DetailsView 控件

DetailsView 控件用于显示表中数据源的单个记录，其中每个数据行表示记录中的一个字段。该控件通常与 GridView 控件组合使用。通过使用 DetailsView 控件，可以从它的关联数据源中一次显示、编辑、插入或删除一条记录。在默认情况下，DetailsView 控件将记录的每个字段显示在它自己的一行内。DetailsView 控件通常用于更新和插入新记录，并且在主/详细方案中使用。在这些方案中，主控件的选中记录决定要在 DetailsView 控件中显示的记录。即使 DetailsView 控件的数据源公开了多条记录，该控件一次也仅显示一条数据记录。

DetailsView 控件需要依赖数据源控件的功能执行数据操作，例如更新、插入和删除记录等操作任务。另外，DetailsView 控件不支持数据的排序。

从关联的数据源选择特定的记录时，可以通过分页到该记录进行选择。DetailsView 控件显示的记录是当前选择的记录。

通过 Visual Studio 2012 可以十分方便地使用和设置 DetailsView 控件。当插入 DetailsView 控件后，单击控件右上方的三角形按钮，在弹出的面板选项中可以对其进行具体设置，如图 8-3 所示。

（1）使用 DetailsView 控件进行数据绑定

在 DetailsView 控件中，提供了如下两个用于绑定到数据的选项。

图 8-3　DetailsView 控件设置面板

❑ 使用 DataSourceID 属性进行数据绑定：此选项使用户能够将 DetailsView 控件绑定到数据源控件。建议使用此选项，因为它允许 DetailsView 控件利用数据源控件的功能并提供了内置的更新和分页功能。

❑ 使用 DataSource 属性进行数据绑定：此选项使用户能够绑定到包括 ADO.NET 数据集和数据读取器在内的各种对象。此方法需要为任何附加功能（如更新和分页等）编写代码。

当使用 DataSourceID 属性绑定到数据源时，DetailsView 控件支持双向数据绑定。除了可以使该控件显示数据之外，还可以使它自动支持对绑定数据的插入、更新和删除操作。

（2）使用 DetailsView 控件数据

将 DetailsView 控件绑定到数据源控件，后者接下来需要处理连接到数据存储区及返回所选择的数据的任务。将 DetailsView 控件绑定到数据与以声明方式设置 DataSourceID 属性一样简单。另外，也可以用编写代码的方式将该控件绑定到数据源。

若要启用编辑操作，可以将 AutoGenerateEditButton 属性设置为 True。除呈现数据字段外，DetailsView 控件还会呈现一个【编辑】按钮。单击【编辑】按钮可使 DetailsView 控件进入编辑模式。在编辑模式下，DetailsView 控件的 CurrentMode 属性会从 ReadOnly 更改为 Edit，并且该控件的每个字段都会呈现其编辑用户界面，如文本框或复选框等。还可以使用样式、DataControlField 对象和模板自定义编辑用户界面。

8.1.3 FormView 控件

FormView 控件用于显示表中数据源的单个记录。在使用 FormView 控件时，通过用户指定的模板来显示和编辑绑定值。模板中包含用于创建窗体的格式、控件和绑定表达式。FormView 控件通常与 GridView 控件一起用于主控/详细信息方案。

FormView 控件的主要功能如下。

（1）可以使用数据源中的单个记录。

（2）实现更新和插入新记录。

（3）可以自动对它的关联数据源中的数据进行分页，一次一个记录，但前提是数据由实现 ICollection 接口的对象表示或基础数据源支持分页。

（4）能够公开多个可以处理的多个事件，以便执行实现功能的代码。这些事件在对关联的数据源控件执行插入、更新和删除操作之前和之后引发，并且还可以为 ItemCreated 和 ItemCommand 事件编写处理程序。

注意：FormView 控件的事件模型与 GridView 控件的事件模型相似。但是，FormView 控件不支持选择事件，因为当前记录始终是所选择的项。

FormView 控件提供了如下两个用于绑定到数据的选项。

❑ 使用 DataSourceID 属性进行数据绑定：此选项使用户能够将 FormView 控件绑定到数据源控件。建议使用此选项，因为它允许 FormView 控件利用数据源控件的功能并提供了内置的更新和分页功能。

❑ 使用 DataSource 属性进行数据绑定：此选项使用户能够绑定到包括 ADO.NET 数据集和数据读取器在内的各种对象。此方法需要为任何附加功能（如更新和分页等）编写代码。

当使用 DataSourceID 属性绑定到数据源时，FormView 控件支持双向数据绑定。除了可以使该控件显示数据之外，还可以使它自动支持对绑定数据的插入、更新和删除操作。

通过 Visual Studio 2012 可以十分方便地使用和设置 FormView 控件。当插入 FormView 控件后，单击其右上方的三角形按钮，在弹出的面板选项中可以对其进行具体设置，如图 8-4 所示。

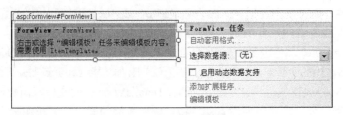

图 8-4　FormView 控件设置面板

单击图 8-4 中的"编辑模板"选项后，在弹出的面板中可以设置此 FormView 控件的显示模板格式，如图 8-5 所示。

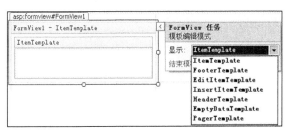

图 8-5　编辑 FormView 模板

8.1.4　Repeater 控件

Repeater 控件是一个数据绑定容器控件，它能够生成各个项的列表，并可以使用模板定义网页上各个项的布局。当该页运行时，该控件为数据源中的每个项重复此布局。

Repeater 控件是一个容器控件，它可以从页的任何可用数据中创建自定义列表。由于 Repeater 控件没有默认的外观，因此可以使用该控件创建多种列表，其中常用的格式有如下 3 种。

❑ 表布局。

❑ 逗号分隔的列表（例如，a、b、c、d 等）。

❑ XML 格式的列表。

（1）配合模板使用 Repeater 控件

若要使用 Repeater 控件，需创建定义控件内容布局的模板。模板可以包含标记和控件的任意组合。如果未定义模板，或者模板都不包含元素，则当应用程序运行时，该控件不显示在页上。

表 8-1 描述了 Repeater 控件支持的模板。

表 8-1　　　　　　　　　　　**Repeater 控件支持的模板**

模　　板	描　　述
ItemTemplate	包含要为数据源中每个数据项都要呈现一次的 HTML 元素和控件
AlternatingItemTemplate	包含要为数据源中每个数据项都要呈现一次的 HTML 元素和控件。通常，可以使用此模板为交替项创建不同的外观，例如指定一种与在 ItemTemplate 中指定的颜色不同的背景色
HeaderTemplate FooterTemplate	包含在列表的开始和结束处分别呈现的文本和控件
SeparatorTemplate	包含在每项之间呈现的元素。典型的示例可能是一条直线（使用 HR 元素）

（2）将数据绑定到 Repeater 控件

在具体使用时，必须将 Repeater 控件绑定到数据源。最常用的数据源是数据源控件，如 SqlDataSource 或 ObjectDataSource 控件。也可以将 Repeater 控件绑定到任何实现 IEnumerable 接口的类，包括 ADO.NET 数据集（DataSet 类）、数据读取器（SqlDataReader 类或 OleDbDataReader 类）或大部分集合。

绑定数据时，可以为 Repeater 控件整体指定一个数据源。向 Repeater 控件添加控件（例如，向模板中添加 Label 或 TextBox 控件）时，可以使用数据绑定语法将单个控件绑定到数据源返回的项的某个字段。

（3）Repeater 控件支持的事件

ItemCommand 事件在响应各个项中的按钮单击时引发。此事件被设计为允许用户在向模板中嵌入 Button、LinkButton 或 ImageButton Web 服务器控件，并在发生按钮单击时得到通知。

当用户单击按钮时，此事件便会被发送到按钮的容器，即 Repeater 控件。ItemCommand 事件的最常见用途是对 Repeater 控件的更新和删除行为编程。由于每个按钮单击都引发相同的 ItemCommand 事件，因此可以将每个按钮的 CommandNam 属性设置为唯一的字符串值，以此来确定单击了哪个按钮的RepeaterCommand EventArgs 参数的 CommandSource 属性包含被单击按钮的 CommandName 属性。

8.1.5 DataList 控件

DataList 控件用可自定义的格式显示各行数据库信息。在所创建的模板中定义数据显示布局。可以为项、交替项、选定项和编辑项创建模板，也可以使用标题、脚注和分隔符模板自定义 DataList 的整体外观。通过在模板中包括 Button Web 服务器控件，可以将列表项连接到代码，而这些代码允许用户在显示、选择和编辑模式之间进行切换。

DataList 控件将以某种格式显示数据，这种格式可以使用模板和样式进行定义。DataList 控件可用于任何重复结构中的数据，如数据库表。DataList 控件可以以不同的布局显示行，如按列或行对数据进行排序。

（1）将数据绑定到控件

在具体使用时，必须将 DataList Web 服务器控件绑定到数据源。最常用的数据源是数据源控件，如 SqlDataSource 或 ObjectDataSource 控件。也可以将 DataList 控件绑定到任何实现 IEnumerable 接口的类，该接口包括 ADO.NET 数据集（DataSet 类）、数据读取器（SqlDataReader 类或 OleDbDataReader 类）或大部分集合。绑定数据时，可以为 DataList 控件整体指定一个数据源。在给此控件添加其他控件（例如，列表项中的标签或文本框）时，还可以将子控件的属性绑定到当前数据项的字段。

（2）定义 DataList 模板

在 DataList 控件中，可以使用模板定义信息的布局。DataList 控件支持的模板如表 8-2 所示。

表 8-2   **DataList 控件支持的模板**

模　板	描　　述
ItemTemplate	包含一些 HTML 元素和控件，将为数据源中的每一行呈现一次这些 HTML 元素和控件
AlternatingItemTemplate	包含一些 HTML 元素和控件，将为数据源中的每两行呈现一次这些 HTML 元素和控件。通常，可以使用此模板来为交替行创建不同的外观，例如指定一个与在 ItemTemplate 属性中指定的颜色不同的背景色
SelectedItemTemplate	包含一些元素，当用户选择 DataLis 控件中的某一项时将呈现这些元素。通常，可以使用此模板通过不同的背景色或字体颜色直观地区分选定的行。还可以通过显示数据源中的其他字段来展开该项
EditItemTemplate	指定当某项处于编辑模式中时的布局。此模板通常包含一些编辑控件，如 TextBox 控件
HeaderTemplate 和 FooterTemplate	包含在列表的开始和结束处分别呈现的文本和控件
SeparatorTemplate	包含在每项之间呈现的元素，典型的示例可能是一条直线（使用 HR 元素）

（3）项的布局

DataList 控件使用 HTML 表对应用模板的项的呈现方式进行布局。可以控制各个表单元格的顺序、方向和列数，这些单元格用于呈现 DataList 项。表 8-3 描述了 DataList 控件支持的布局选项。

（4）事件

DataList 控件支持多种事件，其中 ItemCreated 事件可在运行时自定义项的创建过程。ItemDataBound 事件还提供了自定义 DataList 控件的能力，但需要在数据可用于检查之后。例如，如果使用 DataList 控件显示任务列表，则可以用红色文本显示过期项，以黑色文本显示已完成项，以绿色文本显示其他任务。这两个事件都可用于重写来自模板定义的格式设置。

其余的事件为了响应列表项中的按钮单击而引发，这些事件旨在帮助响应 DataList 控件的最常用功能。支持该类型的 EditCommand 事件、DeleteCommand 事件、UpdateCommand 事件和 CancelCommand 事件。

表 8-3   DataList 支持的布局选项

布局选项	描述
流布局	列表项在行内呈现，如同文字处理文档中一样
表布局	列表项在 HTML 表中呈现。由于在表布局中可以设置表单元格属性（如网格线），这就为用户提供了更多可用于指定列表项外观的选项
垂直布局和水平布局	默认情况下，DataList 控件中的项在单个垂直列中显示。但是可以指定该控件包含多个列。如果这样，可进一步指定这些项是垂直排序（类似于报刊栏）还是水平排列（类似于日历中的日）
列数	不管 DataList 控件中的项是垂直排序还是水平排序，都可以指定列表的列数。这使用户能够控制网页呈现的宽度，通常可避免水平滚动

注意：DataList 控件使用 HTML 表元素在列表中呈现项，但是如果要精确地控制用于呈现列表的 HTML，建议使用 Repeater Web 服务器控件，而不是 DataList 控件。

8.1.6　DetailsView 控件

DetailsView 控件用于显示表中数据源的单个记录，其中每个数据行表示记录中的一个字段。可以从它的关联数据源中一次显示、编辑、插入或删除一条记录。在默认情况下，DetailsView 控件将记录的每个字段显示在它自己的一行内。DetailsView 控件通常用于更新和插入新记录，并且在主/详细方案中使用。在这些方案中，主控件的选中记录决定要在 DetailsView 控件中显示的记录。即使 DetailsView 控件的数据源公开了多条记录，该控件一次也仅显示一条数据记录。

实例 032　演示 DetailsView 控件的数据绑定

源码路径　光盘\daima\8\DetailsView　　　　视频路径　光盘\视频\实例\第 8 章\032

本实例的具体实现过程如下。

（1）打开 Visual Studio 2012，新建一个名为"DetailsView"的网站项目，如图 8-6 所示。

范例 063：显示绑定表达式格式化的数据
源码路径：光盘\演练范例\063\
视频路径：光盘\演练范例\063\
范例 064：绑定数据库中的图片路径
源码路径：光盘\演练范例\064\
视频路径：光盘\演练范例\064\

图 8-6　新建网站项目

（2）通过工具箱插入一个 DetailsView 控件，并为其新建一个数据源，如图 8-7 所示。

（3）在弹出的"数据源配置向导"对话框中分别设置数据库和数据源 ID，如图 8-8 所示。

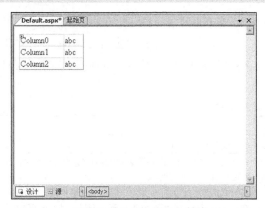

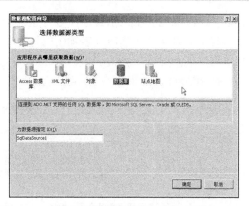

图 8-7 插入 DetailsView 控件   图 8-8 "数据源配置向导"对话框

（4）单击【确定】按钮，弹出"配置数据源"对话框，在"选择您的数据连接"界面中单击【新建连接】按钮，为其设置一个指定的连接 SQL 数据库，如图 8-9 所示。

（5）单击【下一步】按钮，弹出"配置 Select 语句"界面，在此选择"指定自定义 SQL 语句或存储过程"单选项。如图 8-10 所示。

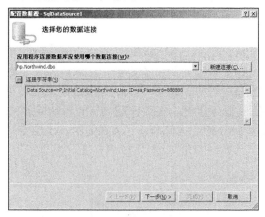

图 8-9 "选择您的数据连接"   图 8-10 "配置 Select 语句"

（6）单击【下一步】按钮，弹出"定义自定义语句或存储过程"界面，在此可以定义一个查询语句，例如"select * from Products"，如图 8-11 所示。

（7）单击【下一步】按钮，弹出"测试查询"界面，在此单击【测试查询】按钮后可以显示查询的结果，如图 8-12 所示。

图 8-11 "定义自定义语句或存储过程"界面   图 8-12 "测试查询"界面

（8）单击【确定】按钮返回设计界面，此时成功地将数据源和 DetailsView 控件实现了绑定，并设置了分页处理。该控件执行后，将会以分页样式显示数据库内的数据，如图 8-13 所示。

由图 8-13 所示的结果可以看出，当绑定 DetailsView 控件后，在每页显示数据库内的一条数据，并且分页的单位是 1，即下一页显示下一条数据。

纵观 DetailsView 控件和前面介绍的 GridView 控件，读者应该发现两者是最佳拍档。在具体开发应用中，可以使用 GridView 控件列表显示库内的所有数据，然后通过 DetailsView 控件来显示指定一条数据的详细信息。

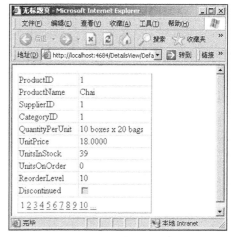

图 8-13　执行效果

8.1.7　FormView 控件

FormView 控件用于显示表中数据源的单个记录。在使用 FormView 控件时，通过用户指定的模板来显示和编辑绑定值。模板中包含用于创建窗体的格式、控件和绑定表达式。FormView 控件通常与 GridView 控件一起关联使用，共同实现信息展示。FormView 控件与 DetailsView 控件相似，二者之间的差别仅在于 DetailsView 控件使用表格布局。在该布局中，记录的每个字段都各自显示为一行。而 FormView 控件不指定用于显示记录的预定义布局。

实例 033	用 FormView 控件绑定数据库"Students"的数据
源码路径　　光盘\daima\8\FormView	视频路径　　光盘\视频\实例\第 8 章\033

本实例的功能是使用 FormView 控件绑定数据库"Students"的数据，并分别实现编辑、添加和删除操作功能。本实例的具体实现过程如下。

（1）打开 Visual Studio 2012，新建一个名为"FormView"的网站项目，如图 8-14 所示。

范例 065：泛型集合数据绑定
源码路径：光盘\演练范例\065\
视频路径：光盘\演练范例\065\
范例 066：绑定表达式
源码路径：光盘\演练范例\066\
视频路径：光盘\演练范例\066\

图 8-14　新建网站项目

（2）通过工具箱插入一个 FormView 控件，并为其新建一个数据源，如图 8-15 所示。

（3）在弹出的"数据源配置向导"对话框中分别设置数据库和数据源 ID，如图 8-16 所示。

（4）单击【确定】按钮，弹出"配置数据源"对话框，在"选择您的数据连接"界面中单击【新建连接】按钮，为其设置一个指定的连接 SQL 数据库，如图 8-17 所示。

（5）单击【下一步】按钮，弹出"配置 Select 语句"界面，在此选择"指定自定义 SQL 语句或存储过程"单选项，如图 8-18 所示。

图 8-15　插入 FormView 控件

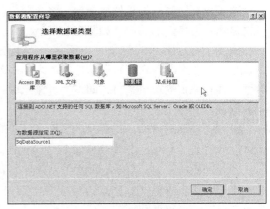

图 8-16　"数据源配置向导"对话框

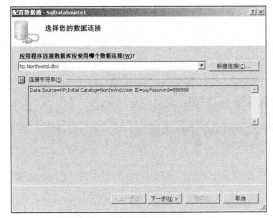

图 8-17　"选择您的数据连接"界面

图 8-18　"配置 Select 语句"界面

（6）单击【下一步】按钮，弹出"定义自定义语句或存储过程"界面，在此可以定义一个查询语句，例如"select * from Products"，如图 8-19 所示。

（7）单击【下一步】按钮，弹出"测试查询"界面，在此单击【测试查询】按钮后可以显示查询的结果，如图 8-20 所示。

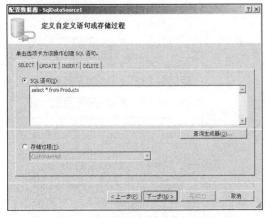

图 8-19　"定义自定义语句或存储过程"界面

图 8-20　"测试查询"界面

（8）单击【确定】按钮返回设计界面，此时成功地将数据源和 DetailsView 控件实现了绑定。

（9）勾选"FormView 任务"中的"启动分页"复选框，设置控件内数据分页显示，如图 8-21 所示。

（10）单击"FormView 任务"中的"编辑模板"选项，并分别设置编辑、添加和删除操作选项，如图 8-22 所示。

图 8-21　启动分页　　　　　　　　　　　　　　图 8-22　设置操作选项

至此，该实例设计完毕。执行后将会分页样式显示数据库内的数据，如图 8-23 所示；单击"编辑"链接后将显示数据更新界面，如图 8-24 所示；单击"删除"链接后，将删除此条数据。

图 8-23　初始效果　　　　　　　　　　　　　　　图 8-24　更新界面

注意：初学者在调试上述实例的过程中可能会发生错误，如图 8-25 所示。

这是因为在绑定时忘记设置更新、添加和删除操作！解决上述错误的方法如下。

（1）在数据源配置过程中，在"定义自定义语句或存储过程"界面中定义查询语句时，如果要对 GridView 控件内的数据实现添加、删除和更新操作，还必须在该对话框中依次单击"UPDATE"、"DELETE"、"INSERT"选项卡，并分别定义设置对应的操作语句，如图 8-26 所示。

（2）如果在"配置 Select 语句"界面中选择的是"指定来自表或视图的列"单选项，如图 8-27 所示，则在设置列值后，需要单击【高级】按钮，在弹出的"高级 SQL 生成选项"对话框中勾选"生成 INSERT、UPDATE 和 DELETE 语句"复选框，如图 8-28 所示。

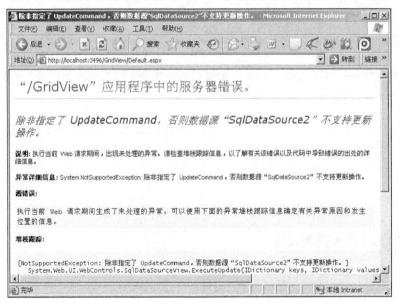

图 8-25　错误提示

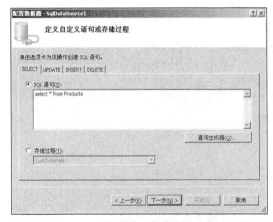

图 8-26　"定义自定义语句或存储过程"界面

图 8-27　"配置 Select 语句"界面

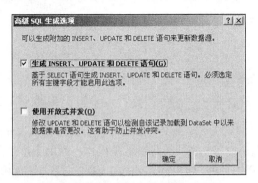

图 8-28　"高级 SQL 生成选项"对话框

8.1.8　数据绑定控件演练

　　ASP.NET 中的数据绑定控件已经介绍完毕，本节将通过一个具体的实例来说明使用数据绑定控件的方法。

演示数据绑定，并显示数据库内的数据

源码路径　光盘\daima\8\Default.aspx　　　视频路径　光盘\视频\实例\第 8 章\034

本实例的实现文件为 Default.aspx，实现代码如下。

```
<asp:GridView ID="GridView1"
runat="server" DataSourceID="AccessDataSource2"
    AllowSorting="True"
    AutoGenerateColumns="False"
>
    <Columns>
        <asp:BoundField DataField="sid"
        HeaderText="sid"
        SortExpression="sid"
        />
        <asp:BoundField DataField="sname" HeaderText="sname"
        SortExpression="sname" />
        <asp:BoundField DataField="sprice" HeaderText="sprice"
        SortExpression="sprice" />
    </Columns>
</asp:GridView>
<asp:DataList ID="DataList1" runat="server" DataSourceID="AccessDataSource3">
    <ItemTemplate>
        sprice:
        <asp:Label ID="spriceLabel" runat="server" Text='<%# Eval("sprice") %>' />
        <br />
<br />
    </ItemTemplate>
</asp:DataList>
<asp:AccessDataSource ID="AccessDataSource3" runat="server"
    DataFile="~/shop.mdb" SelectCommand="SELECT [sprice] FROM [good]">
</asp:AccessDataSource>
<asp:AccessDataSource ID="AccessDataSource2" runat="server"
    DataFile="~/shop.mdb" SelectCommand="SELECT * FROM [good]">
</asp:AccessDataSource>
<asp:AccessDataSource ID="AccessDataSource1" runat="server">
</asp:AccessDataSource>
</div>
```

> 范例 067：绑定方法返回值
>
> 源码路径：光盘\演练范例\067\
>
> 视频路径：光盘\演练范例\067\
>
> 范例 068：Repeater 控件实现商品展示
>
> 源码路径：光盘\演练范例\068\
>
> 视频路径：光盘\演练范例\068\

上述代码执行后，将在各控件内分别显示各绑定的数据。GridView 控件的显示效果如图 8-29 所示；DataList 控件的显示效果如图 8-30 所示。

sid	sname	sprice
1001	三国演义	45.2
1002	水浒传	37.5
1003	西游记	25.99
1004	红楼梦	18.99
1005	平凡的人生	21.88
1006	红与黑	25.99
1007	人生的意义	18.99
1008	拿破仑传	21.88
1009	我的一生	25.99
1010	精品散文集	18.99
1011	精通Java	21.88
1012	精通Jsp	25.99

图 8-29　GridView 控件内的数据

```
sprice: 45.2
sprice: 37.5
sprice: 25.99
sprice: 18.99
sprice: 21.88
sprice: 25.99
sprice: 18.99
sprice: 21.88
sprice: 25.99
```

图 8-30　DataList 控件内的数据

8.2　数据源控件

知识点讲解：光盘:视频\PPT 讲解（知识点）\第 8 章\数据源控件.mp4

从 ASP.NET 2.0 开始推出了数据源控件，通过数据源控件允许使用不同类型的数据源，如数据库、XML 文件或中间层业务对象。数据源控件连接到数据源，从中检索数据，并使得其他控件可以绑定到数据源而无需代码。数据源控件还支持修改数据。

在 ASP.NET 中有如下 5 种数据源控件。

（1）ObjectDataSource：允许使用业务对象或其他类，以及创建依赖中间层对象管理数据的 Web 应用程序。支持对其他数据源控件不可用的高级排序和分页方案。

（2）SqlDataSource：允许使用 Microsoft SQL Server、OLE DB、ODBC 或 Oracle 数据库。与 SQL Server 一起使用时支持高级缓存功能。当数据作为 DataSet 对象返回时，此控件还支持排序、筛选和分页。

（3）AccessDataSource：允许使用 Microsoft Access 数据库。当数据作为 DataSet 对象返回时，支持排序、筛选和分页。

（4）XmlDataSource：允许使用 XML 文件，特别适用于分层的 ASP.NET 服务器控件，如 TreeView 或 Menu 控件。支持使用 XPath 表达式来实现筛选功能，并允许对数据应用 XSLT 转换。XmlDataSource 允许通过保存更改后的整个 XML 文档来更新数据。

（5）SiteMapDataSource：结合 ASP.NET 站点导航使用。

数据源控件分为普通数据源控件和层次化数据源控件两种，其中 ObjectDataSource、SqlDataSource 和 AccessDataSource 属于普通数据源控件，而 XmlDataSource 和 SiteMapDataSource 属于层次化数据源控件。本节将详细讲解上述数据源控件的基本知识。

8.2.1 SqlDataSource 控件

SqlDataSource 控件是最为常用的数据源控件，代表与一个关系型数据存储（诸如 SQL Server、Oracle 或任何一个可以通过 OLE DB 或 ODBC 桥梁访问的数据源）的连接，能够获取绝大部分数据库中的数据，并进行相关的操作，实现数据绑定。

通过使用 SqlDataSource 控件，可以使用 Web 控件访问位于某个关系数据库中的数据。该数据库包括 Microsoft SQL Server 和 Oracle 数据库，以及 OLE DB 和 ODBC 数据源。可以将 SqlDataSource 控件和用于显示数据的其他控件（如 GridView、FormView 和 DetailsView 控件）结合使用，这样使用很少的代码或不使用代码就可以在 ASP.NET 网页中显示和操作数据。

SqlDataSource 控件的语法格式如下。

```
<asp:SqlDataSource
        id="SqlDataSource1"
        runat="server"
        DataSourceMode="DataReader"
        ConnectionString="<%$ ConnectionStrings:MyNorthwind%>"
        SelectCommand="SELECT LastName FROM Employees"
        ProviderName = " "
    >
</asp:SqlDataSource>
```

其中，"ConnectionString" 是连接字符串，其可以是下面的格式：

```
ConnectionString="Server =   ;
DateBase = ;
UserID = ;
Password = ;
"
```

而 "SelectCommand" 只是其中的一种操作语句，它还可以是如下语句：

```
UpdateCommand = " "
DeleteCommand = " "
InsertCommand = " "
```

1. ConnectionString

数据源如果要从数据库获取数据，则必须设置数据连接字符串，其中包括数据库服务器的名称、登录用户名、登录密码和数据库名等信息。有了此 ConnectionString 字符串，系统才能够正确连接到指定的数据库，并对其进行操作。

2. ProviderName

因为 SqlDataSource 控件能够支持不同类型的数据源，所以必须为每个数据源控件设置相应的数据提供程序。在 ASP.NET 中，内置 4 个不同的数据提供程序：System.Data.OleDb、System.Data.Odbc、System.Data.SqlClint 和 System.Data.OracleClint。其默认值是 System.Data.SqlClint。

3. SelectCommand 等操作属性

以上操作属性分别用于进行数据的选择、更新、删除和添加操作时执行的语句，或对应操作的存储过程名称。

4. DataSourceMode

DataSourceMode 用于获取或设置 SqlDataSource 控件获取数据所用的数据检索方式，其是一个枚举型。具体的取值说明如下。

❑ DataReader：控件获得一个向前的只读数据。

❑ DataSet：控件将获取一个 DataSet 用于存取的数据，是默认值。

综上所述，配置数据操作的属性信息如表 8-4 所示。

表 8-4　　　　　　　　　　　　配置数据操作的属性信息

属　性　组	描　　　述
DeleteCommand DeleteParameters DeleteCommandType	获得或设置用来删除底层数据存储中的数据行的 SQL 语句、相关参数以及类型（文本或存储过程）
FilterExpression FilterParameters	获得或设置用来创建使用 Select 命令获取的数据之上的过滤器的字符串（和相关参数），只有当控件通过 DataSet 管理数据时才起作用
InsertCommand InsertParameters InsertCommandType	获得或设置用来在底层数据存储中插入新行的 SQL 语句、相关参数和类型（文本或存储过程）
SelectCommand SelectParameters SelectCommandType	获得或设置用来从底层数据存储中获取数据的 SQL 语句、相关参数和类型（文本或存储过程）
SortParameterName	获得或设置一个命令的存储过程将用来存储数据的一个输入参数的名称。此情况下的命令必须是存储过程，如果缺少该参数，则会引发异常
UpdateCommand UpdateParameters UpdateCommandType	获得或设置用来更新底层数据存储中的数据行的 SQL 语句、相关参数和类型（文本或存储过程）

SqlDataSource 控件中其他属性的具体说明如表 8-5 所示。

表 8-5　　　　　　　　　　　　其他属性的具体说明信息

属　　　　性	描　　　述
CancelSelectOnNullParameterDelete CommandType	指示如果一个参数等于 Null 是否撤销数据检索操作，默认值为 True
ConflictDetectionFilterParameters	决定该控件在一次删除或更新操作期间应如何处理数据冲突。在默认情况下，同时发生的变更被覆盖。串(和相关参数)，只有当控件通过 DataSet 管理数据时才起作用
ConnectionString	连接到数据库的连接字符串
DataSourceMode	指示应如何返回数据：通过 DataSet 还是通过数据阅读器
OldValuesParameterFormatString	获得或设置一个格式字符串，该格式字符串应用于传递给 Delete 或 Update 方法的任何参数的名称
ProviderName	指示将要使用的 ADO.NET 托管提供程序的命名空间

用 SqlDataSource 控件建立和 SQL Server 数据库的连接

源码路径　光盘\daima\8\web　　　　视频路径　光盘\视频\实例\第 8 章\035

本实例的功能是，使用 SqlDataSource 控件建立和 SQL Server 自带数据库 NorthWind 的连接。具体实现流程如下。

（1）打开 Visual Studio 2012，新建一个名为"web"的 C#类型的网站项目，如图 8-31 所示。

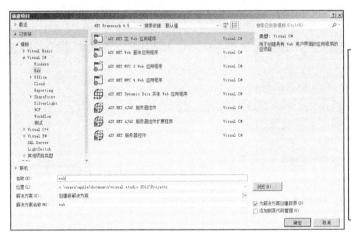

范例 069：ListBox 控件的数据绑定

源码路径：光盘\演练范例\069\

视频路径：光盘\演练范例\069\

范例 070：用其他集合对象作为数据源

源码路径：光盘\演练范例\070\

视频路径：光盘\演练范例\070\

图 8-31　新建一个 C#类型的网站项目

（2）进入主页文件 Default.aspx 的设计界面，将 SqlDataSource 控件从"工具箱"中拖到页面，如图 8-32 所示。

（3）单击 SqlDataSource 控件右上方的三角形按钮，然后在弹出的下拉列表中单击"配置数据源"选项，弹出"配置数据源"对话框，如图 8-33 所示。

图 8-32　插入 SqlDataSource

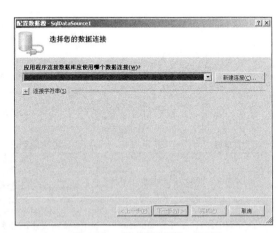

图 8-33　"配置数据源"对话框

（4）单击【新建连接】按钮，在弹出的"添加连接"对话框中分别设置"数据源"、"登录到服务器"、"连接到一个数据库"等连接参数信息，如图 8-34 所示。

（5）单击【确定】按钮返回"配置数据源"对话框，单击【下一步】按钮，弹出"将连接字符串保存到应用程序配置文件中"界面，在此设置此连接的保存文件名，如图 8-35 所示。

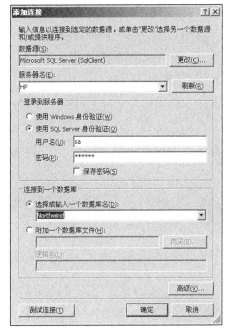

图 8-34 "添加连接"对话框

图 8-35 设置连接的保存文件名

（6）单击【下一步】按钮，弹出"配置 Select 语句"界面，在此选择"指定自定义 SQL 语句或存储过程"单选项，如图 8-36 所示。

（7）单击【下一步】按钮，弹出"定义自定义语句或存储过程"界面，在此可以定义一个查询语句，例如"select * from Categories"，如图 8-37 所示。

图 8-36 配置 Select 语句

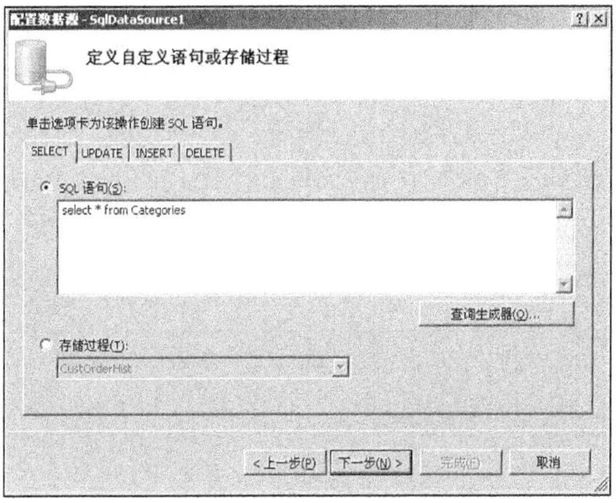

图 8-37 定义自定义语句

（8）单击【下一步】按钮，弹出"测试查询"界面，在此单击【测试查询】按钮后可以显示查询的结果，如图 8-38 所示。

（9）单击【完成】按钮返回 Visual Studio 2012 设计界面，然后单击"配置数据源"选项，如图 8-39 所示。

（10）在弹出的"配置数据源"对话框中将显示刚刚新建连接的参数，开发人员可以继续按照提示进行设置，如图 8-40 所示。

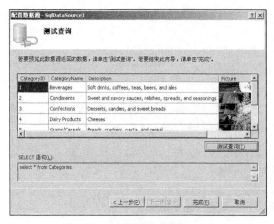

图 8-38 "测试查询"界面

图 8-39 Visual Studio 2012 设计界面

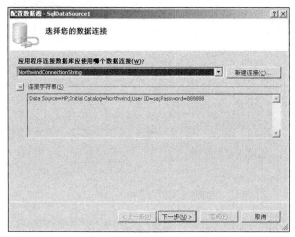

图 8-40 "配置数据源"对话框

（11）经过上述操作后，即可在页面的控件中实现上述连接的数据绑定处理了。例如，在设计界面中添加一个 ListBox 控件，如图 8-41 所示。

（12）单击 ListBox 控件的"选择数据源"选项，弹出"数据源配置向导"对话框，在 "选择数据源"界面中可以设置要绑定的连接选项，如图 8-42 所示。

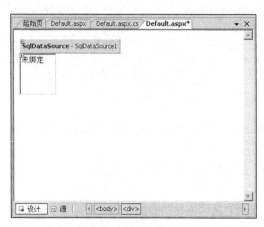

图 8-41 添加 ListBox

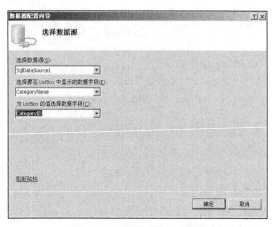

图 8-42 "选择数据源"界面

经过上述操作后，该实例设计完毕。返回代码编辑界面，会发现 Visual Studio 2012 已自动生成数据库处理代码，开发人员不必编写任何代码。主要代码如下。

```
<body>
    <form id="form1" runat="server">
    <div>
//数据源代码
<asp:SqlDataSource ID="SqlDataSource1" runat="server" ConnectionString="<%$
ConnectionStrings:NorthwindConnectionString %>"
        SelectCommand="select * from Categories"></asp:SqlDataSource>
        //绑定代码
<asp:ListBox ID="ListBox1" runat="server" DataSourceID="SqlDataSource1" DataTextField="CategoryName"
        DataValueField="CategoryID"></asp:ListBox></div>
    </form>
</body>
```

上述实例代码执行后，会在 ListBox 控件内显示绑定的数据库数据，如图 8-43 所示。

图 8-43　执行效果

通过上述实例，已经建立了和 NorthWind 的连接，并显示了其中的数据。在现实应用中，可能会需要更为复杂的功能。例如，从指定表中获取数据供用户选择，然后根据用户的选择对其它的表进行查询处理，并返回用户条件的数据结果。要实现此功能，需进行如下操作。

（1）在 Visual Studio 2012 中打开实例 1 文件，然后添加一个 SqlDataSource 控件和 RadioButtonList 控件，如图 8-44 所示。

（2）单击 RadioButtonList 控件的"选择数据源"选项，弹出"数据源配置向导"对话框，在"选择数据源"界面中设置参数，使其使用实例中的 SqlDataSource1，如图 8-45 所示。

图 8-44　添加控件

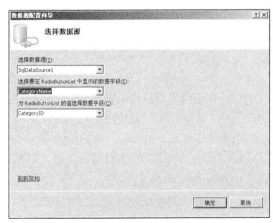

图 8-45　"选择数据源"界面

（3）单击第二个 SqlDataSource 控件的"配置数据源"选项，然后按照实例 035 中的步骤（4）～（6）进行操作，新建一个名为"SqlDataSource2"的数据源。

（4）在"定义自定义语句或存储过程"界面中，设置查询语句"select * from Products where(CategoryID=@CategoryID)"，即查询表 Products 中 CategoryID 值为 RadioButtonList 值的数据，如图 8-46 所示。

（5）单击【下一步】按钮，在弹出的"定义参数"界面中设置"参数源"为"Control"，"ControlID"为"RadioButtonList1"，"DefaultValue"为 1，如图 8-47 所示。

（6）单击【下一步】按钮，在弹出的"测试查询"界面中单击【测试查询】按钮进行测试，如图 8-48 所示。

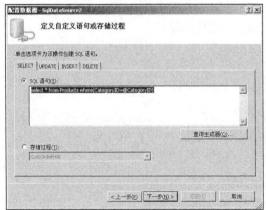
图 8-46 "定义自定义语句或存储过程"界面

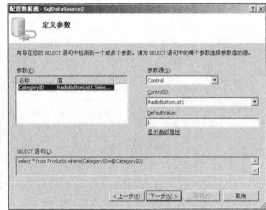
图 8-47 "定义参数"界面

图 8-48 "测试查询"界面

（7）单击【完成】按钮返回 Visual Studio 2012 设计界面，单击 ListBox 控件的"选择数据源"选项，在弹出的"数据源配置向导"的"选择数据源"界面中设置其绑定的数据为上面新建的数据源 SqlDataSource2，如图 8-49 所示。

（8）单击【确定】按钮返回设计界面，然后选择 ListBox 控件的"启用 AutoPoskBack"复选框，如图 8-50 所示。

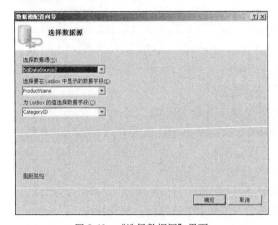
图 8-49 "选择数据源"界面

图 8-50 启用 AutoPoskBack

至此，该实例的升级操作设计完毕，执行后将按指定样式显示数据源数据，如图 8-51 所示；如果单击某个 RadioButtonList 按钮，则会在 ListBox 中显示表 Products 中对应 CategoryID 值的 ProductName 数据，如图 8-52 所示。

图 8-51　默认显示效果

图 8-52　显示用户选择的数据

进入代码编辑界面，会发现 Visual Studio 2012 已自动生成指定的代码，具体如下。

```
<form id="form1" runat="server">
    <div>
        <asp:SqlDataSource ID="SqlDataSource1" runat="server" ConnectionString="<%$
ConnectionStrings:NorthwindConnectionString %>"
            SelectCommand="select * from Categories"></asp:SqlDataSource>
         
        <asp:SqlDataSource ID="SqlDataSource2" runat="server" ConnectionString="<%$
ConnectionStrings:NorthwindConnectionString3 %>"
            SelectCommand="select * from Products where(CategoryID=@CategoryID)">
            <SelectParameters>
                <asp:ControlParameter ControlID="RadioButtonList1" DefaultValue="1" Name="CategoryID"
                    PropertyName="SelectedValue" />
            </SelectParameters>
        </asp:SqlDataSource>
        <br />
        <asp:RadioButtonList ID="RadioButtonList1" runat="server" DataSourceID="SqlDataSource1"
            DataTextField="CategoryName" DataValueField="CategoryID" Width="253px" AutoPostBack="True">
        </asp:RadioButtonList><br />
        <asp:ListBox ID="ListBox1" runat="server" DataSourceID="SqlDataSource2" DataTextField="ProductName"
            DataValueField="CategoryID" AutoPostBack="True"></asp:ListBox></div>
    </form>
```

现对上述代码说明如下。

（1）代码"select * from Products where(CategoryID=@CategoryID)"

上述代码的功能是查询表 Products 中 CategoryID 值为@CategoryID 的数据，而在步骤（5）中设置了参数为"RadioButtonList1"，其功能是@CategoryID 为 RadioButtonList1 中用户选择的 CategoryID。

（2）步骤（5）中设置"参数源"为"Control"，意思是查询值的 where 参数为页面中控件的值。

（3）步骤（8）中"启用 AutoPoskBack"选项，功能是设置 ListBox 信息自动更新，即用户单击一个 RadioButtonList1，ListBox 即自动更新显示对应的值。

8.2.2 AccessDataSource 控件

AccessDataSource 控件是专用的一种控件，用于建立和 Access 数据库的连接。因为 AccessDataSource 控件继承 SqlDataSource 控件，所以其使用方法的外在表现和 SqlDataSource 控件一致。

在 AccessDataSource 控件中，ConnectString 属性和 ProviderName 属性是只读的。用户只能获取这 2 个属性的值，一旦对其进行设置，将会导致 InvalidOperationException 异常。

AccessDataSource 控件的常用属性是 DataFile，它用于设置连接 Access 数据库的路径。此路径的标识方式可以是虚拟路径、绝对路径、相对路径和 UNC 目录路径中的任意一种。但不能使用 Access 文件的物理路径。

AccessDataSource 控件的常用方法是 GetDbProviderFactory，其功能是获取与数据提供程序相关联的 DbProviderFactory 对象，通常会返回一个 OleDbFactory 实例。

例如，通过下面的代码连接位于文件夹中的 Access 数据库。

```
<asp:AccessDataSource
    id="AccessDataSource1"
    DataFile="~/App_Data/Northwind.mdb"
    runat="server"
    SelectCommand="SELECT EmployeeID, LastName, FirstName FROM Employees">
</asp:AccessDataSource>
```

实例 036	使用 AccessDataSource 控件实现数据绑定
	源码路径　光盘\daima\8\AccessDataSource　　视频路径　光盘\视频\实例\第 8 章\036

本实例的具体实现过程如下。

（1）在 Visual Studio 2012 新建一个名为"AccessDataSource"的网站项目，如图 8-53 所示。

范例 071：用 XmlDataSource 绑定 TreeView
源码路径：光盘\演练范例\071\
视频路径：光盘\演练范例\071\
范例 072：用 XML 作为数据源的 GridView
源码路径：光盘\演练范例\072\
视频路径：光盘\演练范例\072\

图 8-53　新建一个 C#类型的网站项目

（2）进入主页文件 Default.aspx 的设计界面，从"工具箱"中将 AccessDataSource 控件拖到页面，如图 8-54 所示。

（3）单击 AccessDataSource 控件右上方的三角形按钮，然后单击"配置数据源"选项，弹出"配置数据源"对话框，如图 8-55 所示。

（4）单击【浏览】按钮，在弹出的对话框中选择一个 Access 数据库文件，在此选择"123.mdb"，如图 8-56 所示。

（5）单击【确定】按钮返回"配置数据源"对话框，然后单击【下一步】按钮，弹出"配置 Select 语句"界面，在此选择"指定自定义 SQL 语句或存储过程"单选按钮，如图 8-57 所示。

图 8-54　插入 SqldataSource

图 8-55　"配置数据源"对话框

图 8-56　选择数据库文件

图 8-57　配置 Select 语句

（6）单击【下一步】按钮，弹出"定义自定义语句或存储过程"界面，在此可以定义一个查询语句，例如"select * from admin"，如图 8-58 所示。

（7）单击【下一步】按钮，弹出"测试查询"界面，在此单击【测试查询】按钮可以显示查询的结果，如图 8-59 所示。

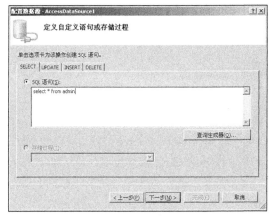

图 8-58　定义自定义语句

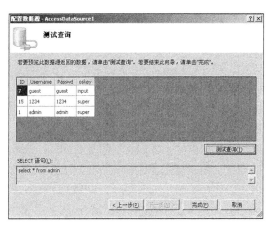

图 8-59　"测试查询"界面

（8）单击【完成】按钮返回 Visual Studio 2012 设计界面，并在设计界面中添加一个 ListBox 控件，如图 8-60 所示。

（9）单击 ListBox 控件的"选择数据源"选项，弹出"数据源配置向导"对话框，在"选择数据源"界面中设置要绑定的连接选项，如图 8-61 所示。

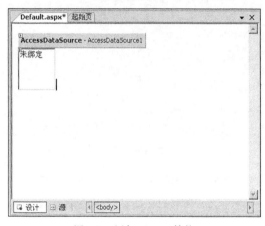

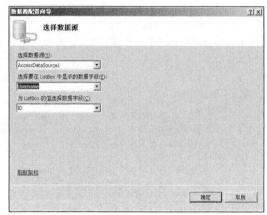

图 8-60　添加 ListBox 控件　　　　　　图 8-61　"选择数据源"界面

经过上述操作后，通过 AccessDataSource 控件绑定数据到其他控件的操作完毕。进入代码编辑界面，发现 Visual Studio 2012 已自动生成数据库处理代码，开发人员不必编写任何代码。主要代码如下。

```
<asp:AccessDataSource ID="AccessDataSource1" runat="server" DataFile="~/123.mdb"
    SelectCommand="select * from admin"></asp:AccessDataSource>
</div>
    <asp:ListBox ID="ListBox1" runat="server" DataSourceID="AccessDataSource1" DataTextField="Username"
    DataValueField="ID" Width="107px"></asp:ListBox>
```

上述实例执行后，会在 ListBox 控件内显示绑定的数据库数据，如图 8-62 所示。

图 8-62　执行效果

8.2.3　XmlDataSource 控件

本节前面介绍的 SqlDataSource 控件和 AccessDataSource 控件都是表格型的数据，而对于层次化的数据格式，最为常用的是 XmlDataSource 控件。使用 XmlDataSource 控件，可以将 XML 数据用于数据绑定控件。虽然在只读方案下通常使用 XmlDataSource 控件显示分层 XML 数据，但可以使用该控件同时显示分层数据和表格数据。XML 数据的表格式视图只是层次结构的给定层上的一个节点列表，而层次性视图表示完整的层次结构。一个 XML 节点是 XmlNode 类的一个实例；完整的层次结构是 XmlDocument 类的一个实例。XML 数据源仅支持只读环境。

使用 XmlDataSource 控件的语法格式如下。

```
<asp:XmlDataSource
    id="PeopleDataSource"
    runat="server"
    DataFile="~/App_Data/people.xml"
    XPath = "node"
/>
```

从上述语法格式中可以看出，XmlDataSource 控件最基本的属性是 DataFile 和 XPath。其中，DataFile 用于设置连接的 XML 数据文件；XPath 是 XML 领域的检索表达式，此表达式使用路径表示法来寻址 XML 文件的各个部分。

XmlDataSource 控件的常用属性如表 8-6 所示。

表 8-6 **XmlDataSource 常用属性**

属　　性	描　　述
CacheDuration	指示数据应当在缓存中保留多久，单位为秒
CacheExpirationPolicy	指示缓存期限是绝对的还是可调整的。如果是绝对的，则数据在规定秒数后无效；如果是可调整的，则使那些在规定期限内没有用过的数据失效
CacheKeyDependency	指示一个用户定义的缓存键的名称，该键链接到该数据源控件创建的所有缓存项。通过使该键过期，可以清除该控件的缓存
Data	包含该数据源控件要绑定的一块 XML 文本
DataFile	指示包含要显示的数据的文件的路径
EnableCaching	启用或禁用缓存支持
Transform	包含一个用来转换绑定到该控件的 XML 数据的 XSLT 文本
TransformArgumentList	应用于源 XML 的 XSLT 转换的一个输入参数列表
TransformFile	指定可扩展样式表语言（XSL）文件（.xsl）的文件名
XPath	指示应用于 XML 数据的 XPath 查询

在具体使用时，XmlDataSource 控件通常绑定到一个层次型控件，诸如 TreeView 或 Menu 控件。这样建立数据连接后，即可通过绑定控件来显示连接 XML 文件的数据。

实例 037　建立和指定 XML 文件的连接

源码路径　光盘\daima\8\xml\　　　　　　　视频路径　光盘\视频\实例\第 8 章\037

本实例的功能是建立和指定 XML 文件的连接，并将数据读取显示指定的 XML 数据。本实例的实现文件如下。

❏　123.xml：XML 数据文件，保存需要的数据信息。

❏　Default.aspx：显示页面，用于显示获取 XML 文件的信息。

文件 123.xml 的功能是，通过 XML 标记定义了一个客户的基本信息，包括 "name" 和 "Address" 等。文件 123.xml 的具体实现代码如下。

```
<?xml version="1.0" encoding="utf-8" ?>
<People>
  <Person>
    <Name>
      <FirstName>张</FirstName>
      <LastName>三</LastName>
    </Name>
    <Address>
      <Street>山大路</Street>
      <City>济南</City>
      <Region>山东</Region>
      <ZipCode>0531</ZipCode>
    </Address>
    <Job>
```

范例073：用XPath表达式过滤XML数据

源码路径：光盘\演练范例\073\

视频路径：光盘\演练范例\073\

范例 074：绑定方法返回值

源码路径：光盘\演练范例\074\

视频路径：光盘\演练范例\074\

```
      <Title>计算机程序员</Title>
      <Description>我是最帅的程序员</Description>
    </Job>
  </Person>
</People>
```

文件 Default.aspx 的功能是通过 XmlDataSource 控件获取 123.xml 的数据，并通过 TreeView 控件将获取的数据显示出来。文件 Default.aspx 的主要代码如下。

```
<asp:XmlDataSource
  id="PeopleDataSource"
  runat="server"
  DataFile="123.xml" />
<asp:TreeView
  id="PeopleTreeView"
  runat="server"
  DataSourceID="PeopleDataSource">
  <DataBindings>
    <asp:TreeNodeBinding DataMember="Name"    TextField="#InnerText" />
  </DataBindings>
</asp:TreeView>
```

程序执行后，将成功获取 XML 文件内的数据，效果如图 8-63 所示。

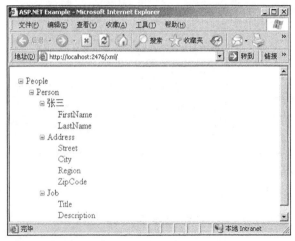

图 8-63　执行效果

8.2.4　SiteMapDataSource 控件

SiteMapDataSource 控件可以检索站点的地图文件，将获取的数据和站点导航控件相结合后，可以实现站点导航功能。在 ASP.NET 中，常用的站点导航控件有 TreeView 和 Menu 等。

在 ASP.NET 中，提供了一套完整的地图解决方案，其中就包含了获取网站地图信息的数据源控件和相关的导航控件。SiteMapDataSource 控件继承于 HierarchicalDataSourceControl，用于实现对层次化数据的访问，但是它只能访问有层次化数据结构的站点地图文件。

SiteMapDataSource 控件的语法格式如下。

```
<asp:SiteMapDataSource
          id="SiteMapDataSource1"
          runat="server"
/>
```

从上述语法格式中可以看出，SiteMapDataSource 控件的使用比较简单，并不需要设置数据源文件，也不需要编写查询条件。这是因为 SiteMapDataSource 控件只是获取站点地图文件中的数据，而站点内的地图文件名称（Web.sitemap）和位置一般都是固定的，所以用户无需进行额外操作设置。

实例 038　获取站点内地图文件的信息

源码路径　光盘\daima\8\SiteMapDataSource\　　视频路径　光盘\视频\实例\第 8 章\038

本实例的功能是获取站点内地图文件的信息，并以导航样式输出显示获取的数据。本实例的实现文件如下。

❑　Web.sitemap：站点的地图文件。

❑　Default.aspx：显示页面，导航显示获取地图文件的信息。

（1）Visual Studio 2012 中新创建一个名为"SiteMapDataSource"的网站项目，如图 8-64 所示。

图 8-64　新建一个 C#类型的网站项目

（2）使用"添加新项"对话框添加一个站点地图文件"Web.sitemap"，如图 8-65 所示。

图 8-65　"添加新项"对话框

（3）编写地图文件 Web.sitemap 的实现代码，具体如下。

```xml
<?xml version="1.0" encoding="utf-8" ?>
<siteMap xmlns="http://schemas.microsoft.com/AspNet/SiteMap-File-1.0">
  <siteMapNode url="Default.aspx"
    title="主页"
    description="回到主页"
  >
  <siteMapNode url="Category1.aspx"
    title="欧洲"
    description="产品目录1"
  >
    <siteMapNode url="Product1.aspx" title="法国"  description="产品1" />
    <siteMapNode url="~/Products/Product2.aspx" title="英国"  description="产品2" />
    <siteMapNode url="~/Products/Product3.aspx" title="德国"  description="产品3" />
  </siteMapNode>
  <siteMapNode url="Category2.aspx" title="亚洲"  description="产品目录2" >
    <siteMapNode url="Product4.aspx" title="中国"  description="产品4" />
    <siteMapNode url="Product5.aspx" title="日本"  description="产品5" />
    <siteMapNode url="Product6.aspx" title="韩国"  description="产品6" />
    <siteMapNode url="Sample.aspx" title="测试页" description="测试页面" />
  </siteMapNode>
  </siteMapNode>
</siteMap>
```

> 范例 075：数据库连接向导
> 源码路径：光盘\演练范例\075\
> 视频路径：光盘\演练范例\075\
> 范例 076：GridView 控件简单数据绑定
> 源码路径：光盘\演练范例\076\
> 视频路径：光盘\演练范例\076\

（4）在站点内新建一个窗体文件，命名为"Sample.aspx"，如图 8-66 所示。

（5）进入文件 Sample.aspx 的设计界面，依次插入 1 个 XmlDataSource 控件和 1 个 TreeView 控件，如图 8-67 所示。

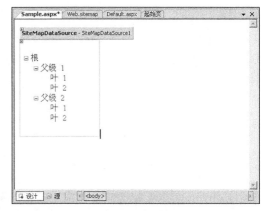

图 8-66　新建一个窗体文件　　　　　　　　　　　图 8-67　插入控件

（6）单击 TreeView 控件右上方的三角形按钮，单击"选择数据源"选项，设置其数据源为"SiteMapDataSource1"，如图 8-68 所示。

图 8-68　绑定 TreeView 控件

经过上述处理后，成功地将 XmlDataSource 控件获取的数据绑定到了 TreeView 控件。程序执行后将按导航样式显示获取的站点地图数据，如图 8-69 所示。

图 8-69　执行效果

进入文件 Sample.aspx 的代码界面，可以发现 Visual Studio 2012 已自动生成配置代码，具体如下。

```
<body>
    <form id="form1" runat="server">
    <div>
        <asp:SiteMapDataSource ID="SiteMapDataSource1" runat="server" />
    </div>
        <asp:TreeView ID="TreeView1" runat="server" DataSourceID="SiteMapDataSource1" Height="194px"
            Width="163px">
        </asp:TreeView>
    </form>
</body>
```

8.2.5　ObjectDataSource 控件

至此读者可能会发现一个问题：前面介绍的数据源控件，虽然给用户开发带来了很大的方便，但是用户界面和业务逻辑会混合在一起。如果是一个大型的站点系统，二者混合后会对系统维护造成麻烦，因为代码的重用性和灵活性将大大降低。为了解决这个问题，微软公司推出了 ObjectDataSource 控件。ObjectDataSource 表示具有数据检索和更新功能的中间层对象。作为数据绑定控件（如 GridView、FormView 或 DetailsView 控件）的数据接口，ObjectDataSource 控件可以使这些控件在 ASP.NET 网页上显示和编辑中间层业务对象中的数据。

通过 ObjectDataSource 控件，可以将 ASP.NET 程序与业务逻辑层和数据访问层相关联。ObjectDataSource 控件实现了表示层和业务逻辑层、表示层和数据访问层之间的桥梁作用，这样，业务处理的代码和数据访问代码不会被混合在页面中，从而方便了对系统的维护。

使用 ObjectDataSource 控件的语法格式如下。

```
<asp:objectdatasource
        id="ObjectDataSource1"
        runat="server"
        selectmethod="GetAllEmployees"
        typename="Samples.AspNet.CS.EmployeeLogic"
/>
```

其中，typename 用于设置相关业务类的名称。另外，从上述语法格式中可以看出，ObjectDataSource 控件和 SqlDataSource 控件类似，它也拥有实现添加、修改和删除数据的属性。

实例 039　　用 ObjectDataSource 控件绑定数据访问层

源码路径　光盘\daima\8\ObjectDataSource\　　视频路径　光盘\视频\实例\第 8 章\039

本实例的具体实现流程如下。

1. 新建数据文件

使用 SQL Server 中的 Northwind 数据库新建一个名为 Books 的表，该表的具体结构如表 8-7 所示。

表 8-7 　　　　　　　　　　　　　　　　**表 Books 结构**

列　　名	类　　型	是 否 主 键	说　　明
ID	int	是	编号
Title	nvarchar	否	名称
Author	nvarchar	否	设计者
PublishDate	datetime	否	上市时间
Price	decimal	否	价格
Category	nvarchar	否	类别

2. 编写处理文件 SampleDB.cs 代码

文件 SampleDB.cs 的功能是，使用连接参数建立和指定数据库的连接。然后分别定义如下 3 个方法。

❑ GetCategories()：获取连接数据库的 Category 信息。

❑ GetBooksByCategory(string category)：根据 Category 分类名称获取产品列表。

❑ UpdateBook(int id, string title, string author, string publishDate, float price, string category)：根据用户的操作更新产品的信息。

文件 SampleDB.cs 的主要实现代码如下。

```
public SampleDB()
{
}
/// <summary>
/// 获取图书分类信息
/// </summary>
public static IEnumerable GetCategories()
{
    string connectionString = ConfigurationManager.ConnectionStrings
    ["SampleDBConnectionString1"].ConnectionString;
    string sql = "SELECT DISTINCT Category FROM Books";
    SqlDataSource sqlDS = new SqlDataSource(connectionString, sql);
    sqlDS.DataSourceMode = SqlDataSourceMode.DataSet;
    return sqlDS.Select(DataSourceSelectArguments.Empty);
}
/// <summary>
/// 根据分类名称获取书籍列表
/// </summary>
public static DataView GetBooksByCategory(string category)
{
    string connectionString = ConfigurationManager.ConnectionStrings
    ["SampleDBConnectionString1"].ConnectionString;
    string sql = "SELECT ID,Title,Author,PublishDate,Price,Category FROM Books WHERE Category=@Category";
    SqlDataSource sqlDS = new SqlDataSource(connectionString, sql);
    sqlDS.DataSourceMode = SqlDataSourceMode.DataSet;
    sqlDS.SelectParameters.Clear();
    Parameter paraCategory = new Parameter("Category", TypeCode.String, category);
    sqlDS.SelectParameters.Add(paraCategory);
    return (DataView)sqlDS.Select(DataSourceSelectArguments.Empty);
}
/// <summary>
/// 更新书籍内容
/// </summary>
public static int UpdateBook(int id, string title, string author, string publishDate, float price, string category)
{
    string connectionString = ConfigurationManager.ConnectionStrings ["SampleDBConnectionString1"].ConnectionString;
    string sql = "UPDATE Books SET Title=@Title,Author=@Author,PublishDate= @PublishDate,Price=@Price,
    Category=@Category WHERE ID=@ID";
    SqlDataSource sqlDS = new SqlDataSource();
```

> 范例 077：用 GridView 控件的事件管理员工信息
> 源码路径：光盘\演练范例\077\
> 视频路径：光盘\演练范例\077\
> 范例 078：用 GridView 实现简单的数据排序
> 源码路径：光盘\演练范例\078\
> 视频路径：光盘\演练范例\078\

```
sqlDS.ConnectionString = connectionString;
sqlDS.UpdateCommand = sql;
sqlDS.DataSourceMode = SqlDataSourceMode.DataSet;
sqlDS.UpdateParameters.Clear();
Parameter paraTitle = new Parameter("Title", TypeCode.String, title);
sqlDS.UpdateParameters.Add(paraTitle);
Parameter paraAuthor = new Parameter("Author", TypeCode.String, author);
sqlDS.UpdateParameters.Add(paraAuthor);
Parameter paraPublishDate = new Parameter("PublishDate", TypeCode.String, publishDate);
sqlDS.UpdateParameters.Add(paraPublishDate);
Parameter paraPrice = new Parameter("Price", TypeCode.Decimal, price.ToString());
sqlDS.UpdateParameters.Add(paraPrice);
Parameter paraCategory = new Parameter("Category", TypeCode.String, category);
sqlDS.UpdateParameters.Add(paraCategory);
Parameter paraID = new Parameter("ID", TypeCode.Int32, id.ToString());
sqlDS.UpdateParameters.Add(paraID);
return sqlDS.Update();
}
```

3. 创建显示页面

使用 Visual Studio 2012 新创建一个名为 "xianshi.aspx" 的 ASP.NET 文件，然后在页面内分别插入 2 个 ObjectDataSource 控件、1 个 DropDownList 控件和 1 个 GridView 控件，如图 8-70 所示。

图 8-70　插入控件

下面为插入的 ObjectDataSource 控件配置数据源，具体流程如下所示。

（1）单击控件 ObjectDataSource1 右上方的三角形按钮，然后单击选择 "配置数据源" 选项，弹出 "配置数据源" 对话框，在 "选择业务对象" 界面中，选择文件 SampleDB.cs 中定义的 SampleDB 类，如图 8-71 所示。

（2）单击【下一步】按钮，弹出 "定义数据方法" 界面，设置 "选择方法" 为 "GetCategories()"，如图 8-72 所示。

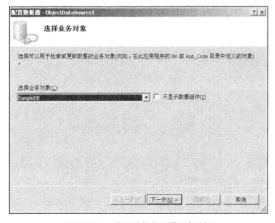

图 8-71　"配置数据源" 对话框

图 8-72　"定义数据方法" 界面

（3）单击【完成】按钮返回设计界面，然后单击 DropDownList1 控件右上方的三角形按钮，然后选择"配置数据源"选项，弹出"数据源配置向导"对话框，在"选择数据源"界面中设置数据绑定，如图 8-73 所示。

（4）单击控件 ObjectDataSource2 右上方的三角形按钮，然后选择"配置数据源"选项，弹出"配置数据源"对话框，在"选择业务对象"界面中选择文件 SampleDB.cs 中定义的 SampleDB 类，如图 8-74 所示。

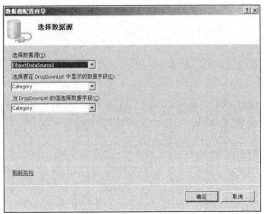 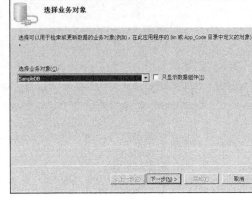

图 8-73　"选择数据源"界面　　　　　　　图 8-74　"选择业务对象"界面

（5）单击【下一步】按钮，弹出"定义数据方法"界面，选择"UPDATE"选项卡，设置"选择方法"为"UpdateBook(Int32 id, String title, String author, String publishDate, Float price, String category)"，如图 8-75 所示。

（6）单击【下一步】按钮，弹出"定义参数"界面，设置"参数源"为"Control"，"ControlID"为"DropDownList 1"，如图 8-76 所示。

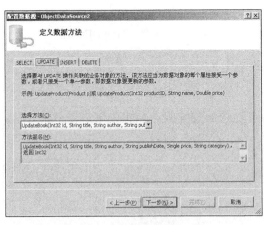 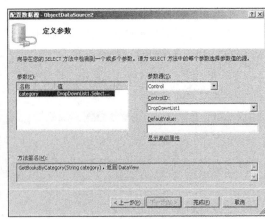

图 8-75　"定义数据方法"界面　　　　　　　图 8-76　"定义参数"界面

（7）单击【完成】按钮返回设计界面，然后单击 GridView 控件右上方的三角形按钮，然后选择"选择数据源"选项，在此为其设置数据绑定，如图 8-77 所示。

经上述操作后，该实例设计完毕。进入文件 xianshi.aspx 的代码界面，可以发现 Visual Studio 2012 自动生成了对应的调用代码，具体如下。

```
<asp:ObjectDataSource ID="ObjectDataSource1" runat="server" SelectMethod="GetCategories"
    TypeName="SampleDB"></asp:ObjectDataSource>
<asp:DropDownList ID="DropDownList1" runat="server" AutoPostBack="True" DataSourceID="ObjectDataSource1"
    DataTextField="Category" DataValueField="Category">
</asp:DropDownList>
<asp:ObjectDataSource ID="ObjectDataSource2" runat="server" SelectMethod="GetBooksByCategory"
    TypeName="SampleDB" UpdateMethod="UpdateBook">
    <UpdateParameters>
        <asp:Parameter Name="id" Type="Int32" />
        <asp:Parameter Name="title" Type="String" />
        <asp:Parameter Name="author" Type="String" />
        <asp:Parameter Name="publishDate" Type="String" />
        <asp:Parameter Name="price" Type="Single" />
        <asp:Parameter Name="category" Type="String" />
    </UpdateParameters>
    <SelectParameters>
        <asp:ControlParameter ControlID="DropDownList1" Name="category" PropertyName="SelectedValue"
            Type="String" />
    </SelectParameters>
</asp:ObjectDataSource>
</div>
<asp:GridView ID="GridView1" runat="server" DataSourceID="ObjectDataSource2">
    <Columns>
        <asp:CommandField ShowEditButton="True" />
    </Columns>
</asp:GridView>
```

此程序执行后将按照默认样式显示指定的数据，如图 8-78 所示；单击选择 DropDownList1
内的某一类别后，随之会在 GridView 内显示对应的数据，如图 8-79 所示；单击"编辑"链接，
即可显示可编辑状态的界面，用户在此可以对数据进行修改处理，如图 8-80 所示。

图 8-77　GridView 控件数据绑定

图 8-78　初始效果

图 8-79　显示对应数据

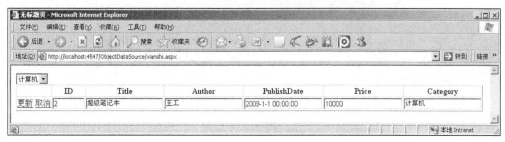

图 8-80　编辑界面

8.2.6　LinkButton 控件

LinkButton 控件与 ImageButton 控件、Button 控件的功能基本相同。与 ImageButton 控件和 Button 控件相比，LinkButton 控件可以在 Web 页面上创建一个超链接样式的按钮。通过设置 Text 属性或将文本放置在 LinkButton 控件的开始标记和结束标记之间，可指定要在 LinkButton 控件中显示的文本。例如下面的代码。

```
<asp:LinkButton ID="Bt_Save" Text="保存"
  Font-Names="Verdana" Font-Size="14pt"
  OnClick="Bt_Save_Click" runat="server" />
```

或者。

```
<asp:LinkButton ID="Bt_Save"
  Font-Names="Verdana" Font-Size="14pt"
  OnClick="Bt_Save_Click" runat="server">保存</asp:LinkButton>
```

与 ImageButton 控件、Button 控件一样，默认情况下，LinkButton 控件是一个 Submit 按钮。可以为 OnClick 事件提供事件处理程序，以编程方式控制单击 Submit 按钮时执行的操作。也可以通过设置 CommandName 属性创建 Command 按钮，将命令名与命令按钮（如 Sort）相关联。

LinkButton 控件的外观与 HyperLink 控件相同，但其功能与 Button 控件相同。如果要在单击控件时链接到另一个网页，需使用 HyperLink 控件。LinkButton 控件在客户端浏览器上呈现 JavaScript，因此，客户端浏览器必须启用 JavaScript，此控件才能正常运行。

8.3　技　术　解　惑

8.3.1　GridView 控件的优缺点分析

GridView 控件的主要优点是支持删除、编辑、排序、分页、外观设置、自定义显示数据。缺点是影响程序性能、不支持插入操作。GridView 控件可以以表格形式（Table 标签）显示、编辑和删除多种不同的数据源（如数据库、XML 文件以及集合等）中的数据。GridView 控件功能非常强大，编程者甚至可以不用编写任何代码，通过 Visual Studio 2012 的属性面板进行相应属性设置，即可完成如分页、排序、外观设置等功能。虽然该控件的功能非常齐全，但程序性能将受到影响，因此建议在页面中不要过多地使用该控件。当然，如果需要自定义格式显示各种数据，GridView 控件也提供了用于编辑格式的模板功能，但是不支持数据的插入。

8.3.2　ListView 控件的优缺点分析

ListView 控件的主要优点是提供了增、删、改、排序、分页等功能，还可以支持用户自定义模板。缺点是影响程序性能、大数据分页效率低。ListView 控件会按照编程者编写的模板格式显示数据。与 DataList 和 Repeater 控件相似，ListView 控件也适用于任何具有重复结构的数据。不过，ListView 控件不仅提供了用户编辑、插入和删除数据等数据操作功能，还提供了对数据进行排序和分页的功能，只需在 Visual Studio 2012 中直接设置即可，不需要编写代码，这点非常类似于 GridView 控件。可以说，ListView 控件既有 Repeater 控件的开放式模板，又具有 GridView 控件的编辑特性。ListView 控件是 ASP.NET 3.5 新增的控件，其分页功能需要配合 DataPager 控件实现。但是对于大量数据来说其分页的效率是很低下的，所以在下一节，笔者会带领大家做一个高效的分页。总地来说，ListView 是目前为止功能最齐全、最好用的数据绑定控件。

8.3.3　GridView 控件与 DataGrid 控件的对比

GridView 控件是 DataGrid 控件的后继控件。与 DataGrid 控件相似，GridView 控件在 HTML 表中显示数据。当绑定到数据源时，DataGrid 和 GridView 控件分别将 DataSource 中的一行显示为输出表中的一行。DataGrid 和 GridView 控件都是从 WebControl 类派生的。虽然 GridView 控件与 DataGrid 控件具有类似的对象模型，但与 DataGrid 控件相比，前者还具有许多新功能和优势，包括更丰富的设计时功能。

当使用 DataGrid 控件时，数据的排序、分页和编辑需要附加的编码。GridView 控件则无需编写任何代码即可添加排序、分页和编辑功能。实际上，可以通过在控件上设置属性来自动完成这些任务（以及诸如到数据源的数据绑定等其他常见任务）。在设计器（如 Microsoft Visual Studio）中工作时，可以利用内置在 GridView 控件中的设计器功能。GridView 控件提供了对智能标记面板的支持，这种面板为执行常见任务（如设置属性和启动模板编辑）提供了方便的界面。

通常，将 DataSet 控件、DbDataReader 控件或集合（如 Array、ArrayList 或 System.Collections 命名空间中的其他一些类）分配给 DataGrid 控件或 GridView 控件的 DataSource 属性。DataGrid 控件和 GridView 控件可以绑定任何实现 IEnumerable 或 IListSource 接口的对象。DataGrid 控件可以以声明方式绑定 DataSourceControl 控件，但这只适用于数据选择，必须手动编码才能实现排序、分页、更新和删除。GridView 控件支持 DataSourceID 属性，因为该属性接受任何实现 IdataSource 的接口。所以可以利用数据源控件中的排序、分页、更新和删除功能。

另外，DataGrid 与 GridView 控件具有不同的事件模型。DataGrid 控件引发操作的单个事件，而 GridView 控件能够引发操作前和操作后的事件。GridView 控件支持在对字段排序时发生的 Sorting 事件。注意：此排序事件发生在 GridView 控件自动处理排序操作之前，这样用户将有机会检查或更改 SortExpression 属性，或通过在传递的事件参数上将 Cancel 属性设置为 True 来取消此操作。

第 9 章

验证控件、用户控件和自定义控件

上一章简要介绍了 ASP.NET 中 HTML 服务器控件和 Web 服务器控件的基本知识，并分别通过具体的实例详细说明了各控件的具体使用方法。本章将进一步讲解 ASP.NET 中 Web 服务器控件的基本知识，详细介绍数据绑定控件的基本知识和验证控件的使用方法。

本章内容	技术解惑
验证控件	为什么推出验证控件
用户控件	验证时检查数据的两种时机
自定义控件	提高网站健壮性的两个原则

9.1　验 证 控 件

知识点讲解：光盘:视频\PPT 讲解（知识点）\第 9 章\验证控件.mp4

在 Web 应用程序中，经常需要对用户的信息进行验证，确保只能是合法用户才能登录系统。在传统的 ASP 系统中，需要开发人员编写大量的代码来实现上述功能。在强大的 ASP.NET 中，提供了专门的控件来实现验证处理，并且可以在服务器端对获取的客户端数据进行验证，如图 9-1 所示。

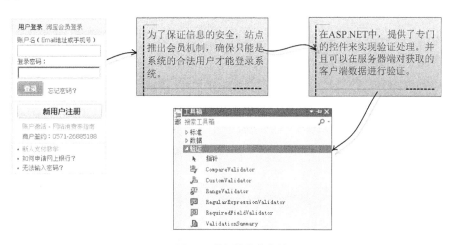

图 9-1　验证控件的作用

验证控件位于 Visual Studio 2012 的工具箱中，如图 9-2 所示。

ASP.NET 中提供了如下 6 种验证控件。

- RequiredFieldValidator：必须字段验证，用于检查是否有输入值。
- CompareValidator：比较验证，按设定比较两个输入。
- RangeValidator：范围验证，输入是否在指定范围。

图 9-2　Visual Studio 2012 工具箱中的验证控件

- RegularExpressionValidator：正则表达式验证。
- CustomValidator：自定义验证。
- ValidationSummary：验证总结，总结验证结果。

本节将详细讲解上述验证控件的基本知识。

9.1.1　RequiredFieldValidator 控件

使用 RequiredFieldValidator 控件的语法格式如下。

```
<ASP:RequiredFieldValidator id="Validator_Name" Runat="Server"
    ControlToValidate="要检查的控件名"
    ErrorMessage="出错信息"
    Display="Static|Dymatic|None"
>
    占位符
</ASP: RequiredFieldValidator>
```

在使用时，要将 RequiredFieldValidator 控件的 ControlToValidate 属性设置为要验证的 SelectionList 或 TextBox 控件的 ID。如果验证控件中没有数据值，则 RequiredFieldValidator 控件将显示其 ErrorMessage 属性的值。例如下面的代码。

```
<form id="form1" runat="server">
    <ASP:TextBox id="txtName" RunAt="Server" />
<ASP:RequiredFieldValidator id="Validator1" Runat="Server"
    ControlToValidate="txtName"
    ErrorMessage="姓名必须输入"
    Display="Static">
  *姓名必须输入
</ASP:RequiredFieldValidator>
</form>
```

如果用户没有输入姓名，则会输出"姓名必须输入"的提示。

9.1.2 RangeValidator 控件

RangeValidator 控件用于检测表单字段的值是否在指定的最小值和最大值之间。其语法格式如下。

```
<ASP:RangeValidator id="Vaidator_ID" Runat="Server"
controlToValidate="要验证的控件ID"
type="Integer"
MinimumValue="最小值"
MaximumValue="最大值"
errorMessage="错误信息"
Display="Static|Dymatic|None"
>
</ASP:RangeValidator>
```

在使用 RangeValidator 控件时，必须设置如下 5 个属性。

❑ ControlToValidate：被验证的表单字段的 ID。

❑ Text：验证失败时显示的错误信息。

❑ MinimumValue：验证范围的最小值。

❑ MaximumValue：验证范围的最大值。

❑ Type：所执行的比较类型。可能的值有 String、Integer、Double、Date 和 Currency。

实例 040   **用 RangeValidator 控件验证输入表单的数据**

源码路径   光盘\daima\9\yanzheng.aspx   视频路径   光盘\视频\实例\第 9 章\040

本实例的实现文件为 yanzheng.aspx，主要实现代码如下。

```
<asp:Label id="lblAge" Text="年龄:" AssociatedControlID="txtAge" Runat="server" />
    <asp:TextBox id="txtAge" Runat="server" />
    <asp:RangeValidator id="reqAge" ControlToValidate="txtAge" Text="输入的年龄非法！"
        MinimumValue="5"
        MaximumValue="100"
        Type="Integer"
        Runat="server"
/>
    <br /><br />
    <asp:Button
        id="btnSubmit"
        Text="Submit"
        Runat="server"
/>
```

> 范例 079：日期类型验证
> 源码路径：光盘\演练范例\079\
> 视频路径：光盘\演练范例\079\
> 范例 080：年龄范围验证
> 源码路径：光盘\演练范例\080\
> 视频路径：光盘\演练范例\080\

在上述代码中，设置在了 TextBox 内输入的年龄必须在 5～100 之间，否则将输出错误提示，如图 9-3 所示。

图 9-3 输出非法提示

9.1.3 CompareValidator 控件

CompareValidator 控件可用于执行 3 种不同类型的验证任务。

（1）执行数据类型检测。换句话说，可以用它确定用户是否在表单字段中输入了类型正确的值，如在生日数据字段输入一个日期。

（2）在输入表单字段的值和一个固定值之间进行比较。例如，要建立一个拍卖网站，就可以用 CompareValidator 检查新的起价是否大于前面的起价。

（3）比较一个表单字段的值与另一个表单字段的值。例如，可以使用 CompareValidator 控件检查输入的会议开始日期值是否小于输入的会议结束日期值。

❑ CompareValidator 控件有如下 6 个常用属性。

（1）ControlToValidate：被验证的表单字段的 ID。

（2）Text：验证失败时显示的错误信息。

（3）Type：比较的数据类型。可能的值有 String、Integer、Double、Date 和 Currency。

（4）Operator：所执行的比较的类型。可能的值有 DataTypeCheck、Equal、GreaterThan、Greater- ThanEqual、LessThan、LessThanEqual 和 NotEqual。

（5）ValueToCompare：所比较的固定值。

（6）ControlToCompare：所比较的控件的 ID。

实例 041　**验证用户输入表单的日期是否合法**

源码路径　光盘\daima\9\CompareValidator.aspx　　视频路径　光盘\视频\实例\第 9 章\041

本实例的实现文件是 CompareValidator.aspx，主要实现代码如下。

```
<asp:Label                          //输入生日
        id="lblBirthDate"
        Text="输入你的生日:"
        AssociatedControlID="txtBirthDate"
        Runat="server" />
<asp:TextBox
        id="txtBirthDate"
        Runat="server" />
    <asp:CompareValidator
        id="cmpBirthDate"
        Text="(你的日期格式错误)"       //数据非法时的提示
        ControlToValidate="txtBirthDate"
        Type="Date"
        Operator="DataTypeCheck"
        Runat="server" />
    <br /><br />
    <asp:Button
        id="btnSubmit"
        Text="Submit"
        Runat="server" />
```

范例 081：护照验证

源码路径：光盘\演练范例\081\

视频路径：光盘\演练范例\081\

范例 082：用正则表达式验证身份证

源码路径：光盘\演练范例\082\

视频路径：光盘\演练范例\082\

在上述代码中，设置了在 TextBox 内输入的数据必须是日期格式字符，否则将输出错误提示，如图 9-4 所示。

图 9-4　输出非法提示

9.1.4　RegularExpressionValidator 控件

RegularExpressionValidator 控件的功能是，把表单字段的值和正则表达式进行比较。正则表达式可用于表示字符串模式，如电子邮件地址、社会保障号、电话号码、日期、货币数和产品编码。

实例 042	验证用户输入表单的邮件地址是否合法
	源码路径　光盘\daima\9\RegularExpressionValidator.aspx　　视频路径　光盘\视频\实例\第 9 章\042

本实例的功能是验证用户输入表单的数据，如果不是合法格式的邮件地址，则会输出错误提示。本实例的实现文件为 RegularExpressionValidator.aspx，主要实现代码如下。

```
<asp:Label
    id="lblEmail"
    Text="Email Address:"
    AssociatedControlID="txtEmail"
    Runat="server" />
<asp:TextBox
    id="txtEmail"
    Runat="server" />
<asp:RegularExpressionValidator
    id="regEmail"
    ControlToValidate="txtEmail"
    Text="(邮件地址格式错误)"
    ValidationExpression="\w+([-+.']\w+)*@\w+([-.]\w+)*\.\w+([-.]\w+)*"
    Runat="server" />
<br /><br />
<asp:Button
    id="btnSubmit"
    Text="Submit"
    Runat="server" />
```

范例 083：常用用户名格式验证
源码路径：光盘\演练范例\083\
视频路径：光盘\演练范例\083\
范例 084：入学日期必须小于毕业日期
源码路径：光盘\演练范例\084\
视频路径：光盘\演练范例\084\

在上述代码中，设置了在 TextBox 内输入的数据必须是邮件格式字符，否则将输出错误提示，如图 9-5 所示。

图 9-5　输出非法提示

注意：和其他验证控件一样，RegularExpressionValidator 控件不会验证没有值的表单字段。要使表单字段必填，必须为表单字段关联 RequiredFieldValidator 控件。

9.1.5　CustomValidator 控件

如果前面介绍的各种验证控件执行的验证类型都不是你所需要的，那么还可以使用 CustomValidator 控件自定义函数界定的验证方式。

❑　CustomValidator 控件有如下 3 个重要的属性。
❑　ControlToValidate：被验证的表单字段的 ID。
❑　Text：验证失败时显示的错误信息。
❑　ClientValidationFunction：用于执行客户端验证的客户端函数名。

使用 CustomValidator 控件的语法格式如下。

```
<ASP:CustomValidator id="Validator_ID" RunAt="Server"
controlToValidate="要验证的控件"
onServerValidateFunction="验证函数"
errorMessage="错误信息"
Display="Static|Dymatic|None"
>
</ASP: CustomValidator>
```

另外，CustomValidator 控件还支持 CustomValidator 事件，该事件在执行验证时引发。在实际应用中，通常通过处理 ServerValidate 事件，将自定义的验证函数和 CustomValidator 控件相关联。

实例 043	验证用户输入框的数据
	源码路径　光盘\daima\9\chuli1.aspx　　　视频路径　光盘\视频\实例\第 9 章\043

本实例的功能是验证用户输入框的数据，如果超过 10 个字符，则会输出错误提示。本实例的实现文件为 chuli1.aspx，主要实现代码如下。

```
<script runat="server">
    void valComments_ServerValidate(Object source, ServerValidateEventArgs args)
    {
//多于10个字符则赋值为False
        if (args.Value.Length > 10)
            args.IsValid = false;
        else
            args.IsValid = true;
    }
</script>
......
    <asp:Label
        id="lblComments"
        Text="输入你的口号:"
        AssociatedControlID="txtComments"
        Runat="server" />
    <br />
    <asp:TextBox
        id="txtComments"
        TextMode="MultiLine"
        Columns="30"
        Rows="5"
        Runat="server" />
    <asp:CustomValidator
        id="valComments"
        ControlToValidate="txtComments"
        Text="(不能超过10个字符!!!!!)"
        OnServerValidate="valComments_ServerValidate"
        Runat="server" />
    <br /><br />
    <asp:Button
        id="btnSubmit"
        Text="Submit"
        Runat="server" />
```

> 范例 085：使用自定义验证控件验证货币格式
> 源码路径：光盘\演练范例\085\
> 视频路径：光盘\演练范例\085\
> 范例 086：ValidationSummary 显示验证消息
> 源码路径：光盘\演练范例\086\
> 视频路径：光盘\演练范例\086\

在上述代码中，定义了 valComments_ServerValidate 事件。ServerValidate 事件处理程序的第二个参数是 ServerValidateEventArgs 类的一个实例。此类有如下 3 个属性。

（1）Value：被验证的表单字段的值。

（2）IsValid：表示验证成功或失败。

（3）ValidateEmptyText：指定所验证的表单字段没有值时是否执行验证。

这样就设置了输入框内输入的字符数不能超过 10 个，否则将会输出错误提示，如图 9-6 所示。

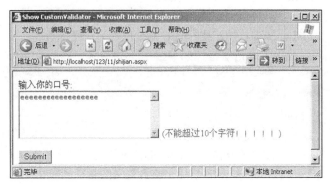

图 9-6　输出非法提示

和 RangeValidator、CompareValidator、RegularExpressionValidator 等控件不同，CustomValidator 控件在验证表单字段时可以使用空字段。CustomValidator 控件中有一个名为 ValidateEmptyText 的属性，它用于设置 CustomValidator 控件即使在用户没有输入值的情况下也可以验证表单字段。

实例 044	验证用户输入框的数据	
	源码路径　光盘\daima\9\meiyou.aspx	视频路径　光盘\视频\实例\第 9 章\044

本实例的功能是设置在 TextBox 内输入的数字必须是 4 个字符，否则将输出错误提示。本实例的实现文件为 meiyou.aspx，主要实现代码如下。

```
<script runat="server">
    void valProductCode_ServerValidate(Object source, ServerValidateEventArgs args)
    {
        if (args.Value.Length == 4)
            args.IsValid = true;
        else
            args.IsValid = false;
    }
</script>
......
    <asp:Label
        id="lblProductCode"
        Text="请输入你的号码:"
        AssociatedControlID="txtProductCode"
        Runat="server" />
    <br />
    <asp:TextBox id="txtProductCode" Runat="server" />
    <asp:CustomValidator
        id="valProductCode"
        ControlToValidate="txtProductCode"
        Text="(错误的提示!!!!! )"
        ValidateEmptyText="true"
        OnServerValidate="valProductCode_ServerValidate"
        Runat="server" />
    <br /><br />
    <asp:Button id="btnSubmit" Text="Submit" Runat="server" />
```

範例 087：在校友录注册页面中使用验证控件

源码路径：光盘\演练范例\087\

视频路径：光盘\演练范例\087\

範例 088：在用户注册页面中使用自定义验证控件

源码路径：光盘\演练范例\088\

视频路径：光盘\演练范例\088\

在上述代码中，设置了在 TextBox 内输入的数字必须是 4 个字符的，否则将输出错误提示，如图 9-7 所示。

图 9-7　输入为空则输出非法提示

在上面代码中，如果把 ValidateEmptyText 属性去掉，即使不输入任何数据就提交表单，也不会显示验证错误信息。

9.1.6　ValidationSummary 控件

ValidationSummary 控件的功能是，在页面中输出显示所有的验证错误信息。ValidationSummary 控件在使用大的表单时特别有用。如果用户在页面底部的表单字段中输入了错误的值，那么这个用户可能永远也看不到错误信息。但是如果使用了 ValidationSummary 控件，就可以始终在表单的顶端显示错误列表。

在前面介绍的验证控件中都有 ErrorMessage 属性，但在具体应用时可以使用 Text 属性来表示验证错误信息。ErrorMessage 属性和 Text 属性的区别如下。

❑　赋值给 ErrorMessage 属性的信息显示在 ValidationSummary 控件中。

❑　赋值给 Text 属性的信息显示在页面主体中。

在通常情况下，需要保持 Text 属性的错误信息简短。而另一方面，赋值给 ErrorMessage 属性的信息应能识别有错误的表单字段，例如"名字是必填项！"。

如果不为 Text 属性赋值，那么 ErrorMessage 属性的值就会同时显示在 ValidationSummary 控件和页面主体中。ValidationSummary 控件支持如下 4 个属性。

❑　DisplayMode：指定如何格式化错误信息。可能的值有 BulletList、List 和 SingleParagraph。

❑　HeaderText：在验证摘要上方显示标题文本。

❑　ShowMessageBox：显示一个弹出警告对话框。

❑　 ShowSummary：隐藏页面中的验证摘要。

实例 045　　**验证用户输入框的数是否为空**

源码路径　光盘\daima\9\ValidationSummary.aspx　　视频路径　光盘\视频\实例\第 9 章\045

本实例的实现文件为 ValidationSummary.aspx，主要实现代码如下。

```
<asp:ValidationSummary
    id="ValidationSummary1"
    Runat="server" />
<asp:Label
    id="lblFirstName"
    Text="姓名:"
    AssociatedControlID="txtFirstName"
    Runat="server"
/>
    <br />
<asp:TextBox id="txtFirstName" Runat="server" />
```

范例 089：获取购物车中的商品
源码路径：光盘\演练范例\089\
视频路径：光盘\演练范例\089\
范例 090：清空购物车
源码路径：光盘\演练范例\090\
视频路径：光盘\演练范例\090\

```
                <asp:RequiredFieldValidator
                    id="reqFirstName"
                    Text="(Required)"
                    ErrorMessage="姓名为空"
                    ControlToValidate="txtFirstName"
                    Runat="server"
                />
                <br /><br />
                <asp:Label
                    id="lblLastName"
                    Text="地址:"
                    AssociatedControlID="txtLastName"
                    Runat="server" />
                <br />
                <asp:TextBox id="txtLastName" Runat="server" />
                <asp:RequiredFieldValidator
                    id="reqLastName"
                    Text="(Required)"
                    ErrorMessage="地址为空"
                    ControlToValidate="txtLastName"
                    Runat="server"
                 />
                <br /><br />
                <asp:Button id="btnSubmit" Text="Submit" Runat="server" />
```

在上述代码中，设置了在 2 个 TextBox 内输入的字符不能为空，否则将输出对应的提示信息，如图 9-8 所示；如果单击【Submit】按钮，则错误信息会同时显示在页面主体和 ValidationSummary 控件中，如图 9-9 所示。

图 9-8　输入为空则输出提示

图 9-9　同时输出提示

9.2　用户控件

知识点讲解：光盘:视频\PPT 讲解（知识点）\第 9 章\用户控件.mp4

ASP.NET 允许开发人员自定义控件，本节要介绍的用户控件便是如此。用户控件提供了这样一种机制：它使得用户可以建立能够容易被 ASP.NET 页面使用或者重新利用的代码部件。一个用户控件可以是一个简单的 ASP.NET 页面，不过它可以被另外一个 ASP.NET 页面包含进去。在应用程序中使用用户控件的一个主要的优点是，用户控件支持一个完全面向对象的模式，这样使程序有能力去捕获事件。而且用户控件支持用户用一种语言编写 ASP.NET 页面中的一部分代码，而使用另一种语言编写 ASP.NET 页面的另一部分代码，因为每一个用户控件可以使用和主页面不同的语言来编写。本节将详细讲解 ASP.NET 用户控件的基本知识。

9.2.1　入门用户控件

在 ASP.NET 中，除了可以使用 Web 服务器控件以及 HTML 服务控件外，开发人员还可以自行设计 Web 用户控件。Web 用户控件不仅可以实现各种复杂的功能，而且还可以在多个网页中重复使用。通过 ASP.NET 的用户控件，可以很容易地将代码和内容分离开来，并建立可重用的代码。

ASP.NET 用户控件的扩展名为.ascx，假如在应用中已经有了一个用户控件，这样在项目中如果需要使用这个控件，就可以使用 Register 指令来注册它。语法格式如下。

```
<%@ Register TagPrefix="FTB" TagName="Mytext" src="文件名.ascx" %>
```

在上述语法格式中，各参数的含义如下。

❑　TagPrefix：定义控件位置的命名空间，多个控件使用同一个 TagPrefix。在命名空间的制约下，可以在同一网页里使用不同功能的控件。

❑　TagName：设置所使用控件的名字。在同一个命名空间里，控件的名称是唯一的，它可以区别统一页面内的用户控件。

❑　Src：设置控件的资源文件。

将用户控件在机器上注册后，就可以像使用服务器控件一样使用了。

9.2.2　创建一个简单的用户控件

用 Visual Studio 2012 可以很方便地创建自己的用户控件。创建流程如下。

（1）打开 Visual Studio 2012，新创建一个 ASP.NET(C#)的网站项目，如图 9-10 所示。

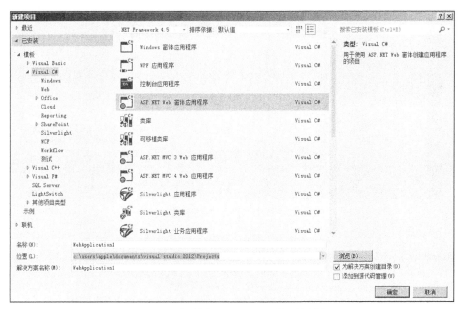

图 9-10　新创建 ASP.NET(C#)的网站项目

（2）在"解决方案资源管理器"中右键单击项目名称，在弹出的快捷菜单中选择"添加新项"命令，在弹出的"添加新项"对话框中选择"Web 用户控件"选项，如图 9-11 所示。

（3）进入新建的用户控件文件 WebUserControl.ascx 页面，在设计界面中输入文本"这是用户控件"，如图 9-12 所示。

图 9-11　添加用户控件

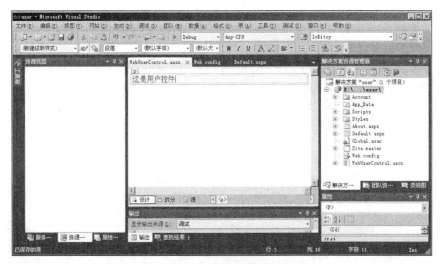

图 9-12　设置用户控件

（4）进入站点项目主页 Default.aspx，输入如下注册用户控件指令代码。

```
<%@ Register TagPrefix="FTB" TagName="WebUserControl" src="WebUserControl.ascx" %>
```

（5）在主页 Default.aspx 的代码界面中，输入如下代码来调用创建的用户控件。

```
<FTB WebUserControl runt = "server ID = " WebUserControl">
```

执行主页 Default.aspx 后，即可显示用户控件中定义的文本"这是用户控件"。

9.2.3　属性和事件

除了可以定义用户控件外，还可以设置用户控件的属性和事件。这样当在项目中使用用户控件时，就可以直接调用它的属性和事件。

实例 046	演示用户控件方法和属性的具体使用方法
	源码路径　光盘\daima\9\1\　　　　　　　　视频路径　光盘\视频\实例\第 9 章\046

本实例实现文件的具体功能如下。

- ❑ 文件 yonghu.aspx：调用定义的用户控件，显示具体的信息。
- ❑ 文件 yonghu.aspx.cs：文件 yonghu.aspx 的引用文件，处理对应的信息。
- ❑ 文件 yonghuControl.ascx：定义的用户控件，设置用户控件可以显示文本。
- ❑ 文件 yonghuControl.ascx.cs：定义用户控件的颜色属性。

文件 yonghu.aspx 的主要实现代码如下。

```
<form id="form1" runat="server">
<div>
    使用用户控件的属性: <br />
    <br />
<FTB:Mytext runat="server"
ID="mycontrol"
text="用户控件！"
color="red"
/>
</div>
</form>
```

| 范例 091：移除指定商品 |
| 源码路径：光盘\演练范例\091\ |
| 视频路径：光盘\演练范例\091\ |
| 范例 092：使用 AutoCompleteExtender 控件 |
| 源码路径：光盘\演练范例\092\ |
| 视频路径：光盘\演练范例\092\ |

在上述代码中，调用了用户控件 Mytext，并分别设置了其"text"属性和"color"属性。

在文件 yonghu.aspx.cs 中，定义了页面所引用的基类，设置了页面载入时的方法。其主要实现代码如下。

```
protected void Page_Load(object sender, EventArgs e)
{
}
```

文件 yonghuControl.ascx 中定义了用户控件，此用户控件的功能是实现一个"Label"文本效果，其具体的实现代码如下所示。

```
<%@ Control Language="C#" AutoEventWireup="true" CodeFile="yonghuControl.ascx.cs" Inherits="yonghuControl" %>
<asp:Label ID="Label1" runat="server" Text="Label"></asp:Label>
```

在文件 yonghuControl.ascx.cs 中，定义了用户控件的文本属性和颜色属性，其具体的实现代码如下。

```
protected void Page_Load(object sender, EventArgs e)
{
}
public string color
{
    get
    {
        return Label1.ForeColor.ToString();
    }
    set
    {
        Label1.Style["color"] = value;
    }
}
public string text
{
    get
    {
        return Label1.Text;
    }
    set
    {
        Label1.Text = value;
    }
}
```

经过上述操作后，为用户控件 yonghuControl 设置了"text"属性和"color"属性。然后在文件 yonghu.aspx 中，调用了 yonghuControl 控件，并分别设置了它的"text"属性和"color"属性。文件 yonghu.aspx 执行后，将以设置的属性值显示 yonghuControl 控件的内容，如图 9-13 所示。

图9-13 调用并显示用户控件

9.2.4 动态加载

在实际应用中，经常需要为不同的用户加载不同的内容，这样可以实现用户的定制页面。因为用户控件是开发人员自己编写的控件，所以就为动态加载创造了有力的条件。在动态加载用户控件时，需要使用包含页的 LoadControl()方法。LoadControl()方法的参数是用户控件的虚拟路径，返回值是一个 UserControl 对象。因为 UserControl 对象是 Control 类派生的，所以可以使用 Control 对象的引用来指向 LoadControl()方法的返回值。通过 PlaceHolder 容器控件将用户控件的对象添加进来，即可完成用户控件的动态加载处理。

实例 047	演示用户控件动态加载的方法		
	源码路径　光盘\daima\9\2\	视频路径　光盘\视频\实例\第 9 章\047	

本实例的具体实现过程如下。

（1）使用 Visual Studio 2012 新建一个用户控件文件 UserControl.ascx，并依次插入一个 TextBox 控件、一个 Button 控件和一个 Label 控件。其主要实现代码如下。

```
<%@ Control Language="C#"
AutoEventWireup="true"
CodeFile="UserControl.ascx.cs"
Inherits="UserControl"
%>

<%@ OutputCache Duration="60" VaryByParam="none" %>
 <asp:TextBox ID="TextBox1" runat="server"></asp:TextBox> 
<asp:Button ID="Button1" runat="server" OnClick="Button1_Click"
Text="Button" />
<asp:Label ID="Label1" runat="server"></asp:Label>
```

范例 093：实现文本智能匹配
源码路径：光盘\演练范例\093\
视频路径：光盘\演练范例\093\
范例 094：智能密码强度提示
源码路径：光盘\演练范例\094\
视频路径：光盘\演练范例\094\

（2）创建文件 UserControl.ascx.cs，用于设置用户控件单击按钮事件的处理代码。其主要代码如下。

```
protected void Button1_Click(object sender, EventArgs e)
{
    Label1.Text = "Hi," + TextBox1.Text + "欢迎学习ASP.NET!";
}
```

（3）创建主页处理文件 Default.aspx.cs，用于显示 PlaceHolder 内的信息。其主要代码如下。

```
protected void Page_Load(object sender, EventArgs e)
{
    Control myControl = Page.LoadControl("UserControl.ascx");
    PlaceHolder1.Controls.Add(myControl);
}
```

（4）创建显示主页文件 Default.aspx，使用"工具箱"插入一个 PlaceHolder 控件，然后将用户控件放到 PlaceHolder 内，最后设置在页面载入时动态加载用户控件。其主要代码如下。

```
<form id="form1" runat="server">
<div>
    <asp:PlaceHolder ID="PlaceHolder1" runat="server"></asp:PlaceHolder>
</div>
</form>
```

这样文件执行后，将会调用设置的用户控件并显示默认的控件元素，如图9-14所示。

图 9-14 调用并显示用户控件

9.2.5 片段缓存处理

在用户控件的应用中，除了动态加载信息外，还可以通过用户控件实现片段缓存。ASP.NET 中的片段缓存，需要使用"@ OutputCache"指令来设置。此指令可以控制用户控件的输出内容在服务器上的缓存时间。具体的语法格式如下。

```
<%@ OutputCache Duration="60" VaryByParam="none" %>
```

其中，"Duration"用于设置缓存的事件，单位是秒；"VaryByParam"用于设置 ASP.NET 在服务器上缓存或存储缓存区域的多个实例。例如，某个用户控件的主页是 123.aspx，则可以使用"123.aspx?id=121"或"123.aspx?id=222"来实现片段缓存。当然 id=121 或 id=222 需要用户控件所有者来指定。

9.3 自定义控件

知识点讲解：光盘:视频\PPT 讲解（知识点）\第 9 章\自定义控件.mp4

ASP.NET 控件的功能非常强大，还允许用户自定义编写自己需要的控件。但是存在一个问题：在使用用户自定义控件时，必须跟随一个".ascx"格式的扩展文件，这给项目部署带来了麻烦。在本节的内容中，将详细讲解自定义 ASP.NET 控件的基本知识。

9.3.1 一个简单的自定义 Web 用户控件

使用 Visual Studio 2012 创建一个简单的自定义 Web 用户控件的流程如下。

（1）打开 Visual Studio 2012，新建一个 C#类型的网站项目，如图 9-15 所示。

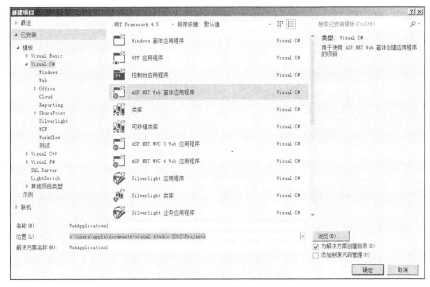

图 9-15 新建一个 C#类型的网站项目

（2）右键单击"解决方案资源管理器"中的方案名称，在弹出的快捷菜单中依次选择【添加】|【新建项目】命令，如图9-16所示。

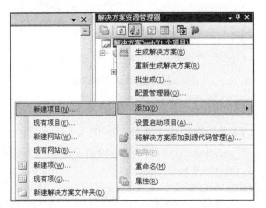

图9-16　新建项目

（3）在弹出的"添加新项目"对话框中设置"项目类型"为"Windows"，设置"模板"类型为"类库"，并设置名称为"kongjian"，如图9-17所示。

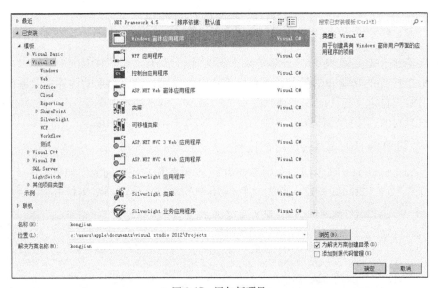

图9-17　添加新项目

（4）此时将在"解决方案资源管理器"中生成一个类库项目，如图9-18所示。

图9-18　生成的类库项目

（5）右键单击"kongjian"类库项目，在弹出的快捷菜单中依次选择【添加】|【新建项】

命令，在弹出的"添加新项"对话框中选择"Web 用户控件"，并设置名称为"Control"，如图 9-19 所示。

图 9-19　添加新项

（6）单击【添加】按钮后会在 Visual Studio 2012 中生成一个可运行的控件代码文件 Control.cs，其主要实现代码如下。

```
[DefaultProperty("Text")]
[ToolboxData("<{0}:Control runat=server></{0}:Control>")]
public class Control : WebControl
{
    [Bindable(true)]
    [Category("Appearance")]
    [DefaultValue("")]
    [Localizable(true)]
    public string Text
    {
        get
        {
            String s = (String)ViewState["Text"];
            return ((s == null) ? String.Empty : s);
        }
        set
        {
            ViewState["Text"] = value;
        }
    }
    protected override void RenderContents(HtmlTextWriter output)
    {
        output.Write(Text);
    }
}
```

在上述代码中，定义了函数 RenderContents。通过 RenderContents 函数，可以使项目中的页面调用这个新建的自定义 Web 用户控件。

（7）在"解决方案资源管理器"中右键单击 Web 项目窗体，在弹出的快捷菜单中选择【添加引用】命令。如图 9-20 所示。

（8）在弹出的"添加引用"对话框中选择"项目"选项卡，然后选择新建的控件 "kongjian"，最后单击【确定】按钮，如图 9-21 所示。

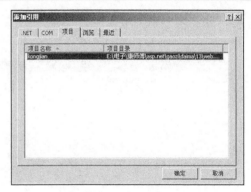

图 9-20　添加引用　　　　　　　　　　图 9-21　"添加引用"对话框

（9）在"kongjian"页面中通过如下代码进行注册。

```
<%@ Register TagPrefix="WebUI" Namespace="kongjian" Assembly="kongjian" %>
```

（10）经过上述操作后，就可以在 Web 页面中调用创建的 kongjian 控件并进行应用了。例如，可以在 Default.aspx 中通过如下代码来使用 kongjian 控件。

```
<form id="__aspnetForm" runat="server">
<div>
    <WebUI:Control runat="server" Text="你好，看我，我是自定义Web控件实现的！" />
</div>
</form>
```

上述代码执行后，将会调用创建的 kongjian 控件，并输出对应的文本，如图 9-22 所示。

图 9-22　执行效果

注意：文件 Default.aspx 中的 Namespace 和 Assembly 命令只能在主目录下的文件中使用，否则将会输出错误。例如，如果上述 Default.aspx 不是本地机器的虚拟主目录，则会输出"未能加载"错误，如图 9-23 所示。

图 9-23　"未能加载"错误

9.3.2　子控件

一个空间可以由多部分构成，构成它辅助功能的控件通常被称为子控件。在 ASP.NET 中，最常见的子控件应用是使用<select>标记。为自定义 Web 控件添加子控件，最简单的方法是在定义控件类时，给此类添加"[ParseChildren(false)]"属性标记。例如可以定义如下代码。

```
[DefaultProperty("Text")]
[ToolboxData("<{0}:MyControl2 runat=server></{0}:MyControl2>")]
[ParseChildren(false)]
public class MyControl2 : WebControl
{
    // 添加已经通过语法分析的控件
    protected override void AddParsedSubObject(object obj)
    {
        if (!(obj is Control))
            return;
        base.AddParsedSubObject(obj);
    }
}
```

在上述代码中，定义了一个名为"MyControl2"的控件，它是 9.3.1 节中 kongjian 控件的子控件，然后即可在显示页面中调用它。

```
<form id="__aspnetForm" runat="server">
    <div>
        <WebUI:MyControl2 runat="server">
            <item Text="我是1"></item>
            <item Text="我是2"></item>
            <item Text="我是3"></item>
        </WebUI:MyControl2>
    </div>
</form>
```

代码执行后将会显示对应的设置内容，如图 9-24 所示。

图 9-24　调用子控件效果

9.3.3　复合控件

如果将几个控件组合起来进行使用，就形成了复合控件。例如，可以定义控件 MyControl3，和其他控件共同实现简单的提示功能，实现代码如下。

```
namespace kongjian
{
    [DefaultProperty("Text")]
    [ToolboxData("<{0}:MyControl3 runat=server></{0}:MyControl3>")]
    [ParseChildren(false)]
    [ControlBuilderAttribute(typeof(MyControl2ControlBuilder))]
    public class MyControl3 : WebControl
    {
        // 项目集合
        private IList<MyControl1> m_items = new List<MyControl1>();
        // System.Web.UI.WebControls.Button
        private Button m_nextCmd = new Button();
        // 添加已经通过语法分析的控件
        protected override void AddParsedSubObject(object obj)
        {
            if (!(obj is MyControl1))
                return;
            // 将该控件添加到项目集合
            this.m_items.Add(obj as MyControl1);
            base.AddParsedSubObject(obj);
```

```
        }
        // 初始化 MyControl3
        protected override void OnInit(EventArgs e)
        {
            base.OnInit(e);
            // 按钮文本
            this.m_nextCmd.Text = "下一条提示";
            // 为按钮添加单击事件
            this.m_nextCmd.Click += new EventHandler(this.NextCmd_Click);
            // 将按钮加入到服务器子控件集合
            this.Controls.Add(this.m_nextCmd);
        }
        // 按钮单击事件，滚动提示信息
        private void NextCmd_Click(object sender, EventArgs e)
        {
            int index = this.SelectedIndex;
            if (++index >= this.m_items.Count)
                index = 0;
            this.SelectedIndex = index;
        }
        // 设置或获取所选择的项目索引
        public int SelectedIndex
        {
            set
            {
                this.ViewState["selectedIndex"] = value;
            }
            get
            {
                return Convert.ToInt32(this.ViewState["selectedIndex"]);
            }
        }
        // 绘制控件
        protected override void Render(HtmlTextWriter writer)
        {
            // 绘制被选择的项目提示
            this.m_items[this.SelectedIndex].RenderControl(writer);
            // 绘制命令按钮
            this.m_nextCmd.RenderControl(writer);
        }
    }
}
```

然后在显示页面即可通过如下代码来调用 My Control3。

```
<form id="__aspnetForm" runat="server">
    <div>
        <WebUI:MyControl3 runat="server">
            <item Text="提示 1，早上 9 点李总过来" />
            <item Text="提示 2，下午 3 点集团总部开会" />
            <item Text="提示 3，晚上 6 点集团晚宴" />
        </WebUI:MyControl3>
    </div>
</form>
```

代码执行后，将会调用复合控件并显示一个简单计划界面效果，如图 9-25 所示。

图 9-25　调用复合控件效果界面

至此，ASP.NET 自定义 Web 用户控件的知识介绍完毕。上述代码保存在"9\6"文件夹中，读者可以参阅代码来体会其中的编程思想。

9.4 技 术 解 惑

9.4.1 为什么推出验证控件

Web 开发者，特别是 ASP 开发者，一直对数据验证比较恼火，因为当好不容易写出数据提交程序的主体以后，还不得不花大把时间去验证用户的每一个输入是否合法。如果开发者熟悉 JavaScript 或者 VBScript，则可以用这些脚本语言轻松实现验证。但是又需要考虑用户浏览器是否支持这些脚本语言。如果对这些脚本语言不是很熟悉或者想支持所有用户浏览器，就必须在 ASP 程序里面验证，但这样就会增加服务器负担。现在有了 ASP.NET 后，不但可以轻松实现对用户输入的验证，而且还可以选择验证是在服务器端进行还是在客户端进行，再也不必考虑那么多了。这样程序员就可以将重要的精力放在主程序的设计工作上了。

9.4.2 验证时检查数据的两种时机

对数据进行检查验证时，按时机可以分为客户端检查和服务器端检查。在客户端检查是指通过客户端脚本（如 JavaScript 脚本或者 VBScript 脚本）进行检查。利用客户端脚本检查的好处是减小网络流量、减轻服务器压力和反映迅速。因为客户端脚本是在客户端运行，定义好检验规则后，在客户端就可以完成检验。一旦不能通过验证客户端马上就能得到提示信息，而不用将整个表单提交到服务器（笔者早些年就有这样的经历：网速 28.8kbit/s 的情况下提交一个注册表单，数分钟后得到服务器的反馈：用户名不符合要求），用户体验非常好。客户端验证也有一些缺点：因为验证规则完全定义在客户端脚本中，不怀好意的窥探者可以从这些客户端代码找出用户脚本的漏洞或者某些跳过脚本验证的方法，从而使网站的健壮性出现问题，这就对客户端代码的客户端脚本编程能力提出了挑战。另外，客户端验证可能会使程序员写得非常优秀的代码在短短几天便流传于整个网络，不能进行版权控制。

在服务器端检查是指将表单提交到服务器后，在服务器上用服务器端代码进行验证。例如，用 C#或者 VB.NET 等。服务器端验证的优点是验证规则对用户来说是一个黑匣子，比较难找出验证代码的漏洞，并且服务器端验证的代码编写相对客户端脚本要容易得多。但是服务器端验证也有缺点，那就是大量的复杂验证会降低服务器的性能。

因此，一般验证办法都是将上面两种验证方法相结合，利用客户端验证建立验证的第一道关卡，这个关卡将大量无意中填写的不符合要求的数据阻止在客户端。然后在服务器端建立第二道关卡，将那些利用了客户端脚本漏洞的数据阻止在保存之前。

9.4.3 提高网站健壮性的两个原则

如果在开发中要提高网站的健壮性，需要遵循如下两个原则。

（1）尽量减少让用户输入的机会，如数据的录入时间可以设置为该条记录自动获取数据库服务器的当前时间，这一点可以在创建或者设计表的时候实现。例如下面的代码。

```
create table ActionLog (
    LogID              bigint          identity(1,1),
    UserID             int             not null,
    UserIP             varchar(15)      not null,
    ActionDate         datetime        null default getdate(),
    ActionDescription  nvarchar(800)    not null,
    ActionStatus       tinyint         not null,
    WebSiteID          int             not null,
    constraint PK_ACTIONLOG primary key (LogID)
)
```

在上述代码中，ActionDate 字段就是设置成自动获取数据库服务器当前时间，这样在插入记录时无需在这个字段插入值。如果这个值让用户填写，则可能会造成如下两个后果。

❑ 用户没有按照要求的格式填写。

❑ 即使按照要求的格式填写，也可能不填写当前时间。

❑ 如果采用上面的办法就能有效地避免这个问题。

（2）不要过分相信用户一定会按照要求规规矩矩去做，他们可能不太懂得格式规则和要求之类的，这就经常需要对用户填写的数据进行检查。如果能对用户提交的数据进行充分的检查，那么就能有效地提高程序的健壮性，这样也能从某些途径上堵住黑客入侵系统的漏洞。

第 10 章

ASP.NET 新增功能

在本章的内容中，将简要讲解 ASP.NET 4.5 新增控件的基本知识，让读者体验新版本带来的全新感受。

本章内容

更加简洁的 web.config
新增的 3 个属性
增强的 Dynamic Data 控件
并行运算

技术解惑

QueryExtender 控件的用法
并行运算中的多线程
并行循环的中断和跳出
在并行循环中为数组/集合添加项
对 SEO 的改进

10.1　更加简洁的 web.config

📀 知识点讲解：光盘:视频\PPT 讲解（知识点）\第 10 章\更加简洁的 web.config.mp4

在以前的 ASP.NET 版本中，配置文件 web.config 很繁琐，而在 ASP.NET 4.5 的 web.config 文件中，默认只有 6 行代码，具体如下。

```
<?xml version="1.0"?>
<!--
    配置信息都放到了machine.config 中
-->
<configuration>
    <system.web>
        <compilation debug="true" targetFramework="4.0" />
    </system.web>
</configuration>
```

10.2　新增的 3 个属性

📀 知识点讲解：光盘:视频\PPT 讲解（知识点）\第 10 章\新增的 3 个属性.mp4

在 ASP..NET 4.5 中，新增了 3 个控件属性。本节将详细讲解新增的这 3 个控件属性的基本知识，为读者学习后面的知识打下基础。

10.2.1　ViewStateMode 属性

ViewStateMode 属性用于指定是否为控件启用视图状态，此属性有如下 3 个可选值。

（1）Inherit：从父 Control 继承 ViewStateMode 的值。

（2）Enabled：启用此控件的视图状态，即使父控件已禁用了视图状态也是如此。

（3）Disabled：禁用此控件的视图状态，即使父控件已启用了视图状态也是如此。

实例 048	演示 ViewStateMode 属性的用法
	源码路径　光盘\daima\10\AspDotNet \ 　　　视频路径　光盘\视频\实例\第 10 章\048

首先编写实现文件 ViewStateDemo.aspx，其主要代码如下。

```
<%@ Page Title="" Language="C#" MasterPageFile="~/Site.Master" AutoEventWireup="true"
    CodeBehind="ViewStateDemo.aspx.cs" Inherits="AspDotNet.ViewStateDemo" %>
<asp:Content ID="Content1" ContentPlaceHolderID="head" runat="server">
</asp:Content>
<asp:Content ID="Content2" ContentPlaceHolderID="ContentPlaceHolder1" runat="server">
    <asp:PlaceHolder ID="PlaceHolder1"
runat="server"
ViewStateMode="Disabled">
        <!--无  ViewState-->
        <asp:Label ID="Label1"
runat="server"
ViewStateMode="Disabled" />
        <br />
        <!--有  ViewState-->
        <asp:Label ID="Label2" runat="server" ViewStateMode="Enabled" />
        <br />
        <!--无  ViewState-->
        <asp:Label ID="Label3" runat="server" ViewStateMode="Inherit" />
    </asp:PlaceHolder>
    <br />
    <!—单击 "回发" 按钮后观察各个Label控件是否启用了  ViewState-->
    <asp:Button ID="Button1" runat="server" Text="回发" />
</asp:Content>
```

范例 095：追加字符串
源码路径：光盘\演练范例\095\
视频路径：光盘\演练范例\095\
范例 096：插入字符串
源码路径：光盘\演练范例\096\
视频路径：光盘\演练范例\096\

接下来编写处理文件 ViewStateDemo.aspx.cs，其主要实现代码如下。

```
public partial class ViewStateDemo : System.Web.UI.Page
    {
```

```
protected void Page_Load(object sender, EventArgs e)
{
    // 页面第一次加载时，分别给3个Label赋值，用于演示是否启用了 ViewState
    if (!Page.IsPostBack)
    {
        Label1.Text = "Label1";
        Label2.Text = "Label2";
        Label3.Text = "Label3";
    }
}
```

上述代码执行后将分别给 3 个 Label 赋值，用于演示是否启用了 ViewState，如图 10-1 所示。

图 10-1　执行效果

10.2.2　ClientIDMode 属性

ClientIDMode 属性用于指定 ASP.NET 如何为客户端脚本中可以访问的控件生成 ClientID。此属性有如下 4 个可选值。

（1）Inherit：控件继承其父控件的 ClientIDMode 设置。

（2）AutoID　ClientID：其值是通过串联每个父命名容器的 Client ID 值生成的，这些父命名容器都具有控件的 ID 值。在呈现控件的多个实例的数据绑定方案中，将在控件的 ID 值的前面插入递增的值。各部分之间以下划线字符(_)分隔。此算法是 ASP.NET 4 以前的 ASP.NET 版本中唯一可以使用的算法。

（3）Predictable：对于数据绑定控件中的控件使用此算法。如果控件是生成多个行的数据绑定控件，则在末尾添加 ClientIDRowSuffix 属性中指定的数据字段的值。对于 GridView 控件，可以指定多个数据字段。如果 ClientIDRowSuffix 属性为空白，则在末尾添加顺序号，而非数据字段值。各部分之间以下划线字符(_)分隔。

（4）Static ClientID：其值设置为 ID 属性的值。如果控件是命名容器，则该控件将用作其所包含的任何控件的命名容器的顶层。

🌸 注意：在某控件层级中，如果没有设置 ClientIDMode，则其默认值为 AutoID。如果在控件层级中的父级控件设置了 ClientIDMode，则其子控件的默认值为 Inherit。

实例 049	演示 ClientIDMode 属性的用法	
	源码路径　光盘\daima\10\AspDotNet \	视频路径　光盘\视频\实例\第 10 章\049

首先编写实现文件 ClientID.aspx.aspx，其主要代码如下。

```
<%@ Page Title="ClientID" Language="C#" MasterPageFile="~/Site.Master" AutoEventWireup="true"
    CodeBehind="ClientID.aspx.cs" Inherits="AspDotNet.ClientID" ClientIDMode="Static" %>

<asp:Content ID="Content1"
ContentPlaceHolderID="head"
runat="server"
>
</asp:Content>
<asp:Content ID="Content2"
ContentPlaceHolderID="ContentPlaceHolder1"
runat="server">
    <!-- ClientIDMode.AutoID 的 Demo -->
    <fieldset>
        <legend>Legacy</legend>
```

范例 097：删除字符串

源码路径：光盘\演练范例\097\

视频路径：光盘\演练范例\097\

范例 098：替换字符串

源码路径：光盘\演练范例\098\

视频路径：光盘\演练范例\098\

```
            <asp:TextBox ID="txtLegacy" ClientIDMode="AutoID" runat="server" Text="ID: txtLegacy" />
        </fieldset>

        <!-- ClientIDMode.Static 的 Demo -->
        <fieldset>
            <legend>Static</legend>
            <asp:TextBox ID="txtStatic" ClientIDMode="Static" runat="server" Text="ID: txtStatic" />
        </fieldset>

        <!-- ClientIDMode.Inherit的Demo（注意：Page 上的ClientIDMode 的值为Static，所以此控件的客户端ID生成方式也是 Static）-->
        <fieldset>
            <legend>Inherit</legend>
            <asp:TextBox ID="txtInherit" ClientIDMode="Inherit" runat="server" Text="ID: txtInherit" />
        </fieldset>

        <!-- Predictable 模式中自动分配 Suffix 的方式 -->
        <fieldset>
            <legend>Predictable Repeater </legend>
            <div id="repeaterContainer">
                <asp:Repeater ID="repeater" runat="server" ClientIDMode="Static">
                    <ItemTemplate>
                        <div>
                            <asp:Label ID="productPrice" ClientIDMode="Predictable" runat="server">
                            <%# string.Format(System.Globalization.CultureInfo.CurrentUICulture, "{0:c}", Eval("ProductPrice"))%>
                            </asp:Label>
                        </div>
                    </ItemTemplate>
                </asp:Repeater>
            </div>
            <asp:TextBox ID="txtPredictableRepeater" runat="server" TextMode="MultiLine" Rows="10"
            ClientIDMode="Static" Style="width: 99%;" />
        </fieldset>

        <!-- Predictable 模式中分配指定 Suffix 的方式（ClientIDRowSuffix 指定 Suffix 的数据来源） -->
        <fieldset>
            <legend>Predictable ListView </legend>
            <asp:ListView ID="listView" runat="server" ClientIDMode="Static" ClientIDRowSuffix="ProductId">
                <ItemTemplate>
                    <div>
                        <asp:Label ID="productPrice" ClientIDMode="Predictable" runat="server">
                            <%# string.Format(System.Globalization.CultureInfo.CurrentUICulture, "{0:c}", Eval("ProductPrice"))%>
                        </asp:Label>
                    </div>
                </ItemTemplate>
                <LayoutTemplate>
                    <div id="listViewContainer">
                        <div id="itemPlaceholder" runat="server" />
                    </div>
                </LayoutTemplate>
            </asp:ListView>
            <asp:TextBox ID="txtPredictableListView" runat="server" TextMode="MultiLine" Rows="10"
            ClientIDMode="Static" Style="width: 99%;" />
        </fieldset>

        <script type="text/javascript">

            window.onload = function () {
                document.getElementById('<%= txtLegacy.ClientID %>').value += " ClientID: " + '<%= txtLegacy.ClientID %>';

                document.getElementById('<%= txtStatic.ClientID %>').value += " ClientID: " + '<%= txtStatic.ClientID %>';

                document.getElementById('<%= txtInherit.ClientID %>').value +="ClientID: " + '<%= txtInherit.ClientID %>';

                document.getElementById('txtPredictableRepeater').value = document.getElementById('repeaterContainer').innerHTML;

                document.getElementById('txtPredictableListView').value = document.getElementById('listViewContainer').innerHTML;
            }

        </script>
</asp:Content>
```

编写处理文件 ClientID.aspx.cs，主要实现代码如下。

```
public partial class ClientID : System.Web.UI.Page
{
    protected void Page_Load(object sender, EventArgs e)
    {
        BindData();
    }
    // 绑定数据到 ListView
    private void BindData()
    {
        Random random = new Random();
        List<Product> products = new List<Product>();
        for (int i = 0; i < 5; i++)
        {
            products.Add(new Product { ProductId = i + 100, ProductName = "名称", ProductPrice = random.NextDouble() });
        }
        listView.DataSource = products;
        listView.DataBind();
        repeater.DataSource = products;
        repeater.DataBind();
    }
    class Product
    {
        public int ProductId { get; set; }
        public string ProductName { get; set; }
        public double ProductPrice { get; set; }
    }
}
```

10.2.3　EnablePersistedSelection 属性

当在原始网页的第一页中选择如 DataList 或者 GridView 控件中的一行时，如果移动到另一个网页，在新的页上将选择同编号行，虽然我们只在第一页中选择了它。为了避免上述问题，ASP.NET 4.5 为这些控件推出了 EnablePersistedSelection 属性。如果将该属性值设置为 True，则在其他网页中将不能选择同一编号。例如，导航到原始网页，第一页中将显示选定的最初选定的行。此属性有如下 3 个可选值。

（1）EnablePersistedSelection：保存选中项的方式

（2）True：根据 DataKeyNames 指定的字段作为关键字保存选中项，分页操作不会改变选中项。

（3）False：根据行在当前页的表中的索引为关键字保存选中项，分页后选中项会发生改变。例如，在第一页选中了第一行，那么分页到第二页时，选此页的第一行就会被当成选中项，也就是选中项发生了改变。

实例 050	演示 EnablePersistedSelection 属性的用法	
	源码路径　光盘\daima\10\AspDotNet \	视频路径　光盘\视频\实例\第 10 章\050

首先编写实现文件 EnablePersistedSelection.aspx，其主要代码如下。

```
<%@ Page Title="" Language="C#" MasterPageFile="~/Site.Master" AutoEventWireup="true"
    CodeBehind="EnablePersistedSelection.aspx.cs" Inherits="AspDotNet.EnablePersistedSelection" %>
<asp:Content ID="Content1" ContentPlaceHolderID="head" runat="server">
</asp:Content>
<asp:Content ID="Content2"
ContentPlaceHolderID="ContentPlaceHolder1"
runat="server">
    <asp:GridView ID="gridView"
runat="server" AllowPaging="True"
DataSourceID="ObjectDataSource1"
        CellPadding="4" ForeColor="#333333"
GridLines="None"
EnablePersistedSelection="true"
        DataKeyNames="productId">
        <AlternatingRowStyle BackColor="White" />
        <Columns>
            <asp:CommandField ShowSelectButton="True" />
```

范例 099：URL 编码

源码路径：光盘\演练范例\099\

视频路径：光盘\演练范例\099\

范例 100：URL 解码

源码路径：光盘\演练范例\100\

视频路径：光盘\演练范例\100\

```
            <asp:BoundField DataField="productId" HeaderText="productId" SortExpression="productId" />
            <asp:BoundField DataField="productName" HeaderText="productName" SortExpression="productName" />
            <asp:BoundField DataField="productPrice" HeaderText="productPrice" SortExpression="productPrice" />
        </Columns>
        <FooterStyle BackColor="#990000" Font-Bold="True" ForeColor="White" />
        <HeaderStyle BackColor="#990000" Font-Bold="True" ForeColor="White" />
        <PagerStyle BackColor="#FFCC66" ForeColor="#333333" HorizontalAlign="Center" />
        <RowStyle BackColor="#FFFBD6" ForeColor="#333333" />
        <SelectedRowStyle BackColor="#FFCC66" Font-Bold="True" ForeColor="Navy" />
        <SortedAscendingCellStyle BackColor="#FDF5AC" />
        <SortedAscendingHeaderStyle BackColor="#4D0000" />
        <SortedDescendingCellStyle BackColor="#FCF6C0" />
        <SortedDescendingHeaderStyle BackColor="#820000" />
    </asp:GridView>
    <asp:ObjectDataSource ID="ObjectDataSource1" runat="server" SelectMethod="GetData"
        TypeName="AspDotNet.EnablePersistedSelection"></asp:ObjectDataSource>
</asp:Content>
```

编写处理文件 EnablePersistedSelection.aspx.cs，其主要实现代码如下。

```
public partial class EnablePersistedSelection : System.Web.UI.Page
{
    protected void Page_Load(object sender, EventArgs e)
    {
    }
    // 为 GridView 提供数据
    public List<Product> GetData()
    {
        Random random = new Random();
        List<Product> products = new List<Product>();
        for (int i = 0; i < 100; i++)
        {
            products.Add(new Product { ProductId = i + 1, ProductName = "名称", ProductPrice = random.NextDouble() });
        }
        return products;
    }
}
// 为 GridView 提供数据的实体类
public class Product
{
    public int ProductId { get; set; }
    public string ProductName { get; set; }
    public double ProductPrice { get; set; }
}
```

上述代码执行后的效果如图 10-2 所示，当换页之后不会选中以前选中的行。

	productId	productName	productPrice	ProductId	ProductName	ProductPrice
选择	91	名称	0.892447134429797	91	名称	0.892447134429797
选择	92	名称	0.786112476506323	92	名称	0.786112476506323
选择	93	名称	0.461196197877264	93	名称	0.461196197877264
选择	94	名称	0.962740933039571	94	名称	0.962740933039571
选择	95	名称	0.97635231585072	95	名称	0.97635231585072
选择	96	名称	0.522006623224358	96	名称	0.522006623224358
选择	97	名称	0.524165149090889	97	名称	0.524165149090889
选择	98	名称	0.0944837634891662	98	名称	0.0944837634891662
选择	99	名称	0.00378022808757621	99	名称	0.00378022808757621
选择	100	名称	0.247583060174986	100	名称	0.247583060174986
			1 2 3 4 5 6 7 8 9 10			

图 10-2　执行效果

10.3　增强的 Dynamic Data 控件

知识点讲解：光盘:视频\PPT 讲解（知识点）\第 10 章\增强的 Dynamic Data 控件.mp4

Dynamic Data 控件犹如 ASP.NET 的 Ruby on Rails，它无需配置、无需代码、无需任何干预，只使用一个控件即可完成一个完整的数据驱动程序。动态数据控件会自动搜寻项目中的数据库，自动选择与页面文件名相同的数据表，自动提供列表显示、详细内容显示、过滤、分页、排序、添加、删除、编辑、修改以及 RSS 等功能，所有功能都是自动的。ASP.NET4.5 中的 Dynamic Data 控件功能更加强大，在下面的内容中将向你具体展示。

在 ASP.NET 4.5 中，Dynamic Data 控件新增了如下 4 个可选值。

（1）EnableDynamicData：启用 Dynamic Data 的功能。

（2）DynamicHyperLink：用于方便地生成在 Dynamic Data 站点中导航的超链接；

（3）Entity Template：实体模板是一个新增的用于自定义数据显示的模板，其基于 FormView 控件做数据呈现。

（4）DisplayAttribute：新增的一个 Attribute，可以设置字段的 Name 和 Order。

1. 演示 EnableDynamicData

实例 051	演示 EnableDynamicData 的使用
	源码路径　光盘\daima\10\ DynamicData\　　　视频路径　光盘\视频\实例\第 10 章\051

首先编写实现文件 EnableDynamicData.aspx，其主要代码如下。

```
<%@ Page Language="C#" AutoEventWireup="true" CodeBehind="EnableDynamicData.aspx.cs"
    Inherits="DynamicData.Demo.EnableDynamicData" %>
<!DOCTYPE html PUBLIC "-//W3C//DTD XHTML 1.0 Transitional
//EN" "http://www.w3.org /TR/xhtml1/DTD/xhtml1-transitional.dtd">
<html xmlns="http://www.w3.org/1999/xhtml">
<head runat="server">
    <title></title>
</head>
<body>
    <form id="form1" runat="server">
        <div>
            <!--收集并显示由 Dynamic Data 所做的数据验证的结果-->
            <asp:ValidationSummary ID="ValidationSummary1" runat=
"server" EnableClientScript="true" HeaderText="验证错误的列表" />
            <asp:DetailsView ID="DetailsView1" runat="server" AllowPaging=
"True" DataKeyNames="ProductID"
                DataSourceID="EntityDataSource1">
                <Fields>
                    <asp:CommandField ShowDeleteButton="True" ShowEditButton="True" ShowInsertButton="True" />
                </Fields>
            </asp:DetailsView>
            <asp:EntityDataSource ID="EntityDataSource1" runat="server" ConnectionString="name=AdventureWorksEntities"
                DefaultContainerName="AdventureWorksEntities" EnableDelete="True" EnableInsert="True"
                EnableUpdate="True" EntitySetName="Products" EnableFlattening="False">
            </asp:EntityDataSource>
        </div>
    </form>
</body>
</html>
```

> 范例 101：使用 Accordion 控件实现折叠面板
> 源码路径：光盘\演练范例\101\
> 视频路径：光盘\演练范例\101\
> 范例 102：用 DragPanelExtender 实现拖曳层
> 源码路径：光盘\演练范例\102\
> 视频路径：光盘\演练范例\102\

编写处理文件 EnableDynamicData.aspx.cs，其主要实现代码如下。

```
public partial class EnableDynamicData : System.Web.UI.Page
{
    protected void Page_Init()
    {
        DetailsView1.EnableDynamicData(typeof(Product), new { Name = "默认名称" });
    }
    protected void Page_Load(object sender, EventArgs e)
    {
    }
}
```

通过上述代码，启动了 Dynamic Data 控件的新功能。

2. 演示 DynamicHyperLink

实例 052	**演示 DynamicHyperLink 的使用**
	源码路径　光盘\daima\10\ DynamicData\　　视频路径　光盘\视频\实例\第 10 章\052

首先编写实现文件 DynamicHyperLinkDemo.aspx，其主要代码如下。

```
<%@ Page Language="C#" AutoEventWireup="true" CodeBehind="DynamicHyperLinkDemo.aspx.cs"
    Inherits="DynamicData.Demo.DynamicHyperLinkDemo" %>
<!DOCTYPE html PUBLIC "-//W3C//DTD XHTML 1.0 Transitional//EN" "http://www.w3.org /TR/xhtml1/DTD/xhtml1-transitional.dtd">
<html xmlns="http://www.w3.org/1999/xhtml">
<head runat="server">
    <title></title>
</head>
<body>
    <form id="form1" runat="server">
        <div>
            <!--
                DynamicHyperLink -
                    Action - 指定 Action（可选值
                    有List|Details|Edit|Insert）
                    TableName - 需要链接到的目标表名
                    ContextTypeName - 上下文的类全名
            -->
            <asp:DynamicHyperLink ID="ListHyperLink" runat="server" Text="全部产品" Action="List"
                TableName="Products" ContextTypeName="DynamicData.AdventureWorksEntities">
            </asp:DynamicHyperLink>
            <!--
```

> 范例 103：用 Timer 控件实现 Ajax 聊天室
> 源码路径：光盘\演练范例\103\
> 视频路径：光盘\演练范例\103\
> 范例 104：CollapsiblePanelExtender 实现最小化
> 源码路径：光盘\演练范例\104\
> 视频路径：光盘\演练范例\104\

生成的 HTML 代码如下：

```
            <a id="ListHyperLink" href="/Products/List.aspx">全部产品&lt;/a>
            -->
        </div>
    </form>
</body>
</html>
```

在上述代码中，通过 DynamicHyperLink 生成了在 Dynamic Data 站点中导航的超链接。

10.4 并 行 运 算

📹 知识点讲解：光盘:视频\PPT 讲解（知识点）\第 10 章\并行运算.mp4

并行运算是相对于串行运算来说的。并行运算可分为时间上的并行运算和空间上的并行运算。时间上的并行运算是指流水线技术，而空间上的并行运算则是指用多个处理器并发地执行计算。

1. For 循环的并行运算

实例 053	**演示 For 循环的并行运算**
	源码路径　光盘\daima\10\CSharp\Parallel\　　视频路径　光盘\视频\实例\第 10 章\053

编写主实现文件 ParallelFor.aspx.cs，其主要代码如下。

```
public partial class ParallelFor : System.Web.UI.Page
{
    protected void Page_Load(object sender, EventArgs e)
    {
        Normal();
        ParallelForDemo();
    }
    private void Normal()
    {
        DateTime dt = DateTime.Now;
        for (int i = 0; i < 20; i++)
        {
```

> 范例 105：倒计时秒表
> 源码路径：光盘\演练范例\105\
> 视频路径：光盘\演练范例\105\
> 范例 106：实现阴影效果的模态窗口
> 源码路径：光盘\演练范例\106\
> 视频路径：光盘\演练范例\106\

```
                GetData(i);
            }
            Response.Write((DateTime.Now - dt).TotalMilliseconds.ToString());
            Response.Write("<br />");
            Response.Write("<br />");
        }
        private void ParallelForDemo()
        {
            DateTime dt = DateTime.Now;
            // System.Threading.Tasks.Parallel.For - for 循环的并行运算
            System.Threading.Tasks.Parallel.For(0, 20, (i) => { GetData(i); });
            Response.Write((DateTime.Now - dt).TotalMilliseconds.ToString());
            Response.Write("<br />");
        }
        private int GetData(int i)
        {
            System.Threading.Thread.Sleep(100);
            Response.Write(i.ToString());
            Response.Write("<br />");
            return i;
        }
    }
}
```

2. For Each 循环的并行运算

实例 054　演示 ForEach 的并行运算

源码路径　光盘\daima\10\CSharp\Parallel\　视频路径　光盘\视频\实例\第 10 章\054

编写主实现文件 ParallelForEach.aspx.cs，其主要代码如下。

```
public partial class ParallelForEach : System.Web.UI.Page
{
    private List<int> _data = new List<int>();
    protected void Page_Load(object sender, EventArgs e)
    {
        InitData();
        Normal();
        ParallelForEachDemo();
    }
    private void InitData()
    {
        _data.Clear();
        for (int i = 0; i < 20; i++)
        {
            _data.Add(i);
        }
    }
    private void Normal()
    {
        DateTime dt = DateTime.Now;
        for (int i = 0; i < 20; i++)
        {
            GetData(i);
        }
        Response.Write((DateTime.Now - dt).TotalMilliseconds.ToString());
        Response.Write("<br />");
        Response.Write("<br />");
    }
    private void ParallelForEachDemo()
    {
        DateTime dt = DateTime.Now;
        // System.Threading.Tasks.Parallel.ForEach - foreach 循环的并行运算
        System.Threading.Tasks.Parallel.ForEach(_data, (index) => { GetData(index); });
        Response.Write((DateTime.Now - dt).TotalMilliseconds.ToString());
        Response.Write("<br />");
    }
    private int GetData(int i)
    {
        System.Threading.Thread.Sleep(100);
        Response.Write(i.ToString());
        Response.Write("<br />");
        return i;
    }
}
```

> 范例 107：用 Ajax Calendar 实现日期选择
> 源码路径：光盘\演练范例\107\
> 视频路径：光盘\演练范例\107\
> 范例 108：在商城展示页面中使用 Ajax 技术
> 源码路径：光盘\演练范例\108\
> 视频路径：光盘\演练范例\108\

10.5 ADO.NET Data Services 1.5 的新增功能

知识点讲解: 光盘:视频\PPT 讲解（知识点）\第 10 章\ADO.NET Data Services 1.5 的新增功能.mp4

ADO.NET Data Services 1.5 新增了如下 5 条功能。

（1）支持服务端的 RowCount：获取指定实体集合的成员数，即只返回一个整型值，而不返回实体集合。

（2）支持服务端的分页：服务端可以返回分页后的数据，并且在其中还可以包含全部数据总数。

（3）支持服务端的 Select：返回的结果只包括 Select 的字段。

（4）支持大数据传输 BLOB（Binary Large Object）。

（5）支持自定义数据服务。

实例 055 演示支持服务端 RowCount

源码路径　光盘\daima\10\DataAccess\DataServices\　　视频路径　光盘\视频\实例\第 10 章\055

本实例的具体实现过程如下。

（1）编写主实现文件 MyDataService.svc.cs，其主要代码如下。

```
namespace DataAccess.DataServices.Service
{
    [System.ServiceModel.ServiceBehavior (Include
ExceptionDetailInFaults = true)]
    public class MyDataService : DataService<MyEntity.
AdventureWorksEntities>
    {
        public static void InitializeService (DataService
Configuration config)
        {
            config.DataServiceBehavior. MaxProtocol
Version = DataServiceProtocolVersion.V2;
            config.SetEntitySetAccessRule("Products", EntitySetRights.All);
            // SetEntitySetPageSize(string name, int size)是新增的方法，用于提供分页后的数据
            // string name - 指定需要用于分页的实体集合
            // int size – 指定分页的页大小
            config.SetEntitySetPageSize("Products", 5);
        }
    }
}
```

> 范例 109：Office 文件操作
> 源码路径：光盘\演练范例\109\
> 视频路径：光盘\演练范例\109\
> 范例 110：使用 System.Web.Mail 发送邮件
> 源码路径：光盘\演练范例\110\
> 视频路径：光盘\演练范例\110\

（2）编写文件 RowCount.aspx.cs，其主要实现代码如下。

```
namespace DataAccess.DataServices
{
    public partial class RowCount : System.Web.UI.Page
    {
        protected void Page_Load(object sender, EventArgs e)
        {
            MyDataServiceProxy.AdventureWorksEntities context = new MyDataServiceProxy. AdventureWorksEntities(new
Uri("http://localhost:9046/DataServices/Service/MyDataService.svc/"));
            // 支持服务端的 RowCount - 获取指定实体集合的成员数（只返回一个整型值，而不返回实体集合）
            var productCount = context.Products.Count();
            Response. Write(productCount.ToString());
        }
    }
}
/*
$count - 返回 RowCount，即对应集合的成员数（只返回一个整型值，而不返回实体集合）
http://localhost:9046/DataServices/Service/MyDataService.svc/Products/$count
$inlinecount=none - 只返回实体集合（分页后的数据）
http://localhost:9046/DataServices/Service/MyDataService.svc/Products?$inlinecount=none
$inlinecount=allpages - 在返回实体集合的基础上（分页后的数据），其中还会包括一个实体集合成员数（分页前的数据）的字段
http://localhost:9046/DataServices/Service/MyDataService.svc/Products?$inlinecount=allpages
*/
```

其中以 URI 语法的方式查询 ADO.NET 数据服务的格式如下。

http://[Url]/[ServiceName]/[EntityName]/[NavigationOptions]?[QueryOptions]

实例 056　演示支持服务端分页

源码路径　光盘\daima\10\DataAccess\DataServices\　　视频路径　光盘\视频\实例\第 10 章\056

本实例的具体实现过程如下所示。

（1）编写主实现文件 MyDataService.svc.cs，其主要代码如下。

```
namespace DataAccess.DataServices.Service
{
    [System.ServiceModel.ServiceBehavior(IncludeExceptionDetailInFaults = true)]
    public class MyDataService : DataService<MyEntity.AdventureWorksEntities>
    {
        public static void InitializeService(DataServiceConfiguration config)
        {
            config.DataServiceBehavior.MaxProtocolVersion = DataServiceProtocolVersion.V2;
            config.SetEntitySetAccessRule("Products", EntitySetRights.All);

            // SetEntitySetPageSize(string name, int size) - 新增的方法,
用于提供分页后的数据
            //     string name - 指定需要用于分页的实体集合
            //     int size – 指定分页的页大小
            config.SetEntitySetPageSize("Products", 5);
        }
    }
}
```

> 范例 111：使用 Jmail 组件接收 E-mail
> 源码路径：光盘\演练范例\111\
> 视频路径：光盘\演练范例\111\
> 范例 112：实现简单搜索
> 源码路径：光盘\演练范例\112\
> 视频路径：光盘\演练范例\112\

（2）编写文件 Paging.aspx.cs，其主要实现代码如下。

```
namespace DataAccess.DataServices
{
    public partial class Paging : System.Web.UI.Page
    {
        protected void Page_Load(object sender, EventArgs e)
        {
            MyDataServiceProxy.AdventureWorksEntities context = new MyDataServiceProxy.AdventureWorksEntities(new
                Uri ("http://localhost:9046/DataServices/Service/MyDataService.svc/"));
// 支持服务端的分页 - 服务端中可以返回分页后的数据,并且在其中还可以包含全部数据总数
//服务端代码：config.SetEntitySetPageSize("Products", 5); 表示每页最多 5 条数据
//客户端代码：通过 Skip() 方法来控制需要跳过的记录数
            var products = context.Products.Skip(10);
            foreach (var product in products)
            {
                Response.Write(product.ProductID.ToString() + "<br />");
            }
        }
    }
}
/*
$skip=[int] - 指定需要跳过的记录数
http://localhost:9046/DataServices/Service/MyDataService.svc/Products?$skip=10

$inlinecount=none - 只返回实体集合（分页后的数据）
http://localhost:9046/DataServices/Service/MyDataService.svc/Products?$inlinecount=none

$inlinecount=allpages -在返回实体集合的基础上（分页后的数据）,其中还包括一个实体集合成员数（分页前的数据）的字段
http://localhost:9046/DataServices/Service/MyDataService.svc/Products?$inlinecount=allpages
*/
```

10.6　ADO.NET Entity Framework 的新增功能

知识点讲解：光盘:视频\PPT 讲解（知识点）\第 10 章\ADO.NET Entity Framework 4.5 的新增功能.mp4

在 ASP.NET 4.5 中，ADO.NET Entity Framework 4.5 的新增功能如下。

（1）对外键的支持，即把外键当做实体的一个属性来处理。

（2）对复杂类型的支持，即实体属性可以是一个复杂类型。

（3）既可以将多个表映射到一个概念实体，还可以将一个表拆为多个概念实体。

（4）增强了 LINQ to Entities 功能。

（5）新增了对 POCO（Plain Old CLR Object）的支持，即 Model 代码中不会有任何关于持久化的代码。

实例 057	演示对外键的支持
	源码路径　光盘\daima\10\DataAccess\EntityFramework\　　视频路径　光盘\视频\实例\第 10 章\057

实例文件 Demo.aspx.cs 的主要实现代码如下。

```
namespace DataAccess.EntityFramework.ForeignKeys
{
    public partial class Demo : System.Web.UI.Page
    {
        private Random _random = new Random();
        protected void Page_Load(object sender, EventArgs e)
        {
            // 在一个已存在的产品类别下新建一个产品（通过外键值）
            using (var ctx = new ForeignKeysEntities())
            {
                Product p = new Product
                {
                    Name = "webabcd test" + _random.Next().ToString(),
                    ProductNumber = _random.Next().ToString(),
                    StandardCost = 1,
                    ListPrice = 1,
                    SellStartDate = DateTime.Now,
                    rowguid = Guid.NewGuid(),
                    ModifiedDate = DateTime.Now,
                    ProductCategoryID = 18
                };
                // 这里需要手工 Add 这个新的 Product，然后再调用 SaveChanges()
                ctx.Products.AddObject(p);
                Response.Write(ctx.SaveChanges());
            }
            Response.Write("<br /><br />");
            // 在一个已存在的产品类别下新建一个产品（通过外键对象）
            using (var ctx = new ForeignKeysEntities())
            {
                Product p = new Product
                {
                    Name = "webabcd test" + _random.Next().ToString(),
                    ProductNumber = _random.Next().ToString(),
                    StandardCost = 1,
                    ListPrice = 1,
                    SellStartDate = DateTime.Now,
                    rowguid = Guid.NewGuid(),
                    ModifiedDate = DateTime.Now,
                    ProductCategory = ctx.ProductCategories.Single(c => c.ProductCategoryID == 18)
                };
            // 这里直接调用 SaveChanges() 即可，而不用再手工地 Add 这个新的 Product
            // 因为与这个新的 Product 关联的那个已存在的 ProductCategory 会自动地 Add 这个新的 Product
            Response.Write(ctx.SaveChanges());
            }
        }
    }
}
```

范例 113：实现复杂的搜索
源码路径：光盘\演练范例\113\
视频路径：光盘\演练范例\113\
范例 114：普通登录
源码路径：光盘\演练范例\114\
视频路径：光盘\演练范例\114\

ADO.NET Entity Framework 4.5 对存储过程的支持有了明显的增强，主要表现为可以将存储过程的返回值映射到一个自定义的复杂类型上。当然，这个复杂类型也可以根据存储过程的返回值自动生成。

实例 058	演示对复杂类型的支持
	源码路径　光盘\daima\10\DataAccess\EntityFramework\　　视频路径　光盘\视频\实例\第 10 章\058

本实例的具体实现过程如下。

（1）在 EDM 设计器中的实体上，单击鼠标右键，在弹出的快捷菜单中选择"Add"命令，可以新建一个复杂类型。

（2）在 EDM 设计器中的实体上，选中多个属性后单击鼠标右键，在弹出的快捷菜单中选择"Refactor into New Complex Type"命令，可以合并多个属性为一个复杂类型；

（3）在 EDM 设计器中的"Mapping Details"窗口或"Model Broswer"窗口中，可以对复杂类型进行编辑。

编写实现文件 Demo.aspx.cs，其主要代码如下。

```
namespace DataAccess.EntityFramework.ComplexType
{
    public partial class Demo : System.Web.UI.Page
    {
        protected void Page_Load(object sender, EventArgs e)
        {
            using (var ctx = new ComplexTypeEntities())
            {
                // 这里的 Name 类型是自定义的一个复杂类型
                // (其有3个属性，分别为 FirstName、 MiddleName和LastName)，详见EDM
                Name name = ctx.Customers.First().Name;
                Response.Write(string.Format("FirstName: {0}<br />MiddleName: {1}<br />LastName: {2}", name.FirstName,
                name.MiddleName, name.LastName));
            }
            Response.Write("<br /><br />");
            using (var ctx = new ComplexTypeEntities())
            {
                // 此处的MyCustomer 类型是存储过程 uspSelectCustomer
                // 其概念模型为：GetCustomer()的返回值的映射类型
                MyCustomer customer = ctx.GetCustomer().First();
                Response.Write(string.Format("CustomerID: {0}<br />FirstName: {1}<br />MiddleName: {2}<br
/>LastName: {3}", customer.CustomerID, customer.FirstName, customer.MiddleName, customer.LastName));
            }
        }
    }
}
```

範例 115：单击登录
源码路径：光盘\演练范例\115\
视频路径：光盘\演练范例\115\
範例 116：MD5 加密登录用户密码
源码路径：光盘\演练范例\116\
视频路径：光盘\演练范例\116\

在上述代码中，诠释了 ADO.NET Entity Framework 4.5 中对复杂类型的支持，即实体属性可以是一个复杂类型。

10.7 技 术 解 惑

10.7.1 QueryExtender 控件的用法

在 ASP.NET 程序中，QueryExtender 控件是一个过滤控件，可以对数据库中的数据进行筛选。对于创建数据驱动的网页的开发人员，一项十分常见的任务就是筛选数据。该任务的传统实现执行方法是在数据源控件中生成 Where 子句。这种方法十分复杂，而且在某些情况下，通过 Where 语法无法充分利用基础数据库的全部功能。为了简化筛选操作，ASP.NET 4.5 中增加了 QueryExtender 控件。

在开发应用中，可以将 QueryExtender 控件添加到 EntityDataSource 或 LinqDataSource 控件中，以筛选这些控件返回的数据。QueryExtender 控件依赖于 LINQ，但用户无需了解如何编写 LINQ 查询即可使用该查询扩展程序。QueryExtender 控件支持多种筛选选项，如表 10-1 所示。

表 10-1	QueryExtender 的筛选选项
术　语	定　义
SearchExpression	搜索一个或多个字段中的字符串值，并将这些值与指定的字符串值进行比较。
RangeExpression	在一个或多个字段中搜索由一对值指定的范围内的值
PropertyExpression	对指定的值与字段中的属性值进行比较。如果表达式的计算结果为 True，则返回所检查的数据
OrderByExpression	按指定的列和排序方式对数据进行排序
CustomExpression	调用一个函数，用于定义页面中的自定义筛选器

筛选操作通过仅显示满足指定条件的记录，从数据源中排除数据。通过筛选，可以在不影响数据集中的数据的情况下以多种方式查看这些数据。

筛选通常要求用户创建 Where 子句，以应用于查询数据源的命令。但是，LinqDataSource 控件的 Where 属性并不公开 LINQ 中提供的全部功能。为了更便于筛选数据，ASP.NET 4.5 提供了 QueryExtender 控件，该控件可通过声明性语法从数据源中筛选出数据。使用 QueryExtender 控件有以下优点。

（1）与编写 Where 子句相比，可提供功能更丰富的筛选表达式。

（2）提供一种 LinqDataSource 和 EntityDataSource 控件均可使用的查询语言。例如，如果将 QueryExtender 与这些数据源控件配合使用，则可以在网页中提供搜索功能，而不必编写特定于模型的 Where 子句或 eSQL 语句。

（3）可以与 LinqDataSource 或 EntityDataSource 控件配合使用，或与第三方数据源配合使用。

（4）支持多种可单独和共同使用的筛选选项。

10.7.2　并行运算中的多线程

从 ASP.NET 4.0 开始，ASP.NET 提供了新的并行库以及新的并行编程模式和编程思维方式。很多读者可能觉得在日常的编程中，ASP.NET 程序员使用多线程编程的不是很多。其实这种感觉是错误的，我们无时无刻不在享受多线程的优势。首先，Web 服务器环境就是一个多线程环境，每一个请求都是独立的线程。如果没有多线程，则很难想象只能同步处理一个请求的 Web 服务器有什么用。同样道理，数据库也是一个多线程环境。对于 Windows 应用程序的程序员来说，恐怕很难不接触多线程，最简单的场景就是新开启线程去完成一些耗时的操作，这样就可以避免 UI 停止响应，操作结束后再把操作结果应用在主线程的控件上。虽然这样的应用是多线程，甚至很多程序员习惯于什么操作都新开启一个线程去实现。笔者觉得这样的多线程应用的思维还停留在单核时代，在多核时代确实可以让任务实际地并行执行而不是看上去并行执行。

进程和线程的基本概念不用多说，自然我们能理解一个进程至少包含一个线程。通过在一个进程中开启多个线程，就可以让一个程序在同一时间看上去能做多件事情，如可以在接受用户响应的，同时进行一些计算。在以前处理器往往只有一个核心，也就是说在同一时间处理器只能做一件事情。那么怎么实现多个线程同时执行呢？其实这个"同时"只是表面上看上去的"同时"，实质上多个线程依次占用处理器的若干时间片，大家轮流使用其资源。由于这个时间片非常短，所以在一个长的时间内看起来似乎是几个线程同时得到了执行。

举一个生动的例子，经常看到有一些画家能同时在一个画布上画两个不同的图像，如一只手画物，另一只手画房子，最后一起完成这幅画。但仔细观察即会发现，他是两只手分别拿了一只画笔，在这里画一笔，在那里画一笔，在同一时刻其实只有一只笔在画。这个画家应该也像普通人一样是"单核"的，只是线程切换比较快罢了。我们经常在打电话的时候和网友进行聊天，在同一时间做两件事情，但是这样很费脑子，在打字前要回忆一下刚才聊天的内容，然后输入聊天的文字；然后再去回想一下刚才电话那边说了什么，在电话中回复他一句，这种回忆的工作其实就是准备线程的上下文，交给大脑去处理。虽然同一时间是做了两件事情，但是这个上下文的准备工作也浪费了点时间。如果在打电话、网络聊天的同时在去做第三件事情，如看电影等，估计就不行了。所以，线程也不能开启太多，特别对于人脑来说。但是对于电脑处理器来说就不一样了，你只要准备好数据和指令它执行就是了，至于是几件事情它并不关心，每时每刻地执行指令也完全没问题，当然也可以让它闲着。

10.7.3 并行循环的中断和跳出

在并行循环过程中，偶尔也会需要中断循环或跳出循环。例如，下面的代码演示了跳出循环的两种方法：Stop 和 Break，其中 LoopState 是循环状态的参数。

```
/// <summary>
/// 中断Stop
/// </summary>
private void Demo5()
{
    List<int> data = Program.Data;
    Parallel.For(0, data.Count, (i, LoopState) =>
    {
        if (data[i] > 5)
            LoopState.Stop();
        Thread.Sleep(500);
        Console.WriteLine(data[i]);
    });
    Console.WriteLine("Stop执行结束。");
}
/// <summary>
/// 中断Break
/// </summary>
private void Demo6()
{
    List<int> data = Program.Data;
    Parallel.ForEach(data, (i, LoopState) =>
    {
        if (i > 5)
            LoopState.Break();
        Thread.Sleep(500);
        Console.WriteLine(i);
    });
    Console.WriteLine("Break执行结束。");
}
```

执行效果如图 10-3 所示。

图 10-3　执行效果

由此可见，使用 Stop 会立即停止循环，使用 Break 会执行完毕所有符合条件的项再停止循环。

10.7.4 在并行循环中为数组/集合添加项

在 ASP.NET 应用中，遍历一个数组内的资源的场景比较常见。为了遍历资源，通常会使用如下的代码：

```
private void Demo7()
{
    List<int> data = new List<int>();
    Parallel.For(0, Program.Data.Count, (i) =>
    {
        if (Program.Data[i] % 2 == 0)
            data.Add(Program.Data[i]);
    });
    Console.WriteLine("执行完成For.");
}
private void Demo8()
{
    List<int> data = new List<int>();
    Parallel.ForEach(Program.Data, (i) =>
    {
        if (Program.Data[i] % 2 == 0)
            data.Add(Program.Data[i]);
    });
    Console.WriteLine("执行完成ForEach.");
}
```

对于上述代码，乍看起来应该是没有问题的，但是多次运行后会发现，偶尔也会出现错误，如图 10-4 所示。

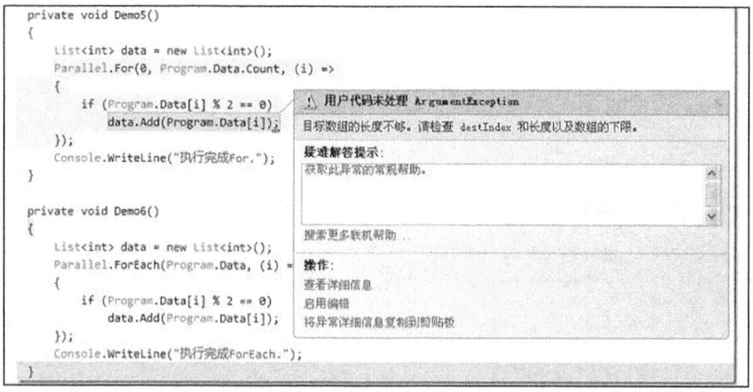

图 10-4　错误提示

造成上述错误的原因是 List 是非线程安全的类，需要在并行循环体内使用 System.Collections.Concurrent 命名空间下的类型。命名空间 System.Collections.Concurrent 中主要类的具体说明如表 10-2 所示。

表 10-2　　　　　　　命名空间 **System.Collections.Concurrent** 中主要类

类	说　　明
BlockingCollection<T>	为实现 IProducerConsumerCollection<T> 的线程安全集合提供阻止和限制功能
ConcurrentBag<T>	表示对象的线程安全的无序集合
ConcurrentDictionary<TKey, TValue>	表示可由多个线程同时访问的键值对的线程安全集合
ConcurrentQueue<T>	表示线程安全的先进先出（FIFO）集合
ConcurrentStack<T>	表示线程安全的后进先出（LIFO）集合
OrderablePartitioner<TSource>	表示将一个可排序数据源拆分成多个分区的特定方式
Partitioner	提供针对数组、列表和可枚举项的常见分区策略
Partitioner<TSource>	表示将一个数据源拆分成多个分区的特定方式

那么上面的代码可以修改为，增加了 ConcurrentQueue 和 ConcurrentStack 的最基本操作。

```
/// <summary>
/// 并行循环操作集合类,集合内只取5个对象
/// </summary>
private void Demo7()
{
```

```
            ConcurrentQueue<int> data = new ConcurrentQueue<int>();
            Parallel.For(0, Program.Data.Count, (i) =>
            {
                if (Program.Data[i] % 2 == 0)
                    data.Enqueue(Program.Data[i]);//将对象加入到队列末尾
            });
            int R;
            while (data.TryDequeue(out R))//返回队列中开始处的对象
            {
                Console.WriteLine(R);
            }
            Console.WriteLine("执行完成For.");
        }
        /// <summary>
        /// 并行循环操作集合类
        /// </summary>
        private void Demo8()
        {
            ConcurrentStack<int> data = new ConcurrentStack<int>();
            Parallel.ForEach(Program.Data, (i) =>
            {
                if (Program.Data[i] % 2 == 0)
                    data.Push(Program.Data[i]);//将对象压入栈中
            });
            int R;
            while (data.TryPop(out R))//弹出栈顶对象
            {
                Console.WriteLine(R);
            }
            Console.WriteLine("执行完成ForEach.");
```

这样就解决了返回一个序列的问题。由此可见，在并行循环内重复操作的对象，必须是
Thread-Safe（线程安全）的。集合类的线程安全对象全部在 System.Collections.Concurrent 命名
空间下。

10.7.5 对 SEO 的改进

搜索引擎优化（SEO）对任何面向公众的网站来说都是非常重要的，现在网站很大比例的
流量来自搜索引擎。ASP.NET 4.5 包含很多新的运行时特性，可以帮助用户进一步优化网站。
其中一些新特性包含。

  ❑ 新的 Page.MetaKeywords 和 Page.MetaDescription 属性。

  ❑ 针对 ASP.NET Web Forms 的新 URL 导向支持。

  ❑ 新的 Response.RedirectPermanent( )方法。

在接下来的内容中，将简单介绍利用这些特性来进一步提高搜索引擎相关性的知识。

（1）Page.MetaKeywords 和 Page.MetaDescription 属性

改进网页搜索相关性的一个简单建议是，确定总是在 HTML 中的<head>部分输出相关的
"keywords"（关键词）和 "description"（描述）<meta>标识。例如：

```
<head runat="server">
    <title>My Page Title</title>
    <meta name="keywords" content="These, are, my, keywords" />
    <meta name="description" content="This is the description of my page" />
</head>
```

在 ASP.NET 4.5 Web Forms 中，一个很好的改进是在 Page 类中增加了两个新属性：
MetaKeywords 和 MetaDescription，它们使得在后台代码类中用编程的手法设置这些值更容易，
也更干净。

ASP.NET 4.5 的<head>服务器控件现在会检索这些值，然后在输出网页的<head>部分时使
用它们。这个行为在使用母版页的场景中尤其有用，<head>是在.master 文件中，与含有特定页

面内容的 .aspx 文件是分开的。此时就可以在 .aspx 页面中设置新的 MetaKeywords 和 MetaDescription 属性，它们的值会自动地由母版页中的<head>控件来显示。

下面的代码演示了如何在 Page_Load( )事件处理函数中，使用编程手法设置 MetaKeywords 和 MetaDescription 属性的过程。

```
void Page_Load(object sender, EventArgs e)
{
    Page.Title = "Setting the <head>'s <title> programmatically was already supported";

    Page.MetaDescription = "Now you can set the <head>'s <meta> description too";
    Page.MetaKeywords = "scottgu, blog, simple, sample, keywords";
}
```

除了在后台代码中使用编程手法设置 MetaKeywords 和 MetaDescription 属性外，还可以在 .aspx 网页顶部的@Page 指令中使用声明的方式来设置，下面的代码就演示了这一设置过程。

```
Products.aspx ×
    <%@ Page Title="My Title"
             Keywords="These, are, my, keywords"
             Description="This is a description"
             MasterPageFile="~/Site.Master"
             CodeBehind="Products.aspx.cs"
             Inherits="WebApplication1.Products" %>
```

这就像我们能预期的那样，如果使用编程手法设置这些属性值，则会替代在<head>部分或@Page 指令中声明设置的任何值。

（2）ASP.NET Web Forms 中的 URL 导向

URL 导向是最先在 ASP.NET 3.5 SP1 中引进的一个功能，已为 ASP.NET MVC 应用所用，用于呈现干净的、SEO 友好的"Web 2.0"URL。URL 导向让配置一个应用来接受并不映射到物理文件的请求 URL，我们可以使用导向来定义对用户来说语义上更具含义的 URL，这些 URL 有助于搜索引擎优化（SEO）。

例如，一个显示产品分类的传统网页的 URL 也许看上去会是这样的：

http://www.mysite.com/products.aspx?category=software

通过使用 ASP.NET 4.5 中的 URL 导向引擎现在可以配置应用来接受下面这样的 URL 来显示同样的信息：

http://www.mysite.com/products/software

在 ASP.NET 4.5 中，像上面这样的 URL 现在可以映射到 ASP.NET MVC 控制器类，也可以映射到基于 ASP.NET Web Forms 的网页。甚至可以有一个应用，同时含有 Web Forms 和 MVC 控制器，使用单一一套导向规则在它们之间映射 URL。

（3）Response.RedirectPermanent( )方法

在 ASP.NET 应用中，开发人员经常使用 Response.Redirect( )方法，用编程的手法将对老的 URL 的请求转到新的 URL 上。但许多开发人员没有意识到的是，Response.Redirect()方法发送的是一个 HTTP 302 Found（临时转向）回复，会在用户尝试访问老的 URL 时，导致多余的 HTTP 往返。搜索引擎一般不会跟随多个重新转向跳转，这意味着使用一个临时转向会负面影响你的网页排名。

ASP.NET 4.5 引进了一个新的 Response.RedirectPermanent(string url)辅助方法，可以用来做一个 HTTP 301（永久性重定向）重新定向。这会导致能识别永久性重新定向的搜索引擎，和其他用户代理保存和使用与内容相关联的新 URL。这会使你的内容编入索引，你的搜索引擎页面排名得到提高。

下面的代码是使用新的 Response.RedirectPermanent()方法重新定向到特定 URL 的一个例子。

```
Response.RedirectPermanent("NewPath/ForOldContent.aspx");
```

ASP.NET 4.5 还引进了新的 Response.RedirectToRoute(string routeName)和 Response. RedirectToRoute Permanent(string routeName)辅助方法，可以用来通过 URL 导向引擎做临时或永久性的重新定向。下面的代码演示了发出临时和永久性的重新定向到注册在 URL 导向系统中的具体路径的（该路径接受一个 category 参数）方法。

```
// Issue temporary HTTP 302 redirect to a named route
Response.RedirectToRoute("Products-Browse", new { category = "beverages" });

// Issue permanent HTTP 301 redirect to a named route
Response.RedirectToRoutePermanent("Products-Browse", new { category = "beverages" } );
```

可以同时针对基于 ASP.NET Web Forms 以及基于 ASP.NET MVC 的 URL 使用上面的路径和方法。由此可见，ASP.NET 4.5 包含了大量的特性改进来方便建造极致 SEO 的面向公众的网站。

第 11 章

ADO.NET 详解

ADO.NET 的名称起源于 ADO(ActiveX Data Objects)，ActiveX 数据对象是一个广泛的类组，用在以往的 Microsoft 技术中访问数据。之所以使用 ADO.NET 名称，是因为 Microsoft 希望表明这是在.NET 编程环境中优先使用的数据访问接口。本章将详细讲解 ADO.NET 的基本知识，为读者学习后面的内容打下坚实的基础。

本章内容	技术解惑
ADO.NET 简介	和 ADO 以及其他数据访问组件相比，
ADO.NET 对象	ADO.NET 的优势是什么
ODBC.NET Data Provider	如何选择 DataReader/DataSet
DataSet 对象	在数据库中的 E-R 图
XML	三层架构
	ADO.NET 起了一个接口的作用

11.1 ADO.NET 简介

知识点讲解：光盘:视频\PPT 讲解（知识点）\第 11 章\ADO.NET 简介.mp4

ADO.NET 增强了对非连接编程模式的支持，并支持 RICH XML。由于传送的数据都是 XML 格式的，因此任何能够读取 XML 格式的应用程序都可以进行数据处理。事实上，接受数据的组件不一定是 ADO.NET 组件，它可以是基于一个 Microsoft Visual Studio 的解决方案，也可以是任何运行在其他平台上的应用程序。本节将详细讲解 ADO.NET 技术的基本知识。

11.1.1 ADO.NET 的作用

ADO.NET 提供了统一的数据访问模型，它兼容了微软的 SQL Server.NET、OLE DB.NET、ODBC.NET 和 XML 等数据接口，并同时支持在线和离线的数据访问方式。用户可以方便地实现与各种不同数据源的连接和数据共享，并实现数据的查询、管理和更新等操作。

ADO.NET 可以被用于任何用户的应用程序，它提供了创建数据源的连接，并高效地读取数据、修改数据和操纵数据。通过 ADO.NET 数据提供程序，可以使数据源与组件、XMI、Web Service 及应用程序之间进行通信和数据操作。ADO.NET 数据中提供的程序包括如下 4 种。

- ❑ SQL Server.NET。
- ❑ Oracle.NET。
- ❑ OLE DB.NET。
- ❑ ODBC.NET。

11.1.2 ADO.NET 结构

原来数据处理主要依赖于基于连接的双层模型，随着数据处理越来越多地使用多层体系结构，程序员正在向断开方法转换，以便为他们的应用程序提供更好的可伸缩性。

1. ADO.NET 组件

ADO.NET 用于访问和操作数据的两个主要组件是.NET Framework 数据提供程序和 DataSet。

（1）.NET Framework 数据提供程序

.NET Framework 数据提供程序是专门为数据操作以及快速、只进、只读访问数据而设计的组件。它包含 Connection、Command、DataReader 和 DataAdapter4 个核心对象。其中，Connection 对象提供到数据源的连接；Command 对象对数据源执行数据库命令，用于返回数据、修改数据、运行存储过程以及发送或检索参数信息；DataReader 对象从数据源中提供高性能的数据流；DataReader 对象执行 SQL 命令并用数据源填充 DataSet。DataAdapter 在 DataSet 对象和数据源之间起到桥梁作用。DataAdapter 使用 Command 对象在数据源中执行 SQL 命令，以便向 DataSet 中加载数据，并将对 DataSet 中的数据更改操作传递给数据源。

（2）DataSet

DataSet 是专门为独立于任何数据源的数据访问而设计的。因此，它可以用于多种不同的数据源，也可以用于 XML 数据，或用于管理应用程序本地的数据。DataSet 包含一个或多个 DataTable 对象的集合，这些对象由数据行和数据列以及有关 DataTable 对象中数据的主键、外键、约束和关系信息组成。

图 11-1 所示为.NET Framework 数据提供程序和 DataSet 之间的关系。

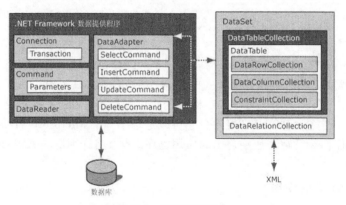

图 11-1　ADO.NET 结构

2．LINQ to DataSet

LINQ to DataSet 提供了对在 DataSet 对象中缓存的数据的查询功能和编译时类型检查。它可以使用一种.NET Framework 开发语言（例如 C#或 Visual Basic）来编写查询。

3．LINQ to SQL

LINQ to SQL 支持查询无需使用中间概念模型即可映射到关系数据库数据结构的对象模型。每个表均由独立的类表示，从而使对象模型与关系数据库架构紧密地耦合在一起。LINQ to SQL 可将对象模型中的语言集成查询转换为 Transact-SQL 并将其发送到数据库，以便执行。当数据库返回结果时，LINQ to SQL 将结果转换回对象。

4．ADO.NET 实体框架

ADO.NET 实体框架的功能是，让开发人员能够通过针对概念性应用程序模型进行编程，而不是直接针对关系存储架构进行编程来创建数据访问应用程序，这样可以减少面向数据的应用程序所需的编码和维护工作。

5．ADO.NET 数据服务

ADO.NET 数据服务框架用于在 Web 或 Intranet 上部署数据服务。这些数据将按照实体数据模型的规范组织成不同的实体和关系。在此模型上部署的数据可通过标准的 HTTP 协议进行寻址。

6．XML 和 ADO.NET

ADO.NET 利用 XML 的功能来提供对数据的断开连接的访问。ADO.NET 是与.NET Framework 中的 XML 类并进设计的，它们都是同一个体系结构的组件。

ADO.NET 和.NET Framework 中的 XML 类集中于 DataSet 对象中。无论 XML 源是文件还是 XML 流，都可以用其中的数据来填充 DataSet。无论 DataSet 中数据的源是什么，都可以将 DataSet 作为符合 W3C 的 XML 进行编写，其架构作为 XML 架构定义语言（XSD）架构。因为 DataSet 的本机序列化格式为 XML，因此它是用于在层间移动数据的绝佳媒介，这使 DataSet 成为了与 XML Web 服务之间远程处理数据和架构上下文的最佳选择。

11.2　ADO.NET 对象

知识点讲解：光盘:视频\PPT 讲解（知识点）\第 12 章\ADO.NET 对象.mp4

在 ASP.NET 程序中,ADO.NET 是通过对象实现具体功能的,这些对象之间的关系如图 11-2 所示。

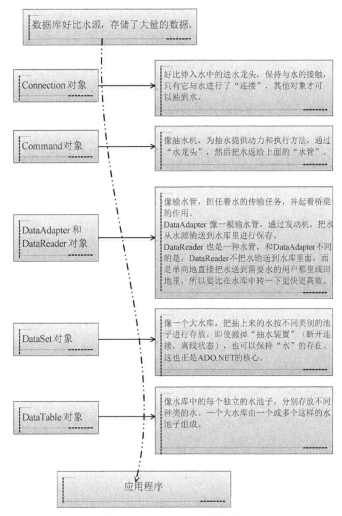

图 11-2   ADO.NET 的内置对象

11.2.1　ADO.NET 的使用环境

ADO.NET 作为数据访问的专门架构，通常是在无连接的数据访问模式下的 Web 应用程序。它主要用于客户机/服务器（C/S）应用程序。通常是在第一次启动时打开连接，将连接保持到应用程序结束。ADO.NET 使用开放的方式实现数据连接，节省系统服务器的开销。

1.　在连接环境下使用

在连接环境下使用 ADO.NET 可以更好地实现数据交互。为了支持连接环境的应用，ADO.NET 特意推出了 XxxDataReader 对象，它提供了快速只向前访问游标的连接方式来访问数据。.NET 数据库程序提供了在连接环境的数据访问模式中使用的 ADO.NET 类。除了 XxxDataReader 对象外，ADO.NET 中常用的类对象如表 11-1 所示。

表 11-1　　　　　　　　　　　　　　　　ADO.NET 类对象

类	说　　明
XxxDataReader	检查查询返回的行，从数据源中以只读、只进、只读取行的形式读取数据
XxxCommand	对数据库的查询和存储过程调用，对数据源执行命令
XxxConnection	使用连接字符串建立和数据源的连接

注意: XxxDataReader 中的 Xxx 只是代表一种数据库访问类型的缩写，它可以是 SQL，也可以是 Oracle。

实例 059	获取并显示指定 SQL Server 数据源的数据
	源码路径　光盘\daima\11\lianjie\　　　　　视频路径　光盘\视频\实例\第 11 章\059

本实例使用 XxxDataReader 实现，具体运行流程如图 11-3 所示。

图 11-3　实例运行流程图

本实例的具体实现过程如下。

（1）打开 Visual Studio 2012，新建一个站点项目。

（2）在主页 Default.aspx 中输入一段文本，然后分别插入 1 个 GridView 控件和 1 个 Button 控件，并分别设置属性，如图 11-4 所示。

图 11-4　主页 Default.aspx

（3）然后来到 Default.aspx.cs 代码界面，编写 ADO.NET 的处理代码。其主要实现代码如下。

```
protected void Page_Load(object sender, EventArgs e)
{
}
protected void Button1_Click(object sender, EventArgs e)
{
    SqlConnection Myconn = new SqlConnection();
    //设置连接字符串
```

```
            Myconn.ConnectionString = "Data Source=(local);Initial Catalog=Students;User ID=sa;Password=888888";
            //打开Myconn连接对象
         Myconn.Open();
         SqlCommand Mycmd = new SqlCommand("select *
          from ziliao", Myconn);
         SqlDataReader Myreader = Mycmd.ExecuteReader();
         //帮定数据到GridView1控件
         GridView1.DataSource = Myreader;
         GridView1.DataBind();
         //关闭Myreader对象
         Myreader.Close();
         //关闭Myconn对象
         Myconn.Close();
            }
```

范例 117：Access 数据库连接
源码路径：光盘\演练范例\117\
视频路径：光盘\演练范例\117\
范例 118：使用登录密码的 Access 数据库
源码路径：光盘\演练范例\118\
视频路径：光盘\演练范例\118\

在上述代码中，实现了使用 ADO.NET 对数据库的连接和查询显示处理。代码执行并单击【点击获取数据】按钮后，会在 GridView 控件输出显示连接数据库内的数据，如图 11-5 所示。

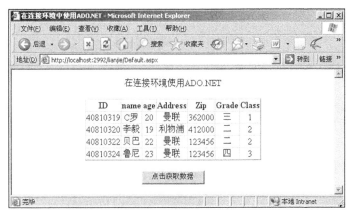

图 11-5　执行效果

通过上述操作，很好地实现了连接环境下 ADO.NET 的使用。以 SQL Server 数据库为例，在连接环境中使用 ADO.NET 的步骤如下。

（1）声明连接到 SQL 数据库的 SqlConnection 对象，添加连接字符串属性。

（2）声明查询数据库的 SQLCommand 对象。

（3）声明数据阅读器对象 SqlDataReader。

（4）打开数据库连接对象 SqlConnection。

（5）使用 SQLCommand 对象的 ExecuteReader 方法将结果返回给 SqlDataReader 对象。

（6）处理 SqlDataReader 阅读器所获取的数据。

（7）关闭 SqlDataReader 对象。

（8）关闭 SqlConnection 对象。

2．在非连接环境下使用

ADO.NET 也可以在非连接环境下使用，和在连接环境下一样，ADO.NET 也使用类对象来实现连接和操作处理。

实例 060　**在非连接环境下使用 ADO.NET**

源码路径　光盘\daima\11\wulianjie\　　　　视频路径　光盘\视频\实例\第 11 章\060

本实例的功能是获取并显示指定 SQL Server 数据源的数据，要求在非连接环境下使用 ADO.NET 来实现。本实例的具体运行流程如图 11-6 所示。

图 11-6　实例运行流程图

（1）打开 Visual Studio 2012，新建一个站点项目。

（2）在主页 Default.aspx 中输入一段文本，然后分别插入 1 个 GridView 控件和 1 个 Button 控件，并分别设置属性，如图 11-7 所示。

图 11-7　主页 Default.aspx

（3）进入 Default.aspx.cs 代码界面，编写 ADO.NET 的处理代码，其主要实现代码如下。

```
protected void Page_Load(object sender, EventArgs e)
{
}
protected void Button1_Click(object sender, EventArgs e)
{
    SqlConnection Myconn = new SqlConnection();
    //设置连接字符串
    Myconn.ConnectionString = "Data Source=（local）;
    Initial Catalog=Students;User ID=sa;
    Password=888888";
    //打开Myconn连接对象
    Myconn.Open();
    //声明DataSet对象
    DataSet Myds = new DataSet();
    //声明SqlDataAdapter对象
    SqlDataAdapter Mysda = new SqlDataAdapter("select * from ziliao", Myconn);
    //填充Myds对象
    Mysda.Fill(Myds, "ziliao");
```

范例 119：访问 Excel 文件
源码路径：光盘\演练范例\119\
视频路径：光盘\演练范例\119\
范例 120：连接 SQL Server 数据库
源码路径：光盘\演练范例\120\
视频路径：光盘\演练范例\120\

```
//处理并显示数据
GridView1.DataSource = Myds.Tables["ziliao"].DefaultView;
GridView1.DataBind();
//关闭Myconn对象
Myconn.Close();
}
```

在上述代码中，实现了使用 ADO.NET 对数据库的连接和查询显示处理。执行代码并单击【点击获取数据】按钮后，GridView 控件会输出连接数据库内的数据，如图 11-8 所示。

图 11-8　执行效果

11.2.2　使用 ADO.NET 对象实现数据库访问

ADO.NET 是通过使用它的内置对象实现实现数据库访问的。在 11.1.2 节中，已经介绍了 ADO.NET 中 4 个核心对象（Connection、Command、DataReader 和 DataAdapter）的作用。本节将继续介绍这 4 个对象的具体使用方法。

❑ Connection：使用 Connection 对象进行数据库的连接，对于不同的数据源需要使用不同的类建立连接。

❑ Command：可以访问返回数据、修改数据、运行存储过程，以及发送或检索参数信息。

❑ DataReader：从数据源中提供高性能的数据流，但是这些数据流是只读的。

❑ DataAdapter：作为 DataSet 对象和数据源的连接桥梁，它使用 Command 对象在数据源中执行 SQL 命令，以便将数据加载到 DataSet 中。

1. 使用 Connection 对象

Connection 对象用于建立应用程序和数据库的连接。对于不同的数据源需要使用不同的类建立连接，例如，若要连接到 Microsoft SQL Server 7.0 以上版本，则选择 SqlConnection 对象；若要连接到 OLE DB 数据源或者 Microsoft SQL Server 版本 6.x 或较早版本，则选择 OleDbConnection 对象。Connection 对象根据不同的数据源可以分为如下几类。

❑ System.Data.OleDb.OleDbConnection。

❑ System.Data.SqlClient.SqlConnection。

❑ System.Data.Odbc.OdbcConnection。

❑ System.Data.OracleClient.OracleConnection。

注意：本书中主要讲解 SqlConnection 的使用方法，其他连接的实现方法与其类似。

SqlConnection 连接字符串常用参数的说明如表 11-2 所示。

表 11-2　　　　　　　　　　　　　**SqlConnection** 连接字符串常用参数

参　　数	说　　明
Data Source|Server	SQL Server 数据库服务器的名称，可以是（local）、localhost，也可以是具体的名字
Initial Catalog	数据库的名称
Integrated Security	决定连接是否是安全的，取值可以是 True、False 或 SSPI
User ID	数据库用户的登录账号
Password	数据库用户的登录密码

在创建连接时，需要引用 System.Data 和 System.Data.SqlClient 命名空间。例如下面的代码。

```
using System.Data;
using System.Data.SqlClient;
string connStr;
connStr = @" Data Source=(local);              //服务器的名称
Initial Catalog=123;                           //具体的数据库的名称
Integrated Security=True|False;                //安全策略
User ID = "";                                  //登录账户
Password = """;                                //账户密码
SqlConnection conn = new SqlConnection (connStr);  //构造函数创建新的连接
```

在上述代码中，使用 SqlConnection 构造函数建立了连接，connStr 是用于连接数据库的连接字符串。

当 SqlConnection 实例创建后，其初始状态是"关闭"的，这时可以调用 Open()函数来打开连接。在下面的程序中，首先用构造函数建立连接至 Northwind 数据库的连接，然后调用 Open()函数打开连接。

```
using System.Data;
using System.Data.SqlClient;
string connStr;
connStr = @" Data Source=localhost;
Initial Catalog=Northwind;                     //数据库为SQL Server 2000自带的数据库
Integrated Security=True;
User ID = sa;
Password =";
SqlConnection conn = new SqlConnection (connStr);
conn.Open();                                   //调用Open()函数打开连接
```

再看下面的代码。

```
using System.Data;
using System.Data.SqlClient;
string connStr;
connStr = @" Data Source=localhost;
Initial Catalog= Northwind;
Integrated Security=True;
User ID = sa;
Password =
"; SqlConnection conn = new SqlConnection (connStr);
...//                                          //建立连接后所作的操作
conn.Close();                                  //调用Close()函数关闭连接
```

在上述代码中，首先是建立连接，然后对数据进行操作，最后调用 Close()函数关闭连接。

2. 使用 DataAdapter 对象

DataAdapter 对象是数据库和 ADO.NET 对象模型中非连接对象之间的桥梁，能够保存和检索数据库内的数据。DataAdapter 对象类的 Fill 方法用于将查询结果引入 DataSet 或 DataTable 中，以便能够脱机处理数据。根据不同的数据源，DataAdapter 对象可以分为如下 4 类。

❑ SqlDataAdapter：用于对 SQL Server 数据库执行命令。

❑ OleDBDataAdapter：用于对支持 OleDB 的数据库执行命令。

❑ OdbcDataAdapter：用于对支持 Odbc 的数据库执行命令。

❑ OracleDataAdapter：用于对 Oracle 数据库执行命令。

SqlDataAdapter 对象的主要属性信息如表 11-3 所示。

表 11-3   **SqlDataAdapter** 对象属性信息

属　　性	说　　明
SelectCommand	从数据源中检索记录
InsertCommand	从 DataSet 中把插入的记录写入数据源
UpdateCommand	从 DataSet 中把修改的记录写入数据源
DeleteCommand	从数据源中删除记录

SqlDataAdapter 对象的主要方法信息如表 11-4 所示。

表 11-4   **SqlDataAdapter** 对象方法信息

方　　法	说　　明
Fill(DataSet dataset)	类型为 int, 通过添加或更新 DataSet 中的行填充一个 DataTable 对象。返回值是成功添加或更新的行的数量
Fill(DataSet dataset,string datatable)	根据 dataTable 名填充 DataSet
Update(DataSet dataset)	类型为 int, 更新 DataSet 中指定表的所有已修改行, 返回值是成功更新的行的数量

在具体的项目开发应用中, 可以通过构造函数来生成 SqlDataAdapter 对象。SqlDataAdapter 对象常用的构造函数信息如表 11-5 所示。

表 11-5   **SqlDataAdapter** 对象构造函数信息

构 造 函 数	说　　明
SqlDataAdapter ()	可以不用参数创建 SqlDataAdapter 对象
SqlDataAdapter(SqlCommand cmd)	根据 SqlCommand 语句创建 SqlDataAdapter 对象
SqlDataAdapter(string sqlCommandText,SqlConnection conn)	根据 SqlCommand 语句和数据源连接创建 SqlDataAdapter 对象
SqlCommand(string sqlCommandText,string sqlConnection)	根据 SqlCommand 语句和 sqlConnection 字符串创建 SqlDataAdapter 对象

例如, 在下面的代码中, 通过 SqlDataAdapter 对象来检索 Northwind 数据库中 Employees 表的信息。

```
using System.Data;
using System.Data.SqlClient;
string connStr;
connStr = @" Data Source=localhost;
Initial Catalog=Northwind;
Integrated Security=True;
User ID = sa;
Password = 888888";
SqlConnection conn = new SqlConnection (connStr);
string selStr;
selStr = "select * from Employees";              //查询Employees表
SqlDataAdapter da = new DataAdapter(selStr,conn);    //创建DataAdapter对象
```

DataAdapter 对象通过本身的方法和属性, 可以实现如下功能。

❑ 遍历 DataReader 的记录。

❑ 获取当前行中指定的列或所有列的值。

❑ 检查某列是否丢失不存在的值。

❑ 获取某列的元数据。

3. 使用 Command 对象

Command 对象的功能是, 使用 SELECT、INSERT、UPDATE、DELETE 等数据命令与数据源通信。Command 对象还可以调用存储过程或从特定表中取得记录。根据不同的数据源, Command 对象可以分为如下 4 类。

❑ SqlCommand：用于对 SQL Server 数据库执行命令。

❑ OleDBCommand：用于对支持 OleDB 的数据库执行命令。

❑ OdbcCommand：用于对支持 Odbc 的数据库执行命令。

❑ OracleComand：用于对 Oracle 数据库执行命令。

SqlCommand 对象的主要属性信息如表 11-6 所示。

表 11-6　　　　　　　　　　　　SqlCommand 对象属性信息

属　　性	说　　明
CommandText	类型为 string，命令对象包含的 SQL 语句、存储过程或表
CommandTimeOut	类型为 int，终止执行命令并生成错误之前的等待时间
CommandType	默认值为 Text，表示 SQL 语句（Text）、存储过程（StoredProcedure）或要读取的表（TableDirect）
Connection	获取 SqlConnection 实例，使用该对象对数据库通信
SqlParameterCollection	提供给命令的参数

SqlCommand 对象的主要方法信息如表 11-7 所示。

表 11-7　　　　　　　　　　　　SqlCommand 方法信息

方　　法	说　　明
Cancle	取消命令的执行，类型为 void
CreateParameter	创建 SqlParameter 对象的实例
ExecuteNonQuery	执行不返回结果的 SQL 语句，包括 INSERT、UPDATE、DELETE、CREATE TABLE、CREATE PROCEDURE 以及不返回结果的存储过程，类型为 int
ExecuteReader	执行 SELECT、TableDirect 命令或有返回结果的存储过程 ExecuteScalar，类型为 SqlDataReader
ExecuteScalar	执行返回单个值的 SQL 语句，如 Count(*)、Sum()、Avg() 等聚合函数 ExecuteXmlReader，类型为 Object
ExecuteXmlReader	执行返回 Xml 语句的 SELECT 语句，类型为 XmlReader

在具体的项目开发应用中，可以通过构造函数来生成 SqlCommand 对象。SqlCommand 对象常用的构造函数信息如表 11-8 所示。

表 11-8　　　　　　　　　　　　SqlCommand 构造函数信息

构 造 函 数	说　　明
SqlCommand()	不用参数创建 SqlCommand 对象
SqlCommand(string CommandText)	根据 SQL 语句创建 SqlCommand 对象
SqlCommand(stringCommandText, SqlConnection conn)	根据 SQL 语句和数据源连接创建 SqlCommand 对象
SqlCommand(string CommandText, SqlConnection conn,SqlTransaction tran)	根据 SSQL 语句、数据源连接和事务对象创建 SqlCommand 对象

例如下面这段代码：

```
string connStr;
connStr = @" Data Source=localhost;
Initial Catalog= Northwind;
Integrated Security=True;
User ID = sa;
Password = ";
SqlConnection conn = new SqlConnection (connStr);
SqlCommand cmd = new SqlCommand();                //创建SqlCommand对象
cmd.Connection = conn;                            //关联conn
cmd.CommandText = "select * from ziliao";         //设置CommandText语句
```

在上述代码中，使用 SqlCommand(string CommandText)构造函数创建了 SqlCommand 对象，并且设置 CommandText 的类型为 Text。

在下面的代码中，通过调用 Connection 对象的 CreateCommand 方法来创建 SqlCommand 对象。

```
string connStr;
connStr = @" Data Source=localhost;
Initial Catalog= Northwind;
Integrated Security=True;
User ID = sa;
Password = ";
SqlConnection conn = new SqlConnection (connStr);
SqlCommand cmd = conn.CreateCommand();              //创建SqlCommand对象
cmd.CommandText = "select * from Employees";         //设置CommandText为SELECT语句
```

4. 使用 DataReader 对象

DataReader 对象能够实现数据库的读取操作。DataReader 对象可以从数据库中读取由 SELECT 命令返回的只读、只进的数据集。对于需要从数据库查询返回的结果中进行检索，且一次处理一个记录的程序来说，此对象显得尤为重要。每次采取这种方式处理时，在内存中只有一行内容，所以不仅提高了应用程序的性能，而且有助于减少系统的开销。根据不同的数据源，DataReader 对象可以分为如下 4 类。

❑ SqlDataReader：用于对支持 SQL Server 的数据库读取数据行的只进流。

❑ OleDBDataReader：用于对支持 OleDB 的数据库读取数据行的只进流。

❑ OdbcDataReader：用于对支持 Odbc 的数据库读取数据行的只进流。

❑ OracleDataReader：用于支持 Oracle 的数据库读取数据行的只进流。

DataReader 对象的主要属性信息如表 11-9 所示。

表 11-9   DataReader 属性信息

属　　性	说　　明
Depth	获取一个用于指示当前行的嵌套深度的值
FieldCount	获取当前行中的列数
HasRows	获取一个指示 SqlDataReader 是否包含一行或多行的值
IsClosed	检索一个布尔值，此值指示是否已关闭指定的 SqlDataReader 实例
Item	获取以本机格式表示的列的值
RecordsAffected	获取执行 Transact-SQL 语句所更改、插入或删除的行数
VisibleFieldCount	获取 SqlDataReader 中未隐藏的字段的数目
Connection	获取和 SqlDataReader 关联的 SqlConnection

ataReader 对象的主要方法信息如表 11-10 所示。

表 11-10   DataReader 方法信息

方　　法	说　　明
Close	关闭 SqlDataReader 对象
GetDataTypeName	获取源数据类型的名称
GetName	获取指定列的名称
GetSqlValue	获取一个表示基础 SqlDbType 变量的 Object
GetSqlValues	获取当前行中的所有属性列
IsDBNull	获取一个指示列中是否包含不存在的或已丢失的值
NextResult	当读取批处理 Transact-SQL 语句的结果时，使数据读取器前进到下一个结果
Read	使 SqlDataReader 前进到下一条记录

实例 061	通过 ADO.NET 对象操作指定数据库中的数据
	源码路径　光盘\daima\11\shiyong\　　　视频路径　光盘\视频\实例\第 11 章\061

在本实例中，设置操作的数据库名为"duixiang"，具体的实现流程如下。

（1）文件 Default.aspx

文件 Default.aspx 的功能是在控件内显示指定数据库的信息。其主要实现代码如下。

```
<asp:ListBox ID="lbInfo" runat="server" AutoPostBack="True" Height="189px" OnSelectedIndexChanged=
"lbInfo_SelectedIndexChanged"
        Width="572px"></asp:ListBox><br />
 
<table style="width: 571px">
<tr>
<td style="width: 123px; height: 145px; text-align: center;">
<table id="ziliaoInfo">
<tr><td style="width: 55886px; height: 26px">10号：</td>
        <td style="width: 164px; height: 26px">
        <asp:TextBox ID="TextBox1" runat="server" Enabled="False"></asp:TextBox></td>
<td style="width: 88834px; height: 26px"></td></tr>
        <tr><td style="width: 55886px; height: 26px">进球数：</td>
        <td style="width: 164px; height: 26px"><asp:TextBox ID="TextBox2" runat="server"
Enabled="False"></asp:TextBox></td><td style="width: 88834px; height: 26px"></td></tr>
        <tr> <td style="width: 55886px; height: 38px">地址：</td>
        <td style="width: 164px; height: 38px">
        <asp:TextBox ID="TextBox3" runat="server" Enabled="False"></asp:TextBox></td>
        <td style="width: 88834px; height: 38px"></td></tr>
        </table>
        <asp:Button ID="Button2" runat="server" OnClick="Button2_Click" Text="添加" Height="28px" Width="59px" />
        <asp:Button ID="Button1" runat="server" OnClick="Button1_Click" Text="更新" Height="28px" Width="55px" /></td>
<td style="width: 100px; height: 145px; text-align: center;">
        <table style="width: 154px; height: 94px">
        <tr><td style="width: 147px">
        <asp:Button ID="Button3" runat="server" OnClick="Button3_Click" Text="添加球员" /></td>
        </tr>
        <tr> <td style="width: 147px">
<asp:Button ID="Button5" runat="server" OnClick="Button5_Click" Text="更新球员" /></td>
        </tr>
        <tr>
<td style="width: 147px; height: 21px">
 <asp:Button ID="Button4" runat="server" OnClick="Button4_Click" Text="删除球员" /></td>
```

（2）文件 Default.aspx.cs

文件 Default.aspx.cs 的功能是定义页面中的控件的处理事件。其主要实现代码如下。

```
protected void Page_Load(object sender, EventArgs e)
{
    if (!IsPostBack)
    {
        GetziliaoInfo();
    }
}
protected void lbInfo_SelectedIndexChanged(object sender, EventArgs e)
{
    int ID=Convert.ToInt32(lbInfo.SelectedValue);
    SqlDataReader reader=lei.Getreader(ID);
    if (reader.Read())
    {
        TextBox1.Text = reader[1].ToString().Trim();
        TextBox2.Text = reader[2].ToString().Trim();
        TextBox3.Text = reader[3].ToString().Trim();
    }
    reader.Close();
    TextBox1.Enabled = false;
    TextBox2.Enabled = false;
    TextBox3.Enabled = false;
}
protected void GetziliaoInfo()
{
    lbInfo.DataSource = lei.Getziliao();
    lbInfo.DataValueField = "ID";
    lbInfo.DataTextField = "Name";
```

> 范例 121：MySQL 数据库连接
> 源码路径：光盘\演练范例\121\
> 视频路径：光盘\演练范例\121\
> 范例 122：录入员工信息
> 源码路径：光盘\演练范例\122\
> 视频路径：光盘\演练范例\122\

```
        lbInfo.DataBind();
    }
    protected void Button3_Click(object sender, EventArgs e)
    {
        TextBox1.Text = "";
        TextBox2.Text = "";
        TextBox3.Text = "";
        TextBox1.Enabled = true;
        TextBox2.Enabled = true;
        TextBox3.Enabled = true;
    }
    protected void Button2_Click(object sender, EventArgs e)
    {
        lei.Addziliao(TextBox1.Text, TextBox2.Text, TextBox3.Text);
        TextBox1.Enabled = false;
        TextBox2.Enabled = false;
        TextBox3.Enabled = false;
        GetziliaoInfo();
    }
    protected void Button5_Click(object sender, EventArgs e)
    {
        TextBox1.Enabled = true;
        TextBox2.Enabled = true;
        TextBox3.Enabled = true;
    }
    protected void Button4_Click(object sender, EventArgs e)
    {
        lei.Delziliao(Convert.ToInt32(lbInfo.SelectedValue));
        GetziliaoInfo();
    }
    protected void Button1_Click(object sender, EventArgs e)
    {
        lei.Updateziliao(Convert.ToInt32(lbInfo.SelectedValue),TextBox1.Text, TextBox2.Text, TextBox3.Text);
        TextBox1.Enabled = false;
        TextBox2.Enabled = false;
        TextBox3.Enabled = false;
        GetziliaoInfo();
    }
```

（3）文件 ContractOp.cs

文件 ContractOp.cs 的功能是定义数据库中数据处理的各种方法，使用 ADO.NET 对象实现数据操作。其主要实现代码如下。

```
public class lei
{
    static string connStr = "Data Source=HP;Initial Catalog=duixiang;User ID=sa;Password=888888";
    public lei()
    {
        //
        // TODO: 在此处添加构造函数逻辑
        //
    }
    static public SqlDataReader Getziliao()
    {
        SqlConnection conn = new SqlConnection(connStr);
        conn.Open();
        string sql = "select * from ziliao";
        SqlCommand cmd = new SqlCommand(sql, conn);
        SqlDataReader reader = cmd.ExecuteReader(CommandBehavior.CloseConnection);
        return reader;
    }
    static public SqlDataReader Getreader(int ID)
    {
        SqlConnection conn = new SqlConnection(connStr);
        conn.Open();
        string sql = "select * from ziliao where ID="+ID;
        SqlCommand cmd = new SqlCommand(sql, conn);
        SqlDataReader reader = cmd.ExecuteReader(CommandBehavior.CloseConnection);
        return reader;
    }
    static public void Addziliao(string name,string tel,string add)
```

```
        {
            SqlConnection conn = new SqlConnection(connStr);
            conn.Open();
            string sql = "insert into ziliao(Name,dianhua,Address) values ('" + name + "','" + tel + "','" + add + "')";
            SqlCommand cmd = new SqlCommand(sql, conn);
            cmd.ExecuteNonQuery();
            conn.Close();
        }
        static public void Delziliao(int ID)
        {
            SqlConnection conn = new SqlConnection(connStr);
            conn.Open();
            string sql = "delete from ziliao where ID="+ID;
            SqlCommand cmd = new SqlCommand(sql, conn);
            cmd.ExecuteNonQuery();
            conn.Close();
        }
        static public void Updateziliao(int ID,string name, string tel, string add)
        {
            SqlConnection conn = new SqlConnection(connStr);
            conn.Open();
            string sql = "update ziliao set Name='" + name + "',dianhua='" + tel + "',Address='" + add + "' where ID=" + ID;
            SqlCommand cmd = new SqlCommand(sql, conn);
            cmd.ExecuteNonQuery();
            conn.Close();
        }
    }
}
```

至此，整个实例设计完毕。运行后将按指定样式显示连接数据库中的数据，并且能够通过处理方法中的 ADO.NET 对象实现数据操作，效果如图 11-9 所示。

图 11-9   执行效果

11.3   ODBC.NET Data Provider

知识点讲解：光盘:视频\PPT 讲解（知识点）\第 11 章\ODBC.NET Data Provider.mp4

ODBC 是为客户应用程序访问关系数据库时提供的一个标准的应用程序编程接口（API）。对于不同的数据，ODBC 提供了统一的 API，使应用程序可以通过 API 来访问任何提供了 ODBC 驱动程序的数据库。而且 ODBC 已经成为一种标准，所以，目前几乎所有的关系数据库都提供了 ODBC 驱动程序，这使 ODBC 的应用十分广泛，基本上可用于所有的关系数据库。

11.3.1　ODBC .NET Data Provider 概述

System.Data.Odbc 命名空间是 ODBC 为处理 .NET Framework 数据提供的驱动程序，功能是访问托管空间中的 ODBC 数据源的类集合。使用 OdbcDataAdapter 类可以填充驻留在内存中的 DataSet，该数据集可用于查询和更新数据源。

System.Data.Odbc 命名空间的主要类如表 11-11 所示。

表 11-11　　　　　　　　　　System.Data.Odbc 命名空间类

类	说　　明
OdbcConnection	连接到某一个 ODBC 数据源
OdbcCommand	在一个连接上执行 SQL 语句或存储过程
OdbcCommandBuilder	自动生成用于协调对 DataSet 的更改与关联的数据源的单表命令
OdbcDataAdapter	表示数据命令集和到数据源的连接，它们用于填充 DataSet 以及更新该数据源
OdbcDataReader	提供从数据源读取数据行的只进流的方法

11.3.2　连接 ODBC 数据源

ODBC.NET Data Provider 连接 ODBC 数据源的方式有如下 2 种。

1. 建立与已有 DSN（Data Source Name，数据源名称）连接

具体操作如下所示。

（1）选择【开始】|【管理工具】|【数据源(ODBC)】命令，打开 "ODBC 数据源管理器" 对话框，如图 11-10 所示。

（2）选择 "系统 DSN" 选项卡，单击【添加】按钮，打开 "创建新数据源" 对话框，如图 11-11 所示。

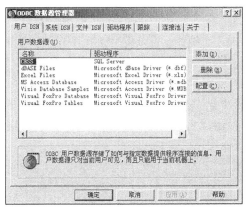

图 11-10　"ODBC 数据源管理器" 对话框

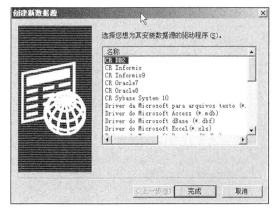

图 11-11　"创建新数据源" 对话框

（3）在驱动程序列表框中选择 SQL Server，然后单击【确定】按钮，打开 "创建到 SQL Server 的新数据源" 对话框，如图 11-12 所示。

（4）在 "名称" 文本框中输入数据源的名称，在 "描述" 文本框中输入此连接的描述信息，在 "服务器" 下拉列表中选择服务器，然后单击 "下一步" 按钮，打开验证登录界面，在此保持默认设置，然后单击【下一步】按钮，打开更改默认的数据库界面，如图 11-13 所示。

（5）选中 "更改默认的数据库为" 复选框，从其下方的下拉列表框中选择所要连接的数据库，然后单击【下一步】按钮，再单击【完成】按钮，打开完成安装界面，如图 11-14 所示。

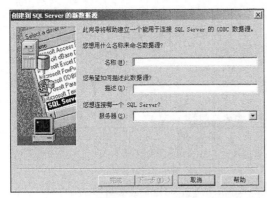

图 11-12　创建到 SQL Server 的新数据源

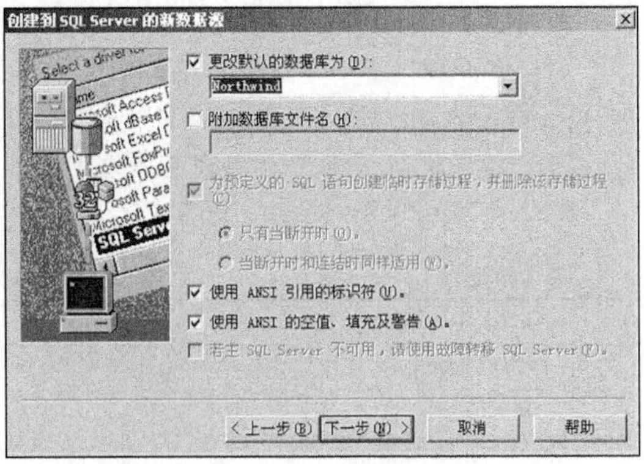

图 11-13　更改默认的数据库

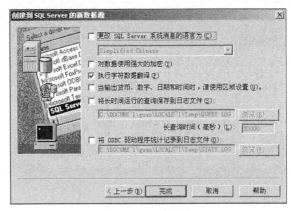

图 11-14　完成安装

设置好 ODBC DSN 后，就可以对数据源进行访问了。例如，可以使用如下语句进行连接。

```
string connectionString = "DSN=数据源名;Uid=;Pwd=;";
OdbcConnection connection = new OdbcConnection(connectionString);
```

2. 和无 DSN 的连接字符串连接

在实际的应用程序中，需要和无 DSN 的连接字符串建立连接，此时需要为 ConnectionString 属性指定驱动器、路径等参数。以 SQL Server 数据库为例，首先利用 OdbcConnection 构造函数来创建一个连接，然后调用 Open()方法打开连接。具体实现代码如下。

```
OdbcConnection connection = new OdbcConnection("Driver={SQL Server};Server=JSJ-ME;
Database=Northwind;User ID=sa;Password =;")        //创建OdbcConnection连接
connection.open();                                 //打开连接
```

11.4　DataSet 对象

📀 知识点讲解：光盘:视频\PPT 讲解（知识点）\第 11 章\DataSet 对象.mp4

DataSet 对象是 ADO.NET 中断开式和分布式数据方案的核心对象。DataSet 是数据的内存驻留表示形式，它可以用于多种不同的数据源，也可以用于 XML 数据，或用于管理应用程序本地的数据。DataSet 表示包括相关表、约束和表间关系在内的整个数据集。本节将详细讲解 DataSet 对象的基本知识。

11.4.1　DataSet 概述

DataSet 是 ADO.NET 的核心组件之一，也是各种基于.NET 平台程序语言开发数据库应用程序最常接触的类。DataSet 在 ADO.NET 实现从数据库抽取数据中起到关键作用，因为在从数据库完成数据抽取后，它是各种数据源中的数据在计算机内存中映射成的缓存，所以通常称 DataSet 为一个数据容器。也有人把 DataSet 称为内存中的数据库，因为在 DataSet 中可以包含很多数据表以及这些数据表之间的关系。此外，DataSet 在客户端实现读取、更新数据库等过程中起到了中间部件的作用。

DataSet 从数据源中获取数据以后就断开了与数据源之间的连接。允许在 DataSet 中定义数据约束和表关系，增加、删除和编辑记录，还可以对 DataSet 中的数据进行查询、统计等。当完成了各项操作以后，还可以把 DataSet 中的数据送回数据源。

创建 DataSet 的语法格式如下。

```
DataSet dataSet = new DataSet();
```

在上述语法格式中，首先建立了一个空的数据集，然后再把建立的数据表放到该数据集里。另外，也可以通过如下语法格式创建 DataSet。

```
DataSet dataSet = new DataSet("表名");
```

在上述语法格式中。首先建立的是数据表，然后再建立包含数据表的数据集。

DataSet 里包含几种类，以用于数据操作，并且为了方便对 DataSet 对象的操作，DataSet 还提供了一系列的属性和方法。DataSet 属性的具体信息如表 11-12 所示。

表 11-12　　　　　　　　　　DataSet 属性信息

属　　性	说　　明
CaseSensitive	获取或设置一个值，该值指示 DataTable 对象中的字符串比较是否区分大小写
DataSetName	获取或设置当前 DataSet 的名称
DefaultViewManager	获取 DataSet 所包含的数据的自定义视图，以允许使用自定义的 DataViewManager 进行筛选、搜索和导航
EnforceConstraints	获取或设置一个值，该值指示在尝试执行任何更新操作时是否遵循约束规则
ExtendedProperties	获取与 DataSet 相关的自定义用户信息的集合
HasErrors	获取一个值，指示在此 DataSet 中的任何 DataTable 对象是否存在错误
Prefix	获取或设置一个 XML 前缀，该前缀是 DataSet 的命名空间的别名
Relations	获取用于将表链接起来并允许从父表浏览到子表的关系的集合
Tables	获取包含在 DataSet 中的表的集合

DataSet 方法的具体信息如表 11-13 所示。

表 11-13　　　　　　　　　　DataSet 方法信息

方　　法	说　　明
Clear	通过移除所有表中的所有行来清除任何数据的 DataSet
Copy	复制该 DataSet 的结构和数据
GetXml	返回存储在 DataSet 中的数据的 XML 表示形式
GetXmlSchema	返回存储在 DataSet 中的数据的 XML 表示形式的 XML 架构
HasChanges	获取一个值，该值指示 DataSet 是否有更改，包括新增行、已删除的行或已修改的行
Merge	将指定的 DataSet、DataTable 或 DataRow 对象的数组合并到当前的 DataSet 或 DataTable 中
ReadXml	将 XML 架构和数据读入 DataSet
ReadXmlSchema	将 XML 架构读入 DataSet
WriteXml	从 DataSet 写 XML 数据，还可以选择写架构
WriteXmlSchema	写 XML 架构形式的 DataSet 结构

DataSet 集合中常用的类有如下 4 个。

1. DataTable

DataTable 被称为数据表，用来存储数据。一个 DataSet 可以包含多个 DataTable，每个 DataTable 又可以包含多个行（DataRow）和列（DataColumn）。创建 DataTable 的方式有如下两种。

（1）当数据加载至 DataSet 时，会自动创建一些 DataTable。

（2）以编程方式创建 DataTable 的对象，然后将这个对象添加到 DataSet 的 Tables 集合中。

从 DataSet 中提取 DataTable 的语法格式如下。

DataTable dataTable = dataset.数据表名;

其中，"dataset" 是 DataSet 对象，"dataTable" 是 DataTable 对象。

DataTable 类中有很多常用的属性和方法，各属性的具体说明如表 11-14 所示。

表 11-14　　　　　　　　　　　　　　**DataTable 类属性信息**

属　　性	说　　明
CaseSensitive	获取或设置一个值，该值指示 DataTable 对象中的字符串比较是否区分大小写
ChildRelations	获取此 DataTable 的子关系的集合
Columns	获取属于该表的列的集合
Constraints	获取或设置一个值，该值指示获取由该表维护的约束的集合
DataSet	获取此表所属的 DataSet
DefaultView	获取可能包括筛选视图或游标位置的表的自定义视图
DisplayExpression	获取或设置一个 XML 前缀，该前缀是 DataSet 的命名空间的别名
ExtendedProperties	获取自定义用户信息的集合
HasErrors	获取一个值，该值指示该表所属的 DataSet 的任何表的任何行中是否有错误
ParentRelations	获取该 DataTable 的父关系的集合
PrimaryKey	获取或设置充当数据表主键的列的数组
Rows	获取属于该表的行的集合
TableName	获取或设置 DataTable 的名称

DataTable 类方法的具体信息如表 11-15 所示。

表 11-15　　　　　　　　　　　　　　**DataTable 类方法信息**

方　　法	说　　明
Clear	清除所有数据的 DataTable
Compute	计算用来传递筛选条件的当前行上的给定表达式
Copy	复制该 DataTable 的结构和数据
ImportRow	将 DataRow 复制到 DataTable 中，保留任何属性设置以及初始值和当前值
LoadDataRow	查找和更新特定行。如果找不到任何匹配行，则使用给定值创建新行
Merge	将指定的 DataTable 与当前的 DataTable 合并
NewRow	创建与该表具有相同架构的新 DataRow
ReadXml	将 XML 架构和数据读入 DataTable
Select	获取 DataRow 对象的数组
WriteXml	将 DataTable 的当前内容以 XML 格式写入
WriteXmlSchema	将 DataTable 的当前数据结构以 XML 架构形式写入

2. DataRow

DataRow 是给定 DataTable（数据表）中的一行数据，或者说是一条记录。DataRow 对象的方法提供了对表中数据的插入、删除、更新和查询等功能。提取数据表中的行的语法格式如下。

```
DataRow dataRow = dataTable.Row[n];
```

其中，"DataRow"代表数据行类；"dataRow"是 DataRow 的实例；"dataTable"表示数据表的表实例；"n"是数据表中行的索引（从 0 开始）。

DataRow 类也提供了很多属性和方法，各属性的具体信息如表 11-16 所示。

表 11-16 **DataRow 类属性信息**

属　　性	说　　明
Item	获取或设置存储在指定列中的数据
ItemArray	通过一个数组来获取或设置此行的所有值
Table	获取该行拥有其架构的 DataTable

DataRow 类方法的具体信息如表 11-17 所示。

表 11-17 **DataRow 类方法信息**

方　　法	说　　明
Delete	清除所有数据的 DataTable
GetChildRows	计算用来传递筛选条件的当前行上的给定表达式
IsNull	获取一个指定的列是否包含空值的值

3. DataColumn

DataColumn 是数据表中的数据列，定义了表的数据结构。如果要获取某列的值，需要在数据行的基础上进行操作。具体的语法格式如下。

```
string str = dataRow.Column["字段名"].ToString();
```

也可以使用如下语法格式。

```
string str = dataRow.Column[索引].ToString()
```

DataColumn 类也提供了很多属性和方法，各属性的具体信息如表 11-18 所示。

表 11-18 **DataColumn 类属性信息**

属　　性	说　　明
Caption	获取此 DataTable 的子关系的集合
ColumnName	获取属于该表的列的集合
DefaultValue	获取或设置一个值，该值指示获取由该表维护的约束的集合
Table	获取此表所属的 DataSet

DataColumn 类方法的具体信息如表 11-19 所示。

表 11-19 **DataColumn 方法信息**

方　　法	说　　明
SetOrdinal	将 DataColumn 的序号或位置更改为指定的序号或位置

4. DataRelation

通过使用 DataRelation，可以使用 DataColumn 对象将两个 DataTable 对象相互关联。例如，在"会员/订单"关系中，会员表是关系的父表，订单表是子表。此关系类似于关系数据库中的主键/外键关系。关系是在父表和子表中的匹配的列之间创建的，两个列的数据类型必须相同。

在创建 DataRelation 时，它首先验证是否可以建立关系。在将它添加到 DataRelationCollection 之后，它将禁止使此关系无效的任何更改，以维持此关系。在创建 DataRelation 和将其添加到 DataRelationCollection 之间的这段时间，可以对父行或子行进行其他更改。如果这样会使关系不再有效，则会产生异常。

DataRelation 类的常用属性信息如表 11-20 所示。

表 11-20　　　　　　　　　　　　　**DataRelation** 类属性信息

属　　性	说　　明
ChildColumns	获取此关系的子 DataColumn 对象
ChildKeyConstraint	获取关系的外键约束
ChildTable	获取此关系的子表
DataSet	获取 DataRelation 所属的 DataSet
ExtendedProperties	获取存储自定义属性的集合
ParentColumns	获取作为此 DataRelation 的父列的 DataColumn 对象的数组
ParentKeyConstraint	获取聚集约束，它确保 DataRelation 父列中的值是唯一的
ParentTable	获取此 DataRelation 的父级 DataTable
RelationName	获取或设置用于从 DataRelationCollection 中检索 DataRelation 的名称

11.4.2　使用 DataSet

本节将通过一个具体的实例来说明 DataSet 独特的使用方法。

实例 062	获取数据库中指定表的所有内容
	源码路径　光盘\daima\11\DataSet\　　　　　视频路径　光盘\视频\实例\第 11 章\062

本实例的功能是通过 DataSet 获取 SQL Server 中"duixiang"数据库中表"ziliao"的所有内容。数据库名为"duixiang"，由表"ziliao"构成。表"ziliao"的具体设计结构如表 11-21 所示。

表 11-21　　　　　　　　　　　　表"**ziliao**"的设计结构

字 段 名 称	数 据 类 型	是否是主键	默 认 值	功 能 描 述
id	int	是	递增 1	编号
name	char	否	null	名字
dianhua	char	否	null	电话
Address	char	否	null	地址

本实例的具体实现过程如下。

（1）Visual Studio 2012 中新创建一个名为"DataSet"的网站项目。

（2）在自动生成的 Default.aspx.cs 文件中，设置其 Page_Load 事件读取数据并保存到 DataSet 中，然后从 DataTable 中输出所有字段。具体实现代码如下。

```
protected void Page_Load(object sender, EventArgs e)
{
    //连接字符串
    String sqlconn = "Data Source=(local);Initial Catalog=DataSet;Integrated Security=True;User ID =sa;Password =888888";
    SqlConnection myConnection = new SqlConnection(sqlconn);
    //打开数据库连接
    myConnection.Open();
    //读取数据
    SqlDataAdapter da = new SqlDataAdapter("select * from Products", myConnection);

    DataTable myTable = new DataTable();
    da.Fill(myTable);
    Response.Write("<table>");
    //显示列名字
    Response.Write("<tr bgcolor=#DAB4B4>");
    foreach (DataColumn myColumn in myTable.Columns)
    {
        Response.Write("<td>" + myColumn.ColumnName + "</td>");
    }
    Response.Write("</tr>");
    //输出所有的字段值
    foreach (DataRow myRow in myTable.Rows)
```

范例 123：插入多记录
源码路径：光盘\演练范例\123\
视频路径：光盘\演练范例\123\
范例 124：更新员工信息
源码路径：光盘\演练范例\124\
视频路径：光盘\演练范例\124\

```
        {
            Response.Write("<tr>");
            foreach (DataColumn myColumn in myTable.Columns)
            {
                Response.Write("<td>" + myRow[myColumn] + "</td>");
            }
            Response.Write("</tr>");
        }
        Response.Write("</table>");
        //关闭与数据库的连接
        myConnection.Close();
    }
```

上述代码执行后，将在页面中输出 Products 表中的所有数据，如图 11-15 所示。

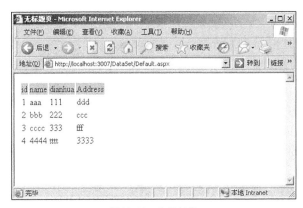

图 11-15　执行效果

11.5　XML

知识点讲解：光盘:视频\PPT 讲解（知识点）\第 11 章\XML.mp4

XML 译为可扩展标记语言，是网络应用开发的一项新技术。XML 同 HTML 一样，是一种标记语言，但是 XML 的数据描述能力要比 HTML 强很多，XML 具有描述所有已知和未知数据的能力。XML 可以为新的数据类型制定新的数据描述规则，作为对标记集的扩展。

XML 具有以下特点。

❑　XML 数据可以跨平台使用并可以被阅读理解。

❑　XML 数据的内容和结构有明确的定义。

❑　XML 数据的内容和数据的表现形式分离。

❑　XML 使用的结构是开放的、可扩展的。

在 ASP.NET 开发体系中，XML 可以作为数据资源的形式存在于服务器端，XML 还可以作为服务器端与客户端的数据交换语言。并且在.NET 框架中，提供了一系列应用程序接口来实现 XML 数据的读写。

11.5.1　XML 概述

关于 XML 的知识有很多，但由于本书并不是专门介绍 XML 的，基于篇幅的限制，本节仅简要介绍一下 XML 的相关知识，使读者对 XML 有一个初步的了解。

XML 语言对格式有严格的要求，主要包括格式良好和有效性两种要求。格式良好有利于 XML 文档被正确地分析和处理，大大提高 XML 的处理程序、处理 XML 数据的正确性和效率。XML 文档满足格式良好的要求后，会对文档进行有效性确认。有效性是通过对 DTD 或 Schema 的分析判断的。一个 XML 文档由如下 3 部分组成。

1. XML 声明

XML 的声明格式如下。

```
<?xml version="1.0" encoding="GB2312"?>
```

XML 标准规定，其声明必须放在文档的第一行。

2. 处理指令 PI

处理指令 PI 能够为处理 XML 的应用程序提供信息，其语法格式如下。

```
<? 处理指令名 处理指令信息?>
```

3. XML 元素

元素是组成 XML 文档的核心，其语法格式如下。

```
<标记>内容</标记>
```

XML 语法规定每个 XML 文档都要包括至少一个根元素。根标记必须是非空标记，包括整个文档的数据内容。数据内容是位于标记之间的内容。

11.5.2 文档类型定义

文档类型定义(DTD)是一种规范，在 DTD 中可以向 XML 的语法分析器解释 XML 文档标记集中每一个标记的含义。为此，要求 DTD 必须包含所有将要使用的词汇列表，否则 XML 解析器无法根据 DTD 验证文档的有效性。

DTD 根据其出现的位置，可以分为内部 DTD 和外部 DTD 两种。内部 DTD 是指 DTD 和相应的 XML 文档处在同一个文档中；外部 DTD 就是 DTD 与 XML 文档处在不同的文档中。

例如在下面的代码中，包含了内部 DTD 的 XML 文档。

```
<?xml version="1.0" encoding="gb2312"  standalone="yes"?>
<!DOCTYPE DocumentElement [
  <!ELEMENT DocumentElement ANY>
  <!ELEMENT basic (ID,NAME,CITY,PHONE,CARRIER,POSITION)>
  <!ELEMENT ID (#PCDATA)>
  <!ELEMENT NAME (#PCDATA)>
  <!ELEMENT CITY (#PCDATA)>
  <!ELEMENT PHONE (#PCDATA)>
  <!ELEMENT CARRIER (#PCDATA)>
  <!ELEMENT POSITION (#PCDATA)>
]>
<?xml-stylesheet type="text/xsl" href="style.xsl"?>
<DocumentElement>
  <basic>
    <ID>1</ID>
    <NAME>张三</NAME>
    <CITY>北京</CITY>
    <PHONE>01012345678</PHONE>
    <CARRIER>经理</CARRIER>
    <POSITION>市场部经理</POSITION>
  </basic>
</DocumentElement>
```

从以上代码中可以看出，描述 DTD 文档也需要一套语法结构，关键字是组成语法结构的基础。DTD 的常用关键字信息如表 11-22 所示。

表 11-22   **DTD** 的常用关键字信息

关　键　字	说　　明
ANY	数据既可以是纯文本，也可以是子元素，多用来修饰根元素
ATTLIST	定义元素的属性
DOCTYPE	描述根元素
ELEMENT	描述所有子元素
EMPTY	空元素
SYSTEM	表示使用外部 DTD 文档
#FIXED	表示 ATTLIST 定义的属性的值是固定的
#IMPLIED	标识 ATTLIST 定义的属性不是必须赋值的

续表

关 键 字	说 明
#PCDATA	数据为纯文本
#REQUIRED	ATTLIST 定义的属性是必须赋值的
INCLUDE	表示包括的内容有效，类似于条件编译
IGNORE	与 INCLUDE 相应，表示包括的内容无效

DTD 还提供了一些运算表达式来描述 XML 文档中的元素，具体信息如表 11-23 所示。

表 11-23 运算表达式

运算表达式	说 明
A+	元素 A 至少出现一次
A*	元素 A 可以出现很多次，也可以不出现
A?	元素 A 出现一次或不出现
(A B C)	元素 A、B、C 的间隔是空格，表示它们是无序排列
(A,B,C)	元素 A、B、C 的间隔是逗号，表示它们是有序排列
A|B	元素 A、B 之间是逻辑或的关系

11.5.3 创建 XML 文件

XML 语言仅仅是一种信息交换的载体，是一种信息交换的方法。如果要使用 XML 文档，则必须通过使用一种称为接口的技术。正如使用 ODBC 接口访问数据库一样，使用 DOM 接口应用程序使对 XML 文档的访问变得简单。

DOM 是一个程序接口，应用程序和脚本可以通过这个接口访问和修改 XML 文档数据。DOM 接口定义了一系列对象来实现对 XML 文档数据的访问和修改。DOM 接口将 XML 文档转换为树形的文档结构，应用程序通过树形文档对 XML 文档进行层次化的访问，从而实现对 XML 文档的操作。例如，访问树的节点，创建新节点等。

微软的.NET 框架实现了对 DOM 规范的良好支持，并提供了一些扩展技术，使得程序员对 XML 文档的处理更加简便。而基于.NET 框架的 ASP.NET 可以充分使用.NET 类库来实现对 DOM 的支持。

.NET 类库中支持 DOM 的类主要存于 System.Xml 和 System.Xml.XmlDocument 命名空间中。这些类分为两个层次：基础类和扩展类。基础类包括用来编写操纵 XML 文档的应用程序所需要的类；扩展类被定义用来简化程序员的开发工作的类。

基础类包含如下 3 个类。

- ❑ XmlNode 类：用于表示文档树中的单个节点，它描述了 XML 文档中各种具体节点类型的共性。它是一个抽象类，在扩展类层次中有它的具体实现。
- ❑ XmlNodeList 类：用于表示一个节点的有序集合，它提供了对迭代操作和索引器的支持。
- ❑ XmlNamedNodeMap 类：用于表示一个节点的集合。该集合中的元素可以使用节点名或索引来访问，支持使用节点名称和迭代器对属性集合的访问，并且包含对命名空间的支持。

扩展类中包括由 XmlNode 类派生出来的类，具体如表 11-24 所示。

表 11-24 扩展类中包含的类

类	说 明
XmlAttribute	表示一个属性，此属性的有效值和默认值在 DTD 或架构中进行定义
XmlAttributeCollection	表示属性集合，这些属性的有效值和默认值在 DTD 或架构中进行定义
XmlComment	表示 XML 文档中的注释内容
XmlDocument	表示 XML 文档

类	说　　明
XmlDocumentType	表示 XML 文档的 DOCTYPE 声明节点
XmlElement	表示一个元素
XmlEntity	表示 XML 文档中一个解析过或未解析过的实体
XmlEntityReference	表示一个实体的引用
XmlLinkedNode	获取紧靠该节点(之前或之后)的节点
XmlReader	表示提供对 XML 数据进行快速、非缓存、只进访问的读取器
XmlText	表示元素或属性的文本内容
XmlTextReader	表示提供对 XML 数据进行快速、非缓存、只进访问的读取器
XmlTextWriter	表示提供快速、非缓存、只进方法的编写器，该方法生成包含 XML 数据[这些数据符合 W3C 可扩展标记语言(XML)1.0 和 XML 中命名空间的建议]的流或文件
XmlWriter	表示提供快速、非缓存和只进方法的编写器，该方法生成包含 XML 数据

1. 创建 XML 文档

在 ASP.NET 中，有如下两种创建 XML 文档（XMLDocument）的方法。

❑ 创建不带参数的 XML 文档

例如，下面的代码创建了一个不带参数的 XML 文档。

```
XmlDocument doc = new XmlDocument();
```

创建文档后，可通过 Load 方法从字符串、流、URL、文本读取器或 XmlReader 派生类中加载数据到该文档中。另外，也可以使用 LoadXML 方法加载。此方法从字符串中读取 XML。

❑ 创建带参数的 XML 文档

通常是创建一个 XML 文档后，将 XmlNameTable 作为参数传递给它。XmlNameTable 类是原子化字符串对象的表。该表为 XML 分析器提供了一种高效的方法，即对 XML 文档中所有重复的元素和属性名使用相同的字符串对象。创建 XML 文档时，将自动创建 XmlNameTable，并在加载此文档时用属性和元素名加载 XmlNameTable。

如果已经有一个包含名称表的文档，并且这些名称在另一个文档中会很有用，则可使用将 XmlNameTable 作为参数的 Load 方法创建一个新文档。使用此方法创建文档后，该文档使用现有 XmlNameTable。该 XmlNameTable 包含所有已从其他文档加载到此文档中的属性和元素，可用于有效地比较元素和属性名。例如，下面的代码创建了带参数的 XML 文档实例。

```
System.Xml.XmlDocument doc = new XmlDocument(xmlNameTable);
```

2. 读入文档

XML 信息可以从不同的格式读入内存，读取源包括字符串、流、URL、文本读取器或 XmlReader 的派生类。Load 方法可以将文档置入内存中。另外，LoadXML 方法可以从字符串中读取 XML。

请看下面的一段代码。

```
XmlDocument doc = new XmlDocument();              // 创建文档
doc.LoadXml(" <basic>" +
    "<ID>1</ID>" +
    "<NAME>C罗</NAME>" +
    "<CITY>鲁尼</CITY>" +
    "<PHONE>11111111</PHONE>" +
    "<CARRIER>攻击手</CARRIER>" +
    "<POSITION>曼联</POSITION>" +
    "</basic>");
doc.Save("123.xml");                              //把文档保存到一个文件中
```

在上面的代码中，使用 LoadXML 方法加载了 XML，然后将数据保存到一个名为 "123.xml" 的文本文件中。

3. 创建新节点

XMLDocument 中的 Create 方法用于所有节点类型，可以为该方法提供名称以及那些具有内容节点的内容或其他参数。XMLDocument 中常用的创建节点的方法信息如表 11-25 所示。

表 11-25	XMLDocument 创建节点的方法信息
方　法	说　明
CreateAttribute	创建具有指定名称的 XmlAttribute
CreateCDataSection	创建包含指定数据的 XmlCDataSection
CreateComment	创建包含指定数据的 XmlComment
CreateDocumentType	返回新的 XmlDocumentType 对象
CreateElement	创建 XmlElement
CreateEntityReference	创建具有指定名称的 XmlEntityReference
CreateNode	创建 XmlNode
CreateTextNode	创建具有指定文本的 XmlText

创建新节点后，可以使用专用方法将其插入到 XML 结构树中。各方法的具体信息如表 11-26 所示。

表 11-26	将节点插入到 XML 结构树中的方法
方　法	说　明
InsertBefore	插入到引用节点之前
InsertAfter	插入到引用节点之后
AppendChild	将节点添加到给定节点的子节点列表的末尾
PrependChild	将节点添加到给定节点的子节点列表的开头
Append	将 XmlAttribute 节点追加到与元素关联的属性集合的末尾

4. 修改 XML 文档

在.NET 框架下，用户通过 DOM 可以用多种方法来修改 XML 文档的节点、内容和值。其中常用的修改 XML 文档的方法有如下几种。

❏ 使用 XmlNode.Value 方法更改节点值。

❏ 通过用新节点替换现有节点来修改全部节点集。这可以使用 XmlNode.InnerXml 属性完成。

❏ 通过 XmlNode.ReplaceChild 方法用新节点替换现有节点。

❏ 使用 XmlCharacterData.AppendData 方法、XmlCharacterData.InsertData 方法或 XmlCharacter Data.ReplaceData 方法将附加字符添加到从 XmlCharacter 类继承的节点。

❏ 对从 XmlCharacterData 继承的节点类型使用 DeleteData 方法移除某个范围的字符来修改内容。

❏ 使用 SetAttribute 方法更新属性值。如果不存在属性，则 SetAttribute 将创建一个新属性；如果存在属性，则更新属性值。

5. 删除 XML 文档的节点、属性和内容

DOM 在内存中之后，可以删除树中的节点，或删除特定节点类型中的内容和值。

❏ 删除节点

如果要从 DOM 中删除一个节点，可以使用 RemoveChild 方法来删除特定的节点。在删除节点时，此方法删除属于所删除的节点的子树。

如果要从 DOM 中删除多个节点，可以使用 RemoveAll 方法删除当前节点的所有子级和属性。

如果使用 XmlNamedNodeMap，则可以使用 RemoveNamedItem 方法删除节点。

□ 删除属性集合中的属性

通常使用 XmlAttributeCollection.Remove 方法来删除特定属性。另外，也可以使用方法 XmlAttributeCollection.RemoveAll 来删除集合中的所有属性，使元素不具有任何属性；或者使用方法 XmlAttributeCollection.RemoveAt 移除属性集合中的属性。

□ 删除节点属性

通常使用 XmlElement.RemoveAllAttributes 方法删除属性集合；使用 XmlElement.RemoveAttribute 方法按名称删除集合中的单个属性；使用 XmlElement.RemoveAttributeAt 方法按索引号来删除集合中的单个属性。

□ 删除节点内容

通常使用 DeleteData 方法删除字符。此方法从节点中移除某个范围的字符。如果要完全移除内容，则移除包含此内容的节点。如果要保留节点，但节点内容不正确，则修改内容。

6. 保存 XML 文档

可以使用 Save 方法保存 XML 文档，Save 方法含有如下 4 个重载方法。

□ Save(string filename)：将文档保存到文件 filename 的位置。

□ Save(System.IO.Stream outStream)：保存到流 outStream 中，流的概念存在于文件操作中。

□ Save(System.IO.TextWriter writer)：保存到 TextWriter 中。TextWriter 也是文件操作中的一个类。

□ Save(XmlWriter w)：保存到 XmlWriter 中。

7. 使用 XPath 导航选择节点

DOM 包含的方法允许使用 XPath 导航查询 DOM 中的信息。可以使用 XPath 查找单个特定节点，并且只使用一行 XPath 代码即可实现。

DOM 类提供两种 XPath 选择方法。SelectSingleNode 方法返回符合选择条件的第一个节点，SelectNodes 方法返回包含匹配节点的 XmlNodeList。

例如在下面的代码中，通过使用 XPath 从一个名为 doc 的 XmlDocument 中，查询出了所有的 "lihai" 节点信息。

```
XmlDocument doc = new XmlDocument();          //创建DOM
doc.Load("123.xml");                          //把XML文档装入DOM
XmlNodeList nodeList;                          //定义节点列表
XmlNode root = doc.DocumentElement;           //定义根节点，并把DOM的根节点赋给它
nodeList=root.SelectNodes("//lihai ");        //查找basic节点列表
//循环访问节点列表，并做一些修改
foreach (XmlNode basic in nodeList)
{
basic.LastChild.InnerText="无职称";           //修改最后一个子节点内容
}
doc.Save("1231xml");                          //保存DOM
```

其中 123.xml 文档如下所示。

```
<?xml version="1.0" standalone="yes"?>
<DocumentElement>
    <lihai>
        <ID>1</ID>
        <NAME>鲁尼</NAME>
        <CITY>曼联</CITY>
        <PHONE>11111111</PHONE>
        <CARRIER>前锋</CARRIER>
        <POSITION>21</POSITION>
    </lihai>
</DocumentElement>
```

11.5.4 DataSet 读取 XML 数据

DataSet 对象可以使用 GetXml 方法将数据导出为一个 XML 字符串，使用 GetXmlSchema 方法将数据的组织模式导出为一个 XML Schema 字符串。例如下面的代码。

```
DataSet dataSet = new DataSet();
//执行一些操作为DataSet对象填充数据，此处代码省略
string xmlString = dataSet.GetXml();                          //导出数据为XML格式
string xmlSchema = dataSet.GetXmlSchema();                    //导出数据的组织形式
```

另外，DataSet 还可以使用方法 WriteXml 和 WriteXmlSchema，把 DataSet 对象中的数据和 Schema 以 XML 的形式写出。例如下面的代码。

```
//写出XML数据
DataSet dataSet = new DataSet();
//执行一些操作为DataSet对象填充数据，此处代码省略
System.IO.FileStream fs = new System.IO.FileStream("basic1.xml", System.IO.FileMode.Create);
dataSet.WriteXml(fs);
fs.Close();
//写出数据组织形式
DataSet dataSet = new DataSet();
//执行一些操作为DataSet对象填充数据，此处代码省略
System.IO.FileStream fs2 = new System.IO.FileStream("basic2.xml", System.IO.FileMode.Create);
dataSet.WriteXmlSchema(fs2);
fs2.Close();
```

11.5.5　XML 填充 DataSet

通过 DataSet 对象中的 ReadXmlSchema 方法，可以利用已存在的 XML Schema 建立数据模式。ReadXmlSchema 方法包含多种重载版本，具体如下。

❑ ReadXmlSchema(string fileName)：从指定的文件读取 XML Schema。

❑ ReadXmlSchema(System.IO.Stream stream)：从流中读取 XML Schema。

❑ ReadXmlSchema(System.IO.TextReader reader)：读取存在于 TextReader 的 XML Schema。

❑ ReadXmlSchema(XmlReader reader)：读取存在于 XmlReader 的 XML Schema。

例如下面的一段代码。

```
//使用文件名
DataSet dataSet = new DataSet();
dataSet.ReadXmlSchema(Server.MapPath("basic.xml"));
//使用流对象
DataSet dataSet = new DataSet();
System.IO.FileStream fs = new System.IO.FileStream("basic.xml", System.IO.FileMode.Open);
dataSet.ReadXmlSchema(fs);
s.Close();
//使用TextReader
DataSet dataSet = new DataSet();
//这里StreamReader是TextReader的派生类
System.IO.StreamReader streamReader = new System.IO.StreamReader(Server.MapPath ("basic.xml"));
dataSet.ReadXmlSchema(streamReader);
streamReader.Close();
//使用XmlReader
DataSet dataSet = new DataSet();
//这里XmlTextReader是XmlReader的派生类
System.IO.FileStream fs = new System.IO.FileStream("basic.xml", System.IO.FileMode.Open);
System.Xml.XmlTextReader xmlReader = new XmlTextReader(fs);
dataSet.ReadXmlSchema(xmlReader);
xmlReader.Close();
```

在上述代码中，通过使用 ReadXmlSchema 方法读取了 XML Schema。另外，DataSet 对象还可以使用 ReadXml 方法读取 XML 文件或流。ReadXml 方法对于每一种 XML 数据来源（流、文件、TextReader 和 XmlReader），都提供了如下 2 种形式的重载函数。

❑ 仅包含一个指定 XML 数据来源的参数。

❑ 包含指定 XML 数据来源的参数和指定读取数据时生成数据模式 Schema 的行为

11.6　技 术 解 惑

11.6.1　和 ADO 以及其他数据访问组件相比，ADO.NET 的优势是什么

和 ADO 以及其他数据访问组件相比，ADO.NET 的优势体现在如下 5 个方面。

1. 互操作性

ADO.NET 应用程序可以利用 XML 的灵活性和广泛接受性。由于 XML 是用于在网络中传输数据集的格式，因此可以读取 XML 格式的任何组件都可以处理数据。实际上，接收组件根本不必是 ADO.NET 组件。传输组件可以只是将数据集传输给其目标，而不必考虑接收组件的实现方式。目标组件可以是 Visual Studio 应用程序或无论用什么工具实现的其他任何应用程序。唯一要求的是接收组件能够读取 XML。作为一项工业标准，XML 正是在遵循这种互操作性的情况下设计的。

2. 可维护性

在已部署系统的生存期中，适度的更改是可能的，但由于实现十分困难，所以很少尝试进行实质的结构更改。这是很遗憾的，因为在事件的自然过程中，这种实质上的更改会变得很有必要。例如，当已部署的应用程序越来越受用户欢迎时，增加的性能负荷可能需要进行结构更改。随着已部署的应用程序服务器的性能负荷的增长，系统资源会变得不足，并且响应时间或吞吐量会受到影响。面对该问题，软件设计者可以选择将服务器的业务逻辑处理和用户界面处理划分到单独计算机上的单独层上。实际上，应用程序服务器层将替换为两层，这就缓解了系统资源的缺乏。

该问题并不是要设计三层应用程序。相反，它是要在应用程序部署以后增加层数。如果原始应用程序使用数据集以 ADO.NET 实现，则该转换很容易进行。当用两层替换单个层时，将安排这两层交换信息。由于这些层可以通过 XML 格式的数据集传输数据，所以通信相对较容易。

3. 可编程性

Visual Studio 中的 ADO.NET 数据组件以不同方式封装数据访问功能，帮助用户加快编程速度并减少犯错概率。例如，数据命令提取生成和执行 SQL 语句或存储过程的任务。同样，由这些设计器工具生成的 ADO.NET 数据类导致类型化数据集，这又可以通过已声明类型的编程访问数据。

4. 性能

对于不连接的应用程序，ADO.NET 数据库提供的性能优于 ADO 不连接的记录集。当使用 COM 封送在层间传输不连接的记录集时，会因将记录集内的值转换为 COM 可识别的数据类型而导致显著的处理开销。在 ADO.NET 中，这种数据类型转换则没有必要。

5. 可伸缩性

因为 Web 可以极大增加对数据的需求，所以可缩放性变得很关键。Internet 应用程序具有无限的潜在用户供应。尽管应用程序可以很好地为十几个用户服务，但它可能不能向成百上千个（或成千上万个）用户提供同样好的服务。使用数据库锁等资源的应用程序不能很好地为大量用户服务，因为用户对这些有限资源的需求最终将超出其供应。

ADO.NET 通过鼓励程序员节省有限资源来实现可缩放性。由于所有 ADO.NET 应用程序都使用对数据的不连接访问，因此它不会在较长持续时间内保留数据库锁或活动数据库连接。

11.6.2 如何选择 DataReader/DataSet

在决定应用程序应使用 DataReader 还是使用 DataSet 时，应首先考虑应用程序所需的功能类型。通过 DataSet 可执行的操作如下。

❑ 在应用程序中将数据缓存在本地，以便可以对数据进行处理。如果只需要读取查询结果，则 DataReader 是更好的选择。

❑ 在层和层之间，或从 XML Web 服务对数据进行远程处理。

❑ 与数据进行动态交互，例如绑定到 Windows 窗体控件或组合并关联来自多个源的数据。

❑ 对数据执行大量的处理，而不需要与数据源保持打开的连接，从而将该连接释放给其他客户端使用。

如果不需要 DataSet 所提供的功能，则可以通过使用 DataReader 以只进、只读方式返回数据，这样可以提高应用程序的性能。虽然 DataAdapter 使用 DataReader 来填充 DataSet 的内容，但使用 DataReader 可以提升性能，因为这样可以节省 DataSet 所使用的内存，并将省去创建 DataSet 并填充其内容所需的处理。

11.6.3 在数据库中的 E-R 图

在数据库体系中，概念模型这一概念比较重要。概念模型是对信息世界的建模，它可以使用 E-R 图来描述世界的概念模型。E-R 图提供了表示实体型、属性和联系的方法。

- ❑ 实体型：用矩形表示，框内写实体名称。
- ❑ 属性：用椭圆表示，框内写属性名称。
- ❑ 联系：用菱形表示，框内写联系名称。

图 11-16 所示为实体-属性图。

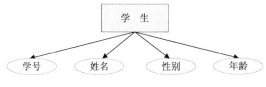

图 11-16 实体-属性图

图 11-17 所示为实体-联系图。

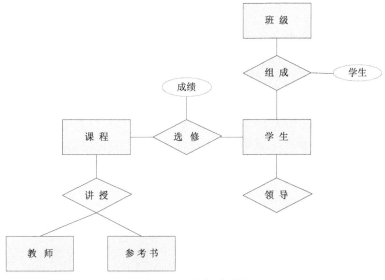

图 11-17 实体-联系图

11.6.4 三层架构

在使用 C#开发 Web 项目时，当前被无数次证明最好用、最合适的模式是三层架构。C#的三层分别是表示层、业务逻辑层和数据访问层。另外，还有一个 Models 实体类辅助层。层层调用，实现三层架构，各为其事、各尽其责，这样做层次更加分明，结构更加合理。

- ❑ 表示层：为用户提供交互操作界面，这一点不论是对于 Web 还是 WinForm 都是如此。这一层主要负责与用户的数据交互和数据展示，并进行简单的数据合法性验证，如非空验证等。

❑ 业务逻辑层：负责关键业务的处理和数据的传递。复杂的逻辑判断和涉及数据库的数据验证都需要在此层做出处理，如用户注册功能中验证该注册账号是否已经存在。

❑ 数据访问层：见名知意，负责数据库数据的访问。该层主要为业务逻辑层提供数据。

为了整个项目的开发方便，这3层的3个工程有着一定的命名规则。例如现在有一个项目MyBookShop。为了清晰命名，可以这样命名这个3个工程（即在解决方案中添加的类库）。

❑ 业务逻辑层(BusinessLogicLayer)：MyBookShopBLL，命名空间默认设置为 MyBook-Shop.BLL。

❑ 数据访问层(DataAccessLayer)：MyBookShopDAL,命名空间默认设置为MyBookShop.DAL。

另外，为了传递数据方便，通常再添加一个类库，这个类库是贯穿于整个三层架构中的，即实体类。现假设这个类型命名为MyBookShopModels，命名空间默认值设置为 MyBookShop.Models。其中封装的每个类都对应一个实体，通常就是数据库中的一个表。例如，如数据库中的用户表（Users）封装为（UserModel），将表中的每个字段都封装成共有的属性。

这样三层架构的搭建就基本完成了，这3层有着非常强的如下依赖关系。

表示层←业务逻辑层←数据访问层

它们之间的数据传递是双向的，并且通常借助实体类传递数据。那么三层架构都有哪些优点呢？具体说明如下。

❑ 易于项目的修改和维护。在项目的开发过程中或者开发后的升级过程中，甚至在项目的移植过程中，这种三层架构都是非常方便的。例如，项目从 Web 移植到 Form，只需要将表示层重新做一遍就可以了。其余两层不用改动，只需添加到现有项目中就可以了。如果不采用这种架构，只是将代码写到表示层。那么所有的编码几乎都要重新编写。

❑ 易于扩展。在功能的扩展上同样如此，如有功能的添加，只需在原有的类库中添加方法即可。

❑ 易于代码的重用。

11.6.5 ADO.NET 起了一个接口的作用

其实可以将 ADO.NET 看做是一个连接程序和数据库的接口其作用相当于水龙头，如图11-18 所示。我们不用考虑它在内部是如何实现的，只须记住使用接口连接程序和数据库的方法就可以了。

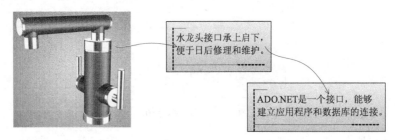

图 11-18 水龙头

作为一名程序员，应根据具体项目的情况来选择对应提供者的引用指令。例如，如果对移植性的要求比较高，则可以使用通用的 ODBC 方式；如果系统只是要求对某特定数据库的应用，则可以使用对应种类的.NET 数据库提供者。

第 12 章

使用母版页、样式、主题和皮肤

在动态 Web 设计过程中，经常需要建立一个美观的用户界面，为整个站点设置统一的风格。统一的风格和布局可以使整个网站显得更为规范和专业，并能吸引更多的用户进入访问。若要网站的风格和布局统一，则要求整个站点中的页面都具有相同的页头、页尾、导航栏和功能条等。母版页技术是 ASP.NET 2.0 开始推出的，它可以为一个站点创建统一的风格和布局。

本章内容	**技术解惑**
母版页详解	母版页和普通 Web 页的区别
主题、样式和皮肤	文件的存储和组织方式

12.1 母版页详解

知识点讲解：光盘:视频\PPT 讲解（知识点）\第 12 章\母版页详解.mp4

母版页的工作方式与 Windows SharePoint Services 3.0 和 Office SharePoint Server 2007 在 ASP.NET 2.0 中的工作方式相同。利用母版页，可以创建单个网页模板，并在应用程序中将该模板用作多个网页的基础，这样就无需创建所有新网页。母版页实际上是两个独立的部件，即母版页自身和内容网页。母版页定义公用布局和导航栏，以及附加到该母版页的所有内容网页的默认公用内容。内容网页是一个特有的网页。在浏览器中呈现网页时，母版页负责提供公用内容，而内容网页则负责提供该网页所特有的内容。本节将详细讲解什么是母版页以及如何应用母版页。

12.1.1 何谓母版页

在 Windows SharePoint Services 3.0 和 Office SharePoint Server 2007 中，利用网站定义创建的每个网站都包含 Default.master 页，它定义了网站的默认外观。此外，Office SharePoint Server 2007 还包含几个自定义的母版页。与 Default.master 页相似，这些自定义的母版页中包含用于显示 SharePoint 内容（如列表和库）的内容占位符，并且可以与 Office SharePoint Server 2007 配合使用，用于定义整个网站的外观。

1. 使用母版页的好处

使用母版页可以轻松地更改整个网站中所有网页的外观。另外，母版页还具有以下好处。

❑ 丰富的网页编辑体验。通过只更改母版页的设计并自动将这些更改应用到所有附加到该母版页的内容网页，开发者和设计者可以有效地节省时间和资源。

❑ 网站级的编辑功能。用户可以在一个位置编辑网站的母版页元素，并可以返回上述位置进行其他更改，而无须自定义所有使用这些公用元素的内容网页。

❑ 具有专业外观的网站。用户可以轻松地创建具有 SharePoint 外观的新网页。通过引用默认母版页，基于该母版页的新网页将显示相同的外观，并不断获取母版页的所有更新。

❑ 更一致的网页和更出色的最终用户体验。因为所有附加到母版页上的网页都具有相同而一致的外观，所以网站访问者无论是从核心 SharePoint 网页浏览到第三方解决方案所提供的网页，还是浏览到网站设计者的自定义网页，都不会感到网站外观及其控件工作方式上有任何差异。

❑ 高效的网站管理能力。使用母版页可以提高网站管理能力，这是因为仅自定义母版页就可以更改整个网站的外观，而无须修改网站中的每个网页。

2. 嵌套母版页

母版页可以嵌套，即一个母版页引用另一个母版页作为它的母版页。例如，可以设置一个包含网站徽标及主导航栏的母版页，然后设置一个有两栏布局的母版页，再设置另一个有三栏布局的母版页。每个分栏布局的母版页都可以附加到该主母版页上，以便显示该母版页的公用徽标和导航栏。

3. 内容网页

内容网页是有常规.aspx 文件扩展名的 ASP.NET 页。此外，每个内容网页中还包含一条 @page 指令，用于识别内容网页所附加到的母版页。例如下面的@page 指令代码。

```
<%@ Page MasterPageFile="~aa/default.master" %>
```

默认情况下，SharePoint 网站中可以包含多个内容网页，例如列表视图网页、列表表单网页和 Web 部件网页。这些网页中含有网页正文中所显示的内容。当网站访问者用浏览器请求某个网页时，内容网页就会与母版页合并，从而生成用户在浏览器中看到的网页。所有内容网页都与所附加到的母版页共用相同的网页结构和公用功能。

例如，下面是一个简单母版页文件的代码。

```
<%@ Master Language="C#" %>
<!DOCTYPE html PUBLIC "-//W3C//DTD XHTML 1.0 Transitional//EN" "http://www.w3.org/ TR/xhtml1/DTD/xhtml1-transitional.dtd">
<script runat="server">
</script>
<html xmlns="http://www.w3.org/1999/xhtml" >
<head runat="server">
    <title>最简单的母版页</title>
</head>
<body>
    <form id="form1" runat="server">
    <div>
        <asp:contentplaceholder id="ContentPlaceHolder1" runat="server">
        </asp:contentplaceholder>
    </div>
    </form>
</body>
</html>
```

在上述代码中，通过"@ Master"声明了母版页；通过"asp:contentplaceholder"定义了内容占位符，在内容页面中此部分将被替换成对应的页面内容。

12.1.2 创建母版页

创建母版页和创建基本.aspx 文件差不多，只是在开始位置添加了一个页面指令声明符。母版页可以包含的指令都基本相同，唯一的区别是使用"@ Master"代替.aspx 中的"@Page"。如果希望母版页指令包括一个代码隐藏文件的名称，并将一个类名称分配给母版页，则可以在页面的起始位置加入如下代码。

```
<%@ Master Language="C#" Code File="MasterPage.master.cs" Inherits=" MasterPage"%>
```

除了可以使用"@ Master"指令外，在母版页中还可以使用所有的顶级 HTML 元素。例，HTML、HEAD 和 FORM 等。开发人员可以根据自己的需要，将各种页面元素添加到母版页中，进行网页布局、应用样式和添加 ASP.NET 控件等操作。在母版页中创建的布局和内容也将应用到附加到该母版页的网页。

通过 Visual Studio 2012，可以迅速地创建新母版页。具体操作过程如下。

(1) 使用 Visual Studio 2012 新创建一个 ASP.NET 站点，或者打开一个已经存在的 ASP.NET 站点，如图 12-1 所示。

图 12-1　打开或新建 ASP.NET 站点

(2) 在"解决方案资源管理器"中右键单击网站项目名称，在弹出的快捷菜单中选择"添加新项"命令，弹出"添加新项"对话框，如图 12-2 所示。

图 12-2　"添加新项"对话框

（3）在"添加新项"对话框的"模板"列表框中选择"母版页"模块，命名后单击【添加】按钮，此时 Visual Studio 2012 将自动生成一个母版页文件，如图 12-3 所示。

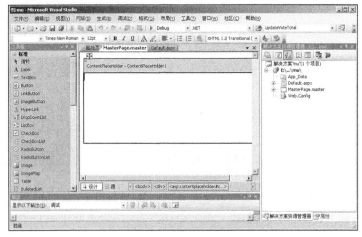

图 12-3　生成的母版页文件

（4）在生成的母版页文件内可以像在其他的网页文件中一样进行相应的处理操作，例如网页布局、应用样式和添加 ASP.NET 控件等操作。随意处理后的页面效果如图 12-4 所示。

图 12-4　处理后的母版页

至此一个简单的 ASP.NET 母版页创建完毕，其主要实现代码如下。

```
<%@ Master Language="C#"%>
<html>
  <body>
    <!-- 母版页中固定内容 -->
    <table width="100%">
      <tr>
        <td bgcolor="black" align="center">
          <span style="font-size: 36pt; color: white">母版页。</span>
        </td>
      </tr>
    </table>
    <!-- 内容占位符 -->
    <asp:ContentPlaceHolder ID="Main" RunAt="server" />
  </body>
</html>
```

在默认情况下，创建新的母版页时会自动包含 HEAD 和 ContentPlaceHolder1 两个内容占位符控件。如果想添加、删除或修改内容占位符控件，必须在母版页上放置一个或多个内容占位符控件。内容占位符控件标记内的所有内容都可以在基于母版页的网页中进行编辑，而母版页中的所有其他内容却无法在内容页中进行编辑。

12.1.3　创建内容页

内容页是与母版页相关联的 ASP.NET 网页，用来定义母版页的占位符内容。母版页建立一个布局并包含一个或多个用于可替换文本和控件的 ContentPlaceHolder 控件。内容页只包含在运行时与母版页的 ContentPlaceHolder 控件合并在一起的文本和控件。创建内容页的方法有如下两种。

1. 编写代码实现

例如，可以新建一个 ASP.NET 页面，然后编写如下代码来引用 12.1.2 小节中创建的母版页文件。具体的实现代码如下。

```
<%@ MasterPageFile="MasterPage.master"%>
<asp:Content ID="Content1" ContentPlaceHolderID="Main" RunAt="server">
  母版页MasterPage.aspx的内容
</asp:Content>
```

这样就成功地在站点子文件中引用了母版页中的内容，执行后的效果如图 12-5 所示。

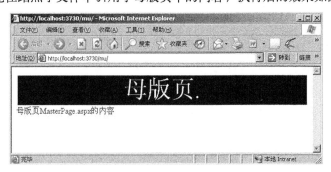

图 12-5　引用页面执行效果

2. 使用 Visual Studio 2012 实现

也可以通过 Visual Studio 2012 来创建并调用母版页，具体操作如下。

（1）在"解决方案资源管理器"中右键单击网站项目名称，在弹出的快捷菜单中选择"添加新项"命令，弹出"添加新项"对话框，在 Visual Studio 已安装模板"中选择"Web 窗体"，并同时勾选"语言"后的"选择母版页"复选框，如图 12-6 所示。

（2）单击【添加】按钮后弹出"选择母版页"对话框，在此可以选择站点内已经创建的母版页文件，如图 12-7 所示。

图 12-6　新建 ASP.NET 的窗体文件　　　　　图 12-7　"选择母版页"对话框

（3）这里选择前面创建的母版页文件"MasterPage.master"，单击【确定】按钮后即可创建一个 ASP.NET 页面文件，并且同时引用了母版页的内容。具体的实现代码如下。

```
<%@ MasterPageFile="MasterPage.master"%>
<asp:Content ID="Content1" ContentPlaceHolderID="Main" RunAt="server">
  母版页MasterPage.aspx的内容
</asp:Content>
```

在内容页面中，可以通过 Content 控件并将这些控件映射到母版页上的 ContentPlaceHolderID 控件来创建内容。例如，母版页中的代码如下。

```
<asp:ContentPlaceHolder ID="Main" RunAt="server" />
<asp:ContentPlaceHolder ID="Footer" RunAt="server" />
```

在上述母版页代码中，包含了两个内容占位符：Main 和 Footer。这样在内容页面中，就可以通过上述占位符来引用对应的内容。看下面的代码。

```
<asp:Content ContentPlaceHolderID="Main" RunAt="server">
  母版页MasterPage.aspx的内容
</asp:Content>
<asp:Content ContentPlaceHolderID="Footer" RunAt="server">
  母版页MasterPage.aspx的内容
</asp:Content>
```

上述母版页的工作原理如图 12-8 所示。

在创建 Content 控件后，即可向这些控件中添加需要的文本和控件，并且在 ASP.NET 页面中执行的所有任务都可以在内容页中执行。例如，程序员可以使用服务器控件、数据库查询或其他动态机制来生成 Content 控件的内容。因为内容页包含的所有标记都在 Content 控件中，所以母版页必须包含一个具有属性"RunAt="server""的 HEAD 元素，以便可以在运行时合并标题设置。

内容页中没有标题提到母版页中的占位符控件时，可以通过预先在母版页中占位符控件的<asp:ContentPlaceHolder> 和 </asp: ContentPlaceHolder>之间定义默认的内容。在此定义的内容既可以是简

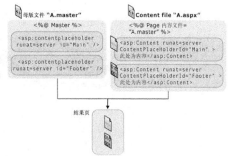

图 12-8　母版页工作原理

单的文本，也可以是各种服务器或客户端控件。定义了默认显示内容后，此默认的显示内容仅在内容页未改写显示内容的时候出现。例如下面的代码。

```
<%@ MasterPageFile="MasterPage.master"%>
……
<asp:Content ID="Content1" ContentPlaceHolderID="Main" RunAt="server">
……
……
</asp:Content>
```

在上述代码中，仅能在<asp:Content ID="Content1" ContentPlaceHolderID="Main" RunAt="server">和</asp:Content>之间定义内容页的内容。

12.1.4 母版页的嵌套

在使用母版页时，可以方便地进行嵌套，让一个母版页引用另外的母版页作为其母版页。通过使用嵌套的母版页，可以创建组件化的母版页。在大型网站中，通常会包含一个用于定义站点外观照片的主题母版页通常会包含一个用于定义站点外观的照片那个题母版页。然后不同的站点页面就可以自己定义子母版页。这些子母版页可以引用网站母版页，并定义自己子页的外观效果。

和普通的母版页一样，子母版页也包含.master 扩展名的文件，但是子母版页只能包含Content 控件。Content 控件可以再次嵌套 ContentPlaceHolder 控件，并且拥有自己的内容占位符，以显示其子页提供的内容。

实例 063	通过 Visual Studio 2012 创建嵌套的母版页
	源码路径　光盘\daima\12\qiantao　　　视频路径　光盘\视频\实例\第 12 章\063

本实例的实现过程如下。

（1）打开 Visual Studio 2012，然后添加一个母版页文件，命名为"Parent.master"。主要实现代码如下。

```
<form id="Form1" runat="server">
<div>
<h1>Parent Master</h1>
<p>
<font color="red">这是引用的母版页内容</font>
</P>
<asp:ContentPlaceHolder
ID="MainContent" runat="server" />
</div>
</form>
</body>
</html>
```

（2）再添加一个母版页文件，设置为子母版页，命名为"Parent.master"。主要实现代码如下。

```
<%@ master Language="VB" MasterPageFile="Parent.master"%>
<asp:Content id="Content11" ContentPlaceholderID="MainContent" runat="server">
    <asp:panel runat="server" id="panelMain" backcolor="lightyellow">
    <h2>Child master</h2>
        <asp:panel runat="server" id="panel1" backcolor="lightblue">
        <p>This is childmaster content.</p>
        <asp:ContentPlaceHolder ID="Content1" runat="server" />
        </asp:panel>
        <asp:panel runat="server" id="panel2" backcolor="pink">
        <p>This is childmaster content.</p>
        <asp:ContentPlaceHolder ID="Content2" runat="server" />
        </asp:panel>
    </asp:panel>
</asp:content>
```

> 范例 125：在 ASP.NET 和 HTML 页面中定义样式
> 源码路径：光盘\演练范例\125
> 视频路径：光盘\演练范例\125
> 范例 126：在页面引用外部样式表文件
> 源码路径：光盘\演练范例\126
> 视频路径：光盘\演练范例\126

（3）编写引用子母版页的文件，实现对子母版页内容的引用，并将其命名为"Parent.master"，主要实现代码如下所示。

```
<%@ Page Language="VB" MasterPageFile="Child.Master"%>
<asp:Content id="Content1" ContentPlaceholderID="Content1" runat="server">
    <asp:Label runat="server" id="Label1"
        text="Child label1" font-bold="true" />
    <br>
</asp:Content>
<asp:Content id="Content2" ContentPlaceholderID="Content2" runat=server>
    <asp:Label runat="server" id="Label2"
        text="Child label2" font-bold=true/>
</asp:Content>
```

经过上述处理后，就简单实现了对嵌套母版页的使用。程序执行后将按设置的内容显示，效果如图 12-9 所示。

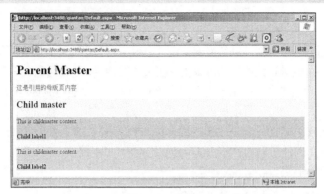

图 12-9　执行效果

12.1.5　动态访问母版页

动态网站编程需要实现对母版页的动态处理。在实际应用中，可以使用编程的方式使用母版页。例如，可以为母版页上的控件成员定义事件、属性和方法，并且可以动态地将母版页附加到内容页中。

1．访问母版页成员

为了提供对母版页成员的访问，Page 类公开了 Master 属性。若要从内容页访问特定母版页的成员，可以通过创建 @ MasterType 指令表创建对此母版页的强类型引用。可以使用该指令指向一个特定的母版页。当该内容页创建自己的 Master 属性时，属性的类型被设置为引用的母版页。

例如，有一个名为"MasterPage.master"的母版页，可以创建类似于下面的@ Page 和@ Master Type 指令。

```
<%@ Page    masterPageFile="~/MasterPage.master"%>
<%@ MasterType    virtualPath="~/MasterPage.master"%>
```

当使用@ MasterType 指令时（如本示例中的指令），可以引用母版页上的成员，例如下面的代码：

```
CompanyName.Text = Master.CompanyName;
```

此时上述页的 Master 属性类型已被设置为 MasterPage_master。

除了以声明方式指定母版页外，还可以动态地将母版页附加到内容页。因为内容页和母版页会在页面处理的初始化阶段合并，所以必须在此前分配母版页。

2．获取母版页中控件值

程序员可以使用如下两种方法来动态操作定义在母版页中的内容。

使用 FindControl 方法进行弱类型操作。

使用母版页中的公开属性进行强类型操作。

在日常开发应用中，建议读者使用母版页中的公开属性进行强类型操作的方法。

（1）弱类型方法获取母版页中的控件值

在运行时，控制页会与内容页进行合并，所以控制页中的控件可以被内容页中的代码进行访问。如果控制页中的 ContentPlaceHolder 控件中的子控件被内容页中的 Content 控件所重载，那么将无法对这些子控件进行访问。因为这些控件是属于被保护级别的成员，所以这些控件不能够直接被当成控制页的成员进行访问。但是，可以使用 FindControl 方法对控制页中的特定控件进行定位。如果需要访问的控件在控制页中的 ContentPlaceHolder 控件的内部，则必须首先获取 ContentPlaceHolder 控件的引用，然后再调用它的 FindControl 方法来获取控件的引用。

例如，在下面的代码中显示了如何才可以从控制页中获取控件的引用。代码中 ContentPlace Holder 控件中只有唯一一个子控件被引用。

```
// 获取 ContentPlaceHolder控件中的一个 TextBox 控件的引用
ContentPlaceHolder mpContentPlaceHolder;
```

```
TextBox mpTextBox;
mpContentPlaceHolder =
    (ContentPlaceHolder)Master.FindControl("ContentPlaceHolder1");
if(mpContentPlaceHolder != null)
{
    mpTextBox = (TextBox) mpContentPlaceHolder.FindControl("TextBox1");
    if(mpTextBox != null)
    {
        mpTextBox.Text = "TextBox 已找到！ ";
    }
}
// 获取位于 ContentPlaceHolder 控件之外的一个 Label 控件的引用
Label mpLabel = (Label) Master.FindControl("masterPageLabel");
if(mpLabel != null)
{
    Label1.Text = "控制页的标签 = " + mpLabel.Text;
}
```

这样就可以使用 FindControl 方法对控制页的 ContentPlaceHolder 控件中的内容进行访问，例如上面的代码所示。如果 ContentPlaceHolder 控件已经与 Content 控件的内容合并，那么 ContentPlaceHolder 控件中将不再包含默认的内容。另外，它将包含被定义在内容页中的文本内容和控件。

（2）强类型方法获取母版页中的控件值

如果内容页使用 MasterType 指令为控制页指定了一个强类型，那么该类型必须应用到任何一个动态指定的控制页中。如果想要动态地对控制页进行选择，建议为控制页的起源创建一个基类。然后在控制页基类中对公共的属性和方法进行定义。在内容页中，当需要使用 MasterType 指令为控制页指定强类型的时候，需在基类中进行指定，而不是在单独的控制页中指定。

12.1.6　母版页的应用范围

在 Web 开发应用过程中，通常都是在内容页中绑定母版页。其实在 ASP.NET 中，母版页应用范围共有 3 种，分别是页面级、应用程序级和文件夹级。本节将介绍上述 3 种母版页应用范围的基本知识。

1．页面级应用

页面级母版页是最为常见的应用方式。只要通过属性设置，在内容页中正确绑定母版页即可。而内容页可以是应用程序中任意的 aspx 页面。例如下面的代码：

```
<%@ Page Language="C#" MasterPageFile="~/MasterPage.master" %>
```

2．应用程序级应用

在某些情况下，整个应用程序中多数页面都需要绑定同一母版页。这时，如果仍然使用页面级母版页的处理方法就会显得非常繁琐。此时如果使用应用程序级母版页的处理方法，将会变得十分便捷。具体做法是在应用程序配置文件 Web.Config 中添加一个配置节<pages>，并设置其中的 masterPageFile 属性值为母版页 URL 地址。例如下面的代码。

```
<configuration>
    <system.web>
        <pages masterPageFile="~/MasterPage.master" />
    </system.web>
</configuration>
```

如果经过配置的 Web.Config 文件存储于根目录下，那么以上的配置内容将对整个应用程序产生作用。默认情况下，位于根目录下(包括子文件夹中)的所有 aspx 文件将会成为自动绑定 MasterPage.master 的内容页。在使用这些内容页时，不必如同在页面级的情况那样，为每个页面都设置 MasterPageFile 属性。此时需要在代码头进行如下设置。

```
<%@ Page Language="C#" %>
```

在以上代码头中，没有包括对属性 MasterPageFile 的设置，这是由于系统将自动绑定 Web.Config 文件中所设置的 MasterPage.master 为母版页。这种做法虽然在一定程序上带来了便利，但是还存在其他可能。例如，站点内有些 aspx 文件可能不需要自动绑定默认设置的母版页，而需要绑定其他的母版页。这时可以使用如下设置方法，覆盖 Web.Config 中的设置。具体代码如下。

```
<%@ Page Language="C#" MasterPageFile="~/OtherPage.master" %>
```

另外，也有可能出现不需要绑定任何母版页的 aspx 文件。在此情况下，可以使用如下代码进行设置。

```
<%@ Page Language="C#" MasterPageFile="" %>
```

3．文件夹级应用

如果需要在某些文件夹中设置包含在内的 aspx 页面成为自动绑定母版页的内容页，那么只要将类似的 Web.Config 文件放置在该文件夹中即可。

12.1.7　缓存母版页

通过使用缓存技术，可以大大提高 ASP.NET 程序的性能，同理，使用缓存对母版页进行处理，也可以提高母版页的性能。例如，可以使用如下代码对母版页进行缓存处理。

```
<%@ OutputCache Duration="200" VaryByControl="none" %>
```

其中，200 是指缓存 200s。上述代码设置当前缓存页面将在服务器中保存 60s，页面不会因返回参数而改变。但是在使用上述缓存时，缓存代码不能放在母版页中，而应该放在继承母版页的内容页中。被缓存的内容不但包括母版页的内容，而且还包含内容页中的内容。

> 注意：有关 ASP.NET 缓存技术的详细信息，将在本书后面的内容中进行详细介绍。

12.2　主题、样式和皮肤

知识点讲解：光盘:视频\PPT 讲解（知识点）\第 12 章\主题、样式和皮肤.mp4

在程序开发过程中，需要注意门面的美观性。一个项目如果有好的门面，则会更能得到客户的认同。一个好的外观自然会引起客户的兴趣和好感。在 ASP.NET 程序中，通常使用主题、样式和皮肤实现页面的美观性。

12.2.1　主题概述

主题就是允许用户为页面和控件定义外观的属性设定集，它负责完成对 Web 应用程序的页面、整个 Web 应用程序或者服务器上的所有 Web 应用程序的外观应用。主题由一个元素集组成，包括皮肤、层叠式样式表单（CSS）、图片以及其他资源。一个主题在最小范围内至少包含有皮肤定义，因为皮肤是主题的核心。主题文件被保存在网站或 Web 服务器的特定目录中。

1．主题的构成

（1）皮肤

皮肤文件的扩展名是".skin"，里面包含了各种控件类型（如 Button、Label、TextBox 或者 Calendar 控件）的属性设定集。控件的皮肤设定集类似于控件的标记，只是皮肤设定集中只包含作为主题的一部分而被设定的属性集。例如，下面的代码为 Button 控件定义了一个控件皮肤。

```
<asp:button runat="server" BackColor="lightblue" ForeColor="black" />
```

在上述代码中，设置了 Button 控件的背景颜色为"lightblue"，文本颜色为"black"。

开发人员可以在主题目录中创建.skin 文件。一个.skin 文件可以为一种或多种类型的控件包含一个或多个皮肤。既可以把每个控件的皮肤分别定义到不同的文件中，也可以在单个文件中定义主题中所有控件的皮肤。

控件的皮肤有两种类型，分别是默认的皮肤和指定的皮肤，具体说明如下。

- ❑　在主题被应用到页面的时候，默认的皮肤会自动应用到所有类型相同的控件。如果控件中没有指定 SkinID 参数，那么它将使用默认的皮肤。例如，如果为 Calendar 控件创建了一个默认的皮肤，那么该皮肤会在使用该主题的页面中应用到所有的 Calendar 控件（默认的皮肤会与控件的类型完成正确地匹配，所以 Button 控件的皮肤只会应用于所有的 Button 控件，而不是 LinkButton 控件或者是其他的 Button 派生控件）。

❑ 指定的皮肤应用于设置了 SkinID 属性的控件。指定的控件不会通过控件的类型而自动被应用，而是需要显式地设置控件的 SkinID 属性来完成对控件皮肤的应用。创建指定的皮肤允许用户在应用程序中为相同控件的不同实例设置不同的皮肤。

（2）层叠式样式表单

主题中也可以包括层叠式样式表单（.css 文件）。当把一个.css 文件保存到主题目录中的时候，该样式表单会自动作为主题的一部分被应用。可以在主题目录中使用扩展名为.css 的文件来定义样式表单。

（3）图形和其他资源

主题中也可以包括图形和其他资源（如脚本文件或者声音文件）。例如，页面的主题中可能包括一个用于 TreeView 控件的皮肤。作为主题的一部分，可以在其中包括有用于呈现展开和收缩按钮的图形。

通常，主题中的资源文件与主题的皮肤文件都位于相同的目录中，但是它们也可以位于Web 应用程序的其他位置（例如主题目录的子目录）。例如，如果要在主题目录的子目录中使则 Image 控件皮肤的路径来引用资源文件，则可以使用如下代码。

```
<asp:Image runat="server" ImageUrl="ThemeSubfolder/filename.ext" />
```

也可以把自己的资源文件保存到主题目录之外的位置。如果使用了波浪号（~）语法来引用资源文件，Web 应用程序将则自动查找图片的位置。例如，如果把主题的资源保存到应用程序的子目录中，则可以使用如下实例的路径来引用资源文件。

```
<asp:Image runat="server" ImageUrl="~/AppSubfolder/filename.ext" />
```

2．主题的作用范围

可以为某个 Web 应用程序定义主题，也可以为 Web 服务器中的所有应用程序定义全局性的主题。在主题被定义之后，就可以通过使用@ Page 指令的 Theme 或 StyleSheetTheme 参数将其放置到单独的页面中；或者通过设置应用程序配置文件中的<pages>元素，将其应用到应用程序中的所有页面。如果<pages>元素被定义在 Machine.config 文件中，那么主题将会应用到服务器所有 Web 应用程序中的任何一个页面。

（1）页面主题

页面主题就是网站的"pp_Themes"目录下的一个子目录。该子目录中包括有控件皮肤、层叠样式表单、图形文件以及其他各种资源。每个子目录都各不相同。例如，下面的代码显示了一个典型的页面主题，并分别定义了两个页面主题"BlueTheme"和"PinkTheme"。

```
MyWebSite
   App_Themes
      BlueTheme
         Controls.skin
         BlueTheme.css
      PinkTheme
         Controls.skin
         PinkTheme.css
```

（2）全局主题

全局主题可以被应用到服务器中的所有网站。如果在同一个服务器上维护着多个网站，那么就可以使用全局主题统一所有网站的外观。

全局主题与页面主题一样，也包括有属性的设定集、样式表单设定集以及图形集。二者的唯一区别就是，全局主题是被保存在 Web 服务器的全局"Themes"目录中。服务器上的任何一个网站以及任何一个网站中的任何一个页面，都可以引用全局主题。

3．主题的相关设置

ASP.NET 主题的相关设置主要包括如下 3 个方面。

（1）主题设置的优先序列

使用主题时，可以指定主题设定集的优先序列，并指定主题被应用的方式以设置控件中的局部内容。如果设置了页面的 Theme 参数，那么主题中的控件设定集和页面会被合并成最终的控件设定集。如果控件的设定在控件和主题中同时被定义，那么主题中的控件设定集会重载控件中的任何一个页面设定集。这个策略允许主题创建跨页面的一致外观，即使页面中的控件已经拥有单独的属性设定集也是如此。例如，它允许把主题应用到较早版本的 ASP.NET 页面中。

另外，可以使用页面的 StyleSheetTheme 属性把主题当作样式表单主题来应用。在上述情况下，如果两个位置同时进行了相同的设定，那么局部页面的设定集将拥有比其他位置的主题定义中更高的优先序列。这就是层叠式样式表单所使用的模型。在应用一致的外观主题的时候，如果需要在页面中设置单独的控件属性集，则可以把主题当作样式表单应用。

（2）使用主题而定义的属性集

作为一种规则，可以使用主题来定义页面、控件外观或静态内容的相关属性集。可以只为 ThemeableAttribute 参数被设置成 True 的控件类设置属性集。

值得注意的是，需要明确地指定控件的行为属性集而不能接受来自于主题的设定值。例如，不能使用主题设置 Button 控件的 CommandName 属性值。类似地，也不能使用主题来设置 GridView 控件的 AllowPaging 属性或 DataSource 属性的值。

（3）主题和层叠式样式表单

主题与层叠式样式表单的相同之处是，都定义了能够被应用到任何页面的公共参数集。但是，主题与样式表单之间还是存在如下区别的。

❑ 主题可以为控件或页面定义许多属性集，而不单只是样式属性集。例如，使用主题可以指定 TreeView 控件的图形、GridView 控件的模板布局等。

❑ 主题中可以包括图形。

❑ 主题不像样式表单那样是层叠的。例如，默认时属性值会重载局部的属性值，除非明确地把主题当作样式表单主题来应用。

❑ 只有一个主题可以被应用到每一个页面。不能够为一个页面应用多个主题，而样式表单不同，多个样式表单可以同时被应用到同一个页面。

12.2.2 应用样式

ASP.NET 中包含了大量用于定制应用程序的页面和控件的外观的特性。控件支持使用 Style（样式）对象模型来设置格式属性（如字体、边框、背景和前景颜色、宽度、高度等）。控件也支持使用层叠样式表来单独设置控件的样式。可以用控件属性或 CSS 来定义控件的样式信息，也可以把这些定义信息存放到单独的一组文件中（称为主题），然后把它应用到程序的所有或部分页面上。单独的控件样式是用主题的皮肤（Skin）属性来指定的。

1. 给控件应用样式

Web 用户界面是非常灵活的，不同的 Web 站点的外观和感觉是截然不同的。目前广泛采用的 CSS 在很大程度上就是负责满足 Web 上的设计需求的。ASP.NET 的 HTML 服务器控件和 Web 服务器控件都被设计成优先支持 CSS。

2. 给 HTML 控件应用样式

标准的 HTML 标记可以通过 Style 属性来支持 CSS，可以用分号隔离的属性/值对（pair）来设置它。所有的 ASP.NET HTML 服务器控件都可以采用标准 HTML 标记的方式来接受样式。例如，在下面的代码中，使用了大量的应用到 HTML 服务器控件的样式。

```
<span style="font: 12pt verdana; color:orange;font-weight:700" runat="server">
文本</span>
<p><font face="verdana"><h4>文本</h4></font><p>
```

```
<button style="font: 8pt verdana;
background-color:lightgreen;
border-color:black;
width:100" runat="server
">Click me!</button>
```

从上述代码中可以看到，其中的样式都是在控件显示的时候传递给浏览器的。

在 System.Web.UI.HtmlControls.HtmlControl 类中，样式信息被填充到 CssStyleCollection 类型的 Style 属性。此属性本质上是一个字典，它把控件的样式显示为每个样式属性键的按字符串索引的值集合。例如，可以使用下面的代码设置和检索 HtmlInputText 服务器控件的 width 样式属性。

```
<script language="VB" runat="server" >
Sub Page_Load(Sender As Object, E As EventArgs)
MyText.Style("width") = "90px"
Response.Write(MyText.Style("值"))
End Sub
</script>
<input type="text" id="MyText" runat="server"/>
```

3. 给 Web 服务器控件应用样式

Web 服务器控件添加了几个用于设置样式的强类型属性，如背景色、前景色、字体名称和大小、宽度、高度等。这为样式提供了更多层次的支持。这些样式属性表现了 HTML 中可用的样式行为的子集，并表现为 System.Web.UI.WebControls.WebControl 基类直接显示"平面"属性。使用这些属性的好处是，在开发工具（如微软公司的 Visual Studio .NET）中，它们提供了编译时的类型检测和语句编译。

例如，在下面的代码中，显示了一个应用了几种样式的 WebCalendar 控件。当设置的属性是类类型（class type）的时候（例如字体），必须使用子属性语法 PropertyName-SubPropertyName（属性-子属性）。

```
<ASP:Calendar runat="server"
BackColor="Beige"
ForeColor="Brown"
BorderWidth="3"
……
/>
```

System.Web.UI.WebControls 名字空间包含了 Style 基类，它封装了公用的样式属性（其他的样式类，例如 TableStyle 和 TableItemStyle 都继承这个基类）。为了指定控件的各个显示元素，大多数 Web 服务器控件都显示了这个类型属性。例如，WebCalendar 显示了很多样式属性，有 DayStyle、WeekendDayStyle、TodayDayStyle、SelectedDayStyle、OtherMonthDayStyle 和 NextPrevStyle。可以使用子属性语法 PropertyName-SubPropertyName 来设置这些样式的属性。例如下面的代码：

```
<ASP:Calendar runat="server"
……
DayStyle-Width="50px"
DayStyle-Height="50px"
TodayDayStyle-BorderWidth="3"
WeekEndDayStyle-BackColor="palegoldenrod"
WeekEndDayStyle-Width="50px"
WeekEndDayStyle-Height="50px"
SelectedDayStyle-BorderColor="firebrick"
SelectedDayStyle-BorderWidth="3"
OtherMonthDayStyle-Width="50px"
OtherMonthDayStyle-Height="50px"
/>
```

使用 HTML 服务器控件的时候，可以使用 CSS 类定义给 Web 服务器控件应用样式。WebControl 基类显示了一个叫做 CssClass 的字符串属性，用于设置样式类。例如下面的代码：

```
<style>
.calstyle { font-size:12pt; font-family:Tahoma,Arial; }
</style>
<ASP:Calendar CssClass="calstyle" runat="server"
……
/>
```

如果某个服务器控件上设置的属性没有和该控件的强类型属性相对应，此属性和值就被填充到控件的 Attributes 集合中。在默认情况下，服务器控件会把这些属性不作更改地呈现在 HTML 中，并返回给作出请求的浏览器客户端。这意味着用户可以直接设置 Web 服务器控件的样式和类属性，而不必使用强类型的属性。尽管它要求用户理解控件的实际显示过程，但是它也是应用样式的一个灵活的途径。

另外，也可以使用 WebControl 基类的 ApplyStyle 方法来编程设置 Web 服务器控件的样式。

12.2.3 应用主题和皮肤

主题和皮肤在 ASP.NET 中的作用是设置站点和网页的样式，具体来说其主要有如下应用。

1. 利用主题定制站点

在前面的内容中，演示了几种通过设置控件自身的样式属性指定控件样式的方法。例如下面的代码，在这个页面上的各个控件上都应用了很多样式设置。

```
<asp:Label ID="Label1" runat="server" Text="Hello 1" Font-Bold="true" ForeColor="orange" /><br />
<asp:Calendar BackColor="White" BorderColor="Black" BorderStyle="Solid" CellSpacing="1" Font-Names="Verdana" Font-Size="9pt"
ForeColor="Black"Height="250px" ID="Calendar1" NextPrevFormat="ShortMonth" runat="server" Width="330px">
<SelectedDayStyle BackColor="#333399" ForeColor="White" />
<OtherMonthDayStyle ForeColor="#999999" />
<TodayDayStyle BackColor="#999999" ForeColor="White" />
<DayStyle BackColor="#CCCCCC" />
<NextPrevStyle Font-Bold="True" Font-Size="8pt" ForeColor="White" />
<DayHeaderStyle Font-Bold="True" Font-Size="8pt" ForeColor="#333333" Height="8pt" />
<TitleStyle BackColor="#333399" BorderStyle="Solid" Font-Bold="True" Font-Size="12pt"
ForeColor="White" Height="12pt" />
</asp:Calendar>
```

主题提供了一种设置站点的控件和页面的样式的简单途径，而且它与应用程序的页面是分离的。主题的优势在于，你在设计站点的时候不用考虑它的样式；在将来应用样式的时候，不必更新页面或应用程序代码。你还可以从外部获取定制的主题，然后应用到自己的应用程序上。而且样式设置都存储在一个单独的位置，它的维护与应用程序是分离的。

例如，下面的代码演示了一个带有主题的页面。

```
<%@ Page Language="VB" Theme="ExampleTheme" %>
<asp:Label ID="Label1" runat="server" Text="Hello 1" /><br />
<asp:Calendar ID="Calendar1" runat="server" />
<asp:GridView ID="GridView1" AutoGenerateColumns="False" DataSourceID="SqlData Source1" DataKeyNames="au_id"
runat="server">
......
</asp:GridView>
<asp:SqlDataSource ConnectionString="<%$ ConnectionStrings:Pubs %>" ID="SqlData Source1" runat="server"
SelectCommand="SELECT [au_id], [au_lname], [au_fname], [state] FROM [authors]">
</asp:SqlDataSource>
```

注意：上述页面本身没有包含任何样式信息。主题在运行时自动把样式属性应用到页面的控件上。

2. App_Themes 文件夹应用

主题位于应用程序根目录的 App_Themes 文件夹中。主题由一个为主题命名的子目录和这个子目录下的一个或多个皮肤文件（带有.skin 扩展名）组成。主题还可以包含 CSS 文件和/或存放静态文件（例如图像）的子目录。例如，图 12-10 所示为定义了 1 个主题的 App_Themes 目录，叫做"Default"，主题内包含了一个皮肤文件和一个 CSS 文件。

皮肤文件的内容就是控件如何显示的简单定义。一个皮肤文件可以包含多个控件定义，例如为每种控件类型提供一个定义。在应用主题的时候，主题中定义的控件属性自动地重载相同类型的控件的本地属性

图 12-10 解决方案资源管理器

值。例如，皮肤文件中的<asp:Calendar Font-Name=" Verdana" runat="server"/>控件定义将会引发应用了该主题的页面中的所有 Calendar 控件都使用 Verdana 字体。该控件的这个属性的本地值都会被主题重载。需注意，在皮肤文件中给控件定义指定 ID 属性是错误的。

3. 全局和应用程序的主题

主题可以应用于应用程序层或机器层（用于所有的应用程序）。应用程序层的主题放置在应用程序根目录下的 App_Themes 目录中。全局主题放置在 ASP.NET 安装目录下的 ASP.NETClientFiles 文件夹下的 "Themes" 目录中。例如：

```
%WINDIR%\Microsoft.NET\Framework\<version>\ASP.NETClientFiles\Themes
```

通过把<%@ Page Theme="..." %>指令设置为全局或应用程序层的主题（Themes 或 App_Themes 目录下的文件夹名称），可以为单个页面指定主题。一个页面只能应用一个主题，但是该主题中的多个皮肤文件可以用于设置页面上的控件的样式信息。

4. 在配置文件中指定主题

可以在 Web.config 文件的<pages theme="..."/>部分指定应用在程序的所有页面上的主题。如果需要取消某个特定的页面的主题，需要把该页面指令的主题属性设置为空字符串（""）。需注意，母版页不能应用主题，应该在内容页或配置文件中设置主题。例如：

```
<configuration xmlns="http://schemas.microsoft.com/.NetConfiguration/v2.0">
<system.web>
<pages theme="ExampleTheme"/>
</system.web>
</configuration>
```

5. 禁止某个控件应用主题

可以通过把控件的 EnableTheming 属性设置为 False，将特定的控件排除在主题的应用范围之外。例如：

```
<%@ Page Language="VB" Theme="OrangeTheme" %>
......
<asp:Label ID="Label1" runat="server" Text="Hello 1" /><br />
<asp:Label ID="Label2" runat="server" Text="Hello 2" EnableTheming="False" /><br />
```

6. 主题中的命名皮肤（Named Skins）

在默认情况下，皮肤文件中的控件定义会应用到页面上的所有相同类型的控件上。但是，你可能希望应用程序不同部分的同类控件显示为不同的样式。例如，在某个地方你可能希望文本和标签控件用粗体显示，在另一个地方希望它们用斜体显示。此时你可以使用主题中的命名皮肤来实现。

可以通过为控件建立不同的定义，在一个皮肤文件中为同类控件定义多种不同的样式。也可以把这些控件定义的 SkinID 属性设置为任何名称，接着在需要应用特定皮肤的控件上设置这个 SkinID 值。如果缺少 SkinID 属性，就应用默认的皮肤（没有设置 SkinID 属性的皮肤）。下面的例子演示了应用不同皮肤的标签和日历控件。需注意，页面中带有命名 SkinID 的控件从默认的皮肤中获取了不同的样式集合。

```
<%@ Page Language="VB" Theme="OrangeTheme2" %>
<asp:Label ID="Label1" runat="server" Text="Hello 1" />
<asp:Label ID="Label2" runat="server" Text="Hello 2" SkinID="Blue" />
<asp:Label ID="Label3" runat="server" Text="Hello 3" />
<asp:Calendar ID="Calendar1" runat="server"/>
<asp:Calendar ID="Calendar2" SkinID="Simple" runat="server"/>
```

命名皮肤可以在主题的皮肤文件中用多种方式来组织。由于主题可以包含多个皮肤文件，可能会把命名皮肤分割到单个文件中，使每个皮肤文件包含相同 SkinID 的多个控件定义。例如，在一个主题中，可能拥有 3 个皮肤文件，它们分别与特定的 SkinID 值对应。例如：

```
/WebSite1
/App_Themes
/MyTheme
Default.skin
Red.skin
Blue.skin
```

也可以根据控件类型对皮肤文件进行分组,使每个皮肤文件包含特定控件的一组皮肤定义。例如:

```
/WebSite1
/App_Themes
/MyTheme
GridView.skin
Calendar.skin
Label.skin
```

还可以根据站点的不同区域来分割皮肤文件。例如:

```
/WebSite1
/App_Themes
/MyTheme
HomePage.skin
DataReports.skin
Forums.skin
```

在一个主题目录下存放多个皮肤文件的能力使用户能够灵活地组织它们。它还使用户能够轻易地与他人共享皮肤定义,或者把皮肤定义从一个主题复制到另一个主题,而不需要编辑主题中的皮肤文件。

12.2.4 如何创建主题

在默认情况下,ASP.NET 不附带任何主题。当需要时,需要程序员进行专门的开发,也可以登录微软公司提供的 ASP.NET 站点(http://www.asp.net)下载主题。

创建并使用皮肤文件

下面通过一个具体实例来演示使用 Visual Studio 2012 创建主题的方法。

实例 064	使用 Visual Studio 2012 创建主题	
源码路径 光盘\daima\12\zhuti		视频路径 光盘\视频\实例\第 12 章\064

本实例的具体实现过程如下。

(1)打开 Visual Studio 2012,创建一个名为"zhuti"的 ASP.NET 项目,如图 12-11 所示。

图 12-11 新建项目文件

(2)右键单击项目名"zhuti",在弹出的快捷菜单中依次选择【添加 ASP.NET 文件夹】 | 【主题】命令,如图 12-12 所示。

范例 127：鼠标单击链接的样式
源码路径：光盘\演练范例\127\
视频路径：光盘\演练范例\127\
范例 128：控制鼠标悬停的样式
源码路径：光盘\演练范例\128\
视频路径：光盘\演练范例\128\

图 12-12　新建项目文件

（3）此时将自动创建了一个名为"App_Themes"的文件夹，用于保存主题文件。然后可以继续在"App_Themes"内添加一个或多个子文件，用于创建不同的主题。例如"mm"和"nn"，如图 12-13 所示。

（4）经过上述操作后，就可以在子文件"mm"和"nn"内添加相应的皮肤文件。当然，前提是得需要创建皮肤文件。

❀　注意：皮肤文件实际上是包含主题所应用的格式设置文件，即此文件内包含主题所应用的一个或多个控件外观。开发人员可以创建随意名称的皮肤文件，但是其扩展名必须是".skin"。一个主题可以包含一个皮肤文件，也可以包含多个皮肤文件。读者可以根据需要为皮肤文件命名，但是在此建议为英文格式。

（5）编写皮肤文件 BlueSkin.skin，例如编写"mm"文件夹内的皮肤文件代码如下。

```
<asp:TextBox BackColor="black" ForeColor="White" Runat="Server" />
<asp:Button BackColor="black" ForeColor="White" Font-Bold="True" Runat= "Server" />
```

然后编写页面文件引用皮肤 Blue.aspx，例如文件 Blue.aspx 的主要实现代码如下。

```
<form id="form1" runat="server">
    登录用户：
    <br />
    <asp:TextBox ID="txtName" Runat="Server" />              // TextBox控件应用主题
    <br />
    登录密码：
    <br />
    <asp:TextBox ID="txtPassword" Runat="Server" />
    <br /><br />
    <asp:Button ID="btnSubmit" Text="提交" Runat="Server" />// Button控件应用主题
</form>
```

文件 Blue.aspx 执行后，将引用 BlueSkin.skin 的皮肤，效果如图 12-14 所示。

图 12-13　添加子文件

图 12-14　执行效果

12.2.5　应用主题

ASP.NET 主题的应用有两种类型：一是应用于整个应用程序；二是应用于单个页面。本节将简要介绍上述应用主题的基本方法。

1. 将主题应用于整个网站

在应用程序的 Web.config 文件中，将 <pages> 元素设置为全局主题或页面主题的主题名称，即可实现整个网站对主题的引用。例如下面的代码。

```
<configuration>
    <system.web>
        <pages theme="ThemeName" />
    </system.web>
</configuration>
```

如果应用程序主题与全局应用程序主题同名，则页面主题优先。

另外，如果要将主题设置为样式表主题并作为本地控件设置的从属设置，则应改为设置 styleSheetTheme 属性。例如下面的代码。

```
<configuration>
    <system.web>
        <pages styleSheetTheme="Themename" />
    </system.web>
</configuration>
```

文件 Web.config 中的主题设置会应用于该应用程序中的所有 ASP.NET 网页。Web.config 文件中的主题设置遵循常规的配置层次结构约定。例如，要仅对一部分页应用某主题，可以将这些页与它们自己的 Web.config 文件放在一个文件夹中，或者在根 Web.config 文件中创建一个 <location>元素，以指定文件夹。

2. 使用 StyleSheetTheme 属性为页面指定主题

将@ Page 指令的 Theme 或 StyleSheetTheme 属性设置为要使用的主题的名称，可以为当前页面设置主题。例如下面的代码。

```
<%@ Page Theme="ThemeName" %>
<%@ Page StyleSheetTheme="ThemeName" %>
```

通过上述代码，设置了当前页面引用的主题为 ThemeName。

主题中定义的外观应用于已应用该主题的应用程序或页中的所有控件实例。在某些情况下，可能希望对单个控件应用一组特定属性。这可以通过创建命名外观（.skin 文件中设置了 SkinID 属性的一项），然后按 ID 将它应用于各个控件来实现。对控件应用外观的方法是设置控件的 SkinID 属性，例如下面的代码。

```
<asp:Calendar runat="server" ID="DatePicker" SkinID="SmallCalendar" />
```

如果页面主题不包括与 SkinID 属性匹配的控件外观，则控件使用该控件类型的默认外观。

3. 禁用 ASP.NET 主题

用户可以设置页面或控件来忽略主题。在默认情况下，主题将重写页和控件外观的本地设置。当控件或页已经有预定义的外观，而又不希望主题重写它时，禁用此行为将十分有用。

可以通过作为样式表主题来应用主题，将优先级赋给当前页的控件设置。在这种情况下，主题用于设置没有本地设置的属性，但是显式本地设置优先。

禁用页面主题的方法是：将@ Page 指令的 EnableTheming 属性设置为 False。例如下面的代码。

```
<%@ Page EnableTheming="false" %>
```

禁用控件主题的方法是：将控件的 EnableTheming 属性设置为 False。例如下面的代码。

```
<asp:Calendar id="Calendar1" runat="server" EnableTheming="false" />
```

实例 065　为控件创建皮肤文件

源码路径　光盘\daima\12\duo　　　　　视频路径　光盘\视频\实例\第 12 章\065

本实例的功能是为页面内的 Calendar、CheckBox、RadioButton、Label、TextBox、Button 控件创建皮肤文件，并通过 DropDwonList 控件来动态切换主题。具体实现过程如下。

（1）打开 Visual Studio 2012，创建一个名为"duo"的 ASP.NET 项目，如图 12-15 所示。

图 12-15　新建项目文件

（2）设置主题文件夹"App_Themes"，并分别添加对应皮肤的子文件夹。各皮肤子文件的具体实现说明如下。

❑　子文件夹"BasicBlue"，包含皮肤文件 BasicBlue.skin，主要实现代码如下。

```
<asp:Label runat="server" ForeColor="#000066" BackColor="transparent"></asp:Label>
<asp:TextBox runat="server" ForeColor="#000066" BorderWidth="1px" BorderStyle="Solid" BorderColor="#000066"
BackColor="Transparent"></asp:TextBox>
<asp:Button runat="server" BorderStyle="Solid" BorderColor="#000066" BorderWidth="1pt" ForeColor="#000066"
BackColor="#EEEEEE"></asp:Button>
……
</asp:Wizard>
```

❑　子文件夹"SkyHigh"，包含皮肤文件 SkyHigh.skin，主要实现代码如下。

```
<asp:Label runat="server" ForeColor="#585880" Font-Size="0.9em" Font-Names="Verdana" />
<asp:TextBox runat="server" BackColor="#FFFFFF" BorderStyle="Solid" Font-Size="0.9em" Font-Names="Verdana"
ForeColor="#585880" BorderColor="#585880" BorderWidth="1pt" CssClass="theme_textbox" />
<asp:Button runat="server" BorderColor="#585880" Font-Bold="true" BorderWidth="1pt" ForeColor="#585880"
BackColor="#F8F7F4" />
<asp:LinkButton runat="server" Font-Size=".9em" Font-Names="Verdana"/>
……
<asp:RadioButton runat="server" BorderColor="transparent" BackColor="transparent" ForeColor="#585880"
Font-Size="0.9em" Font-Names="Verdana" />
```

❑　子文件夹"UglyRed"，包含皮肤文件 UglyRed.skin，主要实现代码如下。

```
<%@ Skin %>
<asp:Label runat="server" ForeColor="#660000" BackColor="transparent"></asp:Label>
<asp:TextBox runat="server" ForeColor="#660000" BorderWidth="1px" BorderStyle="Solid" BorderColor="#660000"
BackColor="Transparent"></asp:TextBox>
<asp:Button runat="server" BorderStyle="Solid" BorderColor="#660000" BorderWidth="1pt" ForeColor="#660000"
BackColor="#ffe5e5"></asp:Button>
<asp:HyperLink runat="server" Font-Underline="True" BorderStyle="None" Backc></asp:HyperLink>
……
</asp:Wizard>
```

❑　子文件夹"SmokeAndGlass"，包含皮肤文件 SmokeAndGlass.skin，主要实现代码如下。

```
<asp:Label runat="server" ForeColor="#585880" Font-Size="0.9em" Font-Names="Verdana" />
<asp:TextBox runat="server" BackColor="#FFFFFF" BorderStyle="Solid" Font-Size="0.9em" Font-Names="Verdana"
ForeColor="#585880" BorderColor="#585880" BorderWidth="1pt" CssClass="theme_textbox" />
<asp:Button runat="server" BorderColor="#585880" Font-Bold="true" BorderWidth="1pt" ForeColor="#585880"
BackColor="#F8F7F4" />
<asp:LinkButton runat="server" Font-Size=".9em" Font-Names="Verdana"/>
```

......

```
    <asp:RadioButton runat="server" BorderColor="transparent" BackColor="transparent" ForeColor="#585880"
Font-Size="0.9em" Font-Names="Verdana" />
```

（3）编写 ASP.NET 文件，设置插入多个控件元素，并调用上述的皮肤文件。其中文件 Default.aspx 的主要实现代码如下。

```
<%@ Page Language="C#" AutoEventWireup="true" CodeFile="Default.aspx.cs" Inherits="_Default" %>
......
    <td align=left bgcolor="#003366">
        <span style="color:White">选择主题 : </span>
    <asp:DropDownList ID="Themes" runat="server" AutoPostBack="True">
        <asp:ListItem Selected="True">Default</asp:ListItem>
            <asp:ListItem>SmokeAndGlass</asp:ListItem>
            <asp:ListItem>UglyRed</asp:ListItem>
        <asp:ListItem>SkyHigh</asp:ListItem>
        <asp:ListItem>BasicBlue</asp:ListItem>
        </asp:DropDownList> 
......
    <table width=100%>
    <tr>
    <td width=25% valign=top>
        <asp:Calendar ID="Calendar1" runat="server"></asp:Calendar>
    </td>
    <td width=25% valign=top>
        <asp:Login ID="Login1" runat="server">
        </asp:Login>
    </td>
    <td width=25%>
        <asp:CreateUserWizard ID="CreateUserWizard1" runat="server">
            <WizardSteps>
                <asp:CreateUserWizardStep ID="CreateUserWizardStep1" runat="server">
                </asp:CreateUserWizardStep>
                <asp:CompleteWizardStep ID="CompleteWizardStep1" runat="server">
                </asp:CompleteWizardStep>
            </WizardSteps>
        </asp:CreateUserWizard>
    </td>
    <td width=25% valign=top>
        <asp:HyperLink ID="HyperLink1" runat="server">HyperLink</asp:HyperLink><br />
        <asp:CheckBox ID="CheckBox1" runat="server" /><br />
        <asp:RadioButton ID="RadioButton1" runat="server" /><br />
        <asp:Label ID="Label1" runat="server" Text="Label"></asp:Label><br />
        <asp:TextBox ID="TextBox1" runat="server"></asp:TextBox><br />
        <asp:Button ID="Button1" runat="server" Text="Button" /></td>
......
    <td align=center bgcolor="#003366"><span style="color:white">ASP.NET 2.0 Themes and Skins by <asp:HyperLink ID="Mail"
runat="server" NavigateUrl="mailto:xxxxx@hotmail.com" Text="Damy Owen." ForeColor="white" /></span></td>
    </tr>
    </table>
    </div>
    </form>
</body>
</html>
```

> 范例 129：ASP.NET 常见控件适用样式
> 源码路径：光盘\演练范例\129\
> 视频路径：光盘\演练范例\129\
> 范例 130：使用复杂数据绑定样式
> 源码路径：光盘\演练范例\130\
> 视频路径：光盘\演练范例\130\

后台文件 Default.aspx.cs 的功能是通过 Page_PreInit 事件设置页面被加载时启动，用于动态切换前台页面的主题。该文件的主要代码如下所示。

```
......
using System.Web.UI.HtmlControls;
public partial class _Default : System.Web.UI.Page
{
    protected void Page_PreInit(object sender, EventArgs e)
    {
        string theme = "";
        if (Page.Request.Form.Count > 0)
        {
            theme = Page.Request["Themes"].ToString();
            if (theme == "Default")
            {
                theme = "";
            }
        }
```

```
        this.Theme = theme;
    }
    protected void Page_Load(object sender, EventArgs e)
    {
    }
}
```

至此整个实例设计完毕。程序执行后将会按照默认的皮肤样式显示页面元素，如图 12-16 所示。

图 12-16　执行效果

在 DropDwonList 框中选择一种样式后，会显示对应的皮肤样式，如图 12-17 所示。

图 12-17　选择皮肤样式

12.3　技 术 解 惑

12.3.1　母版页和普通 Web 页的区别

（1）母版页的代码开头是<%@ Master......%>，而普通 Web 页的代码开头是<%@ Page......%>。

（2）母版页不可以在浏览器中预览，而普通页可以。

（3）使用母版页的 Web 页的 title 在开头设置<%@ Page...... title="标题"%>，而普通页的标题在 head 区的<title>标签中设置。

另外，母版页是可以嵌套的，也就是说在原母版页的基础上再建立母版页。这样不仅进一步提高了代码的复用，而且在使整个网站的外观一致的基础上，各个模块又有自己的子风格。例如，一家公司的网站整体外观是类似的，而各个部门页面又有自己的子外观。

12.3.2　文件的存储和组织方式

在 Web 应用程序中，局部主题文件必须存放在根目录的 App_Themes 文件夹下，可以手动或者使用 Visual Studio 2012 在网站的根目录下创建该文件夹。

在 App_Themes 文件夹中，包括两个二级文件夹"主题 1"和"主题 2"，每个主题文件夹中都可以包含外观文件、CSS 文件和图像文件等。其中外观文件是主题的核心部分，每个主题文件夹下都可以包含一个或者多个外观文件。在开发过程中，需要根据实际情况对外观文件进行有效的管理。常见的外观文件组织方式有如下 3 种。

（1）根据 SkinID 组织

在对控件外观设置时，将具有相同 SkinID 属性的外观文件放在同一个外观文件中。这种方式适用于网站页面较多、设置内容复杂的情况。

（2）根据控件类型组织

组织外观文件时，以控件类型进行分类，每个外观文件中都包含特定控件的一组外观定义。这种方式适用于页面中包含控件较少的情况。

（3）根据文件组成组织

组织外观文件时，以网站中的页面进行分类，每个外观文件定义一个页面中控件的外观。这种方式适用于网站中页面较少的情况。

第 13 章

个性化设置

个性化设置，即站点对用户提供个性化的服务，例如为用户自定义外观、内容和布局。为了方便开发人员快捷地实现个性化功能，ASP.NET 中专门提供了一个个性化服务框架，通过这个框架可以迅速地在站点中为用户提供个性化的服务。该框架主要包括如下 3 个核心功能。

❑ Profile：个性化用户配置。

❑ Web Part：Web 部件。

❑ 成员和角色管理。

本章将详细介绍上述个性化框架的基本知识和具体使用方法。

本章内容	技术解惑
个性化设置基础	Web.Config 文件中一段完整的<profile>配置代码
实现个性化用户配置	Profile 对象与 Session 对象的对比

13.1　个性化设置基础

知识点讲解：光盘:视频\PPT 讲解（知识点）\第 13 章\个性化设置基础.mp4

通常情况下，为了实现个性化设置功能，需要对用户的个性化配置信息提供配置和存储功能，并提出对应的个性化使用方式。在 ASP.NET 技术中，实现对 Web 站点个性化服务的操作步骤如下。

（1）识别用户身份。

（2）提供个性化服务体验。

（3）存储用户信息。

程序员根据上述操作步骤即可提出并实现对应的个性化方案。因为在 ASP.NET 中提供了专用的的个性化框架，所以只需掌握该框架中的 3 个核心功能即可实现个性化服务。3 个核心功能的具体说明如下。

1．个性化用户配置

个性化用户配置是 ASP.NET 2.0 提供的一种实现为用户定义、存储和管理个性化配置信息的功能。在 ASP.NET 2.0 以前的版本中，要实现个性化功能需要编写大量的代码，通常的做法是将个性化信息存储在 Session 或数据库中，这样不仅需要编写大量的代码，而且不易于维护。从 ASP.NET 2.0 开始，可以直接使用提供的个性化用户配置快速实现需要的功能。

2．成员和角色管理

成员和角色管理是 ASP.NET 中提供的身份验证和授权功能,在 ASP.NET 2.0 以前的版本中，需要使用外部数据存储和 Web.Config 文件配置来实现。而从 ASP.NET 2.0 版本开始，除了继承传统的成员和角色管理功能外，还进行了如下 3 项功能的扩展。

❑　新增了服务控件。

❑　实现了站点用户管理。

❑　实现了成员和角色管理。

3．Web 部件

Web 部件是一组集成控件，可以创建网站并使最终用户直接通过浏览器修改网页的内容、外观和行为。这些修改不但可以应用于网站上的所有用户，而且能够适用于个别用户。

ASP.NET 中的个性化用户配置

个性化用户配置会将配置信息与单个用户关联,用户的数据存储在 ASP.NET 提供的数据库中，因此能够持久保存。但是在具体操作时需要注意如下 4 点。

❑　存储的数据可以是与用户有关的数据，如背景颜色、数据显示的条数等。

❑　所存储的数据可以是简单的数据类型，如 String、Int 等，也可以是开发人员自己定义的对象。

❑　默认情况下支持的是注册用户，可以用显示声明 allowAnonymous=true 的方式来实现对匿名用户的支持。

❑　默认情况下使用的数据库是 SqlExpress，可以通过修改 Web.Config 文件中的 ConnectionString 属性和使用 aspnet_regsql 工具，实现对 SqlServer 2000 数据库的支持。

1．<profile>的详细配置

在使用 ASP.NET 中的个性化用户配置功能时，需要对 Web.Config 文件进行配置，在里面设置并定义跟用户存储和跟踪有关的配置信息。在 Web.Config 配置文件中，<profile>的基本结构如下。

```
<profile enabled="true|false"
    inherits="fully qualified type reference"
    automaticSaveEnabled="true|false"
    defaultProvider="provider name">
    <properties></properties>
    <providers></providers>
</profile>
```

在上述结构中，包含了几个常用的属性、子元素和父元素，具体说明如下。

（1）属性

上述结构中包含如下 4 个属性。

❑ enabled：可选的 Boolean 属性，用于指定是否启用 ASP.NET 用户配置文件。如果值为
True，则启用 ASP.NET 用户配置文件。默认值为 True。

❑ defaultProvider：可选的 String 属性，用于指定默认配置文件提供程序的名称。默认值
为 AspNetSqlProfileProvider。

❑ inherits：可选的 String 属性，包含从 ProfileBase 抽象类派生的自定义类型的类型引用。
ASP.NET 动态地生成一个从该类型继承的 ProfileCommon 类，并将该类放在当前
HttpContext 的 Profile 属性中。

❑ automaticSaveEnabled：可选的 Boolean 属性，用于指定用户配置文件是否在 ASP.NET
页执行结束时自动保存。如果值为 True，则用户配置文件在 ASP.NET 页执行结束时自
动保存。只有在 ProfileModule 对象检测到某一用户配置文件已修改的情况下，也就是
在 IsDirty 属性为 True 的情况下，该模块才保存该配置文件。默认值为 True。

（2）父元素

上述结构中包如下 2 个父元素。

❑ configuration：用于指定公共语言运行库和.NET Framework 应用程序所使用的每个配置
文件中需要的根元素。

❑ system.web：为 ASP.NET 配置节指定根元素。

（3）子元素

上述结构中包含如下 2 个子元素。

❑ properties：必选的元素，用于定义用户配置文件属性和属性组的集合。

❑ providers：可选的元素，用于定义配置文件提供程序的集合。

另外，在上述<profile>结构中，properties 元素的使用格式要注意，具体格式如下。

```
<properties>
    <add />
    <clear />
    <remove />
    <group></group>
</properties>
```

上述格式中也包含对应的父、子元素，其中包含的父元素如下。

❑ configuration：指定公共语言运行库和.NET Framework 应用程序所使用的每个配置文件
中需要的根元素。

❑ system.web：为 ASP.NET 配置节指定根元素。

❑ profile：用于为应用程序配置用户配置文件。

包含的子元素如下。

❑ add：可选的元素，用于向用户配置文件添加属性。

❑ clear：可选的元素，用于从用户配置文件中清除以前定义的所有属性。

❑ group：可选的元素，用于定义用户配置文件属性的分组。

❑ remove：可选的元素，用于从用户配置文件中移除属性。

另外，profile 中 properties 的 add 元素的使用格式也很重要，具体如下。

```
<add
    name="property name"
    type="fully qualified type reference"
    provider="provider name"
    serializeAs="String|Xml|Binary|ProviderSpecific"
    allowAnonymous="true|false"
    defaultValue="default property value"
    readOnly="true|false"
    customProviderData="data for a custom profile provider"
/>
```

上述格式中也包含了对应的父元素和属性，没有子元素，其中包含的属性如下。

❏ name：必选的 String 属性，用于指定属性名。该值用作自动生成的配置文件类的属性的名称，并用作该属性在 Properties 集合中的索引值。该属性的名称不能包含句点 (.)。

❏ type：可选的 String 属性，用于指定属性类型。默认值为 String。

❏ provider：可选的 String 属性，用于指定用于存储和检索属性值的配置文件提供程序。provider 属性的值是 providers 元素中指定的某个配置文件提供程序的名称。如果未指定提供程序名称，则使用 profile 元素中指定的默认提供程序。

❏ serializeAs：可选的 SettingsSerializeAs 属性，用于指定数据存储区中属性值的序列化格式。默认序列化格式视具体的提供程序而定。实际所使用的序列化格式由提供程序确定；对于 SQL 提供程序，则为 String 序列化。

❏ allowAnonymous：可选的 Boolean 属性，用于指定在应用程序用户是匿名用户的情况下是否可以获取或设置属性。如果其值设置为 True，则在应用程序用户是匿名用户的情况下可以获取或设置属性。默认值为 False。

❏ defaultValue：可选的 String 属性。如果数据存储区中没有 Profile 属性的值，则按如下规则指定默认值。

（1）如果使用 XML 序列化对属性（Property）类型进行了序列化处理，则此属性（Property）可以设置为表示属性（Attribute）类型的序列化实例的 XML 字符串。

（2）如果使用二进制序列化对属性（Attribute）类型进行了序列化处理，则此属性（Attribute）可以设置为表示属性（Attribute）类型的序列化实例的 Base-64 编码字符串。

（3）如果属性为引用类型，则可以使用 Stringnull 值指示 Profile 属性应为未初始化的配置文件返回 Null。

❏ readOnly：可选的 Boolean 属性，用于指定是否只能读取而不能设置属性。如果其值设置为 True，则可以读取但不可以设置属性。默认值为 False。

❏ customProviderData：可选的 String 属性，用于指定 customProviderData 属性（Attribute）可以设置为任意字符串值，以供属性(Attribute) 的配置文件提供程序使用。如果设置了此属性 （Attribute），则该值放置在属性（Attribute）的 Attributes 集合中，通过名称"CustomProviderData"进行索引。

另外，profile 中 properties 的 clear 元素的使用格式如下。

```
<clear />
```

profile 中 properties 的 remove 元素的使用格式如下。

```
<remove name="property name" />
```

其中，name 是一个必选的 String 属性，用于指定要从集合中移除的属性定义的名称。

Profile 中 properties 的 group 元素的使用格式如下。

```
<group name="group name">
    <add />
    <remove./>
</group>
```

其中包含了属性 name，它是必选的 String 属性，代表属性组的名称。此值用作自动生成的组配置文件类的标识符。该组的名称不能包含句点"."。

上述结构中，包含的子元素如下。

❑ add：可选的元素，用于向用户配置文件属性组中添加属性。

❑ remove：可选的元素，用于从用户配置文件属性组中移除属性。

Profile 中 group 的 add 元素的使用格式如下。

```
<add
    name="property name"
    type="fully qualified type reference"
    provider="provider name"
    serializeAs="String|Xml|Binary|ProviderSpecific"
    allowAnonymous="true|false"
    defaultValue="default property value"
    readOnly="true|false"
    customProviderData="data for a custom profile provider"
/>
```

包含的各个属性的具体说明跟前面介绍的 properties 的 add 元素的相同，在此不再一一进行讲解。

profile 的 group 的 remove 元素，具体格式如下所示。

```
<remove name="property name" />
```

其中属性 name 是必选的 String 属性，用于指定要从集合中移除的属性定义的名称。

profile 的 providers 元素，具体格式如下所示。

```
<providers>
    <add />
    <remove/>
    <clear/>
</providers>
```

包含的子元素如下所示。

❑ add：可选的元素，用于向配置文件提供程序的集合添加提供程序。

❑ clear：可选的元素，从配置文件提供程序的集合中移除提供程序。

❑ remove：可选的元素，从集合中清除以前定义的所有配置文件提供程序。

profile 的 providers 的 add 元素，具体格式如下所示。

```
<add
    name="provider name"
    type="fully qualified type reference"
    connectionStringName="connection string identifier"
    commandTimeout="number of seconds before a command times out"
    description="description of the provider instance"
    applicationName="application name for stored profile information"
/>
```

包含的属性如下所示。

❑ name：必需的 String 属性，用于指定提供程序实例的名称。这是用于<profile>元素的 defaultProvider 属性的值，该值将提供程序实例标识为默认的配置文件提供程序。该提供程序的 name 还用于在 Providers 集合中对该提供程序进行索引。

❑ type：必需的 String 属性，用于指定实现 ProfileProvider 抽象基类的类型。

❑ connectionStringName：必需的 String 属性，用于指定在<connectionStrings>元素中定义的连接字符串的名称。指定的连接字符串将由正在添加的提供程序使用。

❑ applicationName：可选的 String 属性，用于指定数据源中存储配置文件数据的应用程序的名称。该应用程序名称使得多个 ASP.NET 应用程序能够使用同一个数据库，而不会遇到不同应用程序存在重复配置文件数据的情况。或者，通过指定相同的应用程序名称，多个 ASP.NET 应用程序可以使用相同的配置文件信息。如果未指定此属性(Attribute)，则.NET Framework 附带的配置文件提供程序使用 ApplicationName 属性(Property)的 ApplicationVirtualPath 值。

❑ commandTimeout：可选的 Int32 属性，用于指定在向成员资格数据源发出的命令超时之前等待的时间（以秒为单位）。SQL 提供程序在创建 SqlCommand 对象时，使用该超时属性。默认情况下，ASP.NET 配置中并未设置该属性。因此，使用 ADO.NET 默认值 30 秒。如果设置了该属性，则 SQL 提供程序对向数据库发出的所有 SQL 命令使用已配置的超时值。默认值为 30（ADO.NET 默认值）。

❑ description：可选的 String 属性，用于指定配置文件提供程序实例的说明。

profile 的 providers 的 remove 元素，具体格式如下所示。

`<remove name=" provider name" />`

用于从用户配置文件提供程序集合中移除配置文件提供程序实例。其中包含了属性 name，它是必选的 String 属性，要从集合中移除的配置文件提供程序对象的名称。

profile 的 providers 的 clear 元素，具体格式如下所示。

`<clear/>`

用于从用户配置文件提供程序集合中移除所有配置文件提供程序实例。

2. API 配置自定义用户属性

在 ASP.NET 中，除了上节中介绍的<profile>配置个性化信息外，还可以通过对 API 的配置来实现个性化功能，此种方式需要访问命名空间 System.Web.Profile。在 System.Web.Profile 命名空间包含的类，可以用于在 Web 服务器应用程序中实现 ASP.NET 用户配置文件。

ASP.NET 配置文件用于在数据源（如数据库）中存储和检索用户设置。配置文件信息和属性值是使用配置文件提供程序管理的，可以使用 SqlProfileProvider 类存储在 Microsoft SQL Server 数据库中，也可以使用 ProfileProvider 抽象类的实现存储在自定义数据源中。

在 ASP.NET 中，配置文件是使用 profile 配置节实现配置的。在启用用户配置文件的应用程序时，ASP.NET 会创建一个类型为 ProfileCommon 的新类，该类从 ProfileBase 类继承。将强类型访问器添加到 profile 配置节点中，目的是定义 ProfileCommon 类中的每个属性。类 ProfileCommon 的一个实例，通常被设置为当前 HttpContext 对象的 profile 属性的值。可以创建一个自定义配置文件实现，该实现从 ProfileBase 抽象类继承，并为 profile 配置元素中未指定的用户配置文件定义相应的属性。System.Web.Profile 中包含的各类信息如表 13-1 所示。

表 13-1   **System.Web.Profile** 中包含的类

类	说　明
CustomProviderDataAttribute	为配置文件属性的提供程序提供自定义数据的字符串
DefaultProfile	在未定义配置文件属性时表示用户配置文件实例
ProfileAutoSaveEventArgs	为 ProfileModule 类的 ProfileAutoSaving 事件提供数据
ProfileBase	提供对配置文件属性值和信息的非类型化访问
ProfileEventArgs	为 ProfileModule 类的 Personalize 事件提供数据
ProfileGroupBase	提供对分组的 ASP.NET 配置文件属性值的非类型化访问
ProfileInfo	提供关于用户配置文件的信息
ProfileInfoCollection	ProfileInfo 对象的集合
ProfileManager	管理用户配置文件数据和设置
ProfileMigrateEventArgs	为 ProfileModule 类的 MigrateAnonymous 事件提供数据
ProfileModule	管理用户配置文件和配置文件事件的创建。无法继承此类
ProfileProvider	定义 ASP.NET 为使用自定义配置文件提供程序提供配置文件服务而实现的协定
ProfileProviderAttribute	为用户配置文件属性标识配置文件提供程序
ProfileProviderCollection	继承 ProfileProvider 抽象类的对象的集合
SettingsAllowAnonymousAttribute	标识某个配置文件属性是否可由匿名用户设置或访问
SqlProfileProvider	对 ASP.NET 应用程序的配置文件信息在 SQL Server 数据库中的存储进行管理

System.Web.Profile 中包含的各委托信息如表 13-2 所示。

表 13-2 　　　　　　　　　　**System.Web.Profile** 中包含的委托

委　　托	说　　明
ProfileAutoSaveEventHandler	表示将要处理 ProfileModule 的 Profil AutoSaving 事件的方法
ProfileEventHandler	表示将要处理 ProfileModule 的 Personalize 事件的方法
ProfileMigrateEventHandler	表示将要处理 ProfileModule 类的 MigrateAnonymous 事件的方法

另外，System.Web.Profile 中还包含了一个枚举 ProfileAuthenticationOption，用于描述要搜索的用户配置文件的身份验证类型。

表 13-1 中的各个类是 ASP.NET 个性化配置处理的核心，其使用方法和原理都比较简单，具体信息读者可以登录 http://msdn.microsoft.com/zh-cn/library/system.web.profile(VS.80).aspx 来获取各个类、枚举和委托的使用方法。

3．SQL Server 数据库配置

在默认情况下，当第一次执行与用户配置有关的应用程序时，系统将自动为该应用程序创建一个 SQL Server 2005 Express 的特定数据库实例。该数据库实例保存在应用程序根目录下的 App_Data 文件夹中，名称为 "ASPNETDB.MDF"。该数据库将默认包括存储用户配置属性数据的数据表，以及其他与实现用户配置功能相关的对象等。对于使用 SQL Server 2005 实施开发的人员来讲，只需要配置好 Web.Config 文件，并正确调用 profile 属性和 ProfileManager 类即可，而无须关心如数据库表设计与维护等工作。目前应用程序多使用 SQL Server 2000 或 SQL Server 2005 来实施存储，在这种情况下必须对数据库进行预先配置，然后才能正确使用个性化用户配置功能。

个性化用户配置中配置 SQL Server 数据库的操作步骤如下。

（1）假设 C 盘是当前计算机的系统盘，ASP.NET 的版本号是 v4.0.30319，则可以在命令行中输入如下命令。

```
C:\WINDOWS\Microsoft.NET\Framework\v4.0.30319\aspnet_regsql.exe
```
此时将运行 aspnet_regsql.exe，并自动弹出一个安装向导窗口，如图 13-1 所示。

（2）单击【下一步】按钮，弹出 "选择安装项" 页面，在此选择第一项 "为应用程序配置 SQL Server"，如图 13-2 所示。

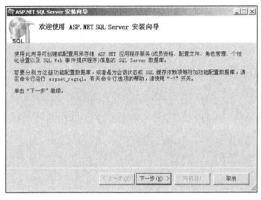

图 13-1　安装向导窗口

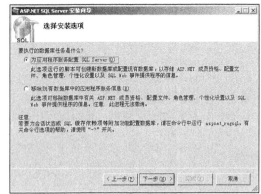

图 13-2　选择安装项

（3）单击【下一步】按钮，弹出 "选择服务器和数据库" 界面，在此依次输入数据库登录数据并选择数据库，如图 13-3 所示。

（4）单击【下一步】按钮，弹出"请确认您的设置"界面，如图 13-4 所示。

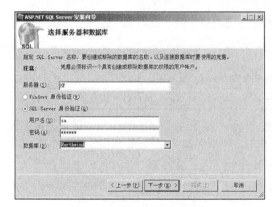 

图 13-3 选择服务器和数据库　　　　　　　　　　图 13-4 确认设置

经过上述操作后，自动生成一个名为"aspnetdb"的数据库，如图 13-5 所示。

图 13-5 生成"aspnetdb"数据库

在数据库"aspnetdb"中包含了个性化服务所需要的表、视图和角色。

数据库创建完成后，还需要对对应的配置文件进行修改，以实现将用户的配置数据存储到 SQL Server 数据库中。方法是将文件"machine.config"中的连接代码修改为自己的连接字符串，具体实现代码如下。

```
<connectionStrings>
    <add name="aspnetdb" connectionString="data source=HP;Integrated UID=sa;PWD=888888" providerName="System.
Data.SqlClient" />
</connectionStrings>
```

文件"machine.config"位于"C:\WINDOWS\Microsoft.NET\Framework\v2.0.50727\CONFIG"目录下。然后打开此目录下的"web.config"文件，在<connectionStrings>中设置连接字符串，在<profiles>中设置数据源名，具体实现代码如下。

```
<connectionStrings>
    <add name="aspnetdb" connectionString="data source=HP;Integrated UID=sa;PWD=888888" providerName="System.
Data.SqlClient" />
    ……
</connectionStrings>
<profiles>
    <providers>
    <clear/>
    <add name="aspnetdb" connectionStringsName=" aspnetdb "
Type="System.Web.Profile.SqlProfileProvider" />
</profiles>
```

13.2　实现个性化用户配置

知识点讲解：光盘:视频\PPT 讲解（知识点）\第 13 章\实现个性化用户配置.mp4

本节将向读者演示实现个性化配置的方法。ASP.NET 中的个性化配置分为匿名用户个性化用户配置和注册用户个性化用户配置两种，如图 13-6 所示。

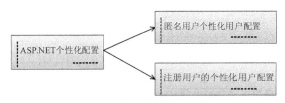

图 13-6　实现个性化用户配置

13.2.1　匿名用户个性化用户配置

在默认情况下，个性化配置只能用于授权用户。为了使个性化配置也能用于匿名用户，必须在配置文件中启用匿名用户，并逐个设置能用于匿名用户的每个个性化配置属性。

实例 066	演示匿名用户的个性化用户配置
源码路径　光盘\daima\13\web	视频路径　光盘\视频\实例\第 13 章\066

本实例演示了为匿名用户实现简单数据类型个性化配置的方法，即通过上节中创建的 ASPNETDB.MDF 数据库，实现对应的个性化功能效果。本实例的具体操作过程如下。

（1）设置 Web.Config 文件，用于指定允许匿名访问。其主要实现代码如下。

```xml
<?xml version="1.0"?>
<configuration>
  <appSettings/>
  <connectionStrings/>
  <system.web>
    <!--设置验证方式为Forms-->
    <authentication mode="Forms"/>
    <!--允许为匿名用户实现简单数据类型的个性化配置-->
    <anonymousIdentification enabled="true"/>
    <profile>
      <properties>
        <add name="FirstName" defaultValue="??" allowAnonymous="true"/>
        <add name="LastName" defaultValue="??" allowAnonymous="true"/>
        <add name="PageVisits" type="Int32" allowAnonymous="true"/>
      </group>
    </properties>
  </profile>
```

> 范例 131：绘制直线、矩形和多边形
> 源码路径：光盘\演练范例\131
> 视频路径：光盘\演练范例\131
> 范例 132：绘制圆形、椭圆形和扇形
> 源码路径：光盘\演练范例\132
> 视频路径：光盘\演练范例\132

（2）编写信息显示页面文件 Simple.aspx，其主要实现代码如下。

```
<script runat="server">
    void Page_Load()
    {
        Profile.PageVisits++;
    }
    void UpdateProfile(Object s, EventArgs e)
    {
        Profile.FirstName = txtFirstName.Text;
        Profile.LastName = txtLastName.Text;
    }
</script>
......
<body>
    <form id="form1" runat="server">
    <b>名字:</b> <%= Profile.FirstName %> <%= Profile.LastName %>
```

```
        <br />
        <b>数量:</b> <%= Profile.PageVisits %>
        <hr />
        <b>全名:</b>
        <asp:TextBox ID="txtFirstName" Runat="Server" />
        <br />
        <b>昵称:</b>
        <asp:TextBox ID="txtLastName" Runat="Server" />
        <br />
        <asp:Button ID="Button1"
            Text="Update Profile"
            OnClick="UpdateProfile"
            Runat="server" />
    </form>
```

由此可见，所有在文件 Web.Config 中定义的 profile 属性都会在 Profile 对象中呈现出来。在上述 Simple.aspx 文件中，通过使用 profile 属性持久保存了用户信息，分别显示了 FirstName、LastName 和 PageVisits 的值。这就说明每刷新一次当前页面时，PageVisits 的值都会递增改变。如果关闭浏览器，则以后再调用该页面时，PageVisits 属性仍然会保留原来的值。

在上述应用中，默认的 profile 属性类型是 System.String。因为上述实例中没有为 FirstName 和 LastName 的 profile 属性设置 type 属性，所以系统都默认它们为 String 类型。PageVisits 属性指定了 type 为 Int32，所以该 profile 属性可以用于表示一个整数值。FirstName 和 LastName 也都具有 defaultValue 特性，可以为简单的数据类型设置 defaultValue 特性，但是不能为复杂类型设置 defaultValue 特性。

除了上述应用外，还可以使用 profile Group 为匿名用户实现简单数据类型的个性化用户配置。例如使用下面的配置文件 Web.Config。

```xml
<profile>
        <properties>
            <add name="FirstName" defaultValue="??" allowAnonymous="true"/>
            <add name="LastName" defaultValue="??" allowAnonymous="true"/>
            <add name="PageVisits" type="Int32" allowAnonymous="true"/>
            <group name="Address">
                <add name="Street" allowAnonymous="true"/>
                <add name="City" allowAnonymous="true"/>
            </group>
            <group name="Preferences">
                <add name="ReceiveNewsletter" type="Boolean" defaultValue="false" allowAnonymous="true"/>
            </group>
        </properties>
</profile>
```

然后可以通过专用文件 Group.aspx 对组名和属性名进行赋值，并在网页中引用显示出来。主要实现代码如下。

```
<%@ Page Language="C#" %>
......
<script runat="server">
    void Page_Load()
    {
        Profile.Address.City = "济南";
        Profile.Address.Street = "厉害";
        Profile.Preferences.ReceiveNewsletter = false;
    }
</script>
......
<body>
    <form id="form1" runat="server">
        <b>城市:</b> <%= Profile.Address.City %> <b>区/县:</b> <%= Profile.Address.Street%>
        <br />
        <b>有新邮件吗:</b> <%= Profile.Preferences.ReceiveNewsletter %>
    </form>
```

在上述代码中，通过 profile Group 为匿名用户实现了简单数据类型的个性化用户配置。一个 profile 定义只能包含一层组，不能把其他的组放在一个 profile 组的下一层，即不能嵌套使用。

13.2.2 注册用户个性化用户配置

除了能够为匿名用户创建个性化用户配置外，还可以对注册用户创建个性化用户配置，这就需要在 profile 中声明更加复杂的属性。例如，需要在 profile 中存储一个购物车信息，便于注册用户登录站点后获得自己的购物车，这就需要使用复杂数据类型的个性化用户配置。

实例 067	为注册用户实现个性化用户配置
	源码路径　光盘\daima\13\web　　　　视频路径　光盘\视频\实例\第 13 章\067

本实例的功能是为注册用户实现个性化用户配置，即为注册用户实现复杂数据类型的个性化用户配置的购物车提示。具体实现过程如下。

（1）设置 Web.Config 文件，定义一个 profile，其中包含一个 ShoppingCart 属性，此属性的 Type 特性是一个 ShoppingCart 类。另外，在声明中还包含了一个 serializeAs 特性，此特性可以确保 ShoppingCart 使用二进制序列器进行持久化，而不是使用 XML 序列化器。文件 Web.Config 的实现代码如下。

```
<profile>
<properties>
<add name="ShoppingCart"
 type="ShoppingCart"
 serializeAs="Binary"
 allowAnonymous="true"
/>
</properties>
</profile>
```

（2）根据需要，需定义一个 ShoppingCart 类，实现购物车处理。此处将 ShoppingCart 类定义在文件 ShoppingCart.cs 中，保存在"App_Code"目录下，主要实现代码如下。

```
public Hashtable _CartItems = new Hashtable();
// Return all the items from the Shopping Cart
public ICollection CartItems
{
    get { return _CartItems.Values; }
}
// The sum total of the prices
public decimal Total
{
    get
    {
        decimal sum = 0;
        foreach (CartItem item in _CartItems.Values)
            sum += item.Price * item.Quantity;
        return sum;
    }
}
// Add a new item to the shopping cart
public void AddItem(int ID, string Name, decimal Price)
{
    CartItem item = (CartItem)_CartItems[ID];
    if (item == null)
        _CartItems.Add(ID, new CartItem(ID, Name, Price));
    else
    {
        item.Quantity++;
        _CartItems[ID] = item;
    }
}
// Remove an item from the shopping cart
public void RemoveItem(int ID)
{
    CartItem item = (CartItem)_CartItems[ID];
    if (item == null)
        return;
    item.Quantity--;
    if (item.Quantity == 0)
        _CartItems.Remove(ID);
```

范例 133：混合验证码
源码路径：光盘\演练范例\133
视频路径：光盘\演练范例\133
范例 134：汉字验证码
源码路径：光盘\演练范例\134
视频路径：光盘\演练范例\134

```
                else
                    _CartItems[ID] = item;
        }
    }
    [Serializable]
    public class CartItem
    {
        private int _ID;
        private string _Name;
        private decimal _Price;
        private int _Quantity = 1;
        public int ID
        {
            get { return _ID; }
        }
        public string Name
        {
            get { return _Name; }
        }
        public decimal Price
        {
            get { return _Price; }
        }
        public int Quantity
        {
            get { return _Quantity; }
            set { _Quantity = value; }
        }
        public CartItem(int ID, string Name, decimal Price)
        {
            _ID = ID;
            _Name = Name;
            _Price = Price;
        }
    }
```

在上述代码中，为 ShoppingCart 类和 CartItem 类都加上了可序列化的特性。

（3）编写调用页面文件 Products.aspx，用于调用数据库内商品的基本信息，并为用户提供一个指定格式的购物车。具体实现代码如下。

```
<%@ Page Language="C#" %>
<%@ Import Namespace="System.Globalization" %>
<script runat="server">
    void Page_Load() {
        if (!IsPostBack)
            BindShoppingCart();
    }
    void BindShoppingCart()
    {
        if (Profile.ShoppingCart != null)
        {
            CartGrid.DataSource = Profile.ShoppingCart.CartItems;
            CartGrid.DataBind();
            lblTotal.Text = Profile.ShoppingCart.Total.ToString("c");
        }
    }
    void AddCartItem(Object s, EventArgs e)
    {
        GridViewRow row = ProductGrid.SelectedRow;
        int ID = (int)ProductGrid.SelectedDataKey.Value;
        String Name = row.Cells[1].Text;
        decimal Price = Decimal.Parse(row.Cells[2].Text,
            NumberStyles.Currency);

        if (Profile.ShoppingCart == null)
            Profile.ShoppingCart = new ShoppingCart();

        Profile.ShoppingCart.AddItem(ID, Name, Price);
        BindShoppingCart();
    }
    void RemoveCartItem(Object s, EventArgs e)
    {
        int ID = (int)CartGrid.SelectedDataKey.Value;
```

```
                    Profile.ShoppingCart.RemoveItem(ID);
                    BindShoppingCart();
        }
</script>
<html>
<head>
        <title>Products</title>
</head>
<body>
        <form id="form1" runat="server">
        <table width="100%">
        <tr>
            <td valign="top">
        <h2>商品</h2>
        <asp:GridView
            ID="ProductGrid"
            DataSourceID="ProductSource"
            DataKeyNames="ProductID"
            AutoGenerateColumns="false"
            OnSelectedIndexChanged="AddCartItem"
            ShowHeader="false"
            CellPadding="5"
            Runat="Server">
            <Columns>
                <asp:ButtonField
                    CommandName="select"
                    Text="购买" />
                <asp:BoundField
                    DataField="ProductName" />
                <asp:BoundField
                    DataField="UnitPrice"
                    DataFormatString="{0:c}" />
            </Columns>
        </asp:GridView>
        <asp:SqlDataSource
            ID="ProductSource"
            ConnectionString=
"Server=hp;Database=Northwind;Trusted_Connection=true;"
            SelectCommand=
                "SELECT ProductID,ProductName,UnitPrice FROM Products"
            Runat="Server" />
        </td>
        <td valign="top">
        <h2>我的购物车</h2>
        <asp:GridView
            ID="CartGrid"
            AutoGenerateColumns="false"
            DataKeyNames="ID"
            OnSelectedIndexChanged="RemoveCartItem"
            CellPadding="5"
            Width="300"
            Runat="Server">
            <Columns>
            <asp:ButtonField CommandName="select" Text="删除" />
            <asp:BoundField DataField="Name"    HeaderText="名称" />
            <asp:BoundField DataField="Price"    HeaderText="价格"    DataFormatString= "{0:c}" />
            <asp:BoundField DataField="Quantity"    HeaderText="数量" />
            </Columns>
        </asp:GridView>
        <b>Total:</b>
        <asp:Label ID="lblTotal" Runat="Server" />
        </td>
        </tr>
        </table>
        </form>
</body>
</html>
```

经过上述文件处理后，分别在商品列表和购物车列表内实现了对商品信息的数据绑定，如图 13-7 所示。

图 13-7　数据绑定

13.3　技术解惑

13.3.1　Web.Config 文件中一段完整的<profile>配置代码

下面是文件 Web.Config 中一段完整的<profile>配置代码。

```
<profile>
    <properties>
    <add name="FirstName" defaultValue="??" allowAnonymous="true" />
    <add name="LastName"    defaultValue="??" allowAnonymous="true" />
    <add name="PageVisits" type="Int32" allowAnonymous="true"/>
    <group name="Address">
      <add name="Street" allowAnonymous="true" />
      <add name="City" allowAnonymous="true" />
    </group>
    <group name="Preferences">
      <add name="ReceiveNewsletter" type="Boolean"
        defaultValue="false" allowAnonymous="true" />
    </group>
    <add name="ShoppingCart" type="ShoppingCart"
    serializeAs="Binary" allowAnonymous="true" />
    <add name="FavoriteColor" allowAnonymous="true" defaultValue="Red" />
    </properties>
</profile>
```

13.3.2　Profile 对象与 Session 对象的对比

Profile 对象与 Session 对象十分相似，但是前者更好用一些。与 Session 对象相似是，Profile 对象是相对于一个特定的用户的，也就是说，每个 Web 应用程序的用户都有他们自己的 Profile 对象。与 Session 对象不同的是，Profile 对象是持久对象。如果你向 Session 中添加一个项，在你离开网站时，该项就会消失。而 Profile 则完全不同，当你修改 Profile 的状态时，修改在多个访问页之间均有效。

Profile 使用 Provider 模式来存储信息。在默认情况下，user profile 的内容会保存在 SQL Server Express 数据库中，该数据库位于网站的 App_Data 目录。另外，Profile 是强类型的，它有强类型属性而 Session 对象仅仅是一个项集合。使用强类型是有它的道理的。例如，使用强类型就可以在 Microsoft Visual Web Developer 中使用智能感知技术，当键入 Profile 和一个点的时候，智能感知会弹出已经定义过的 profile 属性列表。

第 14 章

使用 WebPart 构建门户

从 ASP.NET 2.0 开始，ASP.NET 为 Web 开发者引入了很多激动人心的新特性，而门户框架（Portal framework）是其中最强大的技术之一。使用门户框架的 WebPart 技术可以创建动态的门户应用。从普通的个人主页到复杂的信息展示，通过动态应用的设置，可以为每个用户定制 Web 站点，也可以把页面的某部分从一个位置移动到另一个位置，还可以打开、关闭、最小化、最大化页面的一部分，而且可以保存起来，所做的调整可以对单个或所有用户生效。

本章内容	技术解惑
WebPart 概述	实际应用中使用 WebPart 控件的方式
WebPart 的基本控件	WebPart 的定制功能推动了 ASP.NET 的发展
配置 WebPart 环境	
创建、管理 WebPart 页面	ASP.NET 中 3 种 WebPart 部署方式

14.1　WebPart 概述

知识点讲解: 光盘:视频\PPT 讲解（知识点）\第 14 章\WebPart 初步.mp4

WebPart 为创建动态的网页接口提供了一系列的可用控件，使用户可以很容易地进行配置或者个性化页面，并且用户可以像在桌面应用中一样自由地显示、隐藏或者移动 WebPart 组件。相信 MSN 对广大读者来说都不陌生，在 MSN Space 中允许用户设定自己控件的摆放方式，并能够在 IE 浏览器中对控件进行拖曳处理，以放在不同的位置，实现页面布局，如图 14-1 所示。

图 14-1　MSN Space 界面

由此可见，MSN Space 是一个允许用户在客户端使用浏览器设计控件的交互性站点，它的上述功能就是通过 ASP.NET 中的 WebPart 实现的。通过使用 WebPart，程序员只须像使用其他服务器端控件一样，经过简单的拖曳处理即可实现复杂的交互功能。

14.1.1　Portal 框架简介

Portal 框架是 Web 2.0 时代微软进一步扩展其"代码重用"计划的重要架构，旨在基于新一代 ASP.NET 2.0 平台快速搭建动态的高度模块化的 Web 站点。其中，WebPart 作为这个框架的一个重要组成部分，能够实现动态地根据应用程序的设置为每个终端用户定制 Web 站点。

ASP.NET WebPart 是一组集成控件，用于创建使最终用户可以直接从浏览器修改网页的内容、外观和行为的网站。这些修改可以应用于网站上的所有用户或个别用户。当用户修改页面和控件时，可以保存这些设置，这样做的好处是可以在不同的浏览器之间保存并传递某个用户的个人首选项。这种功能称为"个性化设置"。WebPart 这些功能意味着开发人员可以使最终用户动态地对 Web 应用程序进行个性化设置，而无须开发人员或管理员的干预。在 Visual Studio 2012 的工具箱中提供了与WebPart 开发相关的控件集，如图 14-2 所示。

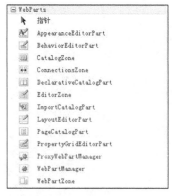

图 14-2　WebPart 工具箱

通过使用 WebPart 控件集，开发人员可以使最终用户进行下列操作。

❑　对页面内容进行个性化设置。用户可以像操作普通窗口一样在页面上添加新的 WebPart

控件，或者移除、隐藏或最小化这些控件。

❑ 对页面布局进行个性化设置。用户可以将 WebPart 控件拖到页面的不同区域，也可以更改控件的外观、属性和行为。

❑ 导出和导入控件。用户可以导入或导出 WebPart 控件设置，以用于其他页面或站点，从而保留这些控件的属性、外观甚至是其中的数据。这样可减少对最终用户的数据输入和配置要求。

❑ 创建链接。用户可以在各控件之间建立链接。例如，图表控件可以为证券报价机控件中的数据显示图形。用户不仅可以对链接本身进行个性化设置，而且可以对图表控件如何显示数据的外观和细节进行个性化设置。

❑ 对站点级设置进行管理和个性化设置。授权用户可以配置站点级设置、确定谁可以访问站点或页面、设置对控件的基于角色的访问等。例如，管理员角色中的用户可以将 WebPart 控件设置为由所有用户共享，并禁止非管理员用户对共享控件进行个性化设置。

14.1.2　WebPart 的基本要素

WebPart 控件集主要由如下 3 个构造块组成。

❑ 个性化设置。

❑ 用户界面（UI）结构组件。

❑ 实际的 WebPart UI 控件。

实际上，大量的开发工作都是以 WebPart VI 控件为重点，这些控件只是可以使用 WebPart 控件集功能的 ASP.NET 控件。

14.2　WebPart 的基本控件

📹 知识点讲解：光盘:视频\PPT 讲解（知识点）\第 14 章\WebPart 的基本控件.mp4

在 WebPart 工具箱中共有 14 种控件，由此可见，WebPart 也是通过控件来实现其基本功能的。本节将详细讲解 WebPart 中 WebPartManager、WebPartIone、CatalogIone 和 EditorIone 等控件的基本知识。

14.2.1　WebPartManager 控件

WebPartManager 控件是所有 WebPart 控件的总控中心，其他的 WebPart 控件的功能和服务都是基于 WebPartManager 控件的。在需要进行 WebPart 设计时，首先要在页面中添加一个 WebPartManager 控件，其具体引用格式如下。

```
<asp:WebPartManagerID="WebPartManager1"runat="server"></asp:WebPartManager>
```

WebPartManager 控件的主要功能如下。

❑ 管理 WebPart 及区域的列表。

❑ 管理页面状态 (如显示状态)，当页面状态发生改变时触发事件。

❑ 协助 WebPart 之间的通信。

❑ 管理个性化。

WebPartManager 控件有 5 种显示模式，通过 WebPartManager.DisplayMode 来设置或者获取页面的显示模式，其具体说明如下。

❑ BrowserDisplayMode："正常的"显示模式，无法编辑（默认）。

❑ DesignDisplayMode：允许拖曳式布局编辑。

❑ EditDisplayMode：允许编辑 WebPart 的外观及行为。

❑ CatalogDisplayMode：允许将 WebPart 添加在另外的页面上。

❑ ConnectDisplayMode：允许 WebPart 之间进行通信。

14.2.2　WebPartZone 控件

要使用 WebPart 框架，至少要有一个 WebPartZone 控件。WebPartZone 包含 WebPart 控件，定义了区域内 WebPart 控件的布局和外观。如前所述，WebPartZone 可以包含用户控件、WebPart 和 Web 服务器控件。在 ASPX 页面中，WebPartZone 包含一个 ZoneTemplate，而 ZoneTemplate 包含要显示的控件。WebPartZone 控件的声明格式如下。

```
<asp:WebPartZone ID="EventsZone" runat="server">
<ZoneTemplate>
交互内容
</ZoneTemplate>
</asp:WebPartZone>
```

14.2.3　CatalogZone 控件

CatalogZone 控件是一个真正的目录，它可以从目录中选择 WebPart。CatalogZone 控件还可以管理 WebPart 的其他区域。由 CatalogZone 控件管理的 WebPart 是 CatalogPart 控件。ASP.NET 中有 3 种不同的目录：页面目录、声明性目录和导入目录。

CatalogZone 控件包括如下 3 个属性。

❑ PageCatalogPart：显示页面上已经删除的 WebPart 的列表。

❑ DeclarativeCatalogPart：显示声明在 <WebPartTemplate>中的 WebPart 的列表。

❑ ImportCatalogPart：允许从.WebPart 文件中导入的 WebPart。

CatalogZone 控件的声明格式如下。

```
<asp:CatalogZone ID="CatalogZone1" Runat="server">
<ZoneTemplate>
<asp:PageCatalogPart ID="PageCatalogPart1" Runat="server" />
<asp:DeclarativeCatalogPart ID="DeclarativeCatalogPart1" Runat="server">
<WebPartTemplate>
</WebPartTemplate>
</asp:DeclarativeCatalogPart>
<asp:ImportCatalogPart ID="ImportCatalogPart1" Runat="server" />
</ZoneTemplate>
</asp:CatalogZone>
```

14.2.4　EditorZone 控件

EditorZone 控件用于改变 WebPart 的外观、行为和布局。这些操作可以在不同的编辑器部分进行。把控件设置为 Edit 模式，编辑器部分就被激活。允许交互式地对 WebPart 进行更改，包含一个或者多个 EditorPart 控件。EditorZone 控件包含如下 4 个 EditorPart 属性。

❑ AppearanceEditorPart：提供修改标题及其他界面相关属性的 UI。

❑ BehaviorEditorPart：提供修改行为属性的 UI。

❑ LayoutEditorPart：提供修改 WebPart 的显示状态、区域及区域索引的 UI。

❑ PropertyGridEditorPart：提供修改定制属性的 UI。

EditorZone 控件的声明格式如下。

```
<asp:EditorZone ID="EditorZone1" Runat="server">
<ZoneTemplate>
<asp:AppearanceEditorPart ID="AppearanceEditorPart1" Runat="server" />
<asp:BehaviorEditorPart ID="BehaviorEditorPart1" Runat="server" />
<asp:LayoutEditorPart ID="LayoutEditorPart1" Runat="server" />
</ZoneTemplate>
</asp:EditorZone>
```

另外，其他常用 WebPart 控件的基本信息如表 14-1 所示。

表 14-1　　　　　　　　　　　　　　　　　**WebPart 控件信息**

WebPart 基本控件	说　　明
ConnectionsZone	包含 WebPartConnection 控件，并提供用于管理链接的用户界面
WebPart (GenericWebPart)	呈现主要用户界面；大多数 WebPart 用户界面控件属于此类别。若要最大限度地实现编程控制，可以创建从 WebPart 基控件派生自己的自定义 WebPart 控件。此外，还可以将现有服务器控件、用户控件或自定义控件用作 WebPart 控件。只要在区域中放置了上述任意控件，运行时 WebPartManager 控件就会自动用 GenericWebPart 控件包装这些控件，以便用户可以通过 WebPart 功能使用这些控件
CatalogPart	包含用户可添加到页面上的可用 WebPart 控件的列表
WebPartConnection	在页面中两个 WebPart 控件之间创建连接。该连接将其中一个 WebPart 控件定义为数据的提供者，而将另一个定义为使用者
EditorPart	用作专用编辑器控件的基类

14.3　配置 WebPart 环境

知识点讲解：光盘:视频\PPT 讲解（知识点）\第 14 章\配置 WebPart 环境.mp4

在默认情况下，所有用户都可以浏览有 WebPart 的页面，但前提是要定制一个页面，用户必须经过该页面的认证。因此，要改变 WebPartManager 的 DisplayMode，只能在用户登录后才有可能完成；否则就会出现一个错误。可以采用多种方法避免这一问题，如在改变 DisplayMode 前先使用 User.Identity.IsAuthenticated。

对 WebPart 定制的授权与其他授权的做法是一样的，也是通过修改 web.config 来完成的。通常在一段代码中显示 WebPart 元素，以及 personalization 和 authorization 子元素。authorization 部分有标准的 allow 和 deny 元素，允许选择 users 和 roles 来确定当前的授权。指定 users 和 roles 时，还需要指定 verbs，其值可以是 enterSharedScope 或 modifyState，或二者兼有。设置为 enterSharedScope 时，指示一个用户或角色是否可以进入共享作用域（也就是说，个性化信息是否在用户间共享）；设置为 modifyState 时，则指示用户或角色是否可以修改个性化信息。

在 IIS（Internet 信息服务）中可以更新配置，以允许特定用户在共享范围内对 WebPart 页进行个性化设置。具体操作流程如下。

（1）启动 IIS，然后打开需要编辑的站点（此处假设站点是 gg），如图 14-3 所示。

（2）右键单击“gg”并选择“属性”命令，在弹出的对话框中选择“ASP.NET”选项卡，如图 14-4 所示。

图 14-3　启动 IIS

图 14-4　“ASP.NET”选项卡

（3）单击【编辑配置】按钮，弹出“ASP.NET 配置设置”对话框，如图 14-5 所示。

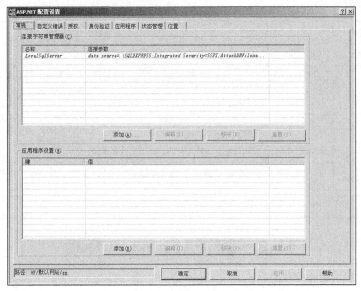

图 14-5　"ASP.NET 配置设置"对话框

　　（4）单击【添加】按钮，弹出"编辑/添加链接字符串"对话框如图 14-6 所示。此处可以添加要链接的个性化信息数据库 ASPNETDB，链接参数和本书前面介绍的链接 SQL Server 数据库一样，例如"data source=HP;Integrated UID=sa;PWD=888888"。

　　（5）单击【确定】按钮，返回【ASP.NET 配置设置】对话框。单击"授权"选项卡，弹出"授权规则"对话框，然后单击【添加】按钮，弹出"编辑规则"对话框如图 14-7 所示。此处可以设置添加一条新的授权规则。该对话框中各个选项的具体设置如下。

- ❑　规则类型：允许。
- ❑　谓词：特定谓词，并在文本框重输入指定的谓词，如"mm"。
- ❑　用户和角色：用户，然后在文本框中输入用户的账户名称。此处的账户可以是本地账户、用户组或域账户，但是格式必须为"domain\user"。最后选择"角色"复选框，并在其后的文本框中输入级别，例如"admin"。

上述设置的具体界面如图 14-7 所示。

图 14-6　"编辑/添加链接字符串"对话框

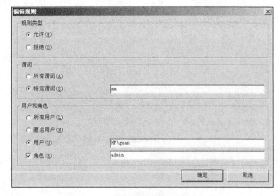

图 14-7　"编辑规则"对话框

　　（6）单击【确定】按钮并关闭上述所有的对话框和 IIS，打开此站点根目录中的配置文件 Web.config。在此文件的<system.web>节点中增加一个新的选项，用于设置用户可以进入共享个性化设置范围。当在 users 属性中指定用户访问启用 Web 部件的控件编辑功能时，可以选择进入共享个性化设置范围并进行所有用户都可以看到的更改。例如下面的代码：

```
<system.web>
<allow verbs="mm" users="HP\guan" roles="admin" />
<authentication mode="Forms" >
<forms defaultUrl="login.aspx"    >
</forms>
</authentication>
</system.web>
```

14.4　创建、管理 WebPart 页面

知识点讲解：光盘:视频\PPT 讲解（知识点）\第 14 章\创建、管理 WebPart 页面.mp4

在 ASP.NET 程序中，可以使用专用的 WebPart 类来创建自己定制的 WebPart。尽管与 ASP.NET 定制服务器控件的开发类似，但创建定制的 WebPart 还要添加一些附加功能。创建一个继承于 WebPart 类(而不是继承于 Control 类)的类，可以使控件使用新的个性化特性，以及利用更强大的 Portal Framework，如使该控件可以关闭、最大化、最小化等。在创建了 WebPart 页面后，也可以对创建的 WebPart 进行管理维护。

使用 Visual Studio 2012 创建 WebPart 页面的方法十分简单，在新建 ASP.NET 网站项目后，可以从工具箱中将需要的 WebPart 工具拖入到页面，如图 14-8 所示。

图 14-8　拖入 WebPart 工具

本节将详细介绍在 ASP.NET 中创建 WebPart 页面的方法。

14.4.1　使用 WebPartZone 控件创建 WebPart 页面

使用 WebPartZone 控件创建 WebPart 页面的方法十分简单，只需在需要的页面中拖入 WebPartManage 控件和 WebPartZone 控件即可。

实例 068	实现一个样式可以改变的日历界面	
源码路径　光盘\daima\14\WebSite1\		视频路径　光盘\视频\实例\第 14 章\068

本实例的实现文件是 WebPart.aspx 和 WebPart.aspx.cs，功能是实现一个样式可以改变的日历界面效果。其中文件 WebPart.aspx 的功能是调用插入的控件并显示界面效果，主要实现代码如下。

```
<asp:DropDownList ID="DropDownList1"
  runat="server"
  AutoPostBack="True"
  OnSelectedIndexChanged="DropDownList1_SelectedIndexChanged">
    <asp:ListItem>Design</asp:ListItem>
```

```
            <asp:ListItem>Browse</asp:ListItem>
            <asp:ListItem>Catalog</asp:ListItem>
            <asp:ListItem>Edit</asp:ListItem>
    </asp:DropDownList>
    <asp:WebPartManager
    ID="WebPartManager1"
    Personalization-Enabled="false"
    runat="server"
    >
    </asp:WebPartManager>
    <asp:WebPartZone ID="WebPartZone1" runat="server">
        <ZoneTemplate>
            <asp:Calendar ID="Calendar1" runat="server"></asp:Calendar>
        </ZoneTemplate>
    </asp:WebPartZone>
    <asp:WebPartZone ID="WebPartZone2" runat="server" Height="300px" Width="323px">
    </asp:WebPartZone>
```

范例 135：投票结果统计
源码路径：光盘\演练范例\135
视频路径：光盘\演练范例\135
范例 136：网站流量柱形图表
源码路径：光盘\演练范例\136
视频路径：光盘\演练范例\136

文件 WebPart.aspx.cs 是后台代码，用于根据用户的选择来显示对应的日历样式。其主要实现代码如下。

```
public partial class WebPart : System.Web.UI.Page
{
    protected void Page_Load(object sender, EventArgs e)
    {
        WebPartManager1.DisplayMode = WebPartManager.DesignDisplayMode;
        //FormsAuthentication.RedirectFromLoginPage("Guest", true);
    }
    protected void DropDownList1_SelectedIndexChanged(object sender, EventArgs e)
    {
        switch (DropDownList1.SelectedValue)
        {
            case "Design":
            WebPartManager1.DisplayMode = WebPartManager.DesignDisplayMode;
            break;
            case "Browse":
                WebPartManager1.DisplayMode = WebPartManager.BrowseDisplayMode;
                break;
            case "Catalog":
                WebPartManager1.DisplayMode = WebPartManager.CatalogDisplayMode;
                break;
            case "Edit":
                WebPartManager1.DisplayMode = WebPartManager.EditDisplayMode;
                break;
        }
    }
}
```

上述代码执行后，将在页面中显示日历控件，并且用户可以选择自己需要的样式，如图 14-9 所示。

在上述实例中，通过使用 WebPartZone 控件创建了一个 WebPart 页面。在使用 WebPartZone 控件前，必须确保为当前用户启用了个性化设置，否则将会出现错误，如图 14-10 所示。

图 14-9　实例执行效果

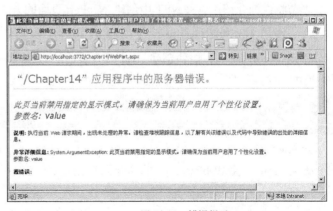

图 14-10　错误提示

解决上述错误的方法十分简单，即按照本书第 15 章中的个性化配置和 WebPart 配置方法进行合理配置即可。

14.4.2　使用 CatalogZone 控件创建 WebPart 页面

使用 CatalogZone 控件创建 WebPart 页面的方法与使用 WebPartZone 控件创建的方法类似，即只需通过 Visual Studio 2012 在需要的页面中拖入 WebPartManage 控件和 CatalogZone 控件即可。

14.4.3　使用 EditorZone 控件创建 WebPart 页面

在 ASP.NET 中，除了上述介绍的创建 WebPart 页面方式外，WebPart 还提供了对 WebPart 页面属性进行交互更改的功能，该功能是通过 EditorZone 控件实现的。通过该功能，浏览用户不仅可以自定义 WebPartZone 的放置位置，而且还可以定义它们所在区域的颜色和高度等属性。

实例 069	自行设置日历界面的颜色和高度
	源码路径　　光盘\daima\14\WebSite1　　　　视频路径　　光盘\视频\实例\第 14 章\069

本实例的功能是实现一个样式可以改变的日历界面效果，并可以自行设置日历界面的颜色和高度。本实例使用 EditorZone 控件创建 WebPart 页面，实现文件是 Communication.aspx，其主要实现代码如下。

```
<script runat="server">
  protected void Page_Load(object sender,
EventArgs e)
  {
      if (!IsPostBack)
      {
        RadioButtonList1.Items[0].Selected = true;
      }
  }
  protected void RadioButtonList1_SelectedIndexChanged(object sender,
EventArgs e)
  {
      switch (RadioButtonList1.SelectedIndex)
      {
        case 0:
          WebPartManager1.DisplayMode = WebPartManager.BrowseDisplayMode;
          break;
        case 1:
          WebPartManager1.DisplayMode = WebPartManager.DesignDisplayMode;
          break;
        case 2:
          WebPartManager1.DisplayMode = WebPartManager.CatalogDisplayMode;
          break;
        case 3:
          WebPartManager1.DisplayMode = WebPartManager.EditDisplayMode;
          break;
        default:
          break;
      }
  }
  protected void Button1_Click(object sender, EventArgs e)
  {
      //customWebPart wp1 = new customWebPart();
      //WebPartManager1.AddWebPart(wp1, WebPartZone1, 0);
  }
</script>
    <asp:WebPartManager ID="WebPartManager1" runat="server">
      <StaticConnections>
        <asp:WebPartConnection ID="Connection" ProviderID="Provider1" ProviderConnectionPointID="InputString
Provider"ConsumerID="Consumer1" ConsumerConnectionPointID="InputStringConsumer" />
```

范例 137：人口出生率折线图表
源码路径：光盘\演练范例\137
视频路径：光盘\演练范例\137
范例 138：男女比例饼形图
源码路径：光盘\演练范例\138
视频路径：光盘\演练范例\138

```
            </StaticConnections>
        </asp:WebPartManager>
    ......
                    <asp:RadioButtonList ID="RadioButtonList1" runat="server" RepeatDirection="Horizontal"
                    width="100%" BackColor="SkyBlue" AutoPostBack="True" OnSelectedIndexChanged="RadioButton
                    List1_SelectedIndexChanged">
                        <asp:ListItem>浏览模式</asp:ListItem>
                        <asp:ListItem>布局模式</asp:ListItem>
                        <asp:ListItem>个人化内容定制</asp:ListItem>
                        <asp:ListItem Value="模块编辑模式">模块编辑模式</asp:ListItem>
                    </asp:RadioButtonList>
    ......
                    <asp:CatalogZone ID="CatalogZone1" runat="server" HeaderText="目录区域" InstructionText=""
                    SelectTargetZoneText="添加到:">
                        <ZoneTemplate>
                            <asp:DeclarativeCatalogPart ID="DeclarativeCatalogPart1" runat="server" Title="可用WebPart">
                                <WebPartTemplate>
                                    <uc1:baidu ID="Baidu2" runat="server" />
                                </WebPartTemplate>
                            </asp:DeclarativeCatalogPart>
                            <asp:PageCatalogPart ID="PageCatalogPart1" runat="server" Title="页面上现有WebPart" />
                            <asp:ImportCatalogPart ID="ImportCatalogPart1" runat="server" />
                        </ZoneTemplate>
                        <HeaderCloseVerb Text="关闭" />
                        <AddVerb Text="增加" />
                        <CloseVerb Text="关闭" />
                    </asp:CatalogZone>
    ......
    <asp:EditorZone ID="EditorZone1" runat="server" BackColor="#F7F6F3" BorderColor="#CCCCCC"
                    BorderWidth="1px" Font-Names="Verdana" HeaderText="模块编辑" Padding="6">
                    <ApplyVerb Text="应用" />
                    <HeaderStyle BackColor="#E2DED6" Font-Bold="True" Font-Size="0.8em" ForeColor="#333333" />
                    <CancelVerb Text="取消" />
                    <LabelStyle Font-Size="0.8em" ForeColor="#333333" />
                    <HeaderVerbStyle Font-Bold="False" Font-Size="0.8em" Font-Underline="False" ForeColor="#333333" />
                    <PartChromeStyle BorderColor="#E2DED6" BorderStyle="Solid" BorderWidth="1px" />
    <ZoneTemplate>
    <asp:AppearanceEditorPart ID="AppearanceEditorPart1" runat="server" Title="选项" />
    </ZoneTemplate>
    <HeaderCloseVerb Text="关闭" />
    <PartStyle BorderColor="#F7F6F3" BorderWidth="5px" />
    <FooterStyle BackColor="#E2DED6" HorizontalAlign="Right" />
    <OKVerb Text="确定" />
    <EditUIStyle Font-Names="Verdana" Font-Size="0.8em" ForeColor="#333333" />
    <InstructionTextStyle Font-Size="0.8em" ForeColor="#333333" />
    <ErrorStyle Font-Size="0.8em" />
    <VerbStyle Font-Names="Verdana" Font-Size="0.8em" ForeColor="#333333" />
    <EmptyZoneTextStyle Font-Size="0.8em" ForeColor="#333333" />
    <PartTitleStyle Font-Bold="True" Font-Size="0.8em" ForeColor="#333333" />
        </asp:EditorZone>
    ......
    <asp:Button ID="Button1" runat="server" OnClick="Button1_Click" Text="增加一个自定义WebPart控件" /><br />
    ......
    <asp:WebPartZone ID="WebPartZone1" runat="server" BorderColor="#CCCCCC" Font-Names="Verdana" Padding="6">
    <ZoneTemplate>
    <asp:Calendar ID="Calendar1" runat="server" title="Demo之日历控件" Height="250px" Width="330px" BackColor=
"White" BorderColor="Black" BorderStyle="Solid" CellSpacing="1" Font-Names="Verdana" Font-Size="9pt" ForeColor="Black"
NextPrevFormat="ShortMonth">
    <TodayDayStyle BackColor="#999999" ForeColor="White" />
    <SelectedDayStyle BackColor="#333399" ForeColor="White" />
    <OtherMonthDayStyle ForeColor="#999999" />
    <TitleStyle BackColor="#333399" BorderStyle="Solid" Font-Bold="True" Font-Size="12pt"
                                    ForeColor="White" Height="12pt" />
    <NextPrevStyle Font-Bold="True" Font-Size="8pt" ForeColor="White" />
        <DayStyle BackColor="#CCCCCC" />
                            <DayHeaderStyle Font-Bold="True" Font-Size="8pt" ForeColor="#333333" Height="8pt" />
    </asp:Calendar>
    </ZoneTemplate>
    <ConnectVerb Text="链接" />
```

```
<HelpVerb Text="帮助" />
PartChromeStyle BackColor="#FFFBD6" BorderColor="#FFCC66" Font-Names="Verdana" ForeColor="#333333" />
<EditVerb Description="编辑 '{0}'" Text="编辑" />
<DeleteVerb Description="删除 '{0}'" Text="删除" />
<CloseVerb Description="关闭 '{0}'" Text="关闭" />
<MinimizeVerb Description="最小化 '{0}'" Text="最小化" />
<MenuLabelHoverStyle ForeColor="#FFCC66" />
<EmptyZoneTextStyle Font-Size="0.8em" />
<MenuLabelStyle ForeColor="White" />
<MenuVerbHoverStyle BackColor="#FFFBD6" BorderColor="#CCCCCC" BorderStyle="Solid"
 BorderWidth="1px" ForeColor="#333333" />
<HeaderStyle Font-Size="0.7em" ForeColor="#CCCCCC" HorizontalAlign="Center" />
<RestoreVerb Description="恢复 '{0}'" Text="恢复" />
        <MenuVerbStyle BackColor="#C00000" BorderColor="#990000" BorderStyle="Solid" BorderWidth
        ="1px" ForeColor="White" />
<PartStyle Font-Size="0.8em" ForeColor="#333333" />
<TitleBarVerbStyle BackColor="Gainsboro" BorderColor="Gray" Font-Size="0.6em" Font-Underline="False"Fore
Color="White" />
<MenuPopupStyle BackColor="#990000" BorderColor="WhiteSmoke" BorderWidth="1px" Font-Names="Verdana"
Font-Size="0.6em" />
<PartTitleStyle BackColor="#990000" Font-Bold="True" Font-Size="0.8em" ForeColor="White" />
</asp:WebPartZone>
......
                <asp:WebPartZone ID="WebPartZone2" runat="server" BorderColor="#CCCCCC" Font-Names="Verdana"
                Padding="6">
                <PartChromeStyle BackColor="#FFFBD6" BorderColor="#FFCC66" Font-Names="Verdana"
                ForeColor="#333333" />
                <MenuLabelHoverStyle ForeColor="#FFCC66" />
                <EmptyZoneTextStyle Font-Size="0.8em" />
                <MenuLabelStyle ForeColor="White" />
                <MenuVerbHoverStyle BackColor="#FFFBD6" BorderColor="#CCCCCC" BorderStyle="Solid"
                    BorderWidth="1px" ForeColor="#333333" />
                <HeaderStyle Font-Size="0.7em" ForeColor="#CCCCCC" HorizontalAlign="Center" />
                <ZoneTemplate>
                    <uc1:baidu ID="Baidu1" runat="server" title="Baidu Search"/>
                </ZoneTemplate>
                <MenuVerbStyle BorderColor="#990000" BorderStyle="Solid" BorderWidth="1px" ForeColor="White" />
    <PartStyle Font-Size="0.8em" ForeColor="#333333" />
                <TitleBarVerbStyle Font-Size="0.6em" Font-Underline="False" ForeColor="White" />
                <MenuPopupStyle BackColor="#990000" BorderColor="#CCCCCC" BorderWidth="1px" Font-Names="Verdana"
                    Font-Size="0.6em" />
                <PartTitleStyle BackColor="#990000" Font-Bold="True" Font-Size="0.8em" ForeColor="White" />
                <EditVerb Text="编辑" />
                <CloseVerb Description="关闭 '{0}'" Text="关闭" />
                <MinimizeVerb Description="最小化 '{0}'" Text="最小化" />
                <RestoreVerb Description="恢复 '{0}'" Text="恢复" />
            </asp:WebPartZone>
......
            <asp:WebPartZone ID="WebPartZone3" runat="server">
                <ZoneTemplate>
                    <uc2:provider ID="Provider1" runat="server" />
                </ZoneTemplate>
            </asp:WebPartZone>
             
        </td>
    </tr>
    <tr>
        <td colspan="2" style="height: 27px">
            <asp:WebPartZone ID="WebPartZone4" runat="server">
                <ZoneTemplate>
                    <uc3:Consumer ID="Consumer1" runat="server" />
                </ZoneTemplate>
            </asp:WebPartZone>
```

上述操作是基于 Visual Studio 2012 实现的,在设计界面插入需要的控件后的效果如图 14-11 所示。

程序执行后将会显示对应的界面效果,在此用户可以根据自己的需要来选择个性化样式效果,如图 14-12 所示。

在图 14-12 所示的界面中,用户可以设置需要的颜色、模式和高度。

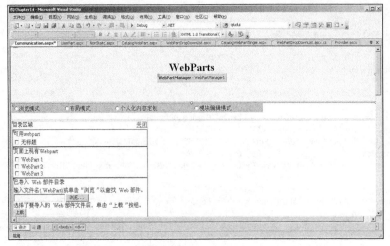

图 14-11　最终设计界面

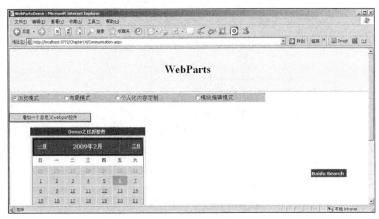

图 14-12　显示效果

14.4.4　管理 WebPart 页面

要实现对 WebPart 页面的管理功能，需要用到 CatalogZone、DeclarativeCatalogPart、PageCatalogPart、ImportCatalogPart 这 4 个控件。其中 CatalogZone 控件作为后 3 个控件的容器，其余 3 个控件的功能说明如下所示。

❑ DeclarativeCatalogPart 控件：用于以声明的方式向控件目录中添加 WebPart 控件。用户可以在声明性目录中选中该控件，将其添加到其他 WebPartZone 中。

❑ PageCatalogPart 控件：用于维护页面。被关闭的控件会被添加到页目录中，用户可以自由地选择使其回到其他 WebPartZone 中，但是被删除的控件则从页上永久删除，无法恢复。已关闭的控件具有以下属性：页上不可见，也不呈现；不参与页生命周期各阶段。

❑ ImportCatalogPart：用于向页面中导入扩展名为.WebPart 的文件。利用该控件可以将一些 WebPart 控件迅速添加到页面中。

在实际应用中，如果满足以下 3 个条件时，可以为一个 WebPart 控件导出说明文件。

❑ 该 WebPart 控件具有使用 Personalizable 属性（Attribute）标记的属性（Property）。

❑ Web.config 文件将<WebPart>配置节的 enabkeExport 属性值设置为 True。

❑ WebPart 控件的 ExportMode 属性值设置为默认值 None（该值禁止导出）以外的值。如果 ExportMode 属性值设置为 NonSensitiveData，则当用户导出说明文件时，任何敏感信息都不会被导出。

14.4.5　WebPart 页面间的通信

在一个页面中的 WebPart 控件之间是相互独立的，依赖与它们的通信机制，用户可以实现基于静态链接和动态链接的 WebPart 通信。在互相通信的 WebPart 控件之间，一方作为 Provider，另一方作为 Consumer，它们之间的数据交互由 WebPartManager 来管理。在同一个页面中，可以存在多对通信关系，同一个 Provider 可以与多个 Consumer 通信，但是一个 Consumer 只能从一个 Provider 获取数据。

实现 WebPart 页面间通信的操作方法如下。

（1）定义接口。

（2）实现接口成员。

（3）在 Provider 中实现[ConnectionProvider]方法。

（4）在 Consumer 中实现[ConnectionConsumer]方法。

（5）在 WebPartManager 中声明静态链接。

基于动态链接的 WebPart 通信不需要在 WebPartManager 中声明静态链接，并且添加了一个 ConnectionsZone。

14.4.6　自定义 WebPart

创建一个自定义的 WebPart 控件类似于创建自定义服务器控件，其构建的内容包括如下几个方面。

- □ 构造函数。创建的自定义的 WebPart 控件必须继承 WebPart 类，并且在自定义类的构造函数中需对 WebPart 的固有属性进行设置，如 Title、AllowColse 等。
- □ 行为属性。主要包括重写 AllowClose、AllowEdit、AllowConnect 等"Allow"类型行为属性。虽然可以在类构造函数中对这些"Allow"类型属性设置默认值，但是通过重写属性可以更好地保护行为属性不被修改。
- □ CreatChildControls、RenderControl 和 RendContents 方法。这 3 个方法继承 Control 类或者 WebControl 基类。通过重写这些方法，可以为自定义的 WebPart 控件添加子控件、字符串等内容，从而实现自定义 WebPart 控件的显示内容、外观和样式等。
- □ 自定义操作项。WebPart 类本身提供了很多操作项，如 Close、Edit、Delete 等。开发人员可以创建自定义的操作项来增加灵活性，其实现的核心是创建自定义的 WebPartVerb 对象。
- □ CreatEditorParts 方法。如果要在编辑区域中对自定义属性进行编辑，必须实现 CreatEditorParts 方法。
- □ 元数据属性。在自定义类中创建自定义属性的时候，可以在该属性前添加 [Personalizable(), WebBrowsable]。Personalizable 表示个性化属性能够持久保存；WebBrowsable 表示该属性能够在编辑模型下被用户修改。

自定义 WebPart 有两种方法：一种方法是写一个类继承 WebPart 类；另一种方法是自定义一个 userControl 实现 IWebPart 接口。两种方法的具体实现过程相差无几。在现实中常用的是第一种方法，此时使用者中不需要重载 IWebPart 接口的方法，因为 WebPart 本身已经继承了 IWebPart 接口。但是这种方法有一点不好，因为它是一个单独的类，所以不能向 userControl 那样把控件拖曳过来就可以使用，所有的图形都需要自己动态生成。例如下面的代码。

```
public class WelcomeLabel : WebPart
{
    private string _name = "World";
    [Personalizable]
    [WebBrowsable]
    public string Name
```

```
    {
        get { return _name; }
        set { _name = value; }
    }
    public WelcomeLabel()
    {
        this.Title = "Welcome";
    }
    protected override void RenderContents(HtmlTextWriter writer)
    {
        string encodeString = HttpUtility.HtmlEncode(string.Format("{0}!", _name));
        writer.Write(encodeString);
    }
}
```

实例 070	使用 CatalogZone 控件改变日历界面的效果
	源码路径　光盘\daima\14\WebSite1　　　　视频路径　光盘\视频\实例\第 14 章\070

本实例的实现文件是 CatalogWebPart.aspx，主要实现代码如下。

```
<script runat="server">
    protected void DropDownList1_SelectedIndexChanged(object sender,
EventArgs e)
    {
        switch (DropDownList1.SelectedValue)
        {
        case "Design":
            WebPartManager1.DisplayMode = WebPartManager.DesignDisplayMode;
            break;
        case "Browse":
            WebPartManager1.DisplayMode = WebPartManager.BrowseDisplayMode;
            break;
        case "Catalog":
            WebPartManager1.DisplayMode = WebPartManager.CatalogDisplayMode;
            break;
        case "Edit":
            WebPartManager1.DisplayMode = WebPartManager.EditDisplayMode;
            break;
        }
    }
</script>
......
    <asp:DropDownList ID="DropDownList1" runat="server" AutoPostBack="True" OnSelectedIndexChanged="Drop
DownList1_SelectedIndexChanged">
        <asp:ListItem>Design</asp:ListItem>
        <asp:ListItem>Browse</asp:ListItem>
        <asp:ListItem>Catalog</asp:ListItem>
        <asp:ListItem>Edit</asp:ListItem>
    </asp:DropDownList>
    <asp:WebPartManager
ID="WebPartManager1"
runat="server"
>
    </asp:WebPartManager>
    <div>
    <table style="width: 100%">
      <tr>
        <td style="width: 100px; height: 100px" valign="top" align="left">
          <asp:WebPartZone ID="WebPartZone1" Runat="server">
            <ZoneTemplate>
              <asp:Calendar Runat="server" ID="Calendar1"/>
            </ZoneTemplate>
          </asp:WebPartZone>
        </td>
        <td style="width: 100px; height: 100px" valign="top" align="left">
          <asp:WebPartZone ID="WebPartZone2" Runat="server">
          </asp:WebPartZone>
        </td>
        <td style="width: 100px; height: 100px" valign="top" align="left">
          <asp:CatalogZone ID="CatalogZone1" Runat="server">
            <ZoneTemplate>
              <asp:PageCatalogPart Runat="server" ID="PageCatalogPart1" />
            </ZoneTemplate>
          </asp:CatalogZone>
```

> 范例 139：通过下拉列表获取头像
> 源码路径：光盘\演练范例\139\
> 视频路径：光盘\演练范例\139\
> 范例 140：通过弹出窗口获取头像
> 源码路径：光盘\演练范例\140\
> 视频路径：光盘\演练范例\140\

上述代码执行后，所显示的界面效果与图 14-9 所示的界面效果类似，并且能够通过拖曳实现 WebPartZone 控件的布局。

14.5 技 术 解 惑

14.5.1 实际应用中使用 WebPart 控件的方式

在实际应用中，可以通过下列 3 种方式之一来使用 WebPart 控件。

❑ 创建使用 WebPart 控件的网页。

❑ 创建单个 WebPart 控件。

❑ 创建完整的、可个性化设置的 Web 应用程序，例如门户网站。

1．页面开发

Web 页面开发人员可以使用可视化设计工具（如 Visual Studio 2012）创建使用 WebPart 控件的网页。使用 Visual Studio 之类工具的一个好处就是：在可视化设计器中，WebPart 控件集可提供拖放式创建及配置 WebPart 控件的功能。例如，可以使用该设计器将一个 WebPart 区域或一个 WebPart 编辑器控件拖曳到设计界面上，然后使用 WebPart 控件集所提供的用户界面将该控件配置在设计器中的正确位置。这可以加快 WebPart 应用程序的开发速度并减少必须编写的代码量。

2．控件开发

可以将现有的任意 ASP.NET 控件用作 WebPart 控件，包括标准的 Web 服务器控件、自定义服务器控件和用户控件。若要通过编程最大限度地控制环境，还可以创建从 WebPart 类派生的自定义 WebPart 控件。在开发单个 WebPart 控件时，通常会创建一个用户控件并将其用作 WebPart 控件，或者开发一个自定义 WebPart 控件。

作为一个开发自定义 WebPart 控件的示例，可以创建一个控件以提供其他 ASP.NET 服务器控件所提供的任何功能，这可能对打包为可个性化设置的 WebPart 控件十分有用，这样的控件包括：日历、列表、财务信息、新闻、计算器、用于更新内容的多格式文本控件、链接到数据库的可编辑网格、动态更新显示的图表或天气和旅行信息。如果对控件提供了可视化设计器，则无论使用 Visual Studio 的任何页面，开发人员都只需将控件拖至 WebPart 区域并在设计时对该控件进行配置即可，而无需另外编写代码。

3．Web 应用程序开发

开发完全集成和可个性化设置的 Web 应用程序（如门户网站）涉及最全面地使用 WebPart。可以开发一个允许用户对用户界面和内容进行大量个性化设置的网站，其功能类似于 MSN。或者，甚至可以开发一个可由提供门户加载服务的公司或收费 ISP 提供和使用的打包应用程序。

在 Web 应用程序方案中，可以为最终用户提供一个完整的解决方案来管理和个性化设置应用程序。这可能包括：一组提供站点所需功能的 WebPart 控件，一组使最终用户可以一致地对用户界面进行个性化设置的一致主题和样式，WebPart 控件目录（用户可以从中选择要显示在页上的控件），身份验证服务以及基于角色的管理（例如，允许管理员用户为所有用户对 WebPart 控件和站点设置进行个性化设置）。

对于应用程序的各部分，可以根据需要扩展 WebPart 控件，以便对环境提供更好的控制。例如，除了为页面的主要用户界面创作自定义 WebPart 控件之外，还可能需要开发一个与应用程序的外观一致的自定义 WebPart 目录，并使用户可以更灵活地选择向页面添加控件的方式。也可以扩展区域控件，以便为它包含的 WebPart 控件提供其他用户界面选项。此外，还可以编写自定义个性化设置提供程序，以对存储和管理个性化设置数据的方式提供更大的灵活性和更多的控制。

14.5.2 WebPart 的定制功能推动了 ASP.NET 的发展

Visual Basic 和 ASP.NET 等编程工具之所以越来越流行，其主要原因是使用可视化方式描述对象更贴近自然，也因此进一步提高了软件的生产效率。另一方面，通过这种方式，开发人员能够以其自己特有的方式（如以.dll、.ascx 等文件形式）来创建和发布控件，从而极大地方便了广大软件开发者。

借助于组件(非可视化对象)和控件(可视化对象)，开发人员可以重用这些软件元件所具有的功能，并最终创建出更高效的应用程序。

随着 Web 应用程序用户对 Web 的理解越来越深入，他们的用户体验期望经历了巨大的变化。特别是最近发展起来的 Ajax 现象又进一步加快了 Web 应用程序的这种动力和交互性，而终端用户开始能够尝试到这种体验，其至能够根据自己的要求"裁剪"这种体验。

14.5.3 ASP.NET 中 3 种 WebPart 部署方式

在现实开发应用中，ASP.NET 实现 WebPart 部署的常见方式如下。

（1）使用 ASP.NET 4.5 的 WebPart 部署方式，在声明 SafeContorl 后上载到 Sharepoint 的 WebPart gallery 中。有关这种方式的具体操作步骤，请读者参考 MSDN 中的 "Walkthrough: Creating a Basic WebPart" 内容。

（2）使用 SharePoint 的 WebPart，然后确保安装了 VS Extensions for SharePoint 插件。会有一个名为 "WebPart" 的项目类型。此时可以自定义编写一个 WebPart，然后按下 F5 键后就会把 WebPart 部署到我们的 SharePoint 的站点中，这其实也是部署了一个 Feature。

（3）使用 Feature 部署 DelegateContorl 的方式，部署一个 ".ascx" 文件到站点集的 Feature（角色）中，这种方式比较加单。

以上 3 种方式各有优缺点，其中前两种方式采用纯粹的 WebPart 的形式，特别是拥有丰富的用户界面的站点会变得十分繁琐。第三种方式虽然十分简单，但是没有 Code-behind，不适合于对安全性要求高的企业级开发。

第 15 章

使用缓存

和 ASP.NET 中的其他特性相比,缓存对应用程序的性能具有很大的潜在影响。利用缓存和其他机制,ASP.NET 开发人员可以使用资源开销很大的控件(如 DataGrid)构建站点,而不必担心性能会受到太大的影响。为了在应用程序中最大程度地利用缓存,应该考虑在所有程序级别上都实现缓存的方法。通过缓存可以把一些在相对一段时间内不发生改变的数据存储在缓存中,这样就不必每次都去读取数据库,当下次再需要这些数据时,可以直接从缓存中获取,从而提高了 Web 系统的性能。

本章内容	技术解惑
缓存概述	总结缓存的缺点和优点
整页输出缓存	如何从 ASP.NET 缓存中移除项
页面部分缓存	系统缓存的好处
应用程序数据缓存	服务器端缓存的两种类型
	提升 ASP.NET 应用程序的性能

15.1 缓 存 概 述

知识点讲解：光盘:视频\PPT 讲解（知识点）\第 15 章\缓存概述.mp4

在 Web 领域中，缓存的利用是不可或缺的。数据库查询可能是整个 Web 站点中调用最频繁，而执行速度最缓慢的操作之一。缓存机制正是解决这一缺陷的加速器。

15.1.1 ASP.NET 缓存介绍

作为.Net 框架下开发 Web 应用程序的主打产品，ASP.NET 充分考虑了缓存机制。通过某种方法，将系统需要的数据对象、Web 页面存储在内存中，使得 Web 站点在需要获取这些数据时，不需要经过繁琐的数据库连接、查询和复杂的逻辑运算，就可以"触手可及"，如"探囊取物"般容易而快速，从而提高整个 Web 系统的性能。

在 ASP.NET 2.0 之前的版本中，提供了两种基本的缓存机制。一种是应用程序缓存，它允许开发者将程序生成的数据或报表业务对象存入缓存中。另一种是页面输出缓存，利用它可以直接获取存储在缓存中的页面，而不需要经过对该页面的再次处理。

应用程序缓存其实现原理说来平淡无奇，仅仅是通过 ASP.NET 管理内存中的缓存空间。放入缓存中的应用程序数据对象，以键/值对的方式存储，这便于用户在访问缓存中的数据项时，可以根据 key 值判断该项是否存在缓存中。

存储在缓存中的数据对象，其生命周期是受到限制的，即使在整个应用程序的生命周期里，也不能保证该数据对象一直有效。ASP.NET 可以对应用程序缓存进行管理，例如，当数据项无效、过期或内存不足时移除它们。此外，调用者还可以通过 CacheItemRemovedCallback 委托定义回调方法，使得数据项被移除时能够通知用户。

15.1.2 ASP.NET 中的几种缓存

1. 3 种缓存形式

ASP.NET 提供了 3 种主要形式的缓存：整页输出缓存、页面部分缓存（或称为片段缓存）和应用程序缓存（API 缓存）。其中输出缓存和片段缓存的优点是非常易于实现，在大多数情况下，使用这 3 种缓存就足够了。而 API 缓存则提供了额外的灵活性（实际上是相当大的灵活性），可在应用程序的每一层利用缓存。

❑ 整页输出缓存

页面输出缓存是最为简单的缓存机制，该机制将全部 ASP.NET 页面内容保存在服务器内存中。当用户请求该页面时，系统从内存中输出相关数据，直到缓存数据过期。在这个过程中，缓存内容直接发送给用户，而不必再次经过页面处理生命周期。通常情况下，页面输出缓存对于那些包含不需要经常修改内容，但需要大量处理才能编译完成的页面特别有用。需要读者注意的是，页面输出缓存是将页面全部内容都保存在内存中，并用于完成客户端请求。

❑ 页面部分缓存

顾名思义，页面部分缓存是将页面部分内容保存在内存中，以便响应用户请求，而页面其他部分内容则为动态内容。页面部分缓存的实现有两种方式：控件缓存和缓存后替换。前者也称为片段缓存，这种方式允许将需要缓存的信息包含在一个用户控件内，然后将该用户控件标记为可缓存，以此来缓存页面输出的部分内容。这一方式缓存了页面中的特定内容，而没有缓存整个页面，因此，每次都需重新创建整个页。例如，如果要创建一个显示大量动态内容（如股票信息）的页面，其中有些部分为静态内容（如每周总结），这时可以将静态部分放在用户控件中，并允许缓存这些内容。缓存后替换与控件缓存正好相反。这种方式缓存整个页，但页中的各段都是动态的。例如，如果要创建一个在规定时间段内为静态的页，则可以将整个页设置为静态缓存。如果向页添加一个显示用户名的 Label 控件，则对于每次页刷新和每个用户而言，Label 的内容都将保持不变，始终显示缓存该页之前请求该页的用户的姓名。使用缓存后替换机制，可以将页配置为静态缓存，将页的个别部分标记为不可缓存。在此情况下，可以向不可缓存部分添加 Label 控件，这样将为每个用户和每次页请求动态创建这些控件。

❑ 应用程序缓存

应用程序缓存提供了一种编程方式，可通过键/值对将任意数据存储在内存中。使用应用程序数据缓存与使用应用程序状态类似。但是，与应用程序状态不同的是，应用程序数据缓存中的数据是易失的，即数据并不是在整个应用程序生命周期中都存储在内存中。应用程序数据缓存的优点是由 ASP.NET 管理缓存，它会在项过期、无效或内存不足时移除缓存中的项，还可以配置应用程序缓存，以便在移除项时通知应用程序。

2. 缓存依赖

ASP.NET 新增了 SQL 数据缓存依赖功能。该功能的核心是 SqlCacheDependency 类。不同版本的 SQL Server，其对于 SQL 数据缓存依赖具有不同程度的支持，因此，使用方法差异较大。另外，ASP.NET 4.5 还支持以 CacheDependency 类为核心的自定义缓存依赖，以及以 AggregateCacheDependency 类为核心的聚合缓存依赖等。

15.2   整页输出缓存

知识点讲解：光盘:视频\PPT 讲解（知识点）\第 15 章\整页输出缓存.mp4

设置页面输出缓存可以使用以下 2 种方式。

❑ 使用@ OutputCache 指令。

❑ 使用 API 缓存。

其中，@ OutputCache 指令在 ASP.NET 1.x 中出现过，并在 ASP.NET 2.0 中得到了继承和增强。API 缓存主要是指 HttpCachePolicy 类。

15.2.1   使用@OutputCache 指令

使用@ OutputCache 指令，能够实现对页面输出缓存的一般性需要。@ OutputCache 指令在 ASP.NET 页或者页中包含的用户控件的头部声明。这种方式非常方便，只需设置几个简单的属性，就能实现页面的输出缓存策略。@ OutputCache 指令的声明格式如下。

```
<%@ OutputCache CacheProfile=" " NoStore="True | False"
Duration="#ofseconds" Shared="True | False" Location="Any | Client | Downstream | Server | None | ServerandClient "
SqlDependency="database/table name pair | CommandNotification "
VaryByControl="controlname" VaryByCustom="browser | customstring"
VaryByHeader="headers" VaryByParam="parametername"
%>
```

在上述@ OutputCache 指令中，包含了 10 个属性，通过这些属性对缓存的时间、缓存项的位置、SQL 数据缓存依赖等各方面进行了设置。这些属性的具体说明如下。

❑ CacheProfile：用于定义与该页关联的缓存设置的名称。是可选属性，默认值为空字符("")。需要注意的是，包含在用户控件中的@ OutputCache 指令不支持此属性。在页面中指定此属性时，属性值必须与 Web.config 文件<outputCacheSettings>配置节下的 outputCacheProfiles 元素中的一个可用项的名称匹配。如果此名称与配置文件项不匹配，将引发异常。

❑ NoStore：此属性定义一个布尔值，用于决定是否阻止敏感信息的二级存储。需要注意的是，包含在用户控件中的@ OutputCache 指令不支持此属性。将此属性设置为 True，等效于在请求期间执行代码"Response.Cache.SetNoStore();"。

- ❑ Duration：用于设置页面或者用户控件缓存的时间。单位是秒。通过设置该属性，可以为来自对象的 HTTP 响应建立一个过期策略，并将自动缓存页或用户控件输出。需要注意的是，Duration 属性是必需的，否则会引起分析器错误。

- ❑ Shared：该属性定义一个布尔值，用于确定用户控件输出是否可以由多个页共享。默认值为 False。注意：包含在 ASP.NET 页中的@ OutputCache 指令不支持此属性。

- ❑ Location：用于指定输出缓存项的位置。其属性值是 OutputCacheLocation 枚举值，它们是 Any、Client、Downstream、None、Server 和 ServerAndClient。默认值是 Any，表示输出缓存可用于所有请求，包括客户端浏览器、代理服务器或处理请求的服务器。需要注意的是，包含在用户控件中的@ OutputCache 指令不支持此属性。

- ❑ SqlDependency：该属性标识一组数据库/表名称对的字符串值，页或控件的输出缓存依赖于这些名称对。注意：SqlCacheDependency 类监视输出缓存所依赖的数据库中的表，因此，当更新表中的项时，使用基于表的轮询操作可以从缓存中移除这些项。当通知（在 SQL Server 2005 中）与 CommandNotification 值一起使用时，最终将使用 SqlDependency 类向 SQL Server 2005 服务器注册查询通知。另外，SqlDependency 属性的 CommandNotification 值仅在 ASP.NET 页中有效。控件只能将基于表的轮询用于@ OutputCache 指令。

- ❑ VaryByControl：该属性使用一个分号分隔的字符串列表来更改用户控件的输出缓存。这些字符串代表在用户控件中声明的 ASP.NET 服务器控件的 ID 属性值。除非已经包含了 VaryByParam 属性，否则在@ OutputCache 指令中，该属性是必需的。

- ❑ VaryByCustom：用于自定义输出缓存要求的任意文本。如果赋予该属性的值是 browser，缓存将随浏览器名称和主要版本信息的不同而异。如果输入了自定义字符串，则必须在应用程序的 Global.asax 文件中重写 HttpApplication.GetVaryByCustom String 方法。

- ❑ VaryByHeader：该属性中包含由分号分隔的 HTTP 标头列表，用于使输出缓存发生变化。当将该属性设为多标头时，对于每个指定的标头，输出缓存都包含一个请求文档的不同版本。VaryByHeader 属性在所有 HTTP 1.1 缓存中启用缓存项，而不仅限于 ASP.NET 缓存。用户控件中的@ OutputCache 指令不支持此属性。

- ❑ VaryByParam：此属性定义了一个分号分隔的字符串列表，用于使输出缓存发生变化。默认情况下，这些字符串与用 GET 方法发送的查询字符串值对应，或与用 POST 方法发送的参数对应。当将该属性设置为多参数时，对于每个指定的参数，输出缓存都包含一个请求文档的不同版本。可能的值包括"none""*"和任何有效的查询字符串或 POST 参数名称。值得注意的是，在输出缓存 ASP.NET 页时，该属性是必需的。它对于用户控件也是必需的，除非已经在用户控件的@ OutputCache 指令中包含了 VaryByControl 属性。如果没有包含，则会发生分析器错误。如果不需要使缓存内容随任何指定参数发生变化，则可将该属性设为"none"；如果要使输出缓存根据所有参数值发生变化，则将该属性设置为"*"。

实例 071	定义一个缓存页显示当前的时间	
源码路径　光盘\daima\15\Web\		视频路径　光盘\视频\实例\第 15 章\071

本实例的实现文件是 OutputCache.aspx，其主要代码如下。

```
<%@ Page Language="C#" %>
<%@ OutputCache Duration="60" VaryByParam="none" %>
<script runat="server">
    protected void Page_Load(object sender, EventArgs e)
    {
        TimeMsg.Text = DateTime.Now.ToString();
```

第 15 章
使用缓存

```
        }
    </script>
    <html>
    <body>
        <h3>
            <font face="Verdana">使用缓存</font>
        </h3>
        <p>
            <i>发生时间:</i>
            <asp:Label ID="TimeMsg" runat="server" />
        </p>
    </body>
    </html>
```

┌─────────────────────────────────────┐
│ 范例 141：通过鼠标滑轮控制图片大小 │
│ 源码路径：光盘\演练范例\141   │
│ 视频路径：光盘\演练范例\141   │
│ 范例 142：显示随机图像   │
│ 源码路径：光盘\演练范例\142   │
│ 视频路径：光盘\演练范例\142   │
└─────────────────────────────────────┘

在上述代码中，通过<%@ OutputCache Duration="60" VaryByParam="none" %>定义页面 OutputCache.aspx 被缓存处理，并设置了缓存时间为 60 秒；通过定义 VaryByParam 属性，设置不会因为 Request 接收的返回参数而改变。代码执行后，TimeMsg 标签将显示当前的系统时间，如图 15-1 所示。因为使用了缓存机制，所以在 60 秒内刷新此页面后，都会显示这个时间，如图 15-2 所示。

图 15-1　初始时间

图 15-2　60 秒内刷新时间

在上述实例中，使用@OutputCache 指令设置了当前页面的缓存处理机制。其实除了上述处理机制外，还有另外 2 种缓存处理方法。

❑　硬盘 Output Cache

在一般情况下，Output Cache 会被缓存到硬盘上。可以通过修改 diskcacheenable 的属性来设置其是否缓存，还可以通过在 web config 里配置缓存文件的大小。以上述实例代码为例，具体配置方法如下。

（1）配置 web config 文件代码，设置其缓存代码如下。

```
<caching>
    <outputCache>
    <diskCache enabled="true" maxSizePerApp="2" />
        </outputCache>
</caching>
```

（2）设置显示文件代码，在此需要修改文件头，具体代码如下。

```
<%@ OutputCache Duration="3600" VaryByParam="name" DiskCacheable="true" %>
```

❑　参数缓存

有些时候需要根据用户的请求生成页面，但是用户的请求只有有限的几种组合，此时就可以根据用户请求生成几种缓存页面来进行缓存。此时页面头代码如下。

```
<%@ Output Cache Duration="60" VaryByParam="state"%>
```

15.2.2　使用 API 缓存

使用@ OutputCache 指令可以对输出缓存的各项进行设置，此方法简单易行，深得开发人员青睐。并且还继承和扩展了一种使用输出缓存 API 实现页面输出缓存的方法。该方法的核心是调用 System.Web.HttpCachePolicy 类。该类主要包含用于设置缓存特定的 HTTP 标头的方法和用于控制 ASP.NET 页面输出缓存的方法。.NET Framework 中的 HttpCachePolicy 类得到了扩充和发展，主要是增加了一些重要方法，例如，SetOmitVarStar 方法等。HttpCachePolicy 类的方法众多，下面仅简要介绍一些常用方法。

❑ SetExpires 方法

该方法用于设置缓存过期的绝对时间。它的参数是一个 DataTime 类的实例，表示过期的绝对时间。

❑ SetLastModified 方法

该方法用于设置页面的 Last-Modified HTTP 标头。Last-Modified HTTP 标头表示页面上次修改时间，缓存将依靠它来进行计时。如果违反了缓存限制层次结构，此方法将失败。该方法的参数是一个 DataTime 类的实例。

❑ SetSlidingExpiration 方法

该方法将缓存过期从绝对时间设置为可调时间。其参数是一个布尔值。当参数为 True 时，Cache-Control HTTP 标头将随每个响应而更新。此过期模式与相对于当前时间将过期标头添加到所有输出集的 IIS 配置选项相同。当参数为 False 时，将保留该设置，并且任何启用可调整过期的尝试都将静态失败。此方法不直接映射到 HTTP 标头，它由后续模块或辅助请求来设置源服务器缓存策略。

❑ SetOmitVaryStar 方法

该方法用于指定在按参数进行区分时，响应是否应该包含 vary:*标头。此方法的参数是一个布尔值，若要指示 HttpCachePolicy 不对其 VaryByHeaders 属性使用*值，则为 True；否则为 False。

❑ SetCacheability 方法

该方法用于设置页面的 Cache-Control HTTP 标头。该标头用于控制在网络上缓存文档的方式。该方法有两种重载方式。一种重载方式的参数是 HttpCacheability 枚举值，包括 NoCache、Private、Public、Server、ServerAndNoCache 和 ServerAndPrivate（有关这些枚举值的定义，可参考 MSDN）。另一种重载方式的参数有两个：一个是 HttpCacheability 枚举值；另一个是字符串，表示添加到标头的缓存控制扩展。需要注意的是，仅当与 Private 或 NoCache 指令一起使用时，字段扩展名才有效。如果组合不兼容指令和扩展，则此方法将引发无效参数异常。

例如下面的代码。

```
Response.Cache.SetExpires(DateTime.Now.AddSeconds(60));
Response.Cache.SetExpires(DateTime.Parse("6:00:00PM"));
```

在上述代码中，Response 类的 Cache 属性用于获取页面缓存策略。该属性的数据类型是 HttpCachePolicy。可通过调用 Response.Cache 来获取 HttpCachePolicy 实例，进而实现对当前页面输出缓存的设置。如上代码所示，第一行代码表示输出缓存时间是 60 秒，并且页面不随任何 GET 或 POST 参数而改变，等同于 "<%@ OutputCache Duration="60" VaryByParam="none" %>"。第二行代码设置缓存过期的绝对时间是当日下午 6 时整。

再看下面的代码。

```
<%@ Page Language="C#" %>
<script runat="server">
    protected void Page_Load(object sender, EventArgs e)
    {
    Response.Cache.SetExpires(DateTime.Now.AddSeconds(60));
    Response.Cache.SetCacheablity(HttpCacheablity.Publish);
    TimeMsg.Text = DateTime.Now.ToString();
    }
</script>
<html>
<body>
    <h3>
        <font face="Verdana">
        Using the API Output Cache
    </font>
    </h3>
    <p>
        <i>最后发生于:</i>
        <asp:Label ID="TimeMsg" runat="server" />
```

```
    </p>
</body>
</html>
```

在上述代码中，通过代码。

```
Response.Cache.SetExpires(DateTime.Now.AddSeconds(60));
Response.Cache.SetCacheablity(HttpCacheablity.Publish);
```

实现了和如下代码一样的缓存功能。

```
<%@ OutputCache Duration="60" VaryByParam="none" %>
```

15.2.3　页面输出缓存应用

经过前面 2 节的学习，我们对使用@ OutputCache 指令和 API 缓存设置页面输出缓存功能的方法有了大致了解。实际上这两种方法各有优点，使用@ OutputCache 指令方法比较简洁，但灵活性较差。使用 API 方法，能够在运行时动态地修改缓存配置，处理更多的复杂需求。本节将利用这两种方法，共同实现一个简单的页面输出缓存应用的示例，介绍页面输出缓存的基本实现方法。

实例 072	用@ OutputCache 和 API 输出页面缓存	
源码路径　光盘\daima\15\Web		视频路径　光盘\视频\实例\第 15 章\072

本实例的实现文件是 huancun.aspx，具体实现代码如下。

```
<%@ Page Language="C#" %>
<%@ OutputCache Duration="60" VaryByParam="state" %>
<script runat="server">
    protected void Page_Load(object sender, EventArgs e)
    {
        Response.Cache.SetCacheability(HttpCacheability.Server);
        string temp_state = Request.QueryString["state"];
        if (temp_state == null)
        {
            Response.Cache.SetNoServerCaching();
            TimeMsg.Text = "停止缓存的时间：" + DateTime.Now.ToString();
        }
        else
        {
            TimeMsg.Text = "开始缓存的时间：" + DateTime.Now.ToString();
        }
    }
</script>
<html>
<body>
    <h3>
        <font face="Verdana">使用缓存</font>
    </h3>
    <p>
        <asp:Label ID="TimeMsg" runat="server" />
    </p>
    <a href="?state=CA">缓存时间</a><br />
</body>
</html>
```

> 范例 143：获取图像的实际尺寸
> 源码路径：光盘\演练范例\143
> 视频路径：光盘\演练范例\143
> 范例 144：页面插入 Flash 动画
> 源码路径：光盘\演练范例\144
> 视频路径：光盘\演练范例\144

上述代码执行后，初始显示的是停止执行缓存的时间，如图 15-3 所示；当用户刷新页面时，时间值将随时变化，以便显示当前的最新时间，如图 15-4 所示；单击"缓存时间"超链接后，页面显示的时间被缓存，数据过期时间为 60 秒。

图 15-3　显示效果

图 15-4　显示最新时间

15.3 页面部分缓存

知识点讲解：光盘:视频\PPT 讲解（知识点）\第 15 章\页面部分缓存.mp4

除了整页输出缓存外，ASP.NET 还提供了页面部分缓存功能。页面部分缓存是指输出缓存页面的某些部分，而不是缓存整个页面内容。实现页面部分缓存有两种机制：一种是将页面中需要缓存的部分置于用户控件（.ascx 文件）中，并且为用户控件设置缓存功能（包含用户控件的 ASP.NET 页面可设置缓存，也可不设置缓存）。这就是通常所说的"控件缓存"。设置控件缓存的实质是对用户控件进行缓存配置。主要包括以下 3 种方法：一是使用@ OutputCache 指令以声明方式为用户控件设置缓存功能；二是在代码隐藏文件中使用 PartialCachingAttribute 类设置用户控件缓存；三是使用 ControlCachePolicy 类以编程方式指定用户控件缓存设置。另外，还有一种称为"缓存后替换"的方法。该方法与控件缓存正好相反，将页面中的某一部分设置为不缓存。因此，尽管缓存了整个页面，但是当再次请求该页时，将重新处理那些没有设置为缓存的内容。

15.3.1 使用@ OutputCache 指令

控件缓存与整页输出缓存的@ OutputCache 指令既有相似之处，又有不同之处。二者的共同点在于它们的设置方法基本相同，都是文件顶部设置包含属性的@ OutputCache 指令字符串。不同之处在以下两个方面：一是控件缓存的@ OutputCache 指令设置在用户控件文件中，而整页输出缓存的@ OutputCache 设置在普通 ASP.NET 文件中。二是控件缓存的@ Output Cache 指令只能设置 6 个属性，即 Duration、Shared、SqlDependency、VaryByControl、VaryByCustom 和 VaryByParam。而整页输出缓存的@ OutputCache 指令字符串中设置的属性多达 10 个。

例如下面的代码。

```
<%@ OutputCache Duration="100" VaryByParam="CategoryID;SelectedID"%>
```

在上述代码中，设置了用户控件缓存的有效期时间是 100 秒，并且允许使用 CategoryID 和 SelectedID 参数来改变缓存。通过 VaryByParam 属性设置在服务器缓存中可能存储多个用户控件的实例。例如，对于一个包含用户控件的页面，可能存在如下的 URL 链接。

```
http://localhost/page.aspx?categoryid=foo&selectedid=1
http://localhost/page.aspx?categoryid=foo&selectedid=2
```

当请求如上 URL 地址的页面时，由于控件中@ OutputCache 指令的设置，尤其是属性 VaryByParam 的设置，那么在服务器缓存中就会存储两个版本的用户控件缓存实例。

控件缓存设置除了支持以上所述的 VaryByParam 属性外，还支持 VaryByControl 属性。VaryByParam 属性基于使用 POST 或者 GET 方式发送的名称/值对来改变缓存，而 VaryByControl 属性通过用户控件文件中包含的服务器控件来改变缓存。例如，在下面的代码中，使用了 VaryByControl 属性。

```
<%@ OutputCache Duration="100" VaryByParam="none" VaryByControl="Category" %>
```

在上述代码中，设置缓存有效期为 100 秒，并且页面不随任何 GET 或 POST 参数改变（即使不使用 VaryByParam 属性，但是仍然需要在@ OutputControl 指令中显式声明该属性）。如果用户控件中包含 ID 属性为"Category"的服务器控件（例如下拉列表框控件），则缓存将根据该控件的变化来存储用户控件数据。

15.3.2 使用 PartialCachingAttribute 类

除了使用@ OutputCache 指令外，还可以使用 PartialCachingAttribute 类在用户控件的代码隐藏文件中设置有关控件缓存的配置内容。此时需要读者掌握 PartialCachingAttribute 类的 6 个常用属性和 4 种类构造函数。其中，6 个常用属性分别是 Duration、Shared、SqlDependency、

VaryByControl、VaryByCustom 和 VaryByParam。上述属性和控件缓存@ OutputCache 指令设置的 6 个属性完全相同，只是所使用的方式略有不同，在此不对这 6 个属性重复介绍。

PartialCachingAttribute 类中 4 种构造函数的具体说明如下。

❑ 第一种构造函数

第一种构造函数的语法格式如下。

[PartialCaching(int duration)]

这是最为常用的一种语法格式。其参数 duration 为整数类型，用于设置用户控件缓存有效期时间值。该参数与@ OutputCache 指令中的 Duration 属性对应。

❑ 第二种构造函数

第二种构造函数的语法格式如下。

[PartialCaching(int duration, string varyByParams, string varyByControls, string varyByCustom)]

上述格式设置的内容较多，其中参数 duration 的含义与第一种构造函数中的相同。参数 varyByParams 是一个由分号分隔的字符串列表，用于使输出缓存发生变化。该参数与@ OutputCache 指令中的 VaryByParam 属性对应。参数 varyByControls 是一个由分号分隔的字符串列表，用于使输出缓存发生变化，其与@ OutputCache 指令中的 VaryByControl 属性对应。参数 varyByCustom 用于设置任何表示自定义输出缓存要求的文本，其与@ OutputCache 指令中的 VaryByCustom 属性对应。

❑ 第三种构造函数

第三种构造函数的语法格式如下。

[PartialCaching(int duration, string varyByParams, string varyByControls, string varyByCustom, bool shared)]

在上述种格式中，参数 duration、varyByParams、varyByControls、varyByCustom 含义与第二种构造函数中相应的参数说明相同。只有参数 shared 是新添加的。参数 shared 的值是一个布尔值，用于确定用户控件输出缓存是否可以由多个页面共享。默认值为 False。当该参数设置为 True 时，表示用户控件输出缓存可以被多个页面共享，可以潜在节省大量内存。

❑ 第四种构造函数

第四种构造函数的语法格式如下。

[PartialCaching(int duration, string varyByParams, string varyByControls, string varyByCustom, string sqlDependency, bool shared)]

在上述格式中，添加了一个新参数 sqlDependency，用于设置用户控件缓存入口所使用 SQL Server 缓存依赖功能的数据库及表名。如果包含多个数据库及表名，则需使用分号（;）分隔。当该属性值发生变化时，缓存入口将过期。另外，数据库名必须与 web.config 文件中的 <sqlcachedependency>配置节中的内容匹配。

15.3.3 使用 ControlCachePolicy 类

ControlCachePolicy 类是从.NET Framework 2.0 中开始出现的类，主要用于提供对用户控件的输出缓存设置的编程访问。ControlCachePolicy 类与前文介绍的 HttpCachePolicy 类有些类似，唯一的区别是二者所访问的对象不同。其中，HttpCachePolicy 类用于访问页面输出缓存，而 ControlCachePolicy 类用于访问用户缓存。

在使用 ControlCachePolicy 类时，需要注意如下 2 点。

（1）如果要创建正确有效的 ControlCachePolicy 类实例，以便设置控件缓存，则必须访问 PartialCachingControl 类的 BasePartialCachingControl.CachePolicy 属性（BasePartialCachingControl 是 PartialCachingControl 类的基类）。

在上述过程中，需要调用 LoadControl 方法，实现动态加载用户控件，这样才能获得为 PartialCachingControl 类包装的用户控件实例，进而利用其 CachePolicy 属性获取 ControlCache

Policy 实例。如果直接访问用户控件的 UserControl.CachePolicy 属性，则只能在该用户控件已由 BasePartialCachingControl 控件包装的情况下，才能获取有效的 ControlCachePolicy 实例。如果用户控件未进行包装，那么尝试通过 CachePolicy 属性获取 ControlCachePolicy 实例将引发异常，因为它不具有关联的 BasePartialCachingControl 控件。若要确定用户控件实例是否支持缓存（而不生成异常），可检查 SupportsCaching 属性。

（2）ControlCachePolicy 实例仅在控件生命周期的 Init 和 PreRender 阶段之间才能成功操作。如果在 PreRender 阶段后修改 ControlCachePolicy 对象，则 ASP.NET 会引发异常，因为呈现控件后所进行的任何更改，都无法影响缓存设置（控件在 Render 阶段缓存）。上述内容说明最好在 Page_Init 事件处理程序中，创建并操作 ControlCachePolicy 实例。

ControlCachePolicy 类中包括 6 个常用属性和 3 个常用方法，其中 6 个常用属性的具体说明如下。

❑ Cached 属性

该属性用于获取或者设置一个布尔值，表示是否在用户控件中启用控件缓存功能。该属性值如果为 True，表示启用控件缓存功能；否则为 False。

❑ Dependency 属性

该属性用于获取或者设置一个 CacheDependency 实例对象，该对象与用户控件的输出缓存关联。默认值为 Null。当 CacheDependency 实例对象失效时，用户控件的输出缓存将从缓存中移除。

❑ Duration 属性

该属性用于获取或者设置一个 TimeSpan 结构，表示用户控件输出缓存的有效时间。默认值为 Zero。

❑ SupportsCaching 属性

该属性用于获取一个布尔值，表示用户控件是否支持缓存功能。该属性值如果为 True，表示该用户控件支持缓存；否则为 False。

❑ VaryByControl 属性

该属性用于获取或者设置一个由分号分隔的字符串列表,在用户控件声明的服务器控件中,在 ID 属性值中包含这些字符串在用户控件中声明的服务器控件 ID 属性值。可根据该属性值，使输出缓存发生变化。

❑ VaryByParams 属性

该属性用于获取或者设置一个由分号分隔的字符串列表。默认情况下，这些字符串与用 GET 方法发送的查询字符串值对应，或与用 POST 方法发送的参数对应。用户控件可根据该属性值，使输出缓存发生变化。

3 个常用方法的具体说明如下。

❑ public void SetExpires(DateTime expirationTime)

该方法用于设置用户控件输出缓存入口在特定的时间内过期。可使用 SetExpires 和参数设置为 True 的 SetSlidingExpiration 方法指示用户控件输出缓存使用可调过期策略。如果 SetSliding Expiration 方法的参数设置为 False，则用户控件输出缓存使用绝对过期策略。

❑ public void SetSlidingExpiration(bool useSlidingExpiration)

该方法用于设置用户控件缓存入口使用 Sliding 过期策略，或者 Absolute 过期策略。如果参数 useSlidingExpiration 设置为 True，则用户控件输出缓存使用 Sliding 过期策略；否则使用 Absolute 过期策略。

❑ public void SetVaryByCustom(string varyByCustom)

该方法用于自定义用户控件输出缓存使用的任意文本。如果该属性值是 browser，则用户控件输出缓存将随浏览器名称和主要版本信息的不同而不同。如果输入了自定义字符串，则必须在 Global.asax 文件中重写 HttpApplication.GetVaryByCustomString 方法。

15.3.4　缓存后替换

ASP.NET 页面中既包含静态内容，又包含基于数据库中数据的动态内容。静态内容通常不会发生变化。所以说，对静态内容实现数据缓存是非常必要的。然而对于那些基于数据库中数据的动态内容，则是不同的。数据库中的数据可能每时每刻都发生变化，因此，如果对动态内容实现缓存，可能造成数据不能及时更新。解决此问题如果使用前文所述的控件缓存方法显然不切实际，而且实现起来很繁琐，易于发生错误。

解决上述问题的本质是如何能够实现缓存页面的大部分内容，而不缓存页面中的某些片段。ASP.NET 中提供了缓存后替换功能。实现该项功能可通过以下 3 种方法。

- ❑ 以声明方式使用 Substitution 控件。
- ❑ 以编程方式使用 Substitution 控件 API。
- ❑ 以隐式方式使用 AdRotator 控件。

其中，前两种方法的核心是 Substitution 控件，本节将重点介绍该控件；第三种方法仅专注于 AdRotator 控件内置支持的缓存后替换功能，本节仅做简要说明。

1. Substitution 控件方法

为提高应用程序性能，可能会缓存全部 ASP.NET 页面，同时，可能需要根据每个请求来更新页面中特定的部分。例如，可能要缓存页面的很大一部分，另外需要动态更新该页上与时间或者用户高度相关的信息。在这种情况下，推荐使用 Substitution 控件。Substitution 控件能够指定页面输出缓存中需要以动态内容替换该控件的部分，即允许对整页面进行输出缓存，然后使用 Substitution 控件指定页面中免于缓存的部分。需要缓存的区域只执行一次，然后从缓存读取，直至该缓存项到期或被清除。动态区域，也就是 Substitution 控件指定的部分，在每次请求页面时都执行。Substitution 控件提供了一种缓存部分页面的简化解决方案。

Substitution 控件继承 Control 基类，其声明格式如下。

```
<asp:substitution id="Substitution1" methodname=" " runat="Server">
</asp:substitution>
```

在上述格式中，MethodName 属性用于获取或者设置当 Substitution 控件执行时的回调方法的名称。该方法比较特殊，使用时必须遵循以下 3 条原则。

- ❑ 必须被定义为静态方法。
- ❑ 必须接受 HttpContext 类型的参数。
- ❑ 必须返回 String 类型的值。

在运行情况下，Substitution 控件将自动调用 MethodName 属性所定义的方法。该方法返回的字符串即为要在页面中的 Substitution 控件的位置上显示的内容。如果页面设置了缓存全部输出，那么在第一次请求时，该页将运行并缓存其输出。对于后续的请求，将通过缓存来完成，该页上的代码不会运行。Substitution 控件及其有关方法则在每次请求时都执行，并且自动更新该控件所表示的动态内容。

在使用 Substitution 控件时，需要注意以下 3 点。

- ❑ Substitution 控件无法访问页上的其他控件。也就是说，无法检查或更改其他控件的值。但是，代码确实可以使用传递给它的参数来访问当前页的上下文。
- ❑ 在缓存页包含的用户控件中可以包含 Substitution 控件，但在输出缓存用户控件中不能放置 Substitution 控件。

□ Substitution 控件不会呈现任何标记，其位置所显示内容完全取决于所定义方法的返回
字符串。

实例 073   使用 Substitution 控件实现缓存后替换

源码路径   光盘\daima\15\Web   视频路径   光盘\视频\实例\第 15 章\073

本实例的实现文件是 kongjian.aspx，具体实现代码如下。

```
<%@ Page Language="C#" %>
<%@ OutputCache Duration="60" VaryByParam="None" %>
<!DOCTYPE html PUBLIC "-//W3C//DTD XHTML 1.1//EN" "http://www.w3.org/TR/xhtml11/DTD/xhtml11.dtd">
<html xmlns="http://www.w3.org/1999/xhtml">
<head id="Head1" runat="server">
    <title> </title>
</head>
<script runat="server" language="C#">
    public void Page_Load(object sender, System.EventArgs e)
    {
        CachedDateLabel.Text = DateTime.Now.ToString();
    }
    public static string GetCurrentDateTime(HttpContext context)
    {
        return DateTime.Now.ToString();
    }
</script>
<body>
    <form id="form1" runat="server">
        <div>
            <fieldset style="width: 320px">
                <legend class="mainTitle">使用Substitution控件实现页面部分缓存</legend>
                <br />
                <div class="littleMainTitle">以下时间显示使用Substitution控件实现缓存后替换：</div>
                <asp:Substitution ID="Substitution2" MethodName="GetCurrentDateTime" runat="Server"></asp:Substitution>
                <hr />
                <div class="littleMainTitle">以下时间显示使用页面输出缓存，缓存时间为5秒：</div>
                <asp:Label ID="CachedDateLabel" runat="Server"></asp:Label>
                <br />
                <center><asp:Button ID="RefreshButton" Text="刷新页面" runat="Server"> </asp:Button></center>
            </fieldset>
        </div>
    </form>
</body>
</html>
```

范例 145：文本长度控制

源码路径：光盘\演练范例\145

视频路径：光盘\演练范例\145

范例 146：文本换行

源码路径：光盘\演练范例\146

视频路径：光盘\演练范例\146

在上述实例代码中，应用程序包括两个时间显示。第一个时间显示使用 Substitution 控件实
现了缓存后替换功能，因此，每次单击【刷新页面】按钮，其显示的都是当前最新时间，如图
15-5 所示；第二个时间显示应用了页面输出缓存，因此，其显示时间仅当数据过期时才更新，
如图 15-6 所示。

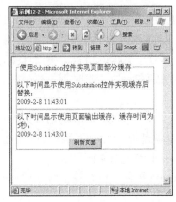

图 15-5   初始显示效果

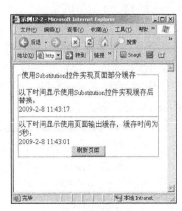

图 15-6   刷新后效果

2. Substitution 控件 API 方法

该方法的核心是以编程方式利用 Substitution 控件 API 实现缓存后替换，相对于以声明方式使用 Substitution 控件的方法具有更强的灵活性。

Substitution 控件 API 包含了一个关键的 WriteSubstitution 方法，该方法来自于 HttpResponse 类，其语法格式如下。

```
public void WriteSubstitution (HttpResponseSubstitutionCallback callback)
```

在上述语法格式中，WriteSubstitution 方法只有一个参数 HttpResponseSubstitutionCallback。该参数是一个委托类型，具体语法格式如下。

```
public delegate string HttpResponseSubstitutionCallback (HttpContext context)
```

在上述语法格式中，HttpResponseSubstitutionCallback 委托定义的方法有如下两个特点：

❏ 返回值必须是 String。

❏ 参数有且仅有一个，并且是 HttpContext 类型。

实例 074 使用@ OutputCache 指令设置输出缓存

源码路径　　光盘\daima\15\Web　　　　　视频路径　　光盘\视频\实例\第 15 章\074

本实例的实现文件是 SubstitutionAPI.aspx，其主要实现代码如下所示。

```
<%@ Page Language="C#" %>
<%@ OutputCache Duration="50" VaryByParam="None" %>
<html xmlns="http://www.w3.org/1999/xhtml">
<head id="Head1" runat="server">
    <title>示例12-2</title>
</head>
<script runat="server" language="C#">
    public static string GetCurrentDateTime(HttpContext context)
  {
       return DateTime.Now.ToString();
  }
</script>
<body>
   <form id="form1" runat="server">
       <div class="littleMainTitle">下面时间使用Substitution控件API实现缓存后替换：</div>
       <% Response.WriteSubstitution(new HttpResponseSubstitutionCallback(GetCurrentDateTime)); %>
   </form>
</body>
</html>
```

> 范例 147：主外键表数据显示
> 源码路径：光盘\演练范例\147\
> 视频路径：光盘\演练范例\147\
> 范例 148：将数据导入 Excel
> 源码路径：光盘\演练范例\148\
> 视频路径：光盘\演练范例\148\

在上述实例代码中，使用@ OutputCache 指令设置输出缓存功能，其配置数据缓存过期时间为 50 秒。然而，并非所有页面内容都被缓存，部分内容是不被缓存的。不参与缓存的内容是代码中通过调用 Response.WriteSubstitution 方法而获取并显示的返回字符串，显示了当前时间。需要注意的是 Response.WriteSubstitution 方法的参数，该参数必须是 HttpResponseSubstitution Callback 委托实例。本例中，委托所定义的方法是 GetCurrentDateTime，该方法是一个静态方法，并且参数是 HttpContext 类型，返回值是 String 类型。实例执行后的界面效果如图 15-7 所示。

图 15-7　执行效果

3. AdRotator 控件的缓存后替换

AdRotator 控件是一个直接支持缓存替换功能的控件。如果将 AdRotator 控件放置在页面上，则无论是否缓存父页，都将在每次请求时呈现其特有的广告。例如，如果页面包含静态内容（如新闻报道）和显示广告的 AdRotator 控件，这种情况下，此缓存模型就很有用。新闻报道不会更改，这意味着它可以缓存。但是，应用程序要求在每次请求该页时都显示一条新广告。由于 AdRotator 控件直接支持缓存后替换，因此，无论页面是否缓存，都在该页回发时呈现一个新广告。

15.4　应用程序数据缓存

知识点讲解：光盘:视频\PPT 讲解（知识点）\第 15 章\应用程序数据缓存.mp4

应用程序数据缓存的主要功能是在内存中存储各种与应用程序相关的对象，它主要由 Cache 类实现。该类从属于 System.Web.Caching 命名空间，其实例对象为每个应用程序所专用。通过对 Cache 类的应用，可轻松实现添加、检索和移除应用程序数据缓存，以及移除缓存项时通知应用程序等功能。

Cache 类提供了强大的功能，允许自定义一个缓存项并设置缓存的时间。例如，当缺乏系统内存时，缓存会自动移除很少使用的或优先级较低的项以释放内存。该技术也称为清理，这是缓存确保过期数据不使用宝贵的服务器资源的方式之一。

当执行清理操作时，可以设置 Cache 给予某些项比其他项更高的优先级。若要指示项的重要性，可以在使用 Add 或 Insert 方法添加项时指定一个 CacheItemPriority 枚举值。

当使用 Add 或 Insert 方法将项添加到缓存时，可以建立项的过期策略。也可以通过使用 DateTime 值指定项的确切过期时间（绝对过期时间）定义项的生存期。还可以使用 TimeSpan 值指定一个弹性过期时间，弹性过期时间允许用户根据项的上次访问时间来指定该项过期之前的运行时间。一旦项过期，便将它从缓存中移除。试图检索它的值的行为将返回 Null，除非该项被重新添加到缓存中。

对于存储在缓存中的易失项（例如那些定期进行数据刷新的项或那些只在一段时间内有效的项），通常设置一种过期策略：只要这些项的数据保持为最新，就将它们保留在缓存中。例如，如果正在编写一个应用程序，该应用程序通过从另一个网站获取数据来跟踪体育比赛的比分，那么只要源网站上比赛的比分不更改，就可以缓存这些比分。在此情况下，可以根据其他网站更新比分的频率来设置过期策略。可以编写代码来确定缓存中是否是最新的比分。如果该比分不是最新的，则代码可以从源网站读取比分并缓存新值。

ASP.NET 还允许用户根据外部文件、目录（文件依赖项）或另一个缓存项（键依赖项）来定义缓存项的有效性。如果具有关联依赖项的项发生更改，缓存项便会失效并从缓存中移除。可以使用该技术在项的数据源更改时从缓存中移除这些项。例如，如果编写一个处理 XML 文件中财务数据的应用程序，则可以从该文件将数据插入缓存中并在此 XML 文件上保留一个依赖项。当该文件更新时，从缓存中移除该项，应用程序重新读取 XML 文件，然后将刷新后的数据存入缓存中。

15.4.1　将项添加到缓存中

可以使用 Cache 对象访问应用程序缓存中的项，也可以使用 Cache 对象的 Insert 方法向应用程序缓存添加项。该方法向缓存添加项，并且通过几次重载，用户可以使用不同选项添加项，以设置依赖项、过期和移除通知。如果使用 Insert 方法向缓存添加项，并且已经存在与现有项同名的项，则缓存中的现有项将被替换。

还可以使用 Add 方法向缓存添加项。使用此方法，可以设置与 Insert 方法相同的所有选项；然而 Add 方法将返回用户添加到缓存中的对象。另外，如果使用 Add 方法，并且缓存中已经存在与现有项同名的项，则该方法不会替换该项，并且不会引发异常。

向应用程序缓存中添加项的方式有如下 6 种。

- 通过指定项的键和值，向缓存添加项。
- 使用 Insert 方法向缓存添加项。
- 向缓存添加项并添加依赖项，以便当该依赖项更改时，将该项从缓存中移除。可以基于其他缓存项、文件和多个对象设置依赖项。
- 将设有过期策略的项添加到缓存中。除了能设置项的依赖项以外，还可以设置项在一段时间以后（弹性过期）或在指定时间（绝对过期）过期。可以定义绝对过期时间或弹性过期时间，但不能同时定义两者。
- 向缓存添加项，并定义缓存的项的相对优先级。相对优先级帮助 .NET Framework 确定要移除的缓存项；较低优先级的项比较高优先级的项先从缓存中移除。
- 通过调用 Add 方法添加项。

除了这里介绍的依赖项，还可以在 SQL Server 表上或基于自定义依赖项创建依赖项。当从缓存中移除项时，还可以使用 CacheItemRemovedCallback 委托让应用程序缓存通知应用程序。

1. 通过指定项的键和值向缓存添加项

通过指定项的键和值，像将项添加到字典中一样将其添加到缓存中。例如，在下面的代码中，将名为 CacheItem1 的项添加到 Cache 对象中。

```
Cache["CacheItem1"] = "Cached Item 1";
```

2. 通过使用 Insert 方法将项添加到缓存中

Cache.Insert 方法有 4 种重载方式，下面用示例代码的方式来说明 Insert 方法。

重载方式 1 的语法格式如下。

```
public void Insert (string key, Object value)
```

向 Cache 对象插入项，该项带有一个缓存键引用其位置，并使用 CacheItemPriority 枚举提供的默认值。其中，参数 key 用于引用该项的缓存键；参数 value 表示要插入缓存中的对象。例如下面的代码。

```
Cache.Insert("DSN", connectionString);
```

重载方式 2 的语法格式如下。

```
public void Insert (string key, Object value, CacheDependency dependencies)
```

上述语法格式用于向 Cache 中插入具有文件依赖项或键依赖项的对象。其中，参数 key 用于标识该项的缓存键；参数 value 表示要插入缓存中的对象；参数 dependencies 表示所插入对象的文件依赖项或缓存键依赖项。当任何依赖项更改时，该对象即无效，并从缓存中移除。如果没有依赖项，则此参数包含空引用。例如下面的代码。

```
Cache.Insert("DSN", connectionString,
  new CacheDependency(Server.MapPath("myconfig.xml")));
```

重载方式 3 的语法格式如下。

```
public void Insert (string key, Object value, CacheDependency dependencies,
  DateTime absoluteExpiration,TimeSpan slidingExpiration)
```

上述语法格式用于向 Cache 中插入具有依赖项和过期策略的对象，各个参数的具体说明如下。

- key：用于引用该对象的缓存键。
- value：要插入缓存中的对象。
- dependencies：所插入对象的文件依赖项或缓存键依赖项。当任何依赖项更改时，该对象即无效，并从缓存中移除。如果没有依赖项，则此参数包含空引用。
- absoluteExpiration：所插入对象将过期并从缓存中移除的时间。如果使用绝对过期，则 slidingExpiration 参数必须为 NoSlidingExpiration。
- slidingExpiration：最后一次访问所插入对象时与该对象过期时之间的时间间隔。如果该值等效于 20 分钟，则对象在最后一次被访问的 20 分钟之后将过期并从缓存中移除。如果使用可调过期，则 absoluteExpiration 参数必须为 NoAbsoluteExpiration。

例如下面的代码：

```
Cache.Insert("DSN", connectionString, null, DateTime.Now.AddMinutes(2), TimeSpan.Zero);
```

重载方式 4 的语法格式如下。

```
public void Insert (string key, Object value, CacheDependency dependencies,
    DateTime absoluteExpiration,TimeSpan slidingExpiration, CacheItemPriority priority, CacheItemRemovedCallback
onRemoveCallback)
```

上述语法格式用于向 Cache 对象中插入对象，后者具有依赖项、过期和优先级策略以及一个委托（可用于在从 Cache 移除插入项时通知应用程序）。各个参数的具体说明如下。

- ❑ key：用于引用该对象的缓存键。
- ❑ value：要插入缓存中的对象。
- ❑ dependencies：该项的文件依赖项或缓存键依赖项。当任何依赖项更改时，该对象即无效，并从缓存中移除。如果没有依赖项，则此参数包含空引用。
- ❑ absoluteExpiration：所插入对象将过期并被从缓存中移除的时间。如果使用绝对过期，则 slidingExpiration 参数必须为 NoSlidingExpiration。
- ❑ slidingExpiration：最后一次访问所插入对象时与该对象过期时之间的时间间隔。如果该值等效于 20 分钟，则对象在最后一次被访问的 20 分钟之后将过期并从缓存中移除。如果使用可调过期，则 absoluteExpiration 参数必须为 NoAbsoluteExpiration。
- ❑ priority：该对象相对于缓存中存储的其他项的成本，由 CacheItemPriority 枚举表示。该值由缓存在退出对象时使用；具有较低成本的对象在具有较高成本的对象之前从缓存中移除。
- ❑ onRemoveCallback：在从缓存中移除对象时将调用的委托（如果提供）。当从缓存中删除应用程序的对象时，可使用它来通知应用程序。

例如下面的代码。

```
Cache.Insert("DSN", connectionString, null,
    DateTime.Now.AddMinutes(2),
    TimeSpan.Zero,
    CacheItemPriority.High,
    onRemove);
```

3. 使用 Add 方法向缓存添加项

使用 Add 方法向缓存添加项的格式如下。

```
public Object Add (string key, Object value,
    CacheDependency dependencies,
    DateTime absoluteExpiration,
TimeSpan slidingExpiration,
    CacheItemPriority priority,
    CacheItemRemovedCallback onRemoveCallback
)
```

上述语法格式中各个参数的具体说明如下。

- ❑ key：用于引用该项的缓存键。
- ❑ value：要添加到缓存的项。
- ❑ dependencies：该项的文件依赖项或缓存键依赖项。当任何依赖项更改时，该对象即无效，并从缓存中移除。如果没有依赖项，则此参数包含空引用。
- ❑ absoluteExpiration：所添加对象将过期并从缓存中移除的时间。如果使用可调过期，则 absoluteExpiration 参数必须为 NoAbsoluteExpiration。
- ❑ slidingExpiration：最后一次访问所添加对象时与该对象过期时之间的时间间隔。如果该值等效于 20 分钟，则对象在最后一次被访问的 20 分钟之后将过期并从缓存中移除。如果使用绝对过期，则 slidingExpiration 参数必须为 NoSlidingExpiration。
- ❑ priority：对象的相对成本，由 CacheItemPriority 枚举表示。缓存在退出对象时使用该值；具有较低成本的对象在具有较高成本的对象之前从缓存中移除。

❑ onRemoveCallback：在从缓存中移除对象时所调用的委托（如果提供）。当从缓存中删除应用程序的对象时，可使用它来通知应用程序。

※ 注意：Insert 方法的返回值为空，Add 方法返回缓存项的数据对象；Insert 方法有 4 个重载方法，较灵活；如果缓存中已经存在与现有项同名的项，Insert 方法替换该项，而 Add 方法不会替换该项，并且不会引发异常。

15.4.2 检索缓存项的值

要从缓存中检索数据，应指定存储缓存项的键。不过，由于缓存中所存储的信息为易失信息，即该信息可能由 ASP.NET 移除，因此建议的开发模式是首先确定该项是否在缓存中。如果不在，则应将它重新添加到缓存中，然后检索该项。

1. 检索缓存项的值

通过在 Cache 对象中进行检查来确定该项是否不为 Null（在 Visual Basic 中为 Nothing）。如果该项存在，则将它分配给变量；否则，重新创建该项，并将它添加到缓存中，然后访问它。

例如，在下面代码中，将从缓存中检索名为 "CacheItem" 的项。

```
string cachedString;
cachedString = (string)Cache["CacheItem"];
if (cachedString == null)
{
cachedString = "你好！";
Cache.Insert("CacheItem", cachedString);
}
```

在上述代码中，将该项的内容分配给名为 "cachedString" 的变量。如果该项不在缓存中，则代码会将它添加到缓存中，然后将它分配给 cachedString。

2. 用 Get 方法检索指定项

Get 方法的具体使用格式如下。

```
public Object Get (string key)
```

其中，参数 key 设置要检索的缓存项的标识符，其返回值是检索到的缓存项，未找到该键时为空引用。

例如下面的代码。

```
Cache.Get("MyTextBox.Value");
```

3. 使用 GetEnumerator 方法检索指定项

GetEnumerator 方法的功能是检索用于循环访问包含在缓存中的键设置及其值的字典枚举数。具体使用格式如下。

```
public IDictionaryEnumerator GetEnumerator ()
```

它的返回值是要循环访问 Cache 对象的枚举数。此方法枚举所有项的同时，可以将项添加到缓存或从缓存中移除项。

例如，在下面的代码中，使用 GetEnumerator 方法创建一个 IDictionaryEnumerator 对象 CacheEnum。

```
IDictionaryEnumerator CacheEnum = Cache.GetEnumerator();
while (CacheEnum.MoveNext())
{
cacheItem = Server.HtmlEncode(CacheEnum.Current.ToString());
Response.Write(cacheItem);
}
```

在上述代码中，枚举数在整个缓存中运行一遍，将各缓存项的值转换成字符串，然后将这些值写入 "Web 窗体" 页。

15.4.3 从缓存中移除项时通知应用程序

在大多数缓存方案中，当从缓存中移除项后，直到再次需要此项时，才需要将其放回缓存中。典型的开发模式是在使用项之前始终检查该项是否已在缓存中。如果项位于缓存中，则可以使用。如果不在缓存中，则应再次检索该项，然后将其添加回缓存。

但是，在某些情况下，如果从缓存中移除项时通知应用程序，可能非常有用。例如，用户可能有一个缓存的报告，创建该报告并进行处理需花费大量的时间。当该报告从缓存中移除时，用户希望重新生成该报告，并立即将其置于缓存中，以便下次请求该报告时，用户不必等待对此报告进行处理。

为了在从缓存中移除项时能够发出通知，ASP.NET 提供了 CacheItemRemovedCallback 委托。该委托定义编写事件处理程序时使用的签名，当对从缓存中移除项进行响应时会调用此事件处理程序 ASP.NET 还提供 CacheItemRemovedReason 枚举，用于指定移除缓存项的原因。

通常，通过在管理尝试检索的特定缓存数据的业务对象中创建处理程序，以实现回调。例如，可能有一个 ReportManager 对象，该对象具有两种方法，即 GetReport 和 CacheReport。GetReport 方法检查缓存，以查看报告是否已缓存。如果没有，该方法将重新生成报告并将其缓存。CacheReport 方法具有与 CacheItemRemovedCallback 委托相同的函数签名。从缓存中移除报告时，ASP.NET 会调用 CacheReport 方法，然后将报告重新添加到缓存中。

从缓存中移除项时通知应用程序的操作过程如下。

（1）创建一个类，负责从缓存中检索项并处理回调方法，以将项添加回缓存中。

（2）在该类中，创建用于将项添加到缓存中的方法。

（3）在该类中，创建用于从缓存中获取项的方法。

（4）创建用于处理缓存项移除回调的方法。该方法必须具备与 CacheItemRemovedCallback 委托相同的函数签名。从缓存中删除项时，会在该方法中执行要运行的逻辑，如重新生成项并将其添加回缓存中。

测试缓存项回调的操作过程如下。

（1）创建一个 ASP.NET 网页，该网页将调用类中用于将项添加到缓存中的方法。

例如，在下面的代码中，通过调用 ReportManager 类的 GetReport 方法，在使用页面的 Page_Load 方法期间显示 Label 控件 Label1 中的报告。

```
protected void Page_Load(object sender, EventArgs e)
{
    this.Label1.Text = ReportManager.GetReport();
}
```

（2）在浏览器中请求 ASP.NET 页并查看报告。

报告是在首次请求页时创建的，在缓存中的报告被移除之前，后续请求都将访问缓存中的报告。

实例 075　实现应用程序数据缓存的各种应用

源码路径　光盘\daima\15\Web\　　　视频路径　光盘\视频\实例\第 15 章\075

本实例的功能是通过页面中的操作按钮，实现应用程序数据缓存的各种应用。本实例的实现文件是 chengxu.aspx，其主要实现代码如下。

```
<%@ Page Language="C#" %>
<script language="C#" runat="server">
//声明是什么原因造成的缓存移除的变量---注意类型
static CacheItemRemovedReason reason;
string[] tempArray ={ "北京", "上海", "广州", "成都", "深圳" };
//实现【增加】按钮的事件处理程序
  protected void AddItemToCache(object sender, EventArgs e)
  {
  //如果缓存中的对象为空
if (Cache["tempArray"] == null)
{
//则创建缓存对象
//注意：这个增加方法的最后一个参数是一个委托,里面的方法是在下面定义的
//方法定义没有返回值,方法定义为: private void ItemRemoved(String Key,
// object value,CacheItemRemovedReason RemovedReason)
```

```
//以上这个方法就可以看出Add方法的委托的定义为:
//Deledete void CacheItemRemovedCallback(String Key,object value,
//CacheItemRemovedReason RemovedReason)
//所有程序在调用Add方法的时候也会自动触发委托里面的ItemRemoved方法
//下面是笔者自己写的方法
Cache.Add("tempArray", tempArray, null, DateTime.MaxValue, TimeSpan.Zero, CacheItemPriority.Default, new
CacheItemRemovedCallback(ItemRemoved));
    lbMessage.Text+=">>>>已经将字符串数组增加到缓存中.<br>";
}
 else
 {
lbMessage.Text+= ">>>>缓存中已经存在字符串数组了.<br>";
}
DisPlayCacheInfo();
}
//实现【检索】按钮的事件处理程序
 private void GetItemFromCache(object sender, EventArgs e)
{
if (Cache["tempArray"] == null)
{
    lbMessage.Text += ">>>>未索引到缓存,因为tempArray中缓存已被移除<br>";
 }
        else
        {
            lbMessage.Text += ">>>>以索引到缓存数组<br>";
        }
        DisPlayCacheInfo();
    }
    //实现【删除】按钮的事件处理程序
    private void RemovedItemFromCache(object sender,EventArgs e)
    {
      if (Cache["tempArray"] == null)
      {
          lbMessage.Text += ">>>>未索引到缓存,因为tempArray中缓存已被移除<br>";
      }
       else
       {
          Cache.Remove("tempArray");
          lbMessage.Text += "已经调用CacheItemRemovedCallback委托方法,缓存移除原因是:" +
             reason.ToString() + "<br>";
          lbMessage.Text += ">>>>已经删除数组中的数组缓存<br>";
       }
       DisPlayCacheInfo();
    }
    //CacheItemRemovedCallback的方法ItemRemoved定义
    private void ItemRemoved(string Key,object value,CacheItemRemovedReason RemovedReason)
    {
       reason = RemovedReason;
    }
    private void DisPlayCacheInfo()
    {
       string CacheCount = Cache.Count.ToString();
       lbCacheInfo.Text = "共包括" + CacheCount + "个缓存对象<br>";
       IDictionaryEnumerator CacheEnum = Cache.GetEnumerator();
       while (CacheEnum.MoveNext())
       {
         lbCacheInfo.Text += "索引到的Key为:" + CacheEnum.Key.ToString() +
            "---" + "索引到的Value为:" + CacheEnum.Value.ToString();
       }
    }
}
</script>
......
<body>
    <form id="form1" runat="server">
    <div style="text-align: center">
     <fieldset style="width: 496px; height: 456px">
     <legend>应用程序数据缓存的增删查</legend>
        <br />
        <div style="text-align:left; color:red">字符串数组内容如下:</div>
        <div style="text-align:center">曼联,利物浦,切尔西,阿森纳,阿斯顿维拉</div>
        <hr style="color:Navy" />
        <div>
        <center>
            <asp:Button ID="btAdd" Text="增加" runat="server" OnClick="AddItemToCache" />
            <asp:Button ID="btGet" Text="检索" runat="server" OnClick="GetItemFromCache" />
            <asp:Button ID="btDel" Text="移除" runat="server" OnClick="RemovedItem FromCache" />
```

范例 149：读取 Excel 中的数据
源码路径：光盘\演练范例\149\
视频路径：光盘\演练范例\149\
范例 150：数据导入 Excel 时进行格式控制
源码路径：光盘\演练范例\150\
视频路径：光盘\演练范例\150\

```
        </center>
        <center>
             </center>
        <center>
        <div>
        <asp:Label ID="lbCacheInfo" runat="server" ForeColor="RosyBrown" Width= "100%" Height="80px"></asp:Label>
        </div>
        </center>
    </div>
    <hr style="color:Navy" />
    <asp:Label ID="lbMessage" runat="server" ForeColor="Blue" Height="50%" Width="100%"></asp:Label>
```

上述代码执行后，将首先显示默认的控件元素界面，如图 15-8 所示；当分别单击【增加】、【检索】和【移除】按钮后，会执行对应的操作，并将操作结果显示在下方页面中，如图 15-9 所示。

图 15-8　初始显示界面

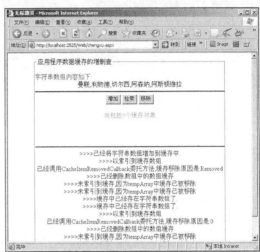

图 15-9　操作后界面效果

15.5　技术解惑

15.5.1　缓存的优缺点

ASP.NET 缓存的优点如下。

- ❑ 支持更为广泛和灵活的可开发特征。ASP.NET 包含一些新增的缓存控件和 API。例如，自定义缓存依赖、Substitution 控件、页面输出缓存 API 等，这些特征能够明显改善开发人员对缓存功能的控制。
- ❑ 增强的可管理性。使用 ASP.NET 提供的配置和管理功能，可以更加轻松地管理缓存功能。
- ❑ 提供更高的性能和可伸缩性。通过 ASP.NET 提供的一些新功能，如 SQL 数据缓存依赖等，这些功能将帮助开发人员创建高性能、伸缩性强的 Web 应用程序。
- ❑ 缓存的优点是显而易见的，但是它也存在很大的缺点，那就是数据过期的问题。最典型的情况是，如果将数据库表中的数据内容缓存到服务器内存中，当数据库表中的记录发生更改时，Web 应用程序则很可能显示过期的、不准确的数据。对于某些类型的数据，如果显示的信息过期，影响可能不会很大。但是，对于实时性要求比较严格的数据，如股票价格、拍卖出价之类信息，显示的数据稍有过期都是不可接受的。

15.5.2　如何从 ASP.NET 缓存中移除项

ASP.NET 缓存中的数据是易失的，即不能永久保存。只要满足以下任一条件，缓存中的数据都可能会自动移除。

- 缓存已满。
- 该项已过期。
- 依赖项发生更改。

除了允许从缓存中自动移除项之外，还可以显示移除项。显示移除项可通过 Remove 方法实现。通过调用 Remove 方法，可以传递要移除的项的键。例如下面的代码：

```
Cache.Remove("MyData1");
```

15.5.3　系统缓存的好处

举个简单的例子，如果想通过网页查询某些数据，而这些数据并非实时变化，或者变化的时间是有期限的，例如查询一些历史数据，那么每个用户每次查询的数据都是一样的。如果不设置缓存，ASP.NET 就会根据每个用户的请求重复查询 n 次，这就增加了不必要的开销。所以，可能的情况下尽量使用缓存，从内存中返回数据的速度始终比去数据库中查询的速度快，因而可以大大提供应用程序的性能。毕竟现在内存非常便宜，用空间换取时间效率应该是非常划算的。尤其是对耗时比较长的、需要建立网络链接的数据库查询操作等。

缓存功能是大型网站设计的一个重要部分。由数据库驱动的 Web 应用程序，如果需要改善其性能，最好的方法是使用缓存功能。

15.5.4　服务器端缓存的两种类型

在 ASP.NET 应用中，有些数据没办法或是不宜在客户端缓存，那么我们只好在服务器端想想办法。服务器端缓存从性质上，又可分为静态文件缓存和动态缓存两种。

在 ASP.NET 中，常见的动态缓存主要有以下几种手段。

- 传统缓存方式。
- 页面输出缓存。
- 页面局部缓存。
- 利用.NET 提供的 System.Web.Caching 缓存。
- 缓存依赖。

15.5.5　提升 ASP.NET 应用程序的性能

要提升 ASP.NET 应用程序的性能，最简单、最有效的方式就是使用内建的缓存引擎。虽然也可以构建自己的缓存，但由于缓存引擎已提供了如此强大的功能，所以完全不必自找麻烦。在很大程度上，ASP.NET 开发者在 Web 应用程序中，能将缓存引擎的功能直接包装到自己的数据表示及访问类中。

ASP.NET 的缓存引擎支持如下 3 种类型的缓存。

- 整页输出缓存：在一个页被首次请求时，将该页呈现好的 HTML 内容全部缓存下来。后续请求将直接取用缓存副本。
- 部分缓存：是指缓存一部分 HTML 内容，这类似一个 Web 用户控件的输出。
- 数据缓存：关注的是单独的变量或数据项的缓存。它在比以上两种缓存类型都要低的一个级别上工作。

第 16 章

构建安全的 ASP.NET 站点

当 ASP.NET 代码编写完成后，需要为其设置安全性相关的处理，以满足用户的特殊需求，并实现代码的安全性。ASP.NET 中的安全措施包括身份验证、用户授权和角色管理等。在 ASP.NET 开发领域，甚至不需要编写任何代码就能实现一套基于角色的用户管理系统。

本章内容	技术解惑
ASP.NET 的安全性	正确验证用户输入数据的经验
用户账户模拟	ASP.NET 中的角色管理
基于 Windows 的身份验证	ASP.NET 角色管理的工作原理
基于表单的身份验证	ASP.NET 应用程序标识
登录控件	有关代码访问安全性的知识
网站管理工具	

16.1 ASP.NET 的安全性

知识点讲解：光盘:视频\PPT 讲解（知识点）\第 16 章\ASP.NET 的安全性.mp4

安全性问题是一切项目程序的核心构成部分，特别是作为网络上使用的站点程序，安全问题更是重中之重。为了保证站点的特定信息，维护系统程序的安全，读者需要对安全性问题进行了解并掌握。

16.1.1 ASP.NET 安全性的几个相关概念

- ❏ 身份验证：许多 Web 应用程序的一个重要部分是能够识别用户和控制对资源的访问。确定请求实体的标识的行为称为身份验证。通常，用户必须提供凭据（如名称/密码对）才能进行身份验证。
- ❏ 授权：一旦经过身份验证的标识可用，就必须确定该标识是否可以访问给定的资源。此过程称为授权。ASP.NET 需要与 IIS 一起使用为应用程序提供身份验证和授权服务。
- ❏ 模拟：在默认情况下，ASP.NET 使用本地系统账号的权限执行（而不是请求的用户），使用模拟后，ASP.NET 需要应用程序可以用发出请求的用户的 Windows 标识（用户账户）执行。
- ❏ 基于角色的安全性：对于一个庞大的用户系统，不可能为每一个用户都单独授权，如果把用户划分成不同的角色，然后对角色进行授权，那么这个工作会简单很多。

16.1.2 ASP.NET 安全结构

ASP.NET 中，安全系统之间的关系如图 16-1 所示。

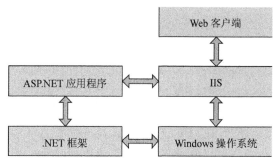

图 16-1 ASP.NET 安全结构

如图 16-1 所示，所有 Web 客户端都通过 Internet 信息服务（IIS）与 ASP.NET 应用程序通信。IIS 根据需要对请求进行身份验证，然后找到请求的资源（如 ASP.NET 应用程序）。如果客户端已被授权，则资源可用。当运行 ASP.NET 应用程序时，它可以使用内置的 ASP.NET 安全功能。另外，ASP.NET 应用程序还可以使用.NET 框架的安全功能。

16.1.3 身份验证的方式

ASP.NET 需要和 IIS 一起使用来支持身份验证，并可以使用如下 3 种身份验证方式。
- ❏ 基本身份验证。
- ❏ 摘要式身份验证。
- ❏ 集成 Windows 身份验证。

ASP.NET 还为要使用基于窗体的身份验证的应用程序提供可靠的服务。基于窗体的身份验证使用 Cookie 鉴别用户的身份，并允许应用程序执行自己的凭据验证。要启用 ASP.NET 身份验证服务，必须在 Web.config 中配置<authentication>元素。

```
<configuration>
  <system.web>
    <authentication mode="Forms"/>
  </system.web>
</configuration>
```

其中，mode 属性用于设置验证方式，其取值的具体说明如下。

❑ None。不使用任何 ASP.NET 身份验证服务，但是 IIS 身份验证服务仍可以存在。

❑ Windows。基于 Windows 的身份验证，适合内网系统的身份验证方式。ASP.NET 身份验证服务将 WindowsPrincipal 附加到当前请求以启用对 NT 用户或组的授权。

❑ Forms。基于表单（Cookie）的身份验证，适合外网系统的身份验证方式。ASP.NET 身份验证服务管理 Cookie，并将未经身份验证的用户重定向到登录页。

❑ Passport。微软提供的集中式身份验证服务。由于需要依赖微软的网站（用户登录会转到微软 Passport 站点，然后跳转回原网站）而且需要付费，所以一般不适合小型网站使用。在本书的第 21 章中，会介绍一个集中式单点登录的方案。

16.2 用户账户模拟

知识点讲解：光盘:视频\PPT 讲解（知识点）\第 16 章\用户账户模拟.mp4

在 ASP.NET 系统中，是默认低级别账户权限的。ASP.NET 默认不模拟发出请求的用户，这样可能发生以下情况：

❑ 由于 ASP.NET 系统账户默认权限不够高，不能执行一些对权限要求比较高的操作（如磁盘访问、活动目录操作等）。

❑ ASP.NET 系统账户权限设置得过高，匿名用户都能执行"危险"操作。

实例 076	获取指定文件的列表信息	
源码路径　光盘\daima\16\Web		视频路径　光盘\视频\实例\第 16 章\076

本实例的实现文件是 zhanghu.aspx 和 zhanghu.aspx.cs，具体实现过程如下。

（1）文件 zhanghu.aspx 是显示页面，分别显示按钮控件和一个 GridView 控件，主要实现代码如下。

```
<asp:Button ID="btn_GetFileList" runat="server" OnClick="btn_GetFileList_Click"
Text="获取文件列表" />
<asp:GridView ID="GridView1" runat="server">
</asp:GridView>
```

（2）文件 zhanghu.aspx.cs 是后台处理页面，其中在 Page_Load 中设置输出请求标识和身份验证类型。其主要实现代码如下。

```
protected void Page_Load(object sender, EventArgs e)
{
    WindowsIdentity userIdentity = WindowsIdentity.GetCurrent();
    WindowsPrincipal userPrincipal = new WindowsPrincipal(userIdentity);
    Response.Write(string.Format("当前用户标识：{0}<br/>", userPrincipal.
    Identity.Name));
    Response.Write(string.Format("身份验证类型：{0}<br/>", userPrincipal.
    Identity.AuthenticationType));
}
```

> 范例 151：查询指定列数据
> 源码路径：光盘\演练范例\151
> 视频路径：光盘\演练范例\151
> 范例 152：列别名和表别名
> 源码路径：光盘\演练范例\152
> 视频路径：光盘\演练范例\152

设置按钮控件的单击事件处理方法，具体实现代码如下。

```
protected void btn_GetFileList_Click(object sender, EventArgs e)
{
    DirectoryInfo di = new DirectoryInfo(@"d:\text");
    GridView1.DataSource = di.GetFiles();
    GridView1.DataBind();
}
```

（3）最后，新建一个 Web.config 文件，设置开启模拟，主要实现代码如下。

```
<?xml version="1.0"?>
<configuration>
```

```
        <system.web>
            <identity impersonate="true"/> <!--开启模拟-->
        </system.web>
</configuration>
```

（4）配置 IIS，把程序所在的目录配置成一个虚拟目录，并且设置这个虚拟目录为关闭匿名访问，开启 Windows 集成验证，如图 16-2 所示。

（5）运行实例程序，单击【获取文件列表】按钮，如图 16-3 所示。

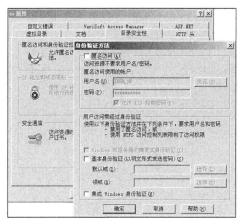

图 16-2　关闭此虚拟目录的匿名访问

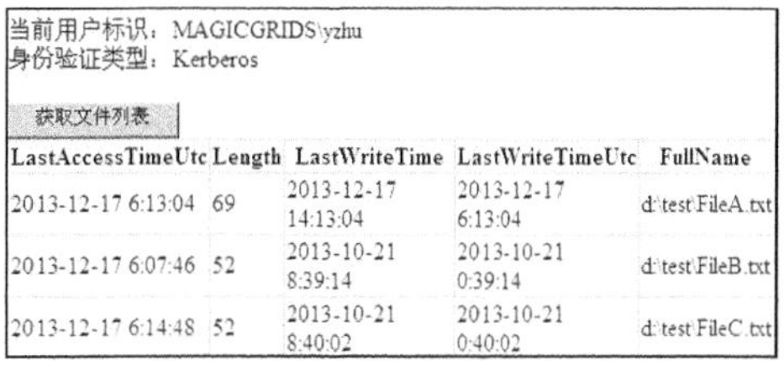

图 16-3　获取文件列表信息

可以看到，当前模拟的用户为请求的用户（按【Ctrl+Alt+Del】组合键也可以看到当前登录的用户信息），由于当前请求的用户为本地的管理员（拥有操作本机 d:\Text 的权限），GridView 显示了目录下的所有文件信息。

在上述实例中，实现了一个简单的模拟请求用户效果。读者如果右键依次单击【我的电脑】｜【管理】命令，在"本地用户和组"下的"用户"文件夹中找到 ASPNET 用户，右键单击并选择【属性】命令，打开【ASP.NET 属性】对话框，如图 16-4 所示，在其中可以看到 ASPNET 账户隶属于 Users 这个用户组。

笔者的运行系统是 Windows XP 操作系统（IIS 5.1），对于 IIS 6.0 而言，ASP.NET 默认运行于 NetworkService 系统账户。如果此时查看目标文件"d:\Text"文件夹的权限，如图 16-5 所示。

图 16-4　ASPNET 账户隶属于 Users 用户组

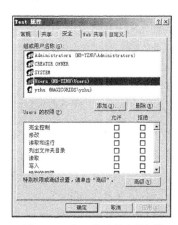

图 16-5　"Test"文件夹的权限

可以看到，Users 用户组不具有对这个文件夹的任何权限。那么，如果关闭模拟，ASP.NET 页面以 ASPNET 系统账户来执行的话，应该就没有权限访问"Test"文件夹了。设置<identity

impersonate="false"/>，然后重新运行页面。单击【获取文件列表】按钮，出现"访问拒绝"的异常，如图 16-6 所示。

> 对路径 "d:\test" 的访问被拒绝。
>
> **说明：** 执行当前 Web 请求期间，出现未处理的异常。请检查堆栈跟踪信息，以了解有关该错误以及代码中导致错误的出处的详细信息。
>
> **异常详细信息：** System.UnauthorizedAccessException: 对路径 "d:\test"的访问被拒绝。

图 16-6　ASPNET 账户对文件夹的访问被拒绝

给"Test"文件夹添加 ASPNET 系统账户并赋予读取和运行权限，如图 16-7 所示。重新运行页面后能正常获取文件列表，如图 16-8 所示。

图 16-7　赋予 ASPNET 系统账户对文件夹的操作权限　　　　图 16-8　模拟请求用户

16.2.1　模拟某一个用户

如果 Web 服务器上有多个 ASP.NET 应用程序，或者 ASP.NET 应用程序需要更高的权限，以执行特殊的操作，则可以为程序设置一个单独的账户。此时需要在配置文件 web.config 中编写如下代码。

```xml
<?xml version="1.0"?>
<configuration>
    <system.web>
        <identity impersonate="true"
                userName="域\机器名"
                password="密码"
                />
    </system.web>
</configuration>
```

在上述配置代码中，可以设置登录需要的用户名和密码，此处设置的登录账户需要对以下目录拥有操作权限。

❑　ASP.NET 临时文件夹。这是 ASP.NET 动态编译的位置，需要有读写权限。

❑　全局程序集缓存（%Windir%\assembly）。这是全局程序集缓存，需要有读取权限。

如果正在运行 Windows Server 2003，其中的 IIS 6.0 配置为运行在辅助进程隔离模式下（默认情况），则可通过将 ASP.NET 应用程序配置为在自定义应用程序池（在特定的域标识下运行）中运行，然后使用指定的域标识访问资源而无需使用模拟。

16.2.2　实现临时模拟

有时候用户可能需要暂时模拟经过身份验证的调用方，此时需要编写代码来实现这个临时模拟。具体实现过程如下。

（1）把实例 076 中的 Page_Load 中的代码封装成一个私有方法并删除 Page_Load 中的代码。

```
private void GetIdentityInfo()
{
    WindowsIdentity userIdentity = WindowsIdentity.GetCurrent();
    WindowsPrincipal userPrincipal = new WindowsPrincipal(userIdentity);
    Response.Write(string.Format("系统用户标识：{0}<br/>", userPrincipal.
    Identity.Name));
```

```
        Response.Write(string.Format("身份验证类型：{0}<br/>", userPrincipal.
        Identity.AuthenticationType));
}
```

（2）修改【获取文件列表】按钮的单击事件处理方法。

```
protected void btn_GetFileList_Click(object sender, EventArgs e)
{
        GetIdentityInfo();
        WindowsIdentity userIdentity = (WindowsIdentity)User.Identity;
        WindowsPrincipal userPrincipal = new WindowsPrincipal(userIdentity);
        WindowsImpersonationContext ctx = null;
        try
        {
                Response.Write("模拟开始<br/>");
                ctx = userIdentity.Impersonate();
                GetIdentityInfo();
                DirectoryInfo di = new DirectoryInfo(@"d:\test");
                GridView1.DataSource = di.GetFiles();
                GridView1.DataBind();
        }
        catch
        {
        }
        finally
        {
                Response.Write("模拟结束<br/>");
                if (ctx != null)
                        ctx.Undo();
                GetIdentityInfo();
        }
}
```

可以看到，输出了 3 次当前用户标识，分别是开始模拟以前、模拟以后和恢复不模拟以后。

（3）修改 Web.config 文件，以禁止模拟，然后禁止 ASPNET 账户对 d:\Test 文件夹的读取权限。运行效果如图 16-9 所示。

图 16-9　临时模拟运行效果

16.3　基于 Windows 的身份验证

知识点讲解：光盘:视频\PPT 讲解（知识点）\第 16 章\基于 Windows 的身份验证.mp4

在本书前面的内容中，讲解设置 SQL Server 2005 的章节时，曾经学习过 Windows 的身份验证的知识，并且还知道有另外一个选项是混合模式。这两种模式是有所差别的，Windows 身份验证模式只进行 Windows 身份验证，用户不能指定 SQL Server 登录 ID，这是 SQL Server 的默认身份验证模式。如果用户在登录时提供了 SQL Server 登录 ID，则系统将使用 SQL Server 身份验证对其进行验证。如果没有提供 SQL Server 登录 ID 或请求 Windows 身份验证，则使用 Windows 身份验证对其进行身份验证。

基于 Windows 的身份验证的基本处理过程如下。

（1）获取网络客户端的请求，并进入 IIS。

（2）IIS 使用基本、简要或 Windows 集成的安全（NTLM 或 Kerberos）对客户端进行身份验证。

（3）如果客户端通过了身份验证，则 IIS 将已通过身份验证的请求传递给 ASP.NET。

（4）ASP.NET 应用程序使用从 IIS 传递来的访问标识模拟发出请求的客户端，并依赖于 NTFS 文件权限来授予对资源的访问权。ASP.NET 应用程序只需验证是否在 ASP.NET 配置文件中将模拟设置为 True，不需要 ASP.NET 安全码。如果未启用模拟，则应用程序将使用 ASP.NET 进程标识运行。对于 Microsoft Windows 2000 Server 和 Windows XP Professional，默认标识是在安装 ASP.NET 时自动创建的、名为 ASPNET 的本地账户。对于 Microsoft Windows Server 2003，默认标识是用于 IIS 应用程序的应用程序池标识（默认情况下为 Network Service 账户）。

（5）如果允许访问，则 ASP.NET 应用程序通过 IIS 返回请求的资源。

上述过程的运行流程如图 16-10 所示。

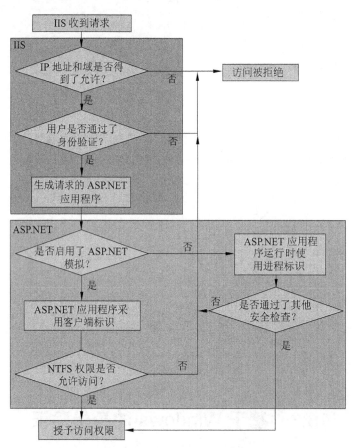

图 16-10　Windows 的身份验证流程

16.3.1　配置 IIS 安全

使用基于 Windows 的身份验证之前，首先需要配置 IIS。具体配置界面如图 16-11 所示。

由图 16-11 所示的界面可以看出，IIS 5.1 支持以下 3 种身份验证方式（需要禁止匿名访问）。

❑　基本身份验证。与所有的浏览器和防火墙兼容，但是用户名和密码在网络上是以明文发送的。

❑　集成 Windows 身份验证。不与所有的防火墙和代理服务器兼容，与 IE 浏览器兼容。用户名和密码不以明文发送。

❑ 摘要式身份验证。与所有的防火墙和代理服务器兼容，与 IE 浏览器兼容。用户名和密码不以明文进行发送，但是会保存在域服务器的明文文件中。

通常有两种方式禁止匿名用户访问文件或目录，具体如下。

❑ 在 IIS 中配置禁止对某个目录的匿名访问。

❑ 配置 NTFS 权限，禁止匿名用户或者 Guests 用户组访问文件夹。这样，即使启用了匿名访问，匿名用户最终还是没有权限访问文件或者目录。

16.3.2　配置 Windows 安全

在 Windows 系统中包含了如下 3 个默认的用户组。

❑ Administrators 组：具有最大，最多的权限。

❑ Everyone 组：自动包含当前域中经过身份验证的每一个用户。

❑ Guests 组：IIS 所关联的匿名账户默认隶属于 Guests 组，如图 16-12 所示。

图 16-11　IIS 中配置身份验证方法

图 16-12　匿名用户账户

NTFS 的权限控制采用继承机制，默认情况下 d:\Text 目录会继承 d:的配置。因此，如果尝试修改从父项继承的权限（如修改 d:\Text 文件夹自动从 d:继承的权限），会得到如图 16-13 所示的系统提示。

图 16-13　操作继承权限的提示

此时如果单击"高级"选项，然后取消勾选的"从父项继承权限"，如图 16-14 所示。

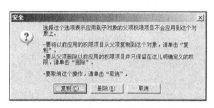

图 16-14　选择处理已经继承权限的方式

在此单击【复制】按钮，应用于父项的权限会全部复制到这个文件夹上，这样，这个文件夹就拥有了独立的权限。然后就可以对这些权限进行修改了。

16.3.3 配置 Windows 身份验证和授权

默认情况下，所有的 ASP.NET 应用程序都使用基于 Windows 的身份验证方式，如果修改 machine.config 中的验证方式，则可以通过单独配置某个 ASP.NET 应用程序根目录下的 Web.config 文件来应用 Windows 身份验证。具体配置代码如下。

```
<configuration>
  <system.web>
    <authentication mode="Windows"/>
  </system.web>
</configuration>
```

在启用 Windows 身份验证之后，可以通过配置 Web.config 文件来向特定的用户和组授予特定目录或文件的权限，这就是配置授权。

通过配置如下文件可以拒绝匿名用户的访问。

```
<?xml version="1.0"?>
<configuration>
    <system.web>
        <authorization>
            <deny users="?"/>
        </authorization>
    </system.web>
</configuration>
```

其中，users 代表一个或者多个用户（多个用户之间使用逗号分隔）。问号"?"表示所有未经过身份验证的用户（匿名用户）；星号"*"表示所有用户。

授权配置在<authorization>节点下，身份验证方式配置在<authentication>节点下。这两个节点名称的英语单词比较容易混淆，读者需注意分辨。

<deny>节点表示拒绝，还可以使用<allow>节点来表示允许，例如下面的配置代码。

```
<?xml version="1.0"?>
<configuration>
    <system.web>
        <authorization>
            <allow users="xxx\nnnn"/>
            <deny users="*"/>
        </authorization>
    </system.web>
</configuration>
```

这样就表示拒绝所有用户，只允许 Magicgrids 域下的 yzhu 用户访问文件或者目录。读者可能会奇怪，拒绝所有用户和允许一个用户之间有矛盾。其实，授权部分使用的是第一匹配算法，允许的配置在拒绝前出现，ASP.NET 看到允许后就直接放行用户而不会"追究"之后的拒绝。

读者在此还需要注意以下两点。

❑ 如果配置 NTFS 文件夹允许 Everyone 用户组（代表所有已经通过身份验证的用户）访问，那么就等于是进行了<allow users="*"/>的配置。

❑ 所有对于用户或者用户组的授权都必须是域名\用户名的格式。如果是本机用户，就在域名处写上计算机名或者一个点号"."。

读者按照笔者在本书中介绍的配置方法可能会打不开页面，这是因为你登录计算机的身份并不是 xxx\nnnn 用户，因此出现如图 16-15 所示的对话框。此时读者应该根据自己机器下的域名和用户名进行配置，以避免出现登录错误。

图 16-15 未授权的用户尝试访问文件夹

16.3.4　自定义角色

有时可能不能直接使用 Windows 的用户组来授权用户，此时，可以使用编程的方式创建一个全局应用程序类 Global.asax 在里面定义一个自定义角色，代码如下。

```
<%@ Application Language="C#" %>
<script runat="server">
    void WindowsAuthentication_OnAuthenticate(Object Source,
WindowsAuthenticationEventArgs e)
    {
        System.Collections.Generic.Dictionary<string, string[]> myRoles = new System.
Collections.Generic.Dictionary<string, string[]>();
        myRoles.Add(@"magicgrids\yzhu", new string[] { "myGroup" });
        if(myRoles.ContainsKey(e.Identity.Name.ToLower()))
            e.User = new System.Security.Principal.GenericPrincipal(e.Identity,
            myRoles[e.Identity.Name.ToLower()]);
    }
</script>
```

在上述代码中，定义了一个字典，用于存储用户和与它关联的用户组。在这里，我们把 xxx\mmm 这个用户关联到了自定义的用户组"myGroup"中。然后对 Web.config 文件进行如下修改。

```
<?xml version="1.0"?>
<configuration>
    <system.web>
        <authorization>
            <allow roles="myGroup"/>
            <deny users="*"/>
        </authorization>
    </system.web>
</configuration>
```

经过重新编译程序后页面还能正常打开，说明自定义用户组成功。在具体应用中，可以把用户和用户组数据保存在数据库中，然后在全局应用程序类中加载自定义用户组，在 Web.config 文件中授权用户组。

16.3.5　获取用户信息

如果觉得通过 Web.config 文件进行授权不是很方便，还可以直接读取当前访问页面的（域）用户信息来使用编程方式手动授权。读取用户标识名和判断用户是否在某个用户组中的代码如下。

```
Response.Write(User.Identity.Name + "<br/>");
Response.Write(User.IsInRole("myGroup") + "<br/>");
```

可以通过判断用户名来获取用户身份，然后根据用户身份给予不同的反馈。也可以通过判断用户是否在一个用户组内进行相应的反馈。

16.4　基于表单的身份验证

📀 知识点讲解：光盘:视频\PPT 讲解（知识点）\第 16 章\基于表单的身份验证.mp4

在网站应用中，使用最多的验证方式是表单，无论是会员登录还是用户注册，都是通过表单实现的。作为一个 Web 网站，登录表单既直观又简捷，ASP.NET 也支持基于表单的验证方式。如果需要为网站创建一套自定义的用户注册系统，那么基于表单的身份验证（以下简称表单验证）是非常合适的。因此，可以使用任何的载体（如配置文件或者数据库）来存储用户名和密码。表单验证通过 Cookie 判断用户票据，如果一个没有通过身份验证的用户请求一个页面，那么他会被自动转到登录页面，用户登录后又会转到原来的请求页面。

表单验证不负责提供完整的登录验证、用户注册等操作，它仅仅对用户进行身份验证，将未经身份验证的用户重定向到登录页面，并执行所有必要的 Cookie 管理。表单身份验证的基本处理流程如图 16-16 所示。

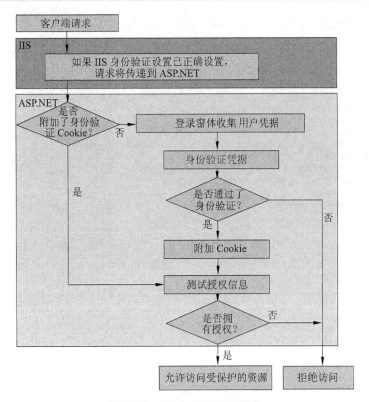

图 16-16　表单身份验证处理流程

1．启用表单身份验证

启用表单验证的操作步骤如下。

（1）配置根目录 Web.config 文件的<authentication>节点，以启用表单验证。

（2）配置必要目录 Web.config 文件的<authorization>节点，为指定目录关闭匿名访问权限。

（3）创建一个登录页面，允许用户输入用户名和密码。

例如下面的配置代码。

```
<configuration>
    <system.web>
        <authentication mode="Forms"/>
            <authorization>
            <deny users="?"/>
        </authorization>
    </system.web>
</configuration>
```

2．配置表单身份验证

在配置文件 Web.config 中，<authentication>节点存在一个可选的<forms>元素，其设置格式如下。

```
<authentication mode="Forms">
    <forms
        name=".ASPXAUTH"
        loginUrl="login.aspx"
        defaultUrl="default.aspx"
        protection="All"
        timeout="30"
        path="/"
        requireSSL="false"
        slidingExpiration="true"
        enableCrossAppRedirects="false"
        cookieless="UseDeviceProfile"
        domain="">
    </forms>
</authentication>
```

上述格式中各个属性的具体说明如表 16-1 所示。

表 16-1   **<forms>元素属性信息**

属　性	说　明
name	指定要用于身份验证的 HTTP Cookie。如果正在一台服务器上运行多个应用程序，并且每个应用程序都需要唯一的 Cookie，则必须在每个应用程序的 Web.config 文件中配置 Cookie 名称。默认值为.ASPXAUTH
loginUrl	指定如果找不到任何有效的身份验证 Cookie，将请求重定向到用于登录的 URL。默认值为 login.aspx
defaultUrl	定义在身份验证之后用于重定向的默认 URL。默认值为 default.aspx
protection	指定 Cookie 使用的加密类型（如果有）。此属性可以为下列值之一 ❑ All：指定应用程序同时使用数据验证和加密方法来保护 Cookie。该选项使用已配置的数据验证算法，该算法基于 machineKey 元素。如果三重 DES（3DES）可用并且密钥足够长（48 位或更长），则使用三重 DES 进行加密。默认值（建议值）为 All ❑ Encryption：指定对于将 Cookie 仅用于个性化并且具有较低的安全要求的站点，同时禁用加密和验证。不能以此方式使用 Cookie；但是，通过这种方法在.NET Framework 中启用个性化占用的资源最少 ❑ None：指定使用 3DES 或 DES 对 Cookie 进行加密，但不对 Cookie 执行数据验证。采用这种方式的 Cookie 可能受到精选的纯文本的攻击 ❑ Validation：指定验证方案验证已加密的 Cookie 的内容在转换中是否未被更改。Cookie 是使用 Cookie 验证创建的，方法是将验证密钥与 Cookie 数据相连接，然后计算消息身份验证代码（MAC），最后将 MAC 追加到传出 Cookie。默认值为 All
timeout	指定 Cookie 过期前逝去的时间（以整数分钟为单位）。如果 SlidingExpiration 属性为 True，则 timeout 属性是滑动值，会在接收到上一个请求之后的指定时间（以分钟为单位）后过期。为防止危及性能并避免向开启 Cookie 警告的用户发出多个浏览器警告，当指定的时间逝去大半时将更新 Cookie。这可能导致精确性受损。持久性 Cookie 不超时。默认值为 30（分钟）
path	为应用程序发出的 Cookie 指定路径默认值是斜杠（/），这是因为大多数浏览器是区分大小写的，如果路径大小写不匹配，浏览器不会送回 Cookie
requireSSL	指定是否需要 SSL 连接来传输身份验证 Cookie。此属性可以为下列值之一 ❑ True：指定必须使用 SSL 连接来保护用户凭据。如果为 True，则 ASP.NET 为身份验证 Cookie 设置 Secure 属性，并且除非连接使用 SSL，否则兼容的浏览器不会返回 Cookie ❑ False：指定不要求使用 SSL 连接来传输 Cookie。默认值为 False
SlidingExpiration	指定是否启用弹性过期时间。可调过期将 Cookie 的当前身份验证时间重置为在单个会话期间收到每个请求时过期。此属性可以为下列值之一 ❑ True：指定启用弹性过期时间。在单个会话期间，身份验证 Cookie 被刷新，并且每个后续请求的到期时间被重置 ❑ False：指定不启用可调过期，并指定 Cookie 在最初发出之后，经过一段设定的时间间隔后过期。默认值为 False
enableCrossApp-Redirects	表明是否将通过身份验证的用户重定向到其他 Web 应用程序中的 URL。此属性可以为下列值之一 ❑ True：指定将能够通过身份验证的用户重定向到其他 Web 应用程序中的 URL ❑ False：指定将不能通过身份验证的用户重定向到其他 Web 应用程序中的 URL。默认值为 False
cookieless	定义是否使用 Cookie 以及 Cookie 的行为。此属性可以为下列值之一 ❑ UseCookies：指定无论在什么设备上都始终使用 Cookie ❑ UseUri：指定从不使用 Cookie ❑ AutoDetect：如果设备配置文件支持 Cookie，则指定使用 Cookie；否则不使用 Cookie。对于已知支持 Cookie 的桌面浏览器，将使用探测机制来尝试在启用 Cookie 时使用 Cookie。如果设备不支持 Cookie，则不使用探测机制 ❑ UseDeviceProfile：如果浏览器支持 Cookie，则指定使用 Cookie；否则不使用 Cookie。对于支持 Cookie 的设备，不尝试通过探测来确定是否已启用 Cookie 支持。默认值为 UseDeviceProfile
domain	指定在传出 Forms 身份验证 Cookie 中设置的可选域。此设置的优先级高于<httpCookies>元素中使用的域。默认值为空字符串("")

3. 配置表单授权

在介绍基于 Windows 的身份认证的时候，已经简单介绍了配置授权用户和角色的方法。其实，ASP.NET 用于控制对 URL 资源的客户端访问。它对于用于生成请求的 HTTP 方法（GET 或 POST）是可配置的，并且可配置为允许或拒绝访问用户组或角色组。例如在下面的配置代码中，向名为"someone"的用户和名为"Admins"的角色授予访问权，而所有其他用户的访问问被拒绝。

```
<authorization>
    <allow users="someone" />
    <allow roles="Admins" />
    <deny users="*" />
</authorization>
```

允许的授权指令元素为 allow 或 deny，每个 allow 或 deny 元素都必须包含 users 或 roles 属性。通过提供一个逗号分配的列表，可在单个元素中指定多个用户或角色。

例如，在网站目录下创建一个"Down"文件夹，在该文件夹下放置一个 123.rar 文件，然后在该文件夹下再创建一个 Web.config 文件，用于配置授权。

```
<configuration>
  <system.web>
    <authorization>
      <deny users="?" />
    </authorization>
  </system.web>
</configuration>
```

上述配置限制了匿名用户对这个文件夹中资源的访问。但是要让 ASP.NET 引擎"接管"对资源的授权，还需要为某个扩展名的文件添加 ASP.NET 映射，即对网站的虚拟目录添加 rar 文件到 ASP.NET 引擎的映射，如图 16-17 所示。

图 16-17　添加扩展名映射

现在，输入"http://xxxx/Down/123.rar"来尝试下载文件，ASP.NET 会自动转到登录页面要求登录。

4. 登录与注销

在使用表单登录时，需要通知表单验证用户已经登录，要求表单验证写入用户凭据，并通知表单验证删除用户凭据。要实现上述功能需求，可以按照如下操作步骤进行操作。

（1）配置 Web.config 文件，启用表单验证，并且设置登录页面和默认首页的地址。

```
<?xml version="1.0"?>
<configuration>
    <system.web>
        <authentication mode="Forms">
            <forms
                name=".ASPXAUTH"
                loginUrl="MyLogin.aspx"
                defaultUrl="Download/Download.aspx">
            </forms>
        </authentication>
    </system.web>
</configuration>
```

（2）创建一个 MyLogin.aspx 页面，在该页面上放置一个按钮控件和一个多选框控件。

```
<asp:CheckBox ID="cb_RememberMe" runat="server" Text="记住我？" />
<asp:Button ID="btn_Login" runat="server" Text="登录" />
```

双击【登录】按钮，单击事件处理方法如下。

```
protected void btn_Login_Click(object sender, EventArgs e)
{
    FormsAuthentication.RedirectFromLoginPage("test", cb_RememberMe.Checked);
}
```

登录操作仅仅只需要一行代码。在这里，我们"通知"表单验证，名为"test"的用户已经通过身份验证，可以写入票据了。第二个 bool 型的参数指示是否要持久保留票据（以后用户访问这个页面不需要再次登录）。

为了简单，在此没有根据用户名和密码来判断用户是否是合法用户，此处的 RedirectFrom-LoginPage()方法仅仅是保存用户票据并把用户重定向到来源页面。

（3）在前面介绍的 Down 目录中创建一个 Download.aspx 页面，并在此页面上添加一个链接，用于下载文件；添加一个按钮，用于退出操作。

```
<a href="11.rar">下载</a><br />
<asp:Button ID="btn_Logout" runat="server" Text="注销" />
```

【注销】按钮的单击事件处理方法如下。

```
protected void btn_Logout_Click(object sender, EventArgs e)
{
    // 删除用户票据
    FormsAuthentication.SignOut();
    // 重定向到登录页面
    FormsAuthentication.RedirectToLoginPage();
}
```

表单验证"接管"了票据的写入和删除，而没有对 Cookie 进行任何编码就实现了用户身份票据在 Cookie 中的保存和删除。

（4）开始测试，具体过程如下。

第 1 步：打开 MyLogin.aspx 进行登录，登录后页面直接转到默认的首页 Down 目录下的 Download.aspx（根据 defaultUrl 属性的设置）。

第 2 步：直接打开通过身份验证用户才能访问的 Down/Download.aspx，页面自动重定向到 MyLogin.aspx（根据 loginUrl 属性的设置），要求用户登录，登录后还是自动返回到 Download.aspx。由于在前一节中已经添加了对 rar 文件的扩展名映射，因此未验证用户直接访问 123.rar 文件后也会转到 MyLogin.aspx。

第 3 步：测试持久票据。在登录的时候选中"记住我"复选框，单击登录后页面转到下载页面。关闭浏览器后直接访问下载页面，发现页面能正常打开，说明用户票据确实被持久保存了。单击【注销】按钮，页面又回到 MyLogin.aspx。

5．Web.config 进行身份验证

对于内部使用的小型系统，基本不需要对外开放注册等功能，而且用户的角色也相对单一，这时可以直接使用 Web.config 保存用户名和密码，并且使用表单验证来验证。例如，修改 Web.config 文件的<forms>部分。

```
<forms
    name=".ASPXAUTH"
    loginUrl="MyLogin.aspx"
    defaultUrl="Down/Download.aspx">
    <credentials passwordFormat="Clear">
        <user name="test" password="test"/>
    </credentials>
</forms>
```

在此可以用明文存储用户名和密码（都是"test"），然后修改 MyLogin.aspx 的【登录】按钮的单击事件处理方法。

```
protected void btn_Login_Click(object sender, EventArgs e)
{
    if (FormsAuthentication.Authenticate("test", "test"))
        FormsAuthentication.RedirectFromLoginPage("test", cb_RememberMe.Checked);
    else
        Response.Write("用户名或者密码错误");
}
```

通过 Authenticate()方法就能直接对照配置文件中的凭据验证用户名和密码。如果觉得明文保存密码不合适，可以修改 Web.config 文件，选择"MD5"或者"SHA1"加密算法。读者可能会问，怎么知道一个密码加密后的密码是什么呢？可以使用 HashPasswordForStoringIn ConfigFile()方法。此方法是一个经典的开源 MD5 加密算法实现，读者可以直接调用，修改 MyLogin.aspx 的 Page_Load 事件处理方法。

```
protected void Page_Load(object sender, EventArgs e)
{
    Response.Write(FormsAuthentication.HashPasswordForStoringInConfigFile
    ("test","SHA1"));
}
```

上述代码输出了"test"这个密码经过 SHA1 加密后的密码，然后把这个密码存入 Web.config 中即可。

```
<credentials passwordFormat=:SHA1">
    <user name="test" password="A94A8FE5CCB19BA61C4C0873D391E987982FBBD3"/>
</credentials>
```

6．获取用户信息

获取经过表单身份验证后的用户信息和用户凭据信息十分重要，为此可以在 Down 目录下创建一个 UserInfo.aspx，并对 Page_Load 事件处理方法进行如下修改。

```
protected void Page_Load(object sender, EventArgs e)
{
    if (User.Identity.IsAuthenticated)
    {
        FormsIdentity identity = User.Identity as FormsIdentity;
        FormsAuthenticationTicket ticket = identity.Ticket;
        Response.Write(string.Format("用户名：{0}<br/>", identity.Name));
        Response.Write(string.Format("创建时间：{0}<br/>", ticket.IssueDate));
        Response.Write(string.Format("过期时间：{0}<br/>", ticket.Expiration));
        Response.Write(string.Format("是否持久：{0}<br/>", ticket.IsPersistent));
    }
    else
        FormsAuthentication.RedirectToLoginPage();
}
```

在这里，我们输出了通过身份验证的用户名，以及身份票据的创建时间、过期时间和持久性，在 MyLogin.aspx 页面登录后（选择"记住我"复选框），访问 UserInfo.aspx 页面的输出结果如图 16-18 所示。

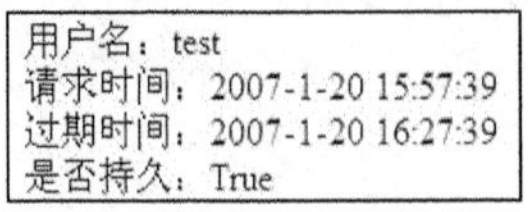

```
用户名：test
请求时间：2007-1-20 15:57:39
过期时间：2007-1-20 16:27:39
是否持久：True
```

图 16-18 输出用户信息

16.5 登 录 控 件

知识点讲解：光盘:视频\PPT 讲解（知识点）\第 16 章\登录控件.mp4

ASP.NET 为程序员提供了登录控件，通过这些控件，只需使用简单的设置即可实现身份验证功能，而无需编写大量的代码。还可以实现注册、登录、修改密码和取回密码功能。在本节的内容中，将详细讲解 ASP.NET 中登录控件的基本知识。

16.5.1　登录控件

程序员可以使用 Visual Studio 2012 方便地添加一个 Login.aspx 页面，并在该页面上放置一个登录控件（Login 控件），然后使用属性窗口对该控件进行配置。具体代码格式如下。

```
<asp:Login ID="Login1" runat="server" CreateUserText="没有注册？"
CreateUserUrl="Register.aspx" PasswordRecoveryText="忘记密码？"
PasswordRecoveryUrl="PasswordRecovery.aspx"/>
```

其中，CreateUserText 属性表示创建用户链接的字符串；CreateUserUrl 属性表示创建用户的链接地址；PasswordRecoveryText 属性表示取回密码链接的字符串；PasswordRecoveryUrl 属性表示取回密码的链接地址。

16.5.2　用户向导控件

用户向导控件（CreateUserWizard 控件）为用户注册页面服务，注册链接的地址为 Register.aspx，因此需要创建一个 Register.aspx 页面，用于注册操作。在页面上放置一个 CreateUserWizard 控件。具体代码格式如下。

```
<asp:CreateUserWizard ID="CreateUserWizard1" runat="server"
ContinueDestinationPageUrl="Default.aspx" />
```

其中，ContinueDestinationPageUrl 属性表示注册完成后转向的页面地址。之后，会创建 Default.aspx 页面，以显示登录名和登录状态等信息。

当新用户注册后，系统会自动为用户登录。在默认情况下密码需要有一定的强度（最短长度为 7 位，并且必须包含 1 个非字母的数字字符）。可以通过修改 Web.config 文件来改变这个设定，例如下面的配置段为成员资格指定了一个 MyAspNetSqlProvider 的 Provider，并设定密码最短长度为 6 位，不需要包含任何非字母的数字字符（<system.web>节点下）。

```
<membership defaultProvider="MyAspNetSqlProvider">
  <providers>
    <add name="MyAspNetSqlProvider" type="System.Web.Security.
    SqlMembershipProvider" connectionStringName="LocalSqlServer"
    minRequiredPasswordLength="6" minRequiredNonalphanumericCharacters="0"
    applicationName="/"/>
  </providers>
</membership>
```

另外，还需要指定用于成员资格服务的数据库连接字符串（<configuration>节点下）。

```
<connectionStrings>
  <add name="LocalSqlServer" connectionString="data source=xxx;Integrated
  Security=SSPI;AttachDBFilename=|DataDirectory|aspnetdb.mdf;User Instance=true"
  providerName="System.Data.SqlClient" />
</connectionStrings>
```

16.5.3　密码恢复控件

设置 Login 控件的 PasswordRecoveryUrl 属性后，会新建一个用于密码恢复（取回密码）操作的页面 PasswordRecovery.aspx。在该页面上放置一个密码恢复控件（PasswordRecovery 控件）。密码恢复的过程如下。

（1）输入用户名。

（2）输入该用户密码问题的答案。

（3）如果答案正确，则系统会把新的密码发送到用户的邮箱中。

为此，需要在 Web.config 文件的<configuration>节点下新增 SMTP 邮件服务器的配置，具体代码如下。

```
<system.net>
  <mailSettings>
    <smtp from="发件人的邮件地址">
      <network host="SMTP邮件服务器名" port="端口（默认25）" password="" userName="" />
```

```
      </smtp>
    </mailSettings>
  </system.net>
```

16.5.4　修改密码控件

用户在登录后可能还会希望进行密码修改操作，为此可以创建一个 ChangePassword.aspx
页面，然后在该页面上放置一个修改密码控件（ChangePassword 控件）。具体代码如下。

```
<asp:ChangePassword ID="ChangePassword1" runat="server" ContinueDestinationPageUrl=
"Default.aspx"/>
```

在上述代码中，设置了 ContinueDestinationPageUrl 属性为 Default.aspx，表示在修改密码后
让系统转到 Default.aspx 页面。

16.5.5　其他控件

除了注册、登录和密码操作外，还有可能用到如下操作。

❑　为没有登录的用户提供登录操作，为已经登录的用户提供退出操作。
❑　显示已经登录的用户名。
❑　为已登录和未登录的用户显示不同的信息。

要实现上述 3 个操作，可以分别使用 LoginStatus、LoginName 和 LoginView 控件来完成。

❑　LoginStatus 控件会自动根据用户是否登录来显示"登录"链接或者"退出"链接。当
　　然，也可以把文字换成图片。
❑　LoginName 控件可以按照一定的格式来显示登录的用户名。
❑　LoginView 控件提供了 LoggedInTemplate 和 AnonymousTemplate 等模板，其中
　　LoggedInTemplate 模板中的内容会在登录后显示，而 AnonymousTemplate 模板中的内
　　容会在未登录时显示。

例如下面的代码。

```
<asp:LoginStatus ID="LoginStatus1" runat="server" />
<asp:LoginName ID="LoginName1" runat="server" FormatString="您好：{0}"/>
<asp:LoginView ID="LoginView1" runat="server">
    <LoggedInTemplate>
        <a href="ChangePassword.aspx">修改密码</a>
    </LoggedInTemplate>
    <AnonymousTemplate>
        <a href="PasswordRecovery.aspx">恢复密码</a>
    </AnonymousTemplate>
</asp:LoginView>
```

16.6　网站管理工具

📹 知识点讲解：光盘:视频\PPT 讲解（知识点）\第 16 章\网站管理工具.mp4

在 ASP.NET 中，除了配置 Web.config 文件外，还允许使用网站管理工具来管理应用程序
的所有安全设置，如图 16-19 所示。这些网站管理工具包括：

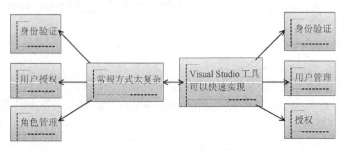

图 16-19　ASP.NET 网站管理工具

❑ 用户管理（成员资格管理）。

❑ 角色管理。

❑ 访问规则管理（授权）。

Visual Studio 2012 提供了功能完善的网站管理工具。新建或打开一个 ASP.NET 站点项目后，依次单击工具栏中的【网站】｜【ASP.NET 配置】命令后，即可打开当前网站的 ASP.NET 网站管理工具，如图 16-20 所示。所有有关安全的配置都在"安全"选项卡中，如图 16-21 所示。

✿ 注意：使用 ASP.NET 网站管理工具对网站进行安全配置时，可能会修改 Web.config 文件，因此在进行配置前请先关闭 Web.config 文件。

图 16-20　启动 ASP.NET 配置

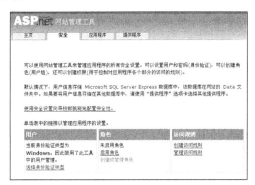

图 16-21　ASP.NET 网站管理工具

16.6.1　用户管理

用户管理功能仅对表单验证有效，如果当前的验证方式为默认的基于 Windows 的身份验证，则会看到如图 16-22 所示的提示。

单击"选择身份验证类型"超链接，然后选择"通过 Internet"单选按钮，如图 16-23 所示。

图 16-22　用户管理仅对表单验证有效

图 16-23　选择身份验证方式

此时就可以看到用户管理的一些功能了，如图 16-24 所示。单击"创建用户"超链接，可以创建用户账号，如图 16-25 所示。单击"管理用户"超链接，可以对已有的一些用户进行管理操作，如查找、编辑、删除和配置角色，如图 16-26 所示。

图 16-24　用户管理

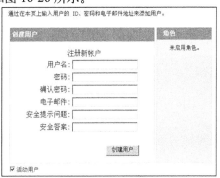

图 16-25　创建用户

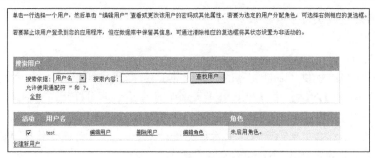

图 16-26　管理用户

由于现在还没有启用角色，因此暂时没有配置角色的功能。创建的这些用户都保存在
ASPNETDB 数据库中。

16.6.2　角色管理

如果没有启用角色管理，将会看到如图 16-27 所示的界面。

单击"启用角色"超链接后，界面的显示效果如图 16-28 所示。

此时在 Web.config 文件的<system.web>节点下已经多了如下配置。

```
<roleManager enabled="true" />
```

单击"创建或管理角色"超链接进行角色的创建、修改和删除，如图 16-29 所示。

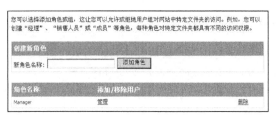

图 16-27　未启用角色管理　　图 16-28　已经启用角色管理　　　　　图 16-29　角色管理

在这里，新建了一个 Manager 的角色，但并没有把任何用户关联到这个角色，也没有对这个角色进行授权。现在使用用户管理功能创建一个名为"SalesManager"的用户，并在创建的时候直接把该用户关联到 Manager 这个角色，如图 16-30 所示。

创建用户		角色
注册新账户		为此用户选择角色：
用户名：SalesManager		☑ Manager
密码：●●●●●●●●		
确认密码：●●●●●●●●		
电子邮件：test@test.com		
安全提示问题：111		
安全答案：222		
创建用户		
☑ 活动用户		

图 16-30　创建用户并关联角色

对于已创建的用户，也可以通过用户管理中的编辑角色功能进行角色关联，如图 16-31 所示。

还有一种关联角色的方式就是在角色管理中进行关联，如图 16-32 所示。

图 16-31　编辑角色

图 16-32　在角色管理中添加用户

如果需要一次性把多个用户关联到某个角色，就需要搜索所有用户名中有"Manager"字样的用户，然后把他们全部关联到 Manager 这个角色。创建的这些角色以及用户和角色之间的关联都保存在 ASPNETDB 数据库中。

16.6.3　访问规则管理

访问规则管理用于授权用户或者角色对路径的访问权限，如图 16-33 所示。为了便于演示，此处在网站根目录下创建一个"Reports"文件夹，假设这个文件夹内存放的是报表文件，只允许经理访问。然后在这个文件夹中创建一个 Default.aspx 页面，该页面上放置一个 LoginName 控件。

单击"创建访问规则"超链接，显示如图 16-34 所示的界面。

```
这里是报表页面，您好 <asp:LoginName ID="LoginName1" runat="server" />
```

图 16-33　访问规则管理　　　　　　　　　　图 16-34　创建访问规则

在这里选中"Reports"文件夹，然后选择"角色"单选项，再选中先前创建的角色"Manager"，然后在"权限"部分选择"允许"单选项。这种组合表示允许 Manager 这个角色访问"Reports"文件夹。要达到我们的要求，除了允许经理访问文件夹之外，还需要禁止其他人（角色）访问文件夹。在单击"确定"按钮保存这个访问规则之后，再次单击"创建访问规则"超链接来创建一个拒绝规则：指定所有用户对"Reports"文件夹的访问权限为"拒绝"。

单击"管理访问规则"超链接，可以看到网站中各个文件夹的访问规则，如图 16-35 所示。

图 16-35　管理访问规则

现在，测试一下这些安全配置。启动 Reports 目录下的 Default.aspx 页面，该页面被自动重定向到了登录页面。可以尝试使用以下用户登录。

❑ test（不属于任何角色）。即使登录也不能访问到 Reports 目录下的 Default.aspx 页面。
❑ SalesManager（属于 Manager 用户组）。登录后可以访问 Reports 目录下的 Default.aspx 页面，如图 16-36 所示。

图 16-36　报表页面

其实，这些访问规则的配置都是保存在相应文件夹的 Web.config 文件中的，打开"Reports"文件夹中的 Web.config 文件可以看到如下的配置。

```xml
<?xml version="1.0" encoding="utf-8"?>
<configuration>
    <system.web>
        <authorization>
            <allow roles="Manager" />
            <deny users="*" />
        </authorization>
    </system.web>
</configuration>
```

16.6.4　其他配置

除了与安全相关的配置外，还可以通过网站管理工具来进行一些其他配置，图 16-37 和图 16-38 分别所示为 SMTP 服务器以及调试/跟踪应用程序的配置界面。

图 16-37　配置 SMTP 服务器　　　　　图 16-38　配置调试和跟踪应用程序

16.7　技术解惑

16.7.1　正确验证用户输入数据的经验

在 Web 应用开发过程中，程序员最大的失误往往是无条件地信任用户输入。假定用户（即使是恶意用户）总是受到浏览器的限制，总是通过浏览器和服务器交互，从而打开了攻击 Web 应用的大门。实际上，从最低级的字符模式的原始界面（如 Telnet），到 CGI 脚本扫描器、Web 代理、Web 应用扫描器，恶意用户可能采用的攻击模式和攻击手段有很多，根本不必局限于浏览器。因此，只有严格地验证用户输入的合法性，才能有效地抵抗黑客的攻击。应用程序可以使用多种方法（甚至是验证范围重叠的方法）执行验证。例如，在认可用户输入之前执行验证。确保用户输入只包含合法的字符，而且所有输入域的内容长度都没有超过范围（以防范可能出现的缓冲区溢出攻击），在此基础上再执行其他验证，确保用户输入的数据不仅合法，而且合理。必要时不仅可以采取强制性的长度限制策略，而且还可以对输入内容按照明确定义的特征集执行验证。下面几点建议有助于读者正确验证用户输入数据。

（1）始终对所有的用户输入执行验证，验证必须在一个可靠的平台上进行，并且应当在应用的多个层上进行。

（2）除了输入、输出功能必需的数据之外，不要允许输入其他任何内容。

（3）设立"信任代码基地"，允许数据进入信任环境之前执行彻底的验证。

（4）登录数据之前先检查数据类型。

（5）详尽地定义每一种数据格式，例如缓冲区长度、整数类型等。

（6）严格定义合法的用户请求，拒绝所有其他请求。

（7）测试数据是否满足合法的条件，而不是测试不合法的条件。这是因为数据不合法的情况很多，很难详尽列举。

16.7.2　ASP.NET 中的角色管理

角色管理可以帮助管理授权，而授权能够指定应用程序中的用户可访问的资源。角色管理允许向角色分配用户（如 Manager、Sales、Member 等），从而将用户组视为一个单元（在 Windows 中，可通过将用户分配到 Administrators、Power Users 等组来创建角色）。

建立角色后，可以在应用程序中创建访问规则。例如，站点中可能包括一组只希望对成员显示的页面。同样，用户可能希望根据当前用户是否是经理而显示或隐藏页面的一部分。通过使用角色，可以独立于单个应用程序用户建立这些类型的规则。例如，无需为站点的各个成员授予权限，以允许他们访问仅供成员访问的页面；而是可以为成员角色授予访问权限，然后只需在登录时将用户添加到角色中或从角色中删除，或让用户的成员资格失效。有关更多信息，请参见实例演练：通过角色管理网站用户。

用户可以属于多个角色。例如，如果网站是个论坛，则有些用户可能同时具有成员角色和版主角色。可能会定义每个角色在网站中拥有不同的权限，同时具有这两种角色的用户将具有两组权限。即使应用程序只有很少的用户，您仍能发现创建角色的方便之处。角色使用户可以灵活地更改特权、添加和删除用户，而无需对整个站点进行更改。为应用程序定义的访问规则越多，使用角色这种方法向用户组应用更改就越方便。

建立角色的主要目的是为用户提供一种管理用户组的访问规则的便捷方法。创建用户，然后将用户分配到角色（在 Windows 中，将用户分配到组）。典型的应用是创建一组要限制为只有某些用户可以访问的页面。通常的做法是将这些受限制的页面单独放在一个文件夹内。然后，可以建立允许和拒绝访问受限文件夹的规则。例如，可以配置站点，使成员和经理可以访问受限文件夹中的页面，并拒绝其他所有用户的访问。如果未被授权的用户尝试查看受限制的页面，该用户会看到错误消息或被重定向到指定的页面。

16.7.3 ASP.NET 角色管理的工作原理

若要使用角色管理，首先要启用它，并配置能够利用角色的访问规则（可选）。然后在运行时即可使用角色管理功能处理角色。

角色管理配置

如果要使用 ASP.NET 角色管理，需使用如下所示的配置代码在应用程序的 Web.config 文件中启用它。

```
<roleManager
    enabled="true"
    cacheRolesInCookie="true" >
</roleManager>
```

角色的典型应用是建立规则，用于允许或拒绝对页面或文件夹的访问。可以在 Web.config 文件的<authorization>节中设置此类访问规则。下面的示例演示了如何允许 members 角色的用户查看名为 "MemberPages" 的文件夹中的页面，同时也拒绝任何其他用户的访问。

```
<configuration>
    <location path="MemberPages">
        <system.web>
            <authorization>
                <allow roles="members" />
                <deny users="*" />
            </authorization>
        </system.web>
    </location>
    <!-- other configuration settings here -->
<configuration>
```

另外，还必须创建 manager 或 member 之类的角色，然后将用户 ID 分配给这些角色。如果应用程序使用 Windows 身份验证，则可以使用 Windows 计算机管理工具创建用户和组。如果使用 Forms 身份验证，则可以使用 ASP.NET 网站管理工具设置用户和角色。如果用户愿意，可以通过调用各种角色管理器的方法以编程方式执行此任务。下面的示例演示了如何创建角色 members。

```
Roles.CreateRole("members");
```

而下面的代码演示了如何将用户 JoeWorden 单独添加到角色 manager 中，以及如何将用户 JillShrader 和 ShaiBassli 同时添加到角色 members 中。

```
Roles.AddUserToRole("JoeWorden", "manager");
string[] userGroup = new string[2];
userGroup[0] = "JillShrader";
userGroup[1] = "ShaiBassli";
Roles.AddUsersToRole(userGroup, "members");
```

另外，读者需要注意，角色管理功能不能通过 ASP.NET 角色服务使用，因为角色服务只可以返回有关特定用户的信息。

16.7.4 ASP.NET 应用程序标识

当 ASP.NET 页正在执行时，服务器必须具有正在执行 ASP.NET 代码的进程的安全上下文（或标识）。在使用 Windows 集成安全性保护资源（如使用 NTFS 文件系统保护的文件或网络资源）时，需使用此标识。

例如，如果文件包含存储在应用程序的 App_Code 子目录中的应用程序代码，则只能由 ASP.NET 应用程序标识读取。因此，可以限制 App_Code 中文件的安全设置，以便 ASP.NET 应用程序标识只有读访问权限。ASP.NET 应用程序的 Windows 的另一个常见用法就是作为使用集成安全性连接到 SQL Server 的标识。

ASP.NET 应用程序的标识由若干因素确定。在默认情况下，ASP.NET 页使用处理 Web 服务器上 ASP.NET 页的服务的 Windows 标识运行。在运行 Windows Server 2003 的计算机上，该标识是 ASP.NET 应用程序所属的应用程序池的标识（默认情况下为 NETWORK SERVICE 账户）。在运行 Windows 2000 和 Windows XP Professional 的计算机上，该标识是在安装.NET Framework 时创建的本地 ASPNET 账户。用户可以根据需要，将该标识配置为其他标识。

通过使用 system.web 配置节的 identity 元素，可以修改 ASP.NET 页运行时使用的 Windows 标识。可以使用 identity 元素指示 ASP.NET 模拟 Windows 用户 ID。模拟 Windows 标识意味着应用程序的 ASP.NET 页将以该 Windows 标识运行。可以指定要模拟的用户名和密码。或者，可以启用模拟功能。模拟功能启用后，ASP.NET 将以下列两种方式之一运行：由 IIS 指定的匿名标识或由 IIS 确定的经过身份验证的浏览器标识（如匿名身份验证、Windows 集成的（NTLM）身份验证等）。

如果模拟的是 Windows 标识，可以执行代码恢复为进程的原始标识而不是模拟用户 ID。出于此原因，在需要将应用程序相互隔开的环境中，应将这些应用程序隔离在运行 Windows Server 2003 的计算机上的单独的应用程序池中。每个应用程序池都应配置为使用唯一的 Windows 标识。

例如，在如下所示的代码中，通过使用 GetCurrent 方法返回的 WindowsIdentity 的 Name 属性，可以很容易地确定正在运行 ASP.NET 页的操作系统线程的 Windows 标识。

```
<%=System.Security.Principal.WindowsIdentity.GetCurrent().Name%>
```

16.7.5 有关代码访问安全性的知识

每个以公共语言运行时为目标的应用程序（即每个托管应用程序）在运行时必须能够与系统进行安全的交互。在加载某个托管应用程序时，其宿主会自动向其授予一组权限。这些权限由宿主的本地安全设置或该应用程序所在的沙盒决定。根据这些权限的不同，该应用程序可能会正常运行，也可能会产生安全性异常。

桌面应用程序的默认宿主允许代码在完全信任的环境下运行。因此，如果您的应用程序以桌面为目标，则其具有一个不受限制的权限集。其他宿主或沙盒为应用程序提供了一个有限的权限集。由于此权限集可能因宿主而异，因此必须将应用程序设计为仅使用目标宿主允许的权限。

为了编写以公共语言运行时为目标的有效应用程序，编程人员必须熟悉下面的代码访问安全性概念。

- ❑ 类型安全代码。类型安全代码是仅以定义完善的、允许的方式访问类型的代码。例如，给定有效的对象引用，类型安全代码可以按对应于实际字段成员的固定偏移量来访问内存。如果代码以任意偏移量访问内存，该偏移量超出了属于该对象的公开字段的内存范围，则它就不是类型安全的代码。若要使代码受益于代码访问安全性，必须使用可生成能验证为类型安全的代码的编译器。

- ❑ 强制性语法和声明式语法。以公共语言运行时为目标的代码可以通过特定的步骤与安全系统交互，该步骤包括请求权限，要求调用方拥有指定的权限，然后重写某些安全设置（如果有足够特权的话）。可使用两种形式的语法以编程方式与 .NET Framework 安全系统进行交互：声明式语法和强制性语法。声明式调用使用特性执行；强制性调用在代码中使用类的新实例执行。有些调用只能强制性地执行，有些调用只能以声明方式执行，还有些调用可以按照这两种方式中的任一种方式执行。

- ❑ 安全类库。安全类库使用安全要求来确保库的调用方拥有访问库公开的资源的权限。例如，安全类库可能有创建文件的方法，该方法可能要求其调用方拥有创建文件的权限。.NET Framework 包含安全类库。

- ❑ 透明代码。从.NET Framework 4 开始，除了标识特定权限之外，还必须确定用户的代码是否以"安全-透明"的方式运行。"安全-透明"代码不能调用标识为"安全-关键"的类型或成员。此规则适用于完全信任的应用程序和部分信任的应用程序。

第 17 章

用户登录验证系统

在 Web 系统中，为了保护系统的安全性，通常有些功能是开放给合法用户的。此时需要对用户是否已经登录进行验证。本章将通过一个具体实例，介绍登录验证系统的实现过程，并穿插讲解各种核心技术。

17.1　用户登录验证系统介绍

登录验证系统是一个综合性的系统，不仅涉及表单登录和数据验证，而且在实现过程中会应用到数据库和验证码的知识。一个典型的登录验证系统的运行流程如图 17-1 所示。

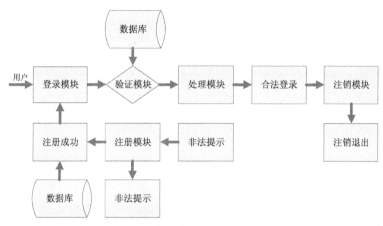

图 17-1　用户登录验证系统运行流程图

1. 登录验证系统的功能原理

对于 Web 站点的用户登录验证系统来说，其主要功能是对系统数据进行验证处理。如果数据非法，则不能登录；如果登录数据合法，则可以登录。但是在实现过程中，往往会根据目前情况的特定需求，编写特定的功能模块来实现特定验证。一个典型的用户登录验证系统的功能原理如下。

（1）预先设置一些合法数据，把用户的登录数据和这些数据进行对比，如果一致，则合法登录；如果不一致，则不能登录。

（2）设置注册表单收集用户注册数据，并预先规定注册数据的规则。如果数据符合规则，则成功注册；如果不符合预设规则，则注册失败。

2. 登录验证系统的构成模块

一个典型的用户登录验证系统由以下模块构成。

❑　登录模块：提供登录表单，供用户输入登录数据。
❑　验证模块：对用户的登录数据进行验证。
❑　处理模块：根据获取登录数据的合法性进行相应的处理。
❑　注册模块：供用户注册成为系统新的合法用户。
❑　注销模块：供成功登录的用户退出当前系统。

17.2　规划项目文件

需求分析已经完成，接下来步入正式的开发阶段。在具体开发之前，一定要根据需求分析确定要建立的实现文件。一个典型的登录验证系统的实现文件如下。

❑　系统配置文件：对项目程序进行总体配置。
❑　数据库文件：搭建系统数据库平台，保存系统的登录数据。
❑　登录验证模块文件：提供用户登录表单，并对登录数据进行验证处理。

❑ 验证码处理文件：提供验证码显示效果。

❑ 注册模块文件：提供用户注册表单，并对注册数据进行验证处理。

❑ 注销模块文件：注销用户的登录数据，退出当前系统。

17.3   系统配置文件

本项目的系统配置文件是 Web.config，主要功能是设置数据库的连接参数，其实现代码如下。

```
<connectionStrings>
 <add name="SQLCONNECTIONSTRING"
connectionString="data
source=GUAN\AAA;user id=sa;pwd=888888;database=deng"
providerName="System.Data.SqlClient"/>
</connectionStrings>
```

其中，source 用于指定连接的数据库服务器；user id 和 pwd 分别用于指定数据库的登录名和密码；database 用于指定连接数据库的名称。

17.4   搭建系统数据库

开发数据库管理信息系统需要选择后台数据库和相应的数据库访问接口。后台数据库的选择需要考虑用户需求、系统功能和性能要求等因素。考虑到本系统所要管理的数据量比较大，且需要多用户同时运行访问，所以笔者使用 SQL Server 2005 作为后台数据库管理平台，因为这个版本是当前最普及的版本。选择好数据库工具，具体用什么访问技术变得十分重要，因为它决定了整个项目的访问效率。应用程序的开发采用目前比较流行的 ADO 数据库访问技术，并将每个数据库表的字段和操作封装到相应的类中，使应用程序的各个窗体都能够共享对表的操作，而不需要重复编码，使程序更加易于维护，从而将面向对象的程序设计思想成功应用于应用程序设计中，这也是本系统的优势和特色。

17.4.1   数据库设计

本项目的数据库命名为"deng"，由登录用户信息表"User"构成。User 的具体设计结构如表 17-1 所示。

表 17-1   登录用户信息表

字 段 名 称	数 据 类 型	是 否 主 键	默 认 值	功 能 描 述
ID	int	是	递增 1	编号
Username	varchar(50)	否	Null	用户名
Password	varchar(255)	否	Null	密码
Status	tinyint	否	Null	标识状态

17.4.2   数据库访问层设计

本系统应用程序的数据库访问层由文件 User.cs 实现，其主要功能是建立 UserDAL 类，获取配置文件的数据库连接字符串，并检测数据库中的相关数据，对数据库中的数据进行相关处理。

文件 User.cs 的具体实现过程如下。

1. 定义 UserDAL 类

UserDAL 类的功能是声名只读变量 ConnectionStrings，获取数据库的连接字符串。其对应的实现代码如下。

```
using System.Web.UI.HtmlControls;
using System.Data.SqlClient;
```

```
namespace ASPNETAJAXWeb.AjaxUser
{          /// 操作用户信息的数据访问层
 public class UserDAL
 {
           /// 保存数据库的连接字符串
     private readonly string ConnectionString=ConfigurationManager.ConnectionStrings["SQLCONNECTIONSTRING"].
     ConnectionString;
     public UserDAL()
     {
          ///
     }
 }
```

2. 注册处理方法

注册模块最主要的功能是实现注册数据的验证和新注册数据的添加。上述功能由方法
CheckUser 和 AddUser 实现。其中，CheckUser 方法的功能是监测 userneme 参数指定的名称是
否已在数据库中存在。其对应的实现代码如下。

```
public SqlDataReader CheckUser(string username)
     {    ///定义数据库的Connection and Command
     SqlConnection myConnection = new SqlConnection(ConnectionString);
     SqlCommand myCommand = new SqlCommand("cunchu2",myConnection);
     ///定义访问数据库的方式为存储过程
     myCommand.CommandType = CommandType.StoredProcedure;
     ///创建访问数据库的参数
     SqlParameter parameterUserName = new SqlParameter("@Username",SqlDbType.VarChar,50);
     parameterUserName.Value = username;
     myCommand.Parameters.Add(parameterUserName);
     SqlDataReader dr = null;
     try
     {    ///打开数据库的连接
          myConnection.Open();
     }
      catch(Exception ex)
     {
          throw new Exception("数据库连接失败!",ex);
     }
     try
     {    ///执行数据库的存储过程（访问数据库）
          dr = myCommand.ExecuteReader(CommandBehavior.CloseConnection);
     }
     catch(Exception ex)
     {
          throw new Exception(ex.Message,ex);
     }
     ///返回 dr
     return dr;
     }
```

方法 AddUser 的功能是将新用户的注册信息添加到书库中，其具体实现过程如下。

（1）使用连接字符串创建 con 对象，实现数据库连接。

（2）设置 myCommand 对象的执行方法是存储过程，并设置执行的存储过程为 cunchu1。

（3）添加存储过程需要的@Username、@Password 和@UserID 参数值。

（4）执行存储过程 cunchu2，将结果返回到@UserID 中。

上述过程对应的实现代码如下。

```
public int AddUser(String username,String password)
     {    ///定义数据库的Connection and Command
     SqlConnection myConnection = new SqlConnection(ConnectionString);
     SqlCommand myCommand = new SqlCommand("cunchu1",myConnection);
     ///定义访问数据库的方式为存储过程
     myCommand.CommandType = CommandType.StoredProcedure;
     ///创建访问数据库的参数
     SqlParameter parameterUserName = new SqlParameter("@UserName",SqlDbType. VarChar,32);
     parameterUserName.Value = username;
     myCommand.Parameters.Add(parameterUserName);
     SqlParameter parameterPassword = new SqlParameter("@Password",SqlDbType. VarChar,100);
     parameterPassword.Value=password;
     myCommand.Parameters.Add(parameterPassword);
     SqlParameter parameterUserID=new SqlParameter("@UserID",SqlDbType.Int,4);
     parameterUserID.Direction = ParameterDirection.ReturnValue;
```

```
                myCommand.Parameters.Add(parameterUserID);
                try
                {     ////打开数据库的连接
                      myConnection.Open();
                }
                catch(Exception ex)
                {
                      throw new Exception("数据库连接失败!",ex);
                }
                try
                {     ////执行数据库的存储过程（访问数据库）
                      myCommand.ExecuteNonQuery();
                }
                catch(Exception ex)
                {
                      throw new Exception(ex.Message,ex);
                }
                finally
                {
                      if(myConnection.State == ConnectionState.Open)
                      {
                          ////关闭数据库的连接
                          myConnection.Close();
                      }
                }
                return (int)parameterUserID.Value;
```

3. 登录验证处理方法

验证模块最主要的功能是实现登录数据的验证，即验证用户名和密码是否正确。上述功能由方法 GetUserLogin 实现，它能够使存储过程"cunchu3"根据用户的输入数据和库内的合法数据进行检测。其对应的实现代码如下。

```
public SqlDataReader GetUserLogin(string username,string password)
        {   ////定义数据库的Connection and Command
            SqlConnection myConnection = new SqlConnection(ConnectionString);
            SqlCommand myCommand = new SqlCommand("cunchu3",myConnection);
            ////定义访问数据库的方式为存储过程
            myCommand.CommandType = CommandType.StoredProcedure;
            ////创建访问数据库的参数
            SqlParameter parameterUserName = new SqlParameter("@Username",SqlDbType. VarChar,50);
            parameterUserName.Value = username;
            myCommand.Parameters.Add(parameterUserName);
            SqlParameter parameterPassword = new SqlParameter("@Password",SqlDbType. VarChar,255);
            parameterPassword.Value = password;
            myCommand.Parameters.Add(parameterPassword);
            SqlDataReader dr = null;
            try
            {   ////打开数据库的连接
                myConnection.Open();
            }
            catch(Exception ex)
            {
                throw new Exception("数据库连接失败!",ex);
            }
            try
            {   ////执行数据库的存储过程（访问数据库）
                dr = myCommand.ExecuteReader(CommandBehavior.CloseConnection);
            }
            catch(Exception ex)
            {
                throw new Exception(ex.Message,ex);
            }
            ////返回 dr
            return dr;
        }
```

17.5 设置主题皮肤

主题皮肤的功能是对系统页面元素进行修饰，使各页面以指定的样式效果显示。作为一个 Web 站点，优美的主题效果会给人带来眼前一亮的效果。好的页面设计不但会使客户赏心悦目，也会吸引更多的浏览用户驻足。

1. 设置按钮元素样式

文件 web.skin 的功能是对页面中的各按钮元素进行修饰，使之以指定样式显示出来。文件 web.skin 的主要实现代码如下。

```
<%-- Button按钮的样式  --%>
<asp:Button runat="server" SkinID="btnSkin" BackColor="red" Font-Names="Tahoma" Font-Size="9pt" CssClass="Button" />
<%-- TextBox按钮的样式  --%>
<asp:TextBox runat="server" SkinID="mm" BackColor=" red " Font-Names="Tahoma" />
<%-- ListBox按钮的样式  --%>
<asp:ListBox SkinID="lbSkin" runat="server" BackColor="#daeeee" Font-Names="Tahoma" Font-Size="9pt" />
<%-- DropDownList按钮的样式  --%>
<asp:DropDownList SkinID="ddlSkin" runat="server" BackColor="#daeeee" Font-Names="Tahoma" Font-Size="9pt" />
```

2. 设置页面元素样式

文件 web.css 的功能是对页面内的整体样式和 Ajax 控件的样式进行修饰，使之以指定样式显示出来。文件 web.css 的主要实现代码如下。

```
body {
    font-family: "Tahoma";
    font-size:9pt;
        margin-top:0;
}
.Text{
    font:Tahoma;
    font-size:9pt;
}
.Button{
    font-family: "Tahoma";
    font-size: 9pt; color: #003399;
    border: 1px #003399 solid;color:#006699;
    BORDER-BOTTOM: #93bee2 1px solid;
    BORDER-LEFT: #93bee2 1px solid;
    BORDER-RIGHT: #93bee2 1px solid;
    BORDER-TOP: #93bee2 1px solid;
    background-image:url(../Images/c_annu.gif);
    background-color: #e8f4ff;
    CURSOR: hand;
    font-style: normal;
}
```

17.6　用户登录处理模块

本节开始编写用户登录验证处理代码，这部分代码的功能是提供用户登录表单，并对获取的登录数据进行验证，确保只有合法用户才能登录系统。

17.6.1　创建图文验证码

所谓验证码，是指利用随机产生的字符生成一幅图片，在图片中添加一些干扰像素，让用户肉眼识别其中的验证码信息。在输入表单输入验证码并提交后，经验证成功后才能使用某项功能，例如登录站点。设置验证码的主要目的是防止用户在站点中恶意注册、登录和灌水。

本项目验证码功能的实现过程如下。

1. 创建验证码类库

本实例创建验证码类库的操作过程如下。

（1）在 Visual Studio 2012 中新建一个类库工程，命名为"ValidateCode"，如图 17-2 所示。

（2）设置类文件名为"Yanzhengma.cs"，设置程序集名为"ASPNETAJAXWeb.ValidateCode"，设置默认命令空间为"ASPNETAJAXWeb.ValidateCode.Page"，如图 17-3 所示。

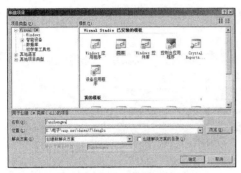

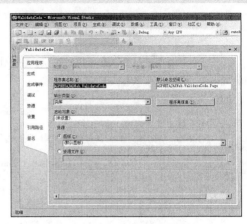

图 17-2 新建类库   图 17-3 设置类库

2．编写处理文件

验证码处理文件 Yanzhengma.aspx.cs 的功能是设置验证的显示属性、格式和样式，实现指定样式验证码的显示效果。其具体实现过程如下。

（1）声明字段属性

声明类和引用命名空间，使用类 ValidateCode 声明 7 个字段，用于获取验证码和设置验证码的长度。对应的实现代码如下。

```
        private const double IMAGELENGTHBASE = 12.5;
        private const int IMAGEHEIGTH = 22;
        private const int IMAGELINENUMBER = 25;
        private const int IMAGEPOINTNUMBER = 100;
        public static string VALIDATECODEKEY = "VALIDATECODEKEY";
        private int length = 6;
        private string code = string.Empty;
        public int Length
        {
            get
            {
                return length;
            }
            set
            {
                length = value;
            }
        }
        public string Code
        {
            get
            {
                return Code;
            }
        }
        public ValidateCode()
        {
        }
    protected override void OnLoad(EventArgs e)
        {
            CreateValidateImage(length);
        }
```

（2）创建随机字符串

通过方法 CreateCode(int length)创建一个由数字组成的、指定长度的随机字符串。对应的实现代码如下。

```
    public string CreateCode(int length)
        {
            if(length <= 0) return string.Empty;
            ///创建一组随机数，并构成验证码
            Random random = new Random();
            StringBuilder sbCode = new StringBuilder();
            for(int i = 0; i < length; i++)
            {
```

```
                sbCode.Append(random.Next(0,10));
            }
            ///保存验证码到Session对象中
            code = sbCode.ToString();
            Session[VALIDATECODEKEY] = code;
            return code;
        }
```

（3）绘制文字图像

通过方法 CreateValidateImage(string code)创建验证码的文字图像，通过 code 参数制定输出的字符串。对应的实现代码如下。

```
    public void CreateValidateImage(int length)
    {    ///创建验证码
        code = CreateCode(length);
        ///创建验证码的图片
        CreateValidateImage(code);
    }
    public void CreateValidateImage(string code)
    {
        if(string.IsNullOrEmpty(code) == true) return;
        ///保存验证码到Session对象中
        Session[VALIDATECODEKEY] = code;
        ///创建一个图像
        Bitmap image = new Bitmap((int)Math.Ceiling((code.Length * IMAGELENGTHBASE)),IMAGEHEIGTH);
        Graphics g = Graphics.FromImage(image);
        ///随机数生成器
        Random random = new Random();
        try
        {
            ///清空图像并指定填充颜色
            g.Clear(Color.White);
            ///绘制图片的干扰线
            int x1,x2,y1,y2;
            for(int i = 0; i < IMAGELINENUMBER; i++)
            {
                x1 = random.Next(image.Width);
                y1 = random.Next(image.Height);
                x2 = random.Next(image.Width);
                y2 = random.Next(image.Height);
                ///绘制干扰线
                g.DrawLine(new Pen(Color.Silver),x1,y1,x2,y2);
            }
            ///绘制验证码
            Font font = new Font("Tahoma",12,FontStyle.Bold | FontStyle.Italic);
            LinearGradientBrush brush = new LinearGradientBrush(new Rectangle(0,0,image.Width,image.Height),
                Color.Blue,Color.DarkRed,1.2f,true);
            g.DrawString(code,font,brush,2.0f,2.0f);
            ///绘制图片的前景噪点
            int x,y;
            for(int i = 0; i < IMAGEPOINTNUMBER; i++)
            {
                x = random.Next(image.Width);
                y = random.Next(image.Height);
                ///绘制点
                image.SetPixel(x,y,Color.FromArgb(random.Next()));
            }
            ///绘制图片的边框线
            g.DrawRectangle(new Pen(Color.Silver),0,0,image.Width - 1,image.Height - 1);
            ///保存图片内容
            MemoryStream ms = new MemoryStream();
            image.Save(ms,ImageFormat.Gif);
            ///输出图片
            Response.ClearContent();
            Response.ContentType = "image/Gif";
            Response.BinaryWrite(ms.ToArray());
        }
        finally
        {    ///释放占有的资源
            g.Dispose();
            image.Dispose();
        }
    }
}
```

3. 设置调用文件

调用文件 Yanzhengma.aspx 的功能是调用文件 Yanzhengma.cs，实现指定效果的验证码显示。

文件 Yanzhengma.aspx 的实现代码如下。

```
<%@ Page Language="C#" AutoEventWireup="false" CodeFile="Yanzhengma.cs" Inherits="ASPNETAJAXWeb.ValidateCode.Page.ValidateCode" %>
```

17.6.2　编写用户登录界面

所谓用户登录界面，是指提供用户登录表单供用户登录当前系统。本项目的用户登录界面是由文件 Login.aspx 实现的，其主要功能是为用户提供输入用户名和密码表单，同时还将输入的数据提交到数据库，并判断该数据是否合法。

文件 Login.aspx 的实现过程如下。

（1）插入 1 个 TextBox 控件，用于输入用户名称，并设置其值为 tbUsername。

（2）插入 2 个 RequiredFieldValidator 控件和 1 个 RegularExpressionValidator 控件，用于显示用户名的验证处理结果。各控件功能的具体说明如下。

❑ 第一个 rfNameBlank：验证用户名不能为空。

❑ 第二个 rfNameValue：验证用户名不能是"请输入用户名称"。

❑ 第三个 revName：验证用户名的长度。

（3）插入 1 个 TextBoxWatermarkExtender 控件，用于显示验证水印结果"请输入用户名称"。

（4）插入 3 个 ValidatorCalloutExtender 控件，用于显示验证结果。

文件 Login.aspx 的主要实现代码如下。

```
        <asp:ScriptManager ID="sm" runat="server" />
        <table class="Table" border="0" cellpadding="2" bgcolor="Black" cellspacing="1" width="600">
    <tr bgcolor="white">
            <td colspan="2"><hr /></td>
        </tr>
            <tr bgcolor="white">
                <td valign="top">用户名称：</td>
                <td width="90%"><asp:TextBox ID="tbUsername" runat="server" SkinID="mm" Width="60%" MaxLength="50">
</asp:TextBox>
                    <asp:RequiredFieldValidator ID="rfNameBlank" runat="server" ControlToValidate="tbUsername" Display="none"
ErrorMessage="用户名称不能为空！">
        </asp:RequiredFieldValidator>
                    <asp:RequiredFieldValidator ID="rfNameValue" runat="server" ControlToValidate="tbUsername" Display="none"
InitialValue="请输入用户名称" ErrorMessage="用户名称不能为空！">
        </asp:RequiredFieldValidator>
                    <asp:RegularExpressionValidator ID="revName" runat="server" ControlToValidate="tbUsername" Display="none"
ErrorMessage="用户名称的长度最大为50，请重新输入。" ValidationExpression=".{1,50}">
        </asp:RegularExpressionValidator>
                    <ajaxToolkit:TextBoxWatermarkExtender ID="wmeName" runat="server" TargetControlID="tbUsername"
WatermarkText="请输入用户名称" WatermarkCssClass="Watermark">
        </ajaxToolkit:TextBoxWatermarkExtender>
                    <ajaxToolkit:ValidatorCalloutExtender ID="vceNameBlank" runat="server" TargetControlID="rfNameBlank"
HighlightCssClass="Validator">
        </ajaxToolkit:ValidatorCalloutExtender>
                    <ajaxToolkit:ValidatorCalloutExtender ID="vceNameValue" runat="server" TargetControlID="rfNameValue"
HighlightCssClass="Validator">
        </ajaxToolkit:ValidatorCalloutExtender>
                    <ajaxToolkit:ValidatorCalloutExtender ID="vceNameRegex" runat="server" TargetControlID="revName"
HighlightCssClass="Validator">
        </ajaxToolkit:ValidatorCalloutExtender>
                </td>
        </tr>
            <tr bgcolor="white">
                <td valign="top">用户密码：</td>
                <td width="90%"><asp:TextBox ID="tbPassword" runat="server" SkinID="mm" Width="60%" MaxLength="50">
</asp:TextBox>
                    <asp:RequiredFieldValidator ID="rfPwdBlank" runat="server" ControlToValidate="tbPassword" Display="none"
ErrorMessage="用户密码不能为空！"></asp:RequiredFieldValidator>
                    <asp:RequiredFieldValidator ID="rfPwdValue" runat="server" ControlToValidate="tbPassword" Display="none"
InitialValue="请输入用户密码" Error Message="用户密码不能为空！"></asp:RequiredFieldValidator>
                    <ajaxToolkit:TextBoxWatermarkExtender ID="twePwd" runat="server" TargetControlID="tbPassword"
WatermarkText="请输入用户密码" WatermarkCssClass= "Watermark"></ajaxToolkit:TextBoxWatermarkExtender>
                    <ajaxToolkit:ValidatorCalloutExtender ID="vcePwdBlank" runat="server" TargetControlID="rfPwdBlank"
HighlightCssClass="Validator"></ajaxToolkit:ValidatorCalloutExtender>
                    <ajaxToolkit:ValidatorCalloutExtender ID="vcePwdValue" runat="server" TargetControlID="rfPwdValue"
```

```
HighlightCssClass="Validator"></ajaxToolkit:ValidatorCalloutExtender>
            </td>
        </tr>
        <tr bgcolor="white">
            <td>验 证 码：</td>
            <td>
                <asp:TextBox ID="tbCode" runat="server" SkinID="mm" Width="80px"></asp:TextBox>
                <asp:Image ID="imgCode" runat="server" ImageUrl = "Yanzhengma.aspx" />

                <asp:Label ID="lbMessage" runat="server" CssClass="Text" ForeColor="Red"></asp:Label></td>
        </tr>
```

上述代码执行后，将首先显示默认的登录表单，并在文本框中显示 Ajax 控件预设的显示文本，如图 17-4 所示；如果输入的用户名和密码为空，则会显示 Ajax 控件预设的提示信息，如图 17-5 所示；如果没有输入验证码，则会显示对应的提示信息，如图 17-6 所示。

图 17-4　初始显示效果

图 17-5　Ajax 提示效果

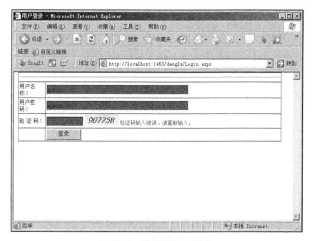

图 17-6　验证码提示效果

17.6.3　登录数据处理

本项目的登录数据处理功能是由文件 Login.aspx.cs 实现的，其具体实现过程如下。

（1）获取文件 Login.aspx 的提交事件 btnLogin_Click。

（2）根据用户输入的数据获取该记录的 ID 值。

（3）检测输入的用户名和密码是否都正确。

（4）检测输入的验证码是否正确。

（5）显示对应的处理结果。

文件 Login.aspx.cs 的主要实现代码如下。

```
protected void Page_Load(object sender, EventArgs e)
{
}
protected void btnLogin_Click(object sender,EventArgs e)
{
    if(Session[ValidateCode.VALIDATECODEKEY] == null) return;
    ///验证验证码是否相等
    if(tbCode.Text != Session[ValidateCode.VALIDATECODEKEY].ToString())
    {
        lbMessage.Text = "验证码输入错误，请重新输入。";
        return;
    }
    ///判断用户的名称和密码是否正确
    UserDAL user = new UserDAL();
    SqlDataReader dr = user.GetUserLogin(tbUsername.Text,tbPassword.Text);
    if(dr == null) return;
    if(dr.Read())
    {   ///用户登录成功
        Session["UserInfo"] = dr["ID"].ToString();
        Response.Write("用户登录成功！");
    }
    else
    {   ///用户登录失败
        Response.Write("用户登录失败！");
    }
    dr.Close();
    Response.End();     ///中止网页输出
}
```

上述代码的执行结果描述如下：如果输入的用户名和密码错误，则输出对应的提示的信息，如图 17-7 所示；如果输入的验证码错误，则会显示对应的提示信息，如图 17-8 所示；如果输入的用户名、密码和验证码数据都正确，则会显示登录成功的提示，如图 17-9 所示。

图 17-7　用户信息错误提示

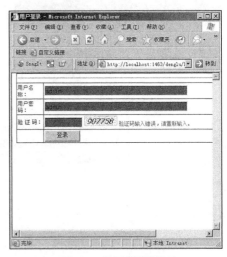

图 17-8　验证码错误提示

图 17-9　登录成功提示

17.7 用户注册处理模块

本节编写用户登录验证处理代码。这部分代码的功能是提供用户注册表单，并对获取的注册数据进行验证，确保只有合法用户才能成为新的系统会员。

17.7.1 编写用户注册界面

所谓用户注册界面，是指提供用户注册表单供用户注册为系统新会员。本项目的用户注册界面是由文件 Register.aspx 实现的，其主要功能是为用户提供信息输入表单，同时将输入数据提交到数据库，并判断该数据是否合法。

文件 Register.aspx 的主要实现代码如下。

```
        <asp:ScriptManager ID="sm" runat="server" />
        <asp:UpdatePanel ID="up" runat="server">
            <ContentTemplate>
......
            <td valign="top">用户名称：</td>
            <td width="90%">
            <asp:TextBox ID="tbUsername" runat="server" SkinID="mm" Width="60%" MaxLength="50">
            </asp:TextBox>
            <asp:Button ID="btnCheck" runat="server" Text="用户名检测" CausesValidation="False" OnClick="btnCheck_Click"
SkinID="nn" />
                <asp:Label ID="lbCheckResult" runat="server" ForeColor="Red"></asp:Label>
                <asp:RequiredFieldValidator ID="rfNameBlank" runat="server"
ControlToValidate="tbUsername" Display="none" ErrorMessage="用户名称不能为空！">
                </asp:RequiredFieldValidator>
                <asp:RequiredFieldValidator
                Display="none" InitialValue="请输入用户名称"
                ErrorMessage="用户名称不能为空！">
            </asp:RequiredFieldValidator>
            <asp:RegularExpressionValidator ID="revName" runat="server"
                ControlToValidate="tbUsername" Display="none"
                ErrorMessage="用户名称的长度最大为50，请重新输入。"
                ValidationExpression=".{1,50}">
                </asp:RegularExpressionValidator>
            <ajaxToolkit:TextBoxWatermarkExtender ID="wmeName" runat="server"
                TargetControlID="tbUsername" WatermarkText="请输入用户名称"
                WatermarkCssClass="Watermark">
            </ajaxToolkit:TextBoxWatermarkExtender>
            <ajaxToolkit:ValidatorCalloutExtender
                ID="vceNameBlank" runat="server"
                TargetControlID="rfNameBlank" HighlightCssClass="Validator">
                </ajaxToolkit:ValidatorCalloutExtender>
            <ajaxToolkit:ValidatorCalloutExtender
                ID="vceNameValue" runat="server"
                TargetControlID="rfNameValue"
                HighlightCssClass="Validator">
            </ajaxToolkit:ValidatorCalloutExtender>
            <ajaxToolkit:ValidatorCalloutExtender
                ID="vceNameRegex" runat="server"
                TargetControlID="revName"
                HighlightCssClass="Validator">
            </ajaxToolkit:ValidatorCalloutExtender>
......
            <td valign="top">用户密码：</td>
            <td width="90%">
            <asp:TextBox ID="tbPassword" runat="server" SkinID="mm" Width="60%" MaxLength="50" TextMode="Password">
            </asp:TextBox><br />
            <asp:Label ID="lbHelp" runat="server"></asp:Label>
            <asp:RequiredFieldValidator ID="rfPwdBlank" runat="server" ControlToValidate="tbPassword" Display="none"
                ErrorMessage="用户密码不能为空！">
            </asp:RequiredFieldValidator>
            <ajaxToolkit:ValidatorCalloutExtender ID="vcePwdBlank"
                runat="server" TargetControlID="rfPwdBlank"
                HighlightCssClass="Validator">
            </ajaxToolkit:ValidatorCalloutExtender>
            <ajaxToolkit:PasswordStrength ID="psPassword"
                runat="server" TargetControlID="tbPassword"
```

```
                    DisplayPosition="RightSide" TextCssClass="PasswordStrengthText"
                    HelpHandlePosition="BelowLeft" HelpStatusLabelID="lbHelp"
                    MinimumNumericCharacters="2" MinimumSymbolCharacters="2"
                    PreferredPasswordLength="10" RequiresUpperAndLowerCaseCharacters="true"
                    StrengthIndicatorType="Text" TextStrengthDescriptions="很差;差;一般;好;很好"
                    CalculationWeightings="40;20;20;20">
                </ajaxToolkit:PasswordStrength>
......
                <td valign="top">确认密码：</td>
                <td width="90%">
        <asp:TextBox ID="tbPasswordStr" runat="server" SkinID="mm" Width="60%" MaxLength="50" TextMode="Password">
        </asp:TextBox>
        <asp:CompareValidator ID="cvPwd" runat="server"
                    ControlToValidate="tbPassword" ControlToCompare="tbPasswordStr"
                    Display="none" Operator="Equal"
                    ErrorMessage="两次输入的密码不相同，请重新输入。">
        </asp:CompareValidator>
        <ajaxToolkit:ValidatorCalloutExtender
                    ID="vcePassword" runat="server" TargetControlID="cvPwd"
                    HighlightCssClass="Validator">
        </ajaxToolkit:ValidatorCalloutExtender>
                </td>
                </tr>
                <tr bgcolor="white">
                <td>验 证 码：</td>
                <td>
        <asp:TextBox ID="tbCode" runat="server" SkinID="mm" Width="80px"></asp:TextBox>
        <asp:Image ID="imgCode" runat="server" ImageUrl="Yanzhengma.aspx" />
```

上述代码执行后，将显示注册表单界面，如图 17-10 所示；如果用户输入非法数据，则将显示相应的提示信息，如图 17-11 所示。

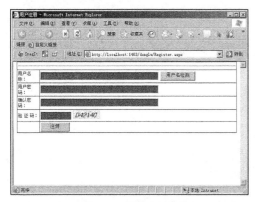

图 17-10　注册表单效果

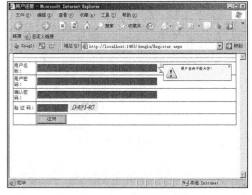

图 17-11　非法提示效果

17.7.2　注册数据处理

注册数据处理是指对注册用户输入的数据进行验证。如果输入的数据非法，则显示对应的提示信息；如果输入的数据合法，则将该数据添加到系统库中。本项目的注册数据处理功能是由文件 Register.aspx.cs 实现的，其主要实现代码如下。

```
protected void Page_Load(object sender, EventArgs e)
{
}
protected void btnCheck_Click(object sender,EventArgs e)
{   ///检查用户名称是否为空
    if(string.IsNullOrEmpty(tbUsername.Text) == true)
    {
        lbCheckResult.Text = "很遗憾，您输入的用户名称为空，不能注册。请重新输入";
        lbCheckResult.ForeColor = System.Drawing.Color.Red;
        return;
    }
    ///检查用户名称是否存在
    UserDAL user = new UserDAL();
    SqlDataReader dr = user.CheckUser(tbUsername.Text);
```

```
        if(dr == null)
        {   ///如果不存在，则可以使用
            lbCheckResult.Text = "恭喜您，您选择的用户名称可以使用。";
            lbCheckResult.ForeColor = System.Drawing.Color.Green;
            return;
        }
        if(dr.Read())
        {   ///如果存在，则不能注册
            if(Int32.Parse(dr["UserCount"].ToString()) > 0)
            {
                lbCheckResult.Text = "很遗憾，您选择的用户名称已经被使用了。请重新选择";
                lbCheckResult.ForeColor = System.Drawing.Color.Red;
            }
            else
            {   ///如果不存在，则可以使用
                lbCheckResult.Text = "恭喜您，您选择的用户名称可以使用。";
                lbCheckResult.ForeColor = System.Drawing.Color.Green;
            }
        }
        else
        {   ///如果不存在，则可以使用
            lbCheckResult.Text = "恭喜您，您选择的用户名称可以使用。";
            lbCheckResult.ForeColor = System.Drawing.Color.Green;
        }
        dr.Close();
    }
    protected void btnRegister_Click(object sender,EventArgs e)
    {   ///判断是否创建了验证吗
        if(Session[ValidateCode.VALIDATECODEKEY] == null) return;
        ///验证验证码是否相等
        if(tbCode.Text != Session[ValidateCode.VALIDATECODEKEY].ToString())
        {
            lbMessage.Text = "验证码输入错误，请重新输入。";
            return;
        }
        ///注册新用户
        UserDAL user = new UserDAL();
        if(user.AddUser(tbUsername.Text,tbPassword.Text) > 0)
        {
            lbMessage.Text = "恭喜您，注册成功！";
        }
        else
        {
            lbMessage.Text = "很遗憾，注册失败！";
        }
```

上述代码的执行结果描述如下：如果输入的用户名没有被使用，则显示对应的提示信息，如图 17-12 所示；如果输入的用户名已被使用，则显示对应的提示信息，如图 17-13 所示；如果输入的用户名、密码、确认密码和验证码都正确，则会显示注册成功的提示，如图 17-14 所示。

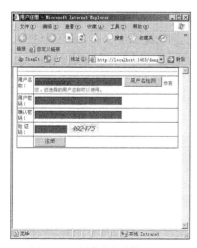

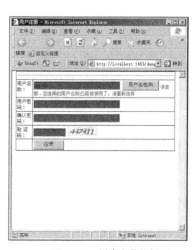

图 17-12　用户名合法提示　　　　　　　　　　　图 17-13　用户名非法提示

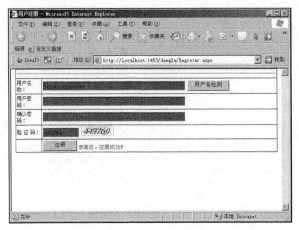

图 17-14　注册成功提示

17.8　用户注销处理模块

本节编写用户注销处理代码。用户注销处理代码的功能是提供用户注销程序，使已登录用户退出系统，确保系统会员数据的安全性。此处的注销功能十分重要，无论使用 Session 还是 Cookie，当存储登录信息后都会占用一点资源的。特别是 Session，在服务器端不可避免地会耗费大量资源。所以各大站点都推出了注销模块，在用户离开页面之前释放 Session 数据占用的资源。

17.8.1　注销程序激活页面

文件 LogOff.aspx 是一个激活页面，其只是起到了一个中间媒介的作用，设置本身的代码隐藏文件 LogOff.aspx.cs。文件 LogOff.aspx 的主要实现代码如下。

```
<body>
    <form id="form1" runat="server">
    <div>
    </div>
    </form>
</body>
```

17.8.2　注销处理页面

文件 LogOff.aspx.cs 的功能是设置用户注销程序，确保系统用户能够安全地退出当前系统。文件 LogOff.aspx.cs 的主要实现代码如下。

```
public partial class LogOff : System.Web.UI.Page
{
    protected void Page_Load(object sender, EventArgs e)
    {
        if(Session["UserInfo"] != null)
        {   ///清空用户登录信息
            Session["UserInfo"] = null;
            Session.Clear();
            Session.Abandon();      ///取消当前Session
        }
        Response.Redirect("~/Login.aspx");      ///重定向到登录页面
    }
}
```

在用户登录处理系统中，用户的登录数据一般被存储在 Session 或 Cookies 中，这样能够实现用户在登录系统中的多页面访问。当用户退出系统时，只需将存储的数据清空即可。这样不仅方便用户的操作，而且提高了用户数据的安全性，减轻了系统服务器的负担，避免大量 Session 或 Cookies 在当前系统内运行。

到此为止，整个项目全部完成，项目文件在 Visual Studo 2012 资源管理器中的效果如图 17-15
所示。

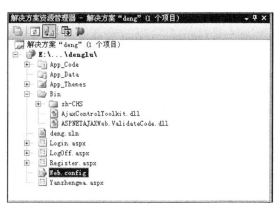

图 17-15　实例资源管理器效果

第 18 章

在线信息搜索系统

在当今的信息时代，从众多的信息中找到需要的信息已经成为人们提高工作效率的必要手段之一。为此，各信息搜索类站点应运而生。在 ASP.NET 站点开发中，需要设计自己独立的搜索程序，以满足现实用户的需求。本章将向读者介绍在线信息搜索系统的功能原理和构成模块，并通过具体的实例介绍一个典型在线信息搜索系统的实现过程。

18.1　在线信息搜索系统介绍

在线信息搜索系统是一个综合性的系统，在实现过程中，不仅涉及表单数据的处理，而且会应用到数据库的相关知识。

1. 在线信息搜索系统的功能原理

Web 站点的在线信息搜索系统比较简单，其主要功能是将用户需求的信息快速检索并显示出来。在实现过程中，往往是根据用户提供的搜索关键字进行检索。在线信息搜索系统的功能原理如下。

（1）通过各种方式获取 Web 站点中的信息，并将这些信息进行存储处理。

（2）提供信息搜索表单供用户输入检索关键字。

（3）根据获取的关键字进行检索处理。

（4）将符合检索条件的信息显示出来。

2. 在线信息搜索系统的构成模块

一个典型在线信息搜索系统由以下模块构成。

❑　搜索表单模块：提供信息搜索表单，供用户输入搜索关键字。

❑　搜索处理模块：按照用户的关键字进行搜索处理。

❑　结果显示模块：将符合检索条件的信息显示出来。

❑　数据库模块：提供系统中的信息数据，供用户进行搜索处理。

上述应用模块的具体运行流程如图 18-1 所示。

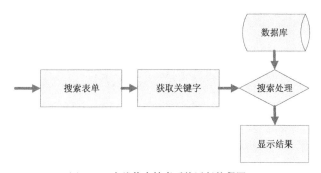

图 18-1　在线信息搜索系统运行流程图

通过上述介绍，读者了解了用户在线信息搜索系统的功能原理和运行流程。在接下来的内容中，将通过一个具体的在线信息搜索系统实例，详细讲解一个典型的在线信息搜索系统的设计过程。

❀　注意：图 18-1 所示的运行流程仅代表当前主流的 Web 搜索系统，对于大型的专业搜索引擎站点来说，其实现流程更加**复杂，并且需要特殊的技术支持。**

18.2　在线信息搜索系统模块文件

本实例的源代码保存在"18\"文件夹中，其主要由如下模块文件构成。

❑　系统配置文件：对项目程序进行总体配置。

❑　数据库文件：搭建系统数据库平台，保存系统的登录数据。

❑　在线信息搜索表单文件：提供用户信息搜索表单。

❑　搜索处理文件：按照用户的关键字进行搜索处理，将库内符合条件的数据显示出来。

上述项目文件在 Visual Studio 2012 资源管理器中的效果如图 18-2 所示。

图 18-2　实例资源管理器效果

18.3　系统配置文件实现

本项目的系统配置文件是 Web.config，其主要功能是设置数据库的连接参数，并配置系统与 Ajax 服务器的相关内容。在 ASP.NET 中，资源的配置信息包含在一组配置文件中，每个文件都命名为 Web.config。每个配置文件都包含 XML 标记和子标记的嵌套层次结构，这些标记带有指定配置设置的属性。因为这些标记必须是格式正确的 XML，所以标记、子标记和属性是区分大小写的。标记名和属性名是 Camel 大小写形式的，这意味着标记名的第一个字符是小写的，任何后面连接单词的第一个字母是大写的。属性值是 Pascal 大小写形式的，这意味着第一个字符是大写的，任何后面连接单词的第一个字母也是大写的。true 和 false 例外，它们总是小写的。

1. 配置连接字符串参数

配置连接字符串参数即设置系统程序连接数据库的参数，其对应的实现代码如下。

```
<connectionStrings>
  <add name="SQLCONNECTIONSTRING"
  connectionString="data
  source=GUAN\AAA;user id=sa;pwd=888888;database=sousuo"
  providerName="System.Data.SqlClient"/>
</connectionStrings>
```

其中，source 用于指定连接的数据库服务器；user id 和 pwd 分别用于指定数据库的登录名和密码；database 用于指定连接数据库的名称。

2. 配置 Ajax 服务器参数

配置 Ajax 服务器参数即配置 Ajax Control Toolkit 程序集参数，使系统页面在引用 AjaxControlToolkit.dll 中的控件时，不需要额外添加<Register>代码。其对应的实现代码如下。

```
<pages>
    <controls>
      <add namespace="AjaxControlToolkit" assembly="AjaxControlToolkit" tagPrefix="ajaxToolkit"/>
      <add tagPrefix="asp" namespace="System.Web.UI" assembly="System.Web.Extensions, Version=1.0.61025.0, Culture=neutral,
PublicKeyToken=31bf32856ad364e35"/>
    </controls>
</pages>
```

18.4　搭建系统数据库

为了便于实例程序的实现，将系统中所有的信息数据存储在专用数据库内。这样，不仅方便系统维护人员对系统进行管理维护，而且有助于将用户检索到的信息快速检索出来。

18.4.1 数据库设计

因为考虑到本系统使用后信息量会将越来越多，这里采用 SQL Server 2005 作为后台数据库管理平台，名为"sousuo"，由系统信息数据表"File"构成。File 的具体设计结构如表 18-1 所示。

表 18-1　系统信息数据表

字　段　名　称	数　据　类　型	是　否　主　键	默　认　值	功　能　描　述
ID	int	是	递增1	编号
Title	varchar(200)	否	Null	用户名
Url	varchar(255)	否	Null	密码
Type	varchar(50)	否	Null	标识状态
Size	int	否	Null	信息大小
CreateDate	datetime	否	Null	信息创建时间

18.4.2 数据库访问层设计

本系统应用程序的数据库访问层由文件 ssssss.cs 实现，其主要功能是在 ASPNETAJAXWeb.AjaxFileImage 空间内建立 FileImage 类，并实现对系统库中信息数据的处理。文件 ssssss.cs 的实现过程如下。

（1）定义 FileImage 类，主要实现代码如下。

```
using System;
using System.Data;
using System.Configuration;
using System.Data.SqlClient;
namespace ASPNETAJAXWeb.AjaxFileImage
{
    public class FileImage
    {
        public FileImage()
        {
        ......
        }
```

（2）获取系统内文件信息，即获取系统数据库中存在文件的信息，其功能是由方法 GetFiles() 实现的。方法 GetFiles() 的实现代码如下。

```
public DataSet GetFiles()
    {   //获取连接字符串
        string connectionString = ConfigurationManager.ConnectionStrings ["SQLCONNECTIONSTRING"]. ConnectionString;
        //创建连接
        SqlConnection con = new SqlConnection(connectionString);
        //创建SQL语句
        string cmdText = "SELECT * FROM [File]";
        SqlDataAdapter da = new SqlDataAdapter(cmdText,con);
        //定义DataSet
        DataSet ds = new DataSet();
        Try
        {
            con.Open();
            //填充数据
            da.Fill(ds,"DataTable");
        }
        catch(Exception ex)
        {   //抛出异常
            throw new Exception(ex.Message,ex);
        }
        finally
        {   //关闭连接
            con.Close();
        }
        return ds;
    }
```

18.5　设置主题皮肤文件

接下来进入样式文件设计阶段。样式文件的功能是对系统页面元素进行修饰，使各页面以指定的样式效果显示。

18.5.1　设置按钮元素样式

文件 mm.skin 的功能是对页面中的各按钮元素进行修饰，使之以指定样式显示出来。文件 mm.skin 的主要实现代码如下。

```
<asp:Button runat="server" SkinID="anniu" BackColor="red" Font-Names="Tahoma" Font-Size="28pt" CssClass="Button" />
<asp:TextBox runat="server" SkinID="nn" BackColor="green" Font-Names="Tahoma" />
<asp:ListBox SkinID="lbSkin" runat="server" BackColor="#daeeee" Font-Names="Tahoma" Font-Size="28pt" />
<asp:DropDownList SkinID="ddlSkin" runat="server" BackColor="#daeeee" Font-Names="Tahoma" Font-Size="28pt" />
<asp:GridView SkinID="mm" runat="server" GridLines="Both" CssClass="Text" BackColor="White" BorderColor="Black"
    BorderStyle="Solid" BorderWidth="1px" CellPadding="4" AutoGenerateColumns="False" Font-Names="Tahoma" Width="100%">
    <FooterStyle BackColor="#E28F4FF" ForeColor="#33002828" />
    <AlternatingRowStyle BorderColor="Black" BorderStyle="Solid" BorderWidth="1px" />
    <RowStyle BorderColor="Black" BorderStyle="Solid" BorderWidth="1px" />
    <SelectedRowStyle BackColor="#E28F4FF" Font-Bold="True" ForeColor="#66332828" />
    <PagerStyle BackColor="#E28F4FF" ForeColor="#33002828" HorizontalAlign="Center" />
    <HeaderStyle BackColor="#333333" Font-Bold="True" ForeColor="yellow" Font-Names="Tahoma" BorderStyle="Solid"
BorderWidth="1px" />
</asp:GridView>
```

18.5.2　设置页面元素样式

文件 web.css 的功能是对页面中的整体样式和 Ajax 控件的样式进行修饰，使之以指定样式显示出来。文件 web.css 的主要实现代码如下。

```
body {
        font-family: "Tahoma";
        font-size:28pt;
        margin-top:0;
}
.Text {
    font:Tahoma;
    font-size:28pt;
}
.Table {
    width:100%;
    font-size: 28pt;
    border:0;
    font-family: Tahoma;
}
.Button {
    font-family: "Tahoma";
    font-size: 28pt; color: yellow;
    border: 1px #00332828 solid;color:#00662828;
    BORDER-BOTTOM: red 1px solid;
    BORDER-LEFT: red 1px solid;
    BORDER-RIGHT: red 1px solid;
    BORDER-TOP: red 1px solid;
    background-image:url(../Images/c_annu.gif);
    background-color: #cc332828;
    CURSOR: hand;
    font-style: normal;
}
```

18.6　信息搜索模块

本书开始正式进入编码阶段，实现信息搜索处理功能。站内搜索的原理很简单，即提供一个用户搜索表单，单击搜索按钮后，将系统数据库中符合用户搜索关键字的信息列表显示出来。

18.6.1　信息搜索表单页面

信息搜索表单页面文件 SearchFile.aspx 的功能是提供信息搜索表单供用户进行信息检索。文件 SearchFile.aspx 的主要实现代码如下。

```
        <asp:ScriptManager ID="sm" runat="server"></asp:ScriptManager>
        <table class="Table" border="0" cellpadding="2" bgcolor="Black" cellspacing="1">
            <tr bgcolor="white">
                <td colspan="2"><hr /><a name="message"></a></td>
            </tr>
            <tr bgcolor="white">
                <td>文件名称：</td>
                <td width="280%">
                <asp:TextBox ID="tbName" runat="server" SkinID="nn" Width="60%" MaxLength="100">
                </asp:TextBox>
                <asp:RequiredFieldValidator ID="rfNameBlank" runat="server" ControlToValidate="tbName" Display="none"
ErrorMessage="名称不能为空！"></asp:RequiredFieldValidator>
                <asp:RequiredFieldValidator ID="rfNameValue" runat="server" ControlToValidate="tbName" Display="none"
InitialValue="请输入文件名称" ErrorMessage="名称不能为空！">
                </asp:RequiredFieldValidator>
                <asp:RegularExpressionValidator ID="revName" runat="server" ControlToValidate="tbName" Display="none"
ErrorMessage="文件名称的长度最大为50，请重新输入。" ValidationExpression=".{1,50}">
                </asp:RegularExpressionValidator>
                <ajaxToolkit:TextBoxWatermarkExtender   ID="wmeName" runat="server" TargetControlID="tbName"
WatermarkText="请输入文件名称" WatermarkCssClass="Watermark">
                </ajaxToolkit:TextBoxWatermarkExtender>
                <ajaxToolkit:ValidatorCalloutExtender ID="vceNameBlank" runat="server" TargetControlID="rfNameBlank"
HighlightCssClass="Validator">
                </ajaxToolkit:ValidatorCalloutExtender>
                <ajaxToolkit:ValidatorCalloutExtender ID="vceNameValue" runat="server" TargetControlID="rfNameValue"
HighlightCssClass="Validator">
                </ajaxToolkit:ValidatorCalloutExtender>
                <ajaxToolkit:ValidatorCalloutExtender ID="vceNameRegex" runat="server" TargetControlID="revName"
HighlightCssClass="Validator">
                </ajaxToolkit:ValidatorCalloutExtender>
                <ajaxToolkit:AutoCompleteExtender ID="aceName" runat="server" TargetControlID="tbName" ServicePath=
"AjaxService.asmx" ServiceMethod="GetFileList" MinimumPrefixLength="1" CompletionInterval="100" CompletionSetCount="20">
                </ajaxToolkit:AutoCompleteExtender>
                </td>
            </tr>
        </table>
        <asp:UpdatePanel ID="upbutton" runat="server">
            <ContentTemplate>
                <table class="Table" border="0" cellpadding="2" bgcolor="Black" cellspacing="1">
                <tr bgcolor="white">
                <td> </td>
                <td width="280%">
                <asp:Button ID="btnCommit" runat="server" Text="开始搜索" SkinID="anniu" Width="100px" OnClick=
"btnCommit_Click" />   
                <asp:UpdateProgress ID="upProgress" runat="server" DisplayAfter="0" AssociatedUpdatePanelID="upbutton">
                <ProgressTemplate>
                <font color="red">正在搜索文件，请等待……</font>
                </ProgressTemplate>
                </asp:UpdateProgress>
```

上述代码执行后，将首先显示一个信息搜索表单，如图 18-3 所示；如果输入的关键字为空，单击【开始搜索】按钮后，将显示对应的提示，如图 18-4 所示。

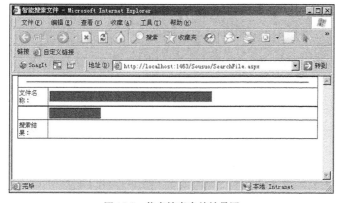

图 18-3　信息搜索表单效果图

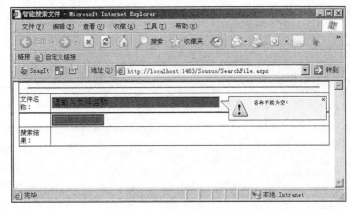

图 18-4　为空提示效果图

18.6.2　搜索处理页面

搜索处理页面文件 SearchFile.aspx.cs 的功能是获取信息搜索表单中的搜索关键字，并将系统数据库中符合的信息检索出来。其运行流程如图 18-5 所示。

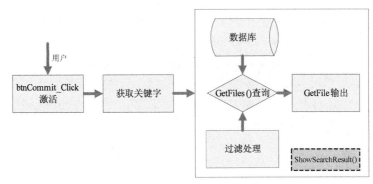

图 18-5　搜索处理运行流程图

文件 SearchFile.aspx.cs 的主要实现代码如下。

```
protected void Page_Load(object sender, EventArgs e)
{
    //
}
private void ShowSearchResult()
{   //获取数据
    FileImage file = new FileImage();
    DataSet ds = file.GetFiles();
    if(ds == null || ds.Tables.Count <= 0 || ds.Tables[0].Rows.Count <= 0) return;
    if(string.IsNullOrEmpty(tbName.Text) == true) return;
    DataView dv = ds.Tables[0].DefaultView;
    dv.RowFilter = "Title LIKE '*" + tbName.Text + "*'";
    dv.Sort = "Title";
    //显示数据
    gvFile.DataSource = dv;
    gvFile.DataBind();
}
protected void btnCommit_Click(object sender,EventArgs e)
{
    ShowSearchResult();
}
```

18.6.3　搜索结果显示

搜索结果显示功能是由文件 SearchFile.aspx 实现的，其主要实现代码如下。

```
<tr bgcolor="white">
<td>搜索结果： </td>
<td width="280%">
```

```
<asp:GridView ID="gvFile" runat="server" Width="100%" AutoGenerateColumns="False" SkinID="mm">
<Columns>
<asp:TemplateField HeaderText="文件名称">
    <ItemTemplate>
        <a href='<%# "Files/" + Eval("Url") %>' target="_blank"><%# Eval("Title") %></a>
    </ItemTemplate>
<HeaderStyle HorizontalAlign="Left" />
    <ItemStyle HorizontalAlign="Left" Width="60%" />
</asp:TemplateField>
    <asp:TemplateField HeaderText="文件类型">
        <ItemTemplate>
        <%# Eval("Type") %>
        </ItemTemplate>
    <HeaderStyle HorizontalAlign="Center" />
        <ItemStyle HorizontalAlign="Center" Width="20%" />
    </asp:TemplateField>
    <asp:TemplateField HeaderText="文件大小">
        <ItemTemplate>
        <%# (int)Eval("Size") / 1024 + "KB" %>
        </ItemTemplate>
        <HeaderStyle HorizontalAlign="Center" />
        <ItemStyle HorizontalAlign="Center" Width="20%" />
    </asp:TemplateField>
</Columns>
</asp:GridView>
</ContentTemplate>
</asp:UpdatePanel>
</form>
```

上述代码执行后，当用户输入搜索关键字并单击【开始搜索】按钮后，系统将数据库中符合条件的数据以列表样式显示出来，如图 18-6 所示。

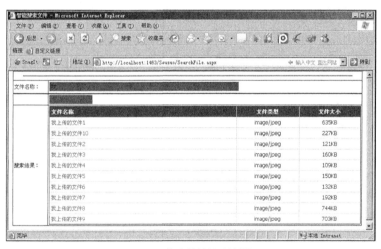

图 18-6　搜索结果显示效果图

18.6.4　搜索智能提示

搜索智能提示是指当用户在信息搜索表单中输入搜索关键字时，系统将自动显示和当前相关的搜索提示信息。本项目智能搜索功能是由文件 AjaxService.cs 实现的，其具体实现代码如下。

```
//引入新的命名空间
using System.Data;
using System.Web.Script.Services;
using AjaxControlToolkit;
using ASPNETAJAXWeb.AjaxFileImage;
[WebService(Namespace = "http://tempuri.org/")]
[WebServiceBinding(ConformsTo = WsiProfiles.BasicProfile1_1)]
//添加脚本服务
[System.Web.Script.Services.ScriptService()]
public class AjaxService : System.Web.Services.WebService
{
  public static string[] autoCompleteFileList = null;
    public AjaxService ()
```

```
    {
    }
    [System.Web.Services.WebMethod()]
    [System.Web.Script.Services.ScriptMethod()]
    public string[] GetFileList(string prefixText,int count)
    {  //检测参数是否为空
        if(string.IsNullOrEmpty(prefixText) == true || count <= 0) return null;
        if(autoCompleteFileList == null)
        {  //从数据库中获取所有文件的名称
            FileImage file = new FileImage();
            DataSet ds = file.GetFiles();
            if(ds == null || ds.Tables.Count <= 0 || ds.Tables[0].Rows.Count <= 0) return null;
            //将文件名称保存到临时数组中
            string[] tempFileList = new string[ds.Tables[0].Rows.Count];
            for(int i = 0; i < ds.Tables[0].Rows.Count; i++)
            {
                tempFileList[i] = ds.Tables[0].Rows[i]["Title"].ToString();
            }
            //对数组进行排序
            Array.Sort(tempFileList,new CaseInsensitiveComparer());
            autoCompleteFileList = tempFileList;
        }
        //定位二叉树搜索的起点
        int index = Array.BinarySearch(autoCompleteFileList,prefixText,new CaseInsensitiveComparer());
        if(index < 0)
        {
            index = ~index;
        }
        //搜索符合条件的文件名称
        int matchCount = 0;
        for(matchCount = 0; matchCount < count && matchCount + index < autoCompleteFileList.Length; matchCount++)
        {
            if(autoCompleteFileList[index+matchCount].StartsWith(prefixText,StringCom parison.CurrentCultureIgnoreCase)
                ==false)
            {
                break;
            }
        }
        string[] matchResultList = new string[matchCount];
        if(matchCount > 0)
        {
            Array.Copy(autoCompleteFileList,index,matchResultList,0,matchCount);
        }
        return matchResultList;
    }
}
```

在上述实现过程中，事件 GetFileList 是整个过程的核心，事件 GetFileList 的运行流程如图 18-7 所示。

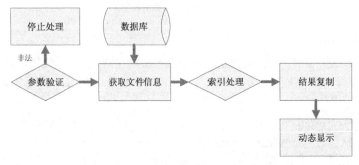

图 18-7   GetFileList 事件运行流程图

上述代码执行后，将实现搜索信息自动提示功能。例如，在信息搜索表单中输入关键字"我"后，系统将自动显示"我"关键字相关的搜索提示，如图 18-8 所示。

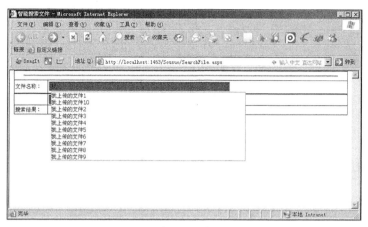

图 18-8　搜索信息自动提示效果图

到此为止，在线信息搜索项目全部设计完毕。项目文件在 Visual Studo 2012 资源管理器中的效果如图 18-9 所示。

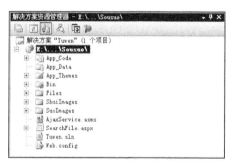

图 18-9　实例资源管理器效果图

第 19 章

图文处理模块

在 Web 系统开发过程中，为满足系统的特殊需要，需要对系统中的图片和文件进行特殊处理。例如，常见的文件上传和创建图片水印等。本章将向读者介绍图文处理系统的运行流程，并通过具体的实例详细讲解图文处理模块的实现过程。

19.1　图文处理模块概述

Web 站点的图文处理模块的功能比较简单，主要是对系统数据进行验证处理，如果系统数据非法，则不能登录；如果系统数据合法，则可以登录。但是在实现过程中，往往会根据目前情况的特定需求，编写特定的功能模块来实现特定的验证功能。例如，常见的验证码文件和注销登录等。

一个完整的图文处理模块需要具备如下功能。

（1）预先设置处理表单，实现指定文件格式的上传处理。

（2）为确保文件的版权信息，为上传文件创建水印图片。

（3）为减少上传文件的占用空间，为上传文件创建缩略图。

（4）为方便用户浏览系统文件，设置专用检索系统来迅速查找、指定上传文件。

一个典型的用户图文处理系统由如下模块构成。

❑　文件上传模块：提供上传表单，实现指定文件的上传处理。

❑　创建缩略图模块：创建指定文件的缩略图。

❑　创建水印图模块：创建指定图片的水印图。

❑　搜索模块：供用户迅速检索到指定的文件。

上述应用模块的具体运行流程如图 19-1 所示。

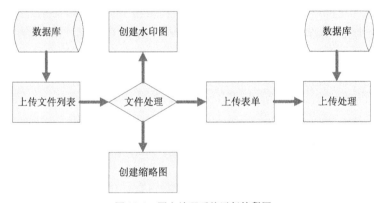

图 19-1　图文处理系统运行流程图

通过前面的介绍，我们初步了解了图文处理模块的功能原理和运行流程。在接下来的内容中，将通过一个具体的图文处理模块实例，向读者介绍一个典型的图文处理系统的设计过程。

19.2　图文处理模块实例实现文件

本实例的实现文件保存在"19\"文件夹中，各实现文件的功能如下。

❑　系统配置文件：对项目程序进行总体配置。

❑　系统设置文件：对项目中的程序进行总体设置。

❑　数据库文件：搭建系统数据库平台，保存系统中上传文件的数据。

❑　系统文件列表：将系统中的上传文件以列表样式显示出来。

❑　上传处理模块文件：提供图片上传表单，指定图片上传到指定位置。包括上传表单文件和上传处理文件。

- ❑ 验证码处理文件：提供验证码显示效果，具体可以通过两种方式实现。
- ❑ 创建缩略图模块文件：创建指定图片的缩略图。
- ❑ 创建水印图模块文件：创建指定图片的水印图。

本实例预先设置实现文件分别保存在"Tuwen"文件夹和"database"文件夹中。其中，"database"文件夹中保存系统的数据库文件，而"Tuwen"文件夹保存上述各实现文件。

19.3 系统配置文件

系统配置文件依旧是 Web.config，在此不但要设置数据库的连接参数，而且还需要配置系统与 Ajax 服务器的相关内容。

1. 配置连接字符串参数

配置连接字符串参数即设置系统程序连接数据库的参数，其对应的实现代码如下。

```
<connectionStrings>
    <add name="SQLCONNECTIONSTRING" connectionString="data source=GUAN\AAA;user id=sa;pwd=292929292929;
database=tuwen" providerName="System.Data.SqlClient"/>
</connectionStrings>
```

其中，source 用于设置连接的数据库服务器；user id 和 pwd 分别用于指定数据库的登录名和密码；database 用于设置连接数据库的名称。

2. 配置 Ajax 服务器参数

配置 Ajax 服务器参数即配置 Ajax Control Toolkit 程序集参数，使系统页面在引用 Ajax ControlToolkit.dll 中的控件时，不需要额外添加<Register>代码。配置 Ajax 服务器参数的代码如下。

```
<controls>
    <add namespace="AjaxControlToolkit" assembly="AjaxControlToolkit" tagPrefix="ajaxToolkit"/>
    <add tagPrefix="asp" namespace="System.Web.UI" assembly="System.Web.Extensions, Version=1.0.61025.0, Culture=neutral,
PublicKeyToken=31bf3956ad364e35"/>
</controls>
```

19.4 系统设置文件的实现

系统设置文件 ASPNETAJAXWeb.cs 的主要功能是设置系统中数据函数的参数，即上传文件的存放目录，缩略图的存放目录，水印图片的存放目录，创建缩略图的宽度和高度，每次上传文件的数量限制，允许上传文件类型的限制，允许上传图片类型的限制等。

文件 ASPNETAJAXWeb.cs 的主要实现代码如下。

```
// 上传文件的存放地址
public const string STOREFILEPATH = "Files/";
// 缩略图的存放地址
public const string STORETHUMBIMAGEPATH = "SuoImages/";
// 水印图片存放的地址
public const string STROEWATERMARKIMAGEPATH = "ShuiImages/";
// 缩略图的默认宽度和高度
public const int THUMBWIDTH = 200;
public const int THUMBHEIGHT = 150;
// 每次最大上传文件的数量
public const int MAXFILECOUNT = 10;
// 允许上传的文件类型
public static string[] ALLOWFILELIST = new string[]{
    ".ani",".arj",".avi",".awd",
    ".bak",".bas",".bin",".cab",
    ".cpx",".dbf",".dll",".doc",
    ".dwg",".fon",".gb",".gz",
    ".hqx",".htm",".html",".js",
    ".lnk",".m3u",".mp3",".mpeg",
    ".mpg",".njx",".pcb",".pdf",
    ".ppt",".ps",".psd",".pub",
```

```
                ".qt",".ram",".rar",".sch",".scr",
                ".sit",".swf",".sys",".tar",".tmp",
                ".ttf",".txt",".vbs",".viv",".vqf",
                ".wav",".wk1",".wq1",".wri",".xls",
                ".zip",".bmp",".cur",".gif",".ico",
                ".jpg",".jpeg",".mht",".pdf",".png"
        };
        // 允许上传的图像类型
        public static string[] ALLOWIMAGELIST = new string[]{
                ".bmp",".cur",".gif",".ico",".jpg",".jpeg",".png"
        };
......
        // 缩略图的缩放方式
        public enum ThumbMode
        {
          FixedWidth = 0,            // 指定缩略图的宽度
          FixedHeight = 1,           // 指定缩略图的高度
          FixedWidthHeight = 2,      // 指定缩略图的宽度和高度
          FixedRatio = 3            // 指定缩略图与原图的比率
        }
```

19.5   搭建系统数据库

从本节开始搭建系统数据库，将上传后的数据存储在专用数据库中。这样，不但可以方便对数据进行管理，而且可以预留扩展接口，方便日后对系统进行升级处理。

19.5.1   数据库设计

本实例采用 SQL Server 2005 数据库，命名为"tuwen"，由系统上传数据信息表"File"构成。File 的设计结构如表 19-1 所示。

表 **19-1**   系统上传数据信息表"**File**"构成

字 段 名 称	数 据 类 型	是 否 主 键	默 认 值	功 能 描 述
ID	int	是	递增 1	编号
Title	varchar(200)	否	Null	用户名
Url	varchar(255)	否	Null	密码
Type	varchar(50)	否	Null	标识状态
Size	int	否	Null	大小
CreateDate	datetime	否	Null	上传时间

19.5.2   数据库访问层设计

本实现应用程序的数据库访问层由文件 ssssss.cs 实现，其主要功能是在 ASPNETAJAXWeb. AjaxFileImage 空间中创建 FileImage 类，并实现对上传文件在数据库中的处理。文件 ssssss.cs 的实现过程如下。

（1）定义 FileImage 类，主要实现代码如下。

```
using System;
using System.Data;
using System.Configuration;
using System.Data.SqlClient;
namespace ASPNETAJAXWeb.AjaxFileImage
{
    public class FileImage
    {
        public FileImage()
        {
            ......
        }
```

（2）获取上传文件信息，即获取系统数据库中已上传的文件信息。该功能由方法 GetFiles()
实现，实现代码如下。

```
public DataSet GetFiles()
    {   //获取连接字符串
        string connectionString=ConfigurationManager.ConnectionStrings["SQLCONNECTIONSTRING"].Connection String;
        //创建连接
        SqlConnection con = new SqlConnection(connectionString);
        //创建SQL语句
        string cmdText = "SELECT * FROM [File]";
        SqlDataAdapter da = new SqlDataAdapter(cmdText,con);
        //定义DataSet
        DataSet ds = new DataSet();
        try
        {
            con.Open();
             //填充数据
            da.Fill(ds,"DataTable");
        }
        catch(Exception ex)
        {   //抛出异常
            throw new Exception(ex.Message,ex);
        }
        finally
        {   //关闭连接
            con.Close();
        }
        return ds;
    }
```

（3）添加上传文件信息

添加上传文件信息即将新上传的文件添加到系统数据库中。该功能是由方法 AddFile(string title,string url,string type,int size)实现的，主要实现代码如下。

```
public int AddFile(string title,string url,string type,int size)
    {   //获取连接字符串
        string connectionString=ConfigurationManager.ConnectionStrings["SQLCONNECTIONSTRING"] onnectionString;
        SqlConnection con = new SqlConnection(connectionString);
        //创建SQL语句
        string cmdText = "INSERT INTO [File](Title,Url,[Type],[Size],CreateDate)VALUES(@Title,@Url,@Type,@ Size,
        GETDATE())";
        //创建SqlCommand
        SqlCommand cmd = new SqlCommand(cmdText,con);
        //创建参数并赋值
        cmd.Parameters.Add("@Title",SqlDbType.VarChar,200);
        cmd.Parameters.Add("@Url",SqlDbType.VarChar,255);
        cmd.Parameters.Add("@Type",SqlDbType.VarChar,50);
        cmd.Parameters.Add("@Size",SqlDbType.Int,4);
        cmd.Parameters[0].Value = title;
        cmd.Parameters[1].Value = url;
        cmd.Parameters[2].Value = type;
        cmd.Parameters[3].Value = size;
        int result = -1;
        try
        {
            con.Open();
            result = cmd.ExecuteNonQuery();
        }
        catch(Exception ex)
        {   //抛出异常
            throw new Exception(ex.Message,ex);
        }
        finally
        {   //关闭连接
            con.Close();
        }
        return result;
    }
```

（4）删除上传文件信息

删除上传文件信息即将系统中已上传的文件从系统数据库中删除。该功能是由方法 DeleteFile(int fileID)实现的，主要实现代码如下。

```
public int DeleteFile(int fileID)
    {
        string connectionString = ConfigurationManager.ConnectionStrings["SQLCONNECTIONSTR ING"].Connection String;
        SqlConnection con = new SqlConnection(connectionString);
        //创建SQL语句
        string cmdText = "DELETE [File] WHERE ID = @ID";
```

```
        SqlCommand cmd = new SqlCommand(cmdText,con);
        //创建参数并赋值
        cmd.Parameters.Add("@ID",SqlDbType.Int,4);
        cmd.Parameters[0].Value = fileID;
        int result = -1;
        try
        {
            con.Open();
            //操作数据
            result = cmd.ExecuteNonQuery();
        }
        catch(Exception ex)
        {   //抛出异常
            throw new Exception(ex.Message,ex);
        }
        finally
        {   //关闭连接
            con.Close();
        }
        return result;
    }
}
```

由此可见，数据库工作看似比较简单，其实很有技术含量。合理的数据库设计是一个项目是否高效的基础。在此阶段，编程人员需谨慎，考虑周全，因为数据库表设计得是否合理，直接关系到后期编码的方便性。

19.6　系统文件列表显示模块

本节开始进入整个项目的编码阶段。首先实现系统文件列表功能，即将系统数据库中存在的上传文件以列表的样式显示出来。

19.6.1　列表显示页面

文件 Default.aspx 的功能是插入专用控件，将系统中的数据读取并显示出来。该文件的主要代码如下。

```
......
<asp:ScriptManager ID="sm" runat="server" />
<table class="Table" border="0" cellpadding="0" cellspacing="0">
    <tr>
        <td colspan="2">
            <asp:UpdatePanel runat="server" ID="up">
            <ContentTemplate>
            <asp:GridView ID="gvFile" runat="server" Width="75%" AutoGenerateColumns="False" SkinID="mm"
            AllowPaging="True" OnPageIndexChanging="gvFile_PageIndexChanging" PageSize="20"
            nRowCommand="gvFile_RowCommand" BackColor="#2904000" OnSelectedIndexChanged="gvFile_
            SelectedIndexChanged">
                <Columns>
            <asp:TemplateField HeaderText="文件名称">
            <ItemTemplate>
            <a href='<% # "Files/" + Eval("Url") %>' target="_blank"><% # Eval("Title")%></a>
            </ItemTemplate>
            <HeaderStyle   HorizontalAlign="Center" />
            <ItemStyle HorizontalAlign="Center" Width="20%" />
            </asp:TemplateField>
            <asp:TemplateField HeaderText="文件类型">
            <ItemTemplate>
                <% # Eval("Type")%>
            </ItemTemplate>
            <HeaderStyle HorizontalAlign="Center" />
            <ItemStyle HorizontalAlign="Center" Width="15%" />
            </asp:TemplateField>
            <asp:TemplateField HeaderText="文件大小">
            <ItemTemplate>
                <% # (int)Eval("Size") / 1024 + "KB"%>
            </ItemTemplate>
            <HeaderStyle HorizontalAlign="Center" />
            <ItemStyle HorizontalAlign="Center" Width="15%" />
            </asp:TemplateField>
            <asp:TemplateField HeaderText="缩略图">
```

```
                    <ItemTemplate>
                        <asp:ImageButton ID="imgCreateThumbImage" runat="server" AlternateText="为该图片创建缩略图" Visible='<% #
FormatImageButtonVisible((string)Eval("Url")) %>' CommandArgument='<% # Eval("Url") %>' CommandName="thumb"
ImageUrl="~/App_Themes/css/Images/edit.jpg" />                                              <asp:Panel runat="server"
ID="pThumbImage" Visible='<% # FormatImageButtonVisible((string)Eval("Url")) %>'>
                        <asp:Image ID="imgThumbImage" runat="server" GenerateEmptyAlternateText="true" AlternateText="创建缩
略图吗？" ImageUrl='<% # "SuoImages/" +  Eval("Url") %>' />
                    </asp:Panel>
                    <ajaxToolkit:HoverMenuExtender ID="hmeThumbImage"
                    runat="server" TargetControlID="imgCreateThumbImage"
                    PopupPosition="Right" PopupControlID="pThumbImage"
                     >
                    </ajaxToolkit:HoverMenuExtender>
                    </ItemTemplate>
                    <HeaderStyle HorizontalAlign="Center" />
                    <ItemStyle HorizontalAlign="Center" Width="29%" />
                </asp:TemplateField>
                <asp:TemplateField HeaderText="水印图">
                    <ItemTemplate>
                        <asp:ImageButton ID="imgCreateWaterMarkImage" runat="server" AlternateText="为该图片创建水印图
" Visible='<% # FormatImageButtonVisible((string)Eval("Url")) %>' CommandArgument='<% # Eval("Url") %>'
CommandName="watermark" ImageUrl="~/App_Themes/css/Images/view.jpg" />
                        <asp:Panel runat="server" ID="pWaterMarkImage" Visible='<% # FormatImageButtonVisible((string)Eval("Url"))
%>'>
                        <asp:Image ID="imgWaterMarkImage" runat="server" GenerateEmptyAlternateText="true" AlternateText="创建
水印图吗？" ImageUrl='<%# "ShuiImages/" +  Eval("Url") %>' />
                    </asp:Panel>
                    <ajaxToolkit:HoverMenuExtender ID="hmeWaterMarkImage"
                    runat="server" TargetControlID="imgCreateWaterMarkImage"
                    PopupPosition="Right" PopupControlID="pWaterMarkImage"
                    >
                    </ajaxToolkit:HoverMenuExtender>
                    </ItemTemplate>
                    <HeaderStyle HorizontalAlign="Center" />
                    <ItemStyle HorizontalAlign="Center" Width="29%" />
                </asp:TemplateField>
                </Columns>
                <PagerSettings Mode="NumericFirstLast" />
            </asp:GridView>
            </ContentTemplate>
        </asp:UpdatePanel>
```

19.6.2 列表处理页面

列表处理页面文件 Default.aspx.cs 的功能是获取并显示系统数据库中的数据，然后根据用户激活的按钮进行相应的重定向处理。其实现过程如下。

（1）定义 BindPageData，获取并显示数据库中的数据。

（2）定义 gvFile_PageIndexChanging，设置新页面并绑定数据。

（3）定义 FormatImageButtonVisible，对获取地址进行判断处理。

（4）定义 gvFile_RowCommand，根据用户需求进行页面重定向处理。

列表处理运行流程如图 19-2 所示。

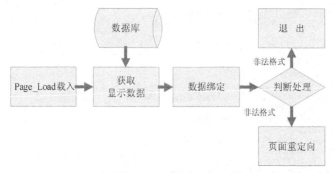

图 19-2 列表处理流程图

文件 Default.aspx.cs 的主要实现代码如下。

```
//引入新的命名空间
using ASPNETAJAXWeb.AjaxFileImage;
public partial class Default : System.Web.UI.Page
{
    protected void Page_Load(object sender, EventArgs e)
    {
        if(!Page.IsPostBack)
        {
            BindPageData();
        }
    }
    private void BindPageData()
    {   //转获取数据
        FileImage file = new FileImage();
        DataSet ds = file.GetFiles();
        //转显示数据
        gvFile.DataSource = ds;
        gvFile.DataBind();
    }
    protected void gvFile_PageIndexChanging(object sender,GridViewPageEventArgs e)
    {
        gvFile.PageIndex = e.NewPageIndex;
        BindPageData();
    }
    protected bool FormatImageButtonVisible(string url)
    {   //判断URL是否为空
        if(string.IsNullOrEmpty(url) == true) return false;
        //获取文件扩展名
        string extension = url.Substring(url.LastIndexOf("."));
        //判断文件是否为图像
        foreach(string ext in AjaxFileImageSystem.ALLOWIMAGELIST)
        {
            if(extension.ToLower() == ext.ToLower())
            {
                return true;
            }
        }
        return false;
    }
    protected void gvFile_RowCommand(object sender,GridViewCommandEventArgs e)
    {
        if(e.CommandName == "thumb")
        {   //转到创建缩略图页面
            Response.Redirect("~/CreateSuo.aspx?SourceImageUrl=" + e.CommandArgument.ToString());
        }
        if(e.CommandName == "watermark")
        {   //转到创建水印图页面
            Response.Redirect("~/CreateShui.aspx?SourceImageUrl=" + e.CommandArgument.ToString());
        }
    }
    protected void gvFile_SelectedIndexChanged(object sender, EventArgs e)
    {
    }
}
```

　　页面载入后，将首先按照指定样式显示系统文件列表，如图 19-3 所示；当鼠标指针置于某图片文件的缩略图图标 上时，将动态地显示此图片的缩略图，如图 19-4 所示；当鼠标指针置于某图片文件的水印图图标 上时，将动态地显示此图片的水印图，如图 19-5 所示。

　　在列表处理页面的实现过程中，充分使用了 AjaxControlToolkit.dll 程序集内的 HoverMenu Extender 控件，实现了缩略图和水印图的动态显示效果。但是，并不是所有的列表文件都能动态显示其缩略图或水印图。只有通过 FormatImageButtonVisible(string url)判断，确定有对应的缩略图或水印图时才能动态显示。另外，系统的上传文件并不都是图片格式。

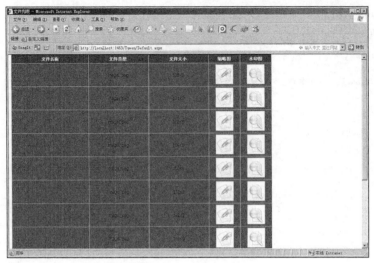

图 19-3　系统文件列表页面

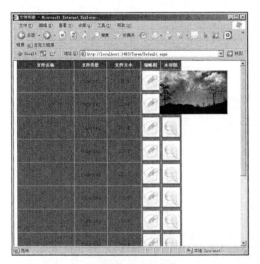

图 19-4　动态显示缩略图

图 19-5　动态显示水印图

19.7　创建缩略图模块

缩略图模块的功能是为系统数据库中某上传图片创建其对应的缩略图文件，提高显示图片的效率。

19.7.1　创建缩略图页面

创建缩略图页面 CreateSuo.aspx 是一个中间页面，其功能是调用缩略处理文件 Create Suo.aspx.cs。

文件 CreateSuo.aspx 的主要代码如下。

```
<body>
    <form id="form1" runat="server">
    <asp:Image ID="imgThumb" runat="server" />
    </form>
</body>
```

19.7.2 创建缩略图处理页面

创建缩略图处理页面文件 CreateSuo.aspx.cs 的功能是创建系统上传图片的缩略图。其主要实现代码如下。

```
private string url = string.Empty;
protected void Page_Load(object sender, EventArgs e)
{   //获取被创建缩略图图像的地址
    if(Request.Params["SourceImageUrl"] != null)
    {
        url = Request.Params["SourceImageUrl"].ToString();
    }
    if(string.IsNullOrEmpty(url) == true)return;
    //设置源图和缩略图的地址
    string sourcePath = Server.MapPath(AjaxFileImageSystem.STOREFILEPATH + url);
    string thumbUrl = AjaxFileImageSystem.STORETHUMBIMAGEPATH + url;
    string thumbPath = Server.MapPath(thumbUrl);
    //创建缩略图
    CreateThumbImage(sourcePath,thumbPath,
        AjaxFileImageSystem.THUMBWIDTH,
        AjaxFileImageSystem.THUMBHEIGHT,
        ThumbMode.FixedRatio);
    //输出缩略图的信息
    Response.Write("创建图像（" + url + "）的缩略图成功，保存文件：" + thumbUrl + "<br />");
    //显示缩略图片
    imgThumb.ImageUrl = thumbUrl;
}
//创建缩略图
private void CreateThumbImage(string sourcePath,string thumbPath,int width,int height,
    ThumbMode mode)
{
    Image sourceImage = Image.FromFile(sourcePath);
    //原始图片的宽度和高度
    int sw = sourceImage.Width;
    int sh = sourceImage.Height;
    //缩略图的高度和宽度
    int tw = width;
    int th = height;
    int x = 0,y = 0;
    switch(mode)
    {
        case ThumbMode.FixedWidth:        //指定缩略图的宽度，计算缩略图的高度
            th = sourceImage.Height * width / sourceImage.Width;
            break;
        case ThumbMode.FixedHeight:        //指定缩略图的高度，计算缩略图的宽度
            tw = sourceImage.Width * height / sourceImage.Height;
            break;
        case ThumbMode.FixedWidthHeight: //指定缩略图的宽度和高度
            break;
        case ThumbMode.FixedRatio:         //指定缩略图的比率，计算缩略图的宽度和高度
            if((double)sw / tw > (double)sh / th)
            {   //重新计算缩略图的高度
                tw = width;
                th = height * (sh * tw) / (th * sw);
            }
            else
            {   //重新计算缩略图的宽度
            tw = width * th * sw / (sh * tw);
            th = height;
            }
            break;
        default:
            break;
    }
    //根据缩略图的大小创建一个新的BMP图片
    System.Drawing.Image bitmap = new System.Drawing.Bitmap(tw,th);
    System.Drawing.Graphics g = System.Drawing.Graphics.FromImage(bitmap);
    g.InterpolationMode = System.Drawing.Drawing2D.InterpolationMode.High;
    g.SmoothingMode = System.Drawing.Drawing2D.SmoothingMode.HighQuality;
    g.Clear(System.Drawing.Color.Transparent);
    //创建缩略图
    g.DrawImage(
        sourceImage,
```

```
                    new System.Drawing.Rectangle(0,0,tw,th),
                    new System.Drawing.Rectangle(0,0,sw,sh),
                    System.Drawing.GraphicsUnit.Pixel);
            try
            {   //保存缩略图
                bitmap.Save(thumbPath,sourceImage.RawFormat);
            }
            catch(Exception ex)
            {
                throw new Exception(ex.Message);
            }
            finally
            {   //释放资源
                sourceImage.Dispose();
                bitmap.Dispose();
                g.Dispose();
            }
        }
```

缩略图创建成功后的显示效果如图 19-6 所示。

图 19-6　缩略图创建成功的效果图

其中，函数 CreateThumbImage()是文件 CreateSuo.aspx.cs 的核心。此函数中各参数的含义说明如下。

❑ sourcePath：源图的物理路径。

❑ thumbPath：保存缩略图的物理路径。

❑ width：缩略图宽度。

❑ height：缩略图高度。

❑ mode：缩略图的缩放方式。

函数 CreateThumbImage()的实现过程比较复杂，具体如下。

（1）根据 sourcePath 导入源图，并获取源图的高度和宽度。

（2）根据缩放方式设置缩略图的大小。

（3）根据设置值创建一张缩略图。

（4）设置缩略图的高质量插值法和平滑模式。

（5）清空画布颜色，并设置背景为透明。

（6）绘制缩略图，并将绘制后的缩略图保存在指定位置——"SuoImages"文件夹中。

缩略图处理流程如图 19-7 所示。

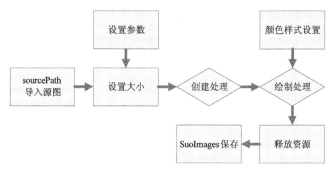

图 19-7　缩略图处理流程图

注意：缩略图的设置参数保存在文件 ASPNETAJAXWeb.cs 中。

19.8　创建水印图模块

水印图是指为系统数据库中某上传图片创建对应的水印图文件。本模块的功能由文件
CreateShui.aspx 和文件 CreateShui.aspx.cs 实现。

19.8.1　创建水印图页面

创建水印图页面 CreateShui.aspx 是一个中间页面，其功能是调用水印处理文件
CreateSuo.aspx.cs。

文件 CreateShui.aspx 的主要代码如下。

```
<form id="form1" runat="server">
<asp:Image ID="imgWatermark" runat="server" />
</form>
```

19.8.2　创建水印图处理页面

创建水印图处理页面文件 CreateShui.aspx.cs 的功能是创建系统中指定图片的水印图。其主
要实现代码如下。

```
private string url = string.Empty;
protected void Page_Load(object sender,EventArgs e)
{    //获取被创建水印图的图像的地址
     if(Request.Params["SourceImageUrl"] != null)
     {
          url = Request.Params["SourceImageUrl"].ToString();
     }
     if(string.IsNullOrEmpty(url) == true) return;
     //设置源图和水印图的地址
     string sourcePath = Server.MapPath(AjaxFileImageSystem.STOREFILEPATH + url);
     string watermarkUrl = AjaxFileImageSystem.STROEWATERMARKIMAGEPATH + url;
     string watermarkPath = Server.MapPath(watermarkUrl);
     int startIndex = url.IndexOf("/") + 1;
     int endIndex = url.LastIndexOf(".");
     string watermark = url.Substring(startIndex,endIndex - startIndex);
     //创建水印图
     CreateWatermarkImage(sourcePath,watermarkPath,watermark);
     //输出水印图的信息
     Response.Write("创建图像（" + url + "）的水印图成功，保存文件：" + watermarkUrl + "<br />");
     //显示水印图片
     imgWatermark.ImageUrl = watermarkUrl;
}
//创建水印图
private void CreateWatermarkImage(string sourcePath,string watermarkPath,string watermark)
{
     Image sourceImage = Image.FromFile(sourcePath);
```

```
//根据源图的大小创建一个新的.bmp图片
Image watermarkImage = new Bitmap(sourceImage.Width,sourceImage.Height);
Graphics g = Graphics.FromImage(watermarkImage);
g.InterpolationMode = System.Drawing.Drawing2D.InterpolationMode.High;
g.SmoothingMode = System.Drawing.Drawing2D.SmoothingMode.HighQuality;
g.Clear(System.Drawing.Color.Transparent);
g.DrawImage(sourceImage,
    new System.Drawing.Rectangle(0,0,sourceImage.Width,sourceImage.Height),
    new System.Drawing.Rectangle(0,0,sourceImage.Width,sourceImage.Height),
    System.Drawing.GraphicsUnit.Pixel);
    Font font = new Font("宋体",429f,FontStyle.Bold);
    Brush brush = new SolidBrush(Color.Red);
    g.DrawString(watermark,font,brush,50,50);
try
    {   //保存水印图，其格式和原图格式相同
        watermarkImage.Save(watermarkPath,sourceImage.RawFormat);
    }
catch(Exception ex)
    {
        throw new Exception(ex.Message);
    }
finally
    {   //释放资源
        sourceImage.Dispose();
        watermarkImage.Dispose();
        g.Dispose();
    }
}
```

水印图创建成功后的显示效果如图 19-8 所示。

图 19-8　水印图创建成功的效果图

其中，函数 CreateWatermarkImage()是文件 CreateShui.aspx.cs 的核心。此函数中各参数的含义说明如下。

❑ sourcePath：源图的物理路径。

❑ watermarkPath：保存水印图的物理路径。

❑ watermark：显示的水印文字。

函数 CreateWatermarkImage()的实现过程比较复杂，具体如下。

（1）根据 sourcePath 参数的源图地址导入源图。

（2）根据源图大小创建和源图相同大小的水印图。

（3）设置水印图的高质量插值法和平滑模式。

（4）清空画布颜色，并设置背景为透明。

（5）绘制水印图，并将绘制后的缩略图保存在指定位置——"ShuiImages"文件夹中。

（6）释放所占用的系统资源。

水印图处理流程如图 19-9 所示。

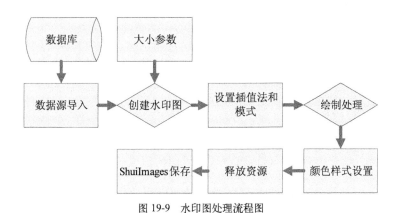

图 19-9　水印图处理流程图

19.9　文件上传处理模块

从本节开始编写本项目的核心功能——上传处理。文件上传处理模块的功能是将用户指定的文件上传到系统中，并将上传文件的数据保存到系统数据库中。

19.9.1　多文件上传处理模块

多文件上传处理是指能够在页面的上传表单中同时选择多个文件进行上传处理。本实例的多文件上传处理功能的实现流程如图 19-10 所示。

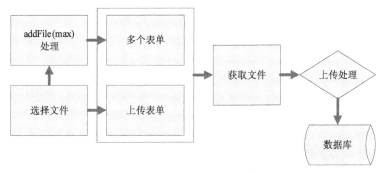

图 19-10　多文件上传处理流程图

上述处理流程的实现文件如下。

❑　上传表单文件 UploadBiaodan.aspx。

❑　上传处理文件 Uploadchuli.aspx.cs。

1. 上传表单文件

上传表单文件 UploadBiaodan.aspx 的功能是提供文件上传表单，供用户选择要上传的文件，包括多个上传文件的选择。其实现过程如下。

（1）设置上传文件选择文本框。

（2）设置文件选择激活按钮——【浏览】按钮。

（3）调用验证码文件显示验证码。

（4）插入【提交】按钮，单击该按钮开始上传文本框中的文件。

（5）插入 1 个 Button 控件，激活新增文件处理函数 addFile(max)。

上传表单文件 UploadBiaodan.aspx 的主要实现代码如下。

```
......
<script language="javascript" type="text/javascript">
    function addFile(max)
    {
        var file = document.getElementsByName("File");
        if(file.length == 1 && file[0].disabled == true)
        {
            file[0].disabled = false;
            return;
        }
        if(file.length < max)
        {
            var filebutton = '<br /><input type="file" size="50" name="File" class="Button" />';
            document.getElementById('FileList').insertAdjacentHTML("beforeEnd",filebutton);
        }
    }
</script>
</head>
<body>
    <form id="form1" runat="server" method="post" enctype="multipart/form-data">
    <table class="Text" border="0" cellpadding="3" bgcolor="Black" cellspacing="1">
        <tr bgcolor="white">
        <td valign="top">选择文件：</td>
        <td width="90%"><table border="0" cellpadding="0" cellspacing="0">
        <tr><td valign="top">
        <p id="FileList"><input type="file" disabled="disabled" size="50" name="File" class="Button" /></p>
        </td><td valign="top">
<input type="button" value='新增一个文件' class="Button" onclick="addFile(<% = MAXFILECOUNT %>)" />
<font color="red">（最多上传 <% = MAXFILECOUNT %> 个文件）</font><br />  单击此按钮增加一个上传文件按钮。
</td>
        </tr></table></td>
        </tr>
        <tr bgcolor="white">
        <td>验 证 码：</td>
        <td><asp:TextBox ID="tbCode" runat="server" SkinID="nn" Width="290px"></asp:TextBox>
            <asp:Image ID="imgCode" runat="server" ImageUrl = "~/Yanzhengma.aspx" />
        </td></tr>
        <tr bgcolor="white">
            <td> </td><td width="90%">
            <asp:Button ID="btnCommit" runat="server" Text="提交" SkinID="anniu" Width="100px"
OnClick="btnCommit_Click" /> 
            <asp:Label ID="lbMessage" runat="server" CssClass="Text" ForeColor="Red"></asp:Label>
        </td></tr></table></form>
```

上述代码执行后，将显示文件上传表单，如图 19-11 所示；当单击"新增一个文件"按钮后，将增加显示一个上传文件选择框，如图 19-12 所示。

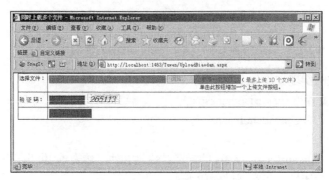

图 19-11 文件上传表单效果图

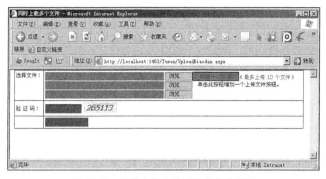

图 19-12　新增上传文件后的表单效果图

❋　注意：当单击【新增一个文件】按钮后，会自动增加一个上传文件选择框。但这并不是无限增加的，增加的选择框个数受系统设置文件的限制。具体的一次最多上传限制在文件 ASPNETAJAXWeb.cs 中定义，设置参数为 MAXFILECOUNT。

2. 上传处理文件

上传处理文件 Uploadchuli.aspx.cs 的功能是将用户选择的文件上传到系统中的指定位置，并将文件数据添加到系统数据库中。该文件的主要实现代码如下。

```csharp
protected int MAXFILECOUNT = AjaxFileImageSystem.MAXFILECOUNT;
protected void Page_Load(object sender,EventArgs e)
{
    ......
}
protected void btnCommit_Click(object sender,EventArgs e)
{   //判断验证吗
    if(Session[ValidateCode.VALIDATECODEKEY] == null)return;
    //验证码是否相等
    if(tbCode.Text != Session[ValidateCode.VALIDATECODEKEY].ToString())
    {
        lbMessage.Text = "验证码输入错误，请重新输入。";
        return;
    }
    //获取上载文件的列表
    HttpFileCollection fileList = HttpContext.Current.Request.Files;
    if(fileList == null) return;
    FileImage file = new FileImage();
    try
    {   //上载文件列表中的文件
        for(int i = 0; i < fileList.Count; i++)
        {   //获取当前上载的文件
            HttpPostedFile postedFile = fileList[i];
            if(postedFile == null) continue;
            //获取上载文件名称
            string fileName = Path.GetFileNameWithoutExtension(postedFile.FileName);
            string extension = Path.GetExtension(postedFile.FileName);
            if(string.IsNullOrEmpty(extension) == true) continue;
            //判断文件是否合法
            bool isAllow = false;
            foreach(string ext in AjaxFileImageSystem.ALLOWFILELIST)
            {
                if(ext == extension.ToLower())
                {
                    isAllow = true;
                    break;
                }
            }
            if(isAllow == false) continue;
            string timeFilename = AjaxFileImageSystem.CreateDateTimeString();
            string storeUrl = timeFilename + extension;
            string url = AjaxFileImageSystem.STOREFILEPATH + storeUrl;
            string fullPath = Server.MapPath(url);
            postedFile.SaveAs(fullPath);
            file.AddFile(fileName,storeUrl,postedFile.ContentType,postedFile.ContentLength);
```

```
                }
            }
            catch(Exception ex)
            {                lbMessage.Text = "上载文件错误，错误原因为："+ ex.Message;
                return;
            }
            Response.Redirect("~/Default.aspx");
        }
```

19.9.2　文件自动上传处理模块

文件自动上传处理是指当在页面的上传表单中选择上传文件后，不用使用激活按钮即可自动实现上传处理。本项目的文件自动上传处理功能的实现流程如图 19-13 所示。

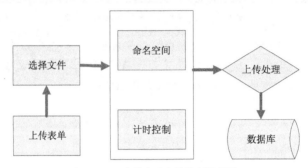

图 19-13　文件自动上传处理流程图

上述处理流程的实现文件如下。

❑　上传表单文件 AutoUpload File.aspx。

❑　上传表单处理文件 AutoUp loadFile.aspx.cs。

❑　上传框架文件 AutoUploadI Frame.aspx。

❑　上传框架处理文件 AutoUp loadIFrame.aspx.cs。

1．上传表单文件

上传表单文件 AutoUploadFile.aspx 的功能是调用 iframe 控件来显示系统上传表单。其主要实现代码如下。

```
……
        <form id="form1" runat="server">
        <asp:ScriptManager ID="sm" runat="server"></asp:ScriptManager>
        <asp:UpdatePanel runat="server" ID="up" UpdateMode="Conditional">
            <ContentTemplate>
                <iframe id="iframeFile" frameborder="0"
style="border-bottom-color:Black;border-width:thin;border-style:hidden;" marginheight="1" width="295" height="50"
marginwidth="1" scrolling="no" src="AutoUploadIFrame.aspx">
                </iframe>
            </ContentTemplate>
        </asp:UpdatePanel>
        </form>
……
```

2．上传框架文件

上传框架文件 AutoUploadIFrame.aspx 的功能是显示系统的文件上传表单。其实现过程如下。

（1）分别插入 1 个 FileUpload 控件和 1 个 Label 控件，用于显示系统上传表单。

（2）插入 1 个 Timer 控件，设置 5s 内执行一次事件 chuli。

上传框架文件 AutoUploadIFrame.aspx 的主要实现代码如下。

```
……
        <asp:ScriptManager runat="server" ID="sm"></asp:ScriptManager>
        <asp:FileUpload ID="fuAutoUploadFile" runat="server" CssClass="Button" Width="290px" /><br />
        <asp:Label ID="lbMessage" runat="server" CssClass="Text" ForeColor="Red"></asp:Label>
        <asp:Timer ID="tAutoUpload" runat="server" Interval="5000" OnTick="chuli"></asp:Timer>
        </form>
```

上述代码执行后的页面显示效果如图 19-14 所示。

图 19-14　文件上传表单效果图

3. 上传表单处理文件

上传表单处理文件 AutoUploadFile.aspx.cs 的功能是引入类 AutoUploadFile，通过 Page_Load 载入页面。其主要实现代码如下。

```
……
public partial class AutoUploadFile : System.Web.UI.Page
{
    protected void Page_Load(object sender, EventArgs e)
    {
    }
}
```

4. 上传框架处理文件

上传框架处理文件 AutoUploadIFrame.aspx.cs 的功能是通过验证事件 chuli 的值进行表单中文件的上传处理。其主要实现代码如下。

```
protected void Page_Load(object sender, EventArgs e)
{
}
protected void chuli(object sender,EventArgs e)
{   //判断上传文件的内容是否为空
    if(fuAutoUploadFile.HasFile == false || fuAutoUploadFile.PostedFile.ContentLength <= 0)
    {
        lbMessage.Visible = false;
        return;
    }
    //获取上传文件的参数值
    string fileName = Path.GetFileNameWithoutExtension(fuAutoUploadFile.FileName);
    string type = fuAutoUploadFile.PostedFile.ContentType;
    int size = fuAutoUploadFile.PostedFile.ContentLength;
    //创建基于时间的文件名称
    string timeFilename = AjaxFileImageSystem.CreateDateTimeString();
    string extension = Path.GetExtension(fuAutoUploadFile.PostedFile.FileName);
    //判断文件是否合法
    bool isAllow = false;
    foreach(string ext in AjaxFileImageSystem.ALLOWFILELIST)
    {
        if(ext == extension.ToLower())
        {
            isAllow = true;
            break;
        }
    }
    if(isAllow == false) return;
    string storeUrl = timeFilename + extension;
    string url = AjaxFileImageSystem.STOREFILEPATH + storeUrl;
    string fullPath = Server.MapPath(url);
    if(File.Exists(fullPath) == true)
    {
        lbMessage.Text = "自动上传文件错误，错误原因为：\"上传文件已经存在，请重新选择文件！\"";
        lbMessage.Visible = true;
        return;
    }
    try
    {
        fuAutoUploadFile.SaveAs(fullPath);
```

```
                    FileImage file = new FileImage();
                    //添加到数据库
                    if(file.AddFile(fileName,storeUrl,type,size) > 0)
                    {
                        lbMessage.Text = "恭喜您，自动上传文件，请妥善保管好您的文件。";
                        lbMessage.Visible = true;
                        return;
                    }
                }
                catch(Exception ex)
                {   //显示错误信息
                    lbMessage.Text = "自动上传文件错误，错误原因为：" + ex.Message;
                    lbMessage.Visible = true;
                    return;
                }
            }
```

上述模块文件执行后，将自动把表单中的数据上传到数据库，并迅速返回到原来的显示页面，如图 19-15 所示。

图 19-15　文件上传成功后的显示效果图

到此为止，图处理系统设计完毕，项目文件在"Tuwen"文件夹中的位置结构如图 19-16 所示，在 Visual Studio 2012 资源管理器中的效果如图 19-17 所示。

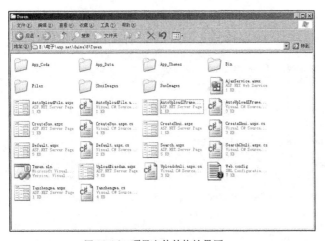

图 19-16　项目文件结构效果图　　　　图 19-17　实例资源管理器效果图

🌸　注意：在 ASP.NET 技术中，为了系统程序的安全，有时需要将重要的代码进行封装处理。下面以本章中的验证码文件为例，向读者介绍将类文件转换为程序集的方法。

验证码文件转换为程序集的过程如下。

（1）在 Visual Studio 2012 中新建项目，选择模板为类库，命名为"ValidateCode"，如图 19-18 所示。

（2）修改文件 Class1.cs 的名称为"ValidateCode.cs"，然后将文件 Yanzhengma.cs 的代码复制到该文件中，如图 19-19 所示。

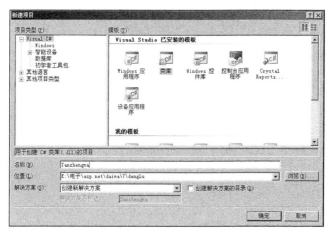

图 19-18　新建类库

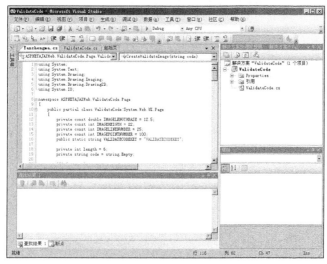

图 19-19　复制代码

（3）右键单击"解决方案管理器"中的"ValidateCode"项目，然后选择"属性"命令。

（4）在弹出的对话框中设置程序集名为"ASPNETAJAXWeb.ValidateCode"，默认命名空间为 ASPNETAJAXWeb.ValidateCode.Page，如图 19-20 所示。

经过上述操作后，将在"ValidateCode\bin\Debug"文件夹中自动生成一个验证码程序集文件 ValidateCode.dll。读者可以将其复制到自己项目的"bin"文件夹中，然后引用此程序集。具体的操作过程如下。

（1）将 ValidateCode.dll 复制到项目的"bin"文件夹中。

（2）将需要调用 ValidateCode.dll 的文件放在项目的根目录下，即和"bin"文件夹同级的目录。

（3）右键单击"解决方案管理器"中的"bin"节点，选择"添加引用"命令，如图 19-21 所示。

（4）在弹出的"添加引用"对话框中单击【浏览】选项卡，然后选中"bin"文件夹中的 ValidateCode.dll 文件，单击【确定】按钮即可将其引用到项目中，如图 19-22 所示。

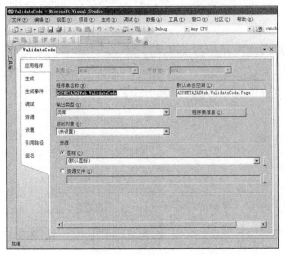

图 19-20　设置类库

图 19-21　添加引用

图 19-22　引用文件

第 20 章

在线留言本系统

　　随着 Internet 的普及和发展，生活中对互联网的应用也越来越广泛。越来越多的人使用网络进行交流，而作为交流方式之一的在线留言本系统更是深受人们的青睐。通过在线留言系统，可以实现用户之间信息的在线交流。本章将向读者介绍在线留言本系统的运行流程，并通过具体的实例讲解其具体的实现方法。

20.1 在线留言本系统简介

在线留言本是一个综合性的系统，不仅是表单数据的发布处理过程，而且在实现过程中会应用到数据库的相关知识，并对数据进行添加和删除处理。

1. 在线留言本系统的功能原理

Web 站点的在线留言本系统的实现原理比较清晰、明了，其主要是对数据库中的数据进行添加和删除操作。在实现过程中，往往是根据系统的需求进行不同功能模块的设计。

在线留言本系统的必备功能如下。

（1）提供信息发布表单，供用户发布新的留言。

（2）将用户发布的留言添加到系统库中。

（3）在页面内显示系统库中的留言数据。

（4）对某条留言数据进行在线回复。

（5）删除系统内不需要的留言。

2. 在线留言本系统的构成模块

一个典型在线留言本系统由如下 4 个模块构成。

❑ 信息发表模块：用户可以在系统上发布新的留言信息。

❑ 信息显示模块：用户发布的留言信息能够在系统上显示。

❑ 留言回复模块：可以对用户发布的留言进行回复，以实现相互间的信息交互。

❑ 系统管理模块：站点管理员能够对发布的信息进行管理控制。

上述应用模块的具体运行流程如图 20-1 所示。

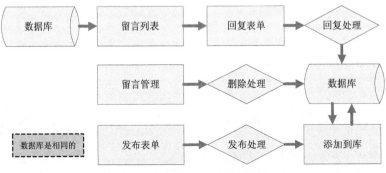

图 20-1　在线留言本系统运行流程图

通过前面的介绍，我们初步了解了在线留言本系统的功能原理和具体的运行流程。在接下来的内容中，将通过一个具体的在线留言本模块实例，向读者讲解一个典型的在线留言本系统的具体设计流程。

❀　注意：上面的运行流程仅代表当前主流的 Web 留言本系统，而没有对用户的身份权限进行认证。如果读者需要特殊用户才能登录系统发布留言，则可以结合本书第 7 章的知识添加一个登录验证模块。

20.2 在线留言本系统实例概述

本实例的实现文件保存在 "20\" 文件夹中，主要由如下模块文件构成。

❑ 系统配置文件：功能是对项目程序进行总体配置。

- ❑ 样式设置模块：功能是设置系统文件的显示样式。
- ❑ 数据库文件：功能是搭建系统数据库平台，保存系统的登录数据。
- ❑ 留言本列表文件：功能是将系统内的留言信息以列表样式显示出来。
- ❑ 发布留言模块：功能是向系统内添加新的留言数据。
- ❑ 留言管理页面：功能是删除系统内部需要的留言数据。

上述项目文件在 Visual Studio 2012 资源管理器中的效果如图 20-2 所示。

图 20-2　实例资源管理器效果图

20.3　系统配置文件

本项目的系统配置文件 Web.config 的具体功能，在前面的项目中已经介绍多次，这里不再赘述。

1. 配置连接字符串参数

配置连接字符串参数即设置系统程序连接数据库的参数，其对应的实现代码如下。

```
<connectionStrings>
        <add name="SQLCONNECTIONSTRING" connectionString="data source=GUAN\AAA;user id=sa;pwd=888888;
database=liuyan" providerName="System.Data.SqlClient"/>
    </connectionStrings>
```

其中，"source"设置连接的数据库服务器；"user id"和"pwd"分别指定数据库的登录名和密码；"database"设置连接数据库的名称。

2. 配置 Ajax 服务器参数

配置 Ajax 服务器参数即配置 Ajax Control Toolkit 程序集参数，为 AjaxControlToolkit.dll 程序集提供一个前缀字符串"AjaxControlToolkit"。这样，系统页面在引用 AjaxControlToolkit.dll 中的控件时，就不需要额外添加<Register>代码。

上述功能在<controls>元素内的对应实现代码如下。

```
<pages>
        <controls>
        <add namespace="AjaxControlToolkit" assembly="AjaxControlToolkit" tagPrefix="ajaxToolkit"/>
        <add tagPrefix="asp" namespace="System.Web.UI" assembly="System.Web.Extensions, Version=1.0.63025.0, Culture=
neutral, PublicKeyToken=30bf3856ad364e35"/>
        </controls>
    </pages>
```

20.4　搭建系统数据库

为了便于实例程序的实现，将系统内所有的信息数据存储在专用数据库内。这样，将大大方便对系统的管理和维护。因为整个系统将在 Web 中发布，可能会有大量的用户浏览，所以用 SQL Server 2005 数据库来存放这些海量的信息。

20.4.1 数据库设计

设计数据库名为"liuyan"，其中系统留言信息表（Message）的具体设计结构如表 20-1 所示。

表 20-1　　　　　　　　　　　系统留言信息表(Message)

字 段 名 称	数 据 类 型	是 否 主 键	默 认 值	功 能 描 述
ID	int	是	递增1	编号
Title	varchar(200)	否	Null	标题
Message	Text	否	Null	内容
CreateDate	datetime	否	Null	时间
IP	Varchar(20)	否	Null	IP 地址
Email	varchar(250)	否	Null	邮箱
Status	tinyint	否	0	状态

系统留言回复信息表（Reply）的具体设计结构如表 20-2 所示。

表 20-2　　　　　　　　　　　系统留言回复信息表(Reply)

字 段 名 称	数 据 类 型	是 否 主 键	默 认 值	功 能 描 述
ID	int	是	递增1	编号
Reply	varchar(3000)	否	Null	内容
CreateDate	datetime	否	Null	时间
IP	varchar(20)	否	Null	IP 地址
MessageID	int	否	Null	留言比编号

20.4.2 数据库访问层设计

本系统应用程序的数据库访问层由文件"lei.cs"实现的。文件"lei.cs"的主要功能是在 ASPNETAJAXWeb. AjaxLeaveword 空间内建立 Message 类，并实现对系统库中数据的处理。上述功能的实现流程如图 20-3 所示。

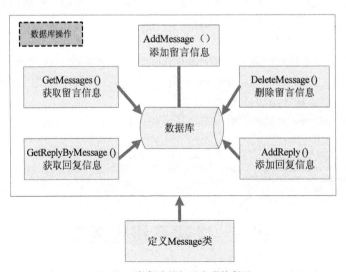

图 20-3　数据库访问层实现流程图

文件"lei.cs"的具体实现流程如下。

1. 定义 Message 类

定义 Message 类的实现代码如下。

```
sing System;
using System.Data;
using System.Configuration;
using System.Data.SqlClient;
namespace ASPNETAJAXWeb.AjaxLeaveword
{
    public class Message
    {
        public Message()
        {
            ……
        }
```

2. 获取系统内留言信息

获取系统内留言信息即获取系统库内已存在的留言信息,其功能是由方法 GetMessages() 实现的。方法 GetMessages() 的实现过程如下。

(1)从系统配置文件 Web.config 内获取数据库连接参数,并将其保存在 ConnectionString 内。

(2)使用连接字符串创建 con 对象,实现数据库连接。

(3)新建获取数据库留言数据的 SQL 查询语句。

(4)创建获取数据的对象 da。

(5)打开数据库连接,获取查询数据。

(6)将获取的查询结果保存在 ds 中,并返回 ds。

上述功能对应的实现代码如下。

```
public DataSet GetMessages()
    {   //获取连接字符串
        string connectionString = ConfigurationManager.ConnectionStrings["SQLCONNECTIONSTRING"].Connection String;
        //创建连接
        SqlConnection con = new SqlConnection(connectionString);
        //创建SQL语句
        string cmdText = "SELECT * FROM Message Order by CreateDate DESC";
        //创建SqlDataAdapter
        SqlDataAdapter da = new SqlDataAdapter(cmdText,con);
        //定义DataSet
        DataSet ds = new DataSet();
        try
        {   //打开连接
            con.Open();
            //填充数据
            da.Fill(ds,"DataTable");
        }
        catch(Exception ex)
        {   //抛出异常
            throw new Exception(ex.Message,ex);
        }
        finally
        {   //关闭连接
            con.Close();
        }
        return ds;
    }
```

3. 添加系统留言信息

添加系统留言信息即将新发布的留言信息添加到系统库中,其功能是由方法 AddMessage(string title,string message,string ip,string email)实现的。方法 AddMessage(string title,string message,string ip,string email)的实现过程如下。

(1)从系统配置文件 Web.config 内获取数据库连接参数,并将其保存在 connectionString 内。

(2)使用连接字符串创建 con 对象,实现数据库连接。

(3)使用 SQL 添加语句,然后创建 cmd 对象,准备插入操作。

（4）打开数据库连接，执行新数据插入操作。

（5）将数据插入操作所涉及的行数保存在 result 中。

（6）如果插入成功，则返回 result 值；如果插入失败，则返回-1。

上述功能对应的实现代码如下。

```
public int AddMessage(string title,string message,string ip,string email)
        {
                string connectionString = ConfigurationManager.ConnectionStrings["SQLCONNECTIONSTR ING"].Connection String;
                SqlConnection con = new SqlConnection(connectionString);
                //创建SQL语句
                string cmdText = "INSERT INTO Message(Title,Message,IP,Email,CreateDate,Status)VALUES(@Title, @Message,
                @IP,@Email,GETDATE(),0)";
                SqlCommand cmd = new SqlCommand(cmdText,con);
                //创建参数并赋值
                cmd.Parameters.Add("@Title",SqlDbType.VarChar,200);
                cmd.Parameters.Add("@Message",SqlDbType.Text);
                cmd.Parameters.Add("@Ip",SqlDbType.VarChar,20);
                cmd.Parameters.Add("@Email",SqlDbType.VarChar,255);
                cmd.Parameters[0].Value = title;
                cmd.Parameters[1].Value = message;
                cmd.Parameters[2].Value = ip;
                cmd.Parameters[3].Value = email;
                int result = -1;
                try
                {   //打开连接
                    con.Open();
                    //操作数据
                    result = cmd.ExecuteNonQuery();
                }
                catch(Exception ex)
                {   //抛出异常
                    throw new Exception(ex.Message,ex);
                }
                finally
                {   //关闭连接
                    con.Close();
                }
                return result;
        }
```

4．删除系统留言信息

删除系统留言信息即将系统内存在的留言数据从系统库中删除，其功能是由方法 DeleteMessage(int messageID)实现的。方法 DeleteMessage(int messageID)的实现过程如下。

（1）从系统配置文件 Web.config 内获取数据库连接参数，并将其保存在 connectionString 内。

（2）使用连接字符串创建 con 对象，实现数据库连接。

（3）使用 SQL 删除语句，然后创建 cmd 对象，准备删除操作。

（4）打开数据库连接，执行新数据删除操作。

（5）将数据删除操作所涉及的行数保存在 result 中。

（6）如果删除成功，则返回 result 值；如果删除失败，则返回-1。

上述功能对应的实现代码如下。

```
public int DeleteMessage(int messageID)
        {           string connectionString = ConfigurationManager.ConnectionStrings["SQLCONNECTIO NSTRING"].
ConnectionString;
                SqlConnection con = new SqlConnection(connectionString);
                //创建SQL语句
                string cmdText = "DELETE Message WHERE ID = @ID";
                SqlCommand cmd = new SqlCommand(cmdText,con);
                //创建参数并赋值
                cmd.Parameters.Add("@ID",SqlDbType.Int,4);
                cmd.Parameters[0].Value = messageID;
                int result = -1;
                try
```

```
{       //打开连接
            con.Open();
            //操作数据
            result = cmd.ExecuteNonQuery();
        }
        catch(Exception ex)
        {   //抛出异常
            throw new Exception(ex.Message,ex);
        }
        finally
        {   //关闭连接
            con.Close();
        }
        return result;
    }
```

5. 获取系统内留言回复信息

获取系统内留言回复信息即查询系统库内用户对留言的回复信息数据，其功能是由方法 GetReplyByMessage(int messageID)实现的。方法 GetReplyByMessage(int messageID)的实现过程如下。

（1）从系统配置文件 Web.config 内获取数据库连接参数，并将其保存在 connectionString 内。

（2）使用连接字符串创建 con 对象，实现数据库连接。

（3）新建查询数据库留言回复数据的 SQL 查询语句。

（4）创建获取数据的对象 da。

（5）打开数据库连接，获取查询数据。

（6）将获取的查询结果保存在 ds 中，并返回 ds。

上述功能对应的实现代码如下。

```
public DataSet GetReplyByMessage(int messageID)
        {
            string connectionString=ConfigurationManager.ConnectionStrings["SQLCONNECTIONSTRING"]. Connection String;
            SqlConnection con = new SqlConnection(connectionString);
            //创建SQL语句
            string cmdText = "SELECT * FROM Reply WHERE MessageID = @MessageID Order by CreateDate DESC";
            SqlDataAdapter da = new SqlDataAdapter(cmdText,con);
            //创建参数并赋值
            da.SelectCommand.Parameters.Add("@MessageID",SqlDbType.Int,4);
            da.SelectCommand.Parameters[0].Value = messageID;
            //定义DataSet
            DataSet ds = new DataSet();
            try
            {
                con.Open();
                //填充数据
                da.Fill(ds,"DataTable");
            }
            catch(Exception ex)
            {
                throw new Exception(ex.Message,ex);
            }
            finally
            {   //关闭连接
                con.Close();
            }
            return ds;
        }
```

6. 添加留言回复信息

添加留言回复信息即将新发布的留言回复信息添加到系统库中，其功能是由方法 AddReply(string message,string ip,int messageID)实现的。方法 AddReply(string message,string ip,int messageID)的实现过程如下。

（1）从系统配置文件 Web.config 内获取数据库连接参数，并将其保存在 connectionString 内。

（2）使用连接字符串创建 con 对象，实现数据库连接。

（3）使用 SQL 添加语句，然后创建 cmd 对象，准备插入操作。

（4）打开数据库连接，执行新数据插入操作。

（5）将数据插入操作所涉及的行数保存在 result 中。

（6）如果插入成功，则返回 result 值；如果插入失败，则返回-1。

上述功能对应的实现代码如下。

```
public int AddReply(string message,string ip,int messageID)
    {
        string connectionString=ConfigurationManager.ConnectionStrings["SQLCONNECTIONSTRING"]. Connection String;
        SqlConnection con = new SqlConnection(connectionString);
        string cmdText="INSERT INTO Reply(Reply,IP,CreateDate,MessageID)VALUES(@Reply,@IP, GETDATE(),
        @MessageID)";
        SqlCommand cmd = new SqlCommand(cmdText,con);
        //创建参数并赋值
        cmd.Parameters.Add("@Reply",SqlDbType.VarChar,3000);
        cmd.Parameters.Add("@Ip",SqlDbType.VarChar,20);
        cmd.Parameters.Add("@MessageID",SqlDbType.Int,4);
        cmd.Parameters[0].Value = message;
        cmd.Parameters[1].Value = ip;
        cmd.Parameters[2].Value = messageID;
        int result = -1;
        try
        {    //打开连接
            con.Open();
            //操作数据
            result = cmd.ExecuteNonQuery();
        }
        catch(Exception ex)
        {    //抛出异常
            throw new Exception(ex.Message,ex);
        }
        finally
        {    //关闭连接
            con.Close();
        }
        return result;
    }
}
```

数据查询的效率很重要，因为数据库技术是动态站点的基础，所以在 Web 程序内会有大量的查询语句。同时随着站点访问量的增加，一个站点可能同时需要查询大量数据，所以数据库查询的效率问题便提上了日常议程。在此向读者提出如下两条建议。

（1）合理使用索引

并不是所有索引对查询都有效。SQL 是根据表中数据进行查询优化的，当索引列中有大量数据重复时，SQL 查询可能不会去利用索引。例如，某一表中有字段 sex，而 male、female 几乎各一半，那么即使在 sex 上创建了索引也对查询效率起不了作用。读者可以在百度中通过检索"索引效率优化"关键字来获取相关知识。

（2）使用存储过程

存储过程是一个很好的工具，不但提高了程序的安全型，而且也提高了数据处理效率。编写合理的语句可以决定存储过程和触发器的效率。

20.5 留言数据显示模块

从现在开始步入正式的编码阶段，首先实现留言数据显示模块。此模块的功能是将系统库内的留言信息以列表的样式显示出来，并提供新留言发布表单，将发表的数据添加到系统库中。

上述功能的实现文件如下。

- ❑ Index.aspx。
- ❑ Index.aspx.cs。
- ❑ Yanzhengma.aspx。
- ❑ AjaxService.cs。

本节将对上述文件的实现过程进行详细介绍。

20.5.1 留言列表显示页面

文件 Index.aspx 的功能是插入专用控件，将系统内的数据读取并显示出来，然后提供发布表单供用户发布新留言。

1. 列表显示留言数据

本模块的功能是将系统内的留言数据显示出来，其具体实现过程如下。

（1）插入 1 个 GridView 控件，以列表样式显示库内的数据。

（2）在表格内显示各留言的数据内容。

（3）添加 3 个链接，供留言发布、留言回复和留言管理操作。

（4）调用 Ajax 程序集内的 DynamicPopulate 控件，实现动面板显示留言回复内容。

文件 Index.aspx 中，上述功能的主要实现代码如下。

```
……
<form id="form1" runat="server">
<asp:ScriptManager ID="sm" runat="server" >
    <Services>
     <asp:ServiceReference Path="AjaxService.asmx" />
    </Services>
</asp:ScriptManager>
<table class="Table" border="0" cellpadding="0" cellspacing="0" align="center">
    <tr><td colspan="2">
    <asp:UpdatePanel runat="server" ID="up">
    <ContentTemplate>
        <asp:GridView ID="gvMessage" runat="server" Width="300%" AutoGenerateColumns="False" SkinID="mm"
        ShowHeader="False">
        <Columns>
        <asp:TemplateField>
        <ItemTemplate>
        <table align="center" cellpadding="3" cellspacing="0" class="Table">
        <tr>
         <td>作者：<a href='mailto:<%# Eval("Email") %>'><%# Eval("Email") %></a>
        于[<%# Eval("IP") %>]、[<%# Eval("CreateDate") %>] 留言</td>
         </tr>
         <tr><td><hr size="1" /></td></tr>
         <tr><td class="Title">  <%# Eval("Title") %></td></tr>
         <tr><td>  <%# Eval("Message") %></td></tr>
         <tr>
            <td align="right"><a href="#message">我要留言</a> 
            <a href='Huifu.aspx?MessageID=<%# Eval("ID") %>'>我要回复</a>
             <asp:HyperLink runat="server" ID="hlShowReply" NavigateUrl="#">展开></asp:HyperLink>
            <asp:Panel runat="server" ID="pReply"></asp:Panel>
            <ajaxToolkit:DynamicPopulateExtender ID="dpeReply" runat="server"
            ClearContentsDuringUpdate="true" UpdatingCssClass="PopulatePanel"
            ServiceMethod="GetReplyByMessage" ServicePath="AjaxService.asmx"
            ContextKey='<%# Eval("ID") %>' TargetControlID="pReply"
            PopulateTriggerControlID="hlShowReply">
            </ajaxToolkit:DynamicPopulateExtender>
            </td>
            </tr>
        </table>
        </ItemTemplate>
        </asp:TemplateField>
……
```

上述代码执行后，将在页面内显示系统内已存在的留言数据，如图 20-4 所示。

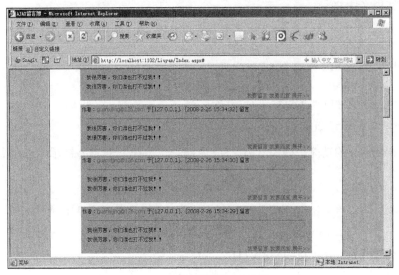

图 20-4　留言列表显示效果图

2. 留言发布表单

本模块的功能是为用户提供新留言的发布表单，其具体实现过程如下。

（1）插入 5 个 TextBox 控件，分别用于输入留言标题、IP 地址、邮件地址、留言内容和验证码。

（2）插入 TextBoxWatermark 控件，用于确保留言标题不为空。

（3）调用 TextBoxWatermark 控件，用于确保邮件格式的合法性。

（4）调用 ValidatorCallout 控件，用于显示邮件非法提示水印效果。

（5）调用 TextBoxWatermark 控件，用于确保邮件内容的合法性。

（6）插入激活按钮，用于执行相关操作事件。

（7）定义 MessageValidator 函数，确保留言内容大于 30 个字符而不多于 8000 个字符。

（8）调用验证码生成文件。

文件 Index.aspx 中，留言发布表单功能的主要实现代码如下。

```
......
    <tr bgcolor="white">
        <td>留言标题：</td>
        <td width="90%"><asp:TextBox ID="tbTitle" runat="server" SkinID="nn" Width="80%"></asp:TextBox>
        <asp:RequiredFieldValidator ID="rfTitle" runat="server" ControlToValidate="tbTitle"ErrorMessage="标题不能为
空！"></asp:RequiredFieldValidator>
        <asp:RegularExpressionValidator ID="revTitle" runat="server"
        ControlToValidate="tbTitle" Display="Dynamic"
        ErrorMessage="标题不能为空！" ValidationExpression=".+">
        </asp:RegularExpressionValidator>
        <ajaxToolkit:TextBoxWatermarkExtender ID="wmeTitle" runat="server"
                TargetControlID="tbTitle" WatermarkText="请输入留言标题"
                WatermarkCssClass="Watermark">
        </ajaxToolkit:TextBoxWatermarkExtender>
            </td>
    </tr>
    <tr bgcolor="white">
            <td>IP地址：</td>
            <td width="90%"><asp:TextBox ID="tbIP" runat="server" Enabled="false" SkinID="nn" Width="40%"></asp:
TextBox></td>
    </tr>
    <tr bgcolor="white">
            <td>电子邮件：</td>
            <td width="90%"><asp:TextBox ID="tbEmail" runat="server" SkinID="nn" Width="40%"></asp:TextBox>
        <asp:RequiredFieldValidator ID="rfEmail" runat="server" ErrorMessage="不能为空！" ControlToValidate="tbEmail"
```

```
Display="Dynamic"></asp:RequiredFieldValidator>
        <asp:RegularExpressionValidator ID="revEmail" runat="server" ControlToValidate="tbEmail"Display="None" Error
    Message="电子邮件格式不正确，请输入如下形式的电子邮件：
            <br />mmmm@nnn.com" ValidationExpression="\w+([- +.']\w+)*@\w+([-.]\w+)*\.\w+([-]\w+)*">
    </asp:RegularExpressionValidator>
    <ajaxToolkit:TextBoxWatermarkExtender ID="wmeEmail" runat="server"
        TargetControlID="tbEmail" WatermarkText="请输入电子邮件"
        WatermarkCssClass="Watermark">
    </ajaxToolkit:TextBoxWatermarkExtender>
    <ajaxToolkit:ValidatorCalloutExtender ID="vceEmail" runat="server"
        TargetControlID="revEmail"
        HighlightCssClass="Validator">
    </ajaxToolkit:ValidatorCalloutExtender>
        </td></tr>
    <tr bgcolor="white">
        <td valign="top">留言内容：</td>
        <td width="90%">
        <asp:TextBox ID="tbMessage" runat="server" Height="200px" SkinID="nn" TextMode="MultiLine"
Width="80%"></asp:TextBox>
        <asp:CustomValidator ID="cvMessage" runat="server"
            ClientValidationFunction="MessageValidator" ControlToValidate="tbMessage"
            Display="None"ErrorMessage="长度至少为30，最多为8000。">
        </asp:CustomValidator>
        <ajaxToolkit:TextBoxWatermarkExtender ID="wmeMessage" runat="server"
            TargetControlID="tbMessage" WatermarkText="请输入留言内容"
            WatermarkCssClass="Watermark">
        </ajaxToolkit:TextBoxWatermarkExtender>
        <ajaxToolkit:ValidatorCalloutExtender ID="vceMessage" runat="server"
            TargetControlID="cvMessage" HighlightCssClass="Validator">
        </ajaxToolkit:ValidatorCalloutExtender>
        </td></tr>
    <tr bgcolor="white">
        <td>验证码：</td>
        <td width="90%">
            <asp:TextBox ID="tbCode" runat="server" SkinID="nn" Width="80px"></asp:TextBox>
            <asp:Image ID="imgCode" runat="server" ImageUrl = "Yanzhengma.aspx" />
            <asp:Label ID="lbMessage" runat="server" ForeColor="red" CssClass="Text"></asp:Label>
        </td></tr>
    <tr bgcolor="white">
        <td> </td>
        <td width="90%">
            <asp:UpdatePanel ID="upbutton" runat="server">
    ……
```

上述代码执行后，将在页面内显示留言发布表单，如图 20-5 所示。当输入的邮件地址格式非法时，调用 Ajax 控件显示对应的提示信息，如图 20-6 所示。

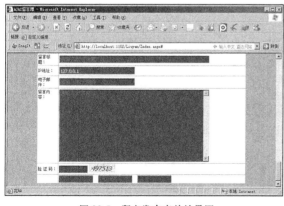

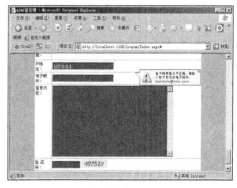

图 20-5　留言发布表单效果图　　　　　图 20-6　邮件格式非法提示效果图

3. 调用验证码文件

验证码文件 Yanzhengma.aspx 的功能是，调用 "bin" 目录内的 ASPNETAJAXWeb. ValidateCode.dll 控件，实现验证码显示效果。文件 Yanzhengma.aspx 的主要实现代码如下。

```
<%@ Page Language="C#" AutoEventWireup="false"    Inherits="ASPNETAJAXWeb.ValidateCode.Page. ValidateCode" %>
```

20.5.2　留言展开回复模块

留言展开回复模块的功能是，当单击某留言后面的"展开"链接后，将动态显示此留言的回复数据。其具体实现过程如下。

（1）调用 Ajax 的 DynamicPopulate 控件，用于实现动态显示效果。

（2）调用文件 AjaxService.cs 内的 GetReplyByMessage 方法，获取回复内容。

上述功能的运行流程如图 20-7 所示。

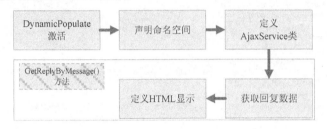

图 20-7　动态回复列表运行流程图

文件 AjaxService.cs 的具体实现代码如下。

```
……
//开始引入新的命名空间
using System.Data;
using System.Text;
using System.Web.Script.Services;
using ASPNETAJAXWeb.AjaxLeaveword;
// AjaxService 的摘要说明
  [WebService(Namespace = "http://tempuri.org/")]
[WebServiceBinding(ConformsTo = WsiProfiles.BasicProfile1_1)]
//添加脚本服务
[System.Web.Script.Services.ScriptService()]
public class AjaxService : System.Web.Services.WebService {
    public AjaxService ()
    {
    }
    [WebMethod]
    public string GetReplyByMessage(string contextKey)
    {  //获取参数ID
        int messageID = -1;
        if(Int32.TryParse(contextKey,out messageID) == false)
        {
            return string.Empty;
        }
        Message message = new Message();
        DataSet ds = message.GetReplyByMessage(messageID);
        if(ds == null || ds.Tables.Count <= 0 || ds.Tables[0].Rows.Count <= 0)
        {
            return string.Empty;
        }
        StringBuilder returnHtml = new StringBuilder();
        foreach(DataRow row in ds.Tables[0].Rows)
        {
            returnHtml.AppendFormat("<div>{0}于[{1}] 回复</div>",row["IP"],row["CreateDate"]);
            returnHtml.Append("<br />");
            returnHtml.AppendFormat("<div>{0}</div>",row["Reply"]);
            returnHtml.Append("<br />");
        }
        return returnHtml.ToString();
    }
}
```

通过上述代码处理，进入系统留言列表页面后，将首先默认显示留言数据，而不显示留言的回复数据。当单击某留言后面的"展开"链接后，此留言的回复信息将动态地显示出来，效果如图 20-8 所示。

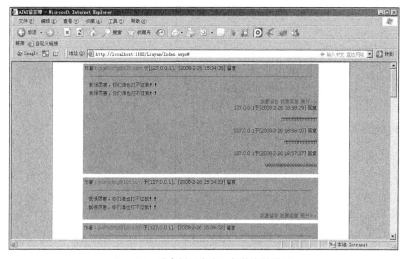

图 20-8　动态展开留言回复信息效果图

20.6　留言分页列表显示模块

从本节开始编写留言分页列表显示模块的代码。留言分页列表显示模块的功能是将系统库内的留言信息以分页列表的样式显示出来。本模块功能的实现文件如下。

❑　LiuyanFen.aspx。

❑　LiuyanFen.aspx.cs。

本节将详细讲解上述文件的具体实现过程。

20.6.1　留言分页显示页面

留言分页显示页面文件 LiuyanFen.aspx 的功能是插入专用控件，将系统内数据读取出来，然后将获取的留言数据以分页样式显示。其具体实现过程如下。

（1）插入 1 个 GridView 控件，用于以列表样式显示留言的信息，包括留言者、邮箱地址、时间和留言内容等。

（2）通过 GridView 控件设置分页显示留言数为 5。

（3）通过 GridView 控件设置分页处理事件为 gvMessage_PageIndexChanging。

（4）通过 PagerSettings 设置分页模式为 NumericFirstLast。

文件 LiuyanFen.aspx 的主要实现代码如下。

```
……
    <asp:ScriptManager ID="sm" runat="server" />
    <table class="Table" border="0" cellpadding="0" cellspacing="0" align="center">
        <tr>
        <td colspan="2">
        <asp:UpdatePanel runat="server" ID="up">
            <ContentTemplate>
            <asp:GridView ID="gvMessage" runat="server" Width="300%" AutoGenerateColumns="False" SkinID="mm"
            ShowHeader="False"
            AllowPaging="True" OnPageIndexChanging="gvMessage_PageIndexChanging" PageSize="5">
        <Columns>
        <asp:TemplateField>
        <ItemTemplate>
        <table class="Table" cellpadding="3" cellspacing="0">
            <tr>
            <td>作者: <a href='mailto:<%# Eval("Email") %>'><%# Eval("Email") %></a> 于[<%# Eval("IP") %>]、[<%#
            Eval("CreateDate") %>] 留言</td>
            <tr><td><hr size="1" /></td></tr>
            <tr><td class="Title">　<%# Eval("Title") %></td></tr>
```

```
        <tr><td>    <%# Eval("Message") %></td></tr>
      </table>
    </ItemTemplate>
  </asp:TemplateField>
  </Columns>
    <PagerSettings Mode="NumericFirstLast" />
  </asp:GridView>
  </ContentTemplate>
  </asp:UpdatePanel>
......
```

20.6.2　分页处理页面

分页处理页面文件 LiuyanFen.aspx.cs 的功能是定义分页事件对留言数据进行重新处理。其具体实现过程下。

（1）引入 AjaxLeaveword 命名空间。

（2）定义 Page_Load 载入页面文件。

（3）定义 BindPageData()读取并显示留言信息。

（4）声明分页事件 gvMessage_PageIndexChanging(object sender,GridViewPageEventArgs e)，设置 gvMessage 控件的新页码，然后重新绑定 gvMessage 控件数据。

文件 LiuyanFen.aspx.cs 的主要实现代码如下。

```
......
using ASPNETAJAXWeb.AjaxLeaveword;
public partial class BoardPaging : System.Web.UI.Page
{
    protected void Page_Load(object sender,EventArgs e)
    {
        if(!Page.IsPostBack)
        {
            BindPageData();
        }
    }
    private void BindPageData()
    {   //获取数据
        Message message = new Message();
        DataSet ds = message.GetMessages();
        //显示数据
        gvMessage.DataSource = ds;
        gvMessage.DataBind();
    }
    protected void gvMessage_PageIndexChanging(object sender,GridViewPageEventArgs e)
    {   //设置新页面，并重新绑定数据
        gvMessage.PageIndex = e.NewPageIndex;
        BindPageData();
    }
}
```

经过上述代码设置，程序执行后将首先按照分页模式显示第一分页数据，如图 20-9 所示；当单击下方的对应分页链接后，将切换到指定的页面。

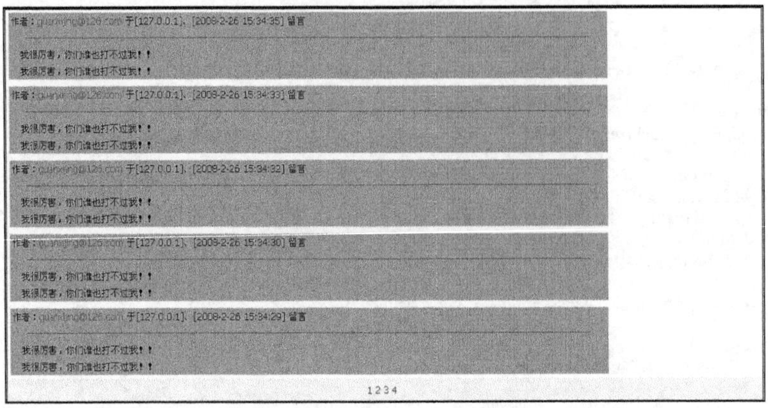

图 20-9　分页默认显示效果图

20.7　留言回复模块

从本节开始编码实现留言回复模块。此模块的功能是提供系统内留言的回复表单，供用户发布对某留言的回复信息。本模块功能的实现文件如下。

❑　Huifu.aspx。

❑　Huifu.aspx.cs。

20.7.1　留言回复表单页面

留言回复表单页面文件 Huifu.aspx 的功能是提供留言回复表单，供用户发布对某留言的回复信息。其具体实现过程如下。

（1）插入 3 个 TextBox 控件，分别用于输入 IP 地址、回复内容和验证码。

（2）插入 1 个 CustomValidator 控件，用于对回复内容的验证。

（3）插入 1 个 TextBoxWatermarkExtender 控件，用于显示水印提示。

（4）插入 1 个 ValidatorCalloutExtender 控件，用于实现多样式验证。

（5）调用验证码文件 Yanzhengma.aspx 实现验证码显示。

（6）定义 MessageValidator(source,argument)来控制输入的回复内容。

文件 Huifu.aspx 的主要实现代码如下。

```
......
<asp:ScriptManager ID="sm" runat="server" />
<table class="Table" border="0" cellpadding="2" bgcolor="Black" cellspacing="1" align="center">
    <tr bgcolor="white"><td colspan="2"><hr /></td></tr>
    <tr bgcolor="white">
        <td>IP地址: </td>
        <td width="90%"><asp:TextBox ID="tbIP" runat="server" Enabled="false" SkinID="nn" Width="40%"></asp:
        TextBox></td>
    </tr>
    <tr bgcolor="white">
        <td valign="top">回复内容: </td>
        <td width="90%">
            <asp:TextBox ID="tbMessage" runat="server" Height="200px" SkinID="nn" TextMode="MultiLine" Width
            ="80%"></asp:TextBox>
            <asp:CustomValidator ID="cvMessage" runat="server"
            ClientValidationFunction="MessageValidator" ControlToValidate="tbMessage"
            Display="None" ErrorMessage="长度至少为30，最多为3000。">
            </asp:CustomValidator>
            <ajaxToolkit:TextBoxWatermarkExtender ID="wmeMessage" runat="server"
            TargetControlID="tbMessage" WatermarkText="请输入留言内容"
            WatermarkCssClass="Watermark">
            </ajaxToolkit:TextBoxWatermarkExtender>
             <ajaxToolkit:ValidatorCalloutExtender ID="vceMessage" runat="server"
            TargetControlID="cvMessage" HighlightCssClass="Validator">
            </ajaxToolkit:ValidatorCalloutExtender>
        </td></tr>
......
```

上述实例代码执行后，将首先显示回复表单界面，如图 20-10 所示；当输入的回复内容非法时，则调用 Ajax 控件显示对应的提示，如图 20-11 所示。

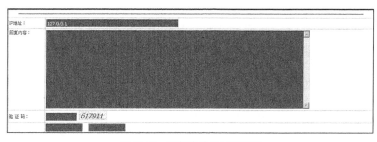

图 20-10　回复表单界面效果图

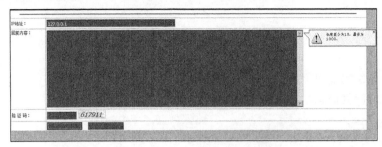

图 20-11　回复内容非法提示效果图

20.7.2　回复数据处理页面

回复数据处理页面文件 Huifu.aspx.cs 的功能是获取用户回复表单的数据，并将获取的回复数据添加到系统库中。其具体实现过程如下。

（1）引入命名空间，声明类 Reply。

（2）通过 Page_Load 载入初始化回复表单界面。

（3）IP 地址判断处理。如果 IP 为空，则停止处理。

（4）定义 btnCommit_Click，进行数据处理。

（5）验证码判断处理。如果非法，则输出提示。

（6）将数据添加到系统库中。

上述过程的运行流程如图 20-12 所示。

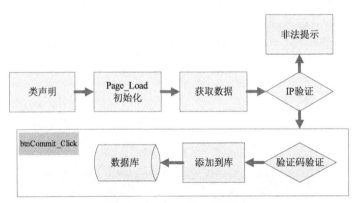

图 20-12　留言回复处理流程图

文件 Huifu.aspx.cs 的主要实现代码如下。

```
……
using ASPNETAJAXWeb.ValidateCode.Page;
public partial class Reply : System.Web.UI.Page
{
    int messageID = -1;
    protected void Page_Load(object sender, EventArgs e)
    {   //获取客户端的IP地址
        tbIP.Text = Request.UserHostAddress;
        if(Request.Params["MessageID"] != null)
        {
            messageID = Int32.Parse(Request.Params["MessageID"].ToString());
        }
        btnCommit.Enabled = messageID > 0 ? true : false;
    }
    protected void btnCommit_Click(object sender,EventArgs e)
    {
        if(Session[ValidateCode.VALIDATECODEKEY] != null)
        {   //验证验证码是否相等
            if(tbCode.Text != Session[ValidateCode.VALIDATECODEKEY].ToString())
            {
```

```
                    lbMessage.Text = "验证码输入错误，请重新输入";
                    return;
                }
                Message message = new Message();
                //发表回复
                if(message.AddReply(tbMessage.Text,Request.UserHostAddress,messageID) > 0)
                {   //重定向到留言页面
                    Response.Redirect("Index.aspx");
                }
            }
        }
        protected void btnClear_Click(object sender,EventArgs e)
        {
            tbMessage.Text = string.Empty;
        }
    }
```

在上述的留言回复处理过程中，通过 foreach 语句对内容进行了 HTML 化处理。因为只有处理后，才能使回复内容以浏览者希望的格式显示。但是这里有一个问题，如果我是一名初学者，在代码中添加 HTML 转换代码是一件十分复杂的事情。不但在视觉上使程序员感觉繁琐，而且在后期维护上也会感到无所适从，并且也不能保证所有的特殊字符都能被成功转换。笔者很想找一种快速而有效的实现方法，便向 KNOWALL 求救。他回复说网络中有专门处理 HTML 标记的工具，例如 HtmlArea。HtmlArea 是一款很简洁的 WTYSWTYG 编辑器，是纯 JS+Html 的编辑器，理论上可以应用在任何语言平台上。经过实际使用，发现其可以和 ASP.Net +Ajax 很好的结合。

由此可见，无论是留言系统，还是新闻系统，只要涉及了信息发布和维护的项目，都可以使用现成的文本编辑器。市面上免费的文本编辑器比较多，并且使用方法简单，功能强大，是提高开发效率的重要工具，建议读者多多使用。

20.8　留言发布模块

接下来开始留言发布模块的编码工作。留言发布模块的功能是将用户发布的留言信息添加到系统库中。此模块的功能是由文件 Index.aspx.cs 实现的，其具体实现过程如下。

（1）引入命名空间，声明类 Board。

（2）通过 Page_Load 载入初始化发布表单界面。

（3）IP 地址判断处理。如果 IP 为空，则停止处理。

（4）定义 btnCommit_Click，进行数据处理。

（5）验证码判断处理。如果非法，则输出提示。

（6）将数据添加到系统库中。

上述过程的运行流程如图 20-13 所示。

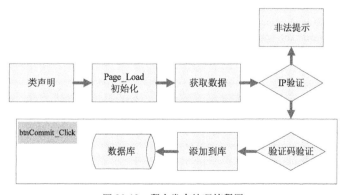

图 20-13　留言发布处理流程图

文件 Index.aspx.cs 的主要实现代码如下。

```
……
using AjaxControlToolkit;
using ASPNETAJAXWeb.ValidateCode.Page;
public partial class Board : System.Web.UI.Page
{
    protected void Page_Load(object sender, EventArgs e)
    {   //获取客户端的IP地址
        tbIP.Text = Request.UserHostAddress;
        if(!Page.IsPostBack)
        {
            BindPageData();
        }
        sm.RegisterAsyncPostBackControl(tbMessage);
    }
    private void BindPageData()
    {   //获取数据
        Message message = new Message();
        DataSet ds = message.GetMessages();
        //显示数据
        gvMessage.DataSource = ds;
        gvMessage.DataBind();
    }
    protected void btnCommit_Click(object sender,EventArgs e)
    {
        if(Session[ValidateCode.VALIDATECODEKEY] != null)
        {   //验证验证码是否相等
            if(tbCode.Text != Session[ValidateCode.VALIDATECODEKEY].ToString())
            {
                lbMessage.Text = "验证码输入错误，请重新输入";
                return;
            }
            Message message = new Message();
            //发表留言
            if(message.AddMessage(tbTitle.Text,tbMessage.Text,Request.UserHostAddress,tbEmail.Text) > 0)
            {   //重新显示数据
                BindPageData();
            }
        }
    }
    protected void btnClear_Click(object sender,EventArgs e)
    {
        tbMessage.Text = string.Empty;
    }
}
```

从留言发布模块的实现过程中可以看出，留言回复和留言发布的实现过程基本类似，都是基于数据库的添加处理，不同的是留言发布的数据被添加到数据库内的留言信息表，而发布的回复数据被添加到数据库内的回复信息表。

20.9 留言管理模块

本节开始留言管理模块的编码工作。俗话说"不成规矩不成方圆"，作为舆论大平台的在线留言本系统来说，一定要抵制违法言论的出现。因此，留言管理模块不仅仅要保证系统数据库够用，删除不需要的留言数据，更重要的是删除违法的信息。故留言管理模块的功能是对系统内的留言信息进行管理，实现正常的系统维护功能。该模块的实现文件如下。

- ❏ Guanli.aspx。
- ❏ Guanli.aspx.cs。

20.9.1 留言管理列表页面

留言管理列表页面文件 Guanli.aspx 的功能是将系统内的留言数据以分页列表样式显示出来，并提供每条留言的删除按钮。其具体实现过程如下。

（1）插入 1 个 GridView 控件，用于以列表样式显示留言的信息，包括留言者、邮箱地址、时间和留言内容等。

（2）通过 GridView 控件设置分页显示留言数为 5。

（3）通过 GridView 控件设置分页处理事件为 gvMessage_PageIndexChanging。

（4）在每条留言的后面插入 1 个 Button 按钮，用于激活删除处理事件。

（5）通过 PagerSettings 设置分页模式为 NextPreviousFirstLast。

文件 Guanli.aspx 的主要实现代码如下。

```
……
    <asp:ScriptManager ID="sm" runat="server" />
    <table class="Table" border="0" cellpadding="0" cellspacing="0" align="center">
        <tr><td colspan="2">
        <asp:UpdatePanel runat="server" ID="up">
        <ContentTemplate>
        <asp:GridView ID="gvMessage" runat="server" Width="300%" AutoGenerateColumns="False"
            SkinID="mm" ShowHeader="False" AllowPaging="True"
            OnPageIndexChanging="gvMessage_PageIndexChanging"
            PageSize="5" OnRowDataBound="gvMessage_RowDataBound"
            OnRowCommand="gvMessage_RowCommand">
        <Columns>
        <asp:TemplateField>
        <ItemTemplate>
        <table class="Table" cellpadding="3" cellspacing="0">
……
```

上述实例代码执行后，将以分页列表的样式显示系统内的留言数据，并在每条留言的后面显示一个删除操作按钮，如图 20-14 所示。

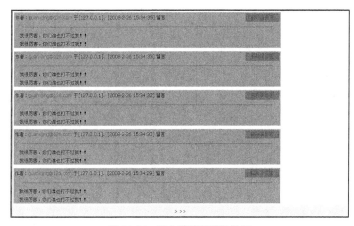

图 20-14　留言管理页面效果图

当单击图 20-14 内某留言后的【删除该留言】按钮后，将会激活删除处理程序。

20.9.2　留言删除处理页面

留言删除处理页面文件 Guanli.aspx.cs 的功能是将系统留言数据进行分页处理，并将用户选中的留言数据从系统库中删除。其具体实现过程如下。

（1）引入命名空间，声明类 BoardManage。

（2）通过 Page_Load 载入初始化留言管理列表界面。

（3）获取并显示系统内的数据。

（4）设置分页处理事件，对数据进行重新邦定。

（5）定义 gvMessage_RowDataBound(object sender,GridViewRowEventArgs e)，弹出删除确认对话框。

（6）定义 gvMessage_RowCommand(object sender,GridViewCommandEventArgs e)，将用户选中的数据从系统库中删除。

上述过程的运行流程如图 20-15 所示。

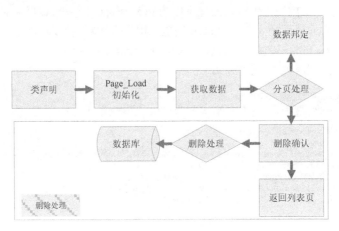

图 20-15　留言删除处理流程图

文件 Guanli.aspx.cs 的主要实现代码如下。

```
……
using System.Web.UI.HtmlControls;
using ASPNETAJAXWeb.AjaxLeaveword;
public partial class BoardManage : System.Web.UI.Page
{
    protected void Page_Load(object sender,EventArgs e)
    {
        if(!Page.IsPostBack)
        {
            BindPageData();
        }
    }
    private void BindPageData()
    {   //获取数据
        Message message = new Message();
        DataSet ds = message.GetMessages();
        //显示数据
        gvMessage.DataSource = ds;
        gvMessage.DataBind();
    }
    protected void gvMessage_PageIndexChanging(object sender,GridViewPageEventArgs e)
    {   //设置新页面，并重新绑定数据
        gvMessage.PageIndex = e.NewPageIndex;
        BindPageData();
    }
    protected void gvMessage_RowDataBound(object sender,GridViewRowEventArgs e)
    {
        Button button = (Button)e.Row.FindControl("btnDelete");
        if(button != null)
        {
            button.Attributes.Add("onclick","return confirm(\"您确认要删除当前行的留言？\");");
        }
    }
    protected void gvMessage_RowCommand(object sender,GridViewCommandEventArgs e)
    {
        if(e.CommandName.ToLower() == "del")
        {   //删除选择的留言
            Message message = new Message();
            if(message.DeleteMessage(Int32.Parse(e.CommandArgument.ToString())) > 0)
            {   //重新绑定数据
                BindPageData();
            }
        }
    }
}
```

上述代码执行后的显示效果如下：当用户单击【删除该留言】按钮后，将首先弹出删除确认对话框，如图 20-16 所示。如果单击【取消】按钮，则返回列表页面；如果单击【确定】按钮，则将此留言数据从系统内删除。

图 20-16 删除确认对话框

第 21 章

在线聊天系统

　　如今网络聊天已经成为人们生活中必不可少的沟通方式之一。为此，各种聊天工具和聊天站点纷纷建立起来。本章将向读者介绍在线聊天系统的运行过程，并通过典型的实例来讲解其具体的实现方法。

21.1 项目规划分析

在线聊天系统是一个综合性的系统，不仅仅是表单数据的发布处理过程，在实现过程中还会应用到本书前面章节中介绍的模块知识，以实现对数据库的整合处理。本节将对在线聊天系统的基本知识进行简要介绍。

21.1.1 在线聊天系统功能原理

Web 站点的在线聊天系统的实现原理比较好理解，其主要是对数据库数据进行添加和删除操作，并且设置了不同的类别，使信息在表现上更加清晰、明了。在不同的在线聊天系统实现过程中，往往会根据系统的需求而进行不同功能模块的设置。

一个典型的在线聊天系统的必备功能如下。

（1）提供用户登录验证功能。

（2）设置聊天语句发布功能。

（3）聊天内容动态显示功能。

（4）聊天页面刷新功能。

（5）系统管理功能。

21.1.2 在线聊天系统构成模块

一个典型的在线聊天系统由如下 7 个模块构成。

（1）用户登录验证

用户登录验证模块是聊天室系统的重要模块之一。系统用户登录成功后，将在用户列表中显示用户的用户名或昵称。而系统的其他用户，可以及时了解本系统的人气状况。

（2）聊天内容显示

聊天者发表谈话内容后，需要将内容在系统中显示，这样双方用户才能实现及时交互。

（3）页面刷新

因为聊天者不定期地发表谈话，所以要求谈话对象及时接收谈话内容。为此，系统页面必须具备及时刷新的功能。

（4）用户更新

为解决聊天用户离开系统后，其用户信息在用户列表依然显示问题，系统必须设置用户更新功能。所以在系统中应专门设置一个链接，当用户退出时，通过单击此链接告知管理员此用户已退出系统，使用户列表做出相应的更新。

（5）聊天内容更新

当用户发布聊天内容后，发布的内容应及时在页面内显示，使对方用户及时浏览。

（6）提供多个聊天室

为满足不同类型用户的需求，应该提供不同的聊天室共用户选择登录，从而提高站点的人气。

（7）聊天室管理功能

为方便对系统的管理控制，通过对聊天室的设置实现对整个聊天系统的灵活管理。

上述应用模块的具体运行流程如图 21-1 所示。

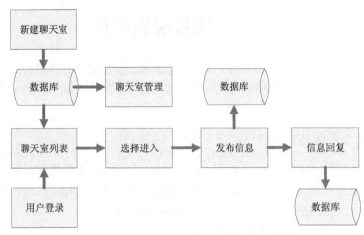

图 21-1　在线聊天系统运行流程图

21.2　系统配置文件

因为客户要求使用 SQL Server 2005 数据库，并用 Ajax 技术实现无刷新处理，所以需要根据用户的需求编写配置文件 Web.config。该文件的主要功能是设置数据库的连接参数，并配置了系统与 Ajax 服务器的相关内容。

1. 配置连接字符串参数

配置连接字符串参数即设置系统程序连接数据库的参数，其对应的实现代码如下。

```
<connectionStrings>
    <add name="SQLCONNECTIONSTRING" connectionString="data source=GUAN\AAA;user
id=sa;pwd=888888;database=Liao" providerName="System.Data.SqlClient"/>
</connectionStrings>
```

其中，"source"用于设置连接的数据库服务器；"user id"和"pwd"分别用于指定数据库的登录名和密码；"database"用于设置连接数据库的名称。

2. 配置 Ajax 服务器参数

配置 Ajax 服务器参数即配置 Ajax Control Toolkit 程序集参数。这里为 AjaxControlToolkit.dll 程序集提供了一个前缀字符串"AjaxControlToolkit"。这样，系统页面在引用 AjaxControlToolkit.dll 中的控件时，不需要额外添加<Register>代码。

上述功能在<controls>元素内的对应实现代码如下。

```
<pages>
    <controls>
        <add namespace="AjaxControlToolkit" assembly="AjaxControlToolkit" tagPrefix=" ajaxToolkit"/>
        <add tagPrefix="asp" namespace="System.Web.UI" assembly="System.Web.Extensions, Version=1.0.61325.0,
Culture=neutral, PublicKeyToken=31bf31356ad364e35"/>
    </controls>
</pages>
```

21.3　搭建数据库

本项目使用 SQL Server 2005 数据库，创建一个名为"Liao"的数据库。该数据库包含了两个表：Message 和 User 分别用于存储聊天内容和用户信息。

21.3.1　数据库设计

系统聊天内容信息表（Message）的具体设计结构如表 21-1 所示。

表 21-1		系统聊天内容信息表		
字 段 名 称	数 据 类 型	是 否 主 键	默 认 值	功 能 描 述
ID	int	是	递增 1	编号
Message	varchar(1000)	否	Null	内容
UserID	int	否	Null	用户编号
ChatID	int	否	Null	聊天室编号
CreateDate	datetime	否	Null	时间

系统用户信息表（User）的具体设计结构如表 21-2 所示。

表 21-2		系统用户信息表		
字 段 名 称	数 据 类 型	是 否 主 键	默 认 值	功 能 描 述
ID	int	是	递增 1	编号
Username	varchar(1000)	否	Null	用户名
Password	int	否	Null	密码
Status	int	否	Null	状态

21.3.2 系统参数设置

系统参数设置功能由文件 Global.asax 和文件 chat.cs 实现。

1. 文件 chat.cs

文件 chat.cs 的功能是声明类 UserInfo，用以封装保存当前登录用户的信息，并定义数据库访问层的操作方法。文件 chat.cs 中系统参数设置的实现代码如下。

```
namespace ASPNETAJAXWeb.AjaxChat
{
    public class UserInfo
    {
        private int userID;
        private int chatID = -1;
        private string username;
        public int ChatID
        {
            get
            {
                return chatID;
            }
            set
            {
                chatID = value;
            }
        }
        public int UserID
        {
            get
            {
                return userID;
            }
            set
            {
                userID = value;
            }
        }
        public string Username
        {
            get
            {
                return username;
            }
            set
            {
                username = value;
            }
        }
    }
```

2. 文件 Global.asax

文件 Global.asax 的功能是：当系统项目启动时，初始化保存处理当前用户列表；当项目结束运行时，将用户列表信息清空。其主要实现代码如下。

```
// 保存登录用户的列表
public static List<UserInfo> Users = new List<UserInfo>();
void Application_Start(object sender, EventArgs e)
{   //登录用户列表初始化
    Users.Clear();
}
void Application_End(object sender, EventArgs e)
{
}
void Application_Error(object sender, EventArgs e)
{
}
void Session_Start(object sender, EventArgs e)
{
    //
}
void Session_End(object sender, EventArgs e)
{
    if(Session["UserID"] != null)
    {   //用户离开时，清空用户登录的信息
        string userID = Session["UserID"].ToString();
        foreach(UserInfo ui in Users)
        {   //根据用户ID找到离开的用户
            if(ui.UserID.ToString() == userID)
            {
                Users.Remove(ui);
                break;
            }
        }
    }
}
</script>
```

通过前面的开发流程可知，Global.asax 文件也是一个重要的配置文件，有时也称其为 ASP.NET 应用程序文件，也提供了一种在一个中心位置响应应用程序级或模块级事件的方法。可以使用这个文件实现应用程序安全性以及其他一些任务。Global.asax 位于应用程序根目录下。虽然 Visual Studio.NET 会自动插入这个文件到所有的 ASP.NET 项目中，但是它实际上是一个可选文件。删除它不会出问题——当然是在没有使用它的情况下。文件扩展名.asax 指出它是一个应用程序文件，而不是一个使用 aspx 的 ASP.NET 文件。Global.asax 文件被配置为任何（通过 URL 的）直接 HTTP 请求都被自动拒绝，所以用户不能下载或查看其内容。ASP.NET 页面框架能够自动识别出对 Global.asax 文件所做的任何更改。在 Global.asax 被更改后，ASP.NET 页面框架会重新启动应用程序，包括关闭所有的浏览器会话，去除所有状态信息，并重新启动应用程序域。

21.4 数据库访问层

作为整个项目的核心和难点，本项目的数据访问层分为如下 4 个部分。

- 登录验证。
- 聊天室主页。
- 聊天交流处理。
- 系统管理。

为了便于后期维护，专门编写了文件 Chat.cs 来实现。其主要功能是在 ASPNETAJAXWeb.AjaxChat 控件中建立 Chat 类，并定义多个方法实现对各系统文件在数据库中的处理。

21.4.1　数据访问层——登录验证处理

在文件 chat.cs 中，与用户登录验证模块相关的是方法 GetUser(string username,string password)，其运行流程如图 21-2 所示。

图 21-2　登录验证模块数据访问层运行流程图

下面介绍上述方法的具体实现过程。

1. 定义 Chat 类

定义 Chat 类的实现代码如下。

```
using System;
using System.Data;
using System.Configuration;
using System.Data.SqlClient;
namespace ASPNETAJAXWeb.AjaxChat
……
public class Chat
    {
        public Chat()
        {
            //
        }
```

2. 获取登录用户信息

获取登录用户信息即获取当前登录用户的用户名和密码，确保合法用户才能登录系统。此功能是由方法 GetUser(string username,string password)实现的，其具体实现过程如下。

（1）从系统配置文件 Web.config 内获取数据库连接参数，并将其保存在 connectionString 内。

（2）使用连接字符串创建 con 对象，实现数据库连接。

（3）新建获取数据库内用户名和密码信息的 SQL 查询语句。

（4）创建获取数据的对象 cmd。

（5）打开数据库连接，获取查询数据。

（6）将获取的查询结果保存在 dr 中，并返回 dr。

上述过程的对应实现代码如下。

```
public SqlDataReader GetUser(string username,string password)
        {   //获取连接字符串
            string connectionString = ConfigurationManager.ConnectionStrings["SQLCONNECTIONSTRING"].ConnectionString;
            //创建连接
            SqlConnection con = new SqlConnection(connectionString);
            //创建SQL语句
            string cmdText = "SELECT ID FROM [User] WHERE Username=@Username AND Password=@Password";
            //创建SqlCommand
            SqlCommand cmd = new SqlCommand(cmdText,con);
            //创建参数并赋值
            cmd.Parameters.Add("@Username",SqlDbType.VarChar,50);
            cmd.Parameters.Add("@Password",SqlDbType.VarChar,255);
            cmd.Parameters[0].Value = username;
            cmd.Parameters[1].Value = password;
            //定义SqlDataReader
            SqlDataReader dr;
            try
            {   //打开连接
                con.Open();
                //读取数据
                dr = cmd.ExecuteReader(CommandBehavior.CloseConnection);
```

```
            }
        catch(Exception ex)
        {   //抛出异常
            throw new Exception(ex.Message,ex);
        }
        return dr;
    }
```

21.4.2　数据访问层——聊天处理

在文件 chat.cs 中，与系统在线聊天处理模块相关的方法如下。

❑　GetNeirong(int chatID)。

❑　GetSingleNeirong(int messageID)。

❑　AddNeirong(string message,int userID,int chatID)。

上述方法的运行流程如图 21-3 所示。

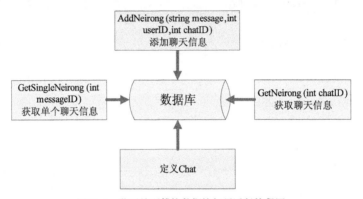

图 21-3　聊天处理模块数据访问层运行流程图

接下来将分别介绍上述方法的具体实现过程。

1. *方法 GetNeirong(int chatID)*

方法 GetNeirong(int chatID)的功能是获取某 ID 编号聊天室的聊天信息，其具体实现过程如下。

（1）从系统配置文件 Web.config 中获取数据库连接参数，并将其保存在 connectionString 中。

（2）使用连接字符串创建 con 对象，实现数据库连接。

（3）新建 SQL 查询语句，获取数据库内某 ID 编号聊天室的聊天信息。

（4）创建获取数据的对象 da。

（5）打开数据库连接，获取查询数据。

（6）将获取的查询结果保存在 ds 中，并返回 ds。

上述过程的对应实现代码如下。

```
public DataSet GetNeirong(int chatID)
    {
        string connectionString = ConfigurationManager.ConnectionStrings["SQLCONNECTIONSTRING"].Connection String;
        SqlConnection con = new SqlConnection(connectionString);
        //创建SQL语句
        string cmdText = "SELECT Message.*,[User].Username FROM Message INNER JOIN [User] ON Message.User
        ID=[User].ID WHERE ChatID=@ChatID Order by CreateDate DESC";
        //创建SqlDataAdapter
        SqlDataAdapter da = new SqlDataAdapter(cmdText,con);
        //创建参数并赋值
        da.SelectCommand.Parameters.Add("@ChatID",SqlDbType.Int,4);
        da.SelectCommand.Parameters[0].Value = chatID;
        //定义DataSet
        DataSet ds = new DataSet();
        try
        {
            con.Open();
            //填充数据
```

```
                    da.Fill(ds,"DataTable");
            }
            catch(Exception ex)
            {
                    throw new Exception(ex.Message,ex);
            }
            finally
            {
                    con.Close();
            }
            return ds;
    }
```

2. 方法 GetSingleNeirong(int messageID)

方法 GetSingleNeirong(int messageID)的功能是获取某 ID 编号的聊天信息。其具体实现过程如下。

（1）从系统配置文件 Web.config 中获取数据库连接参数，并将其保存在 connectionString 中。

（2）使用连接字符串创建 con 对象，实现数据库连接。

（3）新建 SQL 查询语句，获取数据库中某 ID 编号的聊天信息。

（4）创建获取数据的对象 cmd。

（5）打开数据库连接，获取查询数据。

（6）将获取的查询结果保存在 dr 中，并返回 dr。

上述过程的对应实现代码如下。

```
public SqlDataReader GetSingleNeirong(int messageID)
        {
            string connectionString = ConfigurationManager.ConnectionStrings["SQLCONNECTIONSTRING"].Connection String;
            SqlConnection con = new SqlConnection(connectionString);
            string cmdText = "SELECT * FROM Message WHERE ID = @ID";
            //创建SqlCommand
            SqlCommand cmd = new SqlCommand(cmdText,con);
            //创建参数并赋值
            cmd.Parameters.Add("@ID",SqlDbType.Int,4);
            cmd.Parameters[0].Value = messageID;
            //定义SqlDataReader
            SqlDataReader dr;
            try
            {
                con.Open();
                //读取数据
                dr = cmd.ExecuteReader(CommandBehavior.CloseConnection);
            }
            catch(Exception ex)
            {
                throw new Exception(ex.Message,ex);
            }
            return dr;
        }
```

3. 方法 AddNeirong(string message,int userID,int chatID)

方法 AddNeirong(string message,int userID,int chatID)的功能是将用户发送的聊天信息添加到系统库中。其具体实现过程如下。

（1）从系统配置文件 Web.config 中获取数据库连接参数，并将其保存在 connectionString 中。

（2）使用连接字符串创建 con 对象，实现数据库连接。

（3）新建 SQL 添加语句，向数据库内添加某 ID 编号的聊天信息。

（4）创建获取数据的对象 cmd。

（5）打开数据库连接，执行添加处理。

（6）将操作结果保存在 dr 中，并返回 dr。

上述过程的对应实现代码如下。

```
public int AddNeirong(string message,int userID,int chatID)
        {
            string connectionString = ConfigurationManager.ConnectionStrings["SQLCON NECTIONSTRING"].Connection String;
```

```
SqlConnection con = new SqlConnection(connectionString);
//创建SQL语句
string cmdText = "INSERT INTO Message(Message,UserID,ChatID,CreateDate) VALUES(@Message,@UserID,
@ChatID,GETDATE())";
//创建SqlCommand
SqlCommand cmd = new SqlCommand(cmdText,con);
//创建参数并赋值
cmd.Parameters.Add("@Message",SqlDbType.VarChar,1000);
cmd.Parameters.Add("@UserID",SqlDbType.Int,4);
cmd.Parameters.Add("@ChatID",SqlDbType.Int,1);
cmd.Parameters[0].Value = message;
cmd.Parameters[1].Value = userID;
cmd.Parameters[2].Value = chatID;
int result = -1;
try
{
    con.Open();
    //操作数据
    result = cmd.ExecuteNonQuery();
}
catch(Exception ex)
{
    throw new Exception(ex.Message,ex);
}
finally
{
    con.Close();
}
return result;
}
```

21.4.3　数据访问层——系统管理

在文件 chat.cs 中，与系统聊天室管理模块相关的方法如下。

❏ GetUser(string username,string password)。

❏ GetLiaotian()。

❏ GetSingleLiaotian(int chatID)。

❏ AddLiaotian(string chatName,int maxNumber,byte status,string remark)。

❏ UpdateLiaotian(int chatID,string chatName,int maxNumber,byte status,string remark)。

❏ DeleteLiaotian(int chatID)。

上述方法的运行流程如图 21-4 所示。

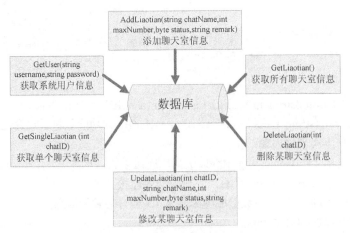

图 21-4　聊天室管理模块数据访问层运行流程图

下面分别介绍上述方法的具体实现过程。

1．方法 GetUser(string username,string password)

方法 GetUser(string username,string password)的功能是获取系统会员用户的信息，其具体实现过程如下。

（1）从系统配置文件 Web.config 中获取数据库连接参数，并将其保存在 connectionString 中。

（2）使用连接字符串创建 con 对象，实现数据库连接。

（3）新建 SQL 查询语句，获取数据库内会员用户的信息。

（4）创建获取数据的对象 cmd。

（5）打开数据库连接，获取查询数据。

（6）将获取的查询结果保存在 dr 中，并返回 dr。

上述过程的对应实现代码如下。

```
public SqlDataReader GetUser(string username,string password)
        {        //获取连接字符串
            string connectionString = ConfigurationManager.ConnectionStrings["SQLCONNECTIONSTRING"].Connection String;
            SqlConnection con = new SqlConnection(connectionString);
            //创建SQL语句
            string cmdText = "SELECT ID FROM [User] WHERE Username=@Username AND Password=@Password";
            SqlCommand cmd = new SqlCommand(cmdText,con);
            //创建参数并赋值
            cmd.Parameters.Add("@Username",SqlDbType.VarChar,50);
            cmd.Parameters.Add("@Password",SqlDbType.VarChar,255);
            cmd.Parameters[0].Value = username;
            cmd.Parameters[1].Value = password;
            //定义SqlDataReader
            SqlDataReader dr;
            try
            {    //打开连接
                con.Open();
                dr = cmd.ExecuteReader(CommandBehavior.CloseConnection);
            }
            catch(Exception ex)
            {        //抛出异常
                throw new Exception(ex.Message,ex);
            }
            return dr;
        }
```

2. 方法 GetLiaotian()

方法 GetLiaotian()的功能是获取系统内所有的聊天室信息，其具体实现过程如下。

（1）从系统配置文件 Web.config 中获取数据库连接参数，并将其保存在 connectionString 中。

（2）使用连接字符串创建 con 对象，实现数据库连接。

（3）新建 SQL 查询语句，获取数据库中所有聊天室的信息。

（4）创建获取数据的对象 da。

（5）打开数据库连接，获取查询数据。

（6）将获取的查询结果保存在 ds 中，并返回 ds。

上述过程的对应实现代码如下。

```
public DataSet GetLiaotian()
        {    //获取连接字符串
            string connectionString = ConfigurationManager.ConnectionStrings["SQLCONNECTIONSTRING"].Connection String;
            //创建连接
            SqlConnection con = new SqlConnection(connectionString);
            //创建SQL语句
            string cmdText = "SELECT * FROM Chat Order by CurrentNumber DESC";
            //创建SqlDataAdapter
            SqlDataAdapter da = new SqlDataAdapter(cmdText,con);
            //定义DataSet
            DataSet ds = new DataSet();
            try
            {
                con.Open();
                //填充数据
                da.Fill(ds,"DataTable");
            }
            catch(Exception ex)
            {
```

```
            throw new Exception(ex.Message,ex);
        }
        finally
        {   //关闭连接
            con.Close();
        }
        return ds;
    }
```

3. 方法 GetSingleLiaotian(int chatID)

方法 GetSingleLiaotian(int chatID)的功能是获取系统内指定编号的聊天室信息，其具体实现过程如下。

（1）从系统配置文件 Web.config 中获取数据库连接参数，并将其保存在 connectionString 中。

（2）使用连接字符串创建 con 对象，实现数据库连接。

（3）新建 SQL 查询语句，获取数据库中某编号的聊天室信息。

（4）创建获取数据的对象 cmd。

（5）打开数据库连接，获取查询数据。

（6）将获取的查询结果保存在 dr 中，并返回 dr。

上述过程的对应实现代码如下。

```
public SqlDataReader GetSingleLiaotian(int chatID)
    {   //获取连接字符串
        string connectionString = ConfigurationManager.ConnectionStrings["SQLCONNECTIONSTRING"].Connection String;
        SqlConnection con = new SqlConnection(connectionString);
        //创建SQL语句
        string cmdText = "SELECT * FROM Chat WHERE ID = @ID";
        //创建SqlCommand
        SqlCommand cmd = new SqlCommand(cmdText,con);
        //创建参数并赋值
        cmd.Parameters.Add("@ID",SqlDbType.Int,4);
        cmd.Parameters[0].Value = chatID;
        //定义SqlDataReader
        SqlDataReader dr;
        try
        {
            con.Open();
            //读取数据
            dr = cmd.ExecuteReader(CommandBehavior.CloseConnection);
        }
        catch(Exception ex)
        {
            throw new Exception(ex.Message,ex);
        }
        return dr;
    }
```

4. 方法 AddLiaotian(string chatName,int maxNumber,byte status,string remark)

方法 AddLiaotian(string chatName,int maxNumber,byte status,string remark)的功能是向系统中添加新的聊天室信息，其具体实现过程如下。

（1）从系统配置文件 Web.config 中获取数据库连接参数，并将其保存在 connectionString 中。

（2）使用连接字符串创建 con 对象，实现数据库连接。

（3）新建 SQL 插入语句，向系统数据库中添加新的聊天室信息。

（4）创建获取数据的对象 cmd。

（5）打开数据库连接，执行插入操作。

（6）将操作结果保存在 result 中，并返回 result。

上述过程的对应实现代码如下。

```
public int AddLiaotian(string chatName,int maxNumber,byte status,string remark)
    {   //获取连接字符串
        string connectionString = ConfigurationManager.ConnectionStrings["SQLCONNECTIONSTRING"].Connection String;
        //创建连接
        SqlConnection con = new SqlConnection(connectionString);
        //创建SQL语句
```

```
        string cmdText = "INSERT INTO Chat(ChatName,MaxNumber,CurrentNumber,Status,CreateDate,Remark) VALUES(@
        ChatName,@MaxNumber,0,@Status,GETDATE(),@Remark)";
        //创建SqlCommand
        SqlCommand cmd = new SqlCommand(cmdText,con);
        //创建参数并赋值
        cmd.Parameters.Add("@ChatName",SqlDbType.VarChar,200);
        cmd.Parameters.Add("@MaxNumber",SqlDbType.Int,4);
        cmd.Parameters.Add("@Status",SqlDbType.TinyInt,1);
        cmd.Parameters.Add("@Remark",SqlDbType.VarChar,1000);
        cmd.Parameters[0].Value = chatName;
        cmd.Parameters[1].Value = maxNumber;
        cmd.Parameters[2].Value = status;
        cmd.Parameters[3].Value = remark;
        int result = -1;
        try
        {
            con.Open();
            result = cmd.ExecuteNonQuery();
        }
        catch(Exception ex)
        {
            throw new Exception(ex.Message,ex);
        }
        finally
        {
            con.Close();
        }
        return result;
    }
```

5. 方法 UpdateLiaotian(int chatID,string chatName,int maxNumber,byte status,string remark)

方法 UpdateLiaotian(int chatID,string chatName,int maxNumber,byte status,string remark)的功能是修改系统中某编号的聊天室信息，其具体实现过程如下。

（1）从系统配置文件 Web.config 中获取数据库连接参数，并将其保存在 connectionString 中。

（2）使用连接字符串创建 con 对象，实现数据库连接。

（3）新建 SQL 更新语句，对系统数据库中某编号的聊天室信息进行修改。

（4）创建获取数据的对象 cmd。

（5）打开数据库连接，执行修改操作。

（6）将修改结果保存在 result 中，并返回 result。

上述过程的对应实现代码如下。

```
public int UpdateLiaotian(int chatID,string chatName,int maxNumber,byte status,string remark)
    {
        string connectionString = ConfigurationManager.ConnectionStrings["SQLCONNECTIONSTRING"].Connection String;
        //创建连接
        SqlConnection con = new SqlConnection(connectionString);
        //创建SQL语句
        string cmdText = "UPDATE Chat SET ChatName=@ChatName,MaxNumber=@MaxNumber,Status=@Status,
        Remark=@Remark WHERE ID=@ID";
        //创建SqlCommand
        SqlCommand cmd = new SqlCommand(cmdText,con);
        //创建参数并赋值
        cmd.Parameters.Add("@ChatName",SqlDbType.VarChar,200);
        cmd.Parameters.Add("@MaxNumber",SqlDbType.Int,4);
        cmd.Parameters.Add("@Status",SqlDbType.TinyInt,1);
        cmd.Parameters.Add("@Remark",SqlDbType.VarChar,1000);
        cmd.Parameters.Add("@ID",SqlDbType.Int,4);
        cmd.Parameters[0].Value = chatName;
        cmd.Parameters[1].Value = maxNumber;
        cmd.Parameters[2].Value = status;
        cmd.Parameters[3].Value = remark;
        cmd.Parameters[4].Value = chatID;
        int result = -1;
        try
        {
            con.Open();
            //操作数据
            result = cmd.ExecuteNonQuery();
```

```
        }
        catch(Exception ex)
        {
            throw new Exception(ex.Message,ex);
        }
        finally
        {
            con.Close();
        }
        return result;
    }
```

6. 方法 DeleteLiaotian(int chatID)

方法 DeleteLiaotian(int chatID)的功能是删除系统内某编号的聊天室信息，其具体实现过程如下。

（1）从系统配置文件 Web.config 中获取数据库连接参数，并将其保存在 connectionString 中。

（2）使用连接字符串创建 con 对象，实现数据库连接。

（3）新建 SQL 删除语句，删除系统数据库中某编号的聊天室信息。

（4）创建获取数据的对象 cmd。

（5）打开数据库连接，执行删除操作。

（6）将操作结果保存在 result 中，并返回 result。

上述过程的对应实现代码如下。

```
public int DeleteLiaotian(int chatID)
    {
        string connectionString = ConfigurationManager.ConnectionStrings["SQLCONNECTIONSTRING"].Connection String;
        SqlConnection con = new SqlConnection(connectionString);
        string cmdText = "DELETE Chat WHERE ID = @ID";
        //创建SqlCommand
        SqlCommand cmd = new SqlCommand(cmdText,con);
        //创建参数并赋值
        cmd.Parameters.Add("@ID",SqlDbType.Int,4);
        cmd.Parameters[0].Value = chatID;
        int result = -1;
        try
        {
            con.Open();
            //操作数据
            result = cmd.ExecuteNonQuery();
        }
        catch(Exception ex)
        {
            throw new Exception(ex.Message,ex);
        }
        finally
        {
            con.Close();
        }
        return result;
    }
}
```

数据库技术是动态网站的根本，所以数据库的安全性就成为我们当务之急要解决的问题之一。在数据库安全问题上，大多数采用用户标识机制。用户标识是指用户向系统出示自己的身份证明，最简单的方法就是输入用户 ID 和密码。标识机制用于唯一标志进入系统的每个用户的身份，因此必须保证标识的唯一性。鉴别是指系统检查，验证用户的身份证明，以检验用户身份的合法性。标识和鉴别功能保证了只有合法的用户才能存取系统中的资源。

由于数据库用户的安全等级是不同的，因此分配给他们的权限也是不一样的，数据库系统必须建立严格的用户认证机制。身份的标识和鉴别是数据库管理系统（DBMS）对访问者授权的前提，并且通过审计机制使 DBMS 保留追究用户行为责任的能力。功能完善的标识与鉴别机制也是访问控制机制有效实施的基础，特别是在一个开放的多用户系统的网络环境中，识别与鉴别用户是构筑 DBMS 安全防线的 1 个重要环节。

21.5 用户登录验证模块

登录验证的原理很简单，具体说明如下。

（1）设计一个表单供用户输入登录数据。

（2）获取用户的登录数据后，与数据库中的合法用户数据进行比较。如果完全一致，则登录聊天系统；如果不一致，则不能登录系统。

21.5.1 用户登录表单页面

用户登录表单页面文件 Login.aspx 的功能是提供用户登录表单，供用户输入登录数据。其具体实现过程如下。

（1）插入 1 个 TextBox 控件，供用户输入用户名。

（2）插入 2 个 RequiredFieldValidator 控件，用于验证输入用户名的合法性。

（3）调用 1 个 Ajax 程序集中的 TextBoxWatermarkExtender 控件，实现用户名验证。

（4）调用 2 个 Ajax 程序集中的 ValidatorCalloutExtender 控件，实现用户名的多样式验证。

（5）插入 1 个 TextBox 控件，供用户输入登录密码。

（6）插入 2 个 RequiredFieldValidator 控件，用于验证输入密码的合法性。

（7）调用 3 个 Ajax 程序集中的 ValidatorCalloutExtender 控件，实现密码的多样式验证。

（8）调用文件 Yanzhengma.aspx，实现验证码显示。

（9）插入 2 个 Button 控件，分别用于激活验证处理事件和取消输入。

21.5.2 登录验证处理页面

登录验证处理页面文件 Login.aspx.cs 的功能是获取登录表单数据，并将合法用户的登录信息保存到用户列表数组中。其具体实现过程如下。

（1）引入命名空间。

（2）Page_Load 载入初始化。

（3）定义事件 btnLogin_Click(object sender,EventArgs e)。

（4）判断输入验证码的合法性。

（5）判断登录数据是否合法。

（6）读取用户的登录信息并保存处理。

（7）重定向到系统主页。

（8）输入框清空处理。

上述操作实现的具体运行流程如图 21-5 所示。

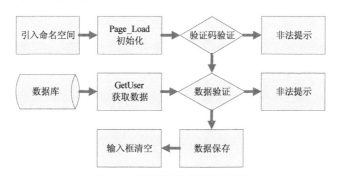

图 21-5 登录验证处理运行流程图

文件 Login.aspx.cs 的具体实现代码如下。

```
using ASPNETAJAXWeb.AjaxChat;
using ASPNETAJAXWeb.ValidateCode.Page;
using System.Data.SqlClient;
public partial class UserLogin : System.Web.UI.Page
{
    protected void Page_Load(object sender, EventArgs e)
    {
    }
    protected void btnLogin_Click(object sender,EventArgs e)
    {
        if(Session[ValidateCode.VALIDATECODEKEY] != null)
        {   //验证验证码是否相等
            if(tbCode.Text != Session[ValidateCode.VALIDATECODEKEY].ToString())
            {
                lbMessage.Text = "验证码输入错误，请重新输入";
                return;
            }
            //判断用户的密码和名称是否正确
            Chat chat = new Chat();
            SqlDataReader dr = chat.GetUser(tbUsername.Text,tbPassword.Text);
            if(dr == null)return;
            bool isLogin = false;
            if(dr.Read())
            {   //读取用户的登录信息并保存
                UserInfo ui = new UserInfo();
                ui.UserID = Int32.Parse(dr["ID"].ToString());
                ui.Username = tbUsername.Text;
                //保存到Session中
                Session["UserID"] = ui.UserID;
                Session["Username"] = ui.Username;
                //保存到全局信息中
                ASP.global_asax.Users.Add(ui);
                isLogin = true;
            }
            dr.Close();
            //如果用户登录成功
            if(isLogin == true)
            {
                Response.Redirect("~/Default.aspx");
                return;
            }
        }
    }
    protected void btnReturn_Click(object sender,EventArgs e)
    {   //清空各种输入框中的信息
        tbUsername.Text = tbPassword.Text = tbCode.Text = string.Empty;
    }
}
```

21.6　系统主界面模块

本聊天室系统的主界面分为如下 3 个部分。

（1）用户列表界面：显示当前在聊天室内的用户。

（2）信息显示界面：显示系统内用户的聊天信息。

（3）发布表单界面：用于发布用户的聊天信息。

本节将详细讲解上述 3 个部分的具体实现过程。

在上述 3 个部分中，信息显示界面是核心，在本节的内容中，将详细讲解显示聊天信息界面的实现过程。

21.6.1　在线聊天界面

在线聊天界面文件 LiaoTian.aspx 的功能是为在线用户提供聊天表单，并实现用户间的聊天处理。其具体实现过程如下。

（1）插入 1 个 ListBox 控件，用于显示此聊天室内的在线用户。

（2）插入 1 个 TextBox 控件，用于显示在线聊天信息。

（3）插入 1 个 TextBox 控件，供用户输入发布的聊天信息。

（4）插入 1 个 Button 控件，用于激活聊天内容的发布处理事件。

（5）插入 1 个 Timer 控件，用于定时刷新聊天页面的信息。

21.6.2　在线聊天处理页面

在线聊天处理页面文件 LiaoTian.aspx.cs 的功能是获取并显示系统内此聊天室的在线用户，并对用户发布的聊天信息进行处理。其具体实现过程如下。

（1）引入命名空间和声明 ChatRoom 类。

（2）通过 Page_Load 获取聊天室的编号，并进行初始化处理。

（3）通过函数 ChatUserInit( )初始化聊天室信息。

（4）定义函数 ShowUserData( )，显示在线用户信息。

（5）定义函数 ShowMessageData( )，显示用户发布的聊天室信息。

（6）定义函数 btUser_Tick(object sender,EventArgs e)，实现聊天室的定式刷新处理。

（7）定义函数 btnCommit_Click(object sender,EventArgs e)，将新发布的信息添加到系统库中。

上述操作实现的具体运行流程如图 21-6 所示。

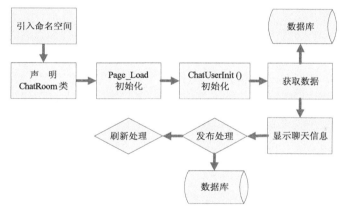

图 21-6　在线聊天处理运行流程图

下面介绍上述功能的具体实现过程。

1．Page_Load 初始化

事件 Page_Load(object sender, EventArgs e)实现页面的初始化处理，其具体实现过程如下。

（1）通过 Session["UserID"]值判断用户是否登录。

（2）获取当前聊天室的编号 ID，并保存在 ChatID 中。

（3）分别调用函数 ChatUserInit( )和函数 ShowUserData( )，显示用户的信息。

上述功能对应的实现代码如下。

```
using System.Web.UI.WebControls.WebParts;
using System.Web.UI.HtmlControls;
//引入新的命名空间
using ASPNETAJAXWeb.AjaxChat;
using System.Data.SqlClient;
using System.Text;
using System.Collections.Generic;
public partial class ChatRoom : System.Web.UI.Page
{
    int chatID = −1;
    protected void Page_Load(object sender, EventArgs e)
```

```
{   //如果用户未登录，则重定向到登录页面
    if(Session["UserID"] == null)
    {
        Response.Redirect("~/Login.aspx");
        return;
    }
    //获取聊天室的ID值
    if(Request.Params["ChatID"] != null)
    {
        chatID = Int32.Parse(Request.Params["ChatID"].ToString());
    }
    if(!Page.IsPostBack)
    {   //初始化聊天室信息
        ChatUserInit();
        ShowUserData();
    }
}
```

2. 定义函数 ChatUserInit()

函数 ChatUserInit( )的功能是初始化此聊天室的信息，并使用 ViewState 保存用户进入聊天室的时间。其对应的实现代码如下。

```
private void ChatUserInit()
{   //保存进入聊天室的时间
    ViewState["StartDate"] = DateTime.Now.ToString();
    //设置用户进入的聊天室
    for(int i = 0; i < ASP.global_asax.Users.Count; i++)
    {
        if(ASP.global_asax.Users[i].UserID.ToString() == Session["UserID"].ToString())
        {
            ASP.global_asax.Users[i].ChatID = chatID;
            break;
        }
    }
}
```

3. 定义函数 ShowUserData()

函数 ShowUserData( )的功能是获取此聊天室内当前的在线用户信息。其对应的实现代码如下。

```
private void ShowUserData()
{   //获取聊天室的用户
    List<UserInfo> users = new List<UserInfo>();
    foreach(UserInfo ui in ASP.global_asax.Users)
    {
        if(ui.ChatID == chatID)
        {
            users.Add(ui);
        }
    }
    //显示聊天室的用户
    lbUser.DataSource = users;
    lbUser.DataValueField = "UserID";
    lbUser.DataTextField = "Username";
    lbUser.DataBind();
}
```

4. 定义函数 ShowMessageData()

函数 ShowMessageData()的功能是定义 Message()数组，通过数据库访问层方法 GetNeirong(chatID)获取聊天室内的聊天信息，并将聊天信息详细地显示出来。其对应的实现代码如下。

```
private void ShowMessageData()
{   //获取所有消息
    Message message = new Message();
    DataSet ds = message.GetNeirong(chatID);
    if(ds == null || ds.Tables.Count <= 0 || ds.Tables[0].Rows.Count <= 0) return;
    //过滤进入该聊天室之前的消息，保留进入该聊天室之后的消息
    DataView dv = ds.Tables[0].DefaultView;
    dv.RowFilter = string.Format("CreateDate >= '{0}'",DateTime.Parse(ViewState ["StartDate"].ToString()));
    //构建聊天的消息
    StringBuilder sbMessage = new StringBuilder();
    foreach(DataRowView row in dv)
    {   //设置一条消息
        string singleMessage=row["Username"].ToString()+"在[" + row["CreateDate"]. ToString() + "]发表：\n";
        singleMessage += "        " + row["Message"].ToString() + "\n";
        sbMessage.Append(singleMessage);
```

```
        }
        //显示聊天消息
        tbChatMessage.Text = sbMessage.ToString();
    }
```

5. 刷新和发布处理

刷新和发布处理即实现页面的定时刷新处理和新内容的发布处理，上述功能的实现函数如下。

❑ 函数 tUser_Tick(object sender,EventArgs e)：实现聊天页面的定时刷新。

❑ 函数 tUser_Tick(object sender,EventArgs e)：调用数据库访问层的方法 AddNeirong(string message, int userID,int chatID)，将新发布的数据添加到系统库中。

上述功能对应的实现代码如下。

```
protected void tUser_Tick(object sender,EventArgs e)
{   //定时显示聊天室的信息
    ShowMessageData();
    ShowUserData();
}
protected void btnCommit_Click(object sender,EventArgs e)
{   //发送新消息并显示消息
    Message message = new Message();
    if (message.AddNeirong(tbMessage.Text, Int32.Parse(Session["UserID"].ToString()), chatID) > 0)
    {   //显示消息
        ShowMessageData();
    }
}
```

21.7　客户的新需求

到此为止，在线聊天系统已经设计完毕了，但是此时客户希望本系统内能有多个聊天室，这样能便于用户有选择性地进行沟通。也就是说做成与 QQ 类似的聊天系统，进入系统后有多个房间可以进入，即根据不同的用户群体设置对应的聊天室。

根据上述新需求，首先需要在数据库新添加一个表，用于存储聊天室房间的信息。系统聊天室信息表"Chat"的具体设计结构如表 21-3 所示。

表 21-3　系统聊天室信息表(Chat)

字 段 名 称	数 据 类 型	是 否 主 键	默 认 值	功 能 描 述
ID	int	是	递增1	编号
ChatName	varchar(50)	否	Null	名称
MaxNumber	int	否	Null	允许最多在线人数
CurrentNumber	int	否	Null	当前在线的人数
Status	tinyint	否	Null	状态
CreateDate	datetime	否	Null	时间
Remark	varchar(1000)	否	Null	说明

修改数据访问层——聊天室房间处理

在文件 chat.cs 中，与聊天室房间处理模块相关的是方法 GetLiaotian()，其运行流程如图 21-7 所示。

图 21-7　登录验证模块数据访问层运行流程图

方法 GetLiaotian()的功能是获取当前系统中所有的聊天室信息，其具体实现过程如下。

（1）从系统配置文件 Web.config 中获取数据库连接参数，并将其保存在 connectionString 中。

（2）使用连接字符串创建 con 对象，实现数据库连接。

（3）新建获取数据库中所有聊天室信息的 SQL 查询语句。

（4）创建获取数据的对象 da。

（5）打开数据库连接，获取查询数据。

（6）将获取的查询结果保存在 ds 中，并返回 ds。

上述功能的对应实现代码如下。

```
public DataSet GetLiaotian()
    {
        string connectionString = ConfigurationManager.ConnectionStrings["SQLCONNECTIONSTRING"].Connection String;
        SqlConnection con = new SqlConnection(connectionString);
        //创建SQL语句
        string cmdText = "SELECT * FROM Chat Order by CurrentNumber DESC";
        //创建SqlDataAdapter
        SqlDataAdapter da = new SqlDataAdapter(cmdText,con);
        //定义DataSet
        DataSet ds = new DataSet();
        try
        {
            con.Open();
            //填充数据
            da.Fill(ds,"DataTable");
        }
        catch(Exception ex)
        {
            throw new Exception(ex.Message,ex);
        }
        finally
        {
            con.Close();
        }
        return ds;
    }
```

上述过程体现了模块化设计的好处。在客户要求改变系统时，原来编写的代码可以保持不变，只编写新功能代码即可。这样可以大大提高开发效率。接下来开始聊天室显示界面的设计工作。

21.8　聊天室显示界面

在聊天室显示界面中，将列表显示系统的聊天房间，供用户选择进入感兴趣的聊天室。此模块的实现也是基于数据库的，即利用数据库这个中间媒介实现聊天室的显示。

聊天室显示界面的实现文件如下。

❑　Default.aspx。

❑　Default.aspx.cs。

本节将详细讲解实现上述两个文件的过程。

21.8.1　聊天室列表页面

聊天室列表显示页面 Default.aspx 的功能是提供用户登录表单，供用户输入登录数据。其具体实现过程如下。

（1）插入 1 个 DataList 控件，设置其值为 dlCha。

（2）在 DataList 控件中插入 1 个<ItemTemplate>模板。

（3）在<ItemTemplate>模板中插入 1 个 HyperLink 控件，用于以链接样式分别显示聊天室的名称，允许的最多在线人数，以及当前的在线人数。

（4）调用函数 ComputerChatUserCount( )，计算聊天室的当前在线人数。

（5）调用 Ajax 程序集中的 HoverMenuExtender 控件，实现动态显示某聊天室当前在线用户列表。

21.8.2 聊天室列表处理页面

聊天室列表处理文件 Default.aspx.cs 的功能是获取系统内的聊天室信息，并将获取的信息存储处理，供系统主界面显示使用。其具体实现过程如下。

（1）引入命名空间和声明 Default 类。

（2）通过 Page_Load 载入初始化处理。

（3）通过 BindPageData()获取并显示聊天室的信息。

（4）定义函数 FormatChatNumberStatus(int currentNumber,int maxNumber)。

（5）使用函数 FormatChatNumberStatus 计算聊天室的人数，并判断聊天室的状态。

（6）定义函数 ComputerChatUserCount(int chatID)。

（7）使用函数 ComputerChatUserCount(int chatID)计算聊天室的在线用户数。

（8）定义函数 ShowUserData(ListBox list,int chatID)。

（9）使用函数 ShowUserData(ListBox list,int chatID)显示聊天室的用户。

上述操作实现的具体运行流程如图 21-8 所示。

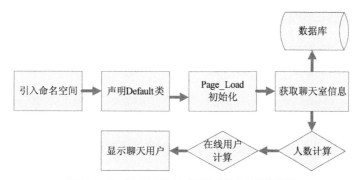

图 21-8　聊天室列表处理页面显示处理运行流程图

文件 Default.aspx.cs 的具体实现代码如下。

```
using System.Web.UI.WebControls;
using System.Web.UI.WebControls.WebParts;
using System.Web.UI.HtmlControls;
//引入新的命名空间
using ASPNETAJAXWeb.AjaxChat;
using System.Collections.Generic;
public partial class Default : System.Web.UI.Page
{
    protected void Page_Load(object sender, EventArgs e)
    {
        if(!Page.IsPostBack)
        {
            BindPageData();
        }
    }
    private void BindPageData()
    {   //获取聊天室的信息
        Chat chat = new Chat();
        DataSet ds = chat.GetLiaotian();
        //显示聊天室
        dlChat.DataSource = ds;
        dlChat.DataBind();
```

```
        }
    protected string FormatChatNumberStatus(int currentNumber,int maxNumber)
    {
        if(currentNumber >= maxNumber) return "已满";
        else return "未满";
    }
    protected void dlChat_ItemDataBound(object sender,DataListItemEventArgs e)
    {   //找到显示用户列表的控件
        ListBox lbUser = (ListBox)e.Item.FindControl("lbUser");
        if(lbUser != null)
        {   //显示在线用户
            ShowUserData(lbUser,Int32.Parse(dlChat.DataKeys[e.Item.ItemIndex].ToString()));
        }
    }
    protected int ComputerChatUserCount(int chatID)
    {   //获取聊天室的用户
        List<UserInfo> users = new List<UserInfo>();
        int count = 0;
        foreach(UserInfo ui in ASP.global_asax.Users)
        {
            if(ui.ChatID == chatID)
            {
                count++;
            }
        }
        return count;
    }
    private void ShowUserData(ListBox list,int chatID)
    {   //获取聊天室的用户
        List<UserInfo> users = new List<UserInfo>();
        foreach(UserInfo ui in ASP.global_asax.Users)
        {
            if(ui.ChatID == chatID)
            {
                users.Add(ui);
            }
        }
        //显示聊天室的用户
        list.DataSource = users;
        list.DataValueField = "UserID";
        list.DataTextField = "Username";
        list.DataBind();
    }
}
```

21.9 聊天室管理界面

在聊天室管理界面模块中，管理员能够对系统中的聊天室进行智能管理，包括添加、删除和修改等操作。此模块的实现也是基于数据库的，即利用数据库这个中间媒介实现对信息的管理和维护工作。

聊天室管理界面的实现文件如下。

❑　Default.aspx。

❑　Default.aspx.cs。

❑　LiaoManage.aspx。

❑　LiaoManage.aspx.cs。

❑　UpdateLiao.aspx。

❑　UpdateLiao.aspx.cs。

本节将详细讲解实现上述文件的过程。

21.9.1 聊天室添加模块

聊天室添加模块的功能是向系统中添加新的聊天室信息。该功能的实现文件如下。

❑ AddLiao.aspx：添加表单界面文件。

❑ AddLiao.aspx.cs：添加处理文件。

下面将对上述文件的实现过程进行详细介绍。

1. 添加表单界面文件

添加表单界面文件 AddLiao.aspx 的功能是提供单相片上传表单，供用户选择上传相片文件。其具体实现过程如下。

（1）插入 1 个 TextBox 控件，供用户输入聊天室的名称。

（2）插入 1 个 RequiredFieldValidator 控件，用于验证输入名称的合法性。

（3）调用 2 个 Ajax 程序集中的 TextBoxWatermark 控件，实现水印验证提示。

（4）调用 1 个 Ajax 程序集中的 ValidatorCalloutExtender 控件，实现多样式验证。

（5）插入 1 个 TextBox 控件，供用户输入聊天室允许的最大在线人数。

（6）插入 1 个 RegularExpressionValidator 控件，用于对输入人数的验证。

（7）调用 1 个 Ajax 程序集中的 TextBoxWatermark 控件，实现水印验证提示。

（8）调用 1 个 Ajax 程序集中的 ValidatorCalloutExtender 控件，实现多样式验证。

（9）插入 1 个 TextBox 控件，供用户输入聊天室的简介。

（10）分别使用 CustomValidator 控件、TextBoxWatermark 控件和 ValidatorCallout 控件，对用户输入的简介信息进行验证。

（11）插入 1 个 DropDownList 控件，供用户设置聊天室的状态。

（12）插入 2 个 Button 控件，供用户激活添加处理程序。

（13）定义函数 MessageValidator(source,argument)，用于设置用户输入的简介信息字符小于 800 大于 10。

2. 聊天室添加处理文件

聊天室添加处理文件 AddLiao.aspx.cs 的功能是验证表单的数据，并将合法的数据添加到系统库中。其具体实现过程如下。

（1）引入命名空间，定义 AddChat 类。

（2）声明 Page_Load，页面初始化处理。

（3）定义 btnCommit_Click(object sender,EventArgs e)，然后对验证码进行验证。

（4）添加合法的表单数据到数据库。

（5）重定向返回管理列表界面。

（6）定义 btnClear_Click(object sender,EventArgs e)，清空列表数据。

上述操作实现的运行流程如图 21-9 所示。

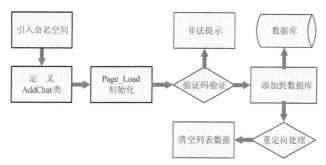

图 21-9　聊天室添加处理运行流程图

文件 AddLiao.aspx.cs 的具体实现代码如下。

```
using System.Web.UI.WebControls.WebParts;
using System.Web.UI.HtmlControls;
//引入新的命名空间
using ASPNETAJAXWeb.AjaxChat;
using ASPNETAJAXWeb.ValidateCode.Page;
public partial class AddChat : System.Web.UI.Page
{
    protected void Page_Load(object sender, EventArgs e)
    {
    }
    protected void btnCommit_Click(object sender,EventArgs e)
    {
        if(Session[ValidateCode.VALIDATECODEKEY] != null)
        {   //验证验证码是否相等
            if(tbCode.Text != Session[ValidateCode.VALIDATECODEKEY].ToString())
            {
                lbMessage.Text = "验证码输入错误，请重新输入";
                return;
            }
            Chat chat = new Chat();
            //添加新的聊天室
            if(chat.AddLiaotian(tbName.Text,Int32.Parse(tbMaxNumber.Text),byte.Parse(ddlStatus.SelectedValue),tbRemark.Text) > 0)
                {//重定向到管理列表页面
                    Response.Redirect("~/LiaoManage.aspx");
                }
        }
    }
    protected void btnClear_Click(object sender,EventArgs e)
    {
                tbRemark.Text = string.Empty;
    }
}
```

21.9.2　聊天室列表模块

聊天室列表模块的功能是将系统内的聊天室信息以列表样式显示出来，并提供聊天室的删除和修改操作链接。上述功能的实现文件如下。

❏　LiaoManage.aspx：聊天室列表文件。

❏　LiaoManage.aspx.cs：聊天室列表处理文件。

下面将对上述功能的实现过程进行详细介绍。

1．聊天室列表文件

聊天室列表文件 LiaoManage.aspx 的功能是以列表的样式将系统内的聊天室信息显示出来。其具体实现过程如下。

（1）插入 1 个 GridView 控件，用于以列表样式显示系统聊天室信息。

（2）通过 GridView 控件，设置分页显示聊天室信息数为 20。

（3）通过<%# Eval("ID") %>，获取聊天室的编号参数；通过<%# Eval("ChatName") %>，获取聊天室的名字。

（4）插入 2 个 ImageButton 控件，分别作为聊天室的删除和管理链接。

（5）插入 1 个 Button 控件，用于激活聊天室添加模块。

2．聊天室列表处理文件

聊天室列表处理文件 LiaoManage.aspx.cs 的功能是根据用户列表界面的操作执行对应的处理程序。其具体实现过程如下。

（1）引入命名空间，定义 ChatManage 类。

（2）声明 Page_Load，页面初始化处理。

（3）定义函数 BindPageData()，获取并显示系统聊天室数据。

（4）定义函数 btnAdd_Click(object sender,EventArgs e)，执行添加重定向处理。

（5）定义函数 gvChat_RowDataBound(object sender,GridViewRowEventArgs e)，弹出删除确认对话框。

（6）定义函数 vChat_RowCommand(object sender, GridViewCommandEventArgs e)，执行处理程序。

（7）如果激活修改事件，则重定向修改界面；如果激活删除事件，则执行删除处理。

上述操作实现的具体运行流程如图 21-10 所示。

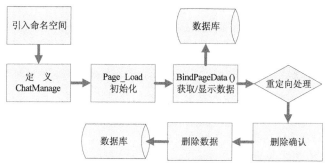

图 21-10　聊天室列表处理运行流程图

文件 LiaoManage.aspx.cs 的具体实现代码如下。

```
using System.Web.UI.WebControls.WebParts;
using System.Web.UI.HtmlControls;
//引入新的命名空间
using ASPNETAJAXWeb.AjaxChat;
public partial class ChatManage : System.Web.UI.Page
{
    protected void Page_Load(object sender, EventArgs e)
    {
        if(!Page.IsPostBack)
        {
            BindPageData();
        }
    }
    private void BindPageData()
    {   //获取聊天室数据
        Chat chat = new Chat();
        DataSet ds = chat.GetLiaotian();
        //显示聊天室数据
        gvChat.DataSource = ds;
        gvChat.DataBind();
    }
    protected void btnAdd_Click(object sender,EventArgs e)
    {
        Response.Redirect("~/AddLiao.aspx");
    }
    protected void gvChat_RowDataBound(object sender,GridViewRowEventArgs e)
    {   //添加/删除时的确认对话框
        ImageButton imgDelete = (ImageButton)e.Row.FindControl("imgDelete");
        if(imgDelete != null)
        {
            imgDelete.Attributes.Add("onclick","return confirm('您确认要删除当前行的聊天室吗?');");
        }
    }
    protected void gvChat_PageIndexChanging(object sender,GridViewPageEventArgs e)
    {   //重新设置新页码
        gvChat.PageIndex = e.NewPageIndex;
        BindPageData();
    }
    protected void gvChat_RowCommand(object sender, GridViewCommandEventArgs e)
```

```
        {
            if (e.CommandName.ToLower() == "update")
            {  //重定向到修改页面
Response.Redirect("~/UpdateLiao.aspx?ChatID="+e.CommandArgument.ToString());
                return;
            }
            if (e.CommandName.ToLower() == "del")
            {  //删除聊天室，并重新显示数据
                Chat chat = new Chat();
                if (chat.DeleteLiaotian(Int32.Parse(e.CommandArgument.ToString())) > 0)
                {
                    BindPageData();
                }
                return;
            }
        }
    }
```

21.9.3　聊天室修改模块

聊天室修改模块的功能是对系统内某聊天室的信息进行修改。上述功能的实现文件如下。

❑　UpdateLiao.aspx：聊天室列修改表单界面。

❑　UpdateLiao.aspx.cs：聊天室修改处理文件。

1.　聊天室列修改表单界面

聊天室列修改表单界面文件 UpdateLiao.aspx 的功能是将指定编号的聊天室信息在表单内显示出来，并通过表单获取用户输入的修改数据。其具体实现过程如下。

（1）插入 1 个 TextBox 控件，显示原聊天室的名称，并供用户输入修改数据。

（2）插入 1 个 RequiredFieldValidator 控件，用于验证输入名称的合法性。

（3）调用 2 个 Ajax 程序集中的 TextBoxWatermark 控件，实现水印验证提示。

（4）调用 1 个 Ajax 程序集中的 ValidatorCallout 控件，实现多样式验证。

（5）插入 1 个 TextBox 控件，显示原聊天室允许的最大在线人数，并输入修改后的人数。

（6）插入 1 个 RegularExpressionValidator 控件，用于对输入人数的验证。

（7）调用 1 个 Ajax 程序集中的 TextBoxWatermark 控件，实现水印验证提示。

（8）调用 1 个 Ajax 程序集中的 ValidatorCalloutExtender 控件，实现多样式验证。

（9）插入 1 个 TextBox 控件，显示原聊天室的简介信息，并供用户输入修改信息。

（10）分别使用 CustomValidator 控件、TextBoxWatermark 控件和 ValidatorCallout 控件，对用户输入的简介信息进行验证。

（11）插入 1 个 DropDownList 控件，供用户设置聊天室的状态。

（12）插入 2 个 Button 控件，供用户激活添加处理程序。

（13）定义函数 MessageValidator(source,argument)，设置用户输入的简介信息字符小于 800大于 10。

2.　聊天室修改处理文件

聊天室修改处理文件 UpdateLiao.aspx.cs 的功能是将获取的修改表单数据在系统数据库中进行更新处理。其具体实现过程如下。

（1）引入命名空间，定义 UpdateLiaotian 类。

（2）获取修改聊天室的 ID 编号。

（3）声明 Page_Load，页面初始化处理。

（4）显示此聊天室的原始数据。

（5）验证码验证处理。

（6）根据表单数据对系统数据库中的此编号聊天室信息进行更新处理。

（7）重定向返回管理列表界面。

（8）定义 Clear_Click(object sender,EventArgs e)，清空列表数据。

上述功能实现的具体运行流程如图 21-11 所示。

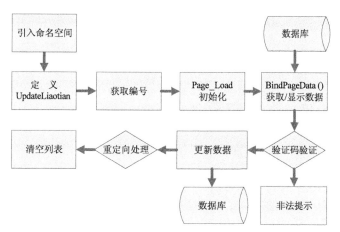

图 21-11　聊天室修改处理流程图

文件 UpdateLiao.aspx.cs 的具体实现代码如下。

```
using System.Web.UI.WebControls.WebParts;
using System.Web.UI.HtmlControls;
//引入新的命名空间
using ASPNETAJAXWeb.AjaxChat;
using ASPNETAJAXWeb.ValidateCode.Page;
using System.Data.SqlClient;
public partial class UpdateLiaotian : System.Web.UI.Page
{
    int chatID = -1;
    protected void Page_Load(object sender, EventArgs e)
    {   //获取被修改数据的ID值
        if(Request.Params["ChatID"] != null)
        {
            chatID = Int32.Parse(Request.Params["ChatID"].ToString());
        }
        if(!Page.IsPostBack && chatID > 0)
        {   //显示数据
            BindPageData(chatID);
        }
        //设置提交按钮是否可用
        btnCommit.Enabled = chatID > 0 ? true : false;
    }
    private void BindPageData(int chatID)
    {   //获取聊天室的信息
        Chat chat = new Chat();
        SqlDataReader dr = chat.GetSingleLiaotian(chatID);
        if(dr == null) return;
        if(dr.Read())
        {   //读取并显示聊天室的信息
            tbName.Text = dr["ChatName"].ToString();
            tbMaxNumber.Text = dr["MaxNumber"].ToString();
            tbRemark.Text = dr["Remark"].ToString();
        AjaxChatSystem.ListSelectedItemByValue(ddlStatus,dr["Status"].ToString());
        }
        dr.Close();
    }
    protected void btnCommit_Click(object sender,EventArgs e)
    {
        if(Session[ValidateCode.VALIDATECODEKEY] != null)
        {   //验证验证码是否相等
            if(tbCode.Text != Session[ValidateCode.VALIDATECODEKEY].ToString())
```

```
            {
                lbMessage.Text = "验证码输入错误，请重新输入";
                return;
            }
            Chat chat = new Chat();
            //修改聊天室的配置
    if(chat.UpdateLiaotian(chatID,tbName.Text,Int32.Parse(tbMaxNumber.Text),byte.Parse(ddlStatus.SelectedValue),tbRemark.
Text) > 0)
                { //重定向到管理页面
                    Response.Redirect("~/LiaoManage.aspx");
                }
        }
    }
    protected void btnClear_Click(object sender,EventArgs e)
    {
        tbRemark.Text = string.Empty;
    }
}
```

21.10 项 目 调 试

在 Visual Studio 2012 中打开项目文件，在"解决方案资源管理器"中查看文件目录，发现和最初的规划完全一致，如图 21-12 所示。

其中包含了两个文件夹，现说明如下。

（1）文件夹"RSS"：保存系统的项目文件。

（2）文件夹"database"：保存系统的数据库文件。

各构成模块文件的功能说明如下。

❑ 系统配置文件：对项目程序进行总体配置。

❑ 样式设置模块：设置系统文件的显示样式。

❑ 数据库文件：搭建系统数据库平台，保存系统的登录数据。

❑ 聊天室管理模块：对系统中的聊天室进行修改和删除操作。

❑ 聊天室添加模块：向系统中添加新的聊天室。

❑ 登录验证模块：确保系统合法用户才能登录系统。

❑ 聊天处理模块：对系统内用户的聊天语句进行处理。

系统用户登录界面效果如图 21-13 所示。

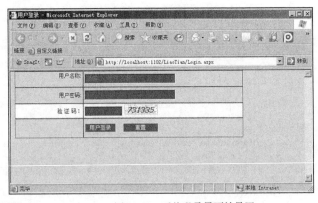

图 21-12   Visual Studio 2012 中的项目文件结构   图 21-13   系统登录界面效果图

选择聊天室页面效果如图 21-14 所示。

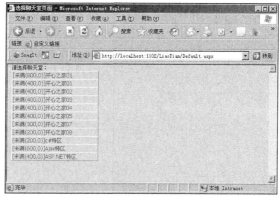

图 21-14　选择聊天室页面效果图

系统聊天主页面效果如图 21-15 所示。

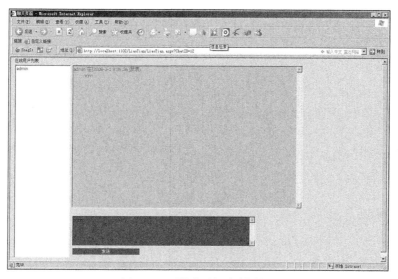

图 21-15　系统聊天主页面效果图

系统聊天室管理页面效果如图 21-16 所示。

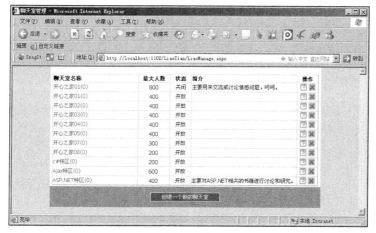

图 21-16　系统聊天室管理页面效果图

系统调试成功后，可以将系统文件发布到站点上，供互联网用户浏览。发布的过程很简单，基本实现流程如下。

（1）上传文件：使用专用的 FTP 上传工具（如 CuteFtp）将文件上传到远程服务器。

（2）系统测试：文件上传后，可以在浏览器中输入站点的 IP 地址来浏览系统效果。为提高站点易记性，可以为其购买专业域名。